《中国环境规划与政策》（第十五卷）编委会

主　编：王金南　陆　军　何　军

编　委：（按姓氏笔画排序）

执行编辑：杨小兰　田仁生

中国环境规划与政策

Chinese Environmental Planning and Policy Research

（第十五卷）

生态环境部环境规划院

王金南 陆 军 何 军 主编

中国环境出版集团·北京

图书在版编目（CIP）数据

中国环境规划与政策. 第十五卷/王金南，陆军，何军
主编. —北京：中国环境出版集团，2019.11
ISBN 978-7-5111-4157-6

Ⅰ．①中… Ⅱ．①王… ②陆… ③何… Ⅲ．①环境
规划—研究—中国②环境政策—研究—中国 Ⅳ．①X32
②X-012

中国版本图书馆 CIP 数据核字（2019）第 239470 号

出 版 人 武德凯
责任编辑 陈金华 宾银平
责任校对 任 丽
封面设计 岳 帅

出版发行 中国环境出版集团
　　　　　（100062 北京市东城区广渠门内大街 16 号）
　　　　　网　　址：http://www.cesp.com.cn
　　　　　电子邮箱：bjgl@cesp.com.cn
　　　　　联系电话：010-67112765（编辑管理部）
　　　　　　　　　　010-67113412（第二分社）
　　　　　发行热线：010-67125803，010-67113405（传真）
印　　刷 北京中科印刷有限公司
经　　销 各地新华书店
版　　次 2019 年 11 月第 1 版
印　　次 2019 年 11 月第 1 次印刷
开　　本 787×1092　1/16
印　　张 29.75
字　　数 690 千字
定　　价 98 元

序

　　生态环境部环境规划院是中国政府环境保护规划与政策的主要研究机构和决策智库。环境规划院的主要任务是根据国家社会经济发展战略，专门从事生态文明、绿色发展、环境战略、环境规划、环境政策、环境经济、环境风险、环境项目咨询等方面的研究，为国家环境规划编制、环境政策制定、重大环境工程决策和环境风险与损害鉴定评估提供科学支撑。在过去的十八年间，生态环境部环境规划院完成了一大批国家环境规划任务和环境政策研究课题，同时承担完成了一批世界银行、联合国环境规划署、亚洲开发银行以及经济合作与发展组织等国际合作项目，取得了丰硕的研究成果。

　　根据美国宾夕法尼亚大学发布的《2018 年全球智库报告》，生态环境部环境规划院在全球环境智库类顶级智库中排第 36 名，在入选的中国智库中排名第一。另外，根据中国社会科学评价研究院发布的《中国智库综合评价 AMI 研究报告（2017）》，生态环境部环境规划院位列全国生态环境类智库排名第一。为了让研究成果发挥更大的作用，生态环境部环境规划院将这些课题研究的成果编写成《重要环境决策参考》，供全国人大、全国政协、国务院有关部门、地方政府以及公共政策研究机构等参阅。十八年来，生态环境部环境规划院已经出版了 250 多期《重要环境决策参考》。这些研究报告得到了国务院政策研究部门和国家有关部委的高度评价和重视，而且许多建议和政策方案已被相关政府部门采纳。这也是我们继续做好这项工作的欣慰和动力所在。

　　为了加强对国家环境规划、重要环境政策和重大环境工程决策的技术支持，让更多的政府公共决策官员、环境管理人员、环境科技工作者分享这些研究成果，生态环境部环境规划院对这些专题研究报告进行了分类整理，编辑成《中国环境政策》一书，分十卷已经公开出版。从第十一卷开始，更改为《中国环境规划与政策》。相信《中国环境规划与政策》的出版，对有关政府和部门研究制订环境规划与政策具有较好的参考价值。在此，感谢社会各界对生态环境部环境规划院的支持，同时也热忱欢迎大家发表不同的观点，共同探索新时期习近平生态文明思想指导下的中国生态环境保护，推动中国生态环境保护事业的蓬勃发展。

生态环境部环境规划院院长

中国工程院院士

2018 年 12 月 26 日

目 录

环境经济核算

环境经济政策

环境质量管理与污染防治

环境工程管理

环境经济核算

◆ 全国生态系统生产总值（GEP）核算研究报告 2015
◆ 国家环境经济核算体系（绿色 GDP2.0）项目研究进展报告
◆ 中国环境经济核算研究报告 2015

全国生态系统生产总值（GEP）核算研究报告 2015

China's Gross Ecosystem Product（GEP）
Accounting report in 2015

王金南　於　方　马国霞　饶　胜　周夏飞[①]

摘　要　基于空间分辨率 1km 的遥感影像数据，对我国 2015 年 31 个省份陆地生态系统生产总值（GEP）进行核算。核算结果显示：2015 年我国 GEP 为 72.81 万亿元，GGI 指数（GEP 与 GDP 比值）为 1.01，其中西藏和青海的 GGI 指数最高，大于 10。生态调节服务是生态系统最主要的生态服务类型，其价值为 53.14 万亿元，占 GEP 的 73.0%。湿地生态系统的生态服务量最大，为 28.08 万亿元，占 GEP 的 42.4%；其次是森林生态系统，为 19.89 万亿元，占 GEP 的 30.0%；草地生态系统为 10.66 万亿元，占 GEP 的 16.1%。单位面积 GEP 和人均 GEP 的区域差距较大，西部地区的人均 GEP 相对较高，东部地区的单位面积 GEP 相对较高。

关键词　生态系统生产总值　生态服务评估　价值核算　空间分布

Abstract　China's Gross Ecosystem Product(GEP) for terrestrial ecosystems was evaluated in 2015. Six land use types of terrestrial ecosystems(forest，wetland，grassland，cropland，urban，desert) were included in the analysis; GEP of thirty one provinces and autonomous regions of China were reported and contrasted. An index comparing the natural capital to the built capital called GGI（GEP to GDP Index）was introduced. The results indicated that: GEP for terrestrial ecosystems of 2015 was ¥72.81 trillion，the national GGI was 1.01. At provincial level，Tibet and Qinghai ranked first and second as measured by GGI. Among all the ecosystem services we evaluated，regulation service valued ¥53.14 trillion，accounting for 73% of GEP. For six land use types，wetland provided services worth of ¥28.08 trillion，accounting for 42.4% of GEP; followed by the forest and grassland which was ¥19.89 trillion and ¥10.66 trillion accounting for 30% and 16.1% of GEP respectively. Spatial distribution of GEP per capita and GEP per unit area varied significantly among regions in China，the GEP per capita in the western China was higher than eastern China.

Key words　Gross Ecosystem Product，ecosystem service valuation，nature capital auditing，spatial distribution

---

① 本书凡不标注作者联系方式的均为：生态环境部环境规划院，北京，100012。

1 前言

自改革开放以来，我国坚持以经济建设为中心，GDP 占世界比重由 1978 年的 1.8%提高到 2015 年的 15.5%，目前稳居世界第二位。但以 GDP 为导向的粗放型经济发展带来了高昂的资源和环境代价。我国二氧化碳等污染物排放量都处于世界前列，区域大气复合污染日趋严重，水环境质量改善不容乐观。同时，水土流失、土地沙化、土壤污染、草原退化和耕地锐减等问题导致我国生态破坏严重，生态环境已成为约束经济发展的重要"瓶颈"。根据环境保护部环境规划院 10 多年对环境污染损失和生态破坏损失的核算结果显示，我国生态环境损失占 GDP 比重的 3.5%左右。如何处理经济发展与生态环境之间的关系，一直是世界各国探讨的一个重要问题，在我国尤为突出。

党的十八大报告指出，要加强生态文明制度建设，把资源消耗、环境损害、生态效益纳入经济社会发展评价体系，建立体现生态文明要求的目标体系、考核办法、奖惩机制。十八届三中全会提出，必须建立系统完整的生态文明制度体系，用制度保护生态环境。对限制开发区域和生态脆弱的国家扶贫开发工作重点县取消地区生产总值考核。探索编制自然资源资产负债表，对领导干部实行自然资源资产离任审计。2015 年，中共中央、国务院发布了《关于加快推进生态文明建设的意见》和《生态文明体制改革总体方案》。2016 年，中央全面深化改革领导小组审议通过了《关于设立统一规范的国家生态文明试验区的意见》和《国家生态文明试验区（福建）实施方案》，全面、系统地提出了生态文明建设的指导思想、基本原则、主要目标和关键举措。建设生态文明是关系人民福祉、关乎民族未来的大计。习近平总书记通过"两山"论对经济发展与生态环境之间的辩证关系进行了高度概括，提出"我们既要绿水青山，也要金山银山；宁要绿水青山，不要金山银山；绿水青山就是金山银山"，"山水林田湖是一个生命共同体"。因此，保护我国经济发展基础的绿水青山，核算我国绿水青山的生态环境效益具有重要的政策引导作用。

20 世纪 90 年代以来，生态系统服务研究逐步成为地理学和生态学研究的热点和前沿。目前，生态系统服务研究已经涵盖全球、国家、地区等不同区域尺度和森林、湿地、草地等不同生态类型[1-4]。在全球生态系统服务价值的评估研究中，Daily 和 Costanza 等学者的研究最具有代表性[5-6]。1997 年，Costanza 等在 Nature 上发表全球生态系统服务价值估算的研究成果，得出全球生态系统服务年度价值是同期世界国民生产总值（GNP）的 1.8 倍，年均价值约 33 万亿美元[5]。90 年代，美国生态学会研究小组对生态系统服务功能进行了系统研究[6]。2001 年，联合国启动的千年生态系统评估，全面评估了全球生态系统的过去、现在及未来，推进了生态系统服务的理论、方法及其应用研究的开展，并指出全球 60%生态系统正在或已经退化，而人类活动是主要诱因之一[1]。

20 世纪 90 年代，国内学者开始尝试对全国或区域的生态资产价值估算。从生物多样性、环境净化、大气化学平衡的维持、土壤保护等方面，重点对地表水、草地、森林、湿地等类型的区域生态系统服务进行了深入研究，促使国内生态系统服务及其价值评估理论研究由实证探讨转向快速发展的新时期[2-3]。在全国生态系统服务价值评估中，欧阳志云等对中国陆地生态系统的服务价值进行了评估，主要从有机物质生产、固碳释氧、营养物质循环和储存、水土保持、涵养水源、净化环境等方面，得出中国陆地生态系统每年的服务价值为 30.488 万亿元[2]。陈仲新等对中国 10 个陆地生态系统和 2 个海洋生态系统进行评估，得出中国陆地生态系统每年的效益价值大约为 5.61 万亿元人民币，海洋生态系统效益为 2.17 万亿元[7]。潘耀忠[8]、毕晓丽[9]、何浩[10]、朱文泉[11]等结合遥感技术，对我国陆地生态系统每年的生态资产价值进行了估算，得出的我国陆地生态系统的生态价值在 4 万～13 万亿元。

在单个生态系统服务功能研究中，森林、草地、湿地和流域等生态系统服务功能是重点研究领域。薛达元对长白山自然保护区生态系统生物多样性价值进行了评估，主要对生产有机物、涵养水源、水土保持、固碳释氧、营养物质循环、污染物降解及文化存在价值等方面进行评估[12]。其后，肖寒等学者使用影子工程、市场价值、机会成本和替代成本等方法，对海南岛尖峰岭热带森林生态系统服务功能的经济价值进行了评价分析[13]。2001年，谢高地等依据 Costanza 划分的 17 类生态系统服务功能，评估得出我国草原服务价值为 0.15 万亿美元[14]；此外，谢高地等还根据 200 多位生态学者问卷调查的结果，提出了中国生态系统服务价值当量因子表[3]。长江口湿地生态系统[15]、洞庭湖湿地生态系统[16]等是我国湿地研究的重点区域。2002 年，辛馄等就盘锦地区的湿地生态系统服务功能，结合地理信息系统和野外调查及实验等方法进行了价值估算[17]。鲁春霞等对河流生态系统的休闲娱乐功能及价值进行评估，建立了相应的数量化评价方法[18]。

生态系统服务功能的评价模型经历了从静态估算向动态评估转变；研究内容由单项生态系统服务功能价值评估向时空动态变化评估的阶段演进；研究手段由传统技术逐步转变为传统与 GIS、RS、GPS 相结合的方式。已有的生态系统服务功能研究主要关注生态系统提供的生态调节服务，生态系统生产总值（GEP）是在生态系统调节服务功能的基础上，考虑了生态系统的产品供给服务和文化服务功能。生态系统生产总值是与 GDP 相关的生态系统服务流量的价值核算。根据对 Costanza[5]、千年生态系统评估（MA）①、联合国 SEEA 的实验生态账户[19]、欧阳志云②、森林生态系统服务功能评估规范③等开展的生态系统生产总值或 GEP 核算指标的总结，结合数据的可得性、核算指标的不重复性、方法的合理性等方面，提出了本报告的核算指标（表1）。

表 1 生态系统生产总值核算指标对比

功能类别	一级指标	二级指标	三级指标	Costanza	千年生态评估	SEEA 实验生态账户	欧阳志云	森林生态服务规范	报告
产品提供	产品提供	农业产品		√	√	√	√	×	√
		林业产品		√	√	√	√	×	√
		畜牧业产品		√	√	√	√	×	√
		渔业产品		√	√	√	√	×	√
		生物能源		×	×	√	√	×	√

① 指标来自联合国发布的《千年生态系统评估报告》（Millennium Ecosystem Assessment，MA）。
② 指标主要来自中科院生态中心欧阳志云等完成的《2014 年全国生态系统生产总值（GEP）核算报告》。
③ 林业行业标准：森林生态系统服务功能评估规范（LY/T 1721—2008）。

功能类别	一级指标	二级指标	三级指标	Costanza	千年生态评估	SEEA实验生态账户	欧阳志云	森林生态服务规范	报告
产品提供	产品提供	水资源		√	√	√	√	×	√
		遗传物质	种子资源	×	×	√	×	×	√
		其他		√	√	√	×	√	√
调节功能	水源涵养	水源涵养	调节水量	√	√	√	√	√	√
	土壤保持	保土	减少泥沙淤积	√	√	√	√	√	√
		保肥	氮	√	√	√	√	√	√
			磷	√	√	√	√	√	√
			钾	√	√	√	√	√	√
			有机质	√	√	√	×	√	√
	防风固沙	防风固沙		√	×	√	√	√	√
	洪水调蓄	湖泊调蓄		√	√	√	√	√	√
		水库调蓄		√	√	√	√	√	√
		沼泽调蓄		√	√	√	√	√	√
	空气净化	净化二氧化硫		×	√	√	√	√	√
		净化氮氧化物		×	√	√	√	√	√
		净化工业粉尘		×	√	√	√	√	√
		净化氨		×	√	√	×	×	√
		净化 PM$_{2.5}$		×	√	×	×	×	√
		净化臭氧和甲烷		×	√	×	×	×	×
	水质净化	净化COD		×	×	√	√	×	×
		净化总氮		√	×	√	√	×	×
		净化总磷		√	×	√	√	×	×
		净化氨氮		×	×	×	×	×	√
		净化硝酸盐		×	√	×	×	×	×
	固碳释氧	固碳		√	√	√	√	√	√
		释氧		√	√	√	√	√	√
	气候调节	森林降温增湿		×	×	√	√	×	×
		灌丛降温增湿		×	×	√	√	×	×
		草地降温增湿		×	×	√	√	×	√
		水面降温增湿		×	×	√	√	×	×
	病虫害控制	森林病虫害控制		×	√	√	√	×	×
		草原病虫害控制		×	√	√	√	×	×
	噪声调节			×	×	√	×	√	×
	营养元素循环			√	×	×	×	√	×
	生物多样性保护	栖息地和基因库保护		×	√	×	×	√	×
		物种多样性		√	×	×	×	√	×
		生物避难所		√	×	×	×	×	×
		授粉		×	√	×	×	×	×
	调节疾病			×	√	×	×	×	×
	调节自然灾害			×	√	×	×	×	×

功能类别	一级指标	二级指标	三级指标	Costanza	千年生态评估	SEEA 实验生态账户	欧阳志云	森林生态服务规范	报告
文化功能	自然景观		景观游憩价值	×	×	√	√	√	√
			科学研究价值	√	√	√	×	√	×
		精神寄托和文化象征价值		×	√	√	×	×	×
			其他非使用价值	×	×	√	×	×	×

2 GEP 核算框架与思路

2.1 核算范围

基准年：2015 年。

空间：我国 31 个省（直辖市、自治区）。

生态系统：森林、湿地、草地、荒漠、农田、城市、海洋 7 大生态系统。

遥感数据分辨率：1 km。

2.2 核算指标

生态系统生产总值是生态系统产品价值、调节服务价值和文化服务价值的总和。其中：生态系统产品价值核算主要包括食物、原材料和能源；生态调节服务价值包括调节功能价值和防护功能价值；生态文化服务价值包括景观价值和文化价值（表 2），本报告核算的具体指标和生态系统（表 3）。

表 2 生态系统生产总值核算指标

内容	核算指标
生态系统产品	食物：粮食、蔬菜、水果、肉、蛋、奶、水产品等
	原材料：药材、木材、纤维、淡水、遗传物质等
	能源：生物能、水能、潮汐能、风能、热能等
	其他：花卉、苗木、装饰材料
生态调节服务	调节功能：涵养水源、调节气候、固碳释氧、保持土壤、降解污染物、传粉等
	防护功能：防风固沙、调蓄洪水、控制有害生物、预防与减轻风暴灾害等
生态文化服务	景观价值：旅游价值、美学价值等
	文化价值：文化认同、知识、教育、艺术灵感等

表3 不同生态系统生态服务功能核算表

指标	森林	草地	湿地	农田	城市	荒漠	海洋
产品供给	√	√	√	√	—	—	√
气候调节	√	√	√	×	×	×	—
固碳功能	√	√	√	×	√	√	—
释氧功能	√	√	√	×	√	√	—
水质净化功能	—	—	√	—	—	—	—
大气环境净化	√	√	√	√	√	√	—
水流动调节	√	√	√	—	—	—	—
病虫害防治	√	×	×	—	—	—	—
土壤保护功能	√	√	√	√	√	√	√
防风固沙功能	√	√	√	√	√	√	—
文化服务功能	—	—	—	—	—	—	—

注："√"拟评估；"×"未评估；"—"不适合评估。

2.3 GEP 核算思路

生态系统生产总值是分析与评价生态系统为人类生存与福祉提供的产品与服务的经济价值。生态系统生产总值是生态系统产品价值、调节服务价值和文化服务价值的总和。在生态系统服务功能价值评估中，通常将生态系统产品价值称为直接使用价值，将调节服务价值和文化服务价值称为间接使用价值。生态系统生产总值核算通常不包括生态支持服务功能，如土壤及其肥力的形成、营养物质循环、生物多样性维持等功能，原因是这些功能支撑了产品提供功能与生态调节功能，而不是直接为人类的福祉作出贡献，这些功能的作用已经体现在产品功能与调节功能之中。

生态系统生产总值核算的思路是源于生态系统服务功能及其生态经济价值评估与国内生产总值核算（图1）。根据生态系统服务功能评估的方法，生态系统生产总值可以从生态功能量和生态经济价值量两个角度核算。生态系统功能量的获取需要借助遥感影像解译数据，本报告利用中国科学院地理与资源研究所解译的 2015 年空间分辨率 1 km 的土地利用数据，并结合 MODIS NDVI 数据进行生态系统功能量计算。为反映不同功能价格变化对核算结果的敏感程度，固碳释氧和文化服务功能的单位价格按照高低两种不同价格进行核算。

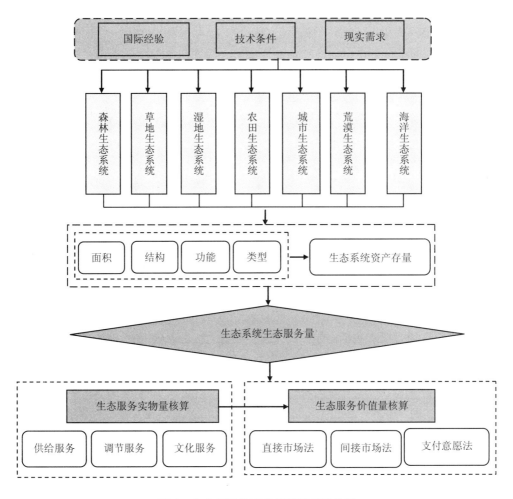

图 1　生态系统生产总值核算框架体系

3　GEP 核算方法与数据来源

3.1　生态产品供给服务

生态产品的供给服务（provisioning services）是指由生态系统产生的具有食用、医用、药用价值的物质和能源所提供的服务。生态产品供给服务所产生的价值由生态产品提供供给服务的实物量（physical unit）乘以实物量的单位价格进行核算。

3.1.1　核算方法

SEEA 2012 生态实验账户（EEA）推荐的生态产品供给服务实物量核算范围，包括水资源、农业资源、林业资源、畜牧业资源、渔业资源、能源以及其他资源等。根据对统计年鉴和文献梳理，共统计可核算三级指标 76 个（表 4）。其中水资源不包括地下水资源，因为地下水资源的采掘与供给与地理水循环相关，与生态系统功能不直接相关。可再生能源（包括风能、太阳能等）供给服务价值在 SEEA 核算中已包括在内，为避免重复计算，在生态价值核算中能源供给服务价值仅包括与生态服务价值相关的能源类型：水能，沼气利用和秸秆焚烧发电。根据 EEA 核算原则，航运资源（无论是客运还是货运）都未纳入生态产品供给服务价值核算中，故未列入核算范围。

表 4　生态产品供给服务价值核算类别

类别	内容	指标内容	理论可计算范围	实际计算范围
农产品	谷物	稻谷、小麦、玉米、谷子、高粱、大麦、糜子、莜麦、荞麦、粟谷、青稞、杂粮	√	√
	豆类	大豆、绿豆、红小豆	√	√
	薯类	马铃薯、甘薯、木薯	√	√
	油料	花生、油菜籽、芝麻、胡芝麻、向日葵籽	√	√
	棉花	棉花	√	√
	麻类	黄红麻、亚麻、苎麻、大麻	√	√
	糖类	甘蔗、甜菜	√	√
	烟叶	烤烟	√	√
	菌类	食用菌	√	√
	蔬菜	含菜用瓜	√	√
	茶叶	红茶、绿茶、青茶、黑茶、黄茶、白茶及其他茶	√	√
	瓜果类	西瓜、甜瓜、草莓	√	√
	水果	香蕉、苹果、柑、橘、橙、柚、梨、菠萝、葡萄、龙眼、猕猴桃、荔枝、椰子、桃子、红枣、柿子、杏子、山楂、石榴、樱桃、枇杷、橄榄、李子、杨梅、杧果	√	√
	特色作物	咖啡、胡麻、葵花、苜蓿、莲子、番茄、辣椒、打瓜籽、啤酒花、香料作物、园参、腰果、剑麻	√	—
林产品	木材及林副产品	木材、竹材、生漆、橡胶、松脂、油桐籽、油茶籽、核桃、板栗、紫胶、竹笋、花椒、八角、乌桕籽、棕片、山苍籽、五倍子、蘑菇、香菇、白木耳、松茸、黑木耳	√	√
畜产品	肉类	猪肉、牛肉、羊肉、禽肉、兔肉、骆驼	√	√
	奶类	牛奶、羊奶	√	√
	禽蛋	鸡蛋、鸭蛋、鹅蛋等	√	√
	动物皮毛	细绵羊毛、半细绵羊毛、羊绒、山羊毛、驼绒、牛皮、山羊皮、绵羊皮	√	√
	其他	蜂蜜、蚕茧、捕猎	√	√
水产品	海水产品	鱼类、虾蟹类、贝类、藻类及其他	√	√
	淡水产品	鱼类、虾蟹类、贝类及其他	√	√
水资源	用水量	农村用水、生活用水、工业用水、生态用水	√	√

类别	内容	指标内容	理论可计算范围	实际计算范围
能源	水能	发电量	√	√
	薪柴	薪柴量	√	—
	秸秆	固化产量	√	√
	沼气	沼气量	√	—
种子资源	农作物	水稻、玉米、小麦等	√	√
	林木种子	采集量	√	√
	花卉种子	种子用花卉、种苗用花卉、种球用花卉	√	√
	水产品种子	淡水鱼苗、河蟹育苗量、稚蟹、稚龟、海水鱼苗、虾类育苗量、贝类育苗量、海带育苗量、紫菜育苗量、海参育苗量	√	√
其他	装饰观赏资源	鲜切花类、盆栽植物类、观赏苗木、食用与药用花卉、工业及其他用途花卉、干燥花	√	—

注：实际核算范围中，标"—"的由于数据不可得，所以无法核算。

3.1.2　数据来源

农业、林业、畜牧业、渔业产品数据、水资源来自《中国统计年鉴》《中国农业统计资料》《中国畜牧业统计年鉴》《中国林业统计年鉴》《全国农产品成本收益汇编》等相关统计资料，能源数据来源于《中国能源统计年鉴》，全国统计年鉴中没有统计资料的数据来自省省市地方统计年鉴数据的累加。

3.2　气候调节

生态系统气候调节功能是生态系统通过蒸腾作用与光合作用，水面蒸发过程使大气温度降低、湿度增加的生态效应。生态系统通过植物的树冠遮挡阳光，减少阳光对地面的辐射热量，有降温效能；并通过光合作用吸收大量的太阳光能，减少光能向热能的转变，减缓了气温的升高。同时，生态系统通过蒸腾作用，将植物体内的水分以气体形式通过气孔扩散到空气中，使太阳光的热能转化为水分子的动能，消耗热量，降低空气温度，增加空气的湿度。

3.2.1　核算方法

3.2.1.1　功能量

（1）森林生态系统。森林常常采用生态系统吸收的太阳能量作为气候调节的功能量。

$$P_{ef} = GPP \times \gamma \tag{1}$$

式中：P_{ef}——森林生态系统吸收的太阳能量，J；

GPP——森林生态系统总初级生产力，t；

γ——有机质能量转换系数，J/t。

（2）草地生态系统。草地生态系统同森林生态系统一样，也采用生态系统吸收的太阳能量作为气候调节的功能量。

$$P_{eg} = GPP \times \gamma \tag{2}$$

式中：P_{eg} —— 草地生态系统吸收的太阳能量，J；

GPP —— 草地生态系统总初级生产力，t；

γ —— 有机质能量转换系数，J/t。

（3）湿地生态系统。湿地生态系统采用生态系统的总蒸散量作为气候调节的功能量。实际蒸散的计算模型主要有彭曼斯蒂模型（Penman-Monteith，P-M）模型、Shuttleworth-Wallace（S-W）模型等[20]。S-W 模型假设作物冠层为均匀覆盖，引入冠层阻力和土壤阻力两个参数，为由作物冠层和冠层下地表两部分组成的双源蒸散模型。P-M 模型充分考虑了影响蒸散的大气因素和作物生理因素，成为研究农田蒸散在机理上更完善的一个基本模型。本报告采用世界粮农组织（FAO）推荐的 P-M 计算潜在蒸散量，该模型不仅考虑了空气动力学的湍流传输与能量平衡，并且考虑了植被的生理特征，在干旱和湿润地区的计算精度均较高，是目前广泛应用的潜在蒸散计算模型。

$$P_{ew} = \frac{0.408\Delta(R_n - G) + \gamma \dfrac{900}{T+273} U_2(e_s - e_a)}{\Delta + \gamma(1 + 0.34U_2)} \tag{3}$$

式中：P_{ew} —— 潜在蒸散量，mm；

Δ —— 饱和水汽压曲线斜率，kPa/℃；

R_n —— 净辐射，MJ/（m²·d）；

G —— 土壤热通量，MJ/（m²·d）；

γ —— 干湿表常数，kPa/℃；

T —— 平均温度，℃；

U_2 —— 2 m 高处风速，m/s；

e_s —— 饱和水汽压，kPa；

e_a —— 实际水汽压，kPa。

3.2.1.2　价值量

（1）森林生态系统。

$$V_{ef} = EAE \times P_R \tag{4}$$

式中：V_{ef} —— 森林生态系统气候调节价值；

P_R —— 电价，以电能作为太阳能的替代产品，2015 年，电价实行阶梯式单价，实行分档递增，低于 240 kW·h，电价为 0.48 元；241～400 kW·h，电价为 0.54 元；大于 400 kW·h，电价为 0.79 元，本书电价取中间值 0.5 元。[①]

（2）草地生态系统。

$$V_{eg} = P_{eg} \times P_R \tag{5}$$

---

① http://www.lcdushi.com/shehui/20150415_33735.html。

式中：V_{eg} —— 草地生态系统气候调节价值；

P_R —— 电价，以电能作为太阳能的替代产品。

（3）湿地生态系统。湿地生态系统气候调节价值包括生态系统蒸发吸收热量降低温度和调节空气湿度带给人类的利益。常用的方法为替代成本法，即采用空调等效降温和加湿器等效增湿需要耗电的价格来计算[21-25]。

A. 调节温度：

$$V_{tw} = t / n \times P_{ew} \times P_R \qquad (6)$$

式中：V_{tw} —— 调节温度的价值；

t —— 标准大气压下水的汽化热，2 260 kJ/kg；

n —— 空调能效比；

P_R —— 电价。

B. 增加湿度：

$$V_{hw} = h \times P_{ew} \times P_R \qquad (7)$$

式中：V_{hw} —— 增加湿度的价值；

h —— 单位体积水蒸发耗电量，125 kW·h/m³。

3.2.2 数据来源

2015 年土地利用类型图来源中国科学院资源科学数据中心（http：//www.redc.cn），土地利用类型包括农田、林地、草地、水域、居民地和未利用土地 6 个一级类型以及 25 个二级类型。生态系统蒸散量估算所需的气象数据来自中国气象数据网（http：//data.cma.cn/），蒸散量估算公式的相关参数参考相关文献获得。

3.3 固碳功能

固碳是指生态系统中植物通过光合作用将大气中的二氧化碳转化为碳水化合物，并以有机碳的形式固定在植物体内或土壤中，即存留于生态系统中的碳。生态系统固碳主要通过 CO_2 的排放或清除（碳汇）来进行计算。

3.3.1 核算方法

3.3.1.1 功能量

一年生农田在一年周期内会完成种植、成熟、收割等全过程，残留生物质一般采用焚烧或还田方式进行处理，因此其全年的二氧化碳的排放量和排放量基本持平，也就是固碳释氧量为 0（不考虑土壤碳）。多年生农田（如果园等）可以利用 NPP 值计算其固碳释氧量，但受到遥感数据限制，不能区分我国 2015 年一年生农田和多年生农田各自的 NPP，因此本书没有评估多年生农田的固碳释氧部分。对于森林、灌丛、草地、荒漠和城镇生态系统，分别按照如下方法计算其固碳功能。

（1）森林。森林部分主要分析由于生物量生产总量（包括地上部和地下部）的增长，造成的年度碳库量变化。具体 CO_2 吸收量计算方法见式（8）：

$$P_{cfi} = NPP_{fi} \times CF_{fi} \times 44/12 \qquad (8)$$

式中：P_{cfi} —— 不同省区森林生态系统固碳量；

NPP_{fi} —— 不同省区的森林净初级生产力；

CF_{fi} —— 不同省区林地物种干物质碳比例。

（2）湿地。湿地生态系统的 NPP 主要为一年生植物产生，其碳汇功能主要体现在湿地土壤碳库的年沉积量，在多数湿地中，一次生产总量 90% 的碳通过衰减重新回到大气层[26]，未衰减的物质沉在水体底部，并累积在先前沉积的物质上。根据此原理湿地部分 CO_2 吸收量计算见式（9）：

$$P_{cwi} = NPP_{wi} \times CF_{wi} \times 0.1 \times 44/12 \qquad (9)$$

式中：P_{cwi} —— 不同省区湿地生态系统固碳量；

NPP_{wi} —— 不同省区的湿地净初级生产力；

CF_{wi} —— 不同省区湿地干物质碳比例。

（3）草地。草地部分主要分析由于生物量生产总量（包括地上和地下部）的增长，造成的年度碳库量变化，其 CO_2 吸收量计算方法详见式（10）：

$$P_{cgi} = NPP_{gi} \times CF_{gi} \times 44/12 \qquad (10)$$

式中：P_{cgi} —— 不同省区草地生态系统固碳量；

NPP_{gi} —— 不同省区的草地净初级生产力，数据来自遥感参数；

CF_{gi} —— 不同省份草地区域干物质碳比例。

（4）荒漠。荒漠部分主要分析由于生物量生产总量（包括地上部和地下部）的增长，造成的年度碳库量变化，其 CO_2 吸收量计算方法详见式（11）：

$$P_{cdi} = NPP_{di} \times CF_{di} \times 44/12 \qquad (11)$$

式中：P_{cdi} —— 不同省区荒漠生态系统固碳量；

NPP_{di} —— 不同省区的荒漠净初级生产力；

CF_{di} —— 不同省份荒漠地区干物质碳比例。

（5）城镇。作为聚居区，生物量变化主要来自树木、灌木和多年生草本植物（如草坪草和花园植物）的总和，其 CO_2 吸收量计算方法详见式（12）：

$$P_{cui} = NPP_{ui} \times CF_{ui} \times 44/12 \qquad (12)$$

式中：P_{cui} —— 不同省区城镇生态系统固碳量；

NPP_{ui} —— 净初级生产力；

CF_{ui} —— 城镇地区干物质碳比例。

3.3.1.2 价值量

二氧化碳成本或碳汇价格主要有工业减排成本法、碳税法、碳交易价格法、碳社会成本法 4 种核算方法，本报告主要采用美国环保局的碳社会成本法，见式（13）：

$$V_c = P_c \times \mathrm{CP} \tag{13}$$

式中：V_c—— 生态系统碳汇服务价值；

P_c—— 固碳量；

CP—— 碳社会成本。

3.3.2 数据来源

本书所用的 NPP 数据来自美国 NASA EOS/MODIS 的 2015 年 MOD17 A3 数据集（http：//www.ntsg.umt.edu/project/MOD17）。MOD17 A3 植被产品是基于 MODIS 传感器获得的，通过 Biome-BGC（biogeochemical cycles）模型计算出精确的陆地植被 NPP 年际变化数据产品[27]。该数据集已在全球和区域 NPP 与碳循环研究中得到广泛应用[28-30]。本书将覆盖整个中国的 22 景 MOD17 A3 数据合并为单景数据，并将其投影为 Albers 投影。

在《中国 2008 年温室气体清单研究》[31]中，我国根据 1980—2010 年有关林木生物量与生产力研究的 3 900 余条数据记录，对数据库按森林资源清查的林分优势树种（组）进行归并处理，并加权平均，得到森林系统各省份生物量含碳率（CF_{ij}）。其他没有在我国进行实际调查的生物量含碳率（CF_{ij}）将参考《2006 年 IPCC 国家温室气体清单指南》①中推荐的相关系数。CO_2 价格主要来自两种方式：①我国各碳交易试点省市的碳交易价格（参考北京、天津、上海、广东、湖北、重庆、深圳碳交易试点交易机构公开数据）；②美国环保局研究得到的碳社会成本（https：//www.epa.gov/climatechange/social-cost-carbon）。我国的碳交易价格在一定程度上体现了各地区的碳减排成本。碳社会成本则包括（不限于）气候变化造成洪涝风险增加、生态系统变化带来的农业生产、人体健康、财产损害等不利影响，相比较而言，碳社会成本更能全面定量地反映二氧化碳排放造成的损失。在本书中，前者为低值，后者为高值，最终选取高值。

3.4 释氧功能

生态系统中植物吸收 CO_2 的同时释放 O_2，不仅对全球的碳循环有着显著影响，也起到调节大气组分的作用。生态系统释氧功能主要通过光合作用进行，大部分情况下与固碳功能同步进行。

3.4.1 核算方法

（1）功能量。根据植物的光合作用基本原理，植物每固定 1gCO_2，就会释放 0.73gO_2。以此为基础，从生态系统的净初级生产力物质量可以测算出生态系统释放 O_2 的物质量。

---

① IPCC，2006 IPCC Guidelines for National Greenhouse Gas Inventories，2006，http：//www.ipcc-nggip.iges.or.jp/public/2006gl/index.html.

对于森林、灌丛、草地、荒漠生态系统，按式（14）计算。

$$P_o = P_c \times 0.73 \tag{14}$$

式中：P_o —— O_2 排放量。

湿地的碳库变化除取决于光合作用和一部分好氧呼吸外，还有很大一部分是厌氧呼吸过程。因此释氧量只考虑在光合作用下释放的氧气量，参见式（15）：

$$P_{owi} = NPP_{wi} \times CF_{wi} \times 0.73 \tag{15}$$

式中：P_{owi} —— 湿地生态系统 O_2 排放量。

（2）价值量。采用全国植被净初级生产力（NPP）与造氧价格来评价生态系统氧气供给价值，见式（16）：

$$V_o = P_o \times OP \tag{16}$$

式中：V_0 —— 植被产氧的价值；

OP —— 制氧成本。

3.4.2 数据来源

O_2 实物量核算过程中采用的参数都和 CO_2 实物量核算过程中采用参数相同。O_2 价格主要来自两种方式，其中高值是在《森林生态系统服务功能评估规范》（LYT 1721—2008）[32]推荐价格的基础上折现到 2015 年的现值，低值是根据当前的技术水平，根据相关文献得到的氧气制造价格。由于高值的推荐来源更加权威，在此选用前者。

3.5 水质净化

由于水质净化污染物是一系列物理、化学和生物因素共同作用的结果，基于地表水环境功能区划基础上的水环境容量能更好地体现生态系统真实的纳污能力，本报告采用湿地生态系统对 COD 和氨氮两种污染物的最大纳污能力，即 COD 和氨氮两种污染物的地表水水环境容量，来体现生态系统水质净化能力的功能量。

3.5.1 核算方法

运用 COD 和氨氮两种污染物的地表水水环境容量，分别乘以单位 COD 与氨氮处理的费用，来核算水质净化价值。

$$V_w = \sum_{i=1}^{2} c_i \times P_i \tag{17}$$

式中：V_w —— 生态系统水质净化的价值，万元；

c_i —— 治理水体污染物的成本，元/t；

P_i —— 年地表水水环境容量（COD/氨氮），万 t。

3.5.2　数据来源

地表水水环境容量主要来源于国家环境保护总局环境规划院 2006 年研究成果《全国地表水化学需氧量和氨氮环境容量计算与分析》，因缺失浙江和西藏的水环境容量数据，这两个省份的水环境容量数据来源于中国水利水电科学研究院的《全国水环境容量测算研究报告》（表 5）。治理成本主要来自环境保护部环境规划院开展的《中国环境经济核算技术指南》[33]，根据价格指数，得到 2015 年 COD 治理成本为 21.84 元/kg，氨氮治理成本为 8.02 元/kg。

表 5　全国地表水水环境容量　　　　　　　　单位：万 t

省份	COD	氨氮	省份	COD	氨氮
全国	1 038.914 2	42.166 6	河南	18.746 8	1.006 3
北京	0.728 6	0.019 1	湖北	41.100 7	1.459 8
天津	1.658 5	0.048	湖南	102.610 2	5.757 9
河北	3.769 8	0.118 6	广东	48.359 4	0.214 8
山西	0.796 1	0.052 7	广西	122.214 3	3.871
内蒙古	18.947 2	0.641 5	海南	10.453 2	0.377 9
辽宁	14.387 3	0.760 7	重庆	8.904 2	1.258 7
吉林	9.355	0.480 6	四川	124.722 3	3.869 8
黑龙江	42.446 3	2.139 1	贵州	48.409 8	2.092 4
上海	10.808 3	0.524 5	云南	95.639 1	4.209 2
江苏	31.818 6	1.458 8	西藏	3.69	0.25
浙江	42.54	2.13	陕西	13.288	0.662 7
安徽	58.232 8	2.379	甘肃	15.900 4	0.865 7
福建	65.053 4	2.132 1	青海	5.598 3	0.436
江西	54.858 7	1.833 9	宁夏	5.943 5	0.262 8
山东	9.651 5	0.401 7	新疆	8.281 9	0.451 3

3.6　大气环境净化

大气环境净化是指生态系统具有一定的自净能力，人类生产生活排放的废气进入周边环境后，生态系统通过一系列物理、化学和生物因素的共同作用，使环境介质中污染物浓度降低的过程。生态系统的大气环境净化主要包括：吸收硫化物、氮化物和粉尘等物质，过滤空气，维持大气成分的平衡，使空气得到净化。

3.6.1　计算方法

大气环境净化是一系列物理、化学和生物因素共同作用的结果，报告以全国 333 个地级城市 $PM_{2.5}$ 年均浓度达到《环境空气质量标准》（GB 3095—2012）为目标的大气环境容量，反映生态系统真实的纳污能力。本报告采用生态系统对二氧化硫、氮氧化物、一次 $PM_{2.5}$、氨 4 种污染物的最大纳污能力，即二氧化硫、氮氧化物、一次 $PM_{2.5}$、氨的大气环境容量，体现生态系统大气污染物净化能力的功能量。

（1）二氧化硫、氮氧化物净化价值计算方法。运用二氧化硫和氮氧化物两种污染物的大气环境容量，分别乘以单位二氧化硫与氮氧化物处理的费用，核算大气净化价值。

$$V_a = \sum_{i=1}^{2} c_i \times P_i \qquad (18)$$

式中：V_a——生态系统大气环境净化的价值，万元；

$\quad\quad c_i$——治理大气污染物的成本，元/t；

$\quad\quad P_i$——年大气污染物环境容量（二氧化硫/氮氧化物），万 t。

（2）一次 $PM_{2.5}$、氨净化价值计算方法。运用一次 $PM_{2.5}$、氨两种污染物的大气环境容量，参考排污收费的方法，分别除以污染物当量值，乘以单位当量收费标准。

$$v_a = \sum_{i=1}^{2} \frac{P_i \times C}{Q_i} \qquad (19)$$

式中：V_a——生态系统大气环境净化的价值，万元；

$\quad\quad Q_i$——污染物当量值，kg；

$\quad\quad P_i$——年大气污染物环境容量（$PM_{2.5}$、氨），万 t；

$\quad\quad C$——单位当量收费标准，元/单位当量。

3.6.2 数据来源

二氧化硫、氮氧化物、一次 $PM_{2.5}$、氨大气环境容量数据来源于环境保护部环境规划院 2014 年研究成果"基于全国城市 $PM_{2.5}$ 达标约束的大气环境容量模拟"（表 6）。单位治理成本根据环境保护部环境规划院的研究报告《中国环境经济核算技术指南》[33]，依据价格指数，得到 2015 年二氧化硫治理成本 1 170 元/t，氮氧化物治理成本为 3 363 元/t。根据《排污费收费标准及计算方法》，一次 $PM_{2.5}$、氨的污染物当量值分别为 2.18 kg 和 9.09 kg，单位当量收费标准为 0.6 元/单位当量。

表 6 二氧化硫、氮氧化物、一次 $PM_{2.5}$、氨的大气环境容量　　　　单位：万 t

省份	二氧化硫	氮氧化物	一次 $PM_{2.5}$	氨
北京	4.11	6.79	2.79	1.35
天津	8.68	10.70	3.57	1.57
河北	48.58	51.19	23.19	19.55
山西	85.37	66.08	34.78	10.90
内蒙古	130.96	118.77	42.67	39.52
辽宁	72.81	59.05	29.12	20.48
吉林	32.53	42.98	21.81	17.72
黑龙江	39.19	55.01	24.34	24.08
上海	14.40	22.78	5.40	1.70
江苏	52.38	63.37	24.57	28.40
浙江	39.74	45.36	14.15	11.59
安徽	20.78	30.71	16.80	17.52

省份	二氧化硫	氮氧化物	一次PM$_{2.5}$	氨
福建	39.05	43.71	18.73	18.91
江西	41.86	39.00	16.10	16.48
山东	70.92	57.17	33.85	27.61
河南	47.39	44.27	21.92	35.32
湖北	31.37	24.21	21.67	29.09
湖南	34.09	25.59	18.03	29.07
广东	68.95	105.72	37.21	35.16
广西	50.50	38.40	41.15	32.16
海南	3.11	8.03	3.18	6.84
重庆	35.07	20.78	14.32	15.55
四川	37.90	23.88	27.72	39.09
贵州	63.81	23.20	19.04	16.92
云南	65.47	46.52	31.76	47.26
西藏	0.42	3.83	0.57	9.59
陕西	60.43	47.06	21.50	19.15
甘肃	52.06	35.24	18.51	17.64
青海	14.37	9.89	5.98	6.85
宁夏	34.61	35.85	6.85	5.91
新疆	62.33	53.33	17.75	24.73
全国	1 363.26	1 258.48	619.04	627.71

3.7　水流动调节

生态系统的水流动调节功能是指生态系统调节水分涵养、洪水泛滥以及含水层补给的功能，主要包括洪水调蓄和水源涵养两种调节。湿地可以削减洪峰、滞后洪水过程，减少洪水造成的经济损失。森林和草地植物根系深入土壤，使土壤对雨水更有渗透性，具有涵养水源的功能。

3.7.1　计算方法

3.7.1.1　功能量

（1）洪水调蓄。洪水调蓄调节主要计算湖泊湿地、沼泽湿地、库塘湿地的洪水调节功能。

☞　湖泊湿地：根据饶恩明等（2014）[34]的研究，湖泊水量调节能力可以根据湖泊的面积（A）和湖泊换水次数（n）的经验模型计算出。

$$P_L = 100 \times n \times e^c \times A^r \qquad (20)$$

式中：P_L —— 湖泊水流量调节能力，m^3；

　　　A —— 湖泊面积，hm^2；

n —— 湖泊换水次数，次；

c、r —— 对应湖区的经验系数。

☞ 沼泽湿地：沼泽湿地的水流动调蓄功能体现在其滞留地表水和土壤的蓄水能力。这两项服务与湿地的面积和沼泽的水深存在直接的关系。据欧阳志云研究测算[35]，其他地区的沼泽地表蓄水量用洪水期沼泽的最大淹没深度（1m）乘以沼泽面积。东北地区的沼泽不仅地表有蓄水能力，而且沼泽土壤也具有极强的储水能力，其单位面积沼泽土壤的蓄水能力为 $2.47 \times 10^8 \mathrm{m}^3/\mathrm{hm}^2$。

沼泽湿地（除东北地区）洪水调节量：

$$P_S = 1.0 \times 10^8 \times S$$

东北地区沼泽湿地洪水调蓄能力：

$$P_S = 2.47 \times 10^8 \times S + 1.0 \times 10^8 \times S \qquad (21)$$

式中：P_S —— 沼泽湿地的水流动调节能力，m^3；

S —— 沼泽面积，hm^2。

☞ 库塘湿地：库塘湿地的水流动调节功能体现在其调蓄洪水的能力，通过库塘湿地的实际洪水调蓄库容来计算，库塘湿地的实际洪水调蓄库容按其总库容的 35%[34] 进行计算。

$$P_R = 0.35 \times C_t \qquad (22)$$

式中：P_R —— 水库防洪库容，m^3/a；

C_t —— 水库总库容，m^3。

（2）涵养水源。采用水量平衡法进行森林生态系统和草地生态系统涵养水源的水流动调节计算。

$$P_F = A(P - E) \qquad (23)$$

式中：P_F —— 森林生态系统和草地生态系统涵养水源的水流动调节功能量，m^3/a；

P —— 森林和草地生态系统年总降水量，mm；

E —— 森林和草地生态系统年总蒸散量，mm；

A —— 森林和草地面积，hm^2。

3.7.1.2   价值量

生态系统水流动调节价值量的估算方法采用替代工程法，以水库的建设成本来定量评价生态系统水流动调节的总价值。

$$V = W \times c \qquad (24)$$

式中：V —— 生态系统水流动调节的价值量，元/a；

W —— 生态系统水流动调节的功能量区，m^3；

c —— 建设单位库容的工程成本，元/m^3，根据《森林生态系统服务功能评估规范》（LYT 1721—2008），水库建设成本为 6.11 元/m^3，通过价格指数折算到 2015 年为 8.1 元/m^3。

3.7.2 数据来源

各省湿地的种类和面积数据来自"中国湿地资源系列图书",该系列图书以第二次全国湿地资源调查(2009—2013年)数据为基础编制,具体数据见表7。森林和草地生态系统的面积从土地利用类型图中统计获得,年蒸散量数据来自美国蒙大拿大学研究成果(http：//www.ntsg.umt.edu/project/mod16),年降雨量数据来自中国气象数据网(http：//data.cma.cn)。

表7 全国各类型湿地面积统计表　　　　单位：hm²

省份	湖泊	沼泽	库塘
北京	199.65	1 246.61	23 917.85
天津	3 615.45	10 935.76	144 435.21
河北	26 611.37	223 630.05	247 307.81
山西	3 130.96	8 151.36	43 730.72
内蒙古	566 218.79	4 848 896.24	131 770.00
辽宁	2 911.84	110 098.79	317 108.64
吉林	112 027.42	527 415.56	134 662.37
黑龙江	356 015.59	3 864 320.78	189 525.93
上海	5 795.16	9 289.20	55 635.55
江苏	536 672.22	28 031.77	874 008.54
浙江	8 793.24	743.54	266 838.22
安徽	361 134.72	42 854.59	328 252.96
福建	257.23	193.97	159 849.44
江西	374 090.92	25 827.10	199 394.10
山东	62 628.82	54 112.50	634 454.86
河南	6 900.63	4 867.32	247 172.69
湖北	276 919.87	36 916.33	680 775.79
湖南	385 797.72	29 287.54	206 242.59
广东省	1 534.81	3 621.49	595 308.59
广西	6 282.94	2 354.35	217 707.69
海南	556.91	43.68	78 003.99
重庆	263.49	62.01	119 535.74
四川	37 388.48	1 175 871.82	82 239.53
贵州	2 517.7	10 978.70	58 075.69
云南	118 486.26	32 212.10	170 928.63
西藏	3 035 200.41	2 054 255.03	5 010.23
陕西	7 597.92	11 034.16	32 271.18
甘肃	15 909.83	1 244 822.62	51 534.78
青海	1 470 302.22	5 645 406.98	142 596.22
宁夏	33 500.14	38 067.84	37 698.52
新疆	774 548.09	1 687 361.61	269 869.73

3.8　病虫害防治

生态系统通过食物链控制病虫害的传播，通常用受到影响的物种数量或者减少人类疾病、牲畜疾病的概率来表征。

3.8.1　计算方法

（1）功能量。林业病虫害除人工防治外，发生病虫害的区域主要依靠生态系统的病虫害控制达到自愈，这些自愈面积可作为生态系统病虫害控制功能量。

$$P_{pc} = \mathrm{NF}_a \times (\mathrm{MF}_a - \mathrm{NF}_r) \qquad (25)$$

式中：P_{pc} —— 病虫害控制功能量，hm^2；

NF_a —— 天然林面积，hm^2；

MF_a —— 人工林病虫害发生率，%；

NF_r —— 天然林病虫害发生率或综合防治农田病虫害发生率，%。

（2）价值量。林业病虫害控制可以用发生病虫害后自愈的面积和人工防治病虫害的成本进行价值核算。

$$V_b = \mathrm{NF}_a \times (\mathrm{MF}_a - \mathrm{NF}_r) \times P_b \qquad (26)$$

式中：V_{pc} —— 病虫害控制功能量，hm^2；

NF_a —— 天然林面积，hm^2；

MF_a —— 人工林病虫害发生率，%；

NF_r —— 天然林病虫害发生率或综合防治农田病虫害发生率，%；

P_b —— 单位面积病虫害防治的费用，万元/hm^2。

3.8.2　数据来源

发生病虫害和人工防治病虫害的林业面积来自《中国林业年鉴 2015》，见表 8。

表 8　全国森林面积和病虫害发生率

省份	人工林面积/万 hm^2	天然林面积/万 hm^2	森林病害发生率/%	森林虫害发生率/%
北京	37.15	21.58	1.45	4.25
天津	10.56	0.60	2.77	16.82
河北	220.90	173.93	0.56	8.43
山西	131.81	129.54	0.07	4.12
内蒙古	331.65	1 401.20	0.65	2.29
辽宁	307.08	210.13	1.21	10.58
吉林	160.56	602.47	0.26	1.75
黑龙江	246.53	1 715.60	0.23	1.20

省份	人工林面积/万 hm²	天然林面积/万 hm²	森林病害发生率/%	森林虫害发生率/%
上海	6.81	0	0.41	4.17
江苏	156.82	5.28	0.48	4.87
浙江	258.53	342.83	0.21	1.57
安徽	225.07	155.23	1.16	7.92
福建	377.69	423.58	0.12	2.61
江西	338.60	663.21	0.49	2.07
山东	244.52	10.08	1.96	9.16
河南	227.12	131.95	2.31	9.07
湖北	194.85	454.05	0.46	3.37
湖南	474.61	476.17	0.37	3.67
广东	557.89	325.72	0.19	3.33
广西	634.52	481.86	0.32	2.88
海南	136.20	51.57	0.02	0.57
重庆	92.55	153.80	1.48	5.46
四川	449.26	891.42	0.45	3.14
贵州	237.3	299.07	0.20	2.39
云南	414.11	1 335.98	0.38	1.70
西藏	4.88	844.25	0.55	0.97
陕西	236.97	532.16	0.27	2.86
甘肃	102.97	168.94	1.06	2.16
青海	7.44	34.05	0.41	7.19
宁夏	14.43	5.72	0.75	2.43
新疆	94.00	142.15	1.01	7.79

3.9 土壤保持

土壤保持是生态系统（如森林、草地等）通过其结构与过程，减少水蚀所导致的土壤侵蚀作用。土壤保护功能主要与气候、土壤、地形和植被有关。

3.9.1 核算方法

3.9.1.1 功能量

通用土壤流失方程（USLE）是世界范围内应用最广泛的土壤侵蚀预报模型。本报告采用该模型进行全国土壤保护功能的评估。

土壤侵蚀量 USLE：

$$USLE = R \times K \times LS \times C \times P \tag{27}$$

土壤保持量 SC：

$$SC = R \times K \times LS(1 - C \times P) \tag{28}$$

（1）R：降雨侵蚀力因子。

$$\overline{R} = \sum_{k=1}^{24} \overline{R}_{\text{半月}k} \qquad \overline{R} = \frac{1}{N} \sum_{i=1}^{N} \alpha \sum_{j=1}^{m} P_{\text{d}ij}^{\beta}$$

$$\alpha = 21.239 \beta^{-7.396\,7} \qquad \beta = 0.624\,3 + \frac{27.346}{\overline{P}_{\text{d}12}} \qquad \overline{P}_{\text{d}12} = \frac{1}{n} \sum_{i=1}^{n} P_{\text{d}i} \tag{29}$$

式中：$\overline{R}$ —— 多年平均年降雨侵蚀力，$\text{MJ·mm/（hm}^2\text{·h·a）}$；

$\overline{R}_{\text{半月}k}$ —— 第 k 半月的多年平均降雨侵蚀力，$\text{MJ·mm/（hm}^2\text{·h）}$；

$P_{\text{d}ij}$ —— 第 i 年第 k 半月第 j 日大于等于 12 mm 的日雨量；

α、β —— 回归系数；

$\overline{P}_{\text{d}12}$ —— 日雨量大于等于 12 mm 的日平均值，mm；

$P_{\text{d}i}$ —— 统计时段内第 i 日大于等于 1 2mm 的日雨量；

k —— 1 年 24 个半月（k=1，2，…，24）；

i —— 年数（i=1，2，…，N）；

j —— 第 i 年第 k 半月日雨量大于等于 12 mm 的日数（j=1，2，…，m）；

l —— 统计时段内所有日雨量大于等于 12 mm 的日数（l=1，2，…，n）。

由各雨量站的多年日雨量数据计算站点 $\overline{R}$ 后，通过 Kriging 插值法进行空间内插，得到降雨侵蚀力栅格图层，精度与其他图层一致。

（2）K：土壤可蚀性因子。

$$\begin{aligned}
K_0 = &\left\{ 0.2 + 0.3 \exp\left[-0.025\,6 m_s (1 - m_{\text{silt}} / 100)\right] \right\} \times \left[m_{\text{sit}} / (m_c + m_{\text{sit}})^{0.3} \right] \\
&\times \left\{ 1 - 0.25 \text{org}C / \left[\text{org}C + \exp(3.72 - 2.95\,\text{org}C) \right] \right\} \\
&\times \left\{ 1 - 0.7(1 - m_s / 100) \right\} / \left\{ (1 - m_s / 100) + \exp[-5.51 + 22.9(1 - m_s / 100)] \right\}
\end{aligned} \tag{30}$$

$$K = (-0.013\,83 + 0.515\,75 \times K_0) \times 0.131\,7 \tag{31}$$

式中：K —— 土壤可蚀性因子，$\text{t·hm}^2\text{·h/（hm}^2\text{·MJ·mm）}$；

m_s —— 土壤砂粒质量分数；

m_{silt} —— 土壤粉粒质量分数；

m_c —— 土壤黏粒质量分数；

$\text{org}C$ —— 有机碳质量分数。

（3）LS：坡长-坡度因子。

$$S = \begin{cases} 10.8 \sin\theta & \theta < 5° \\ 16.8 \sin\theta - 0.5 & 5° \leqslant \theta < 10° \\ 21.91 \sin\theta - 0.96 & \theta \geqslant 10° \end{cases} \tag{32}$$

$$L = \left(\frac{\lambda}{22.13}\right)^m \tag{33}$$

$$m = \beta/1+\beta \quad \beta = (\sin\theta/0.089)\Big/\left[3.0\times(\sin\theta)^{0.8}+0.56\right]$$

式中：θ —— 坡度，(°)；

　　　λ —— 坡长，m。

（4）C：植被覆盖与管理因子。

采用蔡崇法建立的覆盖度与 C 值的关系来计算 C 值。

$$f_c = \frac{NDVI - NDVI_{min}}{NDVI_{max} - NDVI_{min}} \tag{34}$$

$$C = \begin{cases} 1 & 0 \leqslant f_c < 0.1\% \\ 0.650\,8 - 0.343\,6\lg(f_c) & 0.1\% \leqslant f_c < 78.3\% \\ 0 & f_c \geqslant 78.3\% \end{cases} \tag{35}$$

式中：f_c —— 植被覆盖度，%；

　　　C —— 植被覆盖与管理因子；

　　　NDVI —— 归一化植被指数；

　　　$NDVI_{max}$、$NDVI_{min}$ —— 研究区 NDVI 的最大值和最小值。

（5）P：水土保持措施因子。

按照生态系统类型赋值法确定 P 值（表 9）。

表 9　P 值

类型	森林	灌丛	园地	水田	旱地	水域	城市及建设用地	裸地	草地
P	1	1	0.69	0.15	0.352	0	0.01	1	1

3.9.1.2　价值量

生态系统土壤保持价值运用机会成本法和替代工程法，从减少面源污染和减轻泥沙淤积灾害两个方面评价植被对土壤保持的经济价值。土壤侵蚀使大量的土壤营养物质（主要是 N、P、K）流失，这些流失的营养元素进入水体中，产生面源污染问题。按照我国主要流域的泥沙运动规律，全国土壤侵蚀流失的泥沙 24% 淤积于水库、河流、湖泊中，需要清淤作业消除影响。

$$V_{1n} = (24\% \times A_c \times C/\rho)/10\,000 \tag{36}$$

式中：V_{1n} —— 土壤保持的经济效益，万元；

　　　A_c —— 土壤保持量，t；

　　　C —— 建设单位库容的工程成本，元/m³，根据《森林生态系统服务功能评估规范》

　　　　　 （LYT 1721—2008），水库建设成本为 6.11 元/m³，折算到 2015 年为 8.1 元/m³；

ρ —— 土壤容重，t/m^3。

$$V_{1f} = \sum_i A_c \times C_i \times R_i \times P_i / 10\,000 \tag{37}$$

式中：V_{1f} —— 减少面源污染经济效益，万元；

A_c —— 土壤保持量，t；

C_i —— 土壤中氮、磷、钾和有机质的纯含量；

R_i —— 氮、磷、钾元素和有机质转换成相应肥料（尿素、过磷酸钙和氯化钾）及碳的比率，分别为 2.17、8.33、2.22、0.58；

P_i —— 尿素、过磷酸钙、氯化钾、有机质（转化成碳）价格，元。

3.9.2 数据来源

NDVI 数据为 2015 年的 MOD13A3 数据，来源于美国国家航空航天局（NASA）的 EOS/MODIS 数据产品（http://e4ftl01.cr.usgs.gov），空间分辨率为 1km×1km，时间分辨率为 1 个月。日降水量数据来源于中国气象数据网（http://data.cma.cn/）；土壤类型数据来源于中科院南京土壤研究所，DEM、生态系统分类数据来源于中科院地理所，空间分辨率为 1 km；尿素价格取 2015 年平均值 1 300 元（http://wenku.baidu.com/link？url= KCpCJtwWU9M1IlMTpnt_mJ0_dZHQxSnGoYTbTqFkEzQ7o3VwB_5ASKn_XUiNh4tKPRA woO7np9v3IgWlQGlBFUlwLvX4ZaCc0k3ST6RR73&qq-pf-to=pcqq.c2c），过磷酸钙价格取 2015 年平均值 2 950 元（http://www.qianzhan.com/qzdata/detail/147/151124-2975f75e），氯化钾价格取 2015 年平均值 2 250 元（http://www.qianzhan.com/qzdata/detail/147/151124-e7bf8b09.html）。

3.10 防风固沙

防风固沙是生态系统（如森林、草地等）通过其结构与过程，减少风蚀所导致的土壤侵蚀的功能，防风固沙功能主要与风速、降雨、温度、土壤、地形和植被等因素密切相关。

3.10.1 核算方法

3.10.1.1 功能量

选用修正风蚀方程 RWEQ，评估我国的防风固沙功能。

潜在风蚀量：

$$S_L = \frac{2 \cdot z}{S^2} Q_{\max} \cdot e^{-(z/s)^2}$$
$$S = 150.71 \times (\text{WF} \times \text{EF} \times \text{SCF} \times K' \times C)^{-0.3711} \tag{38}$$
$$Q_{\max} = 109.8(\text{WF} \times \text{EF} \times \text{SCF} \times K' \times C)$$

防风固沙量：

$$SR = \frac{2 \cdot z}{S^2} Q_{\max} \cdot e^{-(z/s)^2}$$

$$S = 150.71 \cdot \left[WF \times EF \times SCF \times K' \times (1-C) \right]^{-0.3711} \quad （39）$$

$$Q_{\max} = 109.8 \left[WF \times EF \times SCF \times K' \times (1-C) \right]$$

式中：S_L —— 潜在风蚀量，kg/m^2；

　　　SR —— 防风固沙量，kg/m^2；

　　　S —— 区域侵蚀系数；

　　　$Q_{\max}$ —— 风蚀最大转移量，kg/m。

（1）WF：气象因子。

$$WF = wf \times \frac{\rho}{g} \times SW \times SD$$

$$wf = \frac{\displaystyle\sum_{i=1}^{N} u_2 (u_2 - u_1)^2}{500} \times N_d \quad （40）$$

$$SW = \frac{ET_p - (R+I)(R_d / N_d)}{ET_p}$$

$$ET_p = 0.016\,2\,\frac{SR}{58.5}(DT + 17.8)$$

式中：WF —— 气象因子；

　　　wf —— 风场强度因子；

　　　ρ —— 空气密度，kg/m^3；

　　　g —— 重力加速度，m/s^2；

　　　SW —— 土壤湿度因子；

　　　SD —— 雪盖因子，无积雪覆盖天数/研究总天数；

　　　u_2 —— 监测风速，m/s，以气象站月监测风速值采用空间插值法获得风速栅格图层。

　　　　　为减小误差，需剔除高山气象站风速数据；

　　　u_1 —— 起沙风速，取 5 m/s；

　　　N_d —— 计算周期天数；

　　　SR —— 太阳辐射量，cal/cm^2；

　　　DT —— 平均温度，℃；

　　　ET_p —— 潜在蒸发量，mm；

　　　R —— 平均降水量，mm；

　　　I —— 灌溉量（本次取 0）。

（2）EF：土壤可蚀性因子。

$$EF = \frac{29.09 + 0.31sa + 0.17si + 0.33(sa / cl) - 2.59OM - 0.95caca_3}{100} \quad （41）$$

式中：EF —— 土壤可蚀因子；

　　　sa —— 土壤粗砂含量；

si —— 土壤粉砂含量；

cl —— 土壤黏粒含量；

OM —— 有机质含量。

（3）SCF：土壤结皮因子。

$$SCF = \frac{1}{1 + 0.006\ 6(cl)^2 + 0.021(OM)^2} \qquad (42)$$

式中：SCF —— 土壤结皮因子；

　　　cl —— 土壤黏粒含量；

　　　OM —— 有机质含量。

（4）C：植被覆盖因子。

$$C = \exp\left(-\alpha \times \frac{NDVI}{\beta - NDVI}\right) \qquad (43)$$

式中：α、β —— 常数系数，α为2、β为1；

　　　NDVI —— 归一化植被指数。

（5）K'：地表粗糙度因子。

$$K' = \cos\alpha \qquad (44)$$

式中：α —— 地形坡度，利用 ArcGIS 软件中的 Slope 工具实现。

3.10.1.2　价值量

风沙扬起后，在输送途径中会因重力作用沉降堆积，覆盖表土后形成沙化层，使之失去利用价值。治理这些沙化土壤的成本可以作为防风固沙功能的价值量。

$$V_d = Q_d \div \rho \div h \times c \qquad (45)$$

式中：V_d —— 全国生态系统防风固沙价值，万元/a；

　　　Q_d —— 固沙量，t；

　　　ρ —— 沙砾堆积密度；

　　　h —— 土壤沙化标准覆沙厚度；

　　　c —— 治沙工程的平均成本。

其中，沙砾堆积密度采用 1.4 t/m³ 计算，沙化土壤覆沙厚度取 0.1 m，治沙成本采用我国主要输沙区黄土高原治沙将沙荒地恢复成农用地的平均成本 3.45×10⁴ 元/hm²。

3.10.2　数据来源

本书所用的 NDVI 数据为 2015 年的 MOD13A3 数据，来源于美国国家航空航天局（NASA）的 EOS/MODIS 数据产品（http：//e4ftl01.cr.usgs.gov），空间分辨率为 1 km×1 km，时间分辨率为 1 个月。日降水量数据来源于中国气象数据网（http：//data.cma.cn/）；土壤类型数据来源于中科院南京土壤研究所，DEM、生态系统分类数据来源于中国科学院地理与资源研究所，空间分辨率为 1 km；治沙成本采用《内蒙古自治区草地植被恢复费征用使用管理办法》的草地植被恢复费 3.75 元/m²。

3.10.3 文化服务

生态系统文化服务功能是指源于生态系统组分和过程的文学艺术灵感、知识、教育和景观美学等生态文化功能。

（1）评价方法。采用旅行费用法，具体以旅游收入近似代替，采用高低两种方案，即假设自然景观的旅游收入分别占总旅游收入的 30% 和 70%，最终得出生态系统文化服务价值估算结果。

（2）数据来源。《中国统计年鉴 2015》、全国各省统计年鉴或国民经济和社会发展统计公报，旅游总收入数据。

4 2015 年我国 GEP 核算结果

4.1 生态系统面积与净初级生产力指标分析

根据土地利用类型图划分了六大生态系统：森林生态系统、草地生态系统、农田生态系统、湿地生态系统、城镇生态系统、荒漠生态系统。2015 年，我国草地总面积为 264.77 万 km^2，占生态系统的 28%；森林总面积为 224.95 万 km^2，占比为 23.8%；农田面积为 178.84 万 km^2，占比为 18.9%；湿地总面积为 41.44 万 km^2，占比为 4.4%；城镇面积为 25.55 万 km^2，占比为 2.7%；荒漠面积为 209.59 万 km^2，占比为 22.18%（图 2）。从空间分布上来看，森林主要集中在云南、黑龙江、内蒙古、四川、西藏、广西等省份；草地主要集中在西藏、新疆、内蒙古、青海等西部省份；农田主要集中在黑龙江、内蒙古、四川、河南、山东、河北等省份；湿地主要集中在西藏、内蒙古、黑龙江、青海等省份。

净初级生产力（Net Primary Productivity，NPP）是生态系统中绿色植被用于生长、发育和繁殖的能量值，也是生态系统中其他生物成员生存和繁衍的物质基础。面积是反映不同生态系统的数量指标，净初级生产力是反映不同生态系统质量的重要指标。2015 年，我国森林生态系统 NPP 为 12.68 亿 t，占比为 45.9%；农田生态系统 NPP 为 7.85 亿 t，占比为 28.4%；草地生态系统 NPP 为 5.15 亿 t，占比为 18.6%；荒漠、湿地和城镇生态系统 NPP 相对较少，占比分别为 3%、2.75% 和 1.4%（图 3）。从单位生态系统面积的 NPP 指标看，森林和农田生态系统相对最高，分别为 563.6 t/km^2 和 439.1 t/km^2；草地和湿地生态系统单位面积的 NPP 分别为 194.5 t/km^2 和 183.2 t/km^2；荒漠生态系统单位面积的 NPP 最小，为 18.2 t/km^2。从 31 个省份 NPP 的空间分布看，云南（3.47 亿 t）、四川（2.73 亿 t）、内蒙古（1.87 亿 t）、黑龙江（1.57 亿 t）、广西（1.46 亿 t）和西藏（1.25 亿 t）等省份的 NPP 相对最高，占全部 NPP 的比重为 44.7%。

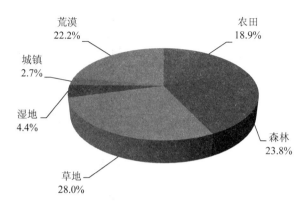

图 2　2015 年不同生态系统面积比例

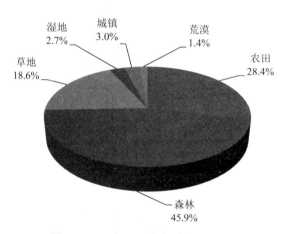

图 3　2015 年不同生态系统 NPP 比例

4.2　不同生态功能 GEP 核算

4.2.1　不同生态功能 GEP 占比

2015 年，我国生态系统生产总值（GEP）核算结果是 72.81 万亿元，是 2015 年 GDP 的 1.007 倍。从不同生态系统提供的生态服务价值看：①湿地生态系统的生态服务量相对最大，为 28.08 万亿元，占比为 42.4%；②森林生态系统，为 19.89 万亿元，占比为 30.0%；③草地生态系统为 10.66 万亿元，占比为 16.1%；④农田和城市生态系统的服务量分别为 6.11 万亿元和 0.39 万亿元，分别占比为 9.22% 和 0.59%；⑤荒漠生态系统提供的生态服务量最小，为 0.36 万亿元，占比为 0.55%，见表 10。从全部生态系统提供的不同生态服务功能看，2015 年，全部生态系统提供的产品供给服务为 13.12 万亿元，占比为 17.6%；调节服务功能为 53.14 万亿元，占比为 73.0%；文化服务功能为 6.55 万亿元，占比为 9%（图 4）。在调节服务功能中，气候调节服务量最大，为 31.72 万亿元；其次是水流动调节，为 10.76 万亿元，固碳释氧功能合计为 5.91 万亿元。

表 10 不同生态系统的生态服务功能价值量   单位：亿元

指标	森林	草地	湿地	农田	城市	荒漠	海洋	合计
产品供给	1 376.5	30 220.9	38 270.6	53 604.3	—	—	7 701.5	1 376.5
气候调节	80 280.9	34 360.8	202 530.5	0.0	0.0	0	—	317 172.2
固碳功能	18 056.6	6 917.0	102.0	×	1 159.9	543.6	—	26 779.1
释氧功能	21 081.9	8 076.0	1 190.8	×	1 354.2	634.7	—	32 337.6
水质净化	—	—	2 302.8	—	—	—	—	2 302.8
大气环境净化	198.5	100.7	24.8	196.8	39.3	43.8	—	603.9
水流动调节	53 870.8	18 467.0	35 246.3				—	107 584.1
病虫害防治	71.7	×	×				—	71.7
土壤保持	23 588.1	7 003.5	1 053.2	7 036.2	1 335.4	1 042.3	—	41 058.7
防风固沙	346.8	1 435.6	56.4	223.9	27.9	1 350.7	—	3 441.3
文化服务	—	—	—	—	—	—	—	65 527.4

注：文化服务功能无法分解到不同生态系统，只有合计。大气环境净化功能以不同生态系统的面积为依据进行分解。"×"表示未评估，"－"表示不适合评估。

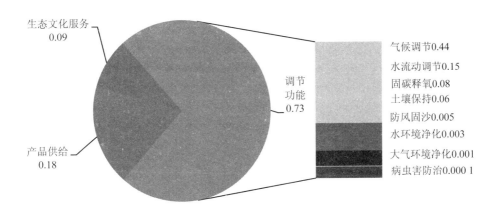

图 4 不同生态服务功能价值占比

4.2.2 产品供给

我国生态系统产品供给价值共计 13.12 万亿元，其中，农田生态系统生态产品供给为 5.56 万亿元，占比 42.4%；湿地生态系统生态产品供给为 3.83 万亿元，占比 29.2%；草地生态系统生态产品供给为 3.02 亿元，占比为 23.0%；森林生态系统的生态产品供给为 0.14

万亿元，占比为 1.05%；海洋生态系统的生态产品供给为 0.77 万亿元，占比为 5.87%（图 5）。从不同省份来看，各省生态系统产品供给差异较大，广东和山东省在全国的生态系统产品供给价值最高均超过了 10 000 亿元，河南省贡献了 8 000 多亿元，位居第三。广东生态系统产品供给量大主要贡献来源于水产品。广东淡水鱼苗共 8 000 亿尾，产值约为3 164 亿元，占其生态系统产品供给的 40.14%，其他省份除湖北淡水鱼苗超过 1 000 亿尾外，没有超过 500 亿尾鱼苗的。总体而言，我国农业大省的生态系统产品供给量相对都较大，广东、山东、河南、江苏、四川、河北、湖北、福建、湖南和新疆 10 个省份的生态系统产品供给占比达到 56%（图 6）。

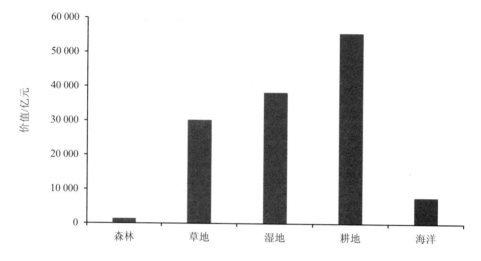

图 5　不同生态系统产品供给服务价值量核算

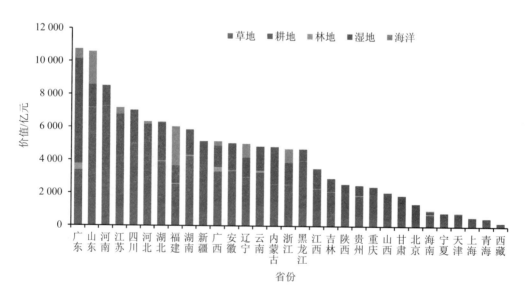

图 6　31 个省份生态系统产品供给核算

4.2.3　气候调节

2015 年，全国森林、草地生态系统的面积分别为 224.95 万 km²、264.77 万 km²，单位面积森林、草地蒸腾吸热量参考《北京城市绿地的蒸腾降温功能及其经济价值评估》，分别为 70.40 kJ/（m²·d）、25.60 kJ/（m²·d），全国因植被蒸腾吸热总消耗能量为 229 283.36 亿 kW·h，其中，森林蒸腾吸热消耗能量为 160 561.74 亿 kW·h；草地蒸腾吸热消耗能量为 68 721.62 亿 kW·h。2015 年，全国湿地的总面积为 40.89 km²，年蒸散量为 1 211.82 亿 m³。

2015 年，气候调节总价值为 31.7 万亿元，占 GEP 总价值的 42.5%；其中，森林生态系统气候调节价值为 8.03 万亿元，占气候调节总价值的 25.3%；草地为 3.44 万亿元，占气候调节总价值的 10.8%；湿地为 20.25 万亿元，占气候调节总价值的 63.9%（图 7）。全国气候调节价值较高的省份有 4 个，内蒙古（5.04 万亿元）、黑龙江（4.38 万亿元）、西藏（3.41 万亿元）、青海（2.09 万亿元）；四川、湖北、湖南、广东、广西、云南、新疆等省份也都具有相对较高的气候调节价值，位于 1.6 万~1 万亿元。而华东大部、华北地区的气候调节价值则相对较小。

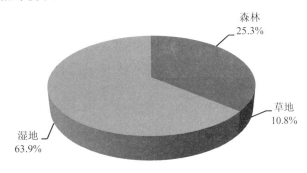

图 7　各生态系统气候调节价值占比

4.2.4　水流动调节

水流动调节主要有水源涵养和洪水调蓄两部分功能组成。其中水源涵养价值是生态系统通过吸收、渗透降水，增加地表有效水的蓄积，有效涵养土壤水分、缓和地表径流和补充地下水、调节河川流量而产生的生态效应。本书主要计算了森林生态系统和草地生态系统的水源涵养价值。2015 年，我国森林和草地的水源涵养价值为 7.23 万亿元，其中，森林生态系统的水源涵养价值为 5.39 万亿元，草地生态系统的水源涵养价值为 1.85 万亿元（图 8）。我国水源涵养呈现自东南向西北递减的空间趋势（图 9），广西（0.93 亿元）、江西（0.80 亿元）、云南（0.66 亿元）、湖南（0.62 亿元）、福建（0.54 亿元）、浙江（0.51 亿元）等省份水源涵养价值较大，占全国水源涵养价值的 56.2%。洪水调蓄功能指湿地生态系统（湖泊、水库、沼泽等）通过蓄积洪峰水量，削减洪峰从而减轻河流水系洪水威胁产生的生态效应。2015 年，我国湿地生态系统的洪水调蓄价值为 3.52 万亿元。

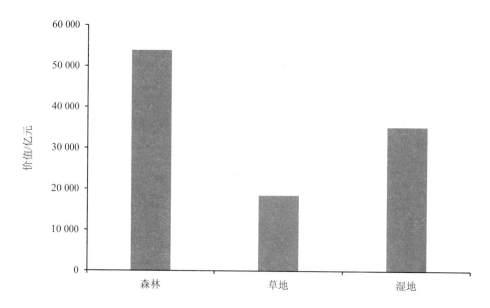

图8　不同生态系统的水流动调节价值

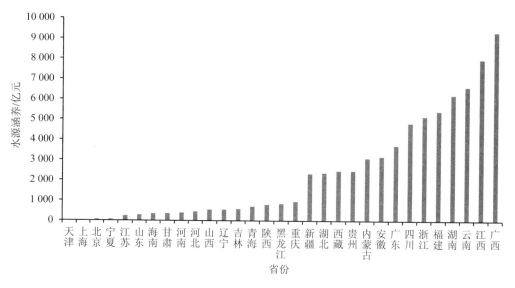

图9　31个省份水源涵养价值

　　从31个省份的水流动调节看，黑龙江（1.21万亿元）、广西（0.94万亿元）、江西（0.84万亿元）、内蒙古（0.75万亿元）、云南（0.68万亿元）5个省份的水流动调节价值最大，占到全国31个省份的41.1%。这5个省份除黑龙江和内蒙古水流动调节主要是湿地系统的洪水调蓄导致的之外，其他3个省份水流动调节主要来自森林生态系统的水源涵养价值，其中，广西、江西和湖南3个省份森林生态系统的水源涵养价值占其水流动调节的比重都在86%以上。上海、天津、北京、宁夏和海南等省份的水流动调节价值相对较低，合计仅占31个省份比重的0.65%（图10）。

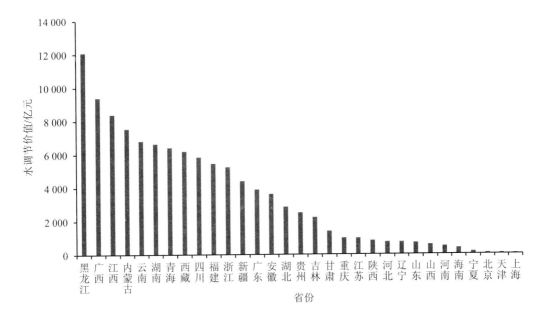

图 10　31 个省份水流动调节价值

4.2.5　固碳释氧

2015 年，我国生态系统共固碳 34.36 亿 t，释放氧气 25.94 亿 t。其中：森林生态系统固碳 23.17 亿 t，释氧 16.91 亿 t；草地生态系统固碳 8.87 亿 t，释氧 6.48 亿 t；湿地生态系统固碳 0.13 亿 t，释氧 0.96 亿 t；城镇生态系统固碳 1.49 亿 t，释氧 1.09 亿 t；荒漠生态系统固碳 0.70 亿 t，释氧 0.51 亿 t。

如果利用 2015 年各省份的碳交易价格计算固碳价格（低值），全国生态系统固碳价格为 834.49 亿元，如果按照美国环保局研究的碳社会成本进行核算（高值），全国生态系统固碳价格为 2.68 万亿元，不同的固碳价格，对结果影响较大。在固碳高值情景下，云南（4 088.61 亿元，15.27%）、四川（2 663.73 亿元，9.95%）、内蒙古（1 994.78 亿元，7.45%）、西藏（1 692.85 亿元，6.32%）、广西（1 636.84 亿元，6.11%）和湖南（1 450.82 亿元，4.50%）等地的固碳价值量较大，占我国固碳总价值量的近一半。而江苏（151.45 亿元，0.57%）、宁夏（74.30 亿元，0.28%）、北京（35.69 亿元，0.13%）、天津（8.26 亿元，0.03%）和上海（5.79 亿元，0.02%）等地的固碳价值量则相对较少，其总和占比仅为 1% 左右。

按照《森林生态系统服务功能评估规范》（LYT 1721—2008）中推荐的氧气价格进行核算按照 CPI 折算到 2015 年（高值），核算得到全国生态系统释氧价格为 3.23 万亿元；按照 2015 年氧气生产技术查询得到的氧气生产平均价格进行核算（低值），全国生态系统释氧价格为 1.56 万亿元。在高值情景下，云南（4 797.58 亿元，14.84%）、四川（3 157.86 亿元，9.77%）、内蒙古（2 546.04 亿元，7.87%）、西藏（2 009.70 亿元，6.21%）、广西（1 935.57 亿元，5.99%）和黑龙江（1 609.44 亿元，4.98%）等地的释氧价值量较大，占我国释氧总价值量的近一半。而江苏（223.02 亿元，0.69%）、宁夏（89.55 亿元，0.28%）、北京（442.81 亿元，0.13%）、天津（12.91 亿元，0.04%）和上海（8.45 亿元，0.03%）等地的释氧价值量则相对较少，占比在 1.17%左右。

图 11 是利用栅格形式表示我国 1 km×1 km 网格内生态系统的固碳释氧的价值量之和，其分布与 NPP 密切相关，固碳释氧价值量较高的地区主要分布在森林密集地区，如我国长江以南大部分地区、东北大部分地区和西藏南部。

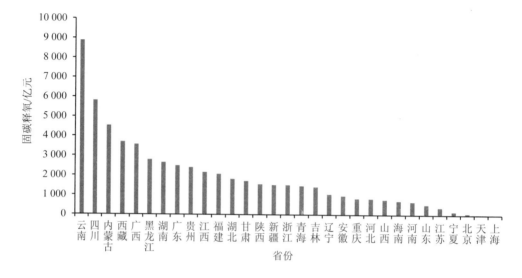

图 11　31 个省份固碳释氧价值

4.2.6　土壤保持

我国降雨集中，山地丘陵面积比重高，是世界上土壤侵蚀最严重的国家之一，我国每年约 50 亿 t 泥沙流入江河湖海，其中 62%左右来自耕地表层，森林和农田系统对土壤保持发挥着重要作用。2015 年，生态系统土壤保持功能价值为 4.11 亿元，占 GEP 比重的 5.64%。其中：农田生态系统为 0.7 万亿元，占比为 17.1%；森林生态系统为 2.36 万亿元，占比为 57.4%；草地生态系统为 0.7 万亿元，占比为 17.1%（图 12）。

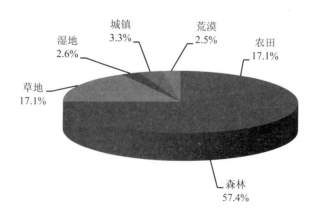

图 12　不同生态系统的土壤保持占比

　　全国土壤保持价值较高的省份有 8 个，分别是华南地区的广东、福建、广西，华东地区的江西和浙江，西南地区的云南、四川和西藏。除此之外，湖北、贵州和湖南也有相对较高的土壤保持价值，而华北大部分地区土壤保持价值相对较低。从各省份土壤保持价值排序情况来看，云南的生态系统土壤保持价值最高，达到 4 439.9 亿元/a；其次是四川，生态系统土壤保持价值为 4 298 亿元/a。生态系统土壤保持价值 4 000 亿元以上的省份还有福建和广西，生态系统土壤保持价值位于 2 000 亿～4 000 亿元的省份有广东、浙江、西藏、江西和湖南，生态系统土壤保持价值位于 1 000 亿～2 000 亿元的省份有贵州和湖北两个省份；安徽、重庆、陕西、海南、青海、江苏、内蒙古、黑龙江、河南、甘肃、吉林、辽宁、上海、山东、河北、新疆、山西 17 个省份生态系统土壤保持价值位于 100 亿～1 000 亿元，生态系统土壤保持价值低于 100 亿元的省份有北京、宁夏、天津 3 个省份（图 13）。

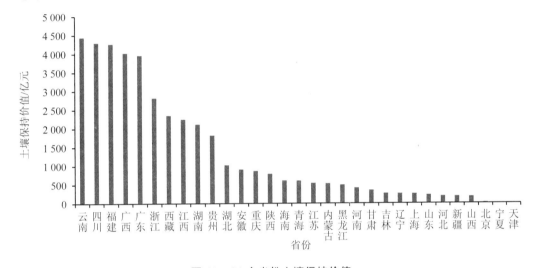

图 13　31 个省份土壤保持价值

4.3　不同省份 GEP 核算

　　全国生态系统生产总值较高的省份分别为华北地区的内蒙古，东北地区的黑龙江，青藏高原的西藏，西南地区的四川和华南地区的广东。除此之外，西南地区的云南，华南地区的广西、江西，华中地区的湖南、湖北，青藏高原的青海也都具有相对较高的生态系统生产总值。西北地区的宁夏，华北的北京、天津和山西，华东地区的上海、华南地区的海南等省市的生态系统生产总值则相对较低。

　　从各省份生态系统生产总值排序情况来看（图 14），内蒙古的生态系统生产总值最高，达到 6.81 万亿元；其次是黑龙江，生态系统生产总值为 6.4 万亿元。而西藏、四川、广东、云南 4 省的生产总值相对接近，均在 4.7 亿～3.5 万亿元。生态系统生产总值位于 2 亿～3.5 万亿元的省份有广西、湖南、青海、湖北、江西、福建、新疆和浙江 8 个省份；生态系统生产总值位于 1 亿～2 万亿元的省份有江苏、山东、安徽、河南、贵州、辽宁、吉林、河北、甘肃和陕西 10 个省份；重庆、山西、海南、北京、上海、天津和宁夏 7 个省份的生态系统生产总值低于 1 万亿元。

GEP 总值较高省份中，湿地、森林提供的生态价值总值和单位面积生态价值都相对较高。内蒙古、黑龙江、西藏和广东地区湿地生态系统提供的生态价值最高，分别占总生态价值的 66%、76%、52%、45%（图 15、图 16、图 17、图 19）。四川森林生态系统提供的生态价值最高，占各省份总生态价值的 37%（图 18）。从单位面积的生态价值看，GEP 总值最高的这 5 个省份中，湿地单位面积的生态价值都是最高的。内蒙古、黑龙江、西藏、四川和广东湿地单位面积的生态价值分别为 0.72 亿元/km²、0.98 亿元/km²、0.27 亿元/km²、1.31 亿元/km² 和 2.05 亿元/km²，广东省单位面积的湿地生态价值最大。西藏单位面积草地生态价值为 0.02 亿元/km²，相对较低。内蒙古和黑龙江森林生态系统单位面积生态价值较低，均为 0.05 亿元/km²。

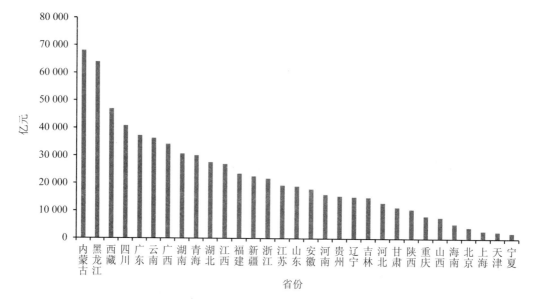

图 14　2015 年全国 31 个省份 GEP 价值

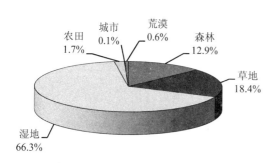

图 15　内蒙古不同生态系统价值占比

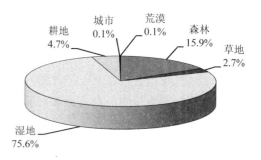

图 16　黑龙江不同生态系统价值占比

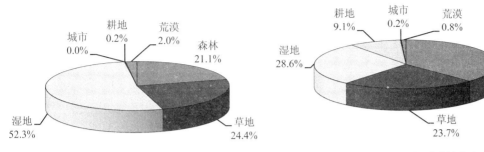

图 17　西藏不同生态系统价值占比　　　　　　　图 18　四川不同生态系统价值占比

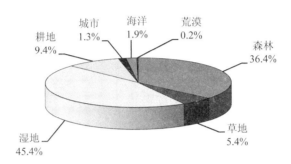

图 19　广东不同生态系统价值占比

表 11　2015 年 31 个省份不同生态功能价值核算　　　　　　　单位：亿元

省份	产品供给	固碳释氧	水流动调节	气候调节	土壤保持	防风固沙	水环境净化	大气环境净化	病虫害防治	生态文化服务
北京	1 377.7	78.5	72.9	421.5	21.6	2.5	1.6	2.9	0.2	2 996.1
天津	835.0	21.2	60.2	476.4	5.5	1.7	3.7	4.7	0.0	1 615.4
河北	6 346.1	817.6	738.3	3 745.8	190.7	28.5	8.3	23.7	2.9	1 793.0
山西	2 062.5	766.8	574.4	2 855.9	178.2	27.4	1.8	33.2	1.0	1 992.6
内蒙古	4 819.6	4 540.8	7 538.8	50 426.6	528.7	143.2	41.9	56.7	7.7	1 263.7
辽宁	5 001.2	1 052.4	736.9	6 433.5	260.5	14.7	32.0	29.3	4.6	2 535.9
吉林	2 915.9	1 421.4	2 225.2	7 462.2	265.1	19.5	20.8	19.0	2.3	1 292.8
黑龙江	4 685.3	2 800.6	12 081.1	43 832.7	493.9	36.3	94.4	23.9	4.6	746.3
上海	572.4	14.5	45.8	238.0	254.2	0.1	24.0	9.5	0.0	2 391.2
江苏	7 178.0	374.5	972.2	6 124.8	539.0	11.8	70.7	28.3	0.1	5 701.9
浙江	4 699.1	1 519.4	5 237.2	4 546.5	2 816.7	1.2	94.6	20.4	1.1	4 410.7
安徽	5 036.5	958.8	3 625.5	5 982.9	906.6	16.2	129.1	13.3	2.6	2 107.0
福建	6 032.9	2 077.2	5 456.0	4 574.7	4 266.5	1.9	143.8	19.9	2.2	1 895.4
江西	3 502.6	2 167.6	8 384.0	9 653.0	2 247.8	2.0	121.3	18.6	3.2	1 854.8
山东	10 594.7	520.0	688.9	3 886.2	224.0	25.9	21.4	28.6	0.2	4 334.8
河南	8 516.3	658.3	481.0	3 792.8	413.2	39.7	41.8	21.3	2.8	3 056.3
湖北	6 318.9	1 821.5	2 854.1	13 998.9	1 024.0	21.5	90.9	12.6	3.3	2 573.2
湖南	5 851.7	2 655.3	6 638.0	12 252.6	2 115.0	4.0	228.7	13.3	3.6	2 135.5

省份	产品供给	固碳释氧	水流动调节	气候调节	土壤保持	防风固沙	水环境净化	大气环境净化	病虫害防治	生态文化服务
广东	10 755.0	2 492.1	3 892.1	11 953.9	3 961.2	5.5	105.8	44.9	2.1	6 458.9
广西	5 144.6	3 572.4	9 389.6	11 210.4	4 022.7	5.8	270.0	20.2	2.9	1 820.8
海南	985.7	710.3	368.1	2 537.4	610.1	1.5	23.1	3.2	0.1	354.6
重庆	2 407.3	824.5	980.2	2 302.1	865.1	7.9	20.5	11.6	2.0	1 402.4
四川	7 032.1	5 821.6	5 841.2	16 177.5	4 298.0	183.4	275.5	13.5	6.0	3 423.7
贵州	2 507.4	2 404.3	2 508.7	4 860.5	1 820.1	13.5	107.4	15.9	1.5	2 459.0
云南	4 833.9	8 886.2	6 808.4	11 697.7	4 439.9	49.7	212.3	24.5	5.2	1 761.8
西藏	227.6	3 702.5	6 193.4	34 115.1	2 350.7	1 009.4	8.3	1.4	2.4	142.8
陕西	2 571.8	1 559.4	823.7	3 892.5	787.6	40.4	29.6	23.6	3.1	1 765.0
甘肃	1 876.5	1 719.2	1 404.4	5 824.4	349.7	146.5	35.4	18.6	1.0	546.0
青海	505.3	1 472.8	6 414.0	20 872.1	603.5	485.8	12.6	5.2	0.5	141.3
宁夏	835.1	163.9	153.5	838.9	13.9	10.4	13.2	16.3	0.0	99.9
新疆	5 145.2	1 521.3	4 396.5	10 184.8	185.0	1 083.6	18.4	25.9	2.3	455.0

4.4 GEP核算综合分析

采用单位面积 GEP 和人均 GEP 两个指标，对 GEP 进行综合分析。GEP 作为生态系统为人类提供的产品与服务价值的总和，其大小与不同生态系统的面积有直接关系，利用单位面积 GEP 这个相对指标更能反映区域实际。单位面积 GEP 最高的省份主要有上海（5 633.9 万元/km²）、北京（2 961.5 万元/km²）、天津（2 675.9 万元/km²）、浙江（2 288.8 万元/km²），上海、北京、天津等省份的 GEP 虽然相对较小，但因其面积也比较小，导致其单位面积的 GEP 相对较高。单位面积 GEP 最低的省份主要有新疆（138.7 万元/km²）、甘肃（262.3 万元/km²）、宁夏（323.0 万元/km²）、西藏（388.9 万元/km²）、青海（422.4 万元/km²）等西部地区（图 20）。

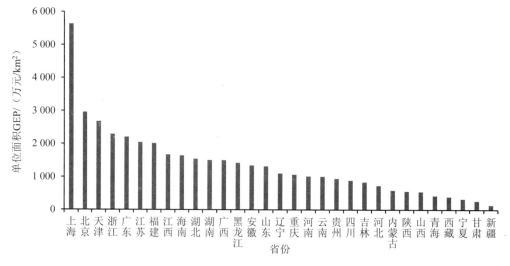

图 20　31 个省份单位面积的 GEP 核算

GEP 是人类享受自然生态系统提供的福祉，是一种自然福利。人口相对较少，但自然生态系统提供的生态服务相对较大的西部地区，其人均 GEP 相对较高。人均 GEP 最高的省份主要有西藏（147.4 万元/人）、青海（51.9 万元/人）、内蒙古（27.6 万元/人）、黑龙江（17.0 万元/人）、新疆（9.8 万元/人）、云南（8.2 万元/人）。人均 GEP 最低的省份主要有上海（1.5 万元/人）、河南（1.8 万元/人）、河北（1.8 万元/人）、天津（2.0 万元/人）、山东（2.1 万元/人）、北京（2.3 万元/人）、（图 21）。从 GEP 与 GDP 比值看，GEP 比 GDP 高的省份有 15 个，主要分布在西部地区。GEP 与 GDP 比值较高的省份主要有西藏（46.5）、青海（12.6）、黑龙江（4.3）、内蒙古（3.9）、云南（2.8）和新疆（2.5）。西藏和青海位于我国青藏高原，GEP 与 GDP 比值小于 0.5 的省份主要有上海（0.14）、天津（0.18）、北京（0.22）、江苏（0.30）、山东（0.32）（图 22）。

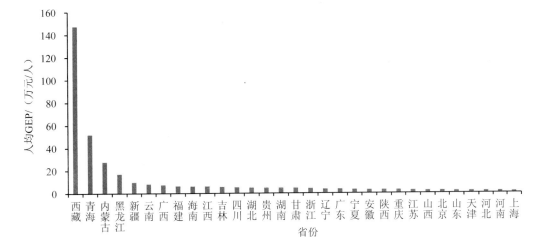

图 21　31 个省份人均 GEP 核算

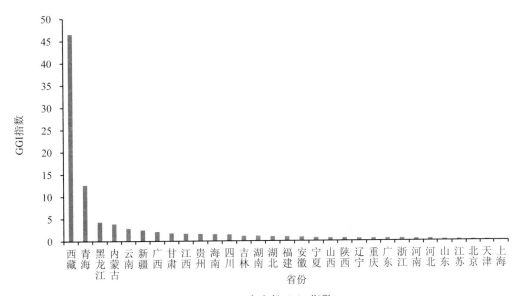

图 22　31 个省份 GGI 指数

从 GEP 核算的角度看，大小兴安岭森林生态功能区、三江源草原草甸湿地生态功能区、藏东南高原边缘森林生态功能区、若尔盖草原湿地生态功能区、南岭山地森林及生物多样性生态功能区、呼伦贝尔草原草甸生态功能区、科尔沁草原生态功能区、川滇森林及生物多样性生态功能区、三江平原湿地生态功能区等国家重点生态功能区的生态服务价值相对较大，但按照主体功能区划要求，这些地区都是限制开发区，其社会经济发展水平严重受限。其中，以西藏和青海为主体的生态功能区，无论从 GEP 总值，还是人均 GEP，都相对较高。但其经济落后程度，西藏和青海 GGI 指数（GEP 与 GDP 比值）分别为 46.5 和 12.6，远远的高于其他省份，如上海、天津和北京 GGI 指数仅为 0.14、0.18、0.22（表 12）。这些地区需以 GEP 核算价值为基础，像保护眼睛一样保护生态环境，像对待生命一样对待生态环境。同时，也需要寻找变生态要素为生产要素，变生态财富为物质财富的道路，提高绿色产品的市场供给，争取国家的生态补偿，转变社会经济发展的考核评估体系，实现"青山绿水"就是"金山银山"的重要转变。

表 12　2015 年我国 31 个省份不同 GEP 综合分析指标排序表

省份	GEP/亿元	省份	GGI 指数	省份	单位面积 GEP/（万元/km²）	省份	人均 GEP/（万元/人）
宁夏	2 144.74	上海	0.14	新疆	138.66	上海	1.47
天津	3 023.71	天津	0.18	甘肃	262.34	河南	1.8
上海	3 549.33	北京	0.22	宁夏	323	河北	1.84
北京	4 975.39	江苏	0.3	西藏	388.87	天津	1.95
海南	5 593.67	山东	0.32	青海	422.44	山东	2.06
山西	8 493.4	河北	0.46	山西	543.4	北京	2.29
重庆	8 823.03	河南	0.46	陕西	559.14	山西	2.32
陕西	11 495.95	浙江	0.54	内蒙古	586.36	江苏	2.63
甘肃	11 920.88	广东	0.54	河北	729.6	重庆	2.92
河北	13 694.51	重庆	0.56	吉林	834.77	陕西	3.03
吉林	15 643.61	辽宁	0.56	四川	894.65	安徽	3.06
辽宁	16 100.14	陕西	0.64	贵州	948.66	宁夏	3.21
贵州	16 696.43	山西	0.67	云南	1 010.08	广东	3.66
河南	17 022.59	宁夏	0.74	河南	1 019.32	辽宁	3.67
安徽	18 776.46	安徽	0.85	重庆	1 072.06	浙江	4.21
山东	20 323.92	福建	0.94	辽宁	1 103.51	甘肃	4.59
江苏	20 999.78	湖北	0.97	山东	1 321.45	湖南	4.7
新疆	23 017.43	湖南	1.1	安徽	1 344.06	贵州	4.73
浙江	23 345.33	吉林	1.11	黑龙江	1 424.75	湖北	4.91
福建	24 468.09	四川	1.43	广西	1 502.35	四川	5.25
江西	27 952.82	海南	1.51	湖南	1 505.87	吉林	5.68
湖北	28 717.36	贵州	1.59	湖北	1 544.77	江西	6.12

省份	GEP/亿元	省份	GGI 指数	省份	单位面积GEP/（万元/km²）	省份	人均GEP/（万元/人）
青海	30 512.96	江西	1.67	海南	1 645.2	海南	6.14
湖南	31 894.39	甘肃	1.76	江西	1 673.82	福建	6.37
广西	35 455.35	广西	2.11	福建	2 017.16	广西	7.39
云南	38 716.28	新疆	2.47	江苏	2 046.76	云南	8.16
广东	39 669.35	云南	2.84	广东	2 203.85	新疆	9.75
四川	43 068.42	内蒙古	3.89	浙江	2 288.76	黑龙江	17
西藏	47 753.48	黑龙江	4.3	天津	2 675.85	内蒙古	27.62
黑龙江	64 797.51	青海	12.62	北京	2 961.54	青海	51.85
内蒙古	69 366.38	西藏	46.53	上海	5 633.86	西藏	147.4

5　讨论与建议

5.1　发布 GEP 核算技术指南，推动核算方法标准化

生态产品和服务价格是进行 GEP 价值量核算的关键步骤，生态产品与服务不同的单位价格，对 GEP 核算结果影响较大。本文只对固碳释氧和文化服务两种功能的价格采取了高低两种价格进行核算，高价格的 GEP 核算比低价格 GEP 高出 12.2%，说明价格是影响 GEP 核算的一个主要敏感因素。本文中，GEP 核算涉及 11 种不同的生态功能核算，很多生态功能没有直接市场化的价格，每种生态功能价格核算方法都不同，且每种生态功能可能都有多种核算方法。生态系统产品与服务定价方法不规范，是 GEP 核算受到质疑的主要原因之一。我国 20 世纪 90 年代就开始开展生态系统服务功能核算，但因核算方法、关键参数、核算范围、指标体系、核算内容等不同，不同学者核算的生态系统服务功能结果差距很多。需要对 GEP 核算方法、关键参数、核算范围、指标体系等方面进行规范。建议对已有研究进行梳理，规范 GEP 核算方法，撰写 GEP 核算技术指南，召集专家对 GEP 核算技术指南进行论证，以环保部名义发布 GEP 核算技术指南，实现核算方法标准化，进行不同区域、不同时间的 GEP 核算，实现 GEP 核算结果的可比性和系统性。

5.2　提升 GEP 核算能力，开展区域 GEP 核算工作

GEP 核算对数据、方法以及核算人员的水平都有较高要求，而我国不同区域在 GEP 核算的技术储备、数据支持等方面差异较大，需要加强 GEP 核算能力建设。①加强 GEP 核算基础数据能力建设：GEP 核算涉及的数据范围较广，不仅有森林生态系统、草地生态

系统、湿地生态系统、农田生态系统等多个生态系统实物量数据的数量和质量数据，还涉及不同生态功能单位价格，对数据要求比较高，需要加强县、市、省，不同层面建立生态系统生产总值核算的数据能力。②加强组织机构和人才队伍建设：加强国家和各级地方环保部门或环科院所关于 GEP 核算的人才队伍建设；明确不同部门 GEP 核算的业务分工，强化相关职责；加强 GEP 分析决策支持机构、第三方评估机构和人才队伍建设，建立 GEP 核算的专家人才库。③开展 GEP 核算试点工作，从县、市、省等不同层面建立 GEP 年度核算制度，实现 GEP 核算为生态补偿、自然资源资产负债表编制、干部离任审计以及政府考核体系提供科学依据。

5.3 以 GEP 为生态补偿依据，完善生态功能区生态补偿

生态补偿（eco-compensation）是以保护和可持续利用生态系统服务为目的，以经济手段为主调节相关者利益关系的制度安排。2005 年，党的十六届五中全会《关于制定国民经济和社会发展第十一个五年规划的建议》首次提出，按照"谁开发谁保护、谁受益谁补偿"的原则，加快建立生态补偿机制。2005 年以来，国务院每年都将生态补偿机制建设列为年度工作要点，并于 2010 年将研究制定生态补偿条例列入立法计划。近年来，各地区、各部门根据中央精神在大力实施生态保护建设工程的同时，积极探索生态补偿机制建设，在森林、草原、湿地、流域和水资源、矿产资源开发、海洋以及重点生态功能区等领域取得积极进展和初步成效。但生态补偿真正付诸实施，还面临不少问题。例如，生态补偿机制的具体内容和建立的基本环节是什么；生态补偿的定量分析尚难完成，制定各地区生态保护标准比较困难；生态建设资金渠道单一，使所需资金严重不足等。GEP 是分析与评价生态系统为人类生存与福祉提供的产品与服务的经济价值。以 GEP 核算结果作为生态补偿定量分析，制定各地区生态保护标准的依据，调节生态保护利益相关者之间的利益关系，实现生态功能区经济效益的外部性内部化转变，为生态功能区改善生态服务功能所付出的额外的保护与相关建设成本和为此而牺牲的发展机会成本提供补偿。

5.4 以 GEP 核算为基础，把生态效益纳入政府评价考核体系

党的十八大报告提出要加强生态文明制度建设，把资源消耗、环境损害、生态效益纳入经济社会发展评价体系，建立体现生态文明要求的目标体系、考核办法、奖惩机制。GEP 核算主要对我国生态系统的生态效益进行价值量核算，是生态效益纳入经济社会发展评价体系的一个综合指标。依据不同区域主体功能定位，实行差异化绩效评价考核。同时，GEP 核算也是编制自然资源资产负债表的基础，以 GEP 年度核算结果为依据，积极探索领导干部自然资源资产离任审计的目标、内容、方法和评价指标体系。以领导干部任期内辖区自然资源资产变化状况为基础，通过审计，客观评价领导干部履行自然资源资产管理责任情况，依法界定领导干部应当承担的责任，加强审计结果运用。

致谢：在 2015 年度的生态系统生产总值（GEP）核算研究过程中，得到了中国科学院生态环境研究中心欧阳志云研究员和郑华研究员、北京师范大学朱文泉教授、中国科学院植物研究所胡会峰研究员、国家气候变化战略与国际合作中心李俊峰研究员、中国科学院地理科学与资源研究数据服务平台的指导和帮助。在此，致以衷心的感谢！

参考文献

[1] Assessment M. E. Ecosystems and Human Well-Being：General Synthesis[R]. Washington D.C.：Island Press，2005.

[2] 欧阳志云，王效科，苗鸿. 中国陆地生态系统服务功能及其生态经济价值的初步研究[J]. 生态学报，1999，19（5）：607-613.

[3] 谢高地，鲁春霞，冷允法. 青藏高原生态资产的价值评估[J]. 自然资源学报，2003，18（2）：189-196.

[4] Daily G C，Nature's services：societal dependence on natural ecosystems[M]. Island Press：1997.

[5] Costanza R，D'arge R.，Groot R D，et al. The value of the world's ecosystem services and natural capital[J]. Nature，1997，387（6630）：253-260.

[6] Daily G C，Söderqvist T，Aniyar S，et al. The Value of Nature and the Nature of Value[J]. Science，2000，289（5478）：395-396.

[7] 陈仲新，张新时. 中国生态系统效益的价值[J]. 科学通报，2000，1：17-22.

[8] 潘耀忠，史培军，朱文泉. 中国陆地生态系统生态资产遥感定量测量[J]. 中国科学（D 辑），2004，34（4）：375-384.

[9] 毕晓丽，葛剑平. 基于 IGBP 土地覆盖类型的中国陆地生态系统服务功能价值评估[J]. 山地学报，2004，22（1）：48-53.

[10] 何浩，潘耀忠，朱文泉. 中国陆地生态系统服务价值测量[J]. 应用生态学报，2005，16（6）：1122-1127.

[11] 朱文泉，张锦水，潘耀忠. 中国陆地生态系统生态资产测量及其动态变化分析[J]. 应用生态学报，2007，18（3）：586-594.

[12] 薛达元，包浩生，李文华. 长白山自然保护区森林生态系统间接经济价值评估[J]. 中国环境科学，1999，19（3）：247-252.

[13] 肖寒，欧阳志云. 森林生态系统服务功能及其生态经济价值评估初探——以海南岛尖峰岭热带森林为例[J]. 应用生态学报，2000，11（4）：481-484.

[14] 谢高地，张铭鑨，鲁春霞. 中国自然草地生态系统服务价值[J]. 自然资源学报，2001，16（1）：47-53.

[15] 吴玲玲，陆健健，童春富. 长江口湿地生态系统服务功能价值的评估[J]. 长江流域资源与环境，2003，12（5）：411-416.

[16] 庄大昌. 洞庭湖湿地生态系统服务功能价值评估[J]. 经济地理，2004，24（3）：391-432.

[17] 辛锟，肖笃宁. 盘锦地区湿地生态系统服务功能价值评估[J]. 生态学报，2002，22（8）：1345-1349.

[18] 鲁春霞，谢高地，成升魁. 水利工程对河流生态系统服务功能的影响评价方法初探明[J]. 应用生态学报，2003，4（5）：803-807.

[19] United Nations，2014. The System of Environmental-Economic Accounting 2012-Experimental

Ecosystem Accounting, New York, ISBN: 978-92-1-161575-3.

[20] 刘国水. 作物蒸散量测定与计算方法研究[D]. 河北农业大学，2008.

[21] 张丽云，江波，肖洋，等. 洞庭湖生态系统最终服务价值评估[J]. 湿地科学与管理，2016，12（1）：21-25.

[22] 江波，张路，欧阳志云. 青海湖湿地生态系统服务价值评估[J]. 应用生态学报，2015，26（10）：3137-3144.

[23] 崔丽娟，庞丙亮，李伟，等. 扎龙湿地生态系统服务价值评价[J]. 生态学报，2016，36（3）：828-836.

[24] 付梦娣，李俊生，章荣安，等. 浙江省南部山区生态系统服务价值评估[J]. 生态经济，2016，32（4）：189-193.

[25] 肖强，肖洋，欧阳志云，等. 重庆市森林生态系统服务功能价值评估[J]. 生态学报，2014，34（1）：216-223.

[26] Cicerone R.J, Oremland R.S. Biogeochemical aspects of atmospheric methane. Global Biogeochemical Cycles 2, 1998：288-327.

[27] Foley J. A. Net primary productivity in the terrestrial biosphere：The application of a global-model[J]. Journal of Geophysical Research-Atmospheres, 1994, 99（D10）：20773-20783.

[28] Zhao M S, Nemani R R. Improvements of the MODIS terrestrial gross and net primary production global data set[J]. Remote Sensing of Environment, 2005, 95（2）：164-176.

[29] 郭晓寅，何勇，沈永平，等. 基于 MODIS 资料的 2000—2004 年江河源区陆地植被净初级生产力分析[J]. 冰川冻土，2006，28（4）：512-518.

[30] 国志兴，王宗明，刘殿伟，等. 基于 MOD17A3 数据集的三江平原低产农田影响因素分析[J]. 农业工程学报，2009，25（2）：152-155.

[31] 国家发展和改革委员会应对气候变化司. 中国 2008 年温室气体清单研究[M]. 北京：中国计划出版社，2014.

[32] 国家林业局. 森林生态系统服务功能评估规范（LY/T 1721—2008）[S]. 2008.

[33] 於方，王金南，曹东，蒋洪强. 中国环境经济核算技术指南[M]. 北京：中国环境科学出版社，2009.

[34] 饶恩明，肖燚，欧阳志云.中国湖库洪水调蓄功能评价[J]. 自然资源学报，2014，29（8）：1356-1365.

[35] 欧阳志云，赵同谦，王效科，苗鸿. 水生态服务功能分析及其间接价值评价[J]. 生态学报，2004，24（10）：2091-2099.

国家环境经济核算体系（绿色 GDP2.0）项目研究进展报告

Progress of National Environmental-Economic Accounting（Green GDP2.0）project

国家绿色 GDP 2.0 研究项目技术组[①]

摘 要 本报告对绿色 GDP 2.0 核算研究的主要进展和国家绿色 GDP 核算、生态系统生产总值（GEP）核算、试点地区核算结果进行了系统阐述和介绍。从生态环境退化成本核算结果来看，2004—2014 年我国生态环境退化成本呈增长趋势，增速超过同期经济增长速度，并且具有很强的区域特性。从生态系统生产总值（GEP）核算结果来看，2014—2015 年全国 GEP 总量由 72.35 万亿元增至 72.81 万亿元，全国绿金指数（GGI）分别为 1.12 和 1.01；调节服务功能始终是全国生态系统提供的主要功能，在空间分布上总量较高的地区主要是广东、四川和内蒙古。从试点省市核算表明，环境退化成本占 GDP 的比例（环境退化指数）最高的是六安市，达 3.44%，最低的是昆明市，为 0.95%；生态系统生产总值（GEP）占 GDP 的比例（绿金指数）最高的是六安市，达到 3.14，深圳市绿金指数最低，仅为 0.25。总体来看，绿色 GDP2.0 核算在技术方法、参数系数、基础数据等还面临不确定性，在核算成果的应用途径上尚不清晰，未来亟须进一步完善核算技术方法和参数系数，形成环境退化成本与 GEP 核算技术规范，强化建立绿色 GDP 与 GEP 核算常态化工作机制。

关键词 环境经济 生态系统生产总值 绿金指数 绿色 GDP 核算

Abstract The progress of the Green GDP 2.0 accounting research and the national Green GDP accounting，Gross Ecosystem Product（GEP）accounting，and the pilot regional accounting results are systematically introduced in the report. As the results of ecological environment degradation cost accounting showed，the cost of degradation in China increased and had strong regional characteristics from 2004-2014，whose growth rate exceeded the economic growth rate in the same period. As the results of Gross Ecosystem Product（GEP）accounting showed，the total GEP in the country from 2014 to 2015

---

① 本项目技术组参加单位有：（1）环境保护部环境规划院，北京，100012；（2）环境保护部环境与经济政策研究中心，北京，100029；（3）环境保护部卫星环境应用中心，北京，100094；（4）中国环境监测总站，北京，100012；（5）中国科学院生态环境研究中心，北京，100085。

increased from 72.35 trillion to 72.81 trillion yuan, and the national green gold index (GGI) were 1.12 and 1.01 respectively. Regulating service function is the main function provided by the national ecosystem all the time. The regions with higher total spatial distribution are mainly in Guangdong, Sichuan and Inner Mongolia. The results of the pilot provinces and municipalities accounting reported that Lu'an City had the highest proportion of environmental degradation costs to GDP (environmental degradation index), which is 3.44%, the lowest is Kunming, which is 0.95%; Lu'an City had the highest Green Gold index, which is 3.14, the lowest is Shenzhen, which is 0.25. In general, the green GDP 2.0 accounting is still uncertain in terms of technical methods, parameter coefficients, and basic data. It is still unclear in the application of accounting results. It is urgent to further improve accounting techniques and parameter coefficients and strengthen the establishment of Green GDP and GEP accounting mechanism.

Key words　Environmental Economy, Gross Ecosystem Product, Green Gold index, Green GDP, Accounting

　　绿色 GDP 1.0 是在 GDP 核算中扣除了资源与环境代价，是对 GDP 做"减法"，而绿色 GDP 2.0 核算体系是在此基础上进一步做"加法"，开展环境质量改善效益和生态系统生产总值核算，并以核算结果为基础设计绿色转型政策，不仅是贯彻落实党的十八大、十八届三中、四中全会相关部署的内在要求，是全面深化生态文明体制改革的重要抓手，同时也是推动国家绿色转型的重要举措。

1　国家绿色 GDP 2.0 核算背景

　　绿色 GDP 最早由联合国统计署倡导的综合环境经济核算体系提出。中国绿色 GDP 核算对传统国民经济核算体系进行了改革，其目的是弥补传统 GDP 核算未能衡量自然资源消耗和生态环境破坏的缺陷。简单地说，就是在现有 GDP 的基础上，减去资源消耗和环境退化的成本。绿色 GDP 不仅仅是一个最终指标问题，而是一整套核算体系，对经济与环境协调发展具有重要指导意义。

　　中国官方绿色 GDP 研究始于 2004 年，国家环保总局和国家统计局联合开展绿色 GDP 核算研究工作。2005 年，北京、天津、河北、辽宁等 10 个省、直辖市启动了以环境污染经济损失调查为内容的绿色 GDP 核算试点。2006 年 9 月，国家环保总局和国家统计局联合发布了《中国绿色国民经济核算研究报告 2004》，此项报告是我国第一份经环境污染损失调整的 GDP 核算研究报告，引起了社会广泛关注。此后，在环境保护部、财政部等部门的支持下，环境保护部环境规划院完成了连续 10 余年的绿色 GDP 核算报告，是为绿色 GDP 1.0 核算。

　　由于绿色 GDP 1.0 只是在 GDP 核算中扣除了资源与环境代价，是对 GDP 做"减法"，它仍没有通过核算把人为干预下实际存在的生态价值和环境效益核算出来（对 GDP 做"加法"），一定程度上忽视了人与自然界的主观能动作用，进而制约创造生态效益的积极性。

为贯彻落实党的十八大、十八届三中会全要求和习近平总书记的指标精神，加快推进生态文明建设，有效推动新《环境保护法》落实，生态环境部设置了"国家环境经济核算体系建立"任务，重新启动绿色 GDP 核算研究工作，重启的研究被称为绿色 GDP 2.0 核算项目。

1.1　贯彻落实中央部署的要求

重启绿色 GDP 核算研究是贯彻落实党的十八大、十八届三中全会精神以及习近平总书记关于完善经济社会发展考核评价体系，把资源消耗、环境损害、生态效益等纳入经济社会发展评价体系，使之成为推进生态文明建设的重要导向和约束指示精神的具体体现，是推进生态文明建设和实施绿色发展的必然要求和重要措施。

1.2　全面深化改革的重要抓手

重启绿色 GDP 研究是全面深化改革的重要抓手。"探索编制自然资源资产负债表"是党的十八届三中全会中央确定的一项重要改革工作。建立绿色 GDP 2.0 核算体系，并经过一段时间初步建立适应我国国情的环境经济核算与应用长效机制，是探索和全面深化改革工作的重要举措，将有效地强化环保责任考核和责任追究制度。

1.3　推动绿色转型的重要举措

重启绿色 GDP 研究也是推动绿色发展转型的重要举措。开展环境经济核算，核算经济社会发展的环境成本代价，核算生态系统生产总值，将对定量分析和判断中国环境形势、推进经济绿色发展转型、建立体现生态文明总体要求的经济社会发展评价体系，实现以环境保护优化经济增长，实施干部"绿色考核"、国土"绿色整治"，都具有十分重要的推动作用。

2　国家绿色 GDP2.0 核算取得主要成果

绿色 GDP 至今仍是一个正在研究、有待成熟的项目，是基于对现行经济核算体系的有益补充而非否定。与绿色 GDP 1.0 相比，绿色 GDP 2.0 在内容和方法上寻求创新。在内容上，绿色 GDP 1.0 核算，主要考虑环境退化成本和生态破坏损失，是以"减法"为主，而绿色 GDP 2.0 核算体系在此基础上进一步做"加法"，开展环境质量改善效益和生态系统生产总值核算，内容更加全面；在技术上，夯实核算的数据和技术方法基础，充分利用卫星遥感、污染源普查等多来源数据，构建支撑绿色 GDP 2.0 核算的大数据平台。

绿色 GDP 2.0 项目从 2014 年重启至今，历时近 3 年时间，围绕四大内容开展研究。①环境经济核算，同时开展环境质量退化成本与环境质量改善效益核算，全面客观反映经济活动的"环境代价"；②生态系统生产总值核算（以下简称 GEP 核算），衡量"绿水青山"的价值；③生态环境资产负债表编制，开展以生态环境资产为基础的负债表编制研究，主要配合国家统计局开展工作支持，开展经济绿色转型政策研究，结合核算结果，建立促进区域经济绿色转型的发展模式，提出中长期政策建议；④核算试点研究，从这四大内容共开展了下述研究及取得相应研究成果。

2.1 2014 年度研究内容及取得成果

2014 年研究内容主要包括国家环境资产核算与负债表编制国内外经验学习、国家环境资产核算与负债表编制框架体系构建、国家环境资产核算技术方法体系建立等。

围绕相关研究内容，2014 年度研究成果主要包括：

- ☞ 《生态环境资产核算的国际经验借鉴研究报告》。
- ☞ 《国家生态环境资产核算体系框架研究报告》。
- ☞ 《水环境资产核算技术指南（建议稿）》。
- ☞ 《大气环境资产核算技术指南（建议稿）》。
- ☞ 《生态系统生产总值（GEP）核算技术指南（建议稿）》。
- ☞ 建立了我国近 10 年的省级和城市水环境、大气环境质量账户。
- ☞ 完成了《中国环境经济核算研究报告》（2011 年度、2012 年度）。
- ☞ 确定了核算试点地区，提出了《试点工作方案》。

2.2 2015 年度研究内容及取得成果

2015 年研究内容主要包括国家和流域水环境资产负债表编制（环境容量资产核算）、国家和区域大气环境资产负债表编制（环境容量资产核算）、国家环境经济核算和大气环境质量改善效益研究（2013 年度）、国家 GEP 核算（2013 年度）、国家生态保护建设投入账户研究（2013 年度）、以环境承载能力为约束的绿色转型政策——国内外经验与政策框架、基于绿色 GDP 2.0 核算的大数据平台能力建设方案、京津冀区域生态环境资产负债表编制（2013 年度）以及绿色 GDP 2.0 试点地区技术方法和参数系数建立等。

围绕相关研究内容，2015 年度研究成果主要包括：

- ☞ 《绿色 GDP 2.0 核算技术指南（修订）》。
- ☞ 《生态系统生产总值（GEP）核算技术指南（修订）》。
- ☞ 《中国环境经济核算研究报告》（2013 年度）。
- ☞ 《中国大气环境质量改善效益研究报告》（2013 年度）。
- ☞ 《全国 GEP 核算研究报告》（2000 年度、2010 年度）。
- ☞ 《中国生态保护与建设投入账户框架体系研究报告》。
- ☞ 《基于绿色 GDP 2.0 的大数据信息平台建设方案》。
- ☞ 《京津冀区域生态环境负债表研究报告》（2013 年度）。
- ☞ 《以环境承载能力为约束的绿色转型政策研究——国内外经验借鉴》。

☞ 召开绿色 GDP 2.0 核算试点启动会，全面启动试点相关核算工作。

☞ 召开试点地区讨论会，提出试点技术方案。

2.3 2016 年度研究内容及取得成果

在对 2014—2015 年研究工作总结和梳理基础上，2016 年核算的主要研究内容包括：

（1）开展环境经济核算（绿色 GDP 2.0）。完善环境经济核算（绿色 GDP 2.0）技术指南，提交大气环境质量改善效益核算技术指南（修订建议稿）并论证。开展大气环境质量改善效益核算研究。进一步完善环境质量改善效益的核算方法，开展 2014 年度大气环境质量改善效益核算，并提交"2014 年全国环境经济核算研究报告"。

（2）开展生态系统生产总值核算（GEP）。完善生态系统生产总值（GEP）的核算方法，提交最新的核算技术指南（修订建议稿）并经专家论证。编制《2014 年全国及 31 个省份生态系统生产总值核算报告》及《2015 年全国及 31 个省份生态系统生产总值核算报告》，撰写《全国生态保护与建设支出核算报告（2014 年）》。

（3）开展基于绿色 GDP 和 GEP 的绿色转型政策研究。基于绿色 GDP 核算结果，深入挖掘分析，开展"十三五"产业结构调整、产业限制性措施等绿色转型政策研究，提出区域可持续发展的优化调控措施。基于 GEP 核算结果，开展生态补偿机制、生态转移支付和领导干部离任生态环境审计、生态环境政绩考核等制度研究。

（4）全面推进绿色 GDP 2.0 核算试点。结合 6 个省市的经济发展和生态环境特征，包括：开展技术培训与对接；全面开展试点地区环境经济核算（绿色 GDP 2.0 核算）；开展试点地区生态系统生产总值（GEP）核算；探索研究提出试点地区的经济绿色转型政策；提交 6 个省市的《试点地区 2014 年度绿色 GDP 2.0 核算研究报告》。

围绕相关研究内容，2016 年度研究成果主要包括：

☞ 《大气环境质量改善效益核算技术指南》（论证稿）。
☞ 《生态系统生产总值（GEP）核算技术指南》（论证稿）。
☞ 《中国环境经济核算研究报告》（2014 年度）。
☞ 《中国大气环境质量改善效益研究报告》（2014 年度）。
☞ 《全国 GEP 核算研究报告》（2014 年度）。
☞ 《全国 GEP 核算研究报告》（2015 年度）。
☞ 《中国生态保护与建设支出核算报告》（2014 年度）。
☞ 《基于绿色 GDP 和 GEP 的绿色转型政策研究报告》。
☞ 《基于卫星遥感监测的生态系统服务价值核算示范》。
☞ 《四川省绿色 GDP2.0 核算研究报告（2014 年度）》。
☞ 《安徽省绿色 GDP2.0 核算研究报告（2014 年度）》。
☞ 《云南省绿色 GDP2.0 核算研究报告（2014 年度）》。
☞ 《深圳市绿色 GDP2.0 核算研究报告（2014 年度）》。
☞ 《六安市绿色 GDP2.0 核算研究报告（2014 年度）》。
☞ 《昆明市绿色 GDP2.0 核算研究报告（2014 年度）》。

 ☙ 召开全国绿色 GDP V2.0 核算试点培训会议；召开全国绿色 GDP V2.0 核算试点工作推进会；召开全国绿色 GDP V2.0 核算试点工作总结会等会议。

3 国家绿色 GDP 2.0 核算结果分析

  国家绿色 GDP 2.0 核算研究工作，重点围绕国家层面的环境经济核算以及生态系统生产总值核算开展，核算结果摘要如下。

3.1 2014 年度中国绿色 GDP 核算结果

  为定量反映中国经济发展的生态环境代价，以环境保护部环境规划院为代表的技术组完成了 2004—2014 年 11 年的中国环境经济核算报告。环境经济核算的内容和方法不断完善，2008 年的核算报告在环境退化成本核算的基础上，加入了生态破坏损失核算内容，2010年环境经济核算报告进一步包括了联合国《综合环境经济核算体系（2012）》和《欧盟环境经济核算法规》中规定的物质流核算内容。至此，基本完成了中国环境经济核算体系的构建。核算结果如下：

  （1）伴随经济发展，我国环境污染损失成本（基于环境退化成本法和虚拟治理成本法）呈同步增长趋势，2014 年环境退化成本增速超过了同期经济增长速度。

  基于退化成本法的环境污染代价从 2004 年的 5 118.2 亿元上升到 2014 年的 18 218.8亿元，增长了 256%，年均增长 13.5%。基于治理成本法的虚拟治理成本从 2004 年的 2 874.4亿元上升到 2014 年的 6 931.9 亿元，增长了 141.2%，年均增长 9.2%。2014 年我国环境退化成本和生态破坏损失合计 22 975.0 亿元，约占当年 GDP 的 3.4%，比 2013 年增加 11.8%，高于我国 GDP 同期增长速度。

  （2）我国环境退化和生态破坏成本具有很强的区域特性，中东部人口集聚区环境退化成本高，西部地区环境退化成本增速快。

  2004—2014 年，30 个省份中（不包括西藏），河北、山东、河南、江苏、广东、浙江等省份，环境退化成本相对较高，位于 1~6 位之间；而宁夏、青海、海南的环境退化成本相对较小，排序在 28~30 之间。我国西部地区环境退化成本的年均增速为 16.2%，中部地区为 13.2%，东部地区为 12.7%。青海、新疆、陕西、宁夏、重庆等西部省份的环境退化成本年均增速均超过了 20%。2014 年，西部地区生态环境退化指数 4.9%，中部地区为3.6%，东部地区为 2.7%，生态环境退化对西部地区的影响更为严重。

  （3）大气环境质量有所改善。如果不考虑城市暴露人口增加因素，2014 年大气污染导致的过早死亡人数比上年下降 1.9%。但由于城镇化带来暴露人口的继续增加，因此，大气污染导致的城市居民健康损失依然呈上升趋势。

  2014 年是我国"大气十条"实施的第二年，大气环境质量有所改善，经人口加权的全国 PM_{10} 年均浓度为 101 μg/m^3，比 2013 年下降了 3.8%，但空气质量达标率依然很低。利用我国城市监测数据，对 PM_{10} 导致的人体健康损失进行核算。2014 年，我国大气污染导致的城市过早死亡人数为 52.4 万人，如果不考虑城镇化带来的城市暴露人口的增加，我国大气污染导致的过早死亡人数为 51.1 万人，比 2013 年下降 1.9%。2014 年我国城镇实际死亡人数为 468.4 万人，与大气污染有关的死亡人数占实际死亡人数的 11.2%。新疆、宁夏、北京等地区与大气污染有关的死亡人数占实际死亡人数的比例超过了 15%；而海南、云南、贵州、福建、吉林等省份与大气污染有关的死亡人数较低。

表 1　2004—2014 年中国环境经济核算结果

年份	环境退化成本/亿元		生态破坏损失/亿元	生态环境退化损失/亿元		GDP/亿元	环境退化成本占GDP 比例/%		生态环境退化损失占GDP比重/%	
	人力资本法	支付意愿法		人力资本法	支付意愿法		人力资本法	支付意愿法	人力资本法	支付意愿法
2004	5 118	8 314	—	—	—	167 600	3.05	4.96		
2005	5 788	8 566	—	—	—	197 789	2.93	4.33		
2006	6 508	9 645	—	—	—	231 053	2.82	4.17		
2007	7 398	11 109	—	—	—	275 625	2.66	4.03		
2008	8 948	11 907	3 962	12 909	15 869	327 220	2.73	3.64	3.95	4.85
2009	9 701	12 715	4 207	13 908	16 922	365 304	2.66	3.48	3.81	4.63
2010	11 033	14 866	4 417	15 450	19 283	437 042	2.52	3.40	3.54	4.41
2011	12 691	15 732	4 759	17 449	20 491	521 441	2.434	3.02	3.35	3.93
2012	13 358	16 475	4 746	18 104	21 221	576 552	2.317	2.86	3.14	3.68
2013	15 795	19 240	4 328	20 122	23 567	630 009	2.507	3.05	3.19	3.74
2014	18 219	21 112	4 756	22 975	25 868	684 349	2.662	3.09	3.36	3.78

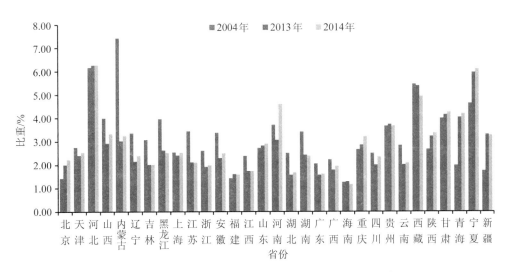

图 1　2004—2014 年中国环境污染损失占 GDP 比重

3.2　2014 年度中国 GEP 核算结果

生态系统生产总值（GEP）是指生态系统为人类福祉和经济社会可持续发展提供的产品与服务及其价值的总和，生态系统生产总值核算既是把资源消耗、环境损害、生态效益纳入经济社会发展评价体系的切入点和突破口，也是国际生态学和生态经济学研究的前沿领域。全国 GEP 核算指标由生态系统产品提供、生态系统调节功能、生态系统文化功能 3 项 17 个指标构成，其中：生态系统产品价值包括农业产品、林业产品、畜牧业产品、渔业产品、水资源、生态能源等 7 个指标；生态调节服务价值包括水源涵养、土壤保持、防风固沙、洪水调蓄、空气净化、水质净化、固碳释氧、气候调节、病虫害控制价值 9 个指标；生态文化服务价值包括自然景观价值游憩价值 1 个指标。2014 年 GEP 核算报告由中国科学院生态中心完成，核算结果表明：

（1）2014 年，全国 GEP 总量为 72.35 万亿元，是当年全国 GDP 的 1.12 倍。在 GEP 功能组成上，调节服务功能是全国生态系统提供的主要功能，其总价值达到 51.15 万亿元，占比 70.70%；在空间分布上，全国生态系统生产总值较高的有 3 个，分别为华南地区的广东、西南地区的四川和西北地区的内蒙古。

2014 年，全国 GEP 总量为 72.35 万亿元，其中生态系统产品总价值为 10.89 万亿元，占全国 GEP 总量的 15.06%；全国的生态系统调节服务总价值为 51.15 万亿元，占全国 GEP 总量的 70.70%；生态系统文化服务总价值为 10.31 亿元，占全国 GEP 总量的 14.25%。

2014 年，全国 GEP 较高的有 3 个地区，分别为华南地区的广东、西南地区的四川和西北地区的内蒙古。除此之外，西南地区的云南省，华南地区的广西和江西，华中地区的湖南和湖北，以及西北地区的新疆和青藏高原的西藏等省份也都具有相对较高的 GEP。西北地区的宁夏、甘肃、华北的北京和天津、华南地区的海南和华东地区的上海等省份的 GEP 则相对较低。从全国各省份 GEP 排序情况来看，广东省的 GEP 最高，达到 4.61 万亿元；其次是四川和内蒙古，其 GEP 分别为 4.36 万亿元、4.11 万亿元；GEP 位于 3 万亿～4 万亿元的省份有云南、广西、江西、湖南、湖北、新疆和西藏 7 个省份；而甘肃、海南、北京、上海、天津和宁夏 6 个省份的生态系统生产总值均低于 1 万亿元。

（2）近 15 年来，我国生态系统产品提供功能表现出强劲发展势头，且自然景观的文化服务功能价值不断攀升。2014 年，我国生态系统产品提供的价值达到 10.89 万亿元，15 年中增加了 264.48%，生态系统文化服务价值达到 10.31 万亿元，15 年中提高了 687.53%。

在 2000—2014 年的 15 年中，我国产品提供功能表现出强劲发展势头，农业、畜牧、渔业生产能力不断提高，产量不断增加，2014 年产品提供价值达到 10.89 万亿元，相比 2000 年，15 年中产品提供价值增加了 264.48%，为我国的经济发展和人民生活提供了坚实的物质基础。全国 31 个省份中，山东、河南、四川和江苏是主要的产品提供大省，提供了全国 27.80% 的农林牧渔产品。

在充沛的产品提供基础上，各类自然景观为我们提供的休憩、旅游功能得到了充分的体现，自然景观的文化服务功能价值不断攀升，2014 年，全国文化服务价值达到 10.31 万亿元，在 15 年中提高了 687.53%。其中广东、江苏和浙江 3 个省份的自然景观文化服务功能体现的最为充分，其服务价值量占全国文化服务功能价值总量的 26.4%。旅游已成为我国经济发展的新增长点。

（3）近 15 年来，我国生态系统调节服务价值维持相对稳定，共增长了 3.1%，到 2014 年其价值达到 51.39 万亿元。

在我国生态系统产品提供和文化服务功能不断提高的同时，其调节服务总价值在 15 年中相对较为稳定，2014 年全国调节服务总价值为 51.39 万亿元，相对 2000 年增长了 3.1%，但经济和社会的发展对生态系统调节服务功能的负面影响也不容忽视。例如，上海、北京、天津、内蒙古、广东、江苏以及东北三省的调节服务功能均出现不同程度的降低，而水质净化、洪水调蓄、水源涵养等单个功能的降低幅度亟须关注：

☞ 生活和工业污水在得不到有效处理的条件下大量排入自然河流、湖泊、水库，对水体造成严重污染的同时，水质净化功能也被严重削弱，在过去的 15 年中表现出明显的下降趋势，其中以北京、上海、天津市、东三省及广东省下降尤为明显，其中上海、吉林和黑龙江三省市水质净化功能已削弱 1/4 以上。

☞ 随着我国城市化进程的不断加快，城市绿地、湿地面积日趋萎缩，生态系洪水调蓄能力丧失，水源涵养能力下降，每逢暴雨季节造成的城市内涝问题日趋严重，这在北京、上海、天津等特大型城市显得尤为突出，如上海市在 15 年中已丧失一半以上（55.4%）的水源涵养功能和 11.8%的洪水调蓄能力，而北京则丧失了 8.99%的水源涵养功能和 43.7%的洪水调蓄能力。

（4）全国绿金指数（GEP 与 GDP 的比值）的地区间差异性大，以 GEP 作为生态功能区实施生态补偿和生态文明建设考核的参考依据，是实现生态功能区"青山绿水"就是"金山银山"的转变。

从各省 GEP 与 GDP 的比值来看，全国综合资源环境开发强度较为适度，但各省开发程度轻重不一，除北京、天津、上海 3 个特大型直辖市外，山东、江苏、河北、河南、辽宁、宁夏、浙江和广东 8 省份属于高强度以上资源开发区域，山西、重庆、吉林、陕西、福建、安徽和湖北则属于对资源环境中等强度开发的区域，而青海、西藏、云南、广西、内蒙古、贵州等 13 省份则属于对资源环境的低强度开发区域。这些地区应以 GEP 核算为基础，探索变生态要素为生产要素、变生态财富为物质财富的道路，提高绿色产品的市场供给和生态补偿力度，促进"青山绿水"向"金山银山"的转变。

表 2　2014 年全国各省份 GEP 核算结果　　　　　　　　　　　　单位：亿元

省份	产品提供	调节服务	文化服务	GEP 总值	单位面积 GEP	GDP/GEP	GEP/GDP
北京	469.88	1 072.10	4 923.86	6 465.84	3 848.72	3.30	0.30
天津	458.63	1 352.86	2 926.17	4 737.67	4 192.63	3.32	0.30
河北	5 902.24	9 084.75	2 671.02	17 658.01	940.76	1.67	0.60
山西	1 552.43	5 707.66	2 929.42	10 189.50	651.92	1.25	0.80
内蒙古	3 027.42	36 481.27	1 611.21	41 119.90	347.59	0.43	2.31
辽宁	4 519.26	7 820.97	5 579.58	17 919.80	1 228.23	1.60	0.63
吉林	2 860.44	8 033.35	1 905.27	12 799.06	682.98	1.08	0.93
黑龙江	4 964.45	19 393.56	1 154.02	25 512.03	560.95	0.59	1.70

省份	产品提供	调节服务	文化服务	GEP 总值	单位面积 GEP	GDP/GEP	GEP/GDP
上海	512.37	405.61	4 044.67	4 962.65	7 877.22	4.75	0.21
江苏	6 856.75	13 711.00	8 561.85	29 129.60	2 839.14	2.23	0.45
浙江	3 262.41	16 441.44	7 120.41	26 824.27	2 629.83	1.50	0.67
安徽	4 347.90	16 184.04	3 708.78	24 240.72	1 735.20	0.86	1.16
福建	3 891.45	20 238.03	3 362.50	27 491.98	2 266.45	0.88	1.14
江西	2 897.29	31 061.60	2 763.21	36 722.10	2 198.93	0.43	2.34
山东	8 979.43	10 102.06	6 242.18	25 323.67	1 646.53	2.35	0.43
河南	7 509.34	9 104.47	4 495.37	21 109.18	1 264.02	1.66	0.60
湖北	6 073.59	24 319.83	3 969.02	34 362.44	1 848.44	0.80	1.26
湖南	5 572.13	26 095.23	3 201.37	34 868.73	1 646.30	0.78	1.29
广东	5 950.95	28 583.63	11 549.08	46 083.65	2 560.20	1.47	0.68
广西	4 251.19	30 894.05	2 830.30	37 975.54	1 609.13	0.41	2.42
海南	1 248.50	7 019.24	526.66	8 794.40	2 586.59	0.40	2.51
重庆	1 781.65	8 186.26	2 204.10	12 172.01	1 478.98	1.17	0.85
四川	6 958.59	31 567.43	5 079.94	43 605.95	905.82	0.65	1.53
贵州	2 375.71	13 422.54	1 786.57	17 584.82	999.14	0.53	1.90
云南	4 095.80	31 732.67	3 010.81	38 839.28	1 013.29	0.33	3.03
西藏	153.28	31 896.23	225.28	32 274.79	262.82	0.03	35.05
陕西	2 737.59	12 584.34	2 805.97	18 127.90	881.71	0.98	1.02
甘肃	1 750.58	6 602.11	794.66	9 147.34	201.31	0.75	1.34
青海	567.05	20 422.90	208.31	21 198.26	293.08	0.11	9.20
宁夏	491.96	1 110.72	147.40	1 750.07	263.56	1.57	0.64
新疆	2 908.98	30 850.99	722.69	34 482.66	207.73	0.27	3.72
全国	108 929.25	511 482.95	103 061.65	723 473.85	752.73	0.95	1.06

注：单位面积 GEP 单位：万元/km^2。

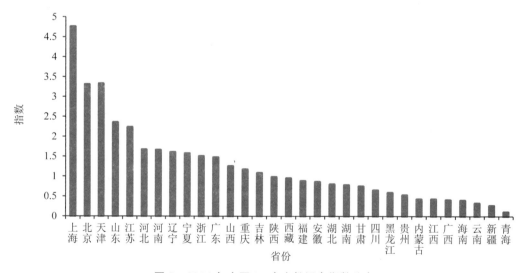

图 2　2014 年全国 31 个省份绿金指数分布

3.3　2014 年度中国生态保护与建设支出核算结果

生态保护与建设支出核算是国家环境经济核算的重要组成部分，对明确我国生态保护与建设支出现状与问题、提高国家生态保护与建设投入、推动建立全国生态保护与建设长效机制具有重要意义。本书在 2013 年生态保护与建设支出账户核算基础上，进一步优化和完善了支出账户基本框架，并开展了 2014 年全国生态保护与建设支出的系统核算，核算结果表明：

（1）我国生态保护与建设支出已有成效明显，近 10 多年来支出力度不断增加，且支出类型不断丰富。在空间布局上，全国生态保护与建设支出总量的地区间差异明显，国家对西部地区生态保护与建设的扶持力度最大，而东北地区最低。

- ☞ 在支出总量上，2014 年达到 3 145.5 亿元，比 2013 年增加了 169.6 亿元，是 2000 年的 28 倍多，2000—2014 年均增长率为 29.1%，累计共支出 16 517.1 亿元，其中 2008 年之前增长较为平稳，2008 年以后迅速增加，表明近十几年来国家不断加大生态保护与建设的资金投入力度。
- ☞ 在支出结构上，生态保护与建设支出结构不断丰富，支出类型由 2000 年的 4 类增加至 2014 年的 8 类，主要包括森林资源保护、草地资源保护、湿地资源保护、水资源保护、矿产资源保护、自然保护区、重点生态功能区、其他等。2014 年，全国生态保护与建设支出仍以森林资源保护为主，占支出总量的 67.3%，其后依次为重点生态功能区、草地资源保护、水资源保护、矿产资源保护、其他、湿地资源保护、自然保护区。
- ☞ 在空间布局上，2014 年国家对西部地区生态保护与建设的扶持力度最大，支出总量为 1 131.9 亿元；其次是东部、中部地区，支出总量分别为 929.6 亿元、616.1 亿元；东北地区最低，为 255.2 亿元，不到西部地区的 1/4。

（2）当前我国生态保护与建设支出本身仍存在许多问题，主要表现为：支出总量仍旧不足，支出结构仍需优化，支出地区间差异性较大、发展不平衡，支出模式单一、效率低，现有支出仍无法有效应对生态保护与建设的需求，等等。

- ☞ 生态保护与建设支出总量仍旧不足，2014 年支出占 GDP 的比重仅为 0.49%，与环保投资占 GDP 比重相比仍相对偏低。
- ☞ 生态保护与建设支出结构仍需优化。2014 年，森林资源保护支出占总支出的比例为 67.3%，重点生态功能区支出比例为 15.3%，而其他类型支出比例均低于 5%。
- ☞ 生态保护与建设支出地区间差异性较大、发展不平衡。2014 年，我国西部地区支出总量最高，但单位国土面积总支出最低，东北地区支出总量和单位国土面积支出在全国均处于较低水平，东部和中部地区支出总量和单位国土面积支出相对较高。
- ☞ 支出模式单一、效率低，主要资金来源仍为国家财政资金，且重要区域保护资金与各生态要素保护资金有交叉重叠。

☞ 现有支出仍无法有效应对生态保护与建设的需求，根据《中国环境经济核算研究报告 2014》的核算结果，2014 年我国生态破坏损失达 4 756.2 亿元，高于 2014 年生态保护与建设的支出总量。

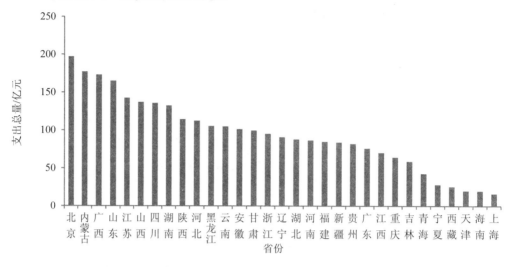

图 3　2014 年全国 31 个省份生态保护与建设支出总量控制

4　试点省市绿色 GDP 2.0 核算结果

4.1　2014 年度四川省绿色 GDP 与 GEP 核算结果

四川省绿色 GDP 核算与 GEP 核算是以《中国环境经济核算技术规范》《生态系统生产总值核算技术规范》为指导，结合四川省实际开展的。其中，四川省绿色 GDP 核算分别基于环境治理成本法和环境退化成本法两种方法，核算出 21 个市（州）环境污染损失并进一步计算污染扣减指数和环境退化指数；四川省 GEP 核算指标体系由产品提供、调节服务、文化服务 3 大类 15 小类指标构成，共核算了 21 个市（州）这 15 类生态系统服务的功能量和价值量。核算基础年为 2014 年。核算结果表明，当年四川省虚拟治理成本和环境退化成本分别为 319.78 亿元和 512.91 亿元，相应绿色 GDP（污染扣减指数和环境退化指数）分别为 1.12% 和 1.80%；四川省生态系统生产总值（GEP）为 8.57 万亿元，绿金指数达到 3.01。

（1）2014 年四川省虚拟治理成本为 319.78 亿元，同比增长了 25.29%。其中大气污染物的虚拟治理成本达到 68.14%，尤其是新增的机动车的虚拟治理成本快速增加，占到大气虚拟治理成本的 77.8%，占全省总虚拟治理成本的 53.02%。由此可见，机动车污染现状较严峻，治理需求较大。造纸及纸制品制造业、酒、饮料和精制茶制造业、农副食品加工以及纺织业 4 个行业是四川省废水污染治理欠账最多的行业。电力生产、非金属矿物制造业

2 个行业 NO$_x$ 的治理需求大。成都、宜宾、凉山州、泸州、达州、内江、南充、眉山和绵阳 9 个市（州）是污染治理需求的重点地区。2014 年四川省的环境退化成本为 512.91 亿元，其中大气环境退化成本为 305.85 亿元，占环境退化总成本的比重是最大的，达到 59.6%，其中大气污染造成的人体健康经济损失最大，达到 239.04 亿元，占总的大气环境退化成本的 78.2%。

表 3 2014 年四川省 21 个市（州）绿色 GDP 核算结果

市（州）	GDP/亿元	虚拟治理成本/亿元	污染扣减指数/%	环境退化成本/亿元	环境退化指数/%
四川省	28 536.70	319.78	1.12	512.91	1.80
成都市	10 056.59	87.50	0.87	161.85	1.61
自贡市	1 073.40	8.51	0.79	15.38	1.43
攀枝花市	870.85	7.80	0.90	11.54	1.33
泸州市	1 259.73	15.62	1.24	28.22	2.24
德阳市	1 515.65	16.00	1.06	20.71	1.37
绵阳市	1 579.89	19.92	1.26	22.22	1.41
广元市	566.19	7.84	1.39	16.06	2.84
遂宁市	809.55	8.00	0.99	14.04	1.73
内江市	1 156.77	14.10	1.22	24.91	2.15
乐山市	1 207.59	13.29	1.10	16.51	1.37
南充市	1 432.02	14.41	1.01	28.76	2.01
眉山市	944.89	13.90	1.47	16.47	1.74
宜宾市	1 443.81	18.43	1.28	19.38	1.34
广安市	919.61	11.54	1.25	12.66	1.38
达州市	1 347.83	15.03	1.11	22.53	1.67
雅安市	462.41	5.77	1.25	4.85	1.05
巴中市	456.66	6.59	1.44	10.97	2.40
资阳市	1 195.60	8.56	0.72	19.23	1.61
阿坝州	247.79	4.99	2.01	2.27	0.92
甘孜州	206.81	3.76	1.82	3.32	1.61
凉山州	1 314.30	18.22	1.39	41.04	3.12

（2）2014 年四川省 GEP 总量为 8.57 万亿元，是四川省当年 GDP 总量的 3.01 倍。其中，四川省生态系统调节服务总价值占比最高，占全省 GEP 的 88.23%，达到 7.57 万亿元，其余依次是生态系统文化服务总价值 0.68 万亿元，生态系统产品提供总价值 0.32 万亿元。四川省各市（州）GEP 中，凉山州的 GEP 总量最高，达到 3.09 万亿元，占全省的 36.05%，其次是甘孜州，为 0.92 万亿元，占全省的 10.69%，而阿坝州和乐山市的 GEP 与甘孜州相近，均在 0.50 万亿元以上，GEP 在 0.10 万~0.50 万亿元的市（州）有宜宾、成都、攀枝花、雅安、达州、资阳、泸州、眉山、绵阳、遂宁和自贡 11 个市（州），GEP 低于 0.10 万亿元的市（州）有内江、广元、巴中、南充、广安和德阳 6 个市（州）。

表4 2014年四川省21个市（州）GEP核算结果　　　　单位：亿元

市（州）	产品提供	调节服务	文化服务	GEP总值	单位面积GEP	GDP/GEP	GEP/GDP
四川省	3 251.191 7	75 675.02	6 840.94	85 767.15	1 764.57	0.33	3.01
成都市	316.31	1 296.54	2 611.89	4 224.74	3 485.99	2.38	0.42
自贡市	105.77	884.00	211.86	1 201.64	2 743.10	0.89	1.12
攀枝花市	42.62	3 320.25	157.52	3 520.39	4 756.39	0.25	4.04
泸州市	149.42	1 634.47	197.62	1 981.52	1 619.39	0.64	1.57
德阳市	138.40	105.56	131.84	375.81	635.90	4.03	0.25
绵阳市	222.28	927.95	293.39	1 443.62	712.96	1.09	0.91
广元市	94.40	466.26	173.62	734.27	450.17	0.77	1.30
遂宁市	105.36	904.54	214.90	1 224.80	2 300.88	0.66	1.51
内江市	141.83	606.67	148.98	897.47	1 666.71	1.29	0.78
乐山市	107.24	5 160.00	441.12	5 708.36	4 486.64	0.21	4.73
南充市	257.74	148.82	270.02	676.58	542.25	2.12	0.47
眉山市	123.38	1 272.85	193.39	1 589.61	2 226.51	0.59	1.68
宜宾市	171.37	4 343.15	271.37	4 785.88	3 607.57	0.30	3.31
广安市	122.37	110.09	209.87	442.33	697.63	2.08	0.48
达州市	285.02	2 399.23	98.13	2 782.38	1 677.95	0.48	2.06
雅安市	66.89	2 890.07	118.03	3 074.99	2 043.70	0.15	6.65
巴中市	105.64	517.01	99.50	722.15	587.43	0.63	1.58
资阳市	169.35	2 034.41	202.62	2 406.39	3 023.21	0.50	2.01
阿坝州	98.25	7 379.42	402.53	7 880.20	949.24	0.03	31.80
甘孜州	136.32	8 922.66	113.26	9 172.24	613.12	0.02	44.35
凉山州	291.24	30 351.06	279.47	30 921.77	5 128.46	0.04	23.53

注：单位面积GEP单位：万元/km^2。

4.2 2014年度安徽省绿色GDP与GEP核算结果

2014年度安徽省环境绿色GDP2.0核算是以省环境统计和其他相关统计为依据，核算内容参照《中国环境经济核算技术规范》《生态系统生产总值核算技术规范》中相关要求。核算基础年为2014年。核算结果表明，当年安徽省虚拟治理成本和环境退化成本分别为165.15亿元和470.00亿元，相应绿色GDP（污染扣减指数和环境退化指数）分别为0.78%和2.23%；安徽省GEP为3.79万亿元，绿金指数达到1.80。

（1）2014年安徽省虚拟治理成本为165.15亿元，占当年GDP的比例为0.78%。其中大气和水污染物的虚拟治理成本占比较高，分别达到51.80%和44.30%；2014年安徽省废气虚拟治理成本是实际治理成本的1.1倍，废水虚拟治理成本是实际治理成本的1.8倍，缺口较大；电力、化纤、非金属矿制品业、有色采选、造纸、化工、皮革和黑色冶金的污染扣减指数较大，其经济与环境效益比低；按地区核算结果显示，马鞍山、合肥、淮南、铜陵和芜湖市位列治理成本前五位，亳州、六安和阜阳市的实际污染治理投入严重不足。2014年安徽省环境退化成本为470亿元，占当年GDP的2.23%。其中水和大气污染造成的环境退化成本较高，分别达到231.34亿元、214.06亿元。滁州（4.00%）、马鞍山（3.76%）、淮南（3.5%）、淮北（3.33%）、六安（3.07%）、阜阳（2.91%）、蚌埠（2.72%）、铜陵（2.4%）、亳州（2.38%）9市的环境退化指数超过全省平均水平（2.23%）。

表5　2014年安徽省16个地市绿色GDP核算结果

地、市	GDP/亿元	虚拟治理成本/亿元	污染扣减指数/%	环境退化成本/亿元	环境退化指数/%
安徽省	21 051.00	165.15	0.78	470.00	2.23
合肥市	5 158.00	17.85	0.35	77.88	1.51
芜湖市	2 307.90	10.88	0.47	42.38	1.84
蚌埠市	1 108.40	8.05	0.73	30.19	2.72
淮南市	789.30	12.56	1.59	27.64	3.50
马鞍山市	1 357.40	9.90	0.73	51.02	3.76
淮北市	747.50	6.36	0.85	24.91	3.33
铜陵市	716.30	4.69	0.66	17.19	2.40
安庆市	1 544.30	11.25	0.73	14.80	0.96
黄山市	507.20	2.59	0.51	5.22	1.03
滁州市	1 190.00	11.87	1.00	47.60	4.00
阜阳市	1 146.10	17.99	1.57	33.31	2.91
宿州市	1 126.10	14.20	1.26	24.63	2.19
六安市	1 086.30	11.88	1.09	33.32	3.07
亳州市	850.50	11.25	1.32	20.28	2.38
池州市	503.20	4.55	0.91	6.04	1.20
宣城市	912.50	9.24	1.01	13.56	1.49

（2）2014年安徽省GEP总量为3.79万亿元，是安徽省当年GDP总量的1.80倍。其中，安徽省生态系统调节服务总价值占比最高，占全省GEP的72.40%，达到2.74万亿元，其余依次是生态系统产品提供总价值0.70万亿元，生态系统文化服务总价值0.34万亿元。安徽省各地市，大别山区的六安和安庆市、江淮之间的合肥和滁州市、皖南山区的黄山市GEP较高，各地市单位面积GEP高低与总量变化趋势基本类似，这5个省辖市市域面积较大，自然资源和文化资源均较为丰富，生态系统结构和格局较为合理，调节功能突出，因此综合GEP值较高。2014年安徽全省GDP总量达2.08万亿元，仅占GEP的54.9%，安徽省GEP相对较高，需持续加大对生态环境的保护和投入，尤其对皖

南山区、大别山区、沿江生态走廊应制订生态环境保护规划并实施评估，确保每年 GEP 不能降低（表6）。

表6　2014 年安徽省 16 个地市绿色 GDP 核算结果　　　　　　　单位：亿元

地、市	产品提供	调节服务	文化服务	GEP 总值	单位面积 GEP	GDP/GEP	GEP/GDP
安徽省	7 011.83	27 435.53	3 420.74	37 868.10	2 700.74	0.56	1.80
合肥市	681.74	2 417.9	791.64	3 891.28	3 402.71	1.33	0.75
芜湖市	379.17	1 106.69	313.77	1 799.63	2 970.90	1.28	0.78
蚌埠市	453.79	933.02	130.53	1 517.34	2 546.08	0.73	1.37
淮南市	194.66	571.96	75.35	841.97	1 520.10	0.94	1.07
马鞍山市	270.76	739.30	141.14	1 151.2	2 829.73	1.18	0.85
淮北市	158.61	400.97	56.10	615.68	2 233.25	1.21	0.82
铜陵市	56.40	276.65	60.93	393.98	1 347.54	1.82	0.55
安庆市	612.24	3 527.94	348.16	4 488.34	3 315.07	0.34	2.91
黄山市	146.21	2 471.09	497.36	3 114.66	3 236.58	0.16	6.14
滁州市	589.69	2 588.1	112.94	3 290.73	2 428.64	0.36	2.77
阜阳市	787.93	1 465.96	91.00	2 344.89	2 316.83	0.49	2.05
宿州市	714.53	1 457.37	79.85	2 251.75	2 270.53	0.50	2.00
六安市	976.08	3 615.7	135.17	4 726.95	3 060.45	0.23	4.35
亳州市	505.34	1 254.26	87.80	1 847.4	2 167.80	0.46	2.17
池州市	186.60	2 234.08	360.87	2 781.55	3 305.91	0.18	5.53
宣城市	298.06	2 374.56	138.14	2 810.76	2 277.47	0.32	3.08

注：单位面积 GEP 单位：万元/km^2。

4.3　2014 年度云南省绿色 GDP 与 GEP 核算结果

　　结合云南省实际与数据可获情况，云南省绿色 GDP 与 GEP 试点研究具体开展了 2010 年、2013 年和 2014 年云南省级和云南 16 个市（州）的环境污染损失核算（基于虚拟治理成本方法和基于环境退化成本方法）和生态系统生产总值核算（表7）。核算内容参照《中国环境经济核算技术规范》《生态系统生产总值核算技术规范》。核算结果表明，2014 年云南省虚拟治理成本和环境退化成本分别为 168.43 亿元和 282.56 亿元，相应绿色 GDP（污染扣减指数和环境退化指数）分别为 1.31% 和 2.20%；云南省 GEP 为 4.02 万亿元，绿金指数达到 3.14。

表7 2014年云南省16个市（州）绿色GDP核算结果

市（州）	GDP/亿元	虚拟治理成本/亿元	污染扣减指数/%	环境退化成本/亿元	环境退化指数/%
云南省	12 814.59	329.48	2.6	282.56	2.2
昆明市	3 712.99	45.12	1.2	51.69	1.4
曲靖市	1 548.46	24.42	1.6	44.96	2.9
玉溪市	1 184.73	14.32	1.2	18.85	1.6
保山市	503.09	7.82	1.6	7.06	1.4
昭通市	669.51	8.67	1.3	31.63	4.7
丽江市	269.68	3.95	1.5	15.39	5.7
普洱市	476.95	7.92	1.7	17.53	3.7
临沧市	465.12	8.78	1.9	9.73	2.1
楚雄州	705.66	6.88	1.0	18.75	2.7
红河州	1 127.09	21.09	1.9	17.45	1.5
文山州	615.87	9.25	1.5	24.64	4.0
西双版纳州	306.02	6.13	2.0	7.75	2.5
大理州	832.33	10.23	1.2	16.28	2.0
德宏州	274.20	6.25	2.3	2.22	0.8
怒江州	100.12	13.77	13.8	6.02	6.0
迪庆州	147.21	1.86	1.3	5.03	3.4

（1）2014年云南省虚拟治理成本为168.43亿元，占当年GDP的比例为1.31%。2010—2014年实际治理成本和虚拟治理成本均呈上升趋势，且虚拟治理成本绝对量略大于实际治理成本。云南省大气污染物的虚拟治理成本占比较高，达56.56%，虽然云南大气环境质量优良，但治理投入凸显不足，以2014年为例，交通部门的机动车大气污染虚拟治理成本是实际治理成本的两倍。2014年云南省环境退化成本为282.56亿元，占当年GDP的2.20%。2010—2014年，环境退化成本呈逐年减少趋势。云南省水环境退化损失较高，是环境质量改善重点，水环境退化成本占总退化成本的主要份额，占比达84.65%。2014年云南省污染型缺水量达到62.5亿m³，对云南省的水环境安全构成严重威胁。在空间分布上，部分区域的环境治理与经济发展错配的现象比较显著，临沧、保山、普洱、西双版纳等地区的虚拟治理成本远高于实际治理成本，且GDP污染损失扣减指数远高于其他地区，尤其是怒江固废污染虚拟治理成本高于实际治理成本10余倍，地区在发展经济的同时其环境治理投入明显滞后。同时，以昆明、曲靖、红河为代表的滇中城市经济圈以及邻近区域的环境退化最为严重，应进一步加大治理力度。

（2）2014年云南省GEP总量为4.02万亿元，是安徽省当年GDP总量的3.14倍。其中，云南省生态系统调节服务总价值占比最高，占全省GEP的67.02%，达到2.69万亿元，主要体现在水源涵养和气候调节功能上，其余依次是生态系统文化服务总价值0.70万亿元，生态系统产品提供总价值0.63万亿元。怒江、德宏、西双版纳、迪庆、保山等地区以水源涵养、土壤保持为主的调节服务价值明显高于全省其他地区；对于生态服务价值高、但虚拟治理成本远高于实际治理成本、GDP污染损失扣减指数高的地区，应从环保规划、项目立项、生态功能区转移支付等政策予以重点倾斜，维护这些地区的重要生态功能、充分体现其生态服务价值（表 8）。

表 8　2014 年云南省 16 个市（州）GEP 核算结果　　　　单位：亿元

市（州）	产品提供	调节服务	文化服务	GEP 总值	单位面积 GEP	GDP/GEP	GEP/GDP
云南省	6 283.59	26 931.15	6 966.65	40 181.38	1 019.83	0.32	3.14
昆明市	496.77	504.31	736.7	1 737.78	809.29	2.14	0.47
曲靖市	699.50	495.99	751.46	1 946.95	673.69	0.80	1.26
玉溪市	370.33	602.58	415.31	1 388.22	908.22	0.853	1.17
保山市	414.91	636.32	268.17	1 319.4	671.89	0.38	2.62
昭通市	394.19	523.24	439.29	1 356.72	589.34	0.49	2.03
丽江市	235.71	561.45	246.17	1 043.33	506.47	0.26	3.87
普洱市	394.57	625.87	517.77	1 538.21	338.92	0.31	3.23
临沧市	386.84	616.95	365.05	1 368.84	570.35	0.34	2.94
楚雄州	422.97	486.62	556.36	1 465.95	515.49	0.48	2.08
红河州	519.68	546.43	642.59	1 708.7	518.89	0.66	1.52
文山州	428.86	607.32	452.9	1 489.08	461.89	0.41	2.42
西双版纳州	426.76	714.66	220.72	1 362.14	712.23	0.22	4.45
大理州	514.26	625.78	893.36	2 033.4	690.25	0.41	2.44
德宏州	294.46	740.26	150.59	1 185.31	1 030.70	0.23	4.32
怒江州	56.54	764.22	119.39	940.16	639.43	0.11	9.39
迪庆州	68.49	658.68	190.82	917.99	384.58	0.16	6.24

注：单位面积 GEP 单位：万元/km^2。

4.4　2014 年度安徽省六安市绿色 GDP 与 GEP 核算结果

结合安徽省六安市实际与数据可获情况，六安市绿色 GDP 与 GEP 试点研究以六安 4 县 4 区为核算单元，开展了环境污染损失核算（基于环境退化成本方法）和生态系统生产总值核算。核算内容参照《中国环境经济核算技术规范》《生态系统生产总值核算技术规范》中相关要求，核算基础年为 2014 年，核算结果表明，当年六安市环境退化成本为 37.71 亿元，相应绿色 GDP（环境退化指数）为 3.44%；六安市 GEP 达到 4 564.2 亿元，绿金指数达到 4.16，六安市是各试点中绿金指数最高的城市。

（1）2014 年六安市环境退化成本为 37.71 亿元，占当年 GDP 的 3.44%，其中，大气污染造成的健康损失最大，达 30.80 亿元，占总退化成本的 81.67%。其次是大气造成的清洁成本和水污染造成的健康经济损失，分别为 4.90 亿元和 1.50 亿元，而水污染造成的农业损失和大气污染造成的建筑材料经济损失较小，均不足 0.50 亿元，其他类型的污染损失为零。

（2）2014 年六安市 GEP 总量为 4 564.2 亿元，约占全省 GEP 的 12.05%，是六安市当年 GDP 总量的 4.16 倍。其中，生态系统调节服务总价值占比最高，占全市 GEP 的 75.49%，

达到 3 445.2 亿元，主要体现在气候调节和大气环境净化功能上，其余依次是生态系统产
品提供总价值 955.5 亿元，生态系统文化服务总价值 163.5 亿元。2014 年六安市 GEP 约占
全省 GEP 的 12.05%，而其 GDP 仅占全省 GDP 的 5.26%，相比于经济总量，六安市的生
态系统功能价值优势明显。

4.5 2014 年度云南省昆明市绿色 GDP 与 GEP 核算结果

结合云南省昆明市实际与数据可获情况，昆明市绿色 GDP 与 GEP 试点研究以昆明 1
市 7 县 7 区为核算单元，开展了环境污染损失核算（基于虚拟治理成本方法）和生态系统
生产总值核算。核算内容参照《中国环境经济核算技术规范》《生态系统生产总值核算技
术规范》中相关要求，核算基础年为 2014 年，核算结果表明，当年昆明市虚拟治理成本
为 35.18 亿元，相应绿色 GDP（污染扣减指数）为 0.95%；昆明市 GEP 达到 5 616.97 亿元，
绿金指数为 1.51。

（1）2014 年昆明市环境污染实际治理成本和虚拟治理成本分别为 47.16 亿元和 35.18
亿元，占当年昆明 GDP 的 1.27% 和 0.95%。其中，大气污染实际治理和虚拟治理成本均最
大，分别占总成本的 57.31% 和 88.38%。昆明市 2014 年环境污染的实际治理成本是虚拟治
理成本的 1.34 倍，表明当年环境污染治理的实际投入较好，而各要素中，仅有大气污染
的实际治理成本是小于虚拟治理成本的，比例关系为 0.87∶1.00，大气污染治理实际投
入不足。

（2）2014 年昆明市 GEP 总量为 5 616.97 亿元，约占全省 GEP 的 13.97%，是昆明市
当年 GDP 总量的 1.51 倍。其中，生态系统调节服务总价值和文化服务总价值占比最高，
占全市 GEP 的 58.18% 和 35.65%，达到 3 267.92 亿元和 2 002.58 亿元，主要体现在释氧和
气候调节功能上，生态系统产品提供总价值 346.47 亿元，仅占 GEP 总量的 6.17%。2014
年昆明市 GEP 约占全省 GEP 的 13.97%，而其 GDP 却占全省 GDP 的 29.03%，从全省的
空间布局来看，昆明市经济总量提升的生态资源压力较大。

4.6 2014 年度深圳市绿色 GDP 与 GEP 核算结果

结合深圳市实际与数据可获情况，深圳市绿色 GDP 与 GEP 试点研究以深圳市为核算
单元，开展了环境污染损失核算（基于环境退化成本方法）和生态系统生产总值核算。核
算内容参照《中国环境经济核算技术规范》《生态系统生产总值核算技术规范》中相关要
求，核算基础年为 2014 年，核算结果表明，当年深圳市环境退化成本为 388.35 亿元，相
应绿色 GDP（环境退化指数）为 2.43%；深圳市 GEP 达到 4 042.85 亿元，绿金指数为 0.25，
深圳市各试点中唯一绿金指数小于 1 的城市。

（1）2014 年深圳市环境退化成本为 388.35 亿元，占当年深圳 GDP 的 2.43%。其中，
大气污染造成的环境损失最大，占总损失的 66.21%，并主要体现在大气污染造成的健康损
失。深圳市 2014 年水和土壤环境污染损失分别占总损失的 26.60% 和 7.19%，深圳水污染
损失以污染型缺水造成的损失为主，其供水主要靠外水调入，污染型缺水也成为深圳缺水

的主要特征，污染型缺水量达到 14.44 亿 m³，占深圳市供水量的 74.66%，对深圳的水环境安全构成严重威胁。

（2）2014 年深圳市 GEP 总量为 4 042.85 亿元，约占全省 GEP 的 8.77%，是深圳市当年 GDP 总量的 1/4。其中，生态系统调节服务总价值占比最高，占全市 GEP 的 71.38%，达到 2 885.81 亿元，主要体现在气候调节功能上，其余依次是生态系统文化服务总价值 638.71 亿元，生态系统产品提供总价值 518.33 亿元，在空间分布上，深圳市生态系统服务功能较高的区域主要分布在深圳东部大鹏半岛、盐田区，西部铁岗-石岩水库、羊台山等区域，均为植被覆盖率较高、生态保护相对较好的区域。2014 年深圳市 GEP 仅占全省 GEP 的 8.77%，而其 GDP 约占全省 GDP 的 29.03%，远超 GEP 占全省比例，从全省的空间布局来看，深圳市经济总量提升的生态资源压力较大。

基于绿色 GDP 和 GEP 核算结果，各试点省市提出了应实施差异化绿色发展策略，着力搭建绿色空间体系、绿色生产体系、绿色消费体系、绿色环境体系、绿色政策体系、绿色市场体系 6 大体系，牢牢抓住绿色理念贯穿发展全程、严守资源环境生态红线、传统产业绿色转型、产业结构绿色调整、大力发展绿色产业、稳步实施绿色建设、鼓励利用绿色能源、深入推进节能降耗、着力创新体制机制、全面加强环境保护等几大重点领域，推动形成绿色发展方式和生活方式，增加生态产品供给和生态服务功能提升，促进绿色经济健康发展，加快建成资源节约型、环境友好型社会。

5   面临的问题和下一步建议

5.1   目前存在的主要问题

5.1.1   核算模型技术方法尤其是价值量评估方法有待进一步完善和规范

由于国家环境经济核算（绿色 GDP 2.0 核算）包含的内容较多，一些方法还不成熟，还存在一定的技术性难题，有待进一步完善和规范。

（1）核算技术方法需要统一规范。对于生态系统生产总值价值化方法，尽管学术界已形成初步的统一，但是在具体核算指标方面，仍存在同一个指标的核算方法多样的问题，且方法之间可能存在较大差异，导致采用不同方法计算所得的结果相差较大，可比性较低。

（2）生态产品生产总值核算、环境质量退化与改善的价值量评估方法等规范。同一套核算方法体系，其价值量核算的系数、参数选取仍存在主观性大的问题，对核算结果的影响较大。

（3）大气环境质量改善效益。大气污染健康损失受到核算年的人口、GDP 等的影响，大气污染造成的清洁劳务成本与城市家庭户数、GDP、汽车数量、道路面积、建筑面积等的影响，这些参数一般逐年升高，从而使大气污染损失倾向于增大，于是就有可能发生区域大气环境质量在改善而计算出的大气环境损失却在增加的情况。

5.1.2 核算所需基础数据的获取需要规范和渠道化

最新的土壤污染情况、生态系统遥感数据等，由于技术条件、公共部门基础数据不透明等因素制约，数据获取存在一定困难，对核算结果的科学性存在影响。

（1）生态系统生产总值核算所需的数据中部分不能直接统计得到（如需要实验测量、实时监测等），现有的统计数据不能完全满足 GEP 核算的需求，比如生态系统的土壤保持量、涵养水源、植被的净初级生产力、林地的负离子浓度等。

（2）一些数据尤其是生活源和农业源相关数据比较缺乏，中国在家庭消费相关数据的统计上还不够完善，空调使用天数、加湿器使用频率等数据均无法获取，数据支撑难以满足研究的需要。

（3）与健康风险相关的环境暴露数据、公共卫生数据等也比较缺乏，环境健康风险还处于研究阶段，统计基础还较薄弱，涉及卫生、医疗等跨部门数据难以获取。

5.1.3 在成果应用上，各项成果最终如何瞄准决策应用和政策需求，如何做好绿色 GDP 2.0 研究的内涵和外延工作，需进一步加强

相关研究成果如何能够被扎扎实实用起来，用到绿色发展评估、生态文明建设中目前还没有统一明确。各试点单位开展试点地区成果应用难度较大，试点地区是否"先行先用"，结合试点地区的负债表编制、干部离任审计、排污许可证等生态环境政策，提出一些好的应用案例，从而为国家层面提供成果应用的经验借鉴，但这项工作由于具有创新性，难度也比较大。

5.1.4 在核算成果的发布上，是否可以发布，如何发布，发布什么等需要进一步明确

（1）绿色 GDP 2.0 涉及的相关核算技术指南，是否可以发布？如何发布？发布对象和发布主体始终难以确定，那么在全国层面开展规范性的核算面临较大难度。

（2）近年来的绿色 GDP 和 GEP 的核算结果如何发布？如绿色 GDP 核算结果，环境容量核算结果，生态系统生产总值核算结果，京津冀区域环境承载力核算结果等，如何对外宣传，如何转化为政策、制度层面的应用还需要大大加强。

5.2　下一步工作建议

（1）在核算技术方法上，建议梳理完善绿色 GDP 核算和 GEP 核算技术方法，经过专家论证后，编制规范化的技术指南，对计算方法和技术参数做出统一规定，由环境保护部统一发布《经污染损失调整的生产总值（EDP 或者绿色 GDP）核算技术指南》和《生态系统生产总值（GEP）核算技术指南》，从而指导规范相关工作的开展，增强不同地域间核算成果的可比较性，引领全国环境经济核算工作。

（2）在核算数据获取上，建议建立核算大数据平台，拓展数据的收集和获取渠道，拓展合作方式，通过与中国科学院系统等建立合作机制来获取遥感数据；对于跨卫生、医疗部门数据难以收集情况，建立跨部门数据共享工作机制；建立完善数据的监测和统计体系，

尤其是加强对于生活和农村来源生态环境数据的监测网络和统计体系。

（3）在国家层面核算成果应用上，建议尽快确定如何加强绿色 GDP 的应用推广，从环保规划和政策、环境绩效评价、绿色发展评估等方面进行拓展，争取将绿色 GDP 核算纳入政策实操，建议建立环境经济核算常态化工作机制，明确成果的应用方向和应用对象。

（4）在试点层面核算成果应用上，建议积极总结绿色 GDP 核算中的经验和问题，建立绿色 GDP 与 GEP 双核算双评价的长效机制，支持鼓励在生态文明建设试验区、绿色发展示范区"先行先用"，推动"绿水青山就是金山银山"的发展新路径得以真正落实。

（5）在核算成果的宣传发布上，建议对每年的绿色 GDP 核算报告和成果，以信息专报或参考形式，提交给中央、国务院、全国人大、政协、地方政府等部门，为相关部门提供一个重要信息参考。

参考文献

[1] 王金南，蒋洪强，等. 绿色国民经济核算概论[M]. 北京：中国环境科学出版社，2008.

[2] 高敏雪，张颖，等. 综合环境经济核算与计量分析[M]. 北京：经济科学出版社，2012.

[3] 国家林业局. 中国森林资源核算研究[M]. 北京：中国林业出版社，2015.

[4] 李文华，张彪，谢高地. 中国生态系统服务研究的回顾与展望[J]. 自然资源学报，2009，24（1）：1-10.

[5] 欧阳志云，王如松，赵景柱. 生态系统服务功能及其生态经济价值评价[J]. 应用生态学报，1999，（5）：635-640.

[6] 赵同谦，欧阳志云，郑华，等. 中国森林生态系统服务功能及其价值评估[J]. 自然资源学报，2004，19（4）：480-491.

[7] 住房和城乡建设部. 中国城市环境建设统计年鉴别[M]. 2004—2014.

[8] 中华人民共和国统计局. 中国统计年鉴 2014[M]. 北京：中国统计出版社，2015.

中国环境经济核算研究报告 2015

China environmental and economic accounting report 2015

王金南 於 芳 马国霞 吴 琼 曹 东 景立新

摘 要 党的十九大报告强调"加快生态文明体制改革，建设美丽中国"，提出推进绿色发展，着力解决突出环境问题，加大生态系统保护力度，改革生态环境监管体制，践行"绿水青山就是金山银山"的理念，坚持节约资源和保护环境的基本国策，实行最严格的生态环境保护制度。目前，以环境保护部环境规划院牵头的技术组已经完成了 2004—2015 年共 12 年的中国环境经济核算研究报告，核算内容主要是联合国 SEEA 体系中的生态环境退化成本。本报告为《中国环境经济核算研究报告 2015》概要版本，主要结论如下：①2015 年我国生态环境退化成本增加趋势得到遏制，首次出现基本持平。2015 年生态环境退化成本为 26 476.6 亿元，约占当年 GDP 的 3.7%，比 2014 年增加了 15.3%；②全国各省份环境退化成本排序基本稳定，中东部人口集聚区环境退化成本高，但西部地区环境退化成本增速快；③大气环境质量有所改善，城市地区大气环境污染导致的人体健康损失有所下降，2015 年大气污染导致的城市地区过早死亡人数为 51.3 万人，比 2014 年下降 1.9%；④草地生态系统的生态破坏损失有所下降，湿地生态系统的生态破坏损失增幅较大；⑤环境污染实际治理成本增加显著，虚拟治理成本已基本扭转上升趋势，污染减排政策效果显著。

关键词 生态环境退化成本 实际治理成本 虚拟治理成本 生态破坏

Abstract The report of the Nineteenth National Congress of the Communist Party of China emphasizes "speeding up the reform of the system of ecological civilization and building a beautiful China". It proposes to promote green development，focus on solving outstanding environmental problems，strengthen the protection of ecosystems，reform the system of ecological environment supervision，practice the idea that lucid waters and lush mountains are invaluable assets，adhere to the basic national policy of saving resources and protecting the environment，and implement the strictest ecological environment. Environmental protection system. At present，the technical group led by the Environmental Planning Institute of the Ministry of Environmental Protection has completed a 12-year study on China's environmental and economic accounting from 2004 to 2015，which mainly covers the cost of ecological and environmental degradation in the United Nations SEEA system. The main conclusions are as follows: （1）The increasing trend of the cost of ecological environment degradation in China was curbed in 2015， and for the first time it was basically flat. In 2015，the cost of environmental degradation was 264.766 billion yuan，accounting for 3.7% of GDP in that year，an increase of 15.3% over that in 2014.（2）The ranking of environmental degradation costs in all provinces in China was basically stable. The cost of environmental degradation in the population agglomeration areas in the central and eastern regions was high，but the cost of environmental degradation in the western regions increased rapidly.（3）The quality of atmospheric environment improved，and the loss of human health caused by atmospheric environmental pollution in urban areas decreased. The number of premature deaths in urban areas caused by air pollution in 2015 was 513，000，which was 1.9% lower than that in 2014.（4）The loss of ecological destruction of grassland ecosystem decreased，and the loss of ecological destruction of wetland ecosystem increased significantly.（5）The actual treatment cost of environmental pollution increased significantly. The virtual treatment cost has basically reversed the upward trend，and the effect of pollution control policy is obvious.

Key words　cost of ecological and environmental degradation，actual treatment cost，virtual treatment cost，ecological destruction

1　前言

GDP 是考察宏观经济的重要指标，是对一国总体经济运行表现做出的概括性衡量。但现行的国民经济核算体系有一定的局限性：一是它不能反映经济增长的全部社会成本；二是不能反映经济增长的方式以及增长方式的适宜程度和为此付出的代价；三是不能反映经济增长的效率、效益和质量；四是不能反映社会财富的总积累，以及社会福利的变化；五是不能有效衡量社会分配和社会公正。

为此，国际上从 20 世纪 70 年代开始研究建立绿色国民经济核算体系，它在传统的 GDP 核算体系中扣除自然资源耗减成本和环境退化成本，以期更加真实地衡量经济发展成果和国民经济福利。在挪威、美国、荷兰、德国开展的自然资源核算、环境污染损失成本核算、环境污染实物量核算、环境保护投入产出核算工作的基础上，联合国统计署（UNSD）于 1989 年、1993 年、2003 年和 2013 年先后发布并修订了《综合环境与经济核算体系（SEEA）》，为建立绿色国民经济核算总量、自然资源和污染账户提供了基本框架。欧洲议会于 2011 年 6 月初通过了"超越 GDP"决议以及一项作为重要解决手段的欧洲环境问题新法规——《环境经济核算法规》，象征着欧盟在使用包括 GDP 在内的多元指标衡量问题方面成功迈进了一步。欧盟、欧洲议会、罗马俱乐部、经合组织和世界自然基金会组织的超越 GDP 会议，来自 50 个国家的 650 个代表参加会议，对提高真实财富和国家福利的测算方法和实施进程进行了重点讨论，会议在 *Nature* 杂志上进行了专题报道。

自党的十八大提出把资源消耗、环境损害、生态效益等指标纳入经济社会发展评价体系后，2015 年 1 月 1 日实施的新《环境保护法》也要求地方政府对辖区环境质量负责，建立资源环境承载力监测预警机制，实行环保目标责任制和考核评价制度。2015 年 4 月发布的《中共中央　国务院关于加快推进生态文明建设的意见》，提出以健全生态文明制度体系为重点，优化国土空间开发格局，全面促进资源节约利用，加大自然生态系统和环境保护力度，大力推进绿色发展、循环发展、低碳发展。2017 年，党的十九大报告强调"加快生态文明体制改革，建设美丽中国"，提出推进绿色发展，着力解决突出环境问题，加大生态系统保护力度，改革生态环境监管体制，践行"绿水青山就是金山银山"的理念，坚持节约资源和保护环境的基本国策，实行最严格的生态环境保护制度。2015 年，环境保护部启动了绿色 GDP2.0 工作，加强了环境经济核算工作，在绿色 GDP1.0 的基础上，新增了环境容量核算为基础的环境承载力研究以及生态环境质量好转的效益评估，进行经济绿色转型政策研究，探索环境资产核算与应用长效机制，核算经济社会发展的环境成本代价。

截至本报告发布，以环境保护部环境规划院为代表的技术组已经完成了 2004—2015 年共 12 年的全国环境经济核算研究报告[①]，核算内容基本遵循联合国发布的 SEEA 体系，但不包括自然资源耗减成本的核算。12 年的核算结果表明，我国经济发展造成的环境污染代价持续增长，环境污染治理和生态破坏压力日益增大，12 年中基于退化成本的环境污染代价从 5 118.2 亿元提高到 20 179.1 亿元，增长了 294%，年均增长 12.1%。虚拟治理成本从 2 874.4 亿元提高到 6 737.9 亿元，增长了 134.4%。2015 年环境退化成本和生态破坏损失成本合计 26 476.6 亿元，约占当年 GDP 的 3.7%。

在环境经济核算账户中，为了充分保证核算结果的科学性，在核算方法上不够成熟以及基础数据不具备的环境污染损失和生态破坏损失项，没有计算在内，目前的核算结果是不完整的环境污染和生态破坏损失代价。本书报告中的环境污染损失核算，包括环境污染实物量和价值量核算，价值量核算采用治理成本法和污染损失法计算环境污染虚拟治理成本和环境退化成本。其中，环境退化成本存在核算范围不全面、核算结果偏低的问题。生态破坏损失仅包括森林、湿地、草地面积的减少等生态破坏经济损失，耕地和海洋生态系统没有核算，已核算出的损失也未涵盖所有应计算的生态服务功能。

目前，基于环境污染的绿色国民经济年度核算报告制度已初步形成。2015 年核算报告重点对 2015 年和 2006—2015 年的中国环境经济核算结果做了系统全面的总结和分析，共由 9 个部分组成，第 1 部分为前言；第 2 部分为污染排放与碳排放核算账户；第 3 部分为环境质量账户；第 4 部分为物质流核算账户；第 5 部分为环保支出账户；第 6 部分为环境治理成本核算账户；第 7 部分为环境退化成本核算账户；第 8 部分为生态破坏损失核算账户；第 9 部分为环境经济核算综合分析。

本报告由环境保护部环境规划院完成，环境统计与质量数据由中国环境监测总站提供，课题成员还包括中国人民大学和清华大学的有关专家。感谢环境保护部、国家统计局等部委与中国宏观经济学会等机构的有关领导对本项研究一直以来给予的指导和帮助。

---

① 鉴于目前开展的核算与完整的绿色国民经济核算还有差距，从 2005 年起这项研究从之初的"绿色国民经济核算研究"更名为"环境经济核算研究"，研究报告名称也调整为《中国环境经济核算研究报告》，即绿色 GDP1.0 的研究报告，本报告也是绿色 GDP2.0 的主要内容之一。

专栏 1   2015 年环境经济核算数据来源

2015 年核算以环境统计和其他相关统计为依据，对 2015 年全国 31 个省份和各产业部门的水污染、大气污染和固体废物污染的实物量和虚拟治理成本进行了全面核算，得出了经环境污染调整的 GDP 核算结果以及全国 30 个省份（未包括西藏）的环境退化成本、生态破坏损失及其占 GDP 的比例。报告基础数据来源包括《中国统计年鉴 2016》《中国环境统计年报 2015》《中国城乡建设统计年鉴 2015》《中国卫生统计年鉴 2016》《中国乡镇企业年鉴 2016》《2008 中国卫生服务调查研究——第四次家庭健康询问调查分析报告》《中国环境状况公报 2015》以及 30 个省份的 2016 年度统计年鉴，环境质量数据和环境统计基表数据由中国环境监测总站提供，全国 10km×10km 网格的 $PM_{2.5}$ 遥感卫星反演浓度数据由中科院遥感与数字地球研究所提供。

生态破坏损失核算基础数据主要来源于全国第 8 次（2009—2013 年）森林资源清查、第二次全国湿地调查（2009—2013 年）、全国 674 个气象站点数据、中国农业科学院 MODIS/NDVI 遥感数据、《中国土壤志》、美国 NASA 网站数字高程数据、全国草原监测报告、国家价格监测中心、芝加哥温室气体交易所碳排放交易价格、市场调查以及相关研究数据。

---

2   污染排放与碳排放账户

实物量核算账户的构建是环境经济核算的第一步。本章实物量核算账户主要包括水污染、大气污染、固体废物以及碳排放 4 个子账户。

2015 年废水排放量为 969.7 亿 t，较上年增加了 2.1%；COD 排放量为 2 204.2 万 t，较上年降低了 3.0%；$NH_3\text{-}N$ 排放量为 228.2 万 t，较上年下降了 3.6%。2015 年 SO_2 排放量为 1 853.6 万 t，较上年减少了 6.1%；NO_x 排放量为 1 831.1 万 t，较上年下降了 11.7%。

专栏 2   环境污染实物量核算

2011 年以前的环境经济核算报告，环境污染实物量核算以环境统计为基础，核算全口径的主要污染物产生量、削减量和排放量。但 2011 年以来，环境统计扩大了核算范围，开展了农业面源污染统计和交通源污染统计，因此，环境经济核算报告中的环境污染实物量数据不再进行核算，与环境统计保持一致。导致 2011 年之后的核算实物量数据与以前数据在趋势和范围上有所变化，主要原因包括：

（1）2011 年之前，交通源产生的 NO_x 排放量数据基于《中国环境经济核算技术指南》中的核算方法得出，2011 年以后，环境统计开始对交通源 NO_x 排放量进行统计，但年报中 NO_x 排放量数据较之前核算结果大，造成 2011 年以后 NO_x 的实物量数据增幅较大。

（2）2011 年之前，农业源的污染物实物量数据基于《中国环境经济核算技术指南》中的农业源污染物核算方法得出。现采用环境统计中农业源污染物排放量数据。

（3）2011 年之前，在水污染污染物实物量核算中，核算报告核算了农村生活的各种水污染物实物量数据，2011 年以后，农村生活的水污染物实物量数据不再核算，水污染物实物量数据与环境统计保持一致。

碳排放账户基于能源消费量与 IPCC 提供的碳排放因子与中国能源品种低位发热量数据核算获得；环境质量和环保投入账户采用国家环境统计和环境质量监测数据。

2.1　水污染排放①

2015 年我国废水排放量为 969.7 亿 t，2014 年为 950.0 亿 t，2015 年较上一年增加 2.1%；2015 年 COD 排放量为 2 204.2 万 t，2014 年 COD 排放量为 2 273.2 万 t，2015 年较上一年减少 3.0%；2015 年氨氮排放量为 228.2 万 t，2014 年为 236.6 万 t，2015 年较上年减少了 3.6%。其中，工业和生活合计 COD 和氨氮排放量分别比 2014 年减少 3.0% 和 3.4%，农业面源污染 COD 和氨氮排放量较 2014 年分别下降了 3.1% 和 3.9%。从排放绩效的角度看，食品加工业和化工行业是 COD 和氨氮污染排放大户，这两个行业 COD 去除率低于全国平均水平，食品加工业氨氮去除率低于全国平均水平，需加大对食品加工业和化工等重点水污染行业的监管。

2.1.1　水污染排放

（1）2015 年我国废水排放量略有增加。2015 年废水排放量为 969.7 亿 t，较上年增长了 2.1 个百分点（图 1）。

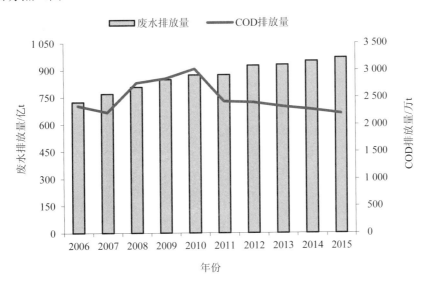

图 1　核算废水和 COD 排放量

（2）COD 和氨氮排放总量呈下降趋势。2015 年 COD 和氨氮排放量分别为 2 204.2 万 t、228.2 万 t，分别比 2014 年减少 3.0% 和 3.6%。其中农业 COD 和氨氮排放量分别为 1 063.8 万 t、72.4 万 t，较 2014 年减少 3.1% 和 3.9%；工业 COD 和氨氮排放量为 293.5 万 t、21.7 万 t，较上年减少 5.7% 和 6.1%；生活源 COD 和氨氮排放量为 846.9 万 t、134.1 万 t，较上年减少 2.0% 和 2.9%。"十二五"期间，COD 和氨氮排放总量呈下降趋势。

（3）农业是 COD 排放的主要来源，城镇生活是氨氮排放的主要来源。2015 年，农业源 COD 排放量占总 COD 排放量的 48%，生活源占 39%，工业源占 13%。2015 年，生活

---

① 本节数据主要来源于环境统计年报。

源氨氮排放量占总氨氮排放量的 59%（图 2）。

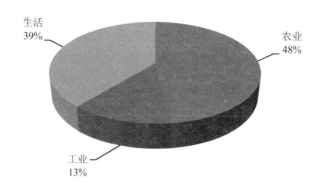

图 2　2015 年 COD 排放来源

2.1.2　水污染排放绩效

（1）2015 年工业行业 COD 和氨氮去除率略有下降。2006—2014 年工业行业 COD 平均去除率逐年上升，2015 年工业行业 COD 去除率为 84.9%，比 2014 年下降 0.5 个百分点。2015 年工业行业氨氮去除率为 81.6%，比 2014 年下降 0.6 个百分点（图 3）。

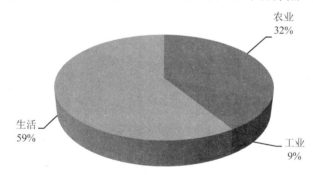

图 3　2015 年氨氮排放来源

（2）食品加工业和化工业 COD 去除率仍低于全国平均水平，食品加工氨氮去除率低于全国平均水平。造纸、食品加工、化工、纺织以及饮料制造业是工业 COD 和氨氮排放量较大的 5 个行业，其 COD 排放量之和占工业 COD 总排放量的 57.9%，氨氮排放量之和占工业氨氮总排放量的 56.6%。2015 年，这 5 个行业的 COD 去除率分别为 90.6%、79.9%、82.8%、85.6% 和 88.7%，氨氮去除率分别为 71.6%、70.7%、86.5%、66.2% 和 71.9%（图 4）。其中食品加工业 COD 去除率低于全国平均水平 5 个百分点，纺织、造纸、食品加工和饮料制造业的氨氮去除率均低于全国平均水平，需进一步提升以上行业的污染治理水平。

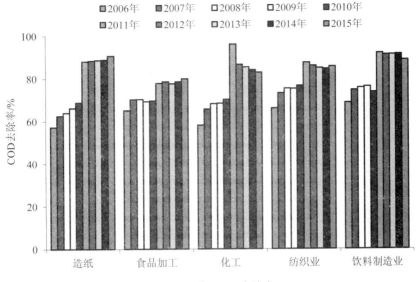

图4　工业 COD 去除率

（3）单位工业增加值的 COD 产生量和排放量都呈下降趋势。单位工业增加值的 COD 产生量和排放量从 2006 年的 18.3 kg/万元和 7.3 kg/万元下降到 2015 年的 6.9 kg/万元和 1.0 kg/万元，单位工业增加值的氨氮产生量和排放量从 2006 年的 1.04 kg/万元和 0.49 kg/万元下降到 2015 年的 0.42 kg/万元和 0.08 kg/万元，工业废水的排放绩效显著提高。

（4）广东 COD 排放量大，但 COD 去除率低。从空间格局角度分析 31 个省份 COD 去除率，其中山东、广东、黑龙江、河南、河北是我国工业和城镇生活 COD 排放量最大的前 5 个省份，其 COD 排放量占总排放量的 32.8%，COD 去除率分别为 86.3%、71.5%、81.7%、83.8% 和 85%。其中，广东省的工业和城镇生活 COD 去除率都低于全国平均水平。山东、北京、河北、新疆、河南 5 个省份的工业和城镇生活 COD 去除率相对较高，都高于 83%；青海的工业和城镇生活 COD 去除率都低于 65%（图5）。

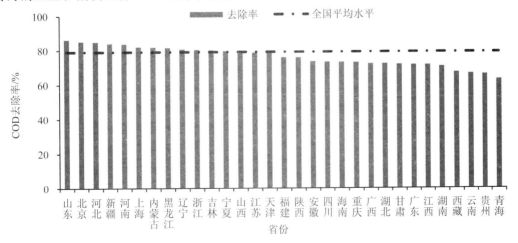

图5　2015 年 31 个省份 COD 去除率

（5）黑龙江、宁夏、新疆单位 GDP 的 COD 排放量大。2015 年全国单位 GDP 的 COD 排放量为 30.5t/万元。31 个省份中，黑龙江、宁夏、新疆是单位 GDP 的 COD 排放量最大的 3 个省份，分别为 92.2t/万元、72.3t/万元和 65.4t/万元；北京、上海、天津 3 个直辖市单位 GDP 的 COD 排放量最低，其中北京万元 GDP 的 COD 排放量仅为 6.8t。在 COD 排放量最大的 5 个省份中，黑龙江省单位 GDP 的 COD 排放量最高（图 6）。从绩效角度出发，优化黑龙江、宁夏、新疆、甘肃、吉林等地区产业结构，提高其废水治理能力，将对于提高全国 COD 污染排放控制绩效有重要意义。

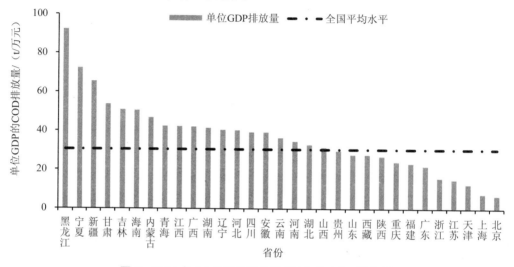

图 6　2015 年 31 个省份的单位 GDP 的 COD 排放量

（6）广东氨氮排放量大，但氨氮去除率低。从空间格局角度分析 31 个省份氨氮去除率，广东、山东、湖南、江苏、河南是我国工业和城镇生活氨氮排放量最大的前 5 个省份，其氨氮排放量占总排放量的 33.8%，氨氮去除率分别为 49.3%、65.4%、40.3%、56.5% 和 58.2%。其中，只有山东省的工业和城镇生活氨氮去除率都高于全国平均水平。宁夏、北京、内蒙古、山东 4 个省份的工业和城镇生活氨氮去除率相对较高，都高于 65%；甘肃、西藏、青海的工业和城镇生活氨氮去除率都低于 40%（图 7）。

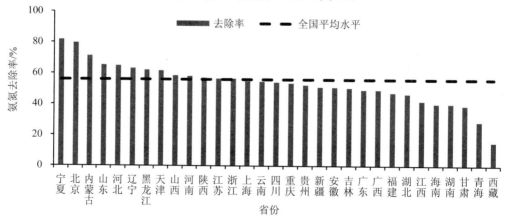

图 7　2015 年 31 个省份氨氮去除率

（7）重庆、江苏、福建单位 GDP 的氨氮排放量大。2015 年全国单位 GDP 的氨氮排放量为 3.2 t/万元。31 个省份中，重庆、江苏、福建是单位 GDP 的氨氮排放量最大的 3 个省份，分别为 48.6 t/万元、37.1 t/万元和 35.1 t/万元；海南、宁夏、青海、甘肃、西藏单位 GDP 的氨氮排放量较低，其中，西藏万元 GDP 的氨氮排放量仅为 0.05 t。在氨氮排放量最大的 5 个省份中，江苏省单位 GDP 的氨氮排放量最高，其次为湖南、广东、山东、河南，均高于全国平均水平。从绩效角度出发，优化江苏、湖南、广东、山东、河南等地区产业结构，提高其废水治理能力，将对于提高全国氨氮污染排放控制绩效有重要意义（图 8）。

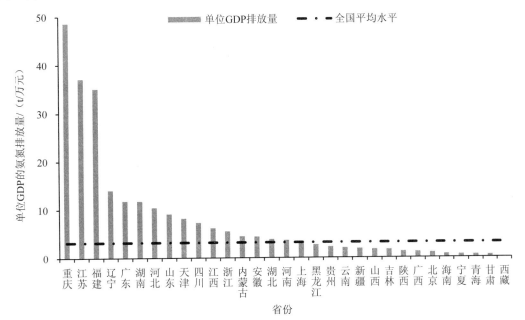

图 8　2015 年 31 个省份的单位 GDP 的氨氮排放量

（8）城镇污水处理能力有所提高，但仍存在较大提升空间。截至 2015 年年底，31 个省份累计建成污水处理厂由 2006 年的 939 座增加到 6 910 座；总处理能力从 2006 年的 0.64 亿 m^3/d 上升至 1.87 亿 m^3/d，日处理能力提高了 1.9 倍。2015 年全国城镇生活污水实际处理量为 532.3 亿 t，城镇生活污水排放量为 535.2 亿 t，处理量占排放量的 99.4%，仍有 0.6% 的城镇生活污水未经处理排入外环境（图 9）。

（9）山西、四川、西藏、海南等地区的城镇生活污水处理能力亟待提高。北京、天津、上海、福建、山东、湖南 6 个地区的城镇生活污水处理能力均达到二级以上。山西、四川、西藏、海南等省城镇生活污水二、三级处理所占比例不足 70%，需要进一步提升，其中海南城市生活污水处理水平最低，二级以上生活污水处理比例不足 30%。

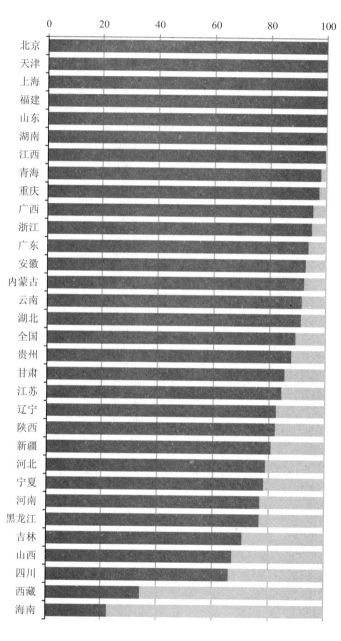

图9 31个省份城镇污水处理能力

2.2 大气污染排放

"十二五"期间，国家对 SO_2 和 NO_x 两项主要大气污染物实施国家总量控制和减排。2015 年我国大气污染物的排放量得到有效控制，SO_2、NO_x 等污染物都呈下降趋势。2015 年全国 SO_2 排放量为 1 853.6 万 t，较上年减少了 6.1%；NO_x 排放量为 1 831.1 万 t，较 2014 年下降了 11.7%。

2.2.1 大气污染排放

（1）2015 年 SO_2 排放量较 2014 年下降了 6.1%。2015 年 SO_2 排放量 1 853.6 万 t，2014 年 SO_2 排放量为 1 974.2 万 t。其中农业源增长 26.8%，工业源下降 10.2%，生活源增长 25.5%（图 10）。

（2）2015 年 NO_x 排放量较上年下降 11.7%，NO_x 总量减排工作效果显著。2015 年 NO_x 排放量 1 831.1 万 t，较 2014 年排放量 2 073.7 万 t 下降了 11.7 个百分点。"十二五"以来，总量减排工作持续推进，随着工业行业脱硝设施改造及技术的完善，NO_x 排放得到了初步控制（图 10）。

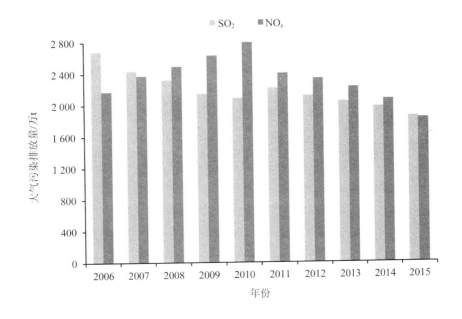

图 10　2006—2015 年大气污染物排放

（3）SO_2 排放主要来源于工业行业。2015 年，工业 SO_2 排放量占总 SO_2 排放量的 84.8%，农业 SO_2 排放量占总 SO_2 排放量的 8.5%，其余 6.7% 的 SO_2 排放来自生活源（图 11）。

（4）电力、黑色冶金、非金属矿制品业、化工、有色冶金、石化等行业是工业 SO_2 排放的主要行业，这六大行业的排放量之和占工业 SO_2 总排放量的 85.1%，其中，电力行业是 SO_2 排放最大的行业，占工业 SO_2 总排放量的 35.8%（图 11）。

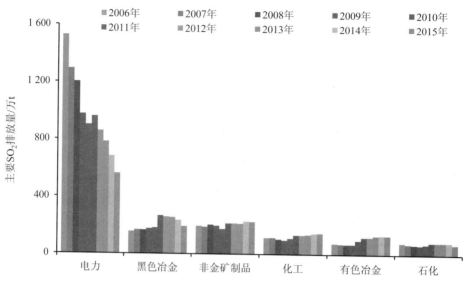

图 11 2006—2015 年主要 SO₂ 排放行业

2.2.2 大气污染排放绩效

（1）工业 SO₂ 去除率较上年略有上升，41 个工业行业中，只有 10 个行业 SO₂ 去除率超过 50%。2015 年，我国工业 SO₂ 去除率为 75.5%，2014 年为 73.1%，工业 SO₂ 去除率较上年略有提升。

（2）六大主要污染行业中，电力行业、有色冶金 SO₂ 去除率高于工业行业平均水平。电力生产、黑色冶金、非金属矿制品业、化工、有色冶金和石化行业是大气污染 SO₂ 主要排放源。其中电力行业 SO₂ 去除率 82.6%，有色冶金业去除率 90.7%；化工行业 SO₂ 去除率较 2014 年略有上升，达到 51.7%，该行业的脱硫设施运行和维护情况不太稳定，需要加强监管（图 12）。

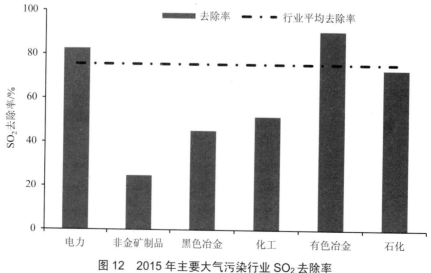

图 12 2015 年主要大气污染行业 SO₂ 去除率

（3）黑色冶金和非金属矿制品业的废气治理水平亟待提高。黑色冶金和非金属矿制品业 SO_2 排放量之和占工业 SO_2 总排放量的 26.7%，两行业 SO_2 去除率均低于 50%；同时，这两个行业的 NO_x 排放占工业 NO_x 排放量的 34.1%，NO_x 去除率都低于 30%，提高这两个行业的 SO_2 和 NO_x 去除率对于工业行业废气污染物减排具有重要意义（图 13）。

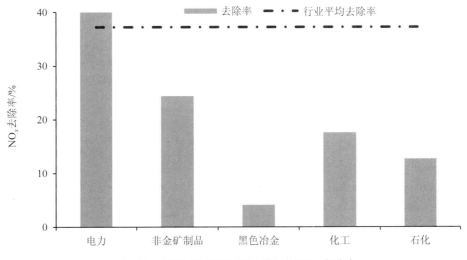

图 13　2015 年主要大气污染行业 NO_x 去除率

（4）我国工业行业 NO_x 去除率有所上升，但仍维持在较低水平，2015 年去除率为 37.2%，较上年提高了 10.2 个百分点。除电力行业 NO_x 去除率达到 50.8%、非金属矿制品业 NO_x 去除率达到 24.4% 之外，黑色冶金、化工、石化等 NO_x 排放大户的去除率都低于 20%。

（5）我国 NO_x 去除率远低于 SO_2 去除率，NO_x 污染治理形势严峻。2015 年 NO_x 的治理水平（37.2%）远低于 SO_2 的治理水平（75.5%）。现阶段，我国大气污染治理尤其是 NO_x 的治理形势仍然十分严峻。

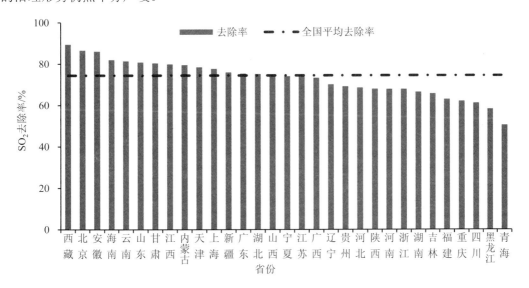

图 14　2015 年 31 个省份 SO_2 去除率

（6）山东、内蒙古、山西、河南、河北是我国 SO_2 排放量最大的前 5 个省份，其 SO_2 排放量占总排放量的 33.1%，SO_2 去除率分别为 80.8%、79.5%、67.9%、74.8% 和 68.5%。河南和河北两个省份的 SO_2 去除率低于全国平均水平 74.4%。SO_2 去除率较高的省份是西藏、北京、安徽、海南和云南，去除率都高于 80%；去除率低的省份有青海和黑龙江，都小于 60%，其中青海省 50.5%，比 2014 年略有提高。

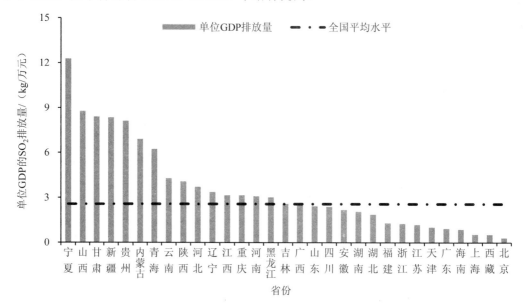

图 15   2015 年 31 个省份单位 GDP 的 SO_2 排放量

（7）宁夏、山西、甘肃、新疆、贵州单位 GDP 的 SO_2 排放量最大。2015 年全国单位 GDP 的 SO_2 排放量为 2.6kg/万元，宁夏、山西、甘肃和新疆单位 GDP 的 SO_2 排放量分别为 12.3kg/万元、8.8kg/万元、8.4kg/万元和 8.3kg/万元；北京、西藏、上海、海南和广东等地区的单位 GDP SO_2 排放量较低，在 1.0kg/万元以下。其中，北京单位 GDP 的 SO_2 排放量最低，仅为 0.3kg/万元。从提高全国单位 GDP 的 SO_2 排放绩效的角度出发，控制山西、贵州等污染排放主要地区的 SO_2 排放量有利于提高 SO_2 污染排放绩效的整体水平。

2.3   固体废物排放

随着工业发展以及城镇人口和生活水平的提高，我国固体废物产生量呈逐年增加趋势。2015 年我国工业固体废物产生量为 32.7 亿 t，较 2006 年增加了 1.2 倍，一般工业固体废物的综合利用量、贮存量、处置量分别为 19.9 亿 t、5.8 亿 t 和 7.3 亿 t[①]，占比分别为 60.2%、17.7% 和 22.1%，固体废物排放量为 0.55 亿 t。

（1）2015 年工业固体废物产生量较上年略有上升。2006—2014 年，我国工业固体废物产生量增加了 117.1%，2015 年工业固体废物产生量为 32.7 亿 t，比 2014 年增长 0.6%。

---

① 当年一般工业固废的综合利用量、贮存量、处置量包括利用、贮存处置上年的量，因此，3 项合计大于当年一般工业固废产生量。

（2）综合利用是工业固体废物最主要的处理方式。一般工业固体废物的综合利用量从2006年的9.26亿t增加到2015年的19.9亿t，增加了1.1倍。2015年工业固体废物综合利用率为60.8%，比上年略有下降（图16）。

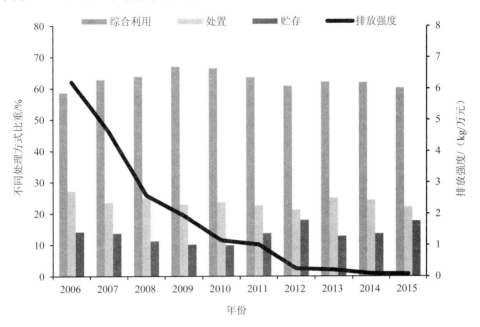

图16　一般工业固体废物不同处理方式比重和排放强度

（3）危险废物综合利用率略有下降。危险废物的综合利用率在2010年达到61.6%后回落至60%以下，2015年危险废物综合利用率为51.6%（图17）。

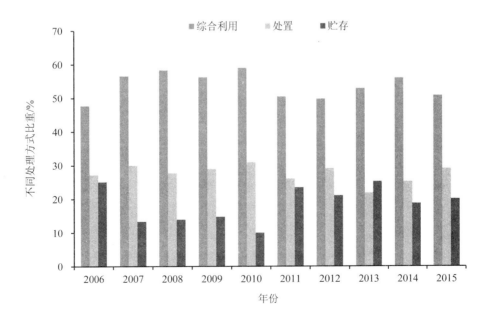

图17　危险废物不同处理方式比重

（4）工业固体废物的排放量呈逐年下降趋势。一般工业固体废物排放量从 2006 年的 1 302.1 万 t 下降到 2015 年的 55 万 t，较 2006 年降低了 95.8%。自 2008 年起，我国危险废物实现了零排放。

（5）工业固体废物产生强度和排放强度都呈下降趋势。其中，单位 GDP 的工业固体废物产生量从 2006 年的 716.1 kg/万元下降到 2015 年的 458.0 kg/万元，排放强度从 2006 年的 6.2 kg/万元下降到 2015 年的 0.1 kg/万元。物耗强度有大幅度降低，生产环节的资源利用率得到有效提高。

（6）黑色采选、有色采选、化工、电力和有色冶炼行业是工业固体废物贮存和排放的主要行业，这 6 个行业的固体废物贮存量与排放量占总贮存量和排放量的 41.4%，是提高工业固体废物综合利用水平的关键。

（7）城镇生活垃圾产生量逐年上升。城镇生活垃圾产生量由 2006 年的 1.9 亿 t 上升到 2015 年的 2.5 亿 t，年均增速为 3.2%，与城镇人口的年均增速持平。

（8）城镇生活垃圾的无害化处理率提高，简易处理的比例显著下降。2015 年生活垃圾处理率为 71.8%，其中简易处理的比例为零。生活垃圾无害化处理率显著提高，从 2006 年的 41.8% 上升到 2015 年的 71.8%，增加了 30 个百分点。

（9）卫生填埋是目前我国生活垃圾的主要处理方式。我国城镇生活垃圾处理主要采用填埋、焚烧和堆肥等方法。2007 年以来，卫生填埋占生活垃圾处理量的比重保持在 60% 以上。2011 年以来，卫生填埋比例有所下降，基本在 45% 左右。垃圾焚烧处理比例占生活垃圾总处理量比例逐年上升。根据中国城市建设统计年鉴（2015 年）数据，我国东部、中部、西部地区的垃圾填埋比例依次是 54.7%、74.5%、78.4%，东部地区的填埋比例低于全国水平。由于卫生填埋引发的垃圾渗滤液处理问题日趋严重。

（10）卫生填埋的有机物可能会发生厌氧分解，释放甲烷等温室气体；卫生填埋产生的渗滤液也有可能对地下水造成污染。加强生活垃圾卫生填埋场所的监测监管对于严防垃圾填埋对地下水的污染和温室气体排放有积极意义。

（11）强化生活垃圾分类处理，提高垃圾处理的针对性。2000—2004 年，我国开始在北京、上海等主要城市开展垃圾分类投放和处理的试点工作，随着各项宣传教育活动的开展，居民垃圾分类回收意识有所加强，但整体形势仍不容乐观。人工分类运输操作成本过高，垃圾处理技术落后，回收技术及管理水平远远落后于管理需求。

（12）城镇生活垃圾排放量年际变化明显，人均生活垃圾排放量较上年减少了 13.3%。2006 年生活垃圾排放量为 7 859.2 万 t，2015 年增加到 7 075.3 万 t，人均生活垃圾排放量由 2006 年的 134.8 kg/人下降到 2015 年的 91.3 kg/人，降低了 32.3%（图 18）。

2.4　碳排放

全球气候变化已成为不争的事实。IPCC 第四次评估报告明确提出全球气温变暖有 90% 的可能是由于人类活动排放温室气体形成增温效应导致。自 20 世纪以来，世界碳排放量呈逐年增长趋势。

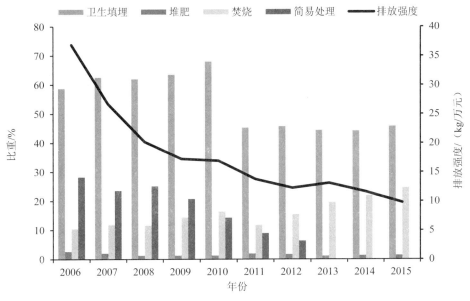

图 18　生活垃圾不同处理方式比重

2.4.1　全球碳排放

根据欧盟 PBL NEAA 环境评估机构统计结果[①]，2014 年全世界 CO_2 排放量为 357 亿 t，较 2011 年 CO_2 排放量（340 亿 t）增长了 5.0%，是 2006 年排放量的 1.18 倍（图 19）。

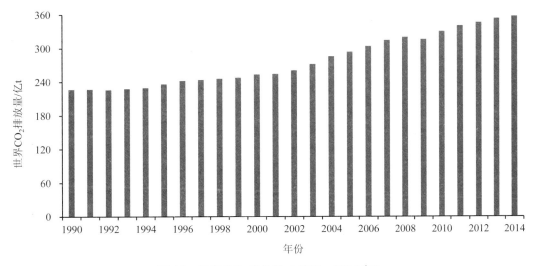

图 19　世界 CO_2 排放量（1990—2014 年）

根据欧盟 PBL NEAA 环境评估机构统计结果，2014 年全世界碳排放前六名的国家依次为中国、美国、印度、俄罗斯、日本和德国。根据该机构发布的数据结果显示，2006 年中国碳排放首次超越美国，成为世界碳排放第一的国家，2006—2014 年，中国 CO_2 排放

---

① PBL Netherlands Environmental Assessment Agency. Trends in Global CO_2 Emission：2015 report.

量从 65.1 亿 t 上升到 106.4 亿 t，增长了 64.7%（图 20）。

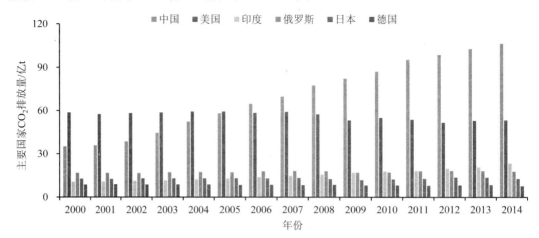

图 20　世界主要碳排放国家 CO_2 排放量（2000—2014 年）

2.4.2　全国碳排放

（1）根据核算结果。2014 年我国一次能源 CO_2 排放量达 99.3 亿 t[①]，比 2013 年增长了 8.1%。我国正处于工业化中期阶段，CO_2 排放量在一段时间内仍将呈增加趋势，CO_2 减排任务艰巨。

（2）由于对化石能源的巨大需求，我国的碳排放增长迅速。"十二五"以来，我国碳排放量逐年增加，2011 年首次突破 20 亿 t，2014 年全国碳排放总量达到 27.1 亿 t，较 2006 年增加了 60.8%。

（3）我国能源强度总体呈下降趋势。万元 GDP 能源强度从 2006 年的 1.20 t/万元下降到 2014 年的 0.66t/万元，能耗强度降低了 44.7%（图 21）。

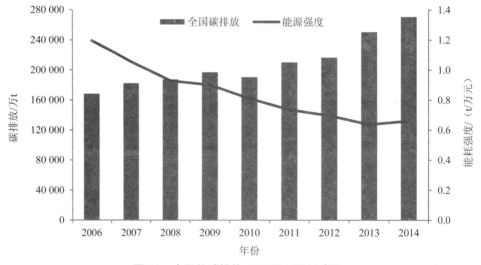

图 21　中国的碳排放（2006—2014 年）

---

① 2014 年碳排放数据来自 iNEMS 数据库（www.inems.org）。

（4）2014年山东、河北是我国碳排放主要大省，与2013年相比，山东增长3.6%，河北下降3.2%。2014年我国17个省份碳排放量出现增长，其中新疆、重庆增长较快，分别增长12.8%和9.7%，云南、上海碳排放量下降较快，分别下降6.4%和6.6%（图22）。

图22 2014年各地区的碳排放量

3　环境质量账户

3.1　环境质量

从能够基本反映我国环境质量状况、具有比较连续监测数据的环境指标中选取具有代表性的指标，建立环境质量账户，除直接反映环境质量指标外，还反映治理水平，从治理层面体现环境质量变动的原因。表 1 为我国的环境质量变化趋势，数据反映我国近年来环境质量有所改善，总体趋于好转，但部分指标仍有所波动。

表 1　环境质量账户变化趋势　　　　　　　　　　　　单位：%

	指标	2006 年	2007 年	2008 年	2009 年	2010 年	2011 年	2012 年	2013 年	2014 年	2015 年
地表水环境	主要江河监测断面劣于 V 类的比例	26.0	23.6	20.8	20.6	16.4	13.7	10.2	9.0	9.0	8.8
	近岸海域水质监测点位劣于 IV 类的比例	17.0	18.3	12.0	14.4	18.5	16.9	18.6	18.6	18.6	18.3
	工业废水 COD 去除率	60.3	66.2	68.8	75.0	79.8	90.6	86.9	85.6	85.4	84.9
	城市污水处理率	56.0	59.0	65.3	72.3	76.9	82.6	84.9	87.9	90.2	91.9
大气环境	空气质量达标城市比例[1]	62.4	69.8	76.9	82.4	82.7	88.8	91.4	4.1	9.9	21.6
	经人口加权的城市 PM_{10} 浓度（μg/m³）	99.0	88.0	85.0	82.0	85.0	81.0	83.0	105.0	101.0	92.0
	工业废气二氧化硫（SO_2）去除率	37.4[3]	44.1[3]	53.4[3]	60.6	64.4	67.7	68.9	71.1	73.1	75.5
	工业废气氮氧化物（NO_x）去除率[2]	2.0	6.5	5.4	5	4.8	4.9	6.8	18.9	24.0	37.2
固体废物	工业固体废物综合利用率[2]	60.9	62.8	64.3	67.8	67.1	62.0	64.0	62.8	62.8	60.8
	城镇生活垃圾无害化处理率	41.8	49.1	51.9	54.7	57.3	79.8	84.8	89.3	91.8	94.1
声环境	区域声环境质量高于较好水平城市占省控以上城市比例	68.8	72.0	71.7	76.1	73.7	77.9	79.4	76.9	73.4	72.5

注：1）2013 年后逐步执行《环境空气质量标准》（GB 3095—2012），2013 年为第一阶段，开展空气质量新标准监测的地级及以上城市 74 个，海口、舟山和拉萨 3 个城市空气质量达标；2014 年为第二阶段，开展空气质量新标准监测的地级及以上城市 161 个，舟山、福州、深圳、珠海、惠州、海口、昆明、拉萨、泉州、湛江、汕尾、云浮、北海、三亚、曲靖和玉溪共 16 个城市空气质量达标。2015 年，全国 338 个地级以上城市全部开展空气质量新标准监测。

2）本报告核算结果。

3）其他数据来源：中国环境统计年报、中国环境状况公报和中国统计年鉴。

3.2　地表水环境

水质情况

（1）地表水水质与上年基本持平。2015 年，972 个国控断面监测结果显示，Ⅰ类水质断面占 2.8%，同比下降 0.6%；Ⅱ类占 31.4%，同比上升 1.0%；Ⅲ类占 30.3%，同比上升 1.0%；Ⅳ类占 21.1%，同比上升 0.2%；Ⅴ类占 5.6%，同比下降 1.2%；劣Ⅴ类占 8.8%，同比下降 0.4%（图 23）。

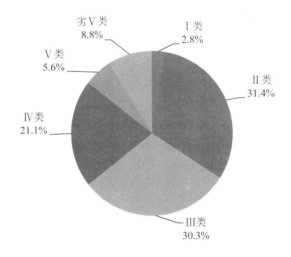

图 23　地表水质国控断面比例（2015 年）

（2）主要江河水质基本稳定。相比 2014 年，2015 年七大流域、浙闽片、西北、西南诸河及南水北调总体水质趋稳，海河、淮河、辽河、黄河等重点流域水质较差（图 24）。主要污染指标为化学需氧量、五日生化需氧量和总磷，污染超标主要集中在冬春季。

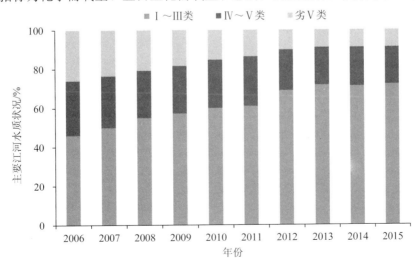

图 24　主要江河水质状况（2006—2015 年）

（3）湖库污染依然严重。62 个国控湖库中，优良水质个数占 61.3%，重度污染湖库个数与上年持平。15 个湖库存在富营养化问题，从综合营养状态评价看，达贲湖、滇池均接近重度营养化；太湖、巢湖、洪泽湖、白洋淀、淀山湖等 13 个湖库轻度富营养化，富营养化湖库个数有所减少（图 25）。

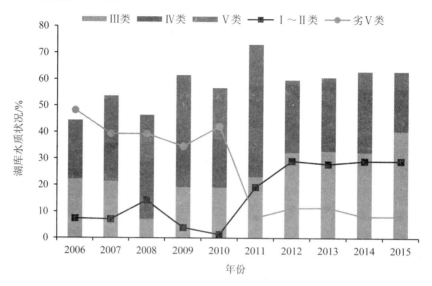

图 25　湖泊水库水质状况（2006—2015 年）

（4）近岸海域水质总体一般。近岸局部海域海水环境污染依然严重，近岸以外海域海水质量良好。污染海域主要分布在辽东湾、渤海湾、莱州湾、江苏沿岸、长江口、杭州湾、浙江沿岸、珠江口等近岸海域。排海污染源中，汞、六价铬、铅和镉重金属污染值得特别关注（图 26）。

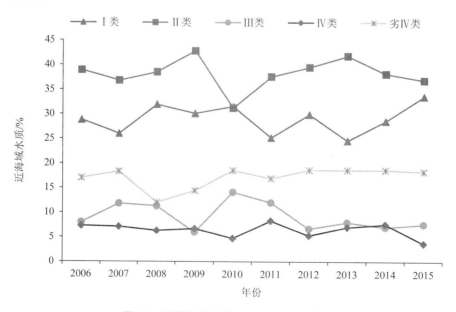

图 26　近岸海域水质（2006—2015 年）

（5）我国水环境质量不容乐观，水质改善缓慢，究其原因，主要在于以下几个方面：

☞ 近 10 年，水资源总用水量持续增加，2014 年有所下降，2015 年与 2014 年基本持平。水资源用水量从 2003 年的 5 320.4 亿 m³ 上升到 2015 年的 6 103.2 亿 m³，增加了 14.7%，但水资源开发利用率（21.8%）略有下降，比 2014 年下降 0.5 个百分点。农业是我国最主要的水资源用水部门，农业用水占比 63.1%，工业用水占比 21.9%，生活用水占比 13.0%，生态环境用水占比 2.0%（图 27）。

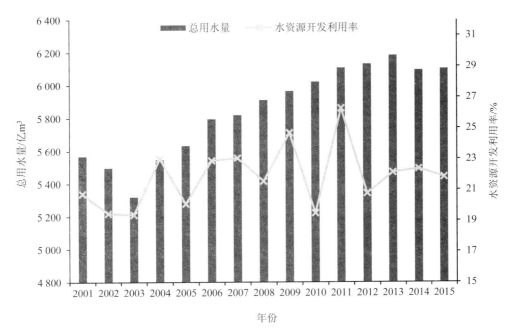

图 27　水资源开发利用率（2001—2015 年）

☞ 北方流域水资源开发利用率过高：南方地区各水资源一级区地表水供水量占其总供水量比重均在 90% 以上，而北方地区则以地下水供水为主。主要江河中，海河一级区用水总量远超该区水资源总量，达到 141.6%，是排名第二的黄河一级区、淮河一级区的两倍以上，西北诸河一级区、辽河一级区水资源开发利用率也在全国平均数倍以上（图 28）。

☞ 农业化肥施用量节节攀升，单位面积化肥施用量略有上升[1]：2015 年，单位面积化肥施用量为 446kg/hm²，比 2014 年增加了 0.5%。是国际化肥使用上限 225kg/hm² 的 1.98 倍。农业面源污染加剧了地表水和地下水环境污染问题（图 29）。

---

[1] 根据第二次全国土地调查结果结果，比第一次全国土地调查的变更数多出 1 358.7 万 hm²；2009 年之后耕地数据均来自更新后的国土资源公报结果。

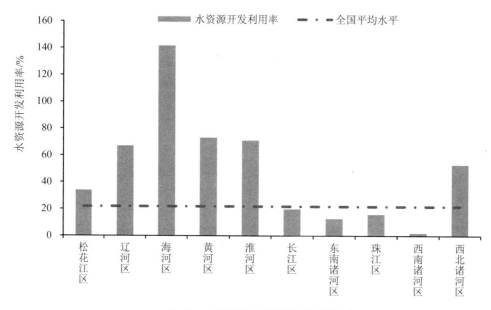

图 28　主要江河水资源开发利用率①

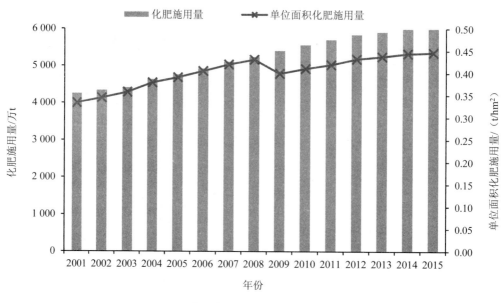

图 29　化肥施用量（2001—2015 年）

☞　饮用水安全未得到有效保障：2015 年，全国 338 个地级及以上城市中集中式饮用
水水源地取水总量 355.4 亿 t，涉及服务人口 3.32 亿人，其中达标取水 345.1 亿 t，
取水量达标率为 97.1%。地表水水源地 557 个，92.6%水质达标，超标指标为总
磷、溶解氧和五日生化需氧量。地下水水源地中，13.4%的水源地（48 个）超标，
超标指标为铁、锰和氨氮。

---

① 来自水利部《2015 年中国水资源公报》水资源一级区数据。

☞ 地下水水质污染防治形势严峻：2015 年，地下水环境质量的监测点总数为 5 118 个，其中，水质呈较差级的监测点 2 174 个，占 42.5%；水质呈极差级的监测点 964 个，占 18.8%（图 30）。主要超标组分为总硬度、溶解性总固体、铁、锰、"三氮"（亚硝酸盐氮、硝酸盐氮和氨氮）、氟化物、硫酸盐等，个别监测点水质存在砷、铅、六价铬、镉等重（类）金属超标现象。

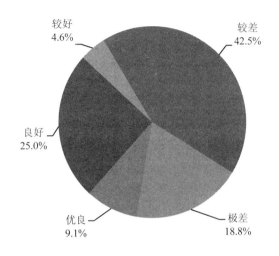

图 30　2015 年地下水水质监测结果[①]

☞ "水十条"实施将有助于改善水环境质量："水十条"提出到 2020 年，长江、黄河、珠江、松花江、淮河、海河、辽河七大重点流域水质优良比例总体达到 70% 以上，地级及以上城市建成区黑臭水体均控制在 10% 以内，地级及以上城市集中式饮用水水源水质达到Ⅲ类比例高于 93%，全国地下水质量极差的比例控制在 15% 左右，近岸海域水质优良比例达到 70% 左右。京津冀区域丧失使用功能的水体断面比例下降到 15%，长三角、珠三角区域力争消除丧失使用功能的水体。到 2030 年，全国七大重点流域水质优良比例总体达到 75% 以上，城市建成区黑臭水体总体得到消除，城市集中式饮用水水源水质达到或优于Ⅲ类比例总体为 95% 左右。从全面控制污染物排放、推动经济结构转型升级、节约保护水资源、发挥市场机制等方面促进水环境质量改善目标。

3.3　大气环境

（1）城市大气环境质量有所改善。2015 年 SO_2 年均浓度为 35 μg/m³，同比下降 14.6%；NO_2 年均浓度为 38 μg/m³，同比持平；PM_{10} 年均浓度为 105 μg/m³，同比下降 3.7%；$PM_{2.5}$ 年均浓度为 62 μg/m³，O_3 日最大 8 小时平均为 140 μg/m³（图 31）。

---

① 来自国土资源部《2015 中国国土资源公报》。

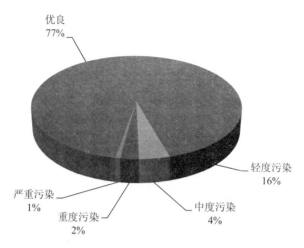

图 31   2015 年 338 个城市空气质量指数级别比例

（2）PM$_{2.5}$是我国超标天数中的首要污染物。各城市超标天数中以细颗粒物（PM$_{2.5}$）、臭氧（O$_3$）和可吸入颗粒物（PM$_{10}$）为首要污染物的居多，分别占超标天数的 66.8%、16.9% 和 15.0%；以二氧化氮（NO$_2$）、二氧化硫（SO$_2$）和一氧化碳（CO）为首要污染物的天数分别占 0.5%、0.5% 和 0.3%。各指标分析表明，PM$_{2.5}$年均浓度范围为 11～125 μg/m^3，平均为 50 μg/m^3，超过国家二级标准 0.43 倍。PM$_{10}$年均浓度范围为 24～357 μg/m^3，平均为 87 μg/m^3，超过国家二级标准 0.24 倍，比 2014 年下降 7.4%。SO$_2$年均浓度范围为 3～87 μg/m^3，平均为 25 μg/m^3，比 2014 年下降 16.1%。NO$_2$年均浓度范围为 8～63 μg/m^3，平均为 30 μg/m^3，比 2014 年下降 6.3%。O$_3$日最大 8 小时平均值第 90 百分位数浓度范围为 62～203 μg/m^3，平均为 134 μg/m^3。CO 日均值第 95 百分位数浓度范围为 0.4～6.6 μg/m^3，平均为 2.1 μg/m^3（图 32）。

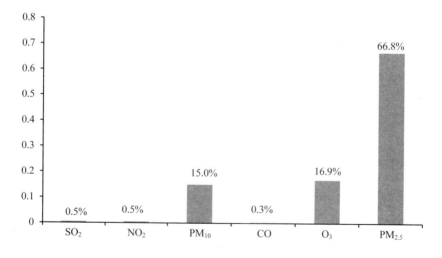

图 32   城市超标天数中首要污染物出现的比例

（3）我国大气环境质量呈现自南向北逐步趋差的空间格局，2015 年我国北方大气环境质量比 2014 年有所改善，南方大气质量与 2014 年持平（图 33、图 34）。2015 年，我国南方地区城市 PM_{10} 平均浓度为 76 $\mu g/m^3$，北方地区城市 PM_{10} 平均浓度为 108 $\mu g/m^3$。南方地区空气质量优于北方地区。2015 年地级以上城市中，PM_{10} 没有达到国家新二级标准的城市数量为 236 个，占地级以上城市数量的 72%。

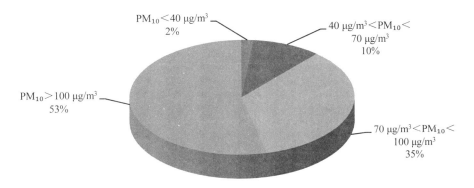

图 33　我国北方城市不同 PM_{10} 浓度水平比例

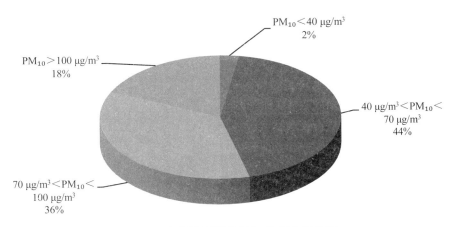

图 34　我国南方城市不同 PM_{10} 浓度水平比例

大气污染与人体健康

（1）与人体健康关系较大的指标 PM_{10} 年均浓度距离世界卫生组织推荐的健康阈值 15 $\mu g/m^3$ 差距明显。2015 年，经过人口加权后的 PM_{10} 年均浓度为 92 $\mu g/m^3$。全国地级及以上城市中，PM_{10} 年均质量浓度达到一级标准的城市比例为 2.1%，与 2014 年持平。PM_{10} 污染最为严重的是华北地区和西北地区，特别是山东、河北、河南和新疆部分城市 PM_{10} 年均浓度高于 150 $\mu g/m^3$，超过二级标准限值一倍以上（图 35）。

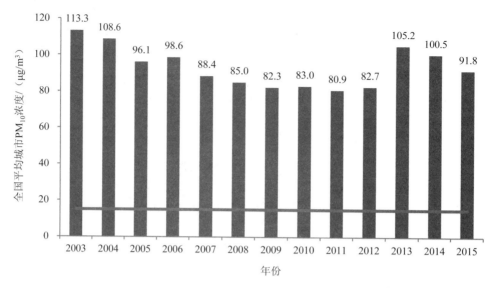

图 35　经人口加权的全国平均城市 PM_{10} 浓度

（2）二氧化硫和颗粒物污染问题尚未得到根本解决的同时，以 $PM_{2.5}$ 和臭氧为代表的二次污染日趋严重。高密度人口的经济及社会活动排放了大量 $PM_{2.5}$，在静稳天气的影响之下，全国多个城市出现"雾霾"天气，公众对大气环境质量的关注持续上升，大气污染控制面临着严峻挑战。

（3）我国大气环境质量不容乐观，2015 年稍有改善。究其原因，主要在于以下几个方面：

☞ 能源消费结构不合理，能源利用效率低：作为一次能源消费的主要来源，煤在燃烧过程中释放出二氧化硫、颗粒物等多种大气污染物。目前，我国煤炭入洗率为22%，动力煤洗选厂的洗选设备利用率仅为 69%，洗煤能力远落后于实际需要。此外，工业锅炉热效率低下、燃料利用率偏低、采暖季主要依靠煤等传统燃料燃烧等因素也是造成大气污染的重要原因。

☞ 机动车量增速过快，NO_x 排放量大：随着我国经济和人民生活水平的提高，机动车数量呈现快速增加趋势。民用汽车拥有量从 2006 年的 3 697.35 万辆增加到 2015年的 16 284 万辆，9 年增加了 3.4 倍。

☞ 大气污染成因复杂，呈现压缩型、复合型和区域型特征：我国大气污染来源多，污染成因复杂，不同区域污染物相互影响，区域污染状况差异大，污染控制难度大，既要对一次污染物进行治理和控制，还要对二次污染物进行控制；既要治理常规污染物，还要治理细颗粒物污染等新出现的大气污染问题。

☞ 污染累积效应显现，环境容量下降：由于我国快速工业化、城镇化过程中所积累的环境问题不断显现，高耗能、高排放、重污染、产能过剩、布局不合理、能源消耗过大和以煤为主的能源结构持续强化，以及城市机动车保有量的快速增长，多年来造成污染排放量大幅增加，同时污染控制力度不够，使得主要大气污染排放总量远远超过了环境容量，进而造成各种大气污染突发事件频发。

☞ 京津冀地区产业结构不合理、城镇化过快，加剧区域性大气污染问题：受自然条件和人为因素共同作用，京津冀及周边地区是全国空气污染最严重的区域。2015年，京津冀地区 13 个地级以上城市平均超标天数比例为 47.6%。京津冀及周边地区（含山西、山东、内蒙古和河南）是全国空气重污染高发地区，2015 年区域内 70 个地级以上城市共发生 1 710 天次重度及以上污染，占 2015 年全国的 44.1%。主要由于京津冀地区产业结构明显偏重，高耗能、高污染的钢铁、石化、建材、电力等行业发展过快、比重过高，给空气环境质量带来了巨大压力。同时，随着人口增加和城市化进程的加快，京津冀及周边地区汽车保有量逐年提升，NO_x 排放量逐年增加。城市规模的扩大和各种高楼建设，也影响了城市局地的空气循环和流动，造成城市风速减小，降低了大气污染物的扩散能力。

☞ 经济降速，煤炭消费下降有利于大气环境质量改善：2015 年 GDP 增长率为 6.9%，是近 25 年经济增速最低年。受宏观经济结构调整、房地产等行业投资增长放缓等多种因素制约，能源行业及与之相关的高耗能、高污染行业受到较大冲击。煤炭、电力、钢铁、水泥及其相关行业工业生产增长速度继续放缓，增速低于工业中其他行业和第三产业的增速，导致煤炭消费量大幅下降，促进大气环境质量改善。

☞ 更为严格的排放标准实施促进了环境质量改善：2014 年 7 月 1 日起，所有火电锅炉开始执行 GB 13223—2011，二氧化硫、氮氧化物和烟尘等污染物的排放标准大幅收严。旧标准 SO_2 燃煤锅炉最高允许排放浓度为 400 mg/m^3，新标准实施以后，除使用高硫煤地区外，全国新建锅炉的最高允许排放浓度仅为 100 mg/m^3，现有锅炉允许排放浓度为 200 mg/m^3。新的排放标准的实施，迫使企业投入更多的减排资金，改造脱硫、脱硝等技术，对污染物减排具有重要的推动作用，促进了环境质量改善。

3.4 声环境

（1）全国城市区域声环境质量总体较好。2015 年，321 个监测了区域环境噪声的城市中，城市区域声环境质量较好（Ⅱ级）以上的城市占 72.5%；城市区域声环境质量一般（Ⅲ级）的城市占 26.2%；城市区域声环境治理差（Ⅳ级及以下）的城市占 1.2%（图 36）。

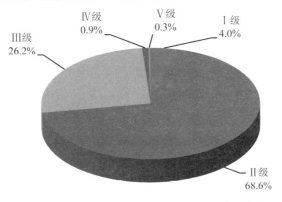

图 36　城市区域昼间声环境质量分布比例

（2）全国城市道路交通昼间声环境质量总体良好。2015 年，308 个监测城市道路交通昼间声环境质量城市中，强度等级为Ⅰ级、Ⅱ级的城市占 95.0%；Ⅲ级及以下的城市占 5%（图 37）。

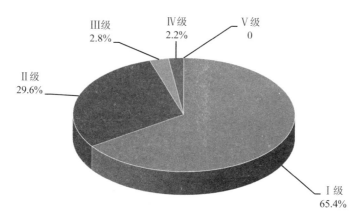

图 37　城市道路交通昼间声环境质量分布比例

4　物质流核算账户①

4.1　研究背景

经济系统与环境之间通过物质流动联系起来，经济系统从环境中攫取水、能源、矿物质和生物质等资源，经过生产和消费过程转换之后向环境排放各种污染物。传统的价值指标无法完全揭示经济系统与环境之间的相互关系以及经济发展对环境产生的影响。而物质流核算方法则可以全面反映经济系统与环境之间的相互关系，可以考察经济系统的循环发展状态。

循环经济作为我国调整产业结构，转变经济增长方式的重大举措，以资源的高效利用和循环利用为核心，以减量化、再利用和资源化为原则，通过调控现有的线性物质代谢模式，提高资源的利用效率，促进经济又好又快的增长与发展。描述和刻画经济系统的物质代谢模式，需要一个能够定量分析的工具或方法。

经济系统物质流分析（Economic Wide-Material Flow Analysis，EW-MFA）起源于社会代谢论和工业代谢论。20 世纪 90 年代开始，奥地利和日本分别完成了国家层次整体的 MFA 核算报告，此后物质流分析就形成一个快速发展的科学研究领域，而很多学者集中研究如何统一不同的物质流分析方法。欧盟于 2001 年出台了标准化的 EW-MFA 编制方法导则，为物质流分析方法提供了第一个国际性的官方指导文件，并于 2009 年和 2011 年做了修订，使 EW-MFA 物质流核算方法得到了规范和延续，核算结果也具有国际和区域可比

① 由于部分物质流核算所需数据《中国矿业统计年鉴》到报告发布时尚未出版，因此，物质流核算为 2014 年核算结果。

性。2008 年，OECD 工作组在 2001 年欧盟导则的基础之上发布了核算资源生产率的框架，目的也在于推动物质流分析的标准化。国际上此类工作的开展为我国的 EW-MFA 工作的推进提供了重要参考。

专栏 3　物质流核算数据来源

核算的所有数据均来自国家各部委的统计年鉴，主要包括《中国统计年鉴》《中国农村统计年鉴》《中国矿业年鉴》《中国能源统计年鉴》《中国口岸年鉴》《中国环境统计年鉴》《中国国土资源年鉴》《中国环境统计年报》等。

表 2　全国物质流核算主要指标解释

本地采掘 DEU	本地采掘指的是从本经济系统资源环境采集挖掘，进入本经济系统用作生产和消费的所有液态、固态和气态资源（由于水的开采量的数量级比其他本地开采的流量大，核算时不计入）。本地采掘分为四类：生物质、金属矿石、非金属矿石和化石燃料
进口 IM	进口指通过本经济系统海关口岸进入本经济系统的所有商品。进口商品包括原材料、半制成品和制成品
出口 EX	出口指通过本经济系统海关口岸流出本经济系统的所有商品。出口商品包括原材料、半制成品和制成品
本地物质投入 DMI 计算公式： DMI =DEU+IM	本地物质投入衡量的是经济系统生产消费活动所需的直接物质供给量，包括本地采掘、进口和调入三部分，故其表征的是本地经济系统对广义资源环境（全球资源环境）产生的压力。但由于进口及调入量是商品形式，包含半成品及最终成品，对本地环境与进口、调入所属地区资源环境的压力描述是不对等的，且不包括本地未使用采掘
本地物质消耗 DMC 计算公式： DMC=DMI−EX	本地物质消耗衡量的是经济系统的物质使用量，计量的是经济系统直接使用的总物质量（不包含非直接流）。本地物质消耗与能源消耗量等其他物理消耗指标的定义方法类似，可简单归结为输入减去出口得到
物质贸易平衡 PTB 计算公式： PTB=IM−EX	物质贸易平衡由进口和调入减去出口和调出得到，可反映经济系统物质贸易的顺差和逆差，顺差表明本经济系统资源输出大于外部资源输入，逆差表明本经济系统资源输出小于外部资源输入。但由于进出口及调入、调出量是商品形式，包含半成品及最终成品，在平衡过程中会存在不对等性

4.2　核算结果

（1）CEW-MFA 在遵循 EW-MFA 基本物质平衡理论和系统边界定义的基础上，从物质循环、固体废弃物以及物质流衍生指标 3 个主要方面，进行了细分和补充拓展。在保证测算结果具有国际可比性的前提下，针对我国现阶段的重点领域、重点物质进行物质的细分，力求贴近我国资源效率管理的实际需求。

（2）CEW-MFA 尝试规范物质流分析的数据来源，为今后类似研究提供详尽的数据指引和校验依据。统计数据考虑数据的常年可得性和权威性，采用公开发布的统计年鉴数据，核算数据在调研文献的基础上均给出一个或多个的选择。2014 年中国国家尺度 EW-MFA 共分解为本地采掘 DEU、进口 IM、出口 EX、国内生产排放 DPO 4 张表。

（3）报告选取我国"十五"、"十一五"及"十二五"期间的高速发展阶段作为研究时段，着重分析 2000—2014 年我国物质流的主要变化特征。

表3　2000—2014 年主要物质流指标测算结果　　　　　单位：10⁶t

年份	本地采掘 DEU	进口 IM	物质贸易平衡 PTB	出口 EX	本地物质投入 DMI	本地物质消耗 DMC
2000	5 582	312	85	227	5 895	5 668
2001	5 825	347	77	270	6 173	5 903
2002	6 166	414	−685	1 099	6 581	6 166
2003	6 657	665	−530	1 195	7 181	6 657
2004	6 625	658	−688	1 346	7 284	6 625
2005	6 919	691	−544	1 235	7 672	6 919
2006	7 403	848	−310	1 158	8 251	7 093
2007	9 157	964	−506	1 470	10 121	8 651
2008	9 812	1 035	−216	1 251	10 847	9 596
2009	10 009	1 412	566	1 129	11 421	10 292
2010	10 333	1 576	382	1 195	11 909	10 714
2011	12 136	1 864	411	1 453	14 000	12 547
2012	11 048	2 085	725	1 361	13 134	11 772
2013	10 768	2 303	1 006	1 297	13 071	11 774
2014	11 818	2 372	853	1 519	14 183	12 664

（4）"十五"和"十一五"期间，我国物质投入和物质消耗呈快速增长趋势，2012 年，首次出现下降趋势，2014 年本地物质投入和消耗略有上升。2014 年全国本地物质投入和本地物质消耗分别为 141.8 亿 t 和 126.6 亿 t，2013 年为 130.71 亿 t 和 117.74 亿 t，分别比上年增长 8.51%和 7.56%。

（5）单位物质投入和消耗的 GDP 产生有所增加，物质投入效率有所提高。2000 年本地采掘的 GDP 产出是 1 777 元/t，2014 年是 3 125 元/t，增长 75.8%；2000 年本地物质投入的 GDP 产出是 1 683 元/t，2014 年是 2 604 元/t，增长 54.7%。

（6）2006—2014 年，我国本地物质投入的 GDP 产出大体浮动于 2 100~2 600 元/t 的水平上，发达国家例如瑞士、瑞典、挪威等 2000 年的资源产出率都已经高于我国现在的 1 倍以上，我国经济增长的资源产出率整体较低。

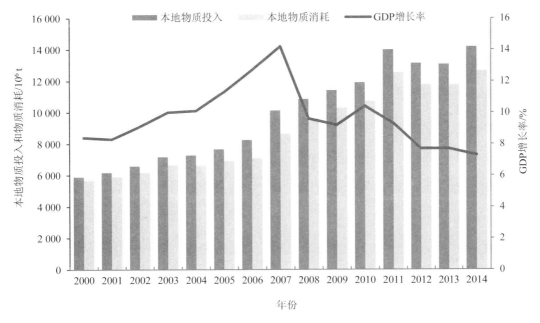

图 38　2000—2014 年本地物质消耗和本地物质投入

（7）本地处置后排放量呈波动增加趋势。"十一五"期间，受污染物总量减排政策影响，遏制了自 2000 年以来的污染物排放增长趋势，但排放量总体还是呈上升趋势。2014年，纳入污染减排的指标比上年有所下降，但 CO_2 涨幅较高，导致总污染排放量仍呈增加趋势，为 111.5 亿 t。

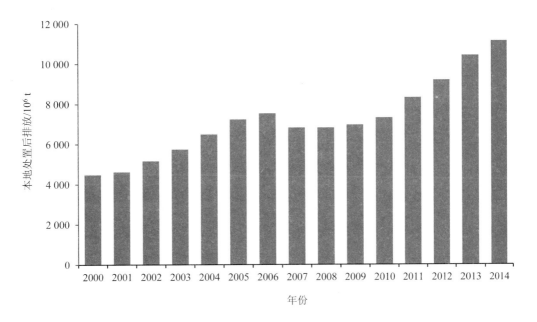

图 39　2000—2014 年本地处置后排放量

（8）"十一五"以来，人均本地采掘、本地物质投入和本地物质消耗增加趋势加快。2000 年我国人均本地采掘为 4.4 t/人，人均本地物质投入为 4.7 t/人，人均本地物质消耗为 4.5 t/人，"十五"期间，这三项指标呈现相对低速的增加，"十一五"以来，这三项指标的增速相对较快，其中，人均本地采掘由 5.6 t/人增加到 7.7 t/人，人均本地物质投入由 6.3 t/人增加到 8.9 t/人，人均本地消耗由 5.4 t/人增加到 7.9 t/人，2014 年这三项指标分别为 8.5 t/人、10.3 t/人、9.2 t/人。

（9）国家经济增长仍处于高消耗、高资源投入阶段。单位物质消耗所贡献的 GDP 有所上涨，但依然较低，人均物质消耗的增长超过人口增长率，说明我国经济仍处于低效率高资源消耗阶段。2011—2013 年人均物质消耗开始呈现下降趋势，但 2014 年有所反弹。

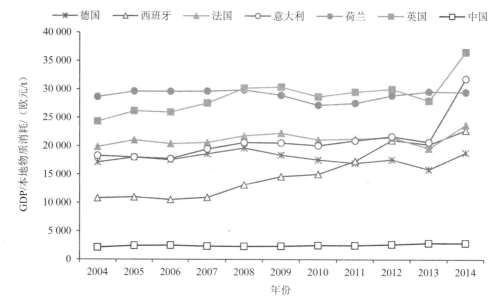

图 40　中国及欧盟主要国家的物质投入产出效率

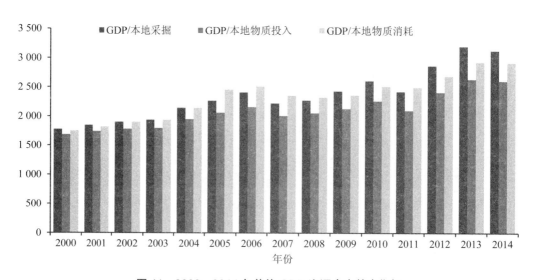

图 41　2000—2014 年单位 GDP 资源产出效率指标

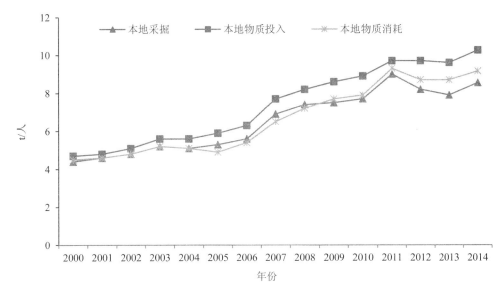

图 42　2000—2014 年人均资源产出效率指标

5　环境保护支出账户

环境保护支出包括工业污染源治理、城市环境建设直接相关的用于形成固定资产的资金投入、治理设施运行费用以及各级政府环境管理方面的支出。其中，各级政府环境管理方面投入的数据获取困难，本报告的环保支出只包括环境污染治理投资、环境保护运行及相关税费两部分。根据目前环境保护投资的统计口径，环境污染治理投资主要包括三方面：①城市环境基础设施建设投资；②工业污染源治理投资；③建设项目"三同时"环境保护投资。环境保护运行及相关税费指进行环境保护活动或维持污染治理运行所发生的经常性费用，包括设备折旧、能源消耗、设备维修、人员工资、管理费、药剂费及设施运行有关的其他费用，以及企业交纳的环境保护税费。

5.1　环境保护支出

（1）2015 年环境保护支出共计 16 051.3 亿元，较上年下降了 2.0%，约为 2006 年的 6.4 倍。2015 年 GDP 环保支出指数为 2.3%，与上年相比略有下降，是 2006 年 GDP 环保支出指数的 2.1 倍。其中，环境污染治理投资 8 806.3 亿元，占环境保护支出总资金的 54.9%，较上年下降了 3.6 个百分点；环境保护运行费用 6 031.6 亿元，占总环境保护支出的 37.6%，较上年上升了 3.8 个百分点。

（2）在 2015 年的环境保护运行及相关税费中，环境保护税费 1 213.4 亿元，较上年下降了 4.5 个百分点，占总运行及相关税费的 16.7%。

（3）因生产活动而支出的污染治理设施运行费用，即内部环境保护支出为 5 120.6 亿元，是外部环境保护活动的 5.6 倍。内部环境保护总支出中约 61.7%的支出用于第二产业环境保护设施的运行维护。

表 4　2015 年按活动主体分的环境保护支出核算表　　　　单位：亿元

核算主体 / 核算对象		外部环境保护				内部环境保护				合计
		城市污水处理	城市垃圾处理	废气及其他	小计	第一产业	第二产业	第三产业	小计	
运行费用与相关税费	运行费用	321.6	201.1	388.3	911.0	506.7	3 157.0	1 456.9	5 120.6	6 031.6
	资源税	1 034.9								1 034.9
	排污费	178.5								178.5
环境污染治理投资		4 946.8				3 859.5				8 806.3
环境保护支出总计		16 051.3								

注：1）按活动主体分的中间消耗和工资等运行费的数据根据核算得到；2）资源税和排污费数据仅列出合计数据；3）外部环境保护的投资性支出数据为环境统计年报中的城市环境基础设施建设投资，内部环境保护的投资性支出数据为环境统计年报中的工业污染源治理投资和建设项目"三同时"环保投资之和。

5.2　环境污染治理投资和运行费用

（1）"十二五"环境保护投资规划需求预期超过 3.4 万亿元。根据"十二五"环境保护规划，全国"十二五"期间环保投资预期 3.4 万亿元，预期拉动 GDP 4.34 万亿元。2015 年我国环保产业产值达到 4.5 万亿元。

（2）2015 年环境污染治理投资出现下降，投资总额较上年下降了 8.0 个百分点。2012 年环境污染治理投资为 8 253.6 亿元，比 2011 年增加 36.9%；2013 年环境污染治理投资为 9 037.2 亿元，比 2012 年增加 9.5%；2014 年，环境污染治理投资为 9 575.5 亿元，比 2013 年增加 6.0%。2015 年，环境污染治理投资为 8 806.3 亿元，比 2014 年下降 8.0%。从时间变化来看，近 4 年环境污染治理投资总额增速呈下降态势。2015 年，建设项目"三同时"环保投资额为 3 085.8 亿元，较上年下降了 0.9%，城市环境基础设施建设投资为 4 946.8 亿元，较上年下降 9.5%。

（3）环境污染治理投资占 GDP 的比重较低，且近 4 年有下降趋势。2000 年开始，我国环境污染治理投资占 GDP 的比重达到 1%以上；之后环境污染治理投资占 GDP 的比重有所起伏，2010 年，我国环境保护投资占 GDP 的比重首次超过了 1.5%，但与发达国家相比，该值仍属于较低水平。2015 年我国环境保护投资占 GDP 的比重为 1.28%，较 2014 年下降了 0.23 个百分点；从近 4 年变化趋势来看，我国环境污染治理投资占 GDP 的比重有下降趋势。

（4）随着环境污染治理投入的增长，环境污染治理能力和环保设施的治理运行费用不断提高。根据核算结果，2015 年环境污染实际治理成本共计 6 031.6 亿元，较上年增长了 8.4 个百分点，是 2006 年实际治理成本的 3.2 倍。其中，废水治理 1 669.4 亿元、废气治理 3 691.1 亿元、固体废物 671.1 亿元，工业固体废物实际治理成本为 470.0 亿元。

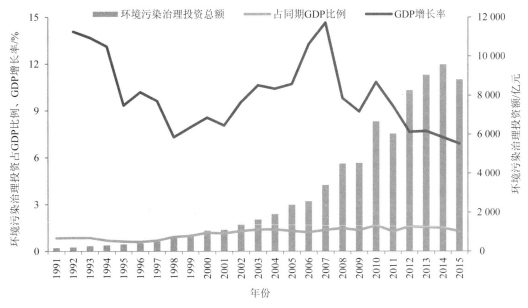

图 43　中国环境保护投资状况（1991—2015 年）

（5）废气治理能力较废水增长显著。根据统计，工业废气（标态）处理能力从 2006 年的 80.1 亿 m³/h 提高到 2015 年的 168.9 亿 m³/h，增加了 110.8%；工业废水治理能力从 19 553 万 t/d 上升到 2015 年的 24 728 万 t/d，增加了 26.5%。与此相对应，废气治理设施运行费用占比持续增长，从 2006 年的 48.1%上升到 2015 年 56.8%；废水治理设施运行费用占比持续降低，从 2006 年的 40.2%下降到 2015 年的 20.9%。目前工业废水处理水平仍然较低，根据发达国家经验，废水治理成本一般高于废气治理，我国污染治理的道路仍很漫长。

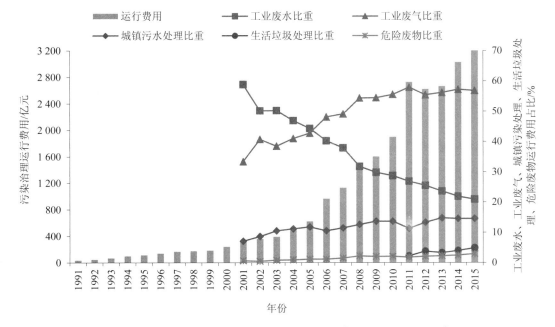

图 44　我国各类废水、废气和废物处理设施运行费用（1991—2015 年）

6 GDP污染扣减指数核算账户

6.1 治理成本核算

我国环境污染实际治理成本从2006年的1 830.4亿元上升到2015年的6 031.6亿元，增加了2.3倍，说明我国环境污染治理投入显著提高。2015年，我国环境污染虚拟治理成本为6 737.9亿元，相对2006年增加了63.8%，增速低于实际治理成本。但虚拟治理成本绝对量仍然大于实际治理成本（约为其1.1倍），说明污染治理缺口仍较大。

（1）大气和水污染治理还有一定缺口。2015年我国废水虚拟治理成本为1 699.4亿元，是实际治理成本的1.0倍；废气虚拟治理成本为4 763.1亿元，是实际治理成本的1.3倍，其中机动车 NO_x 虚拟治理成本2 444.6亿元，扣除机动车 NO_x 虚拟治理成本的废弃虚拟治理成本2 318.4亿元，是实际治理成本的0.6倍；固体废物的虚拟治理成本为275.4亿元，是实际治理成本的41.0%。

（2）我国水污染和大气污染治理投入相对不足。2015年我国大气污染实际治理成本为3 691.1亿元，占GDP的0.51%；水污染实际治理成本为1 669.4亿元，占GDP的0.23%。根据 2000 年美国 EPA 测算，大气污染治理成本占 GNP0.77%，水污染治理成本占GNP1.13%[①]。我国大气及水污染治理投入尚未达到美国2000年水平。

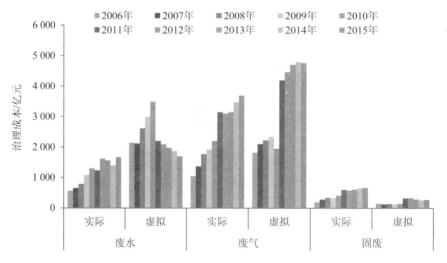

图45 2006—2015年废水、废气和固体废物污染治理成本

---

① http://yosemite.epa.gov/ee/epa/eerm.nsf/vwAN/EE-0294A- 1.pdf/$file/EE-0294A-1.pdf.

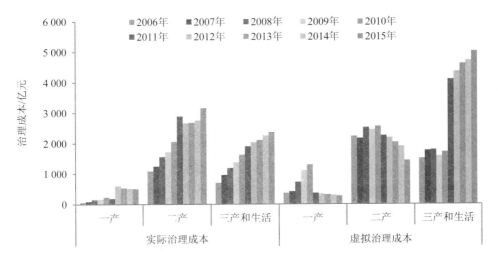

图46　2006—2015年不同产业的污染治理成本

（3）NO$_x$治理严重不足。2015年废气虚拟治理成本中NO$_x$的虚拟治理成本为2 700.0亿元，占总废气虚拟治理成本的56.7%。其中，交通源的NO$_x$虚拟治理成本为2 444.6亿元，占NO$_x$虚拟治理成本的90.5%。

（4）固体废物污染实际治理成本已超过虚拟治理成本。2015年固体废物实际治理成本为671.1亿元，比2014年增加2.5%，是2006年195.1亿元的3.4倍，我国固体废物污染治理投入近年增长较快。

6.1.1　行业治理成本分析

（1）第一和第二产业污染物治理投入加大，污染治理初见成效，第三产业和生活污染治理缺口巨大。2015年，第一产业、第二产业以及第三产业和生活的合计污染治理成本分别为781.0亿元、4 598.3亿元、7 390.2亿元。其中，第一产业、第二产业、第三产业和生活的虚拟治理成本为274.3亿元、1 441.3亿元、5 022.3亿元，分别是其实际治理成本的54.1%、45.7%、212.1%，生活源虚拟治理成本高的主要原因是交通源的虚拟治理成本较高。

（2）我国环境污染治理重点主要集中在电力、非金属矿制品业、化工、黑色冶金、食品加工、造纸等10个行业。2015年，这10个行业的污染治理成本占总治理成本的比重达到73.5%。

（3）非金属矿采选业和食品加工业等污染大户的治理欠账严重。这两个行业虚拟治理成本分别是其实际治理成本的15.2倍和8.3倍，需进一步加大对这些重点行业污染治理投入。

（4）电力生产是污染治理成本最高的行业。2015年，电力生产的实际治理成本为1 077.1亿元，比2014年（1 033.3亿元）增加4.2%，虚拟治理成本为134.8亿元，比2014年（378.0亿元）减少了64.3%。电力行业实际治理成本远高于其他行业。电力行业的脱硫能力近年大幅提高，但由于氮氧化物的治理水平仍然较低，其虚拟治理成本仍然处于高位。

（5）废水主要排放行业中，化工、纺织、煤炭采选、电力、黑色冶金和石化行业的实际治理成本大于虚拟治理成本，造纸、食品加工等行业实际治理成本都小于虚拟治理成本。

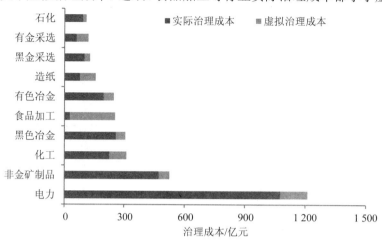

图 47　2015 年主要大气污染行业的治理成本

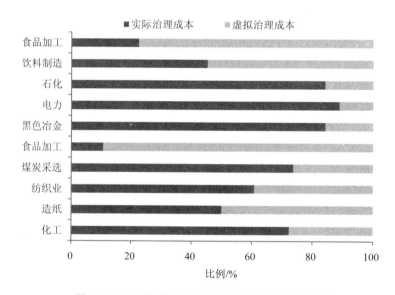

图 48　2015 年主要水污染行业不同治理成本比例

专栏 4　环境污染治理成本核算

污染治理成本法核算的环境价值包括两部分，一是环境污染实际治理成本，二是环境污染虚拟治理成本。

实际治理成本是指目前已经发生的治理成本，包括畜禽养殖、工业和集中式污染治理设施实际运行发生的成本。其中，工业废水、废气和城镇生活污水的实际污染治理成本采用统计数据，畜禽废水、工业固废、城市生活垃圾和生活废气的实际治理成本利用模型计算获得。

虚拟治理成本是指目前排放到环境中的污染物按照现行的治理技术和水平全部治理所需要的支出。治理成本法核算虚拟治理成本的思路是：假设所有污染物都得到治理，则当年的环境退化不会发生。从数值上看，虚拟治理成本可以认为是环境退化价值的下限核算。治理成本按部门和地区进行核算。

6.1.2　区域治理成本分析

（1）东部地区污染治理成本高。2015 年，东部地区的实际治理成本和虚拟治理成本分别为 3 094.7 亿元和 3 294.0 亿元，中部地区为 1 556.4 亿元和 1 705.3 亿元，西部地区为 1 380.5 亿元和 1 738.6 亿元。东部地区实际治理成本最高，实际治理成本占总治理成本的比重为 48.4%。

（2）中部地区实际治理成本较上年有所增加，污染治理欠账仍维持在较高水平。2015 年中部地区实际治理成本较上年增加了 15.1%，中部地区虚拟治理成本是实际治理成本的 1.1 倍。

（3）2015 年西部地区实际治理成本较上年增加了 7.1%，西部地区的污染治理缺口较大。西部地区虚拟治理成本是实际治理成本的 1.3 倍。

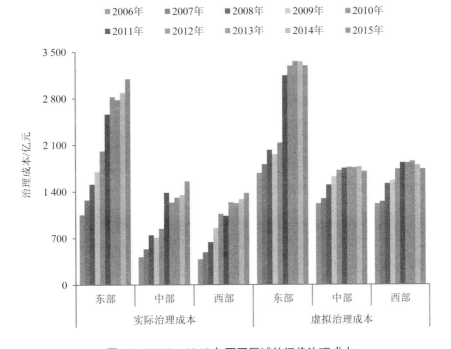

图 49　2006—2015 年不同区域的污染治理成本

（4）青海省的污染治理投入亟须加大。山东、江苏、浙江、河北、广东位列总治理成本的前 5 位。2015 年这 5 个省份的污染治理成本合计 4 712.8 亿元，占总污染治理成本的 36.9%，其中，实际治理成本占总治理成本的 45.8%。西藏、海南、宁夏、青海、贵州是污染治理成本最低的 5 个省份，其合计污染治理成本为 547.4 亿元，占总污染治理成本的 4.3%。青海是污染治理成本缺口最大的省份，其虚拟治理成本是实际治理成本的 3.9 倍，污染治理投入需进一步加大。

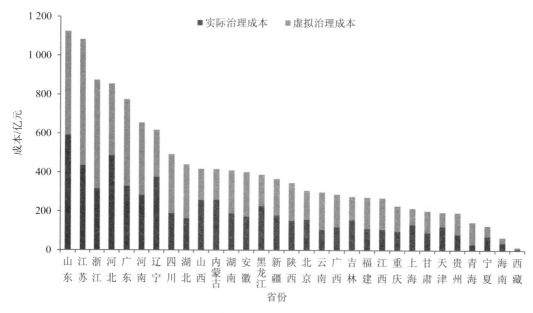

图 50　2015 年 31 个省份的实际治理成本和虚拟治理成本

6.2　GDP 污染扣减指数

6.2.1　产业和行业污染扣减指数对比

（1）2015 年 GDP 污染扣减指数为 0.98%。2015 年，我国行业合计 GDP（生产法）为 68.6 万亿元。虚拟治理成本为 6 737.9 亿元，虚拟治理成本占全国 GDP 的比例约为 0.98%，与 2014 年相比下降了 0.11 个百分点。

（2）第三产业污染扣减指数大。2015 年，第一产业虚拟治理成本为 274.3 亿元，扣减指数为 0.45%；第二产业虚拟治理成本为 1 441.3 亿元，扣减指数为 0.51%；由于机动车现采用更为严格的排放标准，导致第三产业虚拟治理成本相对较高，为 5 022.3 亿元，扣减指数为 1.46%。

（3）不同行业的污染扣减指数有所下降。2015 年第二产业的污染扣减指数较 2014 年下降了 0.19 个百分点，第一产业和第三产业污染扣减指数分别下降了 0.07 和 0.08 个百分点。

6.2.2　区域污染扣减指数对比

（1）东中西三大地区污染扣减指数均有下降。东部地区污染扣减指数较上年降低了 0.07 个百分点；中部地区污染扣减指数较上年降低了 0.09 个百分点；西部地区污染扣减指数较上年降低了 0.10 个百分点。

（2）西部地区的污染扣减指数高于中部地区和东部地区。2015 年，西部地区的污染扣减指数为 1.20%，中部地区 0.97%，东部地区为 0.82%，说明西部地区的污染治理投入需求相对其经济总量较中东部地区更大，需要给予西部地区更多的环境投入财政政策优惠。

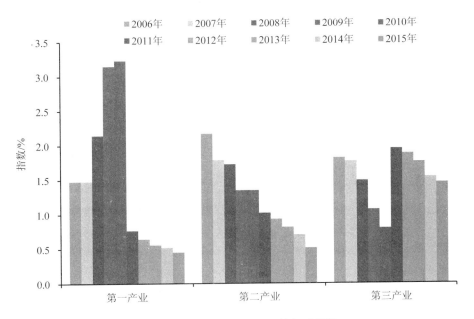

图 51　三次产业的 GDP 污染扣减指数

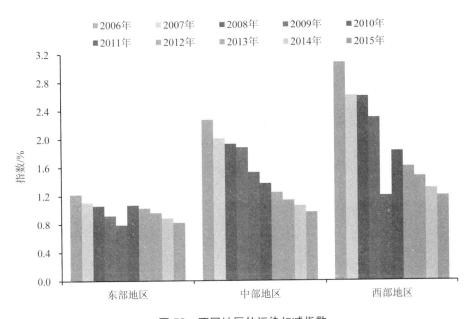

图 52　不同地区的污染扣减指数

（3）西部省份的 GDP 污染扣减指数高。具体分析 31 个省份的污染扣减指数发现，污染扣减指数小的地区是上海（0.33%）、天津（0.44%）、广东（0.61%）和福建（0.62%）。与 2014 年相比，这些地区的污染扣减指数都有不同程度的减少；这些东部省份的虚拟治理成本绝对量相对较高，但因其经济总量大，使其污染扣减指数相对较低。青海（4.77%）、新疆（2.01%）、宁夏（1.87%）、甘肃（1.65%）等省份的污染扣减指数相对较高。

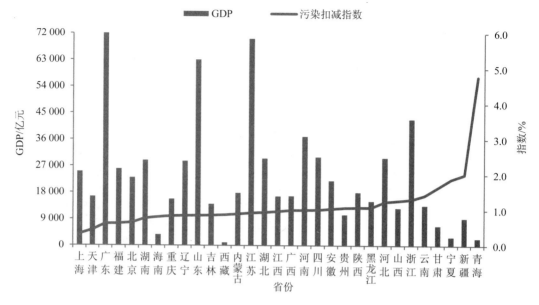

图 53　31 个省份的 GDP 与污染扣减指数

（4）非金属矿采选、有色采选、皮革、食品加工和化纤是污染扣减指数最高的 5 个行业。2015 年，这 5 个行业的污染扣减指数分别为 8.85%、4.41%、4.04%、2.72%和 2.40%。5 个行业污染扣减指数均较上年有所下降。

（5）污染扣减指数最低的行业是仪器制造业。仪器制造业扣减指数为 0.014%；其次为通用设备制造业、烟草业和汽车制造业，扣减指数分别为 0.018%、0.019%和 0.032%。

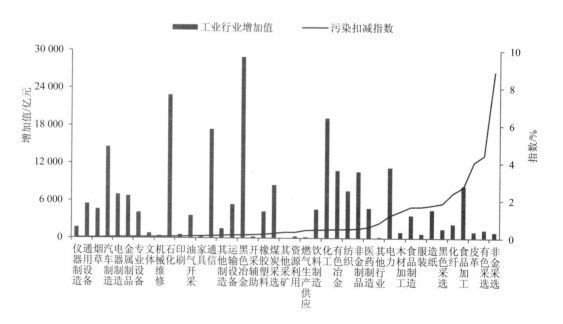

图 54　工业行业增加值及其污染扣减指数

7 环境退化成本核算账户

环境退化成本又称污染损失成本，它是指在目前的治理水平下，生产和消费过程中所排放的污染物对环境功能、人体健康、作物产量等造成的实际损害，利用人力资本法、直接市场价值法、替代费用法等环境价值评价方法评估计算得出的环境退化价值。与治理成本法相比，基于损害的污染损失评估方法更具合理性，是对污染损失更加科学和客观的评价。环境退化成本仅按地区核算。

在本核算体系框架下，环境退化成本按污染介质来分，包括大气污染、水污染和固体废物污染造成的经济损失；按污染危害终端来分，包括人体健康经济损失、工农业（工业、种植业、林牧渔业）生产经济损失、水资源经济损失、材料经济损失、土地占用丧失生产力引起的经济损失、污染事故经济损失和对生活造成影响的经济损失。

7.1 水环境退化成本

2006—2015 年，我国水环境退化成本逐年增加，年均增速为 10.4%。其中，2006 年 3 387.0 亿元，2015 年 8 277.7 亿元（图 55），占总环境退化成本的 44.6%。因水环境退化成本的增速小于 GDP 增速，所以 GDP 水环境退化指数呈下降趋势。2006 年为 1.47%，2015 年为 1.15%。

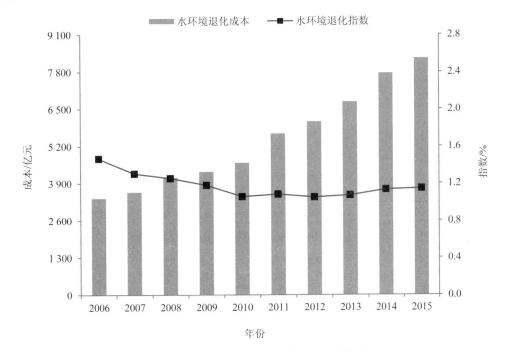

图 55 2006—2015 年水污染损失核算结果

在水环境退化成本中，污染型缺水造成的损失最大。根据核算结果，2015 年全国污染型缺水量达到 1 006.7 亿 m^3，占 2015 年总供水量的 16.5%，污染已经成为我国缺水的主要原因之一，对我国的水环境安全构成严重威胁，成为制约经济发展的一大要素。"十一五"和"十二五"期间，污染型缺水造成的损失呈小幅上升趋势。2006 年为 1 923 亿元，占水环境退化成本的 56.8%；2011 年为 3 355.5 亿元，占比 59.4%；2013 年为 4 151.9 亿元，占比 61.5%；2014 年为 5 116.1 亿元，占比 66%；2015 年为 5 508.9 亿元，占比 66.6%；其次为水污染对农业生产造成的损失，2015 年为 1 458.2 亿元，比 2006 年增加 199.8%（图 56）。2015 年水污染造成的城市生活用水额外治理和防护成本为 558.1 亿元，工业用水额外治理成本为 423.1 亿元，农村居民健康损失为 329.5 亿元，分别比 2006 年增加 43.4%、12.3% 和 56.4%（图 56）。

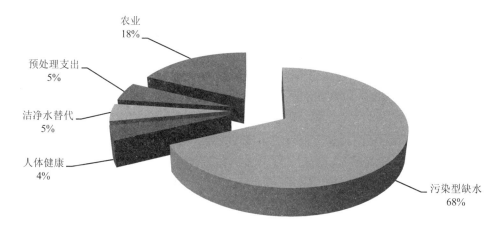

图 56　各种水污染损失占总水污染损失比重

　　2015 年，东、中、西部 3 个地区的水环境退化成本分别为 4 245.5 亿元、1 974.4 亿元、2 057.9 亿元，东、西部地区分别比上年增加 13.1% 和 5.1%，中部地区比上年下降 3.5%。东部地区水环境退化成本增速较快，主要是因为 2015 年东部地区的江苏和福建供需缺口较大，导致这两个省份的污染型缺失量较大，拉高了东部地区水环境退化成本增速。东部地区的水环境退化成本最高，约占水污染环境退化成本的 51.3%，占东部地区 GDP 的 1.06%；中部和西部地区的水环境退化成本分别占总水环境退化成本的 23.9% 和 24.9%，占地区 GDP 的 1.12% 和 1.42%。

7.2　大气环境退化成本

　　我国大气环境退化成本呈快速增长趋势。2006 年大气污染环境退化成本为 3 051.0 亿元，2007 年为 3 680.6 亿元，2008 年为 4 725.6 亿元，2009 年为 5 197.6 亿元，2010 年为 6 183.5 亿元，2011 年为 6 506.1 亿元，2012 年为 6 750.4 亿元，2013 年为 8 611.0 亿元，2014 年为 10 011.9 亿元，2015 年达到 11 402.6 亿元，占总环境退化成本的 56.5%。"十一五"期间，GDP 大气环境退化指数在 1.5%～1.7% 之间波动，"十二五"的头两年，GDP

大气环境退化指数呈下降趋势，2013—2015 年有所上升，分别为 1.37%、1.46% 和 1.58%（图 57），2015 年大气环境退化成本指数上升的主要原因是大气污染导致的人体健康损失核算范围从城市扩展到全国，涵盖了农村地区。

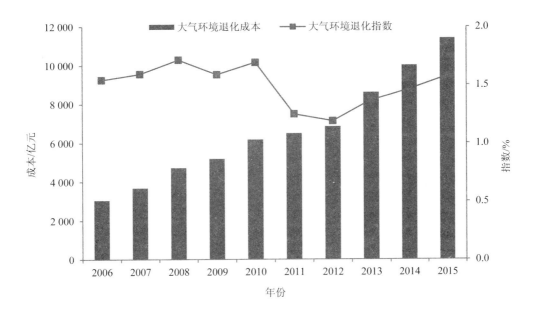

图 57   2006—2015 年大气污染损失及大气污染损失核算结果

在大气污染造成的各项损失中，健康损失最大。2004—2014 年我们主要利用我国城市监测数据，对 PM_{10} 导致的人体健康损失进行了核算。连续 11 年的核算结果显示，我国每年城镇地区因室外空气污染导致的过早死亡人数为 35 万～52 万人，2015 年，如果利用城市监测数据，PM_{10} 导致的过早死亡人数为 51.3 万人，与世界银行和 WHO 的核算结果相近。

我国大气污染区域性问题逐步显现，只对城市地区大气污染导致的人体健康损失进行核算，会低估我国大气污染导致的人体健康损失。美国健康效应研究所（HEI）利用遥感反演数据，对我国 $PM_{2.5}$ 导致的人体健康损失的核算结果显示，2010 年室外 $PM_{2.5}$ 污染导致 120 万人过早死亡以及超过 2 500 万健康生命年的损失。为全面核算室外大气污染导致的人体健康损失，本报告利用中国科学院遥感与数字地球研究所提供的 2015 年 $PM_{2.5}$ 遥感影像反演数据，以 $10\mu g/m^3$ 的 $PM_{2.5}$ 浓度为健康阈值，重新构建了 $PM_{2.5}$ 与人体健康的剂量反应关系，并把人口、人均 GDP 等其他数据都以插值的方法进行了网格化处理，以 10 km 网格为核算单元，对全国范围的大气污染导致的人体健康损失进行核算。核算结果显示，2015 年，$PM_{2.5}$ 导致的过早死亡人数为 83.9 万人，其中城市地区约 51.3 万人，农村地区约 32.6 万人。2015 年，我国城镇人口比例为 56.1%，由于农村地区，特别是南方农村地区的大气污染浓度普遍比城镇低，因此，农村地区因大气污染导致的过早死亡人数比城市地区少是合理的。

在对大气污染导致的城市人口过早死亡核算的基础上，利用第五次、第六次人口普查数据，对大气污染导致的预期寿命减损进行评估。结果显示，2004 年我国预期寿命为 69.6 岁，大气污染导致的人均潜在寿命损失年为 1.85 年。2015 年我国预期寿命上升为 76.3 岁，大气污染导致的人均潜在寿命损失年为 0.63 年。同时，考虑南北方区域差异，对南方和北方大气污染导致的人均潜在寿命损失年也进行了计算。结果显示，2004 年，我国北方大气污染导致的预期折寿损失年为 2.3 年，我国南方大气污染导致的预期折寿损失年为 1.8 年，北方比南方预期折寿损失年多 0.6 年。2015 年，我国北方大气污染导致的预期折寿损失年为 1.37 年，我国南方大气污染导致的预期折寿损失年为 0.61 年，北方比南方预期折寿损失年多 0.71 年。根据原卫生部《健康中国 2020 战略研究报告》，我国所有慢性病导致居民期望寿命损失为 13.2 年，根据《2010 年全球疾病负担报告》，中国约有 20%的早死可归因于包括空气污染在内的所有环境危险因素，推算我国由于大气污染导致的期望寿命损失年最多不超过 2.6 年。从省份来看，上海、宁夏、新疆、北京、河北、广东等省份大气污染导致的潜在寿命损失年超过了 0.96 年，海南、福建、贵州、西藏和云南都低于 0.5 年（图 58）。

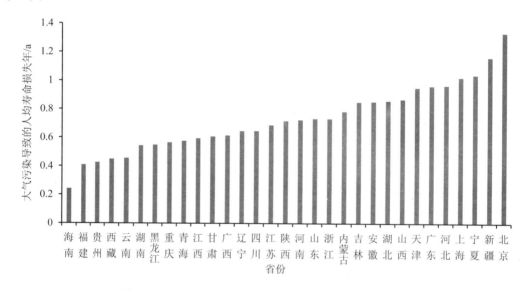

图 58　2015 年不同省份大气污染导致的人均寿命损失年

2015 年，我国东部地区大气污染导致的过早死亡人数为 35.2 万人，占总数的 42.0%，中部地区大气污染导致的过早死亡人数为 27.6 万人，占总数的 32.9%，西部地区大气污染导致的过早死亡人数为 21 万人，占总数的 25%。2015 年我国实际死亡人数为 977.4 万人，大气污染导致的过早死亡人数占实际死亡人数的 8.6%。具体到各省份而言，北京、新疆、河北、上海、天津、安徽、湖北、山西、广东、吉林等地区大气污染导致的过早死亡人数占实际死亡人数的比例都超过了 11%；而海南、福建、西藏、贵州、云南等省份大气污染导致的过早死亡人数较低。从空气污染导致的死亡率看，中部地区最高，为 0.64‰，东部地区为 0.61‰，西部地区为 0.57‰。其中，北京（0.86‰）、河北（0.75‰）、河南（0.75‰）、江苏（0.71‰）、天津（0.71‰）等省份相对较高。而海南（0.21‰）、西藏（0.31‰）、福建（0.36‰）、云南（0.43‰）、贵州（0.47‰）、广东（0.49‰）等省份相对较低。

在 SO$_2$ 减排政策的作用下，大气环境污染造成的农业损失有所降低。2015 年农业减产损失为 182.9 亿元，比 2014 年减少 55%，农业减产损失占大气污染损失的 1.6%（图 59）。2015 年，材料损失为 149.7 亿元，比 2014 年减少 30.2%。随着车辆和建筑物的快速增加，额外清洁费用增速较快，从 2006 年的 416.4 亿元增加到 2015 年的 1 764.7 亿元，年均增长16.7%。

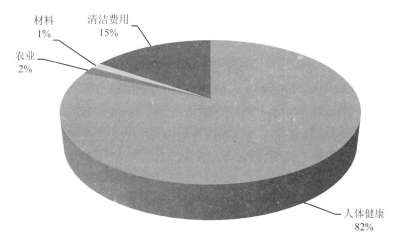

图 59　各种大气污染损失占总大气污染损失比重

2015 年，东、中、西部 3 个地区的大气环境退化成本分别为 6 391.9 亿元、2 857.3 亿元、2 153.3 亿元。大气环境退化成本最高的仍然是东部地区，占大气总环境退化成本的56.1%，占东部地区 GDP 的 1.59%；中部和西部地区的大气环境退化成本分别占大气总环境退化成本的 25.1% 和 18.9%，这两个地区的大气环境退化成本占地区 GDP 的比重分别为1.6% 和 1.5%。从省份来说，江苏（1 268.5 亿元）、山东（1 067.4 亿元）、广东（955.2 亿元）、河南（696.5 亿元）、浙江（636.2 亿元）、河北（553.5 亿元）6 个省的大气污染损失较高，占全国大气污染损失的 45.4%。甘肃（96.9 亿元）、宁夏（44.1 亿元）、青海（29.0亿元）、海南（20.2 亿元）、西藏（6.1 亿元）等省份大气污染损失相对较低，占全国大气污染损失比例的 1.7%。

专栏 5　2015 年基于 10 km 网格的全国 PM$_{2.5}$ 年平均浓度遥感估算模型

基于气溶胶光学厚度进行 PM$_{2.5}$ 浓度估算，并且对数据进行了湿度订正与垂直订正，建立与近地面颗粒物浓度关系，依据统计关系计算地面 PM$_{2.5}$ 观测，主要步骤如下：

第一步：MODIS 数据处理

基于中国科学院遥感与数字地球研究所研发的针对亮目标区域和特殊气溶胶类型（秋冬季）的气溶胶卫星遥感反演模型，生产了 2015 年中国亮目标区域和污染区域的气溶胶光学厚度数据集。然后，将中国科学院遥感与数字地球研究所研发的气溶胶光学厚度数据集与 2015 年 MODIS 气溶胶官方产品数据集（MOD04-10 km）进行融合，生成了 2015 年覆盖全国的气溶胶光学厚度数据集，提高了气溶胶光学厚度官方数据集的整体精度和覆盖范围。

第二步：高度订正

采用公式（1）实现气溶胶光学厚度高度订正得到地面消光系数 β_0；对于每个省份，按照月份统计气溶胶标高数据 H，计算地面消光系数 β_0。

$$\tau = \int_0^\infty \beta_z \mathrm{d}z = \int_0^\infty \beta_0 \cdot e^{-\frac{Z}{H}} \mathrm{d}z = H\beta_0 \tag{1}$$

第三步：湿度订正

得到地面消光系数以后，按以下公式进行湿度订正。

$$\beta_{\mathrm{dry}} = \beta_0 / f(\mathrm{RH}) \tag{2}$$

其中增长因子 $f(\mathrm{RH}) = 1/(1-\mathrm{RH})$，RH 为大气相对湿度。

第四步：地面消光系数与 $PM_{2.5}$ 的统计关系建立

基于每个省份站点的 $PM_{2.5}$ 观测值和 AOD 数据建立 β_{dry} 和 $PM_{2.5}$ 的相关关系 $y=ax+b$，获取关系 a、b 系数，将得到的相关关系与 β_{dry} 的空间分布相结合，即得到每个省份 $PM_{2.5}$ 的空间分布信息。为了消除各省边界之间的差异性，采用区域卫星产品和地基 $PM_{2.5}$ 数据进行二次拟合处理。

第五步：模拟结果精度检验

采用基于经纬度的精度验证方法，基于全国地基站点经纬度数据，以最邻近原则，进行反演结果的数据提取工作，将此数据与地基站点数据进行对比。结果显示，2015 年全国各省份 $PM_{2.5}$ 年平均浓度与地基 $PM_{2.5}$ 观测数据一致性较好，其中北京、天津、广西、贵州、福建、辽宁等省市卫星遥感估算 $PM_{2.5}$ 浓度与地基 $PM_{2.5}$ 观测数据基本一致；全国范围的 $PM_{2.5}$ 产品精度达到 92.03%。

7.3 固体废物侵占土地退化成本

2015 年，全国工业固体废物侵占土地约 20 240.6 万 m^2，丧失土地的机会成本约为 298.4 亿元，比上年增加 18.8%。生活垃圾侵占土地约 2 863.4 万 m^2，比上年减少 0.52%，丧失的土地机会成本约为 77 亿元，比上年略有增加。两项合计，2015 年全国固体废物侵占土地造成的环境退化成本为 375.6 亿元，占总环境退化成本的 2.1%。2015 年，东、中、西部 3 个地区的固体废物环境退化成本分别为 140.2 亿元、103.2 亿元、132.2 亿元。

7.4 环境退化成本

2006—2015 年，我国环境退化成本以年均 13.4% 的速度在增加。其中，2006 年 6 507.7 亿元，2010 年 11 032.8 亿元，2011 年 12 512.7 亿元，2012 年 13 357.6 亿元，2013 年 15 794.5 亿元，2014 年 18 218.8 亿元，2015 年 20 179.1 亿元（图 60）。2015 年，因大气污染导致的健康损失核算范围由以前的城市范围扩展到城乡全部范围，导致 2015 年环境退化成本比往年增速较大。2015 年，环境退化成本为 20 179.1 亿元，比 2014 年增加 10.7%。在总环境退化成本中，大气环境退化成本和水环境退化成本是主要的组成部分，2015 年这两项损失分别占总退化成本的 56.5% 和 41%，固体废物侵占土地退化成本和污染事故造成的损失分别为 375.6 亿元和 123.3 亿元，分别占总退化成本的 1.86% 和 0.61%。从

环境退化成本占 GDP 比重的扣减指数看，总体上环境退化成本扣减指数呈下降趋势，但
2013—2015 年有所上升。

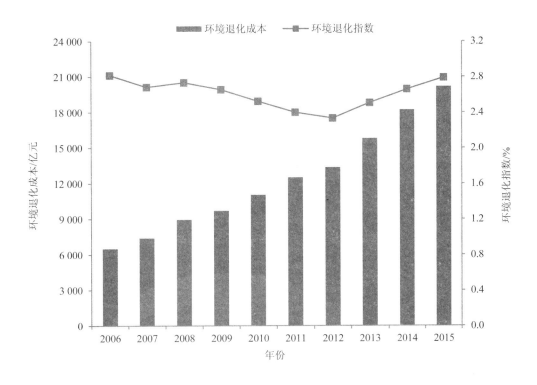

图 60　2006—2015 年环境退化成本及其扣减指数

从空间角度看，我国区域环境退化成本呈现自东向西递减的空间格局。2015 年，我国
东部地区的环境退化成本较大，为 10 777.5 亿元，占总环境退化成本的 53.7%，中部地区
为 4 343.4 亿元，西部地区为 730.6 亿元。具体从省份角度看，河北 1 993.7 亿元、山东 1 992.7
亿元、江苏 1 763.1 亿元、河南 1 564.8 亿元、广东 1 199.5 亿元、浙江 1 019.2 亿元等省份
的环境退化成本较高，占全国环境退化成本比重的 42.5%。除河南外，这些省份都位于我
国东部沿海地区。云南 288.4 亿元、新疆 217.7 亿元、宁夏 172.7 亿元、青海 85.6 亿元、
西藏 48.2 亿元、海南 35.0 亿元等省份的环境退化成本较低，占环境退化成本比重的 4.2%。
这些省份除环境质量本底值好的海南省外，其他都位于西部地区，西部地区环境退化成本
低的主要原因是地广人稀，实际来看，西部地区部分城市的大气环境质量与水体的水环境
质量也令人堪忧。

8　生态破坏损失核算账户

生态系统可以按不同的方法和标准进行分类，本节按生态系统特性将生态系统划分为
五类，即森林生态系统、草地生态系统、湿地生态系统、农田生态系统和海洋生态系统。

由于不掌握农田生态系统和海洋生态系统的基础数据及相关参数，本节仅核算了森林、草地和湿地三类生态系统的服务损失。

生态系统一般具有三大类功能，即生活与生产物质的提供（如食物、木材、燃料、工业原料、药品等）、生命支持系统的维持（如固碳释氧、水流动调节、气候调节、水土保持、环境净化等）以及精神生活的享受（如登山、野游、渔猎、漂流等）。本节所指生态服务仅包括生命支持系统的维持，根据森林、草地和湿地的主要生态功能，选择重要和典型的服务类型进行核算（表5）。与2008—2014年的核算框架相比，2015年核算框架由原来的森林、草地、湿地、矿产4项变为森林、草地和湿地3项，核算的服务类型删除了有机质生产和生物多样性。

表5 生态破坏损失核算框架

	有机质生产	固碳释氧	水流动调节		土壤保持		环境净化	
			水源涵养	水文调节	水土保持	营养物质循环	水质净化	大气净化
原核算内容								
森林	√	√	√	×	√	√	×	√
草地	√	√	√	×	√	×	×	×
湿地	√	√	√	√	√	√	√	√
新核算内容								
森林	×	√	√	×	√	√	×	√
草地	×	√	√	×	√	√	×	×
湿地	×	√	√	√	√	√	√	√

注：√代表已核算项目，×表示未核算项目。原核算内容还核算了矿产资源开发造成的地下水损失和地质灾害损失。

专栏6　生态破坏损失核算说明

2015年以前的生态破坏损失主要核算了森林生态系统、湿地生态系统、草地生态系统的破坏损失量和矿产资源开发造成的生态破坏损失；核算的主要生态服务指标包括有机质生产、固碳释氧、水流动调节、土壤保持、环境净化和生物多样性6项服务损失。2015年根据第八次全国森林资源清查、第二次全国湿地资源调查以及全国草原监测报告，更新了森林、草地、湿地的基础数据及相关参数，修改了核算内容，主要核算森林、草地和湿地生态系统损失量，核算的主要生态功能是固碳释氧、水流动调节、土壤保持、水质净化、大气净化，具体如下：

（1）报告利用中科院地理所解译的2015年空间分辨率1km的土地利用数据，结合MODIS NDVI数据进行不同生态系统不同生态功能指标的实物量计算。

（2）在不同生态系统生态服务功能实物量核算的基础上，通过不同生态系统服务功能实物量与不同生态系统人为破坏率的乘积，进行不同生态系统生态破坏实物量核算。

A. 森林生态系统根据第八次全国森林资源清查结果，报告编写组核算了我国森林生态系统在固碳释氧、水流动调节、土壤保持、大气净化4种生态调节服务的功能量，利用森林超采率（根据第八次全国森林资源清查获得的森林超采量和森林蓄积量计算得到）计算不同生态功能的森林损失功能量，再利用价值量方法将损失功能量转换为损失价值量。

B. 湿地生态系统根据第二次全国湿地资源调查结果，报告编写组核算了我国湿地生态系统在固碳释氧、水流动调节、土壤保持、水质净化、大气净化 5 种生态调节服务的功能量，利用湿地重度威胁面积占湿地总面积的比例计算不同生态功能的湿地损失功能量，再利用价值量方法将损失功能量转换为损失价值量。

C. 草地生态系统核算了固碳释氧、水流动调节、土壤保持、大气净化 4 种生态调节服务的功能量，利用草地人为破坏率（根据 2016 年全国草原监测报告六大牧区省份及全国重点天然草原平均牲畜超载率计算获得）计算不同生态功能的草地损失功能量，再利用价值量方法将损失功能量转换为损失价值量。

8.1　森林生态破坏损失

我国是一个缺林少绿、生态脆弱的国家，森林覆盖率低于全球 31% 的平均水平，人均森林面积仅为世界人均水平的 1/4，人均森林蓄积只有世界人均水平的 1/7，林地生产力低，森林每公顷蓄积量只有世界平均水平 131 m³ 的 69%，人工林每公顷蓄积量只有 52.76 m³。进一步加大投入，加强森林经营，提高林地生产力、增加森林蓄积量、增强生态服务功能的潜力还很大。

第八次全国森林资源清查（2009—2013 年）结果显示，我国现有森林面积 2.08 亿 hm²，森林覆盖率 21.63%，活立木总蓄积 164.33 亿 m³。森林面积和森林蓄积分别位居世界第 5 位和第 6 位，人工林面积居世界首位。与第七次全国森林资源清查（2004—2008 年）相比，森林面积增加 1 223 万 hm²，森林覆盖率上升 1.27 个百分点，活立木总蓄积和森林蓄积分别增加 15.20 亿 m³ 和 14.16 亿 m³。总体来看，我国森林资源进入了数量增长、质量提升的稳步发展时期。这充分表明，党中央、国务院确定的林业发展和生态建设一系列重大战略决策，实施的一系列重点林业生态工程，取得了显著成效。但是我国森林资源总量相对不足、质量不高、分布不均的状况仍未得到根本改变，林业发展还面临着巨大的压力和挑战。

在人类活动的干扰下，森林资源的非正常耗减所造成的生态服务功能下降，包括森林资源非正常耗减带来的森林生态系统服务功能退化损失和为防止森林生态退化的支出两部分。由于缺乏数据，本报告仅对前者的损失进行了核算。这里所指的森林资源包括常绿针叶林、常绿阔叶林、落叶针叶林、落叶阔叶林等多种类型（这里主要指乔木树种构成，郁闭度 0.2 以上的林地或冠幅宽度 10 m 以上的林带，不包括灌木林地和疏林地）。

根据第八次全国森林资源清查结果，森林面积增速开始放缓，现有未成林造林地面积比上次清查少 396 万 hm²，仅有 650 万 hm²。同时，现有宜林地质量好的仅占 10%，质量差的多达 54%，且 2/3 分布在西北、西南地区。2015 年我国森林生态破坏损失达到 1 519.8 亿元，占 2015 年全国 GDP 的 0.21%。从损失的各项功能看，固碳释氧、水流动调节、土壤保持、大气净化功能损失的价值量分别为 439.5 亿元、800.3 亿元、277.3 亿元、2.6 亿元（图 61）。其中，水流动调节丧失所造成的破坏损失最大，占森林总损失的 52.7%。

图61　森林生态破坏各项损失占比

从森林生态破坏损失的地域分布看，2015 年湖南省森林生态破坏的经济损失最大，为 464.6 亿元，其森林的超采率为 4.7%；其次是江西、广东、浙江、广西、云南、贵州、四川、安徽等地，森林生态破坏的经济损失均超过 50 亿元，这些省份除云南、四川、广西的森林超采率小于 1% 以外，其他省份的森林超采率都大于 1%，其中江西的森林超采率为 2.0%，广东为 1.7%，贵州和安徽为 1.5%；青海、上海、宁夏、北京、天津等地森林生态破坏损失较小，其中上海、天津主要由于森林生态系统服务量较低，其森林超采率较高，分别为 12.4% 和 5.11%；内蒙古、福建、海南、陕西省森林超采率为 0，森林生态系统破坏损失为 0。总体上，中国森林生态破坏损失主要分布在东南和西南地区，西北各省区森林生态破坏损失相对较轻，各地森林生态破坏的形成原因也各不相同（图62）。云南、广西、四川主要由于森林资源比较丰富，核算得到的生态系统服务功能量较大，所以其生态破坏的损失价值也较高；湖南、江西、广东、贵州、安徽等省则是由于森林超采率较高，造成森林生态破坏的损失价值增高；西北各省受退耕还林政策的影响，森林超采率普遍较低，森林生态破坏损失相对较低。

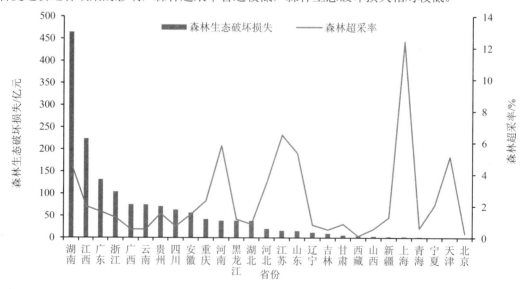

图62　2015 年 31 个省份的森林生态破坏经济损失和人为破坏率

8.2 湿地生态破坏损失

湿地与人类的生存、繁衍、发展息息相关，是自然界最富生物多样性的生态系统和人类最重要的生存环境之一，它不仅为人类的生产、生活提供多种资源，而且具有巨大的环境调节功能和效益，在抵御洪水、调节径流、蓄洪防旱、降解污染、调节气候、控制土壤侵蚀、美化环境等方面具有其他系统不可替代的作用，被称为地球之肾、物种贮存库、气候调节器。本报告核算的湿地指面积主要包括 8 hm² (含 8 hm²) 以上的近海与海岸湿地、湖泊湿地、沼泽湿地、人工湿地以及宽度 10 m 以上、长度 5 km 以上的河流湿地。

第二次全国湿地资源调查（2009—2013 年）结果表明，全国湿地总面积 5 360.26 万 hm²，湿地率 5.58%。自然湿地面积 4 667.47 万 hm²，占 87.37%；人工湿地面积 674.59 万 hm²，占 12.63%。自然湿地中，近海与海岸湿地面积 579.59 万 hm²，占 12.42%；河流湿地面积 1 055.21 万 hm²，占 22.61%；湖泊湿地面积 859.38 万 hm²，占 18.41%；沼泽湿地面积 2 173.29 万 hm²，占 46.56%。调查表明，我国目前河流、湖泊湿地沼泽化，河流湿地转为人工库塘等情况突出，湿地受威胁压力进一步增大，威胁湿地生态状况主要因子已从 10 年前的污染、围垦和非法狩猎三大因子转变为现在的污染、过度捕捞和采集、围垦、外来物种入侵和基建占用五大因子，这些原因造成了我国自然湿地面积削减、功能下降。

本报告所指湿地生态破坏是指在人类活动的干扰下，由于人为因素造成的湿地生态系统的生态服务功能退化，以湿地重度威胁面积占湿地总面积的比例指标作为湿地生态系统的人为破坏率。根据核算结果，2015 年湿地生态破坏损失达 3 164.3 亿元，占 2015 年全国 GDP 的 0.44%。湿地的固碳释氧、水流动调节、土壤保持、水质净化、大气净化功能损失的价值量分别为 96.4 亿元、2 699.3 亿元、107.1 亿元、259.1 亿元、2.4 亿元。在湿地生态破坏造成的各项损失中，水流动调节的损失贡献率最大，占总经济损失的 85%（图 63）。

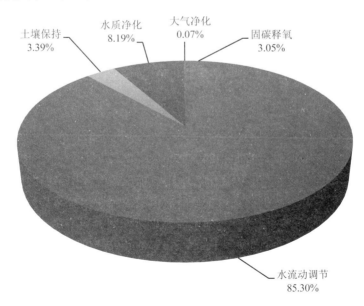

图 63　湿地生态破坏各项损失占比

受自然条件的影响，湿地类型的地理分布表现出明显的区域差异。从湿地生态破坏损失的地域分布看，2015 年青海省湿地生态破坏损失最高，为 1 278.8 亿元，占湿地总损失的 46.9%，其中水流动调节服务功能损失最高，为 1 265.9 亿元，主要由于青海省湿地资源丰富，根据核算结果，青海省湿地生态系统价值位于全国第二位，同时青海省的重度威胁面积占湿地总面积的比例较高，为 22.2%，位于全国第四位；黑龙江、四川、江苏、内蒙古、新疆、湖南、河北等省的生态破坏损失也较高，均高于 100 亿元，其中黑龙江、内蒙古、新疆主要由于湿地生态系统价值较高，分别居全国第一位、第三位和第五位，而河北、湖南、四川、江苏由于重度威胁面积占湿地总面积的比例较高（38.1%、18.4%、14.6%、17.4%），分别为全国第七位、第十位、第八位（图 64）。北京、重庆湿地生态系统破坏损失较低，小于 1 亿元。

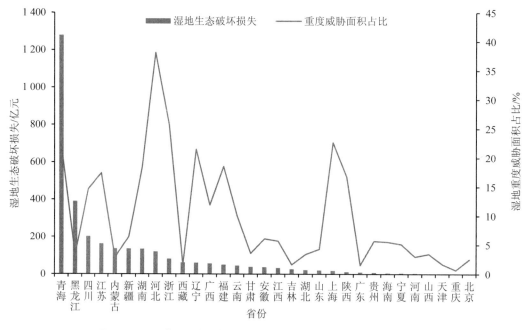

图 64　2015 年 31 个省份的湿地生态破坏经济损失和人为破坏率

8.3　草地生态破坏损失

我国是草地资源大国，全国草原面积近 4 亿 hm^2，约占国土面积的 41.7%，是我国面积最大的陆地生态系统和绿色生态屏障，也是干旱、高寒等自然环境严酷、生态环境脆弱区域的主体生态系统。北方和西部是天然草原的主要分布区，西部 12 省份草原面积共 3.31 亿 hm^2，占全国草原面积的 84.2%，该区域气候干旱少雨、多风，冷季寒冷漫长，草原类型以荒漠化草原为主，生态系统十分脆弱，其中内蒙古、新疆、西藏、青海、甘肃和四川六大牧区省份，草原面积共 2.93 亿 hm^2，占全国草原面积的 3/4；南方地区草原以草山、草坡为主，大多分布在山地和丘陵，面积约 0.67 亿 hm^2，该区域内牧草生长期长，产草量高，但草资源开发利用不足，部分地区面临石漠化威胁，水土流失严重。

2015 年全国草原监测报告显示，全国天然草原产草量略有增加，草原利用状况更趋合理。2015 年全国重点天然草原的牲畜超载率为 13.5%，比上年下降 1.7 个百分点。全国鼠害、虫害危害程度明显下降，2015 年，全国草原鼠害危害面积为 2 908.4 万 hm²，约占全国草原总面积的 7.4%，危害面积较 2014 年减少 16.5%。但由于我国草原主要分布在干旱、半干旱区和高海拔地区，年际间降水波动较大，而且一年之内不同时间、不同空间也存在较大的差异，特别容易受到干旱等极端气候灾害的影响。以 2015 年为例，六大牧区中，虽然新疆草原、四川草原总体长势较好，但受夏季降水偏少影响，内蒙古中西部、西藏中部、青海南部以及甘肃部分地区草原发生大面积旱灾，部分草原旱情严重，从而造成六大牧区总产草量有所下降。这也进一步表明草原生态系统功能的恢复是个长期的过程。目前，我国草原生态恢复还只是处于起步阶段，正在恢复的草原生态环境仍很脆弱，加之草原火灾、雪灾等自然灾害及鼠虫害等生物灾害频发，确保草原生态持续恢复的压力仍然较大。

草地生态破坏是在人类活动的干扰下，由于人为因素造成的草地生态系统的生态服务功能退化。影响草地生态系统生态退化的人为因素主要是不合理的草地利用，包括过度放牧、开垦草原、违法征占草地、乱采滥挖草原野生植被资源等。报告核算结果显示，2015 年中国草地生态系统的固定 CO_2 功能、释放 O_2 功能和水源涵养功能损失的实物量分别为 88 746.7 万 t、64 785.1 万 t 和 2 279.9 亿 m³；2015 年中国草地生态系统的固碳释氧、水流动调节、土壤保持和大气净化功能损失的价值量分别为 599 亿元、735.1 亿元、275.4 亿元和 3.9 亿元，合计 1 613.4 亿元。在草地生态破坏造成的各项损失中，水流动调节的贡献率最大，占总经济损失的 45.6%（图 65）。

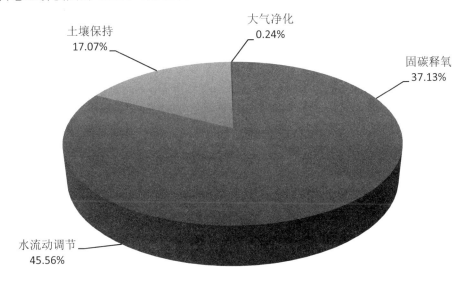

图 65　草地生态破坏各项损失占比

从草地生态破坏损失的地域分布看，2015 年四川、内蒙古、云南、西藏和新疆等省份的草地生态破坏相对较为严重，对应的草地生态破坏损失分别为 210.1 亿元、192.2 亿元、189.7 亿元、177.0 亿元和 153.6 亿元，其中四川、内蒙古、西藏和新疆的草原人为破坏率均高于其他省份（3.7%），分别为 4.17%、3.91%、4.62% 和 4.37%，同时四川主要是固碳释氧损失量较大，内蒙古、西藏、新疆主要是水流动调节损失较大。河南、宁夏、吉林、江苏、海南、辽宁、北京、上海、天津等地草地生态破坏相对较轻，草地生态破坏损失不足 10 亿元。总体上，西北、西南地区是中国草地生态破坏损失的高值区域，主要表现为草地净初级生产力的下降和草地面积的减少。

8.4　总生态破坏损失

2015 年中国生态破坏损失的价值量为 6 297.5 亿元。其中森林、草地、湿地生态系统破坏的价值量分别为 1 519.8 亿元、1 613.4 亿元、3 164.3 亿元，分别占生态破坏损失总价值量的 24.1%、25.6%、50.2%。从各类生态系统破坏的经济损失看，湿地生态系统破坏的经济损失相对较大，其次是森林和草地生态系统。由于 2015 年生态破坏损失的实物量进行了重新计算，在核算指标和数据来源上都发生了一定变化，导致 2015 年生态破坏损失比 2014 年增加 32.4%。其中，湿地生态破坏损失比 2014 年增加了 124%；森林生态破坏损失为比 2014 年增加了 11.4%；草地生态破坏损失比 2014 年减少了 6.4%（图 66）。

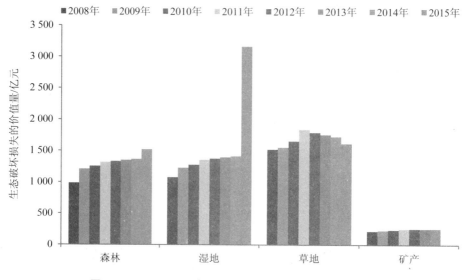

图 66　2008—2015 年我国不同生态系统的生态破坏损失

从各类生态服务功能破坏的经济损失看，2015 年固碳释氧、水流动调节、土壤保持、水质净化、大气净化损失的价值量分别占生态破坏损失总价值量的 18.0%、67.2%、10.5%、4.1%、0.1%。其中水流动调节功能破坏损失的价值量相对较大，其次是固碳释氧和土壤保持，环境净化（水质、大气）破坏损失的价值量相对较小。生态破坏会对生态系统的水流动调节、固碳释氧和土壤保持等生态服务功能产生影响，进而破坏生态系统的稳定性。

从各省份生态破坏损失的价值量看，2015 年青海省生态破坏损失价值最高，为 1 370.6 亿元，占青海 GDP 的 56.7%，主要由于青海省湿地人为破坏率较高，造成湿地生态系统损失价值较高，占其总生态破坏损失的 93.3%；湖南、四川、黑龙江、内蒙古、云南等省份生态破坏损失的价值量相对较大，分别为 618.5 亿元、475.0 亿元、440.8 亿元、328.5 亿元、310.4 亿元，其中，湖南主要由于森林生态系统破坏损失价值较高，黑龙江主要由于湿地生态系统破坏损失较大，云南主要由于草地生态系统破坏损失较大，四川、内蒙古主要由于草地和湿地生态系统破坏损失价值均较高。江西、西藏等地生态破坏损失次之，对应的价值量分别为 284.9 亿元、243.4 亿元。山东、吉林、山西、上海、宁夏等地生态破坏损失的价值量相对较小，均不足 50 亿元；北京、天津和海南生态破坏损失的价值量不足 10 亿元。

9　环境经济核算综合分析

9.1　我国处于经济增长与环境成本同步变化阶段

2004—2015 年的核算表明我国经济发展造成的环境污染代价持续增加，12 年中基于退化成本的环境污染代价从 5 118.2 亿元提高到 20 179.1 亿元，增长了 294.3%，年均增长 12.1%。"十一五"期间，基于治理成本法的虚拟治理成本从 4 112.6 亿元增加到 5 589.3 亿元，增长了 35.9%。"十二五"期间，基于治理成本法的虚拟治理成本从 6 726.2 亿元增加到 6 737.9 亿元，增长了 0.2%，说明我国污染物总量控制政策作用显著，已经遏制了虚拟治理成本的快速增长趋势（图 67）。

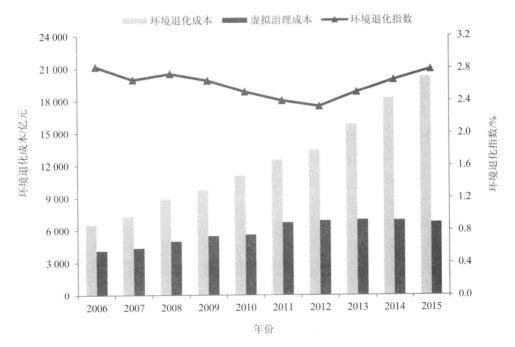

图 67　2006—2015 年中国环境退化成本及环境退化指数

2006—2015 年的核算结果说明，随着经济的快速发展，环境污染代价和所需要的污染治理投入在同步增长，环境问题已经成为我国可持续发展的主要制约因素。对比分析我国经济增速与环境退化成本增速可知（图 68），2015 年环境退化成本增速为 10.8%，与经济增速同速下降。鉴于我国在今后相当长的一段时期内仍处于工业化中后期阶段，环境质量改善是一项长期艰巨的任务，预计今后 10 年左右还处于经济总量与生态环境成本上升的阶段。

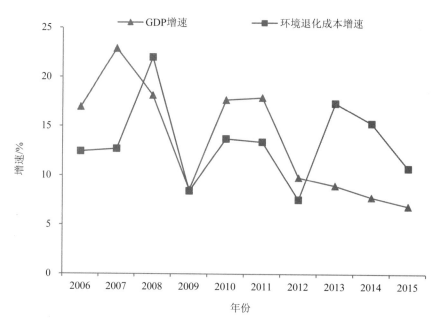

图 68 2006—2015 年 GDP 增速与环境退化成本增速对比（当年价）

9.2 2015 年我国生态环境退化成本占 GDP 比重为 3.7%，比 2014 年有所上升

以环境退化成本与生态破坏损失合计作为我国生态环境退化成本，对比分析 2008—2015 年生态环境退化成本可知，我国生态环境退化成本呈上升趋势，生态环境退化成本占 GDP 的比重呈现先下降后上升趋势。2008 年我国生态环境退化成本为 12 745.7 亿元，占当年 GDP 的比重为 3.9%；2009 年为 13 916.2 亿元，占当年 GDP 比重为 3.8%；2010 年为 15 389.5 亿元，占 GDP 比重下降到 3.5%；2011 年为 17 271.2 亿元，占 GDP 比重为 3.3%；2012 年为 18 103.5 亿元，占 GDP 比重为 3.2%；2013 年为 20 547.9 亿元，占 GDP 比重为 3.3%，2014 年为 22 975.0 亿元，占 GDP 比重为 3.4%（图 69），2015 年为 26 476.6 亿元，占 GDP 比重为 3.7%。

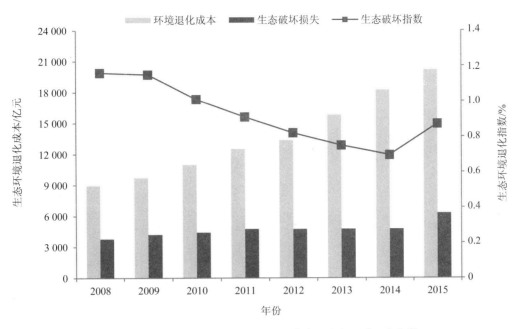

图 69　2008—2015 年生态环境退化成本与生态环境退化指数

　　由于缺乏基础数据，土壤和地下水污染造成的环境损害、耕地和海洋生态系统破坏造成的损失无法计量，各项损害的核算范围也不全面，资源消耗损失没有核算，报告核算的生态环境污染损失占 GDP 的比例在 3.9%～3.1%。另据世界银行对能源消耗、矿产资源消耗、森林资源消耗、CO_2 排放以及颗粒物排放等不同口径的资源耗减成本与污染损失的核算结果显示，在 2004—2012 年，我国资源环境损失占 GDP 的比重呈先上升后下降的趋势，由 2004 年的 7.1%上升到 2008 年的 10%，后下降到 2012 年的 5.8%。2008 年，美国、日本、英国、德国、法国等发达国家资源环境损失占 GDP 比重分别为 5%、5%、2.3%、0.5%、0.1%[①]，我国资源环境成本占 GDP 的比重都高于这些国家，我国现阶段的经济发展依然严重依赖对资源环境的破坏性消耗，高投入、高消耗、低产出、低效率的问题依然突出。

9.3　生态环境退化成本空间分布不均，生态破坏损失主要分布在西部地区，环境退化成本主要分布在东部地区

　　2015 年，我国生态环境退化成本共计 26 476.6 亿元[②]，其中，东部地区生态环境退化成本最大，东部地区生态环境退化成本为 11 775.8 亿元，占全国生态环境退化成本的44.7%；中部地区生态环境退化成本为 6 605.4 亿元，占比为 25.1%；西部地区生态环境退化成本为 7 972.0 亿元，占比为 30.3%。具体从各省份看，河北 2 157.6 亿元、山东 2 038.7亿元、江苏 1 945.2 亿元、河南 1 617.1 亿元、青海 1 456.2 亿元 5 个省份的生态环境退化

---

① http：//siteressources.worldbank.org/ENVIRONMENT/Resources.
② 由于缺乏分省份的渔业污染事故损失数据，因此，东、中、西部合计的生态环境损失合计不等于全国合计的生态环境损失。

成本最高，占全国生态环境退化成本的 40.3%。海南 43.6 亿元、宁夏 185.5 亿元、西藏 291.6 亿元、吉林 354.5 亿元、天津 382.6 亿元，占全国生态环境退化成本的 5.5%。

我国生态破坏损失和环境退化成本的空间分布很不均衡，生态破坏损失主要分布在西部地区，环境退化成本主要分布在东部地区。从图 70 可知，我国东部地区的环境退化成本成本占到全国环境退化成本的 53.7%，西部地区的生态破坏损失占全国生态破坏损失比重的 57.6%。进一步分析不同区域的生态环境退化指数可知，西部地区生态环境退化指数高于中东部地区（图 71）。西部地区生态环境退化指数 5.50%，中部地区 3.75%，东部地区 2.93%，生态环境退化对西部地区的影响更为严重。从各省份来看，2015 年，环境退化指数较高的省份为河北 6.9%、宁夏 5.9%、西藏 4.7%、甘肃 4.4%、河南 4.2% 和贵州 4.0%，比重较低的省份为江西 2.1%、湖北 1.9%、广东 1.6%、福建 1.5%、海南 0.9%。考虑生态破坏损失后，生态环境退化指数最高的为青海 60.2%、西藏 28.4%、河北 7.2%、宁夏 6.4%、甘肃 6.0%。这些省份除河北外，都属于西部地区，且多为欠发达资源富集的省份。

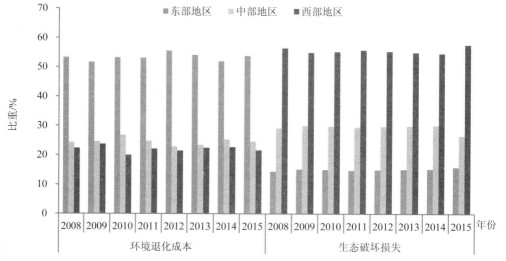

图 70　东中西部地区环境退化成本和生态破坏损失所占比重

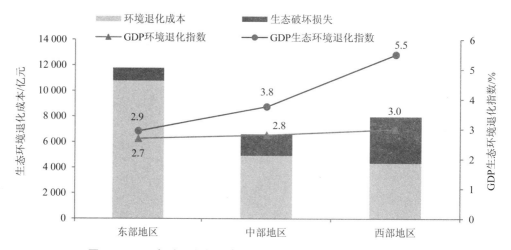

图 71　2015 年地区生态环境退化成本及 GDP 生态环境退化指数

生态环境退化指数低的省份都位于东部地区,欠发达地区经济增长的资源环境代价高于发达地区。如果把生态环境退化成本从区域 GDP 中扣减掉,西部地区与东部地区的经济发展差距会进一步拉大。西部地区生态环境脆弱,经济发展的资源环境代价大,我国在进行产业转移和产业空间布局时,需要充分考虑西部地区脆弱的生态环境的承载力。例如,腾格里沙漠排污事件中,企业将排污管道直接引入沙漠内部排放,由于细沙渗透率高,污水一旦下渗极易污染地下水,对该地区主要水源水质构成威胁。此外发展工业大量抽取地下水会导致沙漠地区地下水位下降,提前透支了沙漠这类严重缺水地区的水资源。长此以往,将会破坏沙漠地区原有的生态平衡。因此,在西部地区经济发展中应坚持保护优先的原则。

9.4 从时间序列变化看,西部地区环境退化成本增速快,多数省份的退化成本排序基本稳定

我国环境退化成本增速较快,2004—2015 年,我国环境退化成本以 12.1%的速度在增加。虽然我国西部地区环境退化成本相对较低,但环境退化成本的增速相对较快。2004—2015 年,我国西部地区环境退化成本的增速为 13.9%,中部地区为 12.7%,东部地区为 12.9%。具体从省份看,青海 22.4%、重庆 20.8%、陕西 19.9%、宁夏 19.3%、贵州 19.1%、北京 18.3%、新疆 16.8%等省份 12 年环境退化成本增速都超过了 16%,这些省份除了北京,都分布在西部地区。山西 9.9%、内蒙古 7.9%、黑龙江 6.4%等省份 12 年环境退化成本增速低于 10%(图72)。

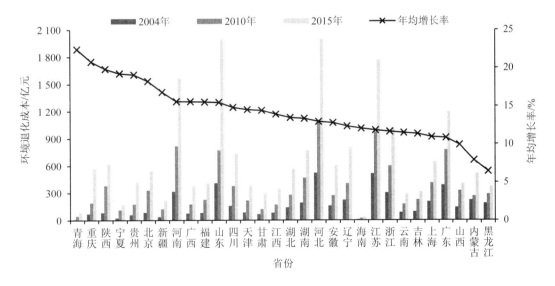

图 72　2004—2015 年各省份环境退化成本年均增速

在 2004—2015 年 30 个省份中(不包括西藏),河北、山东、江苏、河南、广东、浙江等省份的环境退化成本在全部环境退化成本排序中,基本都位于 1~6 位,而宁夏、青海、海南的环境退化成本基本都最小,排序在 28~30。从不同年份的省份排序看,大多数省份的排序基本保持稳定,但陕西、重庆、内蒙古、贵州、黑龙江和云南等省份的排序波

动较大。其中陕西、重庆、贵州的排序有上升趋势，陕西从 2004 年的 20 位上升到 2015 年的 11 位，重庆从 2004 年的 24 位上升到 2015 年的 13 位，贵州从 2004 年的 26 位上升 2015 年 17 位，这 3 个省份的环境退化成本增速也较快，其增速分别位于 3 位、2 位和 5 位，导致这 3 个省份的环境退化成本排名逐年升高。内蒙古从 2004 年的第 7 位下降到 2015 年的 16 位，黑龙江从 2004 年的 11 位下降到 2015 年的 22 位。云南从 2004 年 17 位下降到 2015 年的 26 位，这 3 个省份的环境退化成本增速相对较慢，分别位于第 29 位、第 30 位和第 24 位（表 6）。

表6　2004—2015 年不同省份环境退化成本排序

省份	2004 年	2005 年	2006 年	2007 年	2008 年	2009 年	2010 年	2011 年	2012 年	2013 年	2014 年	2015 年
河　北	1	2	3	3	1	1	1	1	1	1	1	1
山　东	3	4	4	4	3	2	5	2	2	2	2	2
江　苏	2	1	2	2	4	3	2	3	3	3	4	3
河　南	5	5	5	5	5	5	3	4	5	4	3	4
广　东	4	3	1	1	2	4	4	5	4	5	5	5
浙　江	6	6	6	6	6	6	6	6	6	6	6	6
辽　宁	8	7	9	9	8	10	9	10	8	8	7	7
湖　南	10	10	10	11	13	12	7	7	7	7	9	8
四　川	13	11	8	8	9	9	11	11	10	9	8	9
上　海	9	9	7	7	7	8	8	8	9	10	11	10
陕　西	20	14	14	14	17	15	10	9	11	11	10	11
安　徽	12	12	11	10	15	16	16	16	14	13	13	12
重　庆	24	22	22	22	22	24	21	23	17	18	15	13
湖　北	15	18	18	16	16	19	15	15	18	15	16	14
北　京	18	15	12	13	14	14	12	12	13	14	14	15
内蒙古	7	16	15	15	10	7	17	13	12	12	12	16
贵　州	26	27	26	26	28	28	23	24	25	21	21	17
山　西	14	13	13	17	12	11	13	18	20	17	17	18
福　建	22	19	17	18	19	21	19	20	16	19	19	19
天　津	19	23	25	25	23	22	20	21	19	20	18	20
广　西	23	25	21	20	18	17	24	22	21	25	22	21
黑龙江	11	8	16	12	11	13	14	14	15	16	20	22
江　西	21	20	20	21	27	18	25	27	23	26	26	23
吉　林	16	17	19	19	20	20	18	25	22	23	25	24
甘　肃	25	21	23	23	24	25	27	19	24	24	24	25
云　南	17	24	24	24	26	26	22	26	26	27	27	26
新　疆	27	26	29	28	21	23	26	17	27	22	23	27
宁　夏	28	28	27	27	25	27	28	28	28	28	28	28
青　海	30	29	28	29	29	29	29	29	29	29	29	29
海　南	29	30	30	30	30	30	30	30	30	30	30	30

9.5　大气环境质量改善有限，大气污染导致的健康损失大

2015 年，我国大气环境质量较上年有所改善，经人口加权的全国 PM_{10} 年均浓度为 92 $\mu g/m^3$，比 2014 年下降了 8.9%。环境质量报告显示，$PM_{2.5}$ 年均浓度范围为 11～125 $\mu g/m^3$，平均为 50 $\mu g/m^3$；PM_{10} 年均浓度范围为 24～357 $\mu g/m^3$，平均为 87 $\mu g/m^3$，比 2014 年下降 7.4%；SO_2 年均浓度范围为 3～87 $\mu g/m^3$，平均为 25 $\mu g/m^3$，比 2014 年下降 16.1%；NO_2 年均浓度范围为 8～63 $\mu g/m^3$，平均为 30 $\mu g/m^3$，比 2014 年下降 6.3%。但我国大气环境污染仍相对严重，空气质量达标率低。2015 年，全国 338 个地级以上城市中，有 73 个城市环境空气质量达标，占 21.6%。338 个地级以上城市平均达标天数比例为 76.7%；平均超标天数比例为 23.3%，其中轻度污染天数比例为 15.9%，中度污染为 4.2%，重度污染为 2.5%，严重污染为 0.7%。

为全面核算室外大气污染导致的人体健康损失，本报告利用中国科学院遥感与数字地球研究所反演的遥感卫星 $PM_{2.5}$ 浓度数据，以 10 km 网格为核算单元，对全国范围的大气污染导致的人体健康损失进行核算。核算结果显示，2015 年，$PM_{2.5}$ 导致的过早死亡人数为 83.9 万人。其中，我国东部地区大气污染导致的过早死亡人数为 35.2 万人，占总数的 42.0%，中部地区大气污染导致的过早死亡人数为 27.6 万人，占总数的 32.9%，西部地区大气污染导致的过早死亡人数为 21 万，占总数的 25%。2015 年我国实际死亡人数为 977.4 万人，与大气污染有关的死亡人数为 83.9 万人，占实际死亡人数的 8.6%。北京、新疆、河北、上海、天津、安徽、湖北、山西、广东、吉林等地区大气污染导致的过早死亡人数占实际死亡人数的比例都超过了 11%。而海南、福建、西藏、贵州、云南等省份大气污染导致的过早死亡人数较低。从空气污染导致的死亡率看，中部地区最高，为 0.64‰，东部地区为 0.61‰，西部地区为 0.57‰。

2015 年是贯彻落实《大气污染防治行动计划》的关键一年，紧紧围绕空气质量改善的主线，出台配套政策，落实目标责任。①修订《大气污染防治法》。2015 年 8 月 29 日，《大气污染防治法》经第十二届全国人大常委会第十六次会议修订通过，自 2016 年 1 月 1 日起施行。②落实《大气十条》。2015 年对各省份 2014 年度贯彻落实情况进行考核，督促环境空气质量恶化的省份采取整改措施，改善环境空气质量。落实《大气十条》22 项配套政策，颁布《大气十条》要求的 25 项重点行业排放标准。按照《国务院办公厅关于印发〈大气污染防治行动计划〉重点工作部门分工方案的通知》的要求，印发了《2015 年全国大气污染防治工作要点》。建立空气质量目标改善预警制度，每季度向各省份人民政府通报空气质量改善情况。③推进重点行业污染治理。开展重点行业挥发性有机物综合整治，印发《石化行业 VOCs 污染源排查工作指南》和《石化企业泄漏检测与修复工作指南》，提升了石化行业 VOCs 污染防治精细化管理水平。④加强重污染天气应对。2015 年，全国共有 24 个省份 280 个地级以上城市编制重污染天气应急预案。京津冀地区共发布重污染天气预警 154 次。

9.6　我国经济增长的物质投入和物质消耗增速快，资源投入产出效率低

　　2000—2011 年，无论从总量物质消耗还是人均物质消耗，资源消耗都呈增加趋势，本地物质投入从 58.95 亿 t 增加到 140 亿 t，增加 1.37 倍；本地物质消耗从 56.68 亿 t 增加到 125.47 亿 t，增加了 1.21 倍。2012 年以来，我国遏制了物质投入和物质消耗的增长趋势，2013 年的物质投入和物质消耗分别为 130.7 亿 t 和 117.7 亿 t。2014 年物质投入和物质消耗又出现增长，分别为 141.8 亿 t 和 126.6 亿 t。"十一五"以来，人均本地采掘、人均本地物质投入和人均本地物质消耗增加趋势明显。2000 年我国人均本地采掘为 4.4t/人，人均本地物质投入为 4.7t/人，人均本地物质消耗为 4.5t/人，"十五"期间，这三项指标呈现相对低速的增加，"十一五"以来，这三项指标的增速相对较快。其中，人均本地采掘由 5.6t/人增加到 7.7t/人，人均本地物质投入由 6.3t/人增加到 8.9t/人，人均本地消耗由 5.4t/人增加到 7.9t/人，"十二五"以来这三项指标略有下降，2014 年这三项指标分别为 8.5t/人、10.3t/人、9.2/人。

　　除经济高速增长是导致物质消耗增加的原因外，我国资源消耗的经济产出效率低，产业结构过重，经济增长的物质投入过高也是主要原因之一。以单位资源消耗的 GDP 作为资源产出效率，结果显示，虽然我国的资源产出率在逐年提高，由 2000 年的 1 750 元/t 上升到 2014 年的 2 916 元/t，增加了 66.6%。但与欧盟等发达国家相比，我国资源产出率相对较低，比欧盟主要发达国家荷兰和英国的资源产出效率低 10 倍左右。将我国与欧盟 28 国平均水平相比，我国资源产出率较欧盟 28 国平均水平仍有较大差距（图 73），2000 年，欧盟 28 国的资源产出率是中国资源产出率的 5 倍；2014 年中国资源产出率有所提高，欧盟 28 国是我国的 4 倍。当前，我国本地物质消耗已达到 126.6 亿 t，且资源产出率较低，依靠资源高投入的经济发展整体局面与模式并未得到明显改善。

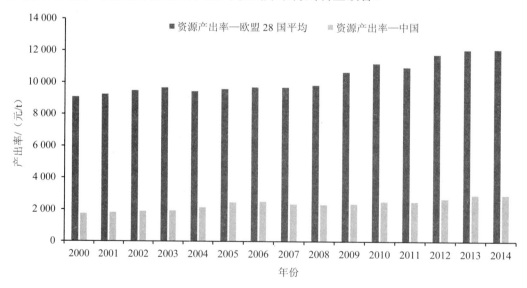

图 73　中国与欧盟的资源产出率对比

9.7 全国平均环境治理效益成本比在 7.75～0.74

成本效益分析（Cost-benefit Analysis，CBA）通过量化的手段分析不同政策实施的成本和收益，为政策制定者、执行者以及相关利益群体的决策提供依据。美国是成本效益分析的主要力推者，美国环境保护局发布的《经济分析导则》为环境管理和政策制定的成本效益分析提供了基本框架。美国在《清洁空气法》《有害物质控制条例》等标准政策制定时，也开展了相关的成本效益分析，为政策的制定提供依据。本报告核算的虚拟治理成本是以当前的治理技术水平，把排放到环境中的污染物全部治理所花费的成本，环境退化成本是指排放到环境中的污染物不治理，所产生的环境损失。如果把环境中的污染物全部进行治理，这些环境损失就可以作为环境治理的环境效益，从而进行环境污染治理成本效益分析。

2015 年我国环境污染治理的效益成本比为 3.0，我国 30 个省份（不包括西藏）的环境治理效益都大于环境治理成本。其中，东部地区的环境治理效益成本比为 3.3，中部地区为 2.9，西部地区为 2.7。东部地区的环境治理效益成本比的范围在 1.17～7.75，上海和天津的效益成本相对较高，分别达到 7.75 和 5.19。中部地区环境治理效益成本比在 2.04～4.21，河南的效益成本比相对较高，为 4.21。西部地区的环境污染治理效益成本比在 0.74～5.41，陕西的环境治理效益成本比最高，为 5.41（图 74）。无论是东部还是西部地区的省份，人口大省或人口集中的直辖市，其环境污染治理的效益和成本比都相对较高，在资金有限的条件下，加大对人口集中区的环境污染治理，环境效益相对较高。

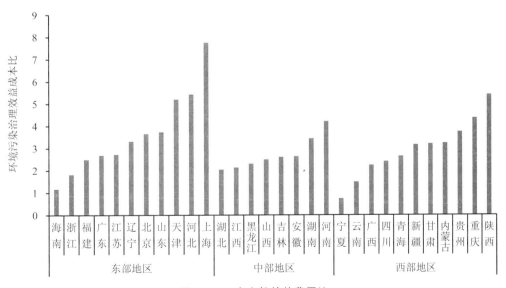

图 74　30 个省份效益费用比

专栏 7   相关概念

GDP 污染扣减指数（Pollution Reduction Index to GDP，PRI_{GDP}） 是指虚拟治理成本占当年行业合计 GDP 的百分比，即 GDP 污染扣减指数 = 虚拟治理成本/当年行业合计 GDP×100%。由于虚拟治理成本基本根据市场价格核算的环境治理成本，因此可以作为"中间消耗成本"直接在 GDP 中扣减。

GDP 环境退化指数（Environmental Degradation Index to GDP，EDI_{GDP}） 是指环境退化成本占当年地区合计 GDP 的百分比，即 GDP 环境退化指数=环境退化成本/当年地区合计 GDP×100%。

GDP 生态环境退化指数（Ecological and Environmental Degradation Index to GDP，$EEDI_{GDP}$） 是指生态破坏损失和环境退化成本占当年地区合计 GDP 的百分比，即 GDP 生态环境退化指数=（生态破坏损失+环境退化成本）/当年地区合计 GDP×100%。

GDP 环境保护支出指数（Environmental Protection Expenditure Index to GDP，$EPEI_{GDP}$） 是指环境保护支出占当年行业合计 GDP 的百分比，即 GDP 环保支出指数=环境保护支出/当年行业合计 GDP×100%。本报告采用狭义的环境保护支出指数，GDP 环境治理支出指数=环境治理支出/当年行业合计 GDP×100%。

生态环境退化成本（Ecological and Environmental Damage） 是指生态破坏损失和环境退化成本之和。

附录1 2006—2015年核算结果比较

项目			2006年	2007年	2008年	2009年	2010年	2011年	2012年	2013年	2014年	2015年
实物量核算	水	废水/亿t	723.9	769.2	807.2	847.9	873.2	874.0	925.0	929.5	950.0	969.7
		COD/万t	2 345.0	2 223.0	2 765.0	2 847.0	3 021.0	2 480.0	2 405.0	2 330.0	2 273.0	2 204.0
		氨氮/万t	248.3	241.7	200.5	208.6	216.4	256.1	251.7	243.6	236.6	228.2
	大气	SO$_2$/万t	2 680.6	2 434.3	2 323.5	2 148.2	2 090.8	2 217.1	2 117.4	2 043.7	1 974.2	1 853.6
		烟粉尘/万t	1 897.2	1 685.3	1 486.5	1 371.4	1 277.9	1 215.7	1 171.9	1 218.6	1 683.2	1 482.3
		NO$_x$/万t	2 173.2	2 374.6	2 494.1	2 631.0	2 796.1	2 403.9	2 337.4	2 226.6	2 073.7	1 831.1
	固体废物	一般工业固体废物/万t	23 701.1	25 311.7	22 469.5	21 420.0	24 418.2	42 688.4	59 930.0	42 764.0	45 092.0	58 418.0
		危险废物/万t	286.8	154.0	196.2	218.9	167.8	918.7	846.9	810.9	690.6	810.3
		生活垃圾/万t	7 896.1	6 927.4	6 116.8	6 300.4	7 173.4	7 175.5	7 062.3	8 245.7	8 050.3	7 075.4
治理成本	实际治理成本	废水/亿元	562.0	653.7	786.2	1 083.2	1 298.1	1 232.6	1 619.4	1 560.2	1 974.2	1 669.4
		废气/亿元	1 046.2	1 369.7	1 775.9	1 923.7	2 204.8	3 148.4	3 102.8	3 150.1	1 683.2	3 691.1
		固体废物/亿元	195.1	281.9	340.8	330.5	414.7	601.0	579.6	611.7	2 073.7	671.1
		合计/亿元	1 803.4	2 305.3	2 902.9	3 337.4	3 917.5	4 982.0	5 301.7	5 322.0	45 092.0	6 031.6
	虚拟治理成本	废水/亿元	2 143.8	2 121.1	2 613.5	2 993.8	3 490.1	2 203.4	2 097.1	1 979.6	690.6	1 699.4
		废气/亿元	1 821.5	2 104.8	2 227.7	2 343.3	1 952.9	4 197.1	4 464.4	4 704.8	8 050.3	4 763.1
		固体废物/亿元	147.3	129.8	142.9	133.8	146.3	325.6	326.7	288.9	1 974.2	275.4
		合计/亿元	4 112.6	4 355.6	4 984.0	5 470.8	5 589.3	6 726.2	6 888.2	6 973.3	1 683.2	6 737.9

项目		2006 年	2007 年	2008 年	2009 年	2010 年	2011 年	2012 年	2013 年	2014 年	2015 年
环境退化成本	废水/亿元	3 387.0	3 595.1	4 105.0	4 310.9	4 620.4	5 644.2	6 064.9	6 752.1	7 756.4	8 277.7
	废气/亿元	3 051.0	3 616.7	4 725.6	5 197.6	6 183.4	6 683.8	6 750.4	8 611.0	10 011.9	11 402.6
	固体废物/亿元	29.6	65.1	63.6	136.6	168.0	274.2	457.3	308.1	327.2	375.6
	污染事故/亿元	40.2	57.2	53.3	56.0	61.0	88.2	85.0	123.3	123.3	123.3
	合计/亿元	6 507.7	7 334.1	8 947.6	9 701.1	11 032.8	12 690.4	13 357.6	15 794.5	18 218.8	20 179.1
国内生产总值	行业合计/亿元	210 871.0	249 529.8	300 670.0	364 015.6	401 202.0	521 441.1	518 942.1	568 845.2	636 139.0	685 506.0
	地区合计/亿元	231 053.3	275 624.6	327 219.8	365 303.7	437 042.0	521 441.1	576 551.8	630 009.3	684 349.0	722 768.0
污染扣减指数	行业合计/%	2.0	1.7	1.7	1.5	1.4	1.4	1.3	1.2	1.1	1.0
	地区合计/%	1.8	1.6	1.5	1.5	1.3	1.3	1.2	1.1	1.0	0.9
环境退化指数/%		2.8	2.7	2.7	2.7	2.5	2.4	2.3	2.5	2.7	2.8
生态破坏损失/亿元		—	—	3 961.8	4 206.5	4 417	4 758.5	4 745.9	4 753.5	4 756.2	6 297.5
生态环境退化成本/亿元		—	—	12 745.7	13 916.2	15 513.8	17 449.0	18 103.5	20 547.9	22 975.0	26 476.6
生态环境退化指数/%		—	—	3.9	3.8	3.5	3.3	3.1	3.3	3.4	3.7

注：（1）表中治理成本、环境退化成本、国内生产总值采用当年价格；（2）2006 年核算方法有变化，2007 年种植业废水核算的核算方法有调整，2009 年固体废物环境退化成本核算方法又调整，核算结果与 2004—2010 年结果不可比；（3）2011—2013 年实物量核算直接采用环境统计数据，核算结果与 2004—2010 年结果不可比。

附录 2　2015 年各地区核算结果

	省份	地区生产总值/亿元	虚拟治理成本/亿元	污染扣减指数/%	环境退化成本/亿元	环境退化指数/%	生态破坏损失/亿元	生态破坏指数/%	生态环境退化成本/亿元	生态环境退化指数/%
东部	北京	23 014.6	149.1	0.6	544.9	2.4	1.4	0.0	546.3	2.4
	天津	16 538.2	73.4	0.4	381.1	2.3	1.6	0.0	382.6	2.3
	河北	29 806.1	367.9	1.2	1 993.7	6.7	163.9	0.5	2 157.6	7.2
	辽宁	28 669.0	242.0	0.8	803.8	2.8	75.7	0.3	879.6	3.1
	上海	25 123.5	82.9	0.3	642.4	2.6	21.4	0.1	663.8	2.6
	江苏	70 116.4	648.1	0.9	1 763.1	2.5	182.1	0.3	1 945.2	2.8
	浙江	42 886.5	558.4	1.3	1 019.2	2.4	197.8	0.5	1 217.0	2.8
	福建	25 979.8	161.3	0.6	402.0	1.5	136.0	0.5	538.0	2.1
	山东	63 002.3	533.9	0.8	1 992.7	3.2	46.0	0.1	2 038.7	3.2
	广东	72 812.6	447.3	0.6	1 199.5	1.6	163.8	0.2	1 363.3	1.9
	海南	3 702.8	29.8	0.8	35.0	0.9	8.6	0.2	43.6	1.2
	小计	401 651.7	3 294.0	0.8	10 777.5	2.7	998.3	0.2	11 775.8	2.9
	占全国比例/%	55.6	48.9	—	53.7	—	15.3	—	44.7	—
中部	山西	12 766.5	161.5	1.3	403.2	3.2	33.3	0.3	436.5	3.4
	吉林	14 063.1	120.4	0.9	313.3	2.2	41.2	0.3	354.5	2.5
	黑龙江	15 083.7	162.3	1.1	373.7	2.5	440.8	2.9	814.5	5.4
	安徽	22 005.6	228.7	1.0	603.8	2.7	124.7	0.6	728.5	3.3
	江西	16 723.8	161.7	1.0	345.3	2.1	284.9	1.7	630.2	3.8
	河南	37 002.2	371.5	1.0	1 564.8	4.2	52.3	0.1	1 617.1	4.4
	湖北	29 550.2	277.2	0.9	566.1	1.9	74.9	0.3	640.9	2.2
	湖南	28 902.2	222.0	0.8	764.6	2.6	618.5	2.1	1 383.1	4.8
	小计	176 097.3	1 705.3	1.0	4 934.9	2.8	1 670.6	0.9	6 605.4	3.8
	占全国比例/%	24.4	25.3	—	24.6	—	30.1	—	25.1	—

省份		地区生产总值/亿元	虚拟治理成本/亿元	污染扣减指数/%	环境退化成本/亿元	环境退化指数/%	生态破坏损失/亿元	生态破坏指数/%	生态环境退化成本/亿元	生态环境退化指数/%
西部	内蒙古	17 831.5	159.3	0.9	516.2	2.9	328.5	1.8	844.8	4.7
	广西	16 803.1	168.0	1.0	375.9	2.2	206.8	1.2	582.7	3.5
	重庆	15 717.3	131.2	0.8	572.4	3.6	60.9	0.4	633.3	4.0
	四川	30 053.1	303.6	1.0	730.6	2.4	475.0	1.6	1 205.5	4.0
	贵州	10 502.6	112.1	1.1	419.7	4.0	138.5	1.3	558.2	5.3
	云南	13 619.2	193.3	1.4	288.4	2.1	310.4	2.3	598.8	4.4
	西藏	1 026.4	8.9	0.9	48.2	4.7	243.4	23.7	291.6	28.4
	陕西	18 021.9	193.6	1.1	620.2	3.4	78.2	0.4	698.3	3.9
	甘肃	6 790.3	111.7	1.6	295.9	4.4	112.1	1.7	408.0	6.0
	青海	2 417.1	115.3	4.8	85.6	3.5	1 370.6	56.7	1 456.2	60.2
	宁夏	2 911.8	54.6	1.9	172.7	5.9	12.9	0.4	185.5	6.4
	新疆	9 324.8	187.0	2.0	217.7	2.3	291.4	3.1	509.1	5.5
	小计	145 018.9	1 738.6	1.2	4 343.4	3.0	3 628.6	2.5	7 972.0	5.5
	占全国比例/%	20.1	25.8	—	21.7	—	54.6	—	30.3	—
全国		722 767.9	6 737.9	0.9	20 179.1	2.8	6 297.5	0.9	26 476.6	3.7

注：渔业事故经济损失没有分地区数据，因此，全国合计数大于各地区加和数。

环境经济政策

◆ 长江经济带流域上下游横向生态补偿机制研究
◆ 挥发性有机物（VOCs）排污收费试点评估与改革
◆ 国家土壤污染防治基金方案研究
◆ 基于排放许可证的碳排放权交易体系研究
◆ 京津冀民用散煤治理的环境效果及其费用效益分析

长江经济带流域上下游横向生态补偿机制研究

Research on watershed horizontal eco-compensation mechanism of the Yangtze river economic belt

王金南 刘桂环 王夏晖 马娅 谢婧 文一惠 王东 赵康平

摘 要 生态补偿机制作为缓解环境与经济发展矛盾的重要手段，是长江经济带生态保护工作中不可或缺的一环。国际跨界流域已在流域管理机构的指导下广泛开展生态补偿实践，在流域环境治理方面取得了很好的效果。借鉴国际经验，本书建议建立长江经济带联席会议制度，完善生态补偿空间立体化监测网络，强化生态补偿大数据平台建设及信息共享机制建设，健全生态补偿产权市场交易机制，探索生态补偿与绿色金融相结合，拓宽生态补偿融资渠道，完善生态补偿考核机制，以推动长江流域上下游横向生态补偿机制不断建立健全。基于跨界河流实际情况，在生态补偿标准核算方面，本书建议综合考虑各跨省断面的权责关系、水质情况及省际支付能力，建立基于水质的生态补偿核算体系，同时搭建跨省流域生态补偿核算平台，动态化、可视化地实现"一省对一省""一省对二省""二省对一省""二省对二省"的省际间流域水环境权责关系界定，辅助量化跨省流域内各行政单元经济责任关系。

关键词 生态补偿 长江经济带 水质 国际经验 经济责任关系

Abstract As an important means to alleviate the contradiction between environment and economic development，the ecological compensation mechanism is an indispensable part of the ecological protection work of the Yangtze River Economic Belt. The international trans-boundary watershed has carried out extensive ecological compensation practices under the guidance of watershed management organizations，and achieved good results in watershed environmental governance. Benefit from international experience，this study proposes to establish a joint conference system for the Yangtze River Economic Belt，improve the three-dimensional monitoring network for ecological compensation space，strengthen the construction of ecological compensation big data platform and information sharing mechanism，improve the trading mechanism of ecological compensation property rights market，and explore the combination of ecological compensation and green finance，broaden the ecological compensation financing channels，and improve the ecological compensation assessment mechanism to promote the continuous establishment and improvement of the transverse ecological compensation mechanism in the Yangtze river upstream and downstream. Based on the actual situation of trans-boundary rivers，in the aspect of ecological compensation standard accounting，this study proposes to comprehensively consider the rights and responsibilities of each cross-provincial section，water quality and inter-provincial payment capacity，establish an ecological compensation accounting system based on water quality，and establish an inter-provincial basin ecological compensation accounting platform. Realize the definition of the water environment rights and responsibilities of the inter-provincial watershed between "one province to one province"，"one province to two provinces"，"two provinces to one province" and "two provinces to two provinces" dynamically and visually. Assist in quantifying the economic responsibility relationship of each administrative unit in the inter-provincial basin.

Key words　eco-compensation，Yangtze River Economic Belt，water quality，international experience，economic responsibility relationship

　　当前，长江经济带建设是我国经济工作的重点，《长江经济带发展规划纲要》明确指出：推动长江经济带发展必须坚持生态优先、绿色发展的战略定位，把修复生态环境摆在压倒性位置，实施好一系列重大生态修复工程，进而实现纲要设置的生态补偿战略目标。因此，做好长江流域跨界生态补偿工作，对长江经济带建设具有极其重要的意义。国外许多国家，如欧盟各国、美国和澳大利亚等国已经广泛建立和实施了流域生态补偿机制，在实践中取得了较好的效果，其经验非常值得我们借鉴。

1　国际典型跨界流域生态补偿方面的主要做法及启示

　　鉴于长江流域的跨界特点，本书选取了4个典型跨界流域（莱茵河流域、易北河流域、田纳西河流域、墨累-达令河流域）开展研究。通过对这四大流域概况、流域管理组织模式、生态环境保护管理经验和生态补偿相关做法等方面的梳理，总结出三种国际跨界流域的生态补偿模式，即以水污染治理为背景的欧洲生态补偿模式、以流域综合开发为背景的美洲生态补偿模式以及以水市场化改革为背景的澳洲生态补偿模式。以期通过借鉴这些流域的生态补偿经验推动长江流域生态补偿机制的建立与实施。

1.1　欧洲模式

　　欧洲跨界流域生态补偿模式的主要做法是以政府支付为主，企业支付和环保基金支付为辅的生态补偿模式。其中政府支付大致包括公共财政支付和环境税费减免两种方式；企业支付则主要是污染事故赔偿支付，包括向国家、地区和个人的支付；环保基金支付主要是直接向生态恢复项目拨款。下面以莱茵河流域和易北河流域两个案例进行实证分析。

1.1.1　莱茵河流域

1.1.1.1　莱茵河流域概况

莱茵河是欧洲西部最大的河流，也是欧洲最重要的内陆河道，它发源于阿尔卑斯山，流经瑞士、列支敦士登、意大利、奥地利、德国、法国、卢森堡、比利时和荷兰，在鹿特丹港附近注入北海，全长1 320 km，其通航里程超过800 km，莱茵河不仅是欧洲重要的水运航道，也是流域内工业、生活用水的重要水源。直至20世纪30年代末，莱茵河的生态环境状况还很好。40年代"二战"期间，莱茵河流域各国深受战争的摧残，沿岸森林被毁，水土流失严重，河道淤积。到50年代，莱茵河生态环境状况逐渐恶化，大致表现在水污染、生态破坏和洪水灾害这3个方面。直到70年代，人们才逐渐认识到保护莱茵河生态环境的重要性，开始投入大量资金进行治理，在建设污水处理厂的同时，实行更加严格的排污标准和环保法案，并实施生物多样性恢复工程。经过几十年的努力，河水终于有了很大改善，环境基本上得到恢复。

1.1.1.2　莱茵河流域合作管理组织模式

早在1950年，莱茵河沿岸国家（瑞士、法国、德国、卢森堡和荷兰）就联合起来，成立了保护莱茵河国际委员会（International Commission for the Protection of the Rhine，ICPR）。1976年，欧共体也作为缔约方加入进来。ICPR作为最高决策机构，每年召开一次部长会议，就重大环境问题进行协商，委员会决定的计划由各国分工实施。委员会成员由流域内的国家、州等代表组成，主席由成员国轮流担任，任期3年，其组织结构如图1所示。委员会的工作领域涉及与莱茵河有关的地下水、水生和陆生生态系统、污染和防洪工程等[1]。其工作的基本原则是预防、源头治理优先、污染者付费和补偿、新技术的应用和发展、可持续发展等方面。组织目标是河道疏浚，改善河流沉积物质量，改善流域内水质，保障饮用水的用水安全，防洪以及维持莱茵河生态系统的可持续发展。具体任务是编制莱茵河流域管理对策和行动计划；定期对莱茵河生态系统调查；提出各类项目建议书和措施规划，并进行项目预算和资金筹措；协调各缔约方的莱茵河预警和警报计划；评估已实施生态措施的有效性；向缔约国提交年度工作报告；向各国公众通报莱茵河的环境状况和治理成果[2]。该委员会成立后，实施了多项莱茵河环境保护计划，先后签署了一系列的莱茵河环保协议，极大的推动了莱茵河环境保护工作。

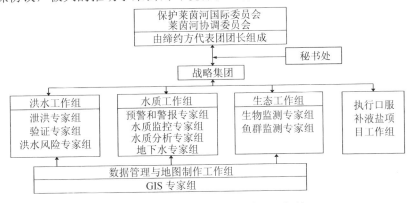

图1　保护莱茵河国际委员会组织机构

1.1.1.3 莱茵河流域生态环境保护管理经验

莱茵河流域生态环境保护采取的主要措施是建立水质监测系统和预警系统，统一污染物监测标准开展联合监测，加强排污控制，处理突发水质污染事件[3]。

（1）建立水质监测系统和预警、警报系统。ICPR 制订跨国流域水污染治理行动计划，在莱茵河及其支流上建立了若干个水质监测站点，采用先进的监测手段，对河水进行监控。另外，ICPR 于 1986 年建立了莱茵河水污染监测预警系统，2003 年 ICPR 对其进行了更新和完善。建立该系统的目的在于：避免污染险情，找出污染源头，调查污染原因，采取必要的措施消除损害，并防止间接损害的发生。目前该流域有 7 个国际预警中心，每个中心负责管辖一定的区域，一旦其区域内发生水污染事故，中心就必须按照特定的路径进行信息的传递[4]。

（2）统一污染物监测标准开展联合监测。ICPR 最开始监测的重点是水体中的化学物质，后来逐渐地扩展到悬浮物、底质、生物种群，监测手段又增添了生物监测[5]。目前河流重点监测对象主要包括微污染物（络合剂、雌激素、杀虫剂、防腐剂等）、废水（城市污水和工业废水）、沉积物（氯化钾等矿物盐）、污染物（重金属、合成物质）、营养物质（磷酸盐等）[6]。

（3）加强排污控制。建立工业废水和城市生活污水处理系统，采取机械和生化方法对污水进行处理，针对一些特定的污染，如河底沉积物的污染，制订了"沉积物管理计划"[7]。由于采取了污染物实时监测及先进的废水末端治理技术，推行清洁生产，对污染物质实行禁排或限排以及污染者付费等多项治理措施，莱茵河水质有了明显好转。

（4）处理突发重大污染事件。在预警和警报系统的基础上形成了污染事故处理联动机制。例如，莱茵河流域重大污染事件桑多兹事故发生后，沿岸各国紧急启动预案，关闭在莱茵河的取水口，避免污染进入供水系统或地下水系统，影响饮用水的安全，而位于下游河段的荷兰则开启了莱茵河和莱克河大坝，以便污水尽快排入北海。随后，ICPR 就事故引发的莱茵河生态环境问题专门召开了部长会议，启动了关于事故影响的中、长期调查计划。瑞士政府和桑多兹公司也积极地就赔偿问题与莱茵河沿岸各国进行协商。

1.1.1.4 流域生态补偿实践经验

保护莱茵河国际委员会自成立后进行国际谈判的第一个议题就是关于氯化物污染处理问题，1953 年，ICPR 各缔约方就开始讨论氯化物治理协议的内容，首先由 ICPR 着手污染物调查，查明氯化物污染的主要来源，并针对氯化物减排开展多个研究，在这些调查和研究的基础上，各缔约方于 1972 年的莱茵河部长会议上才达成氯化物治理协议，并最终在 1976 年签署了《莱茵河氯化物污染治理公约》，前后大约经历了 23 年的时间。该公约明确指出，法国作为污染物的主要贡献国，需要达成 60%的减排目标，而荷兰、德国和瑞士则需要为法国的氯化物减排提供其所需资金的 70%，具体承担份额为荷兰 34%、德国 30%、瑞士 6%，这些补偿资金由各国政府公共财政支付。

位于莱茵河流域的德国为了减少企业对河水的污染，在施行排污许可证政策同时，对企业按照污染物的实际排放量进行征税，费率根据水污染物的组成（COD、重金属等）确定，污水排放标准会随着控制技术的进步不断更新，一旦证实企业污水排放始终达标，征收的费率可减少 75%，这种通过税费减免的污水减排激励政策的实施相当于政府间接向企业支付了一定的生态补偿金。

法国钾矿企业就氯化钾污染事件向荷兰商业菜园经营者支付了约170万欧元用以赔偿其农作物损失，向北荷兰省以及阿姆斯特丹市政府共支付了约800万欧元，用以赔偿其饮用水水管因污染腐蚀而导致的损失。桑多兹污染事故对莱茵河生态环境造成了非常严重的影响，法国渔民收入锐减，法国饮水系统也遭受了极大的损失，瑞士桑多兹公司就此事件向法国渔民和法国政府支付了3 800万美元的赔偿金。这些都是企业向国家、地区、个人支付生态补偿金的典型案例。

此外，由非政府组织成立的一些基金会也在实施生态补偿，开展环境保护方面起到了积极的作用，如"桑多兹-莱茵河基金会"和"世界野生动物基金会"为了帮助恢复因桑多兹事故而受到破坏的生态系统，联合拨款资助一个历时3年的恢复莱茵河动、植物计划。

1.1.2　易北河流域

1.1.2.1　易北河流域概况

易北河是继多瑙河、维斯瓦河和莱茵河之后的中欧第四大河流，发源于捷克境内靠近捷克与波兰边境的巨人山南坡，全长 1 094 km，其流域面积为 148 268 km²，大部分位于德国（65.5%）和捷克（33.7%），极小部分位于奥地利（0.6%）和波兰（0.2%）[8]。1980年以前易北河从未开展过流域整治，随着易北河两岸工业区的兴建和扩建，易北河水污染日趋严重，大量水生生物及水鸟死亡，鱼类也检测出不同程度的剧毒六氯苯成分。1990年以后，为达到长期减少流域两岸污染物排放、改善河流健康状况并保持河流生物多样性、改善流域内用水（饮用水、工业用水、农用灌溉用水）水质等目标，德国和捷克达成共同整治易北河的协议，成立双边合作组织。根据双方协议，德国在易北河流域建立了7个国家公园和200个自然保护区，禁止在保护区内建房、办厂或从事影响生态保护的活动。经过20多年的基础设施建设和生态保护，流域生态环境状况有所好转，水质也有极大改善。但是，由于强降雨等因素的影响，易北河流域内特大洪涝灾害仍然时有发生，最近一次严重洪涝灾害发生在2013年，造成德国东南部地区损失惨重。

1.1.2.2　易北河流域合作组织管理模式

1990年10月8日在马格德堡签署了保护易北河公约，成立了保护易北国际委员会（Internationale Kommission zum Schutz der Elbe，IKSE），主要缔约国是德国和捷克，其中观察员身份进入组织的是奥地利、波兰、欧盟、保护莱茵河国际委员会、保护多瑙河国际委员会、非政府组织。IKSE 全体会议由缔约方代表和各工作组的主席参加，通常一年举行一次，而协调工作组和专家组会议则每年举行2～3次。IKSE 下辖欧盟水框架指令实施工作组、防洪工作组、水污染应急工作组3个工作组，其中欧盟水框架指令实施工作组又包括地表水专家组、地下水专家组、数据管理专家组，防洪工作组下设置水文专家组。保护易北河国际委员会的目标是：①改善工农业用水的水质，特别是改善生产饮用水的水源水质（沉积物和滤液）；②尽可能地实现自然生态系统的健康和保护其生物多样性；③从易北河流域改善北海的持续负荷[9]。

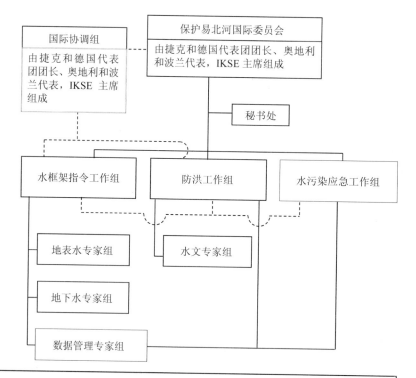

图 2　保护易北河国际委员会组织机构

1.1.2.3　易北河流域生态环境保护管理经验

易北河流域生态环境管理主要集中在防洪、预警机制的建立、监测网络的构建、监测方案的制定、国际管理计划制订及公众参与等方面。

（1）防洪。自 20 世纪 90 年代中期，IKSE 就列出易北河现有防洪水平的清单，然后综合考虑这些因素制定防洪策略。2007 年 IKSE 根据欧盟成员国签订的"洪水风险评估和管理指令"制订了"易北河流域国际洪水风险管理计划"[10]。自 2012 年以来，其实质工作已经成为执行欧盟水框架指令和欧盟洪水指令的一部分。

（2）建立报警和预警系统。1991 年保护易北河国际委员会通过了"易北河国际报警和预警计划"，该计划建立了 5 个国际预警中心，其中 1 个在捷克，4 个在德国，5 个国际预警中心之间信息传递的方式属于接力传递模式。基于新的知识和经验，IWAPE 分别于 1995 年、2004 年、2006 年和 2012 年被 4 次调整和修订[11]。

（3）制定监测方案，构建监测网络。易北河在 1992 年制定了第一个国际测量方案，包含 63 个参数，并定期对这些参数的相关浓度进行监测，随后参数数量不断扩展，截至 2016 年，已经包括 120 种水相参数、80 种关于沉积物和悬浮物的参数以及 10 个有关生物的参数等。该计划在易北河设置 15 个观测点，其中 9 个位于德国境内的易北河干流，6 个位于捷克境内的支流，这些监测点与水框架指令监测点在同一位置，以方便国际保护委员会对易北河流域现状进行全面了解。由于 IKSE 与流域内政府的成功合作，污染状况有了明显好转[12-13]。

（4）制订国际管理计划。IKSE 为实现欧盟水框架指令环保目标在 2009 年制订"易北河流域国际管理计划"，并根据后期审查每 6 年对其更新一次。"易北河流域国际管理计划"由联合开发（A 部分）和整个流域的摘要信息（B 部分）组成，由流域内各个国家负责本国流域规划以及摘要信息的编写[14]。

（5）公众参与。国际易北河论坛会组织研讨会或专家讲座，向市民进行宣传环境保护，市民也积极参与 IKSE 的全部工作过程，并提出批判和建设性的建议。

1.1.2.4　易北河流域生态补偿实践经验

易北河流域的生态补偿方式主要依赖政府的公共财政支付。易北河地跨德国和捷克，自 1990 年签署易北河保护公约，两国达成了一致，为保持易北河生态环境的可持续性，减少流域内工业和生活用水的污染，两国政府均以财政公共支付手段进行拨款，用以对河流生态环境的保护以及对保护水源的上游的资金补偿，如在 2000 年，德国环保部就拿出了 900 万马克给捷克，用于建设捷克与德国交界的城市污水处理厂。易北河流域的生态补偿具体标准通过一整套复杂的计算获得，由富裕地区直接向贫困地区转移支付，转移支付的方式主要有两种：①扣除了划归各州销售税 25%后，余下的 75%按各州居民人数直接分配给各州；②财政较富裕的州按照统一标准计算以补助金的形式直接拨给穷州。目前生态补偿金的来源主要由财政贷款、研究津贴和排污费（居民和企业的排污费统一交给污水处理厂，污水处理厂按一定的比例保留一部分资金后上交国家环保部门）组成。

1.2　美洲生态补偿模式

美洲很早就开始开展生态补偿实践，可以借鉴的经验非常多，其中跨界流域生态补偿以田纳西河流域最具有代表性。美洲生态补偿模式以流域盈利资金的统筹支付为主，包括直接支付和间接支付的方式。

1.2.1　田纳西河流域概况

田纳西河位于美国东南部，发源于弗吉尼亚州，向西汇入密西西比河的支流俄亥俄河，长 1 050 km，流域面积 10.5 万 km²，地跨弗吉尼亚、北卡罗来纳、佐治亚、亚拉巴马、密西西比、田纳西和肯塔基 7 个州。虽然历史上田纳西河流域开发较早，但是到 18 世纪末，田纳西河流域生态环境状况依然良好，到处是茂密的原始森林，水量也比较丰富。直至 19 世纪末，随着移民的大量涌入，区域内人口数量激增，对资源进行掠夺式的开发，引起了严重的生态环境破坏和社会问题。流域内急流和浅滩众多，河流落差极大，水力资源丰富，水电开发利用程度严重，再加上森林的过度开采，导致洪水灾害频发。尤其是在东部山地发现铜矿之后，随着开采力度的加大，成片的森林被伐作燃料，矿区周围变成了秃山，冶炼厂烟囱冒出的浓烟含有大量污染物质（硫黄、氮氧化合物等），使田纳西河沿岸寸草不生，植被破坏加剧了水土流失、土壤侵蚀和退化严重，农作物产量很低，居民收入大幅下滑。森林破坏、水土流失严重、暴雨成灾、洪水为患等一系列生态环境问题也制约着当地经济的发展，使田纳西流域变成了美国最贫穷落后的地区之一[15]。

1.2.2   田纳西河流域合作管理组织模式

美国总统罗斯福为摆脱经济危机的困境，于 1933 年 5 月成立了田纳西河流域管理局（Tennessee Valley Authority，TVA）。TVA 是唯一一个合法性综合管理机构，负责流域内的水土保持、粮食生产、水库、发电、交通等方面的整体规划，它是一个超党派的国家机构，拥有高度的自由权，直接向总统和国会负责，从而避免了其他的部门的干扰。在 TVA 的内部管理中，TVA 领导机构为 9 人组成的董事会，经总统提名，经国会参议院通过后任命，董事会行使 TVA 的一切权力；董事长由总统指定，每位董事任期 5 年，董事会的主要职责是为流域制定长期的发展战略目标、规划以及政策，坚决拥护首席执行官的领导，并承诺客观公正地执行相关职位的职责[16]。TVA 设有咨询理事会，包括地区能源资源理事会和地区资源管理理事会，地区能源资源理事会为 TVA 如何管理其能源资源开发利用的竞争关系提供咨询建议。地区资源管理委员会对针对如何使流域内生态系统免受开发利用的干扰，为居民提供最大的游憩价值提供咨询建议，号召市民参与河流生态系统的管理。两个理事会均有20 名成员，包括流域内 7 个州的州长代表，TVA 电力系统供电商的代表，防洪、航运、旅游和环境等受益方的代表，以及地方社区的代表。理事会每年至少举行两次会议，理事会通过投票确定提交的建议，对获多数票的建议予以采纳。同时，TVA 下设执行委员会，执行委员会的成员分别主管河流系统运行和环境、电力、经济开发、客户服务和市场营销、人力资源、计划、财务等业务。董事会做出的决策，具体由执行委员会贯彻执行[17]。另外，TVA可根据业务需要和规划情况，设立具体机构，机构由董事会自主设置，并根据业务需要进行调整。TVA 的管理特点主要包括 3 个方面：①拥有自主经营权；②公众参与，多源决策；③灵活的机构（部门）设置。根据业务需要适时调整机构内具体的业务部门。

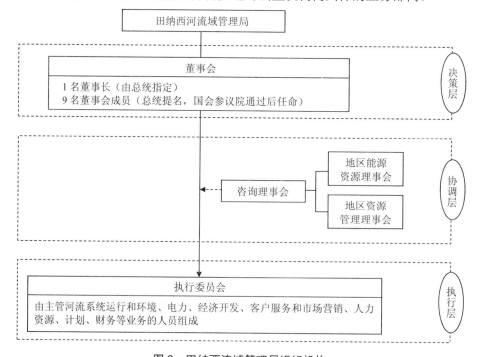

图3   田纳西流域管理局组织机构

1.2.3　田纳西河流域生态环境保护管理经验

为了摆脱困境，田纳西河流域采取了以下措施，才获得了今天的经济与环境的持续发展。①制定《田纳西河流域管理局法》。该法明确授权 TVA 可以进行土地买卖；生产与销售化肥；输送与分销电力，植树造林等任务，确保了 TVA 各项活动有法可依。②编制流域综合规划。TVA 结合流域资源和开发状况分阶段制定主要工作目标和任务，为流域自然资源科学开发提供依据和原则，规划主要涉及航运、水质保护、洪水防御、资金筹措、资源利用等方面。随着航运事业的发展，TVA 不断地改造、扩建流域干支流上水利枢纽的船闸，以提高船舶通过能力。目前已在田纳西河干流上建成 9 座梯级船闸，完成了航道渠化整治，形成了连接各水坝和河道的巨大航运网，使田纳西河全程常年通航[18]。为了保护流域水质，TVA 采取了定期监测流域内各水库的水质，发布水质公告；联合流域内的各机构、社区和企业共同改善水质，实施清洁水法；针对工厂实施严格的排污许可证制度，制定了详细、具体的排放标准，并兴建二级污水处理厂，保障水域水质；严控水上娱乐活动污染，实施清洁码头和船只计划等措施[19]。为了防御洪水，TVA 在田纳西河干支流疏浚河道并修建水库用以宣泄和拦蓄洪水，积极恢复洪泛区，并设置河流预报中心负责河流系统紧急事件的联络。据估算整个流域通过工程与非工程相结合的综合防洪措施，每年平均防洪减灾效益约为 1.47 亿美元[20]。资金筹措方面，1960 年以前基本上是靠联邦政府拨款，随着电厂的投产，政府拨款减少，发行债券逐渐成为 TVA 的资金筹集渠道。自 2000 年起，TVA 全面实现了财务自主。电力收入占据了其资金来源的绝大部分，此外，针对城市用水和水上娱乐等以经济效益为主又兼有一定社会效益的项目，采用上市融资和向银行贷款等方式，吸收社会资金以及外资参与投资和运营。这种主次分明、辅助搭配的运营方式，推动了田纳西河流域经济的持续增长[21]。资源利用研发方面，TVA 组织机构中设有专家小组，每年接受 TVA 拨付的专项资金开展自然资源利用的研发工作，其科研课题涉及了水资源开发研究、电力工程建设研究、高效化肥研究、湿地研究等 TVA 所从事的所有业务领域，如水资源开发研究、电力工程建设研究、高效化肥研究、湿地研究等[22]。

1.2.4　田纳西河流域生态补偿实践经验

田纳西河流域生态补偿最显著的特点就是其生态补偿金来源广泛，一部分源于电力、航运和水利获得的盈利，一部分源于利用生态项目通过上市融资和向银行贷款等方式，吸收的社会资金以及外国资金。其生态补偿支付方式有直接支付和间接支付两种方式：如①为了减少土壤侵蚀，田纳西河流域委员会直接对流域周围的耕地和边缘草地的土地拥有者进行直接生态补偿；②拨付科研专项基金进行高效化肥研究，向流域内农民进行推广，不但提高了农业的产出水平，减少了因化肥施用引起的水污染，而且增加了农民收入，间接对农民进行了生态补偿。

1.3　澳洲生态补偿模式

墨累-达令河流域是澳大利亚最大的流域，具有典型的跨界特征，澳洲生态补偿模式是以市场补偿为主，以政府提供的国家自然信托基金为辅的生态补偿模式。

1.3.1 墨累-达令河流域概况

墨累-达令河流域位于澳大利亚的东南部，是澳大利亚最大的流域，流域南北长1 365 km，东西宽 1 250 km，流域面积为 1.06×10^6 km²，约占澳大利亚陆地总面积的 14%，整个流域在行政上包括新南维尔士州、维多利亚州、昆士兰州、南澳大利亚州和首都直辖区[23]。该流域内共有 20 多条支流和地下水系，是国内农业、工业生产以及消费的重要的淡水来源，澳大利亚 75%的农业、家庭及工业用水都发生在该流域[24]。墨累-达令河早期开发主要集中在灌溉供水以及通过兴建各种水闸和塘堰开展航运方面。由于水资源的过度开发导致河流径流量减少，对河流健康与环境产生了重大的影响。淡水的缺乏和自然洪水的消失导致湿地逐渐萎缩，许多鸟类、鱼类、两栖类、昆虫和植物的数量急剧减少，甚至绝种，生物多样性受到重创。目前，墨累-达令流域的生态环境问题主要体现在水冲突、土地盐碱化、农田与湿地退化、河流健康状况恶化等方面[23-26]。

1.3.2 墨累-达令河流域合作管理组织模式[27-29]

墨累-达令流域协商管理组织主要包括 3 个机构，这 3 个机构分工明确，相互衔接，互相配合，为有效实施"墨累-达令流域行动计划"奠定了基础。

（1）墨累-达令流域部长理事会（Murray-Darling Basin Ministerial Council，MDBMC）从总体上负责并制定有关流域共同利益的重大政策。理事会至少每年召开一次会议，其成员由 4 个州政府中负责水、土地以及环境资源的部长组成，理事会的决议代表着流域内各州政府的意志。首都直辖区的官员以观察员的身份列席会议，社区咨询委员会的主席可以参加部长理事会召开的全部会议。

（2）墨累-达令流域委员会（Murray-Darling Basin Commission，MDBC）为部长理事会的执行机构，向部长理事会及缔约方政府负责并报告工作，在依照部长理事会的指示承担任务、采取措施的过程的同时有权对流域的水资源管理一体化进行指导、支持和评价。流域委员会每年至少召开 4 次会议，委员通常是缔约方政府中土地、水以及环境资源管理部门中的高级官员，每一缔约方政府委派两名代表。另外，委员会下设一个由 60 名工作人员组成的办公室，招聘来自政府部门、大学、私营企业及社区组织的自然资源管理及研究的专家，负责日常事务，以便将最先进的技术方法和经验运用到流域管理中去。

（3）社区咨询委员会（Community Advisory Council，CAC）是部长理事会的咨询协调机构，其主要职责是从社区角度，就自然资源管理的重大议题向部长理事会提出建议。委员会由地区代表和特别利益集团的代表组成，通常有 28 名成员，来自 12 个地方流域机构和 4 个特殊利益群体。这 12 个地方流域机构是根据墨累-达令流域的特点，并适当考虑行政界限，将流域分成 12 个单元，并相应成立起来的。4 个特殊利益群体分别是全国农民联合会、澳大利亚自然保护基金会、澳大利亚地方政府协会、澳大利亚工会理事会。

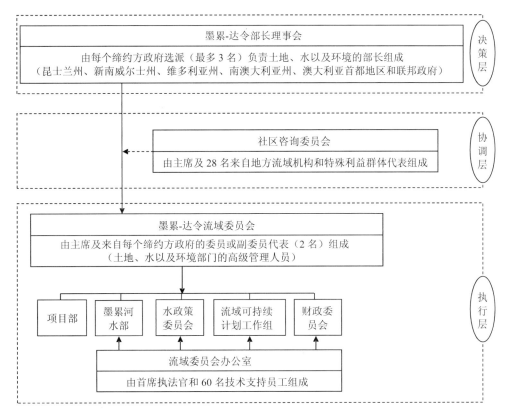

图 4　墨累-达令流域管理委员会组织机构

1.3.3　墨累-达令河流域生态环境管理经验

墨累-达令河流域生态环境管理经验主要集中在立法制定、规划编制、监测与评估、公众参与等方面。

（1）制定协商管理模式的法律框架。墨累-达令河流域各缔约方政府于 1986 年协议确立了新的水资源管理法，明确规定取水原则和取水份额，目前流域内的各州政府的立法开始涉及水的产权及用途界定，将水和土地所有权进行产权分离，便于水资源贸易。

（2）规划编制。环境用水规划目标是保障现有的环境用水，并协调全流域环境用水，其界定的取水限制，有利于实现流域环境的可持续发展，即在流域内水资源可被开采，同时又不损害环境资源、生态系统功能 [30-31]。流域水权及其交易规划主要目标是消除水权交易障碍，确定水权交易的条件和程序、水行业管理方式，为水权交易提供信息等，具体包括水权交易规则、水市场规则和水费规则等 [28,31-33]。水质和盐度管理规划是流域总体规划目的是改善水质和减小流域盐度对环境的影响。规划将确定墨累-达令流域水质差的主要因素，并为流域水资源设定水质和盐度的保护目标，水质和盐度管理计划确定的目标将每 3 年回顾评价一次。

（3）监测与评估。流域规划制定了一个监测和评估规划有效性的方案，该方案包括监测和评估的原则和框架，用来评价流域规划目的、目标和成果等。该方案必须 3 年进行一次水质、盐度目标、环境用水规划的审查等，必须向联邦政府和流域各州政府报告。监测和评估方案将建立评估流域规划各项内容有效性的框架，包括各州水资源规划的认证和实施、可持续引水限额的遵守情况以及环境用水规划、水质与盐度管理规划目标和指标的完成情况。评估包括生态系统评估、水资源对管理行动的反馈评估，还包括流域规划和水资源规划实施情况的评估等。监测和评估结果将为流域规划未来的适应性管理提供反馈，将指导未来科研的投资方向[34]。

（4）倡导公众参与。自 1987 年开始，墨累-达令流域就开始呼吁社区民众参与环境保护。例如，由联邦政府和地方政府实施的土地关爱计划，在学校开展的诸如"关爱水""绿化澳大利亚"等，大大提升了公众及学生的环境保护意识。

1.3.4　墨累-达令河流域生态补偿实践经验

由于墨累-达令河流域水资源的立法相对完善，市场发育也比较成熟，流域态补偿带有典型的市场特征。例如，澳大利亚实行的水分蒸发信贷交易：流域因为伐木过度，造成了环境的破坏，水分蒸发信贷制度要求下游的农场主和受益者按一定的价格交纳资金给上游，用以上游地区的植树造林。水权交易：在确保环境生态用水的前提下，针对不同用途的水（水力发电用水、灌溉用水、消费用水、环境用水）分别制定详细的水权交易程序、水权交易规则、水市场规则、水费规则以及灌溉和供水基础设施经营权交易规则开展水权交易，水权交易市场具有一定的开放性，允许自组织的私人水权交易。另外，澳大利亚联邦政府也会通过转移支付等财政手段，对地方政府与农户进行直接补贴，如联邦政府为土地关爱计划所提供的自然遗产信托基金。

1.4　国际经验对长江流域生态补偿的启示

国际三大生态补偿模式均具有显著的背景特征：欧洲生态补偿模式背景以污染治理下的生态环境保护为主；美洲生态补偿模式背景以流域综合开发下的生态环境保护为主；澳洲生态补偿模式背景以水资源市场化的生态环境保护为主。综观这几种生态补偿模式可以为我国长江流域不同发展阶段的生态补偿提供借鉴。根据长江经济带"生态优先、绿色发展"的战略定位，综合借鉴国际经验，为长江流域生态补偿政策建立提出以下几点建议。

1.4.1　加快建立长江流域的区域协调机制，实现流域统筹管理

国际四大流域的生态补偿经验表明建立有效的生态补偿区域协调机制是推动生态补偿落实的关键。四大流域的生态补偿工作之所以能够有效开展，一方面在于其组织机构设计的合理性，矩阵式的组织结构不仅实现了决策层的协商与沟通，而且还实现了执行层的协商与沟通；另一方面在于其从流域角度构建生态环境治理及生态补偿整体实施框架及市场交易平台。

目前长江流域管理部门仍处于各自为政的状态，部门之间以及流域与流域单元（各省）之间职责交错混乱，缺乏统筹协调合作。另外，由于缺乏有效沟通，再加上生态服务的受益方往往隶属于不同的行政区划及不同级次的财政，导致生态补偿难以实现。因此，建议长江

流域效仿国际经验，加快建立长江流域的区域协调机制，从流域角度统筹开展生态补偿工作。

建立长江流域的联席会议制度，其成员由来自流域内各省水环境保护的相关负责人组成，其具体工作内容主要涉及以下几个方面：①编制年度工作计划，确立长江流域生态环境保护及生态补偿目标，细化流域内生态环境整治及生态补偿工作任务，然后根据各省份所处流域区段，进行具体任务分工，并建立相应的奖惩机制；②针对长江流域水资源保护、水环境污染防治、各省资源环境权利及流域生态补偿，研究制定长江流域管理法规体系，为长江流域横向生态补偿机制的构建与运行提供法律依据；③针对碳排放、排污权以及水权交易，建立长江流域 11 个省份省际生态补偿市场交易平台，明确交易的条件、程序以及相关交易市场规则和定价机制；④开展生态环境治理及生态补偿效果评估，加强对相关工作任务落实情况的考核；⑤组织学习其他流域横向生态补偿政策及实践经验，逐步明确流域内省际间生态保护补偿双方的责权利，探索建立区际之间的协商机制、约束与激励机制，完善横向生态补偿机制。

1.4.2　加强生态补偿的空间立体联合监测网络建设及数据信息共享机制建设

在跨界河流实施生态补偿的过程中，联合监测不仅是有效判定生态补偿支付方和受偿方的重要技术手段和途径，也是流域进行生态补偿金核算的基础和保障。四大流域形成了较为成熟的监测计划设计规范以及较为完整的监测网络，实现了信息采集、数据传输的自动化，以及数据分析和评估的智能化，能够快速形成年度监测计划，为流域的生态补偿提供决策依据。

建议在长江流域现有生态环境监测网络的基础上，通过以下几种途径加快形成生态补偿的空间立体监测网络：①整合优化监测体系。建议分别对水下、岸上设置水环境监测网络和沿岸生态系统监测网络，并充分借助"3S"技术将卫星及无人机监测、地面定点监测及人工巡测有机结合起来，形成三位（天网、地网、人网）一体的监测体系。②合理规划监测站点布局。根据生态补偿核算的数据需求，进行站点筛选或者新增站点布设。③监测站点自动化升级改造。加快站点标准化建设，实现监测指标的自动监测和实时监测，并完成监测数据和信息的自动化采集与传输。

建立监测数据、预警信息及监管信息共享机制，在统一规范生态环境监测目标及生态补偿核算标准的同时，建立数据采集、处理、传输、发布的标准化流程，构建共享数据库，实现智能化数据处理及信息共享，为流域年度监测计划及生态补偿效果评估报告提供依据。

1.4.3　构建长江流域生态补偿标准核算体系，实行分类核算和管理

科学的生态补偿核算标准是实现生态补偿横向转移支付及公平化的重要保障。四大流域环境保护委员会能够高效地制定环境保护规划实施生态环境保护，得益于其统一、科学、合理的监测标准体系，而且四大流域的生态补偿标准核算方式均有其显著的地域特征、阶段特征和经济特征。

建议长江流域根据目前经济发展状况和生态环境保护现状，构建符合自身发展特征的生态补偿标准核算体系，建议从水质、水量、成本投入、生态系统服务等角度进行考虑，

并根据流域内各区段生态环境和经济发展状况，实行分类管理。例如，长江流域上游地区植被繁茂、生态系统多样，生态系统服务功能较强，由于开发较少，其经济也相对落后，水质污染较轻，而其中下游地区沿岸开发较早，经济相对发达，经济的快速发展导致这些地区生态系统破坏程度较高，水质污染严重。根据长江上、中、下游这一自然和经济特点，可以将其划分为两类，即以生态功能为主的区域和以水质改善为主的区域，前者生态补偿核算方式宜以成本投入以及经济系数调整后的生态系统服务价值为主要核算依据，辅以跨界断面水质和水量生态补偿核算，后者则以水质改善为主的区域宜以跨界断面水质、水量生态补偿核算为主，以成本投入和基于生态服务价值的生态补偿核算方式为辅。

由于长江流域水系复杂，长江流域横向生态补偿标准具体核算方法须综合考虑省际上下游及左右岸关系。上下游水质生态补偿是在省际断面的进水口和出水口取样，以断面水质考核指标为测算系数，结合水污染治理成本确定省际生态补偿标准。当出水水质优于考核目标，下游省份向上游支付生态补偿金；反之，由上游省份向下游省份支付生态补偿金。而当补偿、赔偿牵涉左右岸省份时，则以左右岸省份的排污情况及经济状况分摊赔偿资金和补偿资金。水量生态补偿是根据长江流域内各省水资源总量、生态环境用水量以及工农业生活用水量之差，结合不同用途水的价格核算出的生态补偿。成本投入生态补偿，是根据生态保护成本、发展机会成本、污染治理成本、生态恢复成本进行的生态补偿核算。基于生态服务价值的生态补偿，是基于用经济系数调整后的生态服务价值，通过省际双方博弈确定的生态补偿，补偿支付方和受偿方由各省生态服务价值的贡献度来确定。

1.4.4　拓宽长江流域生态补偿投融资渠道，丰富生态补偿资金来源

四大流域的生态补偿金来源各不相同，欧洲流域生态补偿金主要来源于财政拨款、企业上缴以及保护基金会资助，美洲流域生态补偿金主要来源于水资源开发利用盈利以及生态项目的上市融资，澳洲流域的生态补偿金主要来源于开放性的水资源市场贸易。

目前，我国生态补偿资金主要依赖于国家财政和地方财政拨款，建议长江流域借鉴国际流域经验，大力推进生态补偿与绿色金融相结合，不断吸纳社会资金，使生态补偿向国家、集体、非政府组织和个人共同参与的多元化融资机制转变。具体可以通过以下渠道完成生态补偿资金的筹措：①建立市场交易平台。建立完善的产权交易机制及市场平台，探索水权、林权、资源勘探权及开发权、排污权、碳排放权等的交易，将交易盈利纳入补偿金。②建立生态环境税费制度。初期可以先从公众及企业上缴的水资源费、电费、排污费等中提取一定比例的资金用于生态环境保护，随着制度的完善，细化生态环境税费在上述费用中的比例，直接在收缴过程中就分离出来上缴财政用于生态环境保护。③推动生态建设项目上市融资。建议通过发行债券以及向银行贷款等方式，吸纳国外资金及社会资金，用以生态环境保护和生态补偿。④建立生态基金。建议在政府主导下，设立长江流域生态基金，其种子基金由政府出资解决，运行后主要接受国内外团体或个人的捐款或援助，该基金实行自主经营，收益主要用于长江流域的生态环境保护和建设。⑤积极争取国际环保组织及基金会资助。鉴于长江流域重要的生态地位，可以向全球环境基金会、世界自然基金会申请生态环境保护项目等多种形式的资金支持。

1.4.5　探索创新的长江流域生态补偿方式，推动生态补偿任务落实

四大流域生态补偿方式也存在一定差异，欧洲流域生态补偿方式倾向于政府的纵向支付和企业的横向转移，美洲流域生态补偿方式倾向于政府的纵向直接支付和纵向科研扶持间接支付，澳洲流域生态补偿方式倾向于各个利益相关方的横向转移支付，政府只是起到交易指导作用。

建议我国长江流域根据我国基本国情及现阶段生态补偿发展状况，在借鉴国外经验的基础上，形成具有地方特色的生态补偿方式，即在探索市场化生态补偿方式的同时，大力创新政策扶持，实施对口帮扶工程，开展科技项目扶持及异地开发，注重智力补偿及技术补偿。开拓市场化生态补偿必须建立相对明晰的产权制度、配套的财税及金融等政策。创新政策扶持则要求在实行税费优惠政策的同时，在人才引进、招商引资、生态工程建设、绿色产业发展等方面实施政策倾斜。科技项目支持可以通过资助致力于污染物减排和提高生态环境保护技术水平的科技研发项目，或者是建设具有高新技术含量且环境污染较小的项目来实现。对口支援则要求根据生态补偿受偿区特点，开展经济援助、医疗援助、教育援助，不仅给予当地物质、设备、材料等"硬件"设施的援助，还包括人才、技术、管理等"软件"的支援。税费优惠可以通过排污税费减免等生态激励政策或是直接对生态保护区建设的零污染高科技产业实行税费优惠生态补偿。异地开发其根本在于优化产业布局，保护生态环境空间，以开发所得利税作为生态环境补偿金反哺生态环境保护地区，进而实现生态环境保护区经济效益与经济发达地区环境效益的双赢。

1.4.6　建立长江流域生态补偿效果评价体系，加强生态补偿绩效考核

四大流域不仅注重对生态补偿行动的落实，更注重对实施效果的回顾评价，基于评价，对生态环境保护和生态补偿框架协议进行不断调整。建议长江流域建立生态补偿效果评价体系，通过对补偿落实绩效的评价，完善生态补偿机制，提高生态补偿金的使用效率。可从经济协调发展、社会影响、水资源节约与保护、环境污染防治、生态环境保护、环保技术支持和环境监察能力、资金管理水平7个方面建立长江流域生态补偿效果评价体系。具体评价指标可从受偿地区 GDP 增长率、受偿地区人均收入、受偿地区就业率、受偿地区生态补偿满意度、生态补偿公众参与度、水资源利用率、水质达标率、水质级别提升率、跨省断面污染物浓度、生态系统恢复面积、生态系统植被覆盖率、生态系统敏感度、湿地保有率、水源涵养林面积比率、水土流失面积变化率、流域环境承载力、水污染排放达标率，水污染排放处理级别、资金到位率、资金使用率等方面进行筛选考虑。强化水环境质量改善、流域生态环境治理、流域横向生态补偿等绩效考核，尝试建立自然资源资产负债表制度并制定长江流域生态补偿考核办法，将长江水质纳入省市考核以及领导干部自然资源资产离任审计。

2　长江流域横向生态补偿方案框架

综观国际上重要流域的生态保护与补偿经验，以及我国已实施的流域生态补偿政策

试点，可以看出：流域生态保护必须从全流域的角度出发，既不能人为划分权责，也不能以偏概全；既要考虑如何改善局部生态环境，更要思考如何调节上下游流域及行政区间的利益关系。流域生态补偿机制的目的是促进流域的人与自然和谐发展，而核心则是落实补偿各利益相关方责任，调节生态保护者、受益者和破坏者经济利益关系。全国首个跨省水环境补偿试点——新安江流域生态补偿首次尝试以流域跨界断面水质为抓手推动跨省流域生态补偿机制，已取得了较为理想的效果；因此，借鉴国外跨界流域保护经验以及"新安江模式"的生态补偿经验，以调整和平衡长江流域各省份流域保护与经济发展权责关系为路径，建立以水环境质量改善为导向的跨省流域生态保护补偿机制，对涉及多个省市且目前面临突出水生态环境问题的长江流域具有重要意义，是改善其跨界水质的重要突破口。

2.1 基本原则

依据流域生态保护补偿基本原理以及长江流域自身特点，长江流域跨省生态保护补偿应坚持五大原则：①合理补偿生态环境保护成果。确保下游省份合理补偿上游地区为保护水环境付出的代价，鼓励上游省份妥善处理经济社会发展和生态环境保护的关系。②充分赔偿水污染损害。针对上游省份对水质的污染损害后果进行水质超标罚款赔偿，约束上游省份经济发展对流域水环境的影响，实现流域治理的成本共担。③兼顾水质水量因素。以保持和改善水质为主要目标，兼顾水量因素对对各省份流域保护义务的影响。④权衡各省流域关系。以跨省界断面为补偿核算的基本单元，充分理顺长江流域较为复杂的上下游、左右岸水环境权责关系，明确各省之间赔偿和补偿资金流动的方向和规模。⑤中央监管地方实施。中央政府建立长江经济带联席会议制度，负责组织长江流域各省份进行流域生态保护补偿谈判和协商并对各省份的实施情况进行监管。

2.2 补偿标准核算

2.2.1 长江流域水质生态补偿标准核算方法

长江流域跨省生态保护补偿主要应在流域涉及的各省份之间展开，考虑到水质达标/超标情况、各省份污染/保护工作情况、水质改善效果、各省份经济条件等因素，建立水质补偿/赔偿资金核算方法。

（1）以各省间的跨省断面为基本单位核算各类水质指标或水污染物对应的补偿/赔偿金额，最终将两省市之间所有涉及断面各类水质指标的补偿/赔偿金额进行统计计算得出两省市间资金往来情况。基本公式如下

$$W = \sum (C_{kt} - C_{kto}) \times V_t \times P_{kt} \times \beta_1 \qquad (1)$$

式中：W_i——i省的生态补偿资金；

C_{kt}——跨省断面t的水质指标k的年均水量加权浓度值；

C_{kto}——跨省断面 t 的水质指标 k 的目标浓度值；

V_t——跨省断面 t 的年径流量；

P_{kt}——跨省断面 t 的污染物 k 的单位浓度赔偿/补偿标准；

β_1——水质改善系数。

水质指标浓度超标倍数越大，单位浓度赔偿标准越高；优于目标浓度的程度越高，单位浓度补偿标准越高。水质指标达标时，若优于上一周期水质情况，则适当调增水质补偿资金，即 $\beta_1>1$，反之则适当调减；水质指标不达标时，若优于上一周期水质情况，则适当调减水质赔偿资金，即 $\beta_1<1$，反之则适当调增。

（2）根据上述计算结果，统计每个跨省断面各省的支出和收入情况，可统计出各省份间针对水质的补偿/赔偿资金流动方向和规模，具体核算公式如下

$$W_{i收}=\sum_t^n\sum_k^m W_{ikt收} \tag{2}$$

$$W_{i支}=\sum_t^n\sum_k^m W_{ikt支} \tag{3}$$

式中：$W_{i收}$——i 省各跨界断面从其他各省获得的生态补偿资金总和；

$W_{i支}$——i 省各跨界断面支付给其他各省的生态补偿资金总和；

$W_{ikt收}$——i 省断面 t 的水质指标 k 从其他省份获得生态补偿资金总和；

$W_{ikt支}$——i 省断面 t 的水质指标 k 支付给其他省份的生态补偿资金总和；

n——断面数量；

m——水质指标数量。

若 i 省的 $W_{i收}>W_{i支}$，则 i 省水质补偿资金为净流入；若 i 省的 $W_{i收}<W_{i支}$，则 i 省水质补偿资金为净流出。此类资金在各省份内部流动，各省的收入总和等于各省的支出总和，形成流域内水质补偿资金支付情况表。

2.2.2　长江流域水环境责任关系分析

长江流域存在较为复杂的上下游、左右岸关系，主要包括以下 4 种，须分别讨论其在生态保护补偿中的水环境责任。①当某跨省断面的某种水质指标不达标时，由上游赔偿下游；一般情况下，上下游均只有 1 个省市，则上游省市赔偿资金全部流向下游省市。②若此时上游有 2 个省市，则两省市根据该水质指标对应污染物的排放量分摊赔偿资金，排污量高的省市承担更多赔偿资金；若此时下游有 2 个省市，则两省市根据自身经济水平分配赔偿资金，经济水平相对较差的省市获得更多赔偿金。③当某跨省断面的第 k 种水质指标优于目标值时，由下游补偿上游；当某跨省断面的某种水质指标达标时，一般情况下，上下游均只有一个省市，则下游省市补偿资金全部流向上游省市。④若此时上游有 2 个省市，则两省市根据该水质指标对应污染物的排放量贡献分配补偿资金，排污量低的省市获得更多补偿资金；若此时下游有 2 个省市，则两省市根据自身经济水平分摊补偿资金，经济水平相对较好的省市承担更多补偿金。

2.2.3 纳入生态补偿范围的水质指标

水质指标/污染物应至少包括"水十条"要求的化学需氧量、氨氮、总磷等水质指标，可组织各省份根据自身需求协商增加相应指标。各类水质指标的年均水量加权浓度值 C_{kt}、断面年径流量 V_t 等数据由各省份共同测量提供；各类水质指标的目标浓度值 C_{kto}、单位浓度赔偿/补偿标准 P_{kt}、水质改善系数 β_1 等参数由各省份共同协商确定。

2.3 生态补偿运作方式

生态补偿运作方式是开展长江流域生态补偿工作的关键环节，关系到长江流域生态补偿的落实与实施，包括 3 个方面的内容：①建立联席会议制度。中央政府监管下的联席会议负责组织各省就补偿周期、考核水质指标类别、补偿标准涉及各类参数、跨省断面设置及水质监测机制等事项进行谈判和协议签订，并对补偿实施情况进行监管。②明确生态补偿资金来源、分配及使用。各省份应建立水质补偿资金专用账户，将资金专门用于各省份内长江流域水质保护工作，包括水源地保护、污染源治理、水生态修复等领域；资金使用由各省份自主安排。③积极探索多元化补偿方式。逐步引导长江流域上下游省份通过水权交易，下游地区向上游地区提供水生态环境保护相关工程的优惠贷款，下游地区向上游地区提供教育、医疗等公共服务便利，流域上下游进行对口协作、产业转移、人才培训、异地开发、税收共享等经济合作等多种形式的"输血型补偿"对因生态环境保护造成利益损失的地区实施补偿，以运用市场化机制优化社会资源配置，协调流域上下游各地区的和谐发展，增加流域补偿的可持续性。

3 长江流域生态补偿资金筹集及分配机制

生态补偿资金是现阶段我国开展生态补偿的基础，而生态补偿资金分配也将影响生态补偿实施效果，因此建立长江流域生态补偿资金筹集及分配机制具有极其重要的意义，本书生态补偿资金筹集主要依据长江流域各省份对水资源需求程度及承担的污水治理责任进行核算，生态补偿资金分配则基于生态补偿标准核算平台核算出的各省份生态补偿经济责任关系及资金流向，进行生态补偿资金空间分配。

3.1 长江流域生态补偿资金筹集机制

假设中央财政每年预拨 100 亿元用于长江流域跨省断面生态补偿，其中 50 亿元由长江流域各省份共同出资。按照"谁污染，谁治理；谁受益，谁补偿"的原则，沿江 11 省份每年出资金额根据各地在长江流域的用水量和年度用水总量占比进行计算，排放废水量和用水量各占 50%的权重。

根据 2015 年 11 省份的用水总量可以计算得出 2016 年的补偿资金出资额度（表 1～表 3）。

表1　按用水量计算的出资额

序号	省份	用水量/万 t	占比/%	出资/亿元
1	重庆	78.98	4.06	1.02
2	四川	265.51	13.65	3.41
3	贵州	63.4	3.26	0.81
4	云南	58.76	3.02	0.76
5	安徽	185.26	9.53	2.38
6	江西	245.8	12.64	3.16
7	湖北	301.3	15.49	3.87
8	湖南	330.4	16.99	4.25
9	上海	103.8	5.34	1.33
10	江苏	276.2	14.20	3.55
11	浙江	35.46	1.82	0.46
合计		1 944.87	100.00	25.0

表2　按废水排放量计算的出资额

序号	省份	废水排放量/万 t	占比/%	出资/亿元
1	青海	9 848.16	6.16	1.54
2	重庆	149 798.54	14.05	3.51
3	四川	341 607.41	3.34	0.84
4	贵州	81 258.65	3.62	0.91
5	云南	88 049.61	6.85	1.71
6	安徽	166 563.29	9.18	2.30
7	江西	223 232.28	12.91	3.23
8	湖北	313 784.76	12.92	3.23
9	湖南	314 107.41	9.22	2.31
10	上海	224 147.22	19.03	4.76
11	江苏	462 532.30	2.71	0.68
12	浙江	65 769.04	6.16	1.54
合计		2 430 850.51	100.00	25.0

表3　各省份出资额　　　　　　　　　　　　　单位：亿元

序号	省份	按废水排放量计算的出资额	按用水量计算的出资额	出资
1	重庆	2.03	3.08	2.56
2	四川	6.83	7.03	6.93
3	贵州	1.63	1.67	1.65
4	云南	1.51	1.81	1.66
5	安徽	4.76	3.43	4.09
6	江西	6.32	4.59	5.46
7	湖北	7.75	6.45	7.10
8	湖南	8.49	6.46	7.48
9	上海	2.67	4.61	3.64
10	江苏	7.10	9.51	8.31
11	浙江	0.91	1.35	1.13
合计		50.0	50.0	50.0

根据表3可以看出，出资量最多的5个省份依次是江苏、湖南、湖北、四川和江西，出资额分别为8.31亿元、7.48亿元、7.10亿元、6.93亿元和5.46亿元；其中，湖南、湖北、四川和江西所辖长江流域面积位列各省份前五位，江苏所辖长江流域面积较小，但其在长江流域的用水量及废水排放量都名列前茅，说明江苏对长江流域水资源的依赖程度较高，应该承担较多的补偿资金出资。同样对长江流域水资源的依赖程度较高的还有上海，其所辖长江流域面积最小，但须承担较多的补偿资金出资（3.64亿元）。反之，贵州、云南和重庆虽然所辖长江流域面积较大，但由于其在长江流域的用水量及废水排放量较小，承担的补偿资金出资也相对较少，分别为1.65亿元、1.66亿元和2.56亿元。

3.2　长江流域生态补偿资金分配机制

3.2.1　生态补偿资金分配方法

（1）核算长江流域水质生态补偿/赔偿资金，明确各省份生态补偿经济责任关系及生态补偿资金规模，核算公式见式（1）、式（2）和式（3）。

（2）根据第一步核算结果，确定各省份应该获得的生态补偿金的权重。具体分配核算公式如下

$$V_i = V \times \frac{W_i}{\sum W_i} \qquad (4)$$

式中：V_i——i省应该获得的生态补偿资金；

V——长江流域（经济带）生态补偿资金；

W_i——i省水质补偿净收入或支出资金。

参与运算的长江流域跨省断面共 55 个，其空间分布见图 5。

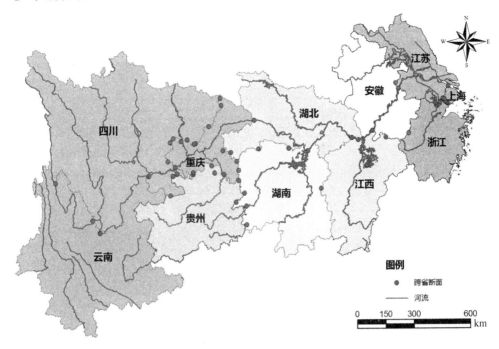

图 5　长江流域跨省断面空间分布

3.2.2　生态补偿资金分配结果分析

据水质补偿/赔偿资金核算结果（表4）可知：2016 年长江流域安徽省获得江苏省、浙江省、江西省支付的生态补偿资金分别为 0.649 单位、5.056 单位、0.135 单位；贵州省分别获得湖南省、重庆市、四川省支付的生态补偿金为 1.893 单位、1.530 单位、0.462 单位，支付云南省 0.198 单位；湖北省分别获得重庆市、湖南省支付的生态补偿金 0.832 单位、0.930 单位，支付江西省 0.138 单位生态补偿金；湖南省分别支付江西省、重庆市生态补偿金 0.266 单位、0.523 单位；江苏省获得上海市支付的生态补偿金 5.07 单位，支付浙江省0.409 单位生态补偿金；四川省获得重庆市支付的生态补偿金 0.464 单位，向云南省支付生态补偿金 0.529 单位；上海市向浙江省支付生态补偿金 0.255 单位。根据运算结果，用权重表征各省的经济责任关系为：安徽省、贵州省、湖北省、江苏省、江西省和云南省净获得生态补偿资金，其获得生态补偿金的权重分别为 0.362、0.228、0.100、0.248、0.017 和0.450；湖南省、上海市、四川省、浙江省和重庆市净支出生态补偿资金，其支出生态补偿金的权重分别为 0.223、0.329、0.033、0.272 和 0.142。

根据上述分析可知，净获得补偿方侧重于水质保护，其参与生态补偿金保护性支出的分配，净支出补偿方则由于出境断面水质恶化侧重于水环境治理，其参与生态补偿金治理性支出的分配，其空间分布见图 6。

表 4 长江流域跨省断面水质补偿资金支付情况

省份	安徽	贵州	湖北	湖南	江苏	江西	上海	四川	云南	浙江	重庆	合计
安徽	不存在	0	0	0	0.649	0.135	0	0	0	5.065	0	5.849
贵州	0	不存在	0	1.893	0	0	0	0.462	-0.198	0	1.53	3.687
湖北	0	0	不存在	0.93	0	-0.138	0	0	0	0	0.832	1.624
湖南	0	-1.893	-0.93	不存在	0	-0.266	0	0	0	0	-0.523	-3.612
江苏	-0.649	0	0	0	不存在	0	5.07	0	0	-0.409	0	4.012
江西	-0.135	0	0.138	0.266	0	不存在	0	0	0	0	0	0.269
上海	0	0	0	0	-5.07	0	不存在	0	0	-0.255	0	-5.325
四川	0	-0.462	0	0	0	0	0	不存在	-0.529	0	0.464	-0.527
云南	0	0.198	0	0	0	0	0	0.529	不存在	0	0	0.727
浙江	-5.065	0	0	0	0.409	—	0.255	0	0	不存在	0	-4.401
重庆	0	-1.53	-0.832	0.523	0	0	0	-0.464	0	0	不存在	-2.303
合计	-5.849	-3.687	-1.624	3.612	-4.012	-0.269	5.325	0.527	-0.727	4.401	2.303	0

注：补偿金无量纲，仅代表相对规模；表中正数代表获得补偿金，负数代表支付补偿金。

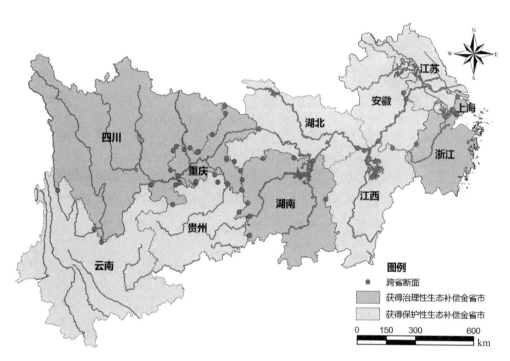

图 6 长江流域获得保护性/治理性生态补偿金的省份分布

（1）资金分配情况。假设中央财政预拨 100 亿元用于长江流域跨省断面生态补偿，根据财政部 50% 用于保护性支出，50% 用于治理性支出，根据平台核算的生态补偿金分配权重，则各省份应获得的中央生态补偿金额见表 5，安徽省、贵州省、湖北省、江苏省、江西省和云南省参与保护性生态补偿资金分配，应该分别获得 18.088 亿元、11.402 亿元、

5.023 亿元、12.407 亿元、0.832 亿元和 2.248 亿元生态补偿金；湖南省、上海市、四川省、浙江省和重庆市参与治理性生态补偿资金分配，应该分别获得 11.170 亿元、16.468 亿元、1.630 亿元、13.610 亿元和 7.122 亿元生态补偿金。

表 5　长江流域跨各省份省断面生态补偿资金分配

支出类别	省份	金额/亿元
保护性支出	安徽	18.088
	贵州	11.402
	湖北	5.023
	江苏	12.407
	江西	0.832
	云南	2.248
治理性支出	湖南	11.17
	上海	16.468
	四川	1.63
	浙江	13.61
	重庆	7.122

　　（2）资金分配合理性分析。为了验证生态补偿资金分配结果是否科学，选取各省出境断面，查看出境断面水质情况，其中，获得保护性生态补偿资金的安徽省、贵州省出境断面中Ⅱ类水质均占 75%，湖北省出境断面中Ⅱ类水质占 71.4%，江苏省、江西省出境断面中Ⅱ类水质占 66.7%，云南省出境断面中Ⅱ类水质占 100%，即所有出境断面均为Ⅱ类水质；获得治理性生态补偿资金的四川省出境断面中Ⅱ类水质占 14.3%，重庆市出境断面中Ⅱ类水质占 33.3%，湖南省和浙江省出境断面中均无Ⅱ类水质，上海市作为长江入海口，不涉及出境断面。根据上述分析发现，参与保护性生态补偿资金分配的省市的出境断面Ⅱ类水质占比较高或者全部为Ⅱ类水质，而参与治理性生态补偿资金分配的省市的出境断面Ⅱ类水质占比很低或者无Ⅱ类水质。

4　结语

　　本书首先通过对国外典型跨界流域生态补偿实践经验的总结与分析，从区域协调、监测网络建设、数据共享、补偿标准核算、补偿资金融资、补偿方式选择及补偿效果评价等方面给出了切合长江经济带生态补偿实际情况的建议。其次，根据课题组以往研究，提出长江流域横向生态补偿方案框架，建立了以改善水质为目的的生态补偿标准核算体系，搭建了跨省生态补偿核算平台，并在此基础上建立了长江经济带生态补偿资金出资及分配核算标准体系，权衡跨省流域内各省份的水环境权责关系，促进流域水资源保护以及水污染治理。

　　在本书中，长江经济带生态补偿核算平台使用的标准核算体系主要考虑的因素是基于跨省断面污染物通量计算的污染治理成本，其中涉及的水质指标浓度、水质指标目标、断面水量、污染物单位治理成本等数据均可监测可统计，数据可获得性强；且平台本身是基于 GIS 地理信息系统开发，可嵌入各省市自有信息系统中使用。目前本书仅对长江流域各省份的 55 个跨省断面进行试算，且试算中使用的水量数据质量有待提高；在今后的研究中，我们将进一步扩展参与核算的断面范围，研究可否在 55 个跨省断面的基础上逐步将长江流域所有 107 个国控断面、甚至省控断面纳入核算，以跨省断面核算量化跨省流域内各省份间的经济责任关系，以省内国控、省控断面水质改善情况权衡各省份对中央流域保护资金的分配方案，推动优化调整水质监测点位设置和监测频率，推动平台服务于中央对地方的纵向补偿和地方之间的横向经济责任关系，为我国流域生态补偿提供切实可行的技术和决策支持。

参考文献

[1]   International Cooperation for the Protection of the Rhine. http：//www.iksr.org/en/international-cooperation/aboutus/organisation/index.html.

[2]   ICPR. Introduction of International Commission for the Protection of the Rhine [R/OL]. 2007.

[3]   ICPR. Rhine 2020 Program on the sustainable development of the Rhine [R/OL].2001：11-18.

[4]   ICPR. The International Alarm Plan Rhine [R/OL]. 2003.

[5]   ICPR. Biological monitoring programme for the Rhine river 2006/2007，part A Summary report on the quality components phytoplankton，macrophytes/phytobenthos，macrozoobenthos，fish [R/OL].2009：8-15.

[6]   ICPR. Evaluation report Complexing agents [R/OL].2012.

[7]   ICPR. Evaluation report for Odoriferous Substances [R/OL].2010.

[8]   胡苏萍. 易北河流域综合管理决策支持系统[J]. 水利水电快报，2011，32（3）：1-4.

[9]   IKSE. Vereinbarung über die Internationale Kommission zum Schutz der Elbe [R/OL].1990：1-6.

[10]   Die Elbe und ihr Einzugsgebiet：Ein geographisch-hydrologischer und wasserwirtschaftlicher Überblick[R/OL].2005：11-18，225-233.

[11]   IKSE. Internationaler Warn- und Alarmplan Elbe Übersicht der Meldungen im Zeitraum [R/OL].2015：1-7.

[12]   Internationales Messnetz und internationales Messprogramm. http：//www.ikse-mkol.org/themen/gewaesserguete/internationales-messnetz-und-internationales-messprogramm/internationales-messprogramm-elbe-2016/.

[13]   Ziel：Guter Zustand der Oberflächengewässer und des Grundwassers. http：//www.ikse-mkol.org/eu-richtlinien/wasserrahmenrichtlinie/.

[14]   中国 21 世纪议程管理中心. 生态补偿的国际比较：模式与机制[M]. 北京：社会科学文献出版社，2012.

[15]   Board of Directors. https：//www.tva.gov/About-TVA/Our-Leadership/Board-of-Directors.

[16]   Regional Energy Resource Council. https：//www.tva.gov/About-TVA/Our-Public-Advisory-Councils/rerc.

[17]   姚育胜. 田纳西河的通航管理体制[J]. 中国水运，2000（2）：41-42.

[18] Keeping Water Quality High. https：//www.tva.gov/Environment/Environmental-Stewardship/Water-Quality.

[19] Flood Damage Reduction. https：//www.tva.gov/Environment/Flood-Management.

[20] TVA. Tennessee Valley Authority Natural Resource Plan[R/OL].138-142，179-187.

[21] 李颖，陈林生. 美国田纳西河流域的开发对我国区域政策的启示[J].四川大学学报（哲学社会科学版），2003（5）：27-29.

[22] Bruce Hooper. The Murray-Darling Basin Commission，Australia Case＃25[R]. Global Water Partnership. 1-9.

[23] MDBA.Murray-Darling Basin Groundwate-a Resource for the Future[R/OL].1998.

[24] Ian Campbell，Barry Hart and Chris Barlow. Integrated Management in Large River Basins：12 Lessons from the Mekong and Murray-Darling Rivers[J]. River Systems，2013，20（3-4）：231-247.

[25] 陈丽晖，何大明，丁丽勋.整体流域开发和管理模式——以墨累-达令河为例[J]. 云南地理环境研究，2000，12（2）：66-73.

[26] Darla Hatton，MacDonald，Mike Young. Institutional Arrangements in the Murray-Darling River Basin. http：//www.clw.csiro.au/research/agriculture/economic/publications.html.

[27] Darla Hatton，MacDonald，Mike Young. A Case Study of the Murray-Darling Basin：Final Report for the International Water Management Institute.2001.

[28] 史璇，赵志轩，李立新，等. 澳大利亚墨累-达令河流域水管理体制对我国的启示[J]. 干旱区研究，20129，2（3）：419-424.

[29] MDBA. The proposed "environmentally sustainable level of take" for surface water of the Murray-Darling Basin：Methods and outcomes，2011：8-45.

[30] 王婵.浅析澳大利亚墨累-达令流域管理制度的新发展[J]. 科技视界，2014（29）：183.

[31] MDBA.Murray-Darling Basin Agreement（Schedule D — Permissible Transfers between Trading Zones）Protocol 2010[R/OL].2010：1-14.

[32] MDBA. Water Act 2007[R/OL].2007：42-63.

[33] Monitoring and evaluation：What effect is the Basin Plan having？http：//www.mdba.gov.au/basin-plan-roll-out/monitoring-evaluation.

挥发性有机物（VOCs）排污收费试点评估与改革

Pilot assessment and reform of volatile organic compounds（VOCs）discharge fee

龙 凤 葛察忠 杨琦佳 李晓琼 高树婷 丁小伟

摘 要 环境保护税将于 2018 年 1 月 1 日起实施。环境保护税由排污费平移而来，但 VOCs 排污费并没有纳入环境保护税的征收范围。VOCs 排污费处于试点阶段，且试点时间不到两年，制度设计的合理性、实施操作中的问题以及政策效果需要进行综合评估，进一步考察将 VOCs 纳入环境保护税的可行性。本书对石化和包装印刷两个行业 VOCs 排污收费试点的实施情况开展调研，收集分析相关数据和资料，结合排污费和环境保护税的制度功能，对 VOCs 排污收费试点的征收情况、环保效果、经济影响、存在的问题进行综合评估，分析运用经济手段加强 VOCs 污染防控的必要性，并在此基础上对排污费改税后利用税收手段加强 VOCs 防控提出相关政策建议。

关键词 挥发性有机物 排污费 评估 环境保护税

Abstract The environmental protection tax will come into effect on January 1，2018. The environmental protection tax is reformed from pollutant discharge fee，but the VOCs discharge fees are not included in the collection of environmental tax. VOCs discharge fee are in the pilot stage which is less than two years. Therefore，the rationality of the system design，the problems in implementation and the effects of policies need to be comprehensively evaluated to further examine the feasibility of incorporating VOCs into the scope of environmental protection tax. Combined with the system functions of pollutant discharge fee and environmental protection tax，this study conducts a comprehensive assessment of the implementation of VOCs discharge fee pilots in petrochemical and packaging printing industries，including collection situation，environmental protection effect，economic impact and existing problems. In addition，this study analyses the necessity of using economic means to strengthen the prevention and control of VOCs and puts forward relevant policy suggestions for the use of taxation methods instead of charging system.

Key words volatile organic compounds，pollutant discharge fee，assessment，environmental protection tax

2015 年 6 月，财政部、国家发展改革委、环境保护部发布了《关于印发〈挥发性有机物排污收费试点办法〉的通知》（财税〔2015〕71 号），提出从 2015 年 10 月 1 日起对石油化工行业和包装印刷行业试点征收挥发性有机物（以下简称 VOCs）排污费。2016 年 12 月 25 日第十二届人大常委会第二十五次会议审议通过《环境保护税法》，环境保护税将于 2018 年 1 月 1 日起实施。环境保护税由排污费平移而来，但未将所有的收费项目纳入进去，VOCs 排污费并没有纳入环境保护税的改革范围。2018 年环境保护税开征，VOCs 排污收费试点将面临何去何从的问题。

鉴于 VOCs 排污收费试点时间不足两年，制度设计的合理性、实施操作的可行性以及政策效果需要进行综合评估。本书对石化和包装印刷两个行业 VOCs 排污收费试点的实施情况开展调研，收集分析相关数据和资料，结合排污费和环境保护税的制度功能，对 VOCs 排污收费试点的征收情况、环保效果、经济影响、存在的问题进行综合评估，分析运用经济手段加强 VOCs 污染防控的必要性，并在此基础上对排污费改税后利用税收手段加强 VOCs 防控提出了相关政策建议。课题组共赴天津、上海、山东开展实地调研，并收回石化行业和包装印刷行业有效调查问卷 152 份，对调查问卷数据进行处理分析，作为试点环保效果和经济影响评估的基础材料之一。

1 VOCs 排污费政策发布情况

1.1 国家政策概述

2015 年 6 月财政部、国家发展改革委、环境保护部发布了《关于印发〈挥发性有机物排污收费试点办法〉的通知》（财税〔2015〕71 号）（以下简称《办法》），提出了从 2015 年 10 月 1 日起对石油化工行业和包装印刷行业征收 VOCs 排污费，并对 VOCs 排污费的核算方法进行了规定。同年 9 月国家发展改革委、财政部、环境保护部发布了《关于制定石油化工及包装印刷等试点行业挥发性有机物排污费征收标准等有关问题的通知》（发改价格〔2015〕2185 号），对各地制定 VOCs 排污费征收标准进行指导和规范，提出 VOCs 对环境损害程度与二氧化硫、氮氧化物等废气中主要污染物大体相当。《办法》完善了 VOCs 防控体系，填补了多年来未能从国家层面利用经济手段控制 VOCs 排放的空白。

1.2 各地政策出台情况

《办法》出台后，各地陆续出台地方性 VOCs 排污费征收办法。截至 2017 年 6 月，全国共有 18 个省份已发文出台 VOCs 排污收费政策，包括北京市、上海市、江苏省、安徽省、湖南省、四川省、天津市、辽宁省、浙江省、河北省、山东省、山西省、海南省、湖北省、福建省、江西省、云南省、广西壮族自治区等。表 1 列出了各省市排污费政策出台情况统计。

表1 各省份排污费政策出台情况统计

序号	省份	开始收费时间	基本收费标准	征收行业
1	北京	2015 年 10 月 1 日	基本收费标准为 20 元/kg	石油化工、汽车制造、电子、印刷、家具制造
2	上海	第一阶段 2015 年 10 月 1 日	10 元/kg	石油化工、船舶制造、汽车制造、包装印刷、家具制造、电子等 12 个大类行业中的 71 个中小类行业
		第二阶段 2016 年 7 月 1 日	15 元/kg	
		第三阶段 2017 年 1 月 1 日	20 元/kg	
3	安徽	2015 年 10 月 1 日	每污染当量 1.2 元	石油化工、包装印刷
4	江苏	2016 年 1 月 1 日	2016 年 1 月 1 日至 2017 年 12 月 31 日，每污染当量 3.6 元	石油化工、包装印刷
			2018 年 1 月 1 日起，每污染当量 4.8 元	
5	河北	2016 年 1 月 1 日	2016 年 1 月 1 日起，每污染当量 2.4 元；2017 年 1 月 1 日起，每污染当量 4.8 元；2020 年 1 月 1 日起，每污染当量 6 元	石油化工、包装印刷
6	湖南	2016 年 3 月 1 日	每污染当量 1.2 元	石油化工、包装印刷
7	四川	2016 年 3 月 1 日起试行两年	每污染当量 1.2 元	石油化工、包装印刷
8	辽宁	2016 年 4 月 1 日	每污染当量 1.2 元	石油化工、包装印刷
9	天津	2016 年 5 月 1 日	10 元/kg	石油化工、包装印刷
10	浙江	2016 年 7 月 1 日	2016 年 7 月 1 日起每污染当量 3.6 元；2018 年 1 月 1 日起每污染当量 4.8 元	石油化工、包装印刷
11	山东	2016 年 6 月 1 日	每污染当量 3.0 元	石油化工、包装印刷
		2017 年 1 月 1 日	全部调整每污染当量 6.0 元	增加汽车制造业、家具制造业和铝型材工业
		2018 年 1 月 1 日起	逐步覆盖 VOCs 排放重点行业	
		说明：鲁价费发（2016）47 号自 2016 年 6 月 1 日期施行，有效期至 2020 年 9 月 30 日		
12	山西	2016 年 9 月 1 日	太原市每污染当量 1.8 元	石油化工、包装印刷
			其他地市每污染当量 1.2 元	
13	海南	2016 年 8 月 1 日起试行 2 年	每污染当量 1.2 元	石油化工、包装印刷
14	湖北	2016 年 10 月 1 日	每污染当量 1.2 元	石油化工、包装印刷
15	福建	2017 年 1 月 1 日起试行期 1 年	每污染当量 1.2 元	石油化工、包装印刷
16	江西	2016 年 11 月 1 日	每污染当量 1.2 元	石油化工、包装印刷
17	云南	2017 年 1 月 1 日	每污染当量 1.2 元	石油化工、包装印刷
18	广西	2017 年 4 月 1 日	每污染当量 1.2 元	石油化工、包装印刷

在出台 VOCs 排污收费政策的 18 个省份中，湖北、海南和广西 3 省份尚未开征 VOCs 排污费。此外，有 15 个省份对石油化工和包装印刷两个行业开展 VOCs 收费，仅有北京、上海和山东 3 个省份将试点行业扩展到这两个行业之外的行业。从各省份征收标准来看，有 10 个省份沿用了国家排污收费每污染当量 1.2 元的征收标准；河北、山东、江苏和浙江 4 省份分阶段提高征收标准，分别调整至国家标准的 4～5 倍，上海分阶段提高征收标准至国家标准的近 16 倍；天津征收标准为 10 元/kg，北京市的征收标准则高达 20 元/kg。山西省是唯一一个在省内分区域设置征收标准的试点省份，规定太原市每污染当量 1.8 元，其他地区每污染当量 1.2 元。

1.3　未出台政策的省份情况

未出台 VOCs 排污收费政策的省份有 10 余个，一些省市已制定 VOCs 排污收费办法，但出于一些原因尚未出台。根据 10 个省份向环境保护部提交书面说明的材料分析，方案未出台的主要原因总结有以下几点：

（1）出于对经济发展和企业负担的顾虑。如甘肃省、青海省、陕西省认为本省为西部欠发达省份，经济比较落后，企业经济负担沉重，且西北五省尚无省份出台 VOCs 收费标准。因此这些省份决定暂缓向企业征收 VOCs 排污费。此外，黑龙江省、重庆市等省份也以"全省经济形势严峻，减少企业税费负担"为由，暂缓 VOCs 排污费的征收。究其原因主要是有些地方担心经济发展和企业负担，对收费比较排斥；有些地方考虑到国家降低税费、减轻企业负担的政策导向，对加征 VOCs 排污费有所顾虑。

（2）在排污量核算方面缺少技术支撑。如内蒙古自治区说明全区只有两家石化和包装印刷企业外，其他涉及 VOCs 的行业如制药、煤化工企业，如果列入国家开征范围，在核算方面缺失技术支撑；重庆市也说明由于石化和包装印刷企业较少，而汽车制造等重点 VOCs 排放行业未列入国家试点行业，排放量核算缺少技术支撑；贵州省说明由于本省开展 VOCs 试点行业征收排污费工作时机尚未成熟，故该项工作未取得实质性进展。

（3）考虑到环境保护税法实施后，全国排污费将停止征收，VOCs 收费试点后的政策不确定性。如广东省认为：一是该省出台排污费征收政策需 3 个月以上时间，加上征收前软件培训等相关工作，剩余征收时间不足 3 个月；二是根据《环境保护税法》，2018 年 1 月 1 日后不能征收 VOCs 环境保护税，也不能继续征收 VOCs 的排污费，故此时继续推进 VOCs 排污费征收意义不大。内蒙古自治区也对在环境保护税开征前期对制定出台 VOCs 排污收费政策的可行性和必要性感到困惑。

（4）排污费管理人员变动。由于机构及人员变动等其他原因，吉林省等个别省份未出台 VOCs 排污收费政策。这也充分说明政策管理人员的稳定性非常重要。

1.4　小结

2015 年 6 月，财政部、国家发展改革委、环境保护部联合印发了《挥发性有机物排污收费试点办法》，规定自 2015 年 10 月 1 日起，对石油化工行业和包装印刷行业挥发性有机物排放额外征收排污费。截至 2017 年 6 月，全国共有 18 个省份已发文出台 VOCs 排污收费政策，其中 15 个省份已实际开征 VOCs 排污费。

　　未出台 VOCs 排污收费政策的省份有 10 余个，未出台的原因主要有：①经济部门出于对经济发展的顾虑，为了减少企业税费负担；②本区域试点行业企业数量过少；③距离环境保护税开征时间较短，认为开征 VOCs 排污费意义不大。

2　VOCs 排污费试点实施情况分析

2.1　VOCs 申报排放量分析

2.1.1　整体排放情况

　　VOCs 排污费开单数是根据各省份申报的 VOCs 排放量核算而得，截至 2017 年 6 月，全国 VOCs 申报排放量共计 12.08 万 t，申报户数 2 981 户。其中，辽宁省共申报 VOCs 排放量超过 3.16 万 t，占全国申报总量的 26.1%；上海市申报 VOCs 排放量超过 2.5 万 t，占全国申报总量的 21.0%。辽宁、上海、浙江、湖南 4 个省份 VOCs 排放量申报均过万 t，4 省份合计约占全国 VOCs 排放量申报总量约 70%。图 1 列出了全国各省份 VOCs 排放量申报情况。

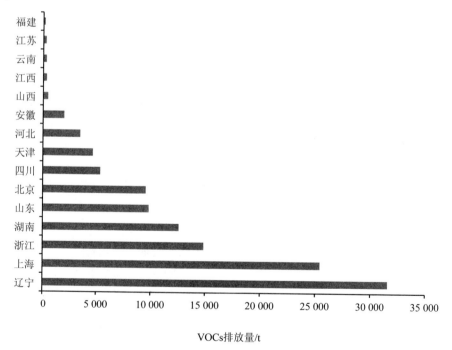

图 1　全国各省份 VOCs 排放量申报情况

若不考虑其他行业，仅统计石油化工和包装印刷两个行业。截至 2017 年 6 月，全国试点行业 VOCs 申报排放量共计 10.09 万 t，申报户数 2 315 户。其中，石化行业 VOCs 排放量 8.2 万 t。辽宁共申报 VOCs 排放量超过 3.16 万 t，占全国试点行业申报总量的 31.3%；浙江申报 VOCs 排放量近 1.5 万 t，占全国试点行业申报总量的 14.7%。辽宁、浙江、上海、湖南 4 个省份试点行业 VOCs 排放量申报均过万吨，4 省份合计约占全国试点行业 VOCs 排放量申报总量超过 70%。图 2 列出了全国各省份 VOCs 排放量申报情况。

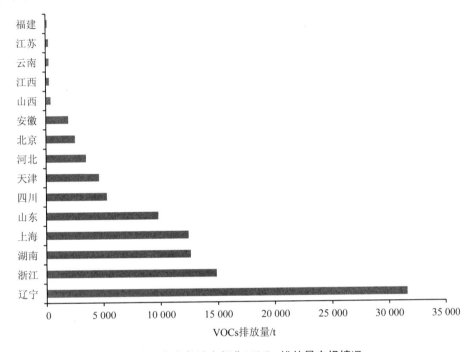

图 2　全国各省份试点行业 VOCs 排放量申报情况

2.1.2　源项排放情况

工业企业在生产、运输和存储过程中污染物排放源点称为源项，石油化工行业涉及 VOCs 排放的污染源项主要包括采样过程排放、非正常工况、废水收集及处理过程、工艺无组织排放、工艺有组织排放、火炬排放、冷却塔循环水系统排放、燃烧烟气排放、设备动静密封点泄漏、事故排放、有机液体储存与调和挥发、有机液体装卸挥发 12 个源项。

在石油化工行业 VOCs 排放的 12 个源项中，从各源项排放量来看：①有机液体储运与调和挥发在 12 个源项中占比最高，达 34%；②废水收集及处理过程占 19%；③设备动静密封点泄漏占 13%；④有机液体装卸挥发占 8%，具体见图 3 和图 4。将石化行业这 12 个源项分成储运和生产工艺两大类的话，其中储运类包括有机液体储存和调和挥发和有机液体装卸挥发两个源项，生产工艺类包含剩下的 10 个源项。发现储运过程中排放的 VOCs 占 42%，生产工艺过程中排放的 VOCs 占 58%。

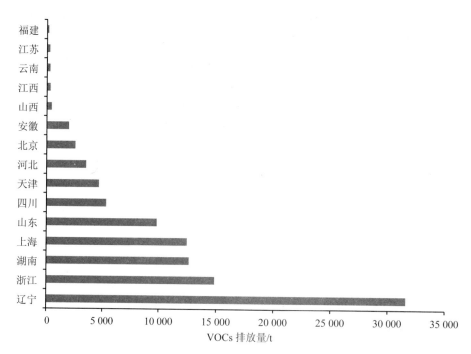

图3 石油化工行业 VOCs 申报排放量各污染源项 VOCs 排放情况

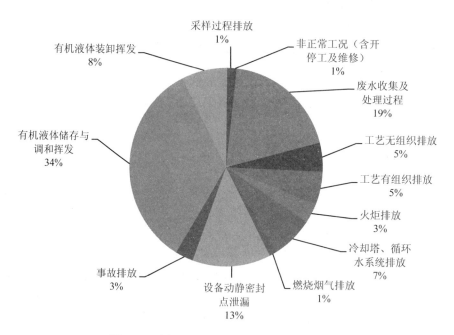

图4 石油化工行业 VOCs 排放量各源项比例

　　石油化工业中，VOCs 申报排放量最多的细类行业是原油加工及石油制品制造业，约占整个石油化工业的 90%；其次为有机化学原料制造行业，约占 5%。由图5可知，在原油加工及石油制品制造业中，有机液体储存与调和挥发、废水收集与处理过程、设备动静密封点泄漏为 VOCs 申报排放量最多的 3 个源项，排放量超过原油加工及石油制品制造业的 1/3。

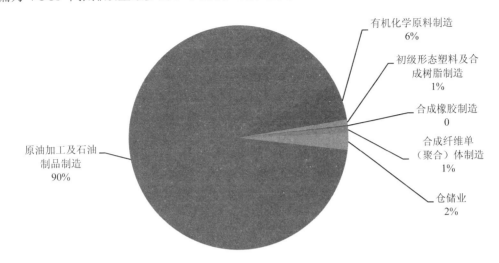

图 5　石油化工各细类行业 VOCs 申报排放量情况

　　值得提出的是，仓储业是继有机化学原料制造和原油加工及石油制品制造业之后，申报户数最多的石油化工行业。在 VOCs 排放企业申报信息明细中，共计 127 家仓储企业申报了总量超过 1 900 t 的 VOCs 排放量，占石油化工行业 VOCs 申报排放量的 2.4%，申报户数却占石油化工行业 VOCs 申报户数的 20.6%。

2.2　VOCs 排污费征收情况

　　VOCs 排污费自征收以来，征收户数和征收金额上数目可观。全国共 15 个省份实际征收 VOCs 排污费。截至 2017 年 6 月，全国各省份 VOCs 排污费申报排放量共计 12.08 万 t，开单户数 2 782 户，共开单 6.87 亿元；VOCs 排污费征收额共计 5.79 亿元，征收户数 2 242 户。下面分别从区域和行业分析我国 VOCs 排污费征收情况，以下数据为 VOCs 排污费入库额。

2.2.1　区域征收特征

　　目前全国共 18 个省份出台了 VOCs 排污收费政策，其中 15 个省份实际征收了 VOCs 排污费。其中，东部地区 VOCs 排污费开征省份最多、征收额度高。截至 2017 年 6 月，东部地区共有 9 个省份开征了 VOCs 排污费，共征收 VOCs 排污费超过 5.5 亿元。

　　中西部地区 VOCs 排污费开征省份和征收额度均与东部地区有较大差距。中部 6 省除河南省外，其他 5 个省份均出台了 VOCs 排污收费政策，其中山西、安徽、江西和湖南 4 个省份开征了 VOCs 排污费。但征收额度不高，不到 2 000 万元。西部 11 个省份中，仅有四川、云南和广西 3 个省份出台了 VOCs 排污收费政策，其中仅四川和云南开征了 VOCs 排污费，征收额仅为近 400 万元。

　　从省域来看，上海和北京两市的 VOCs 排污费征收额遥遥领先于其他省份，两市的 VOCs 排污费征收额合计约占全国 VOCs 排污费征收总数的 90.3%，上海市 VOCs 排污费征收额合计约占全国 VOCs 排污费征收总数的 58.8%。主要原因：①两市征收标准高，北京市 20 元/kg，为全国最高，上海由 10 元/kg 起已经于 2017 年 1 月过渡到了 20 元/kg；②两市除了对国家规定的两个行业征收 VOCs 排污费外，另增加了汽车制造、家具制造、涂料制造等多个行业，上海市纳入 VOCs 排污费征收范围的小类行业达 71 种，因此两市 VOCs 排放申报量也比较大。全国各省份 VOCs 排污费征收情况（图 6）。

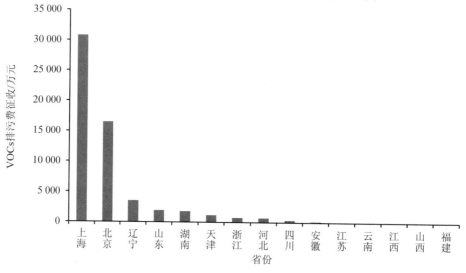

图6 全国 15 个省份 VOCs 排污费征收情况

若不考虑其他行业，仅分析石油化工和包装行业的 VOCs 排污费征收情况，各省份征收额排名与考虑全行业时排名一致。不同的是，仅考虑两试点行业时，上海 VOCs 排污费由北京的两倍增加至 3 倍，北京 VOCs 排污费由辽宁的 4.6 倍骤降至 1.2 倍。图 7 列出了各省份两试点行业 VOCs 排污费征收情况，与图 6 对比可以看出，北京市有超过 70% 的 VOCs 排污费都是来自其他行业，上海市有超过一半的 VOCs 排污费来自其他行业。

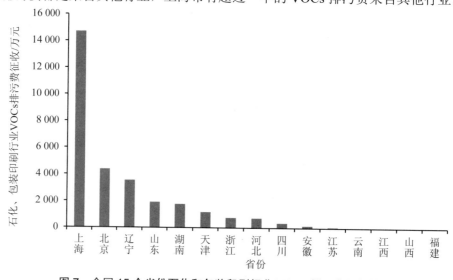

图7 全国 15 个省份石化和包装印刷行业 VOCs 排污费征收情况

2.2.2 行业征收特征

从 VOCs 排污费征收行业上看,石油化工和包装印刷两个试点行业征收额为 2.96 亿元,占全部 VOCs 排污费征收总额的 51.2%。其中, 石化行业 VOCs 排污费占 71.2%,包装印刷行业占 28.8%。对重点行业的 VOCs 排污费征收情况具体分析如下。

（1）石油化工行业 VOCs 排污费征收额最高。从 VOCs 排污费征收情况上看, 作为试点之一的石油化工行业征收额最高,约为 2.11 亿元,占全国 VOCs 排污费征收总额的 31%。这里石油化工行业主要包括原油加工及石油制品制造、有机化学原料制造、初级形态塑料及合成树脂制造、合成橡胶制造、合成纤维单（聚合）体制造以及仓储业。从 VOCs 排污费征收额的统计情况看,除北京市和上海市外,其他开征 VOCs 排污费的省份主要征收对象是石油化工和包装印刷行业。

（2）包装印刷业 VOCs 排污费征收额近亿元。除石油化工和汽车制造行业外,包装印刷行业 VOCs 排污费征收额合计 8 000 余万元,占全国 VOCs 排污费征收额的 15%。从 VOCs 排污费征收额的统计情况看,除江西省外,其他省份均已收缴包装印刷行业的 VOCs 排污费,其中北京市和上海市征收额度最高,均超过了 3 000 万元。

（3）其他行业 VOCs 排污费征收情况。除石化行业外,全国征收额较高的行业是汽车制造相关行业,主要包括汽车整车制造、改装汽车制造以及汽车零部件及配件制造,征收额合计 1.5 亿元,共占全国 VOCs 排污费征收额的 26%。上海市对船舶相关制造行业征收了 VOCs 排污费,主要包括金属船舶制造、船舶改装与拆除等行业,VOCs 排污费征收额合计超过 5 500 万元,占全国 VOCs 排污费征收额的 9%。此外,上海市对金属制品业征收 VOCs 排污费超过 1 600 万元;北京市对光电子器件制造行业开征了 VOCs 排污费,征收额超过 900 万元。图 8 列出了开征 VOCs 排污费的主要行业。

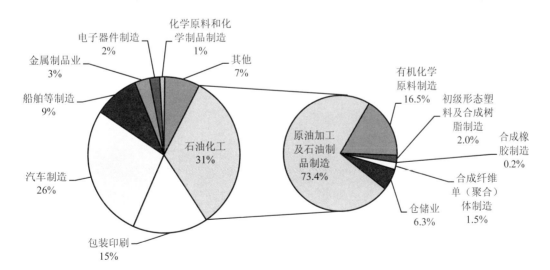

图 8　重点行业 VOCs 排污费征收情况

2.3　小结

从申报排放量来看，截至 2017 年 6 月，全国 15 个省份石油化工和包装印刷试点行业 VOCs 申报排放量共计 10.09 万 t，申报户数 2 315 户。其中，石化行业 VOCs 排放量 8.2 万 t。在石化行业 VOCs 排放的 12 个源项排放量来看：①有机液体储运与调和挥发在 12 个源项中占比最高，达 34%；②废水收集及处理过程占 19%；③设备动静密封垫泄漏占 13%；④有机液体装卸挥发占 8%。储运企业 VOCs 排放申报户数占石油化工行业总户数的 20.6%，但申报量仅占 2.4%。

从排污费征收入库额来看，上海和北京两市的 VOCs 排污费征收额遥遥领先于其他省份；从行业来说，石油化工和包装印刷两个试点行业征收额为 2.96 亿元，占全部 VOCs 排污费征收总额的 51.2%。其中，石化行业 VOCs 排污费 2.11 亿元，占 71.2%；包装印刷行业占 28.8%。

3　政策环保效果评估

排污收费政策出台后，其政策杠杆作用正在显现，在排污收费政策的推动下，石油化工、包装印刷以及其他 VOCs 排放重点行业企业的 VOCs 治理意识正在加强，治理工作已见之于行动。通过各方的努力，两大试点行业 VOCs 治理已初步形成气候，大势所趋。

目前，重点行业 VOCs 治理方针基本形成共识，即标本兼治、全程控制。源头控制与末端治理双管齐下，重在源头。VOCs 治理的目标是从行业和企业实际出发，综合应用各类经济适用技术，力求既达标排放又成本适当。本书选取上海、天津和山东这 3 个省份开展了 VOCs 排污费试点情况的实地调研和问卷调查，收回 VOCs 排污费有效调查问卷 152 份。根据调研问卷分析各地 VOCs 排污费政策出台后的污染治理及减排效果。

3.1　VOCs 减排效果分析

从石油化工和包装印刷两个试点行业的 VOCs 减排的综合进展情况，以及典型省份试点行业 VOCs 减排量测算这两个方面分析试点行业 VOCs 政策出台后的减排效果。其中调研典型省份的 VOCs 减排量为产生量与排放量之差，排放量即前面提及的 VOCs 申报排放量。应该注意的是 VOCs 治理效果是由所有治理措施所致的，如仅看作收费所带来的有点夸大，但是目前没有最好的方法将各种政策的效果分离出来。

3.1.1　石化行业 VOCs 减排

3.1.1.1　石化行业 VOCs 减排进展情况

VOCs 排污收费政策出台后，以及在其他相关 VOCs 防控政策共同作用下，国家、地方、行业、企业层面都做了多项工作：

（1）维修整改和隐患排查。全国多家石化企业对 VOCs 泄漏点进行整改维修，减少泄漏造成的损失和环境污染，提高企业清洁生产水平，减少泄漏造成的恶臭、异味。同时，对泄漏隐患进行排查，减少了安全事故和环境事故的发生，保障作业人员的人身安全和身体健康。

（2）初步统计 VOCs 排放情况。全国多家重点石化企业对厂区内污染源的 VOCs 排放量进行了初步核算和统计。主要污染源包括储罐、装卸、动静密封点泄漏、废水、工艺有组织排放、燃烧烟气、冷却塔、工艺无组织排放、开停工、采样、事故排放以及火炬等。

（3）出台相关政策标准。石化行业 VOCs 排放量核算异常复杂。国家已发布的《石化行业 VOCs 污染源排查工作指南》《石油炼制工业污染物排放标准》《石油化学工业污染物排放标准》《石化企业泄漏检测与修复工作指南》以及炼油、合成树脂、炼焦、储油库、汽油运输、加油站等多个行业 VOCs 排放标准，对石化企业 VOCs 核算起到了指导性意义。

（4）石化行业 VOCs 综合整治。各省份有序推进石化行业 VOCs 综合整治工作。其中，西藏、贵州两省（区）没有石化企业，云南没有正在运行的石化企业，这 3 个地区主要对加油站、储油库等采取了油气回收措施。其余 28 个省份均开展了石化企业 VOCs 综合整治工作。北京、天津、河北、山东、上海、江苏、浙江、广东等地依据自身产业结构特点出台 VOCs 综合整治方案，对辖区内化工、涂装等重点行业开展 VOCs 专项治理行动。

3.1.1.2　典型省份石油化工行业 VOCs 减排测算

调查结果显示，上海、天津、山东 3 个省份共有 88 家石油化工企业上报了 VOCs 排放情况，三地石油化工企业共计产生 VOCs 66 875 t，VOCs 减排 55 871 t，减排率为 83.5%（图 9）。

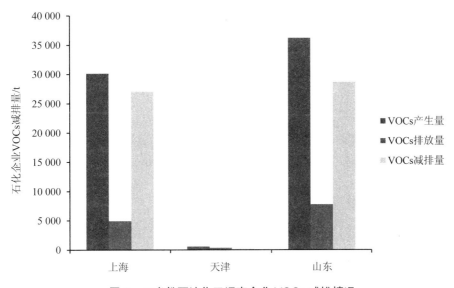

图 9　三省份石油化工调查企业 VOCs 减排情况

（1）山东省石油化工企业减排量最大，上海市石油化工企业减排率最高：上海市 37 家石油化工企业共产生 VOCs 30 118 t，VOCs 减排 27 041 t，减排率为 89.8%；山东省 31 家石油化工企业共产生 VOCs 36 184 t，减排 VOCs 28 648 t，减排率为 79.2%；天津市 20 家石油化工企业共产生 VOCs 574 t，减排 VOCs 182 t，减排率为 31.7%。

（2）超过 70%的石油化工企业显现出 VOCs 减排效果：在上海、天津、山东三省份 88 家石油化工企业中，只有 24 家石油化工企业上报的 VOCs 减排量为 0，相当于 73%的企业体现出减排效果。

3.1.2　包装印刷企业 VOCs 减排

3.1.2.1　包装印刷行业 VOCs 减排进展情况

VOCs 排污费试点对于促进包装印刷行业污染减排起到了很大的促进作用。包装印刷企业排放的主要大气污染物是 VOCs，一般不排放传统的大气污染物，所以该行业企业之前一直处于日常环境监管之外。随着我国加强对 VOCs 排放的控制，尤其是开征 VOCs 排污费之后，包装印刷企业 VOCs 治理积极性得到了极大促进。围绕"达标排放、经济适用"的原则，包装印刷行业已有效有序地展开包括 VOCs 减排、控制、治理的全过程污染控制措施：

（1）重视源头控制。低（无）VOCs 含量的油墨、黏合剂、润版液、洗车水、涂布液的研发与应用已全面展开，并在包装印刷企业当中广泛开始试用。例如，凹版水性塑料复合油墨及印刷设备技术工艺研发取得了阶段性成果，水性油墨已在一些塑料印刷企业试用，有些企业已开始批量试用水性油墨，如应用水性油墨，估算可年减排 VOCs 排放量 20 万 t 左右。塑料软包装无溶剂复合胶黏剂及复合设备技术工艺已基本成熟，正在大面积推广应用中，如果全部应用此类技术工艺估算可年减排 VOCs 排放量约 40 万 t。

（2）强化过程控制。许多企业开始对生产过程中的无组织排放进行控制，如塑料软包装企业采取密闭密封、减风量增浓度等节能减排技术措施，收到了较好的效果。目前，多家节能环保企业研发的 ESO 等各种节能减风增浓技术正在示范企业中检验性应用，如达到预期技术目标，将对塑料彩印软包装企业凹版印刷、干法复合两个工序的 VOCs 低成本高效率治理发挥重要的作用。该项技术突出的技术特点：①可替代凹版印刷机和干法复合机的热风干燥系统，可节能 60%左右；②可代替转轮浓缩系统，大幅度减少排放风量、提高排放浓度，进而大幅度减少末端治理的投资。

（3）加强末端治理。包装印刷行业分为四大类：纸制品包装印刷、塑料软包装印刷、金属包装印刷、其他包装印刷。治理重点是塑料软包装印刷和纸制品包装印刷。目前，纸制品包装的末端治理技术已基本成熟，主要采用浓缩+燃烧、光催化、等离子等治理技术方案。塑料软包装治理技术仍在完善中，其基本思路是：印刷工序采用减风增浓+燃烧，干式复合工序采用减风增浓+燃烧（或+回收）等治理技术方案。

3.1.2.2　典型省市包装印刷行业 VOCs 减排测算

调查结果显示，上海、天津、山东 3 个省份共有 64 家包装印刷企业上报了 VOCs 排放情况，三地包装印刷企业共计产生 VOCs 11 641 t，VOCs 减排 55 871 t，减排率为 23.9%（图 10）。

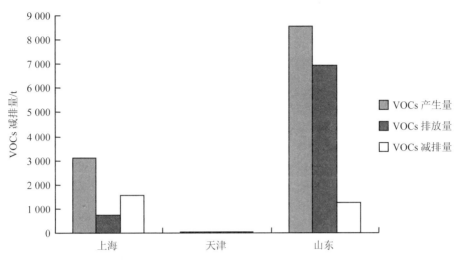

图 10　三省份包装印刷调查企业 VOCs 减排情况

（1）上海市包装印刷企业减排量最大，天津市包装印刷企业减排率最高。上海市 25 家包装印刷企业共产生 VOCs 3 099 t，VOCs 减排 1 546 t，减排率为 49.9%；山东省 36 家包装印刷企业共产生 VOCs 8 532 t，减排 VOCs 1 230 t，减排率为 14.4%。天津市 3 家包装印刷企业共产生 VOCs 10.3 t，减排 VOCs8.4 t，减排率为 81.2%。

（2）有超过半数包装印刷企业未体现 VOCs 减排效果。在上海、天津、山东 3 个省份 64 家包装印刷企业中，有 38 家企业上报的 VOCs 减排量为 0，未充分体现出行业减排效果。

3.2　污染治理投入分析

调查结果显示，上海、天津、山东 3 个省份共有 113 家企业填报了 VOCs 减排治理成本，根据整理出的有效数据测算得出，三地 VOCs 平均治理总成本为 141 元/kg，其中建设成本 109 元/kg，运行维护成本 32 元/kg，可以看出目前的收费水平远没有达到企业治理费用水平。

（1）石油化工行业相比包装印刷行业，VOCs 污染治理成本较高。根据有效数据测算得出，石油化工行业 VOCs 平均治理总成本为 169 元/kg，其中建设成本 137 元/kg，运行维护成本 32 元/kg；包装印刷行业 VOCs 平均治理总成本为 82 元/kg，其中建设成本 49 元/kg，运行维护成本 33 元/kg。两个试点行业中，石油化工行业的 VOCs 平均治理总成本较高，主要是由于建设成本较高。这些数据反映企业 VOCs 治理费用远高于排污收费标准，如果说是收费促使企业治理，不如说是收费政策进一步增加了政府关于 VOC 治理的严格要求，从而推动了企业的治理。

（2）上海市 VOCs 污染治理成本较高，山东省较低。上海市 VOCs 平均治理总成本为 232 元/kg，其中建设成本 174 元/kg，运行维护成本 58 元/kg；天津市 VOCs 平均治理总成本为 151 元/kg，其中建设成本 135 元/kg，运行维护成本 16 元/kg；山东省 VOCs 平均治理总成本为 18 元/kg，其中建设成本 15 元/kg，运行维护成本 3 元/kg。

　　以山东省为例，本地调查山东省共有 38 家包装印刷企业和 31 家石油化工企业上报了 VOCs 排污费调查问卷。包装印刷企业 VOCs 平均治理总成本为 83.4 元/kg，其中建设成本 77.2 元/kg，运行维护成本 6.2 元/kg。石油化工企业 VOCs 平均治理总成本为 226.3 元/kg，其中建设成本 185.4 元/kg，运行维护成本 40.8 元/kg。

3.3　小结

　　排污收费政策出台后，其政策杠杆作用是进一步增加 VOCs 其他环境政策的压力，在排污收费政策的推动下，石油化工、包装印刷行业企业的 VOCs 治理意识正在加强，治理工作已见之于行动。通过各方的努力，两大试点行业 VOCs 治理已初步形成气候，成为大势所趋。根据调研收回的 152 份问卷，VOCs 平均治理投入为 141 元/kg，其中建设投入 109 元/kg，运行维护投入 32 元/kg，说明现有收费标准远低于企业治理成本。值得注意的是，VOCs 排污费试点对于促进包装印刷行业污染减排起到了很大的促进作用。包装印刷企业排放的主要大气污染物是 VOCs，一般不排放传统的大气污染物，所以该行业企业之前一直处于日常环境监管之外。开征 VOCs 排污费之后，包装印刷企业 VOCs 治理与减排的积极性得到了很大促进。

　　从减排情况来看，石化行业的减排效果好于包装印刷行业的减排效果，被调研的 88 家石油化工企业共计产生 VOCs 66 875 t，VOCs 减排 55 871 t，减排率为 83.5%。石化行业企业很多规模较大，在治理投入上比较规范，而包装印刷行业中、小企业较多，资金薄弱，治理投入相对较小。此外，包装印刷行业市场化程度高，竞争激烈，利润微薄，有些企业一下子难以承受昂贵的治理投入。

4　试点经济影响评估

4.1　评估框架

　　通过调查问卷和案例研究的方式，收集了 3 个省份石油化工和包装印刷行业的排污费和企业税费情况，通过对比 VOCs 排污费和企业税负及利润情况（图 11），评估 VOCs 排污费对两个行业企业的经济影响。

　　本评估在进行实地调研的基础上，调查了山东、天津、上海包括石化和包装印刷行业 152 家企业，其中石化企业 88 家，包装印刷企业 64 家。其中上海包装印刷行业包括 27 家，石化行业包括 28 家；山东包装印刷行业包括 31 家，石化行业包括 36 家；天津石化行业包括 24 家，包装印刷行业包括 6 家（图 12）。

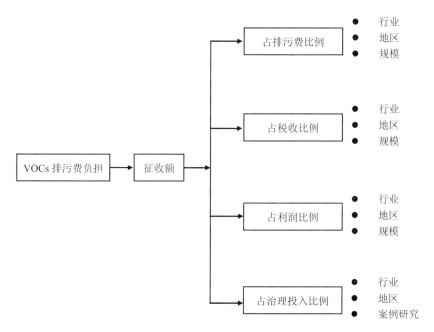

图 11　VOCs 排污费经济影响评估框架

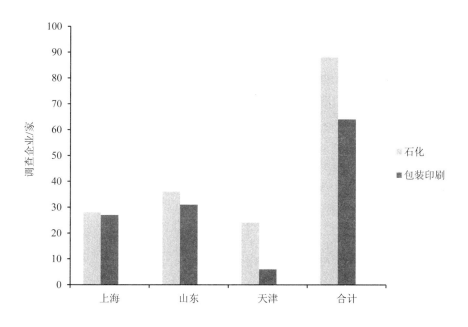

图 12　三省份石化行业和包装印刷行业 VOCs 排污费企业调查情况

4.2　对企业负担的影响

根据调查问卷统计分析，从 VOCs 占排污费比例来看，调查的 3 个省市 VOCs 排污费占排污费总额的比例为 30%。其中上海市 VOCs 排污费占排污费总额比例最高，截至 2017 年 4 月上海市市县两级环境监察部门共开征挥发性有机物排污费 30 814.4 万元，占同时段全市相关企业开征排污费总额的 48.9%（图 13）。

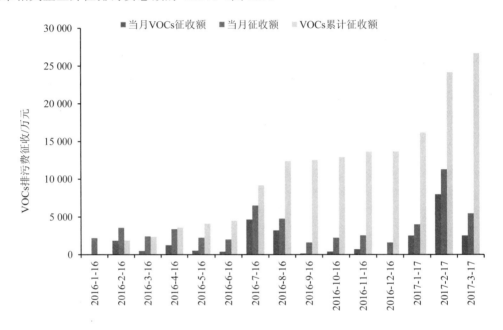

图 13　上海 VOCs 排污费征收情况（2016—2017 年）

分行业来看，包装印刷行业 VOCs 占该行业排污费比例较高，为 86%；石化行业 VOCs 占该行业排污费比例较低，为 22%。从地区来看，上海、山东、天津石化行业 VOCs 排污费占该行业总排污费比例为分别为 25%、26%、47%。上海、山东包装印刷行业 VOCs 排污费占该行业总排污费比例分别为 86%、90%。

调查企业 VOCs 排污费占企业利润和税收的平均比例分别为 0.33% 和 0.31%。分行业看，包装印刷行业 VOCs 排污费占全行业利润比例为 0.78%，占税收比例 1.98%。其中：山东省包装印刷行业 VOCs 排污费占利润比例为 0.38%，占税收的比例为 0.34%；上海包装印刷行业 VOCs 排污费占利润比例为 1.7%，占税收的比例为 3.3%；天津包装印刷企业较少，故未做统计。石化行业 VOCs 排污费占全行业利润比例为 0.32%，占税收比例 0.28%。其中：山东石化行业 VOCs 排污费占税收比例为 0.08%，占利润比例为 0.25%；上海石化行业 VOCs 排污费占税收比例为 0.33%，占利润比例为 0.49%；天津石化行业 VOCs 排污费占税收比例为 0.27%，占利润比例为 0.2%。具体情况见图 14、图 15。

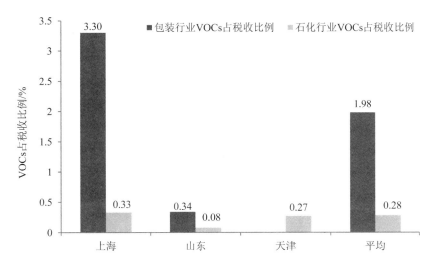

图 14　三省市石化行业、包装印刷行业 VOCs 占税收比例

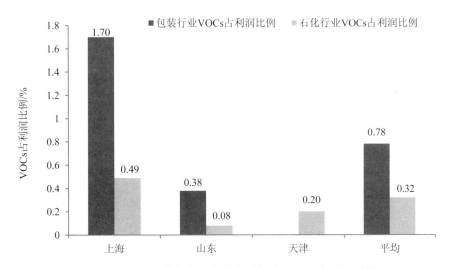

图 15　三省市石化行业、包装印刷行业 VOCs 占利润比例

4.3　案例研究

本节从行业和企业规模考虑，选取了一家大型石化企业、一家中小型石化企业、一家大型包装印刷企业和一家小型包装印刷企业进行案例研究，从 VOCs 排污费、VOCs 治理投入等方面研究对企业的经济影响。

（1）某石油化工有限责任公司。该石化企业总投资额约 27 亿美元，是目前国内最大的中外合资石化项目之一。企业建有 8 套主要生产装置，109 万 t/a 乙烯是目前世界上单线产能最大的乙烯装置之一，其余的 7 套装置也均达到世界规模，分别为：60 万 t/a 聚乙烯装置、65 万 t/a 苯乙烯装置、50 万 t/a 芳烃抽提装置、30 万 t/a 聚苯乙烯装置、26 万 t/a 丙烯腈装置、25 万 t/a 聚丙烯装置和 9 万 t/a 丁二烯装置。

2016 年，公司共生产乙烯 109 万 t、聚乙烯 60 万 t、聚丙烯 25 万 t、聚苯乙烯 30 万 t、丙烯腈 52 万 t，产值 2 267 918 万元，利润 377 873 万元，上缴税收 231 335 万元。

2016 年 VOCs 排污费占企业利润的 0.38%，占税收的 0.62%，对企业影响不大。从 VOCs 治理设施投入对企业的经济影响分析，企业购置设备、运行、建设总费用为 3 600 万元，仅占企业当年利润的 1%，对企业影响不大。

（2）某化工企业。该化工企业主要经营生产销售甲醛、脲醛胶等合成胶及其衍生化工产品，是一家股份制中小型石化企业，2016 年公司生产甲醛 30 万 t。

2016 年 VOCs 排污费占企业利润的 0.19%，占税收的 0.28%，对企业影响不大。从 VOCs 治理设施投入对企业的经济影响分析，企业购置设备、运行、建设总费用为 1 155 万元，占企业当年利润的 64%，对企业影响较大。

（3）某包装材料有限公司。该包装材料有限公司于 1997 年成立，注册资本 2 200 万元。主要产品为复合印刷包装材料。2016 年企业生产银卡纸 14 630 t，铜版纸 1 885 t，内衬纸 1 292 t，烟标 35 343 万张。

2016 年 VOCs 排污费占企业利润的 1.5%，占税收的 1.7%，对企业影响不大。从 VOCs 治理设施投入对企业的经济影响分析，企业购置设备、运行、建设总费用为 400 万元，占企业当年利润的 9%，对企业影响较大。

（4）某彩印有限公司。该彩印有限公司成立于 2006 年，注册资本 150 万元，2016 年企业生产吊牌、商标 83 t。2016 年 VOCs 排污费占企业利润的 1.7%，占税收的 0.14%，对企业影响不大。从 VOCs 治理设施投入对企业的经济影响分析，企业购置设备、运行、建设总费用为 38.2 万元，是企业当年利润的 8 倍，企业难以负担。

四家企业的 VOCs 排污费征收情况见表 2。

表 2　企业 VOCs 排污费负担情况

序号	指标名称	计量单位	数值
某石油化工有限责任公司			
1	企业规模	—	大型
2	排污费	万元	12 261.00
3	VOCs 排污费	万元	1 435.00
4	VOCs 排污费占排污费的比例	%	11.7
5	利润	万元	377 873
6	税收	万元	231 335
7	VOCs 治理投入	万元	3 600
8	VOCs 排污费占利润比例	%	0.38
9	VOCs 排污费占税收比例	%	0.62
10	VOCs 治理投入占利润比例	%	1

序号	指标名称	计量单位	数值
	某化工企业		
1	企业规模	—	中小型
2	排污费	万元	139.347 3
3	VOCs 排污费	万元	3.5
4	VOCs 排污费占排污费的比例	%	2.5
5	利润	万元	1 800
6	税收	万元	1 261
7	VOCs 治理投入	万元	1 155
8	VOCs 排污费占利润比例	%	0.19
9	VOCs 排污费占税收比例	%	0.28
10	VOCs 治理投入占利润比例	%	64
	某包装材料有限公司		
1	企业规模	—	大型
2	排污费	万元	—
3	VOCs 排污费	万元	63
4	VOCs 排污费占排污费的比例	%	—
5	利润	万元	4 291
6	税收	万元	3 652
7	VOCs 治理投入	万元	400
8	VOCs 排污费占利润比例	%	1.5
9	VOCs 排污费占税收比例	%	1.7
10	VOCs 治理投入占利润比例	%	9
	某彩印有限公司		
1	企业规模	—	小型
2	排污费	万元	0.41
3	VOCs 排污费	万元	0.08
4	VOCs 排污费占排污费的比例	%	19.5
5	利润	万元	4.8
6	税收	万元	56
7	VOCs 治理投入	万元	38.2
8	VOCs 排污费占利润比例	%	1.7
9	VOCs 排污费占税收比例	%	0.14
10	VOCs 治理投入占利润比例	%	8

4.4　小结

VOCs 排污费对大部分企业影响不大。通过计算调查企业 VOCs 排污费占企业利润和税收的平均比例分别为 0.33% 和 0.31%。分行业看：包装行业 VOCs 排污费占全行业利润比例为 0.78%，占税收比例 1.98%；石化行业 VOCs 排污费占全行业利润比例为 0.32%，占税收比例 0.28%。但是在调查中，存在 24 家亏损企业，VOCs 排污费对其影响较大。

不同行业企业增加成本负担不同。石化行业 VOCs 占排污费比例低于包装印刷行业，并且石化企业大多规模较大，国有企业比例较高，VOCs 排污费影响不大；而包装印刷企业 VOCs 占排污费比例较高，并且包装印刷企业规模较小，民营企业较多，影响大于石化企业。

包装印刷行业 VOCs 治理成本对企业的影响要大于石化行业。VOCs 治理投入对小型企业压力较大，包装印刷企业规模小，很难承受 VOCs 治理设施的资金投入；石化行业国企比例高、规模大，资金充足，可以负担 VOCs 污染治理投入。

5　试点中存在的问题

以上分析了石化行业和包装印刷行业在执行 VOCs 排污收费试点过程各自遇到的问题和政策设计中两个行业面临的共性问题。

5.1　石化行业

（1）排放量核定存在难度。国家《挥发性有机物排污收费试点办法》明确规定石油化工行业排污者的 VOCs 排放量，应区分生产过程的 VOCs 污染源项，分别采取实测、物料衡算和模型等方法进行计算。但由于石化企业 VOCs 核算过程涉及工艺情况复杂，关键参数和因子较多，核算过程复杂，导致核算结果自由空间较大。在实际操作中，一些企业对核定方法中的参数提出异议，认为参数过多，取值不够准确，不能反映企业实际的排放情况，难以作为各企业挥发性有机物排放量收费依据。

需要注意的是，石化行业核算方法复杂主要是生产工艺过程排放 VOCs 较为复杂，储运环节 VOCs 排放的核算较为单一，多采用系数法，而储运环节 VOCs 排放量占整个行业的将近一半，从企业户数来看，仓储企业到石油化工行业 VOCs 申报户数的比例超过 20%，这有利于进一步简化核算方法。

（2）缺少相应的补助政策。石化行业产品种类多、产量大，生产工艺复杂，无组织排放量大。根据调研，石化企业无组织排放 VOCs 较少，而炼油、化工等生产过程中涉及较多原辅料和工艺流程，反应过程的副产品较多，无组织排放 VOCs 污染因子种类较多。一些大型企业涉及 VOCs 排放的动静密封点就达数百万个，存在潜在泄漏隐患的点位多达几十万个，随机泄漏难以避免。这也导致石化行业 VOCs 监测、治理成本较高，难度较大，VOCs 回收再利用技术目前还缺乏成熟、经济的技术。VOCs 排污费使用应该加大对企业技术的改进、VOCs 治理的补贴力度。

5.2　包装印刷行业

（1）征收范围存在差异。一些省份对包装印刷企业理解存在差异。国家《挥发性有机物排污收费试点办法》（财税〔2015〕71 号，以下简称"71 号文"）确定的收费范围是包装印刷，按国民经济分类标准为 2319，但在实际执行中，有的省份扩大为印刷业（如北京市），有的省份将出版物印刷列入包装印刷（如上海市），有的省份虽文件中与"71 号文"一致，但实际执行中由于地方执行人员对"包装印刷"和"印刷"的概念未能区分清楚导致许多出版物印刷企业被列入收费名单。出版物印刷 VOCs 排放量很小，试点阶段将其列入收费范围是不恰当的，无形中增加了不必要的成本支出和资源投入。

（2）征收收费范围过大。现有文件将 VOCs 相关物质全部包含在内，对一些绿色原材料的推广和使用造成了一定阻力。"71 号文"中第三条对收费范围的 VOCs 种类做出了界定〔原文：本办法所称 VOCs，是指特定条件下具有挥发性的有机化合物的统称。具有挥发性的有机化合物主要包括非甲烷总烃（烷烃、烯烃、炔烃、芳香烃）、含氧有机化合物（醛、酮、醇、醚等）、卤代烃、含氮化合物、含硫化合物等〕，范围涵盖广泛，相关物质全部包含在内，对一些绿色原辅材料的研发和推广造成了阻力，如食用乙醇按"71 号文"定义也在收费范围，但实际上食用乙醇的毒害和污染并不高。从目前包装印刷行业源头控制采用的技术看，水性油墨将是替代传统溶剂型油墨的主要技术选择，而水性油墨生产及使用中需添加少量食用乙醇，在欧美一些国家对 VOCs 的收费政策中设置了豁免清单，将类似于食用乙醇等物质进行了豁免。

（3）核定方法存在差异。一些城市出台的地方核定办法也存在核定难的问题。北京市环境保护局《挥发性有机物排污费征收细则》中第二条明确排放量核算的办法一般采用产污系数法核算 VOCs 排放量。北京印刷协会对 6 家印刷企业进行了实地计量测算，产污系数法核算的量一般为物料平衡法的 3～5 倍。一家企业表示如果用物料平衡法计算，月缴排污费大约在 10 万元；而用产污系数法计算，月缴排污费近 50 万元。

5.3　其他实施问题

（1）收费行业范围不同。各地区 VOCs 排污费试点行业存在差异，企业认为这造成了不同区域间的相同性质行业以及排污状况相当的排污单位之间的不公平竞争。全国试点 VOCs 排污费共有 18 个省份制定出台了试点工作具体实施办法，明确了收费的具体行业，上海市分 3 个阶段，对印刷、涂料、石化、汽车涂装、船舶等 12 个大类行业征收 VOCs 排污费，北京市将石化化工、汽车制造、电子、印刷、家具制造 5 个行业纳入了 VOCs 排污费，山东省对石化化工、包装印刷、汽车制造、家具制造和铝型材工业征收排污费。

（2）征收标准差距过大。各个省份之间收费标准差距过大，造成了地区间企业负担的不公平性和污染转移。已出台收费政策的 18 个省份每污染当量收费标准在 1.2～19 元不等，其中北京市最高，达到 20 元/kg（相当于 19 元/污染当量），如果超标排放，收费标准将达到 40 元/kg。各地区收费差距过大，企业反应强烈，认为不尽公平，造成了不同地区企业环保成本负担的不公平。而且 1.2 元的收费标准过低，不能覆盖企业开展 VOCs 治理的投资和运营成本，导致一些企业宁可缴费也不愿治理，使企业失去了 VOCs 治理的动力；10 元以上的收费标准过高，企业认为压力过大，失去了进一步发展的空间，许多企业产生了关厂或向外搬迁的想法，可能会对当地的经济发展形成较大冲击。此外，过大的地区间差距，也客观上造成了地区间的污染转移。

（3）差别化收费政策难以落实。差别化收费认定政策过于复杂，企业难以申请。已出台收费政策的 18 个省份都提出了差别化收费政策，一些省份都以排放浓度作为差别化收费标准的依据，如上海市规定排放浓度低于或等于排放限值的 50%，且当年未受到环保部门处罚的，按收费标准的 50%计收排污费；北京市规定以 VOCs 污染防治为重点开展清洁生产审核并通过评估、排放浓度低于本市排放限值的 50%（含 50%），减半征收。企业认为这样过于繁杂，在实际工作中认定排放浓度减半十分困难，约束条件较多，不便于操作，还增加了不必要的成本。

（4）基层征收难度较大。对于处在最基层的县级环保部门来说，VOCs 费源呈现多、散、小、变的特点，征收工作难度较大。一些基层小微企业，经营中不开具发票，统计数据缺失，管理不规范，更容易产生少报、瞒报、虚报的问题。而从环保收费部门来说，由于排污收费核算具有专业性强、工作量大的特点，基层环保部门准确核定难度很大，VOCs 排污费监管存在一定难度。

对于县级环保部门来说，征收 VOCs 排污费目前还面临两大业务技术障碍。①检测 VOCs 排放的仪器设备配置不完备，因此无法开展试点工作；②技术能力跟不上，因为以前并没有开展或者说没有经常性地开展跟 VOCs 有关的检测业务，所以即便仪器设备配置到位，甚至执法人员试用掌握情况也不容乐观，或者说检测结果的真实性、准确性和可靠性都无法得到保证。

5.4　小结

从不同行业角度分析，在 VOCs 排污费的征收试点过程中，石化行业主要面临排放量核定难度大，无组织排放治理难度大，成本高的问题。而包装印刷行业主要面临一些省份收费范围被扩大，许多污染并不严重的印刷企业也被纳入试点；此外征收范围过大，一些清洁的代替型原料也被纳入了征收范围。

从政策设计方面分析：①VOCs 排污费由于是在部分地区的部分行业开展征收，一定程度上造成不同区域间的相同性质行业以及排放状况相当的排污单位之间的不公平竞争；②在征收标准上，各个省份之间收费标准差距过大，最高与最低相差 16 倍，造成了地区间企业负担的不公平性和污染转移；③差别化收费认定政策过于复杂，约束条件较多，不便于操作，企业难以申请；④石化行业排放量核算方法过于复杂，不能反映企业实际的排放情况；⑤一些基层环保部门 VOCs 排放的检测仪器及设备配置不完备，技术能力跟不上。

6　加强 VOCs 污染防控需要综合运用多种手段

6.1　VOCs 排放对环境和人体健康危害巨大

（1）VOCs 是导致 $PM_{2.5}$ 污染的重要根源。$PM_{2.5}$ 既有由多种污染源直接排放的一次颗粒物，也有由气态前体物通过均相和非均相反应转化而成的二次无机气溶胶（SNA）和二次有机气溶胶（SOA）。与一次颗粒物相比，二次颗粒物通过其气态前体物所造成的环境影响更为广泛。而 VOCs 正是 SOA 的关键前体物。一些活性较强的 VOCs 与大气中的·OH、NO_3^-、O_3 等氧化剂发生多途径反应，形成有机酸、多官能团羰基化合物、硝基化合物等半挥发性有机物，再通过吸附、吸收等过程进入颗粒相，生成 SOA。

当前，我国 $PM_{2.5}$ 污染形势十分严峻，一些城市与区域灰霾重污染现象频繁发生。2016年，全国 338 个城市 $PM_{2.5}$ 年均浓度为 47 μg/m³，不符合空气质量年二级标准（年二级标准限值为 35 μg/m³），超过标准约为 0.35 倍，约为 WHO 指导值 10 μg/m³ 和美国 $PM_{2.5}$ 年均浓度 10.5 μg/m³ 的 4.7 倍。全国 338 个城市中仅有舟山、丽水、福州、厦门、深圳、珠海、惠州、中山、海口、昆明等 84 个城市空气质量达标（好于国家二级标准）。京津冀、长三角和珠三角地区区域 $PM_{2.5}$ 平均浓度分别达 71 μg/m³、46 μg/m³ 和 32 μg/m³。究其原因，这与 VOCs 的大量排放密不可分。研究表明，以 VOCs 为重要前体物的 SOA 占 $PM_{2.5}$ 的 25%～35%，有机碳（OC）是我国 $PM_{2.5}$ 中的重要化学物种。

（2）VOCs 是高浓度臭氧形成的重要原因。低空臭氧是光化学烟雾污染的重要指示因子，它主要是人类活动排放的 VOCs 和 NO_x 通过光化学反应产生的二次污染物。随着我国城市化进程的加快和汽车保有量的急剧增加，臭氧已成为继 $PM_{2.5}$ 后另一项主要污染物。2016 年，338 个城市臭氧超标天数比例为 5.2%，臭氧对空气质量不能达到优良的天数贡献 24.5%；40 个城市臭氧超标天数比例大于 $PM_{2.5}$。京津冀、长三角等重点区域臭氧浓度分别为 172 μg/m³ 和 159 μg/m³，超过或已接近国家二级标准；59 个城市超二级标准，占 17.5%。光化学烟雾已成为一些城市与区域的特征大气污染。20 世纪 80 年代，兰州市和北京市先后出现了光化学烟雾污染的迹象；至 20 世纪末，在京津冀、珠江三角洲和长江三角洲地区出现了比较严重的区域性光化学烟雾，北京夏季和珠三角秋季是光化学污染的典型季节。

《大气污染防治行动计划》实施以来，O_3 是六项监测指标中唯一呈恶化趋势的污染物。2013—2016 年，74 个城市、京津冀、长三角 $PM_{2.5}$ 浓度分别下降 31%、33% 和 32%，而臭氧浓度却分别上升 10%、11% 和 11%。

（3）VOCs 排放对人体健康构成严重威胁。VOCs 对人体健康的影响也是其备受人们关注的重要原因之一，可分为直接影响和间接影响。①VOCs 所表现出的毒性、致癌性和恶臭，危害人体健康。表 3 总结了典型 VOCs 物种对人体健康的影响情况。②VOCs 可导致光化学烟雾，光化学烟雾对眼睛的刺激作用特别强，且对鼻、咽喉、气管和肺等呼吸器官也有明显的刺激作用，并伴有头痛，使呼吸道疾病恶化。

表 3　VOCs 对人体健康的毒性

VOCs	刺激性、腐蚀性			器官毒性				致癌性
	皮肤	眼睛	呼吸道	神经系统	肝脏	肾脏	胃	
苯	△	△	△	△				★
甲苯	△	△	△	▲	▲			
间二甲苯	△	△	△		▲	▲	△	
氯苯	△	▲	△	▲	△	△		
丙酮	▲	△	▲	▲				
乙酸乙酯	▲			▲				
二氯甲烷	▲	▲	▲	▲	▲	▲		☆
三氯甲烷	▲	▲	▲	▲	△	△	▲	☆
四氯乙烯	▲	▲	▲	▲	△	△		☆
四氯化碳		▲	▲	△	△	△		☆
1,2-二氯乙烯	△	△	△	△				
偏二氯乙烯	△	▲	△					
1,3-丁二烯	△	△	△	△		△		
乙醛	△	△	△	▲			△	
乙醚				▲	▲	▲		
乙腈	▲		△		▲	▲	▲	
丙烯腈	△	△	△	△	△	△	△	☆

注：△表示低浓度健康损害；▲表示高浓度健康损害；★表示 IARC 确认的人类致癌物；☆表示 IARC 认为可能是人类致癌物。

相关研究表明，我国人为源排放的 VOCs 在化学组分方面主要由苯系物（30%）、不饱和烃（21%）、烷烃（20%）构成，毒性 VOCs 的排放比重约占 30%，全国范围排放 VOCs 的平均光化学臭氧生成潜势（POCP）约为 53.7。因此，鉴于我国 VOCs 排放量大且具有较高的毒性和大气氧化活性，VOCs 污染对公众的身体健康和生命安全的影响不容忽视。北京城乡结合地区空气中 VOCs 健康风险评价研究表明，苯的致癌指数（$2.21×10^{-5}$）超过了美国环保局（EPA）建议的致癌风险值（$1×10^{-6}$），空气中的苯对人体健康具有明显影响，长期暴露易对暴露人群健康造成危害，存在较大的致癌风险。

6.2　VOCs 污染防控已纳入国家环保战略体系

VOCs 的防控和治理越来越受到国家和社会的重视。国务院办公厅于 2010 年 5 月转发了《关于推进大气污染联防联控工作改善区域空气质量的指导意见》（国办发〔2010〕33号），强调解决区域大气污染问题，必须尽早采取区域联防联控措施；联防联控的重点污染物是二氧化硫、氮氧化物、颗粒物、挥发性有机物等。根据《指导意见》要求，环境保护部制定了《重点区域大气污染防治规划（2011—2015 年）》，规划指出将在"十二五"期间在重点区域全面展开挥发性有机物污染防治工作。"十二五"时期，尤其是《大气污染防治行动计划》的出台，国家将 VOCs 污染控制提到比较重要的位置，明确提出推进挥发性有机物污染治理，将挥发性有机物排放是否符合总量控制要求作为建设项目环境影响评价审批的前置条件之一，并将挥发性有机物纳入排污费征收范围。

国家"十三五"生态环保规划将重点地区重点行业 VOCs 排放纳入总量控制指标，进一步加强对 VOCs 的防控。《京津冀及周边地区 2017 年大气污染防治工作方案》提出要实施 VOCs 的综合治理，开展重点行业 VOCs 综合整治。环境保护部近期将出台《"十三五"挥发性有机物污染防治工作方案》，提出强化重点地区 VOCs 减排，同时在全国深入推进石化、化工、包装印刷、工业涂装等重点行业 VOCs 的污染防治，实施一批重点减排工作，强化芳香烃、烯烃、炔烃、醛类、酮类等活性强的 VOCs 物质减排，建立精细化管控体系。

我国从国家层面已经将 VOCs 污染防控纳入了重点环保工作之一，这些政策的出台为挥发性有机物的全面控制治理提供了重要的机遇和条件，在这种形势下，应该尽快完善 VOCs 污染控制体系，综合运用多种手段开展 VOCs 污染防控工作。

6.3　VOCs 防控手段和政策体系仍然薄弱

目前，我国 VOCs 排放量已位居世界第一，然而与发达国家相比，我国 VOCs 的防控和治理整体上还处于起步阶段。我国对 VOCs 污染物尚未建立健全的法律法规，对 VOCs 污染物控制还处于起步阶段，亟待研究制定有针对性的控制对策。《中华人民共和国大气污染防治法》是大气环境管理的根本依据，目前未明确 VOCs 的控制要求，仅有诸如有机烃类尾气、恶臭气体、有毒有害气体、油烟等类似概念。

行业排放标准及相关技术规范制定滞后，不能满足 VOCs 污染防控工作的需要。污染物源排放则主要通过排放控制标准进行控制和管理。目前我国涉及 VOCs 的排放标准仅有 15 项，仍有一部分重点行业标准需尽早制定。从地方出台 VOCs 标准的情况来看，只有北京、天津、河北、山东、上海、江苏、浙江、重庆和广东 9 个省份出台了 VOCs 地方排放标准。缺乏与环境标准相适应的监测方法、仪器监测、仪器安装、验收、运行维护等标准及相关质量控制规范，以及适用于执法管理的自动监控、便携式监测技术方法标准和仪器标准。

环境监测、监察能力薄弱。我国目前地方环境监测机构的能力建设有待加强，现有的监测设备和力量无法对 VOCs 等类型的大气污染物开展行之有效的采样与实验室分析，从而导致地方环境监督执法也缺乏相应的技术依据，有关部门开展专项的环境监察受到制约。

6.4　环境经济政策是 VOCs 防控的重要手段

VOCs 防治工作迫在眉睫，需要多种管控手段共同推进，经济手段是一种有效的基于市场的政策手段，可以起到调节企业污染排放和治理行为的作用。环境经济政策是按照市场经济规律的要求，利用价格、税收、收费、信贷、保险等经济手段，调节和影响市场主体的行为，保护环境的政策。税费政策是环境经济政策的重要内容，是实现环境成本内部化的主要手段。国务院《大气污染防治行动计划》中明确指出，"适时提高排污收费标准，将挥发性有机物纳入排污费征收范围。"2015年VOCs排污费开始试点征收，2018年将VOC纳入环境保护税征收范围也将为完成"十三五"大气污染防治规划目标发挥重要作用。

环境保护税由排污费改革而来，实践证明，排污收费制度作为治理环境污染的经济手段，是减少污染排放、改善环境质量的重要工具。VOCs排污费试点将为费改税提供丰富的经验，通过调研了解到VOCs排污费试点取得了良好效果。排污收费对加快推动企业VOCs污染治理和减排具有重要作用，可以实现利用经济杠杆提升企业减排的积极性，倒逼企业转型升级，推广清洁生产、优化过程管理、安装末端治理设施。通过经济手段促进这两个行业的减排和治理，在技术上也可以得到保证。石化行业和包装印刷行业目前在治理技术和装备方面比较成熟，如石油化工行业在收集、回收和销毁等方面的技术较为成熟，包装印刷行业的回收和净化处理技术比较成熟。因此，这两个行业在处理技术方面不存在太大问题。

VOCs排污费在开始征收时可能会使企业排污费有较大幅度增加，但是经过企业工艺改造和末端治理，实现VOCs减排或者达到差额收费标准，VOCs排污费就会大大降低。VOCs排污费试点积累了大量宝贵的经验，将VOCs纳入环境保护税继续征收，既可以对排污费试点取得的成效进行固化和延续，又能通过税收这种更加刚性的手段继续发挥促进污染治理和减排的政策效果。

6.5　小结

VOCs排放对环境危害很大，是导致$PM_{2.5}$污染的重要根源，是高浓度O_3形成的重要原因，多项研究表明VOCs排放对人体健康构成直接、严重影响。VOCs的防控和治理已经受到国家和社会的高度重视，我国发布了一系列政策文件，将VOCs污染防控纳入重点环保工作之一。然而，我国对VOCs污染物控制还处于起步阶段，防控政策体系薄弱，对VOCs污染物尚未建立健全的法律法规和标准体系，亟待完善VOC污染控制体系，综合运用多种手段开展VOCs污染防控工作。

实践证明，排污收费制度是一种有效的促进污染治理的经济手段。环境保护税由排污费改革而来，可以作为控制VOCs污染的一项重要经济手段。VOCs排污费试点将为费改税提供丰富的经验，通过调研了解到VOCs排污费试点取得了良好效果。将VOCs纳入环境保护税可以起到促进企业污染治理和弥补环境外部性的作用，同时还可以对排污费试点取得的成效进行固化和延续。石化行业和包装印刷行业目前在治理技术和装备方面比较成熟，通过经济手段促进这两个行业的减排和治理，在技术上可以得到保证。

7　利用税收手段加强 VOCs 污染防控的建议

7.1　方案设计

针对 2018 年 1 月 1 日起实施环境保护税，VOCs 排污收费试点何去何从的问题，提出 4 种方案进行利弊分析，并筛选出优选方案。各方案的开始节点均指 2018 年 1 月 1 日。

7.1.1　方案一：将 VOCs 排污费试点并入环境保护税，于 2018 年开征

该方案以 VOCs 排污费试点制度为基础，将 VOCs 作为大气污染物的一个子税目单独征收环境保护税。由于 VOCs 种类繁多，行业排放差异性较大，可以考虑在全国层面先将已经具有一定基础的石化行业和包装印刷行业 VOCs 排放纳入环境保护税征收范围，待时机成熟时再逐步扩展到其他行业。本方案需要于年内对环境保护税法进行修订。

在将 VOCs 纳入环境保护税时，吸取排污费试点的经验和教训，可以对核算方法、征收对象、征收管理等方面进行优化设计，如综合考虑 VOCs 治理成本与企业承受范围合理设置 VOCs 的污染当量值，税额标准按照环境保护税对大气污染物税额标准的规定执行，10 倍的弹性空间既赋予了地方调整的权利又防止各地差异过大。在收税项目上，可对 VOCs 采取分类征收方式，针对高毒害、中毒害和一般 VOCs 分别设置不同的污染当量值；或者考虑到征管成本，采取抓大放小的方案仅对苯、甲苯、乙苯及非甲烷总烃征收环境保护税。同时规定在每一废气排放口，VOCs 的污染当量数无论是否排在前 3 项，均须征收环境保护税，对于目前已经在大气污染当量值表中的 VOCs，在计算税基时则应扣除出去。在排放量核算方法上，对石化行业 VOCs 排放量计算方法进行适当修订和简化。

该方案的优点是实施起来具有一定的经验和基础，是对排污费试点工作的肯定和延伸，可以进一步发挥税收手段对 VOCs 治理促进作用。方案对 VOCs 种类考虑较为全面，且根据具体行业情况分别制定排放量核算方法可尽可能减少误差。缺点是 VOCs 排放量核算办法较为复杂，且需要分行业制定。鉴于排污许可证将分行业规定 VOCs 的排放量核算方法，环境保护税对各行业 VOCs 核算方法的制定可与排污许可证的规定进行衔接，对于石化和包装印刷之外行业环境保护税的征收可配合排污许可证的实施进度逐步推进。

7.1.2　方案二：继续推进 VOCs 排污费试点，两年后纳入环境保护税

该方案是在环境保护税实施后，继续推进 VOCs 排污费试点，即环境保护税与排污费并行实施，两年后再将 VOCs 排污费并入环境保护税。继续推进 VOCs 排污费试点的内容包括目前实施 VOCs 排污费的省份继续开展 VOCs 收费，并根据各地自身情况提高征收标准或扩展行业，还包括未实施 VOCs 收费的省份开展 VOCs 收费工作。试点继续推行两年后，通过修改环境保护税法的方式将 VOCs 纳入环境保护税。这种方案是为了将排污费纳入环境保护税做更充分的准备，因此需要尽快将 VOCs 排污费试点在全国范围内推行。

该方案的优点是在环境保护税开征前无论对环境保护税还是 VOCs 排污费从制度上来说，基本不需要做任何调整，且对 VOCs 排污费征收工作的投入和成效起到肯定和固化的作用，对 VOCs 污染治理可以进一步发挥经济手段的作用，并且在试点过程中可以对不成熟的地方进行进一步完善，为最终纳入环境保护税打下更成熟的基础。该方案存在一个问题需要考虑，该方案下会出现一段时间的税费并行，可能会在社会上造成一定的负面影响。环境保护税主要由税务部门征收，而排污费则由环保部门征收，对于本质上相同的经济手段，一个排污企业要同时面对两个部门进行申报，遵守两套制度。且由于税收的刚性特征，环保部门在面向企业征收排污费时，与税务部门相比也处于较为弱势的地位，不利于政策的有效执行。

7.1.3 方案三：停止试点，两年准备期后并入环境保护税

该方案是于 2018 年 1 月 1 日停止 VOCs 排污费试点，进入两年准备期，准备期内对 VOCs 排污费试点工作进行全方位评估，总结经验、查找问题，同时以 VOCs 排污费制度为基础对 VOCs 纳入环境保护税的制度进行设计，如优化核算方法、调整征收标准等。两年准备期结束后，通过税法修正案的形式将 VOCs 纳入环境保护税征收范围，开征 VOCs 环境保护税。

该方案的优点是可以对 VOCs 排污费试点进行充分评估，查找经验问题，改进制度设计，为将 VOCs 纳入环境保护税做更加充分和成熟的准备。环境保护税法修订需要履行一系列法定程序，与方案一相比，该方案为启动环境保护税法修订程序预留更充分的时间。

该方案的缺点是制度的衔接存在断档。虽然该方案也是将 VOCs 排污费改成环境保护税，但是需要先停掉排污费试点，排污费试点工作涉及众多环境监察机构及企业，停掉之后间隔两年再启动不利于现有工作成绩的巩固以及政策的连贯性。

7.1.4 方案四：取消 VOCs 排污费试点，且不纳入环境保护税

该方案是直接取消 VOCs 排污费试点。这种方案不需要对现有环境保护税法进行任何修订，最易于操作，但是该方案下 VOCs 排污费工作中止，这对于环保部门为此投入的人力、物力、财力成本及取得的成效，以及排污单位所投入的管理成本和治理成本将是某种程度上的忽视和浪费。VOCs 排污收费工作得到了发改委、财政部、环保部以及各地方政府的高度重视，有些地方投入了很大的精力去开展工作，无论在制度建设还是推动企业 VOCs 污染治理方面都取得了较大的成效，在企业层面很多企业已经上了 VOCs 污染治理设施。VOCs 正逐渐成为我国大气环境监管的一项主要污染物，经济手段在配合行政命令型手段发挥调节企业污染治理行为的作用不容忽视。

在取消 VOCs 排污费试点之后，由于 VOCs 排放的危害性及我国的管理需求，可以考虑以下方式中的一种来加强经济手段对 VOCs 治理的推进。

（1）将 VOCs 纳入消费税征收范围。在 VOCs 不纳入环境保护税的情况下，可考虑将 VOCs 产品纳入消费税征收范围，以减少企业使用含 VOCs 的产品。同时鼓励企业对 VOCs 排放进行治理，减轻企业经济负担，可制定相应的税收优惠政策，如将 VOCs 污染防治设备纳入《环境保护专用设备企业所得税优惠目录》，以及纳入增值税即征即退优惠政策等。

消费税在促进污染治理和减排方面功能较弱，主要是通过消费税来引导市场对环境友好产品的选择，促进绿色消费，因此这种方式比较适合在市场上具有更环保产品进行替代的产品，如果被税产品在市场上处于不可替代的垄断地位，那么征收消费税将不能发挥引导绿色消费的效果，容易发生税负转移，增加企业和消费者的负担。

（2）对大气污染物当量值表中 VOCs 单独计征环境保护税。环境保护税大气污染物当量值表中有 20 余种污染物属于 VOCs。但是根据排污费征收情况看，由于这些 VOCs 在监测、计税依据确定等方面存在不足，或者某些单一物种排放量相对较小排不到排放口前三项，导致大多未纳入实际征收范围。可考虑将当量值表中的挥发性有机物当量值适当调低，或者将表中的挥发性有机物无论是否进入排放口前三项，均对其前五项收税。这种方式优点是不额外增加环境保护税污染物种类，易于操作；缺点是会将大部分 VOCs 种类排除在征税范围外。目前已鉴定出来的 VOCs 达 300 多种，环境保护税法大气污染物当量值表中的 VOCs 仅占 VOCs 种类的一小部分，且不包含一些重要的行业特征污染物，从排放量上看也仅占 VOCs 总排放量的很小比例，从征收监管成本角度看成本效益较低，且这种方案同样需要对环境保护税法进行修订。

（3）建立 VOCs 污染防治基金。为了促进和加强 VOCs 排放管理和污染防控，设立 VOCs 污染防治基金。按照企业 VOCs 排放量对企业征收 VOCs 污染防治基金费用，可由地方税务部门代征。基金主要用于对企业 VOCs 污染治理项目的补贴。

7.1.5　推荐性建议

通过以上对 4 个方案的分析，建议将方案一作为优选方案，即于 2018 年 1 月 1 日税法实施前，对《环境保护税法》进行修订将 VOCs 纳入环境保护税征收范围，作为一种大气污染物列入《应税污染物和当量值表》，2018 年 1 月 1 日开征环境保护税，包括对 VOCs 征税，同时 VOCs 排污费试点结束。本方案既可以充分发挥经济手段对 VOCs 治理和减排的促进作用，又可以避免税费并行。难点在于需要在本年度内履行法律程序，完成对《环境保护税法》的修订。方案二作为备选方案，在年内修法困难无法完成的情况下推进方案二。

7.2　典型行业税收规模预测

根据数据可得性及已有的 VOCs 排污费征收数据特征，选取典型行业进行税收规模预测。石化行业征收户数和征收额较多，其中细类行业中原油加工及石油制品制造业 VOCs 排放量约占整个石化行业的 90%，且该行业 VOCs 排放的源项最多，最具代表性，因此选择原油加工及石油制品制造业作为典型行业进行税收规模预测。

目前开征 VOCs 排污费的原油加工及石油制品制造业的企业共有 163 家，其中 9 个以上源项有排放数据的企业有 53 家，以这 53 家原油加工及石油制品制造的数据作为基础进行测算。通过计算，这 53 家企业的原料加工总能力为 2.17 亿 t，VOCs 总排量为 4.57 万 t，试点期间 VOCs 排污费征收额为 0.97 亿元。假设开工率为 76.7%[①]，则计算得万吨原料加工能力的 VOCs 排放量约为 2.74 t。截至 2016 年年底，我国炼油能力已达 7.5 亿 t/a，假设

---

① 2016 年各类炼厂开工率平均值为 76.7%。

开工率为 100%，则原油加工及石油制品业 VOCs 排放量约为 20.6 万 t/a。按照原油加工及石油制品业 VOCs 排放量占石化行业的 90% 来算，则石化行业 VOCs 排放量约为 22.8 万 t/a。

将税率设置为低、中、高 3 种情景，分别为每污染当量 1.2 元、5.6 元和 10 元，假设污染当量值为 0.95，对这 3 种情景的税收规模分别进行预测，得出石化行业排放 VOCs 在 3 种情景下税收规模分别达到 2.89 亿元、13.46 亿元和 24.04 亿元，其中原油加工及石油制品制造业排放 VOCs 在 3 种情景下税收规模分别达到每年 2.6 亿元、12.12 亿元和 21.64 亿元（表 4）。

表 4　典型行业 VOCs 环境保护税税收规模预测　　　　　　　单位：亿元/a

项目		排放量/（万 t/a）	低税率情景	中税率情景	高税率情景
石化行业		22.8	2.89	13.46	24.04
其中	原油加工及石油制品制造	20.6	2.6	12.12	21.64

7.3　其他配套建议

完善制定行业和地方 VOCs 排放标准。目前涉及 VOCs 控制的排放标准有 15 项，北京、天津和广东等地方也相继出台了地方标准，但是整体来说 VOCs 排放标准还不完善，尤其是行业标准和地方标准比较欠缺，应加快推进相应标准的出台。

鼓励第三方市场机构介入 VOCs 环境保护税征管服务。制定政策鼓励和推进第三方市场机构承接 VOCs 的检测服务、排放量计算以及其他纳税征管服务，相关企业和政府部门均可以通过购买服务，推动实现 VOCs 检测和征管的专业化。同时制定配套政策规范监测机构和纳税服务机构的相关行为。

发布 VOCs 治理技术指南。通过调研了解到很多企业，尤其是中小企业对于选取什么样的 VOCs 治理技术和设施感到困惑，国家也缺乏相关的治理技术指导政策，应推动国家和地方层面加快制定和出台 VOCs 治理技术指南，为促进和推动企业开展 VOCs 治理提供参考和指导。

7.4　小结

在排污费改税的背景下，结合 VOCs 排污费试点实施情况，提出利用税收手段加强 VOCs 管控的 4 种方案，对各方案进行利弊分析。方案一是以 VOCs 排污费试点确定的制度为基础，通过修订环境保护税法将 VOCs 作为大气污染物的一个子税目纳入环境保护税，在全国层面先将已经具有一定基础的石化行业和包装印刷行业 VOCs 排放纳入环境保护税征收范围，其他行业按照排污许可证制度的进展和要求逐步扩展；方案二是继续推进 VOCs 排污费试点，为将排污费纳入环境保护税做更进一步准备，两年后通过修订环境保护税法纳入环境保护税；方案三是停止 VOCs 排污费试点，经过两年准备期后启动修法将 VOCs 纳入环境保护税；方案四是直接取消 VOCs 排污费试点。通过利弊分析，建议将方案一作为优选方案，方案二作为备选方案。

根据数据可得性及已有的 VOCs 排污费征收数据特征，选取典型行业进行税收规模预测。通过测算得出万吨原料加工能力的 VOCs 排放量约为 2.74 t，按照我国炼油能力 7.5 亿 t/a，计算得出石化行业 VOCs 排放量约为 22.8 万 t/a，其中原油加工及石油制品业 VOCs 排放量约为 20.6 万 t/a。将税率设置为低、中、高 3 种情景，分别为每污染当量 1.2 元、5.6 元和 10 元，假设污染当量值为 0.95，对这 3 种情景的税收规模分别进行预测，得出石化行业排放 VOCs 在 3 种情景下税收规模分别达到 2.89 亿元、13.46 亿元和 24.04 亿元，其中原油加工及石油制品制造业排放 VOCs 在 3 种情景下税收规模分别达到每年 2.6 亿元、12.12 亿元和 21.64 亿元。

参考文献

[1] 陈颖，叶代启，刘秀珍，等. 我国工业源 VOCs 排放的源头追踪和行业特征研究[J]. 中国环境科学，2012，32（1）：48-55.

[2] 梁小明，张嘉妮，陈小方，等. 我国人为源挥发性有机物反应性排放清单[J]. 环境科学，2017，38（3）：845-854.

[3] 郭婷. VOCs 排污收费试点意味着什么？[N]. 中国环境报，2015-07-20（2）.

[4] 石化行业挥发性有机物综合整治方案. http：//www.zhb.gov.cn/gkml/hbb/bwj/201412/t20141211_292842.htm.

[5] 2016 年中国环境状况公报. http：//www.zhb.gov.cn/hjzl/zghjzkgb/lnzghjzkgb/201706/ P020170605833655914077. pdf.

[6] 《挥发性有机物排污收费政策研究》项目组. 挥发性有机物排污收费政策研究报告[R]. 2014.

[7] 华印软包装发展研究中心（北京）有限公司. 包装印刷行业挥发性有机物排污收费实施情况评估[R]. 2016.

附：2016 年企业 VOCs 排污费情况调查表

企业名称：   坐标：

一、企业经营情况			
序号	指标名称	计量单位	金额
1	产值	万元	
2	利润	万元	
3	税收	万元	
4	排污费	总额 万元	
		大气 万元	
		其中 VOCs 万元	
		水 万元	
		噪声 万元	
		固体废物 万元	
5	其他收费	万元	

二、主要产品					
产品名称	生产工艺	计量单位	生产能力	计量单位	实际产量

三、主要原辅材料			
原辅材料名称	产地	计量单位	实际使用量

四、VOCs 治理投入			
序号	指标名称	计量单位	金额
1	工程建筑	万元	
2	设备购置	万元	
3	年运行费用	材料费 万元	
		维修费 万元	
		人工费 万元	
		折旧费 万元	
		其他费用 万元	
		小计 万元	
4	总计	万元	

五、VOCs 排放情况			
序号	指标名称	计量单位	数量
1	产生量	吨	
2	减排量	吨	
3	排放量	吨	

国家土壤污染防治基金方案研究[①]

Research on National Soil Pollution Prevention and Control Fund

董战峰 璩爱玉 李红祥 葛察忠 王夏晖 逯元堂 谢晖 王金南

摘　要　我国土壤污染形势严峻，《土壤污染防治行动计划》（以下简称《土十条》）实施的资金需求量大，需要创新土壤修复与治理的投融资模式，加快研究论证设立土壤防治基金，并落实在《土壤污染防治法》中，为历史性遗留、难以归责的无主的污染地块的修复与治理提供资金保障。本书在总结发达国家和我国台湾地区有关土壤污染防治基金实践经验的基础上，提出了我国国家土壤污染防治基金方案，包括设计思路、资金来源、基金规模、基金管理、基金使用范围、基金使用方式与基金监管等，最后提出推进建立土壤污染防治基金的建议，以期为我国的土壤污染防治工作提供借鉴。

关键词　土壤污染　土壤污染防治基金　土壤环境　污染场地修复　土壤污染防治行动计划

Abstract　China faces a serious soil pollution situation. The Implementation of the Action Plan for Soil Pollution Prevention and Control(hereinafter referred to as "10 Articles of Soil") is in great need of funds. We need to innovate the investment and financing mode of soil remediation and governance，speed up the research，demonstration and establishment of soil prevention and control funds，and provide financial guarantee for the restoration and treatment of historic and unclaimed contaminated lands according to Soil Pollution Control Act. Based on the practical experience of soil pollution prevention and control fund in developed countries and Taiwan，this paper puts forward the national soil pollution prevention and control fund scheme in China，including design idea，fund source，fund scale，fund management，fund use scope，fund use mode and fund supervision，etc. Finally，it puts forward suggestions to promote the establishment of soil pollution prevention and control fund so as to provide reference for soil pollution control in China.

Key words　soil pollution，soil prevention and control fund，soil environment，restoration of contaminated sites，intensive action plan for soil pollution prevention and control

---

① 本书得到挪威政府支持的"中国土壤修复与治理融资模式研究"项目支持。

我国土壤污染形势严峻，《土壤污染防治行动计划》（以下简称《土十条》）实施的资金需求量大，需要创新土壤修复与治理的投融资模式，加快研究论证设立土壤防治基金，并落实在《土壤污染防治法》中，为污染地块修复与治理，特别是因历史原因遗留和无主的污染场地修复提供资金保障。

1　建立土壤污染防治基金是落实《土十条》的重要保障

1.1　由于土壤污染的隐蔽性、滞后性和累积性，我国因历史原因遗留下来的土壤污染问题十分严重，土壤污染防治工作面临严峻挑战

不同于大气污染的明显易感受，也不同于水污染的直观易观察，土壤污染通常难以察觉和发现，并不断累积，使我国在城镇化进程中出现了大量污染责任不明确的污染场地和污染耕地。根据首次全国土壤污染状况调查结果，我国土壤总超标率为 16.1%，其中，耕地点位超标率为 19.6%，重污染企业及周边土壤超标点位 36.3%。从时间跨度上来看，我国土壤污染发生速度快，西方国家从 19 世纪中叶开始的工业生产导致的污染，是将近 150 年的污染过程和遗留问题，而我国仅仅是半个世纪，就达到了当前十分严峻的污染程度。而且目前还无法得到有效遏制，另外，重污染企业用地及工矿业废弃地土壤环境问题突出，累积性污染导致污染事故频繁爆发，如北京宋家庄地铁土壤污染事件、常州外国语学校事件等，我国土壤污染防治工作面临严峻挑战。

1.2　我国土壤污染治理修复资金需求缺口大，影响国家土壤环境保护决策部署的有效落实

污染土壤治理修复需要花费巨额资金，从国际经验来看，与水、大气污染治理相比，土壤污染治理的资金需求往往更大，如美国在 20 世纪 90 年代用于污染场地修复方面的投资就达 1 000 亿美元。尽管 2016 年中央财政预算中土壤污染防治专项资金预算达到 90.89 亿元，但是与《土十条》中土壤污染安全防控和修复治理任务需求相比差距十分巨大。按照《土壤污染防治行动计划》要求，"十三五"期间，在农用地方面，到 2020 年农用地要实现 1 000 万亩受污染耕地治理与修复，2 000 万亩重度污染耕地种植结构调整或退耕还林还草，4 000 万亩轻度和中度污染耕地安全利用；在建设用地方面，初步估算则需要开展治理修复的污染地块数量约为 2.4 万块（按照在产和关闭土壤污染重点监管企业 30% 比例测算），其中无主的、需要政府财政支持的污染地块约为 6 000 个。因此，无论是削减存量、控制增量，还是防范风险等都需要大量资金投入，据测算，《土十条》实施的资金需求至少为 10 000 亿元左右。分担到每年的预算中，财政资金缺口较大，难以满足耕地及污染地块安全利用的目标，这将影响国家土壤环境保护决策部署的有效落实。因此，要确保《土十条》顺利实施，必须创新现有的土壤防控投融资模式，建立专门的、有效的土壤

修复与治理的新型资金机制。

1.3 我国许多历史遗留的土壤污染责任不清晰，无法运用"污染者付费"原则，各级政府治理责任重、压力大

我国的大部分农业耕地污染都是由于工业污染物向农业转移，污染物由城市向农村转移形成的，很难界定清楚这部分耕地污染的责任人。加上由于历史上土壤标准不清晰，先前的土地所有者企业早已关闭或改制，已经无法锁定污染责任人，造成大量的污染场地责任主体不明确。另外，即使土壤污染的责任主体是明确清晰的，运用"污染者付费"原则也不能让污染者承担全部的土壤修复成本和污染造成的危害所产生的全部费用，因为相关费用可能超出了责任主体的承受能力，特别是对于特大土壤污染事件或潜伏期较长的突发土壤污染危害事件，就更是如此。因此这类历史遗留污染场地以及污染耕地治理修复所需的资金只能由政府承担，对各级政府是一个负担。

1.4 与西方许多发达国家不同的是，我国以公有制为基础的土地产权属性，在一定程度上易导致土壤（包括场地）污染防治权责模糊不清

西方发达国家如美国、英国、德国等土地所有权制度是以私有制为基础，由土地所有权和多种形式的土地保有权或其他类型土地权利构成，以利用定归属，从归属转向利用。这有助于实现污染土壤归责，如美国《超级基金法》规定四类需要承担治理责任的有关责任方，又被称为"潜在责任人"，具体包括：棕色地块的现有所有人和经营者；污染物质在棕色地块上被处置时的场地所有人和经营者；在棕色地块上处置污染物质的人（通常是污染物质的制造者）；运输和选择到棕色地块上处置污染物质的人。从"潜在责任人"概念出发，将责任主体进行了分类，在实践中，潜在责任人几乎囊括了所有与土地污染有关的关系人，即包含了土地所有人、土地经营者、在土地上处置污染物质者等土地使用者，最大限度地强化污染者的责任，以保证污染场地责任主体能落实。我国以公有制为基础的土地产权属性，在一定程度上导致污染防治权责模糊不清，而现行立法尚未对土地污染治理责任主体做出明确规定，这往往使土地使用者在利用土地时存在一味地追求经济利益，而忽略了对土地进行保护与污染防治。土地污染治理立法存在的土地污染治理责任制度缺失，导致我国土地污染治理工作难度加大。因此，我国在土地污染责任主体的规定上，不能简单机械地规定由某一方，如由土地所有人来承担污染场地的治理和修复工作，这样极可能导致部分责任人逃避责任，也不利于污染治理工作的进行。

1.5 由于法律法规标准缺失或不完善，造成我国土壤污染的责任主体难以明确，无法完全根据"污染者付费"原则筹集我国土壤污染治理修复所需的全部资金

目前，我国尚没有出台土壤污染防治的专项法律，现有土壤污染防治的相关规定主要

分散体现在环境污染防治、自然资源保护和农业类法律法规之中，如《环境保护法》《固体废物污染环境防治法》《农业法》《草原法》《土地管理法》《农产品质量安全法》等法律中零散规定了土壤污染防治问题，土壤污染责任追究的专门性法律法规缺失，造成土壤污染主体不明确，难以对土壤污染直接责任人进行归责以及鉴定土壤污染的损害水平。我国现行土壤环境保护标准不清晰，如 1996 年出台的《土壤环境质量标准》只是规定了农业土壤标准，但未对污染场地再开发使用标准予以明确；1999 年的《工业企业土壤环境质量风险评价标准》只适用于企业选址阶段和企业生产活动过程中的土壤标准，并未包含污染场地再开发和居住用地开发的土壤标准。2012 年，环保部、工信部、国土资源部和住建部联合发布的《关于保障工业企业场地再开发利用环境安全的通知》（环发〔2012〕140 号），明确了 2012 年后搬迁的企业为其所在的污染场地的污染责任人，但是 2012 年之前进行的土地交易，均未明确污染场地的责任人及所需修复费用的承担主体。特别是对土地产权发生多次转移的污染场地，已经无法锁定污染责任人，这类污染场地的治理修复无法运用"污染者付费"原则，所需的治理修复资金只能由政府承担。

1.6 我国现行的土壤污染防治专项资金难以满足土壤污染治理修复资金的要求，需要设立土壤污染防治基金扩大资金渠道来源、提高财政资金的使用效率

目前我国设立的土壤污染防治专项资金手段解决土壤污染防治工作，存在如下问题：

（1）专项资金来源于国家财政，仅采取专项资金方由中央财政兜底，实际上是大家负担形式，这使土壤污染防控治理存在公平性问题，也难以在社会上形成土壤污染修复治理的明确导向和激励信号；土壤污染防控基金则提供了一个更为宽泛的资金框架，不仅财政资金可作为资金渠道之一，更重要的是可将土壤污染责任特定人纳入，由特定人负担，这样可在社会上形成明确的信号导向。因此，在资金机制上，与土壤污染防治专项资金形式相比，采取基金形式相较而言更加公平合理。

（2）土壤污染防治专项资金主要来源于政府财政投入，资金渠道单一，不仅政府财政负担大，也无法吸引私人资金的投入，很难满足土壤污染治理的巨额资金需求。

（3）传统的财政资金没有独立核算功能，而是由财政部门统一核算、统一管理，与土壤污染治理支出需要对应不紧密，导致专项资金难以高效使用。

（4）专项财政资金一般申请程序长、审核程序复杂、资金使用效率低，监管不到位时易产生"寻租"空间。设立土壤污染防治基金一方面可以扩大资金渠道来源，另一方面可以通过专业管理机构对项目安排、资金使用进行科学管理，提高资金使用效益，有利于加快推进土壤污染防治工作进程。

1.7 土壤污染防治基金具有筹集灵活、专业化管理等特点，是解决"污染者付费"原则失灵的有效补充，能够保障土壤污染防治工作高效开展

土壤污染防治基金资金来源除了财政拨款外，还包括部分污染行业排污收费或环境保

护税、土地出让收益金以及相关行政罚款、基金运行收入、绿色债券、社会赠款、国际赠款等，因此，资金来源多元化，发挥政府性资金作用，引导私人部门资金进入土壤污染治理修复领域，很大程度上解决了土壤污染治理修复资金缺乏的问题。同时，土壤污染防治基金实行单独的核算体系，采取专业的土壤污染修复会计审计制度，可以提高基金的使用效率。另外，土壤污染防治基金是建立在"污染者付费"原则基础上的，对于直接认定污染责任和追索污染责任应要求企业支付修复费用，是解决"污染者付费"原则失灵的有效补充。

2 发达国家和我国台湾地区有关土壤污染防治基金实践

日趋严重的土壤环境问题成为制约经济发展和人们生活素质提高的一个重要因素，由于土壤环境问题的复杂性、治理长期性、资金投入需求大等特征，不少国家和地区开展了专门针对土壤环境修复与治理的基金机制的探索，特别是美国、我国台湾地区最为典型，基本建立了较为完善的土壤污染防治基金制度，回应土壤污染修复与治理难题。

2.1 美国超级基金制度

2.1.1 超级基金产生的背景

20世纪70年代中期，危险废物在美国成为最引人关注的环境问题之一。当时超过90%的危险废物处置是在未考虑环境安全的情况下进行的，对水体、土地和空气造成了广泛的污染，并引发了一系列危险废物泄漏而危害公众健康和安全的污染事件，如纽约州的"拉芙运河污染事故"。在70年代中期，化学废物渗入居民住宅的地下室，并且释放有毒气体，给居民的生命、健康和财产带来巨大灾难。危险废物泄漏造成的严重后果引起了美国范围内的广泛关注，各地陆续开展了一些污染场地调查活动，结果发现美国境内有成千上万类似拉芙运河的危险废物填埋场。2004年美国环境保护局发布的评估报告显示，在美国境内已经确认的危险废物污染场地大约有77 000块，若对所有的污染场地予以清理，将花费数千亿美元以及几十年时间。因此，1980年美国政府颁布《综合环境反应、赔偿与责任法案》（Comprehensive Environmental Response Compensation and Liability Act，CERCLA），该法案作为美国土壤污染防治体系的一部起到基础性作用的法律文件，主要包括对由有害废物和有害物质引起的损害向公众赔偿的问题。立法目的就在于推进对全国范围内的"棕色地块"的修复治理，美国政府依据该法建立了名为"超级基金"（Superfund）的信托基金，对实施这部法律提供资金支持，故该法常被称为《超级基金法》。该法也对包括土地、厂房、设施等动产、不动产的污染者、所有者和利用者以溯及既往的方式规定了法律上的严格连带无限责任。

2.1.2 基金发展

美国《超级基金法》提供了一个联邦"超级基金"来清理不可控的废弃危险场地。该法自颁布之后，对污染场地的治理起到了很好的效果，但是随着时间的推移以及时代的进步，《超级基金法》本身的局限性和问题也一一暴露出来，为了使该法在污染场地治理中更高效的运行，美国国会又对该法于 1986 年、1997 年和 2002 年进行了 3 次修订。

（1）第一次修订。1986 年 10 月 17 日美国颁布《超级基金修正案与再授权法案》（The Superfund Amendments and Reauthorization Act，SARA），该法案总结了在《超级基金法》颁布后最初的 6 年内，美国环境保护局执行污染场地治理项目的经验与教训，相对于《超级基金法》做了几点重要修改。1980 年颁布的《超级基金法》旨在建立一个由污染者承担大部分治理费用的强大、高效的污染场地治理机制。然而，在具体的实际治理过程中，往往很难找到污染责任人或者是污染者无力承担。因此，在此次修正中增加了一个不能反映"污染者付费"原则的新的基本税种，用以加大对污染场地的治理投入。新增加的税收并非是针对所有美国企业的，它只影响支付替代性税收超过 200 万美元的大企业，而且这项环境税的用途仅仅限定于建立治理污染场地的超级基金，而不能另作他用。这样，使超级基金的规模增加到了 85 亿美元。

修正案还做了一些重要条款的修订：强调了在污染场地治理中创新治理技术以及对污染场地实现永久修复的重要性；提出在治理行动中，要遵守其他州和其他环保法律法规中的标准和要求；建立新的执法当局和解决手段；在超级基金项目的每个阶段增加政府的参与；要加大对污染场地引起的人类健康问题的关注；鼓励公众更多地参与到对污染场地的治理过程中；要求美国环境保护局修改污染场地风险排名系统，以确保其能正确的评估那些可能被置于优先治理名录（NPL）的污染场地对人类健康和公共环境的危害程度。

总之，新的修正案和美国环境保护局在这 6 年间实施的污染场地清理项目是一致的，它纳入了很多两年前政府提议的关键条款，这项新的修正案将有力地促使美国环境保护局对最严重的污染场地进行高效的治理。

（2）第二次修订。美国《超级基金法》颁布运行 17 年之后，根据该法在实际污染场地治理中的运行情况，为了扩充治理资金，修复更多污染场地，吸引更多的社会组织、机构、团体以及私人积极加入到该项行动中来，美国国会在 1997 年 8 月 5 日又不失时机地出台一项减税法案，即《纳税人减税法》。纵观该法，其主要通过税收刺激手段来鼓励私人资本更多地注入到对城市和乡村棕色地块的治理中，因为该法明确规定，用于棕色地块治理所付出的费用，采取免征所得税的措施。据联邦政府估计，给予棕色地块清除的税收刺激手段每年约减少联邦税收 3 亿美元，但却能因此吸引 34 亿美元的私人投资和使大约 8 000 个棕色地块恢复生产能力。该法的颁布实现了棕色地块治理的投资主体多元化，资金规模扩大化，极大地提高了棕色地块的治理效率。

（3）第三次修订。2002 年 1 月 11 日颁布的《棕色地块法案》（The Small Business Liability Relief and Brownfields Revitalization Act）是对 1980 年《超级基金法》的修正，最终目的是促进棕色地块的修复与再利用。该法减轻了小规模企业在《超级基金法》中的责任，同时为棕色地块治理提供资金援助，加强各州的棕色地块治理行动。根据该法律的规定，购买环境保险是一项合法有效的行为。具体到对小规模企业责任的减轻，该法规定，当个人能够提供充分有效的证据时，可以免除其根据超级基金法所要承担的作为列入优先治理名单的污染场地生产者和运输者的责任；同时规定在多种情况下可以免除个人基于《超级基金法》中作为固体废物生产者所要承担的责任等。

2.1.3　超级基金构成

《超级基金法》设立的主要目的：①通过《超级基金法》的实施推动哪些对人类健康、福利和环境带来严重威胁的危险废物场地的清理和修复，如多年的垃圾填埋场、工业场地和采矿场地等，并严格按照污染者付费原则要求对场地污染负有责任的主体承担清理和修复费用；②通过《超级基金法》严格的责任机制，促进社会以更谨慎的方式进行危险物质处理、处置。超级基金制度是美国超级基金法案中的核心制度，超级基金设立的主要目的是因为对有害物质泄漏造成的污染场地的治理需要花费大量的资金，设立超级基金可以对污染场地的治理予以资金支持。超级基金由两部分组成：一项是"危险物质反应信托基金"（Hazardous Substance Response Trust Fund），其设立的目的是为已有的被遗弃的危险废物场地和设施的治理，以及应对其他紧急状况提供自助。该项信托基金在1986年《超级基金修正及再授权法》中被更名为"危险物质超级基金"。另一项是"关闭后责任信托基金"（Post-Closure Liability Trust Fund），由于此项基金对土壤污染风险废弃场地关闭后风险承担费用的支持不足，在1986年《超级基金修正案及再授权法案》中被废除。位于华盛顿特区的固体废物和应急响应（OSWER）办事处负责监督超级基金项目，在OSWER之下的应急管理办公室负责短期反应项目。在OSWER之下的超级基金补救和技术创新办事处以及联邦设施反应和再利用办事处管理超级基金长期反应项目，后者为反应涉及联邦设施。

2.1.4　资金来源多元化且阶段性情况不同

在1980年超级基金设立之初，资金主要来源于对石油和42种化工原料征收的专门税和联邦财政的常规拨款，1981—1985年，超级基金的总额达到16亿美元，其中税收来源达到13.8亿美元，联邦财政的常规拨款来源约2.2亿美元。1986年出台的《超级基金修正及再授权法》除了提高石油征税，还增设了两项新的税收：①对50种化学衍生物征税；②对年收入在200万美元以上公司所征收的环境税。另外，还规定每一个财政年度联邦财政常规拨款2.5亿美元，再授权5年。1987—1991年，危险物质超级基金的授权资金总额为85亿元。1990年《综合财政协调法》（The Omnibus Budget Reconciliation Act of 1990）延展了超级基金税收和财政拨款至1995年，这一期间危险物质超级基金的授权资金总额为51亿元。1995年后，由于没有新的税收授权，其来源在很大程度上依赖于联邦财政的常规拨款，同时还有向潜在责任方追回的费用、基金利息以及罚款所得，超级基金的数额有了大幅度的减少（表1、表2）。直到2009年美国颁布《美国复苏与再投资法》，美国环境保护局从改法授权中得到6亿美元的资金，这一情况稍微有所改观。

表1   美国超级基金主要来源

序号	来源途径	1980—1985 年	1986—1995 年	1995 年后
1	对石油和化工原料征收的原料税	√	√	
2	对年收入 200 万美元以上的公司征收的环境税		√	
3	一般财政中的拨款	√	√	√
4	对潜在责任人追回的治理费用			√
5	对不愿承担相关环境责任的公司及个人的罚款			√
6	基金利息			√

表2   美国超级基金在取消税收前后的融资情况   单位：亿美元

序号	来源途径	1981—1995 年（占总收入的百分比）	1996—2007 年（占总收入的百分比）
1	税收收入	180.18（67.5%）	9.36（6.0%）
2	财政拨款	46.16（17.3%）	92.81（59.2%）
3	基金利息	24.12（9.0%）	25.43（16.2%）
4	回收资金和罚款	16.34（6.1%）	29.06（18.6%）
	合计	266.80（100%）	156.67（100%）

2.1.5   基金管理

超级基金主要由美国环境保护局管理，采用联邦和州综合融资方式，由固体废物与应急办公室负责管理。其中，紧急办公室负责超级基金授权下的短期项目，超级基金补救和技术革新办公室与联邦设施反应和再利用办公室负责超级基金的长期项目。

2.1.6   基金用途

《超级基金法》对危险物质超级基金的使用范围进行了详细的规定（图1），包括：①政府采取应对危险物质行动所需要的费用，包括公害法干预方面的支出；②任何人因执行《国家应急反应计划》的必要反应行动而提出的补偿请求，然而，这些费用必须有国家应急计划的支持，而且由负责的联邦机构证明；③对申请人无法通过其他行政和诉讼方式从责任方得到修复的、危险物质排放所造成的自然资源损害进行补偿，包括因索赔而发生的所有利息、行政费用、司法费用和律师费；④针对危险物质释放所做的一些调查研究的费用；⑤对公众参与技术性支持的资助（一般不超过 50 000 美元）；⑥对 1～3 个大城市地区开展的试点项目中清除、修复及其他与铅污染相关的行动所需要的费用（不超过 1 500 万美元）。此外，法律严格规定，除非在实施以上几项行动过程中偶然发生的并且合理必要的行政支出以外，总统绝对不能将基金用于支付其他行政费用或者支出。

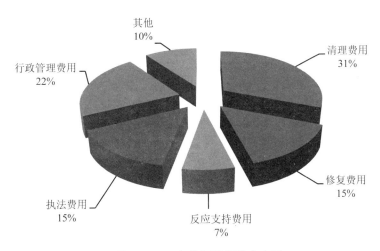

图 1　2002 年美国超级基金支出

2.1.7　实施效果与问题

超级基金实施以来，美国境内大部分列入国家优先名录（NPL）的历史遗留的污染场地已经得到了治理和修复。20 世纪 80 年代初至 90 年代初，有 1 000 个 NPL 场地已经进行了局部或整体的修复行动，至 2003 年年底，83%的国家优先名录场地已经进入修复程序（表 3）。截至 2010 年 3 月，先后进入污染场地国家优先目录的场地有 1 620 块，其中有 341 块场地已从该目录中删除，占总数的 21%，在余下的 1 279 块场地中，有 742 块场地的修复工程已经完成，处于场地监测和控制过程中，余下的 316 块场地处于修复过程中。但是，美国超级基金制度有其合理、先进的一面，但也有很严重的问题：一方面经费缺乏日趋严重，投入使用的资金回收状况差。超级基金自诞生时，对通过 3 个税种建立的超级基金是否合理一直存在争议，而 3 个税种只征收至 1995 年，这严重削减了基金经费来源，同时存在对潜在责任方费用的追讨效率低，导致超级基金经费日渐减少，到 2004 年年底超级基金资金几乎全部用完，基金结余接近于 0。另一方面超级基金的执行太过昂贵，管理和诉讼成本所占比例大于清除的直接成本。如责任认定的公正性，美国环境保护局采取的策略是先和企业协商后诉讼，但是有些情况下美国环境保护局不得不将企业诉讼到法庭，这样就大大增加了成本，使责任认定过程费用高昂。

表 3　美国超级基金 NPL 场地修复情况

状态	非联邦场地	联邦场地	场地总量	百分比/%
累积 NPL 场地/个	1 447	173	1 620	100
修复工程已完成的场地/个	1 017	66	1 083	67
未开始修复或修复未完成场地/个	—	—	537	33
已从 NPL 中删除的场地/个	326	15	341	21
部分修复单元从 NPL 中删除的场地/个	37	13	52	4

2.2 我国台湾地区土壤及地下水污染整治基金

2.2.1 基金产生背景

20 世纪七八十年代，我国台湾地区发生了多起土壤及地下水污染事件，到 90 年代，发生了影响重大的 RCA 场址事件，这次事件主要是由于美国福特公司以及无限电生产传送公司在台湾兴建的加工厂把生产过程中导致的有机废渣、废气、废水通过深土掩埋的方式进行处理，最终引致该区域地下水与农用土地遭受巨大危害，影响居民的生活环境和生态环境。这促使了台湾立法部门加快出台相关的法律法规，如"土壤及地下水污染整治法"。为解决资金筹措难题，在当时政府预算不足的情况下，台湾地区参考美国超级基金制度成立土壤及地下水污染整治基金，专门用于污染发生后的应急、控制、修复及补偿等工作，并授权台湾环保部门作为土壤及地下水污染整治基金的主管部门，成立土壤及地下水污染整治基金管理委员会负责基金的具体收支、保管和运用。

2.2.2 基金来源

台湾地区坚持"污染者付费"原则，将企业作为污染防治的责任主体，并且实行无过错责任原则，即规定区域内进行生产、排污等的行为人，无论其在生产、排污等过程中是否遵守环保规定，都应当承担环境污染防治的责任。台湾地区土壤及地下水污染整治基金的收入来源于 8 个方面：①土壤及地下水污染整治费收入；②污染行为人或污染土地关系人依法求偿及罚款所得；③土地开发行为人依土地获利所缴款项；④基金利息收入；⑤主管机关预算内拨款；⑥部分环境保护相关基金；⑦环境污染罚金；⑧行政处罚所得及其他有关收入。其中，土壤及地下水污染整治费是土壤及地下水污染整治基金的重要来源。台湾地区土壤及地下水污染整治费自 2001 年开始征收，主要面向相关企事业单位的制造者和输入者，并依据物质的种类、产生量和输入量等实行不同的征收比例。征收的主要依据为"土壤及地下水污染整治费收费办法"。"土壤及地下水污染整治费收费办法"历经 4 次修改后，已将整治费的收费污染物类型由原先多集中于石化行业污染物类型调整为各类别土壤污染物。

2.2.3 基金用途

台湾地区土壤及地下水污染整治基金的主要用途也有严格的规定。土壤及地下水污染整治基金主要用于：①场地调查评估费用；②应急措施采取，修复计划制订和实施费用；③基金管理人事和行政管理费用；④整治费征收、基金求偿及诉讼相关费用等。但在基金成立初期基金主要用于政策制定、机构能力建设及潜在污染源调查，每年支出保持在 0.4 亿~0.6 亿元。随着调查工作的深入，需要进行污染修复的场地数量随之增加，从 2008 年起基金主要用于污染场地调查、应急和修复，支出金额也从 2008 年的 0.4 亿元增加到 2013 年的 2.6 亿元。2013 年，土壤及地下水污染整治基金用于制订和执行修复计划的支出占当年总支出的 9.54%，相应的行政管理费用占 3.40%。

2.2.4　管理机构

考虑到土壤和地下水环境保护工作较复杂，2001 年 11 月，台湾地区在环保部门内设立土壤及地下水污染整治基金管理委员会负责基金管理、运用等事宜，相关申报、审理、稽核业务委托专职机构负责。管理委员会下设主任委员，副主任委员。主任委员由台湾地区"环保署署长"兼任。副主任委员下由台湾当局有关机关、工商团体、学者专家、社会公正人士，这些都由台湾地区"环保署署长"从台湾当局有关部门代表、工商团体代表、学者、专家及社会公众人士中选取，其中管理委员会学者专家人数不得少于委员人数的2/3。委员负责审计土壤及地下水污染整治基金年度预决算，为土壤和地下水污染防治政策提供咨询意见。土壤及地下水污染整治基金管理委员会内设工作小组负责具体工作，由主任委员任命的执行秘书整体负责。

2.2.5　实施绩效

自整治基金运行以来，累计投入近 12.1 亿元开展土壤及地下水污染调查及修复，持久稳定的投入使得调查工作按计划有序进行。目前台湾地区已完成对加油站的全面调查，总体场地调查完成率达到 48.50%（表 4），下一步将重点开展对工业场地的调查。同时，在修复工作逐步展开、资金需求大大增加的情况下，由于基金的保障，使得修复工作可以相对从容的进行，并未因政府年度预算不足等原因而致使工作停滞不前。至 2014 年 2 月，台湾地区累计发现污染场地 5 411 处，农地、加油站、储槽和非法弃置场等重点污染场地已有约一半完成修复，总体修复完成率达到 44.58%（表 5）。

表 4　我国台湾地区污染场地调查情况

类型	总数/个	已调查/个	调查率/%
加油站	2 700	2 700	100
航空站	18	18	100
军事场地	320	180	56.25
工业场地	3 740	391	10.45
总计		48.5%	

表 5　我国台湾地区污染场地修复完成情况

类型	解除列管场地		列管状态场地		修复完成比例	
	数量	面积/hm²	数量	面积/hm²	数量	面积/hm²
农地	2 038	452.5	2 565	334.4	44.28	57.50
加油站	113	27	112	19.6	50.22	57.94
储槽	8	36.8	3	24.4	72.73	60.13
工厂	174	278	201	1 147	46.40	19.51
非法弃置	23	15.7	24	15.9	48.94	49.68
军事场地	19	10	27	536.8	41.30	1.83
其他类型	37	40	67	234.7	35.58	14.56
总计	2 412	860	2 999	2 312.8	44.58	27.11

2.3 其他

2.3.1 德国

德国在处理萨安州历史遗留场地治理修复时，采用专项基金的方式取得良好成效。具体方式为，德国联邦政府一次性划拨萨安州政府 10 亿欧元并成立污染场地治理基金；同时，萨安州立法每年从预算划拨 2 100 万欧元作为污染场地治理经费。为吸引投资，萨安州成立污染责任免除局，并立法规定拟在萨安州投资的企业，如果用地属于污染场地，则可申请免责，经过污染责任免除局批准后，投资者可开展污染地块的治理修复工作，所需经费可向政府申请报销。

截至目前，萨安州共发放免责证 8 000 个，此外，德国北莱茵-威斯特法伦州（北威州）通过立法成立"土地回收和污染场地修复协会（AAV）"，建立由州政府-社会资本合作的污染场地修复基金。协会每年约有 1 000 万欧元的修复基金，用于资助无主的历史遗留企业场地的修复和再开发利用。

2.3.2 日本

日本《土壤污染对策法》（2002）中规定建立一个关于特许业务的基金，并将该基金、政府对基金的补助、由政府以外的个人、组织捐赠的资金，用于委派业务。根据环境省法令，委派促进法律实体应在每个业务年度准备一份关于特许业务计划的文件和一份收入及支出预算文件，并且因得到环境省环境大臣的认可。委派促进法律实体在每一个业务年度结束时，准备一份关于特许业务的业务报告和支出执行情况的财务报告，并提交至环境省环境大臣。委派促进法律实体应将特许业务进行分类，并建立一个特别账户对齐进行管理。

首先由行政长官根据实际污染情况指定对策地区，与此同时针对对策地区的实际情况指定计划，根据制订的计划对受污染土壤采取相应措施。对实施对策的费用负担问题，《农用地土壤污染防治法》没有涉及，需要适用《公害防治事业费事业者负担法》规定，即有产生污染的事业者负担费用的全部或者一部分，其他金额根据活动的规模、产生危害设施的种类和规模、事业活动中排放出的危害物质数量及其他因素综合考虑加以确定。

《土壤污染对策法》未给予土地所有者负责豁免，除非土地所有者能够证明他不是造成污染的责任方，且污染责任方适合实施污染场地的修复工程。因此，日本的这一规定很可能使一些土地所有者仅仅因为其土地所有者的身份而变成场地污染的责任方。这也成为阻碍日本棕地再开发的主要因素之一，若场地调查发现了土壤污染，政府管理当局可以勒令场地当前的土地所有者负责场地的治理，若土地所有者是无辜的，即其行为造成场地的污染，该土地所有者可以向场地的污染责任方要求赔偿其支付的治理费用。在日本，私营领域已经出现了一些在帮助棕地再利用的资金机制。日本住友商事株式会社建立了生态土地基金，用于污染土地的购买和修复。

2.3.3　新西兰

新西兰污染场地修复基金（Contaminated Sites Remediation Fund，CSRF）建立于1999年，由政府进行管理，其前身为无主场地修复基金。其主要作用是为污染场地的调查和修复提供资金，同时也鼓励个人或单位参与污染土地的调查和修复。CSRF会对污染场地修复资金申请进行筛选，为符合要求的场地提到资金。一般情况下，会优先资助政府列出的优先资助场地名录中的场地。

（1）相关标准。相关标准包括：①符合申请标准，污染场地修复工程必须符合相关的标准，其提交的申请信息必须符合政府制定《土地管理风险筛选系统指南》中所提到的标准；②年度拨款，CSRF提供一定额度的年度拨款，供管理者进行支配，拨款余额由政府分配给高风险的优先处理场地，每个场地的资助费用不能超过总工程费用的一半；③资金筹集，由政府和其他机构（地方政府、污染场地管理者、土地所有者、土地使用者）共同出资，出资比例为1∶1，这些资金用于污染场地的调查和修复；④最佳实施方法，工程实施过程中有效的管理措施，保证工总资金使用的透明性；⑤风险共担，在工程开始前签订的一个风险共担协议，该协议列出了在工程修复期间如果费用支出增加，如果提供更多的资金支持；⑥免责，对资助的污染场地，如场地修复过程中产生了相应责任，资金根据相关规定确定需要承担的责任；⑦场地价值增加，如果修复后场地的使用价值增加并且土地被卖出，所得利益需分给基金管理方，分配额度为基金对该场地调查与修复费用的支付额度。

（2）资金申请流程。与管理者交流。在申请资金时，资金申请者需要与CSRF小组讨论其所开展的修复工作，CSRF小组会告诉其需准备的材料和具体流程。

- ☞ 资格审核：对申请者依据审查条款进行资格审查，申请者必须保证其工作符合申请审核的要求。
- ☞ 资金审批：申请者将完成CSRF申请表格及相关证明信息提交给污染场地管理机构。管理者对接受的资金申请每年进行两次审核（4月和10月）。申请资料的报批由评估小组（由政府官员和聘请专家组成）完成，评估小组在对申请资料审核后向基金管理部门提交推荐报批申请名单及报批金额。
- ☞ 建立和制定资金提供方案：主要内容包括确定实施方的权利及义务、工程实施时间、工程表述、批准的金额、资助条件、修复完成情况、任务和效果评价标准、实施产权、责任、资金拨付条件。
- ☞ 工程实施：各方就资金提供方案达成一致后，开始工程的实施。工程管理者保证监察工程进展，并报告阶段完成情况。

（3）紧急情况下资金拨付。需要满足以下条件：污染源近期被发现或污染物暴露近期发生，对人体健康和环境有显著风险，需要采取紧急措施移除污染源或降低风险；修复实施需要资金资助；找不到污染责任方。

2.3.4　法国

1992年法国建立了一个"应对环境法国企业组织"（French Organization of Enterprises

for the Environment，EPE）。该组织和法国政府就污染场地的清理签订了一个为期 5 年的环境和能源控制协议（ADEME）。根据 ADEME，工业组织建立了一个年预算为 1 500 万法郎的基金。该基金运作相当有效，但到了 1994 年遇到了资金不足的难题。

（1）税收系统。废弃物税收主要用于资助无责任人场地（orphan sites）的调查和修复。征收对象是工业废弃物，起初每吨废弃物征收 3.8 法郎，到 1998 年增至 6.1 法郎。1999 年排污税也划入进来，为场地修复提供资金。尽管如此，场地的修复也只能做到有限的阻止实际或潜在的健康安全和环境危害。

（2）贷款系统。法国 6 个水利董事会为场地调查和修复工作提供担保或低息贷款。水管理机构也会对那些对水环境产生影响的污染工业场地进行干预和课税。

2.4　启示

从国外典型国家有关土壤污染防治基金的实践来看，有以下几点启示：

（1）土壤污染防治基金是一种灵活有效地投融资模式，为污染场地修复与治理提供了重要的资金保障。美国的超级基金、我国台湾地区的土壤及地下水污染整理基金等都是较为典型的土壤污染防治基金。在基金的支持下，美国约有累计列入国家优先治理名录的 2/3 的污染场地完成修复工程，台湾地区约有一半的重点污染场地完成修复。建立污染场地修复基金是开展污染场地修复的重要保障，在我国，虽然许多历史污染都是由于企业、工厂对环境安全的忽视造成的，但是却很难照搬美国、日本等国家土壤污染防治基金，将沉重的污染责任直接加在经济实力并不稳固的国内企业，特别是中、小企业身上。但是开展历史污染场地的修复，还是很有必要建立类似美国超级基金或日本土壤污染整治基金的"污染场地修复基金"，为那些经济实力不足的企业暂时分担部分修复工作，使其逐步偿付应该承担的治理费用，又不至于因为场地修复投入的冲击而影响其生存和发展。另外，对于那些找不到责任主体或责任主体不愿采取任何反应措施的场地，"污染场地修复基金"也可以因漫长的诉讼或寻找责任方的过程而延误场地修复工作的开展。

（2）重视基金法律地位的权威性，立法先行是基本保障。美国超级基金是由该国的最高权力机关通过的法律确立的，美国《超级基金法》是基于 1980 年的《综合环境反应、赔偿与责任法案》建立的，并根据 1986 年的《超级基金修正案和再授权法案》修订完成。美国超级基金的良好运行是基于《综合环境反应、赔偿与责任法案》和《超级基金修正案和再授权法案》提供的立法保证及其产生的政治强制力。我国台湾地区的"土壤及地下水污染整治法"是台湾土壤及地下水污染整治基金的立法保障，保证了基金制度的执行有法可依，提高了基金对于污染污染修复费用的追索权和执行力度。

（3）建立明确的管理机构组织分工及严格的责任机制是基金得以有效运行的关键。在法律设立土壤污染防治基金后，需要有相应的机构对其进行管理。基金主要是通过一定的经济手段激励土壤污染治理行为，在运行的过程中，对资金的使用存在各种各样的风险，基金所要达成的环保目标需要评价，这都需要有严格的管理机构。管理机构的明确性还体现在责任承担的确定上，这就要求对于基金在运行过程中出现的问题需要有严格的责任划分，以促进基金的健康运行。

（4）资金来源以政府财力为主。法定设立的土壤污染防治基金主要来源于法定收入，如编入每年的政府财政预算，来自特定税收等，这就保证了土壤污染防治基金在运行中有充足的资金来源。基金资金首先是从政府处获得即财政的直接拨款，如美国、日本以及我国台湾地区等；其次为政府或基金依据法律令向排污者征收的税收或费用；最后是基金利息收入、其他有关收入。但是各国（或地区）具体来源方式并不完全相同。美国《超级基金法》中的有害物质反应基金资金中的 87.5%来源于石油和化工原料税收，其余 12.5%来自财政拨款。关闭责任基金来源于向合格的有害废弃物处理设施接纳到的所有有害废弃物的征税。

此外，利用基金方式推进土壤污染修复与治理还有一些其他的经验，如棕色地块的治理和开发利用可以为政府提供额外的税收财政收入；在治理的过程中需要大量的人力，这就增加了就业机会，在保护环境的同时对社区的复兴起到帮助作用；棕色地块的开发和利用也可以提高土地的利用率，缓解城市向郊区扩张的速度和压力。

3 我国土壤污染防治资金机制现状分析

目前我国对土壤污染治理与修复资金主要依靠依靠财政投入、金融机构贷款等，地方积极探索土壤污染修复投融资渠道，但是获取的资金所占比例较小。我国没有像超级基金、棕色土地修复基金、土壤及地下水污染整治基金专门用于修复治理污染场地的基金计划，尚未建立土壤污染治理修复的长效机制。对于已知责任的污染场地，尚没有明确用于这些项目治理的资金渠道；对于未明确责任的污染场地，目前没有专门的配套资金用于这些污染场地的修复和综合整治。

3.1 财政专项资金情况

我国土壤污染治理财政投资总量逐年加大。2006—2010 年，中央财政安排 10 亿元资金，用于首次全国土壤污染状况调查；2013 年 3 月，中央财政安排 8.27 亿元资金，用于全国农产品产地的重金属污染状况调查；2014 年 3 月，中央财政安排专项 11.56 亿元资金，支持湖南省长株潭地区污染耕地开展修复治理和种植结构调整试点工作。2005—2014 年，中央财政测土配方施肥项目累计投入 78 亿元。2015 年中央财政土壤污染防治资金执行数约为 37 亿元；2016 年中央财政预算中土壤污染防治专项资金预算数为 90.89 亿元，但与土壤污染治理任务需求相比存在较大差距。从国际经验来看，与水、大气污染治理相比，土壤污染治理的资金需求更大，如美国在 20 世纪 90 年代用于污染场地修复方面的投资就达 1 000 亿美元；欧美国家经验还显示，土壤保护成本、土地可持续管理成本（重点是防控风险）与场地修复成本基本上是 1∶10∶100 的关系。加之中国因历史原因遗留下来的土壤污染问题十分严重，所以无论是削减存量、控制增量，还是防范风险等都需要大量投入，土壤治理的投入规模可能会达数万亿元，现有的土壤修复资金远远无法满足土壤污染治理的需求。

3.2 地方投融资实践

地方在土壤污染修复与治理过程中均面临着投入需求与供给不足的矛盾，不少地方结合本地土壤污染防治需求，开展了一些投融资实践探索，但主要是商业化利用的污染地块的修复模式，也有湖南等地方开展了债券融资探索等。

3.2.1 北京："修复+开发"修复工业企业外迁后土地

北京较早地开展了在示范修复工程实施和融资方式探索。2007年北京市环境保护局发布的《关于开展公企业搬迁后原址土壤环境评价有关问题的通知》规定，存在污染的土壤应由原污染企业负责清理，污染清除后，土地方可进入其他用途的开发建设。近年来，北京市大力实施"退二进三"政策，将众多工业企业搬迁出主城区。根据《北京奥运行动规划·生态环境专项规划》，2008年之前完成东南郊和四环路内约200家企业的调整搬迁。这些工业企业搬迁完成后，北京城区将腾退800万 m^2 的土地。搬迁企业多为焦化、化工或冶炼企业，在其几十年的生产过程中，已经对厂区及其附近土地产生了严重污染，如工业废物堆积污染、土壤重金属污染等。为引入市场资本，减轻污染土壤修复对政府财政的负担，北京市采用"修复+开发"方式对工业污染场地进行治理。"修复+开发"试点示范是土壤修复企业与开发商联合，作为一个整体同时承包污染场地的修复和开发，修复后土地在市场交易中增值部分作为土壤修复企业的收入。

2007年北京红狮涂料厂场地治理是一个典型案例，该场地20世纪50年代是杀虫剂厂，80年代转为涂料厂。根据相关机构评价结果，该场地污染土壤总计达14万 m^3，预计修复费用达1亿元。出资方万科集团通过招标方式拿到的原红狮涂料厂地块上的限价房项目，土地拍卖时招标文件明确要求，中标人必须根据北京市环境保护局制定的污染土壤处置方案，制定相关方案并实施，避免土壤二次污染。万科将14万 m^3 的污染土壤治理项目发包给北京建工环境修复有限责任公司，采用水泥窑焚烧固化技术进行处理，清理了所有的污染土壤。整个修复过程都在北京市环境保护局的监督下实施。北京市环境保护局在验收中进行了场地监测并记录在案。最终万科通过售卖楼盘实现盈利。

3.2.2 湖南：发行债券治污

在利用债券资金进行土壤污染治理项目完工后，土地腾出或升值后的土地出让金，将成为土壤污染专项治理债券还本付息的主要资金来源。

2011年3月，国务院正式批复《湘江流域重金属污染治理实施方案》（以下简称《方案》），这是全国第一个由国务院批复的区域性重金属污染治理试点方案，在湖南省，又被称为"一号工程"。《方案》规划项目927个，总投资595亿元。由于财政资金不足，项目进展缓慢。以郴州为例，2012年7月，媒体披露郴州被列入"一号工程"的25个重金属污染防治项目无一通过竣工验收。主要原因是地方政府配套资金不到位，25个项目总计划投资19.8亿元，但资金缺口达9亿元。

为解决资金缺口，湖南省推出重金属专项治理债券。截至2014年2月底，衡阳市本级、湘潭市本级、郴州市苏仙区、郴州高新区 4 家分别发行重金属污染治理专项债券为 16 亿元、18 亿元、15 亿元、18 亿元。债券分别由衡阳弘湘国有资产经营有限责任公司、湘潭振湘国有资产经营投资有限公司、郴州市新天投资有限公司、郴州高科投资控股有限公司发行。以上 4 家公司均是地方政府投融资平台，募集资金用于区域综合治理、河道整治、企业搬迁退出、历史遗留废渣治理、土壤修复等 43 个项目。湖南就此成为国内首个且唯一发行重金属污染治理专项债券的省份。正是在借债治污的方法下，湘江重金属治理得以艰难持续。

3.2.3 福建："谁污染、谁修复"修复紫金矿业污染

2010 年 7 月 3 日，福建紫金矿业紫金山铜矿湿法厂发生铜酸水渗漏事故，9 100 m^3 的污水流入汀江，导致汀江部分河段污染及大量网箱养鱼死亡。初步统计，汀江流域仅棉花滩库区死鱼和鱼中毒约达 189 万 kg。土壤酸度值超正常范围近万倍，铜离子浓度值污染严重。实施以"垂直阻隔"为关键控制性工程的同康沟堆浸场复产改造方案，至 2013 年完工，施工面积 130 万 m^2。紫金矿业历经 3 年整改共投入 8.3 亿元，其中 2 亿元用来对湿法厂生产工艺和管道进行改造，6 亿多元用来进行尾矿库、储水库和污水处理系统的改造，此外还有超过 8 000 万元的植被恢复资金投入，绿化面积 1.08 万亩，单位成本 7 400 元/亩。

3.3 结论

目前我国土壤污染修复治理的制度环境不具备，土壤污染修复投融资机制缺失，现行的土壤污染防治专项资金难以满足土壤污染治理修复资金的要求，同时地方试点的土壤修复项目投资回报率普遍偏低，无法有效调动和发挥社会资本力量进入土壤污染修复治理领域的积极性。因此，需要设立土壤污染防治基金提高财政资金的使用效率，发挥政府性资金的引导作用和激励功能，扩大资金渠道来源，形成多元化的资金投入模式。

（1）资金总量不足，投融资主体单一，投融资渠道狭窄。目前，土壤污染治理与修复资金主要依靠财政投入、金融机构贷款及 BOT、PPP 项目融资，其他渠道获取的资金所占比例较小，融资渠道狭窄。从我国土壤污染投融资资金来源看，财政投资占绝对多数，外来资本和民间闲置资本较少，且未发挥其应有的作用。土壤污染治理项目资金绝大部分是通过政府直接投入和间接融资（贷款）获得的，但是与贷款相比，政府直接投入比重过低。外资利用也存在较大问题，我国可利用的外资形式单一且规模较小，其主要形式包括外国政府援助、捐赠和来自世界银行的贷款等，并且其数量非常有限；民间资本市场尚不够发达和完善，资本市场信息不对称和市场准入机制成为民间闲置资本进入土壤污染防治领域最主要的障碍，国家的资金投入并没有激活和吸引更多的社会资金的投入，民间闲置资本未得到充分利用。

（2）投融资主体责权不分明，投入产出模式不清晰。我国现行的环保投资体制投融资权责部分，没有明晰政府、企业和个人之间的环境责任和事权，没有建立投入产出与成本

效益核算机制，没有充分体现"污染者付费原则"和"使用者付费原则"。缺乏一套完善的资金筹措与投资管理机制，而土壤污染治理主要依靠分散在各部门的政府财政资金，资金申请程序长，审核程序复杂。财政资金来源单一，无法利用社会化融资渠道来筹集资金，无法利用金融工具进行自我增值，不具有保值增值的功能，难以满足巨额的修复资金需求。目前的土壤修复资金缺乏及时支付功能，无法应对土壤污染修复和赔偿。

（3）市场手段运用不足，投融资机制不健全。目前我国土壤污染治理与修复产业投融资市场化机制尚未形成，①价格体系不完善，资本的本性决定了只有可能产生收益的项目才能成为资本追逐的对象；②投资管理体系不健全，政企不分、权限不清、责任不明。政府同时行使两种权利，以行政审批为主要特征的传统投资机制没有根本改变，市场对资源配置的基础性作用也没有得到充分发挥。造成企业缺乏对土壤污染治理与修复产业的投资信心，而土壤污染治理与修复资金缺口加大，使外界参与投资出现了瓶颈效应，阻碍了资金的投入。

4 解决土壤污染治理修复资金机制模式选择

4.1 设立政府财政专项资金

设立政府财政专项资金是环保工作中常用的一种财政资金机制，主要的做法是在每年的财政预算收入中或财政新增量中按照一定的比例纳入土壤污染防治专项资金，以保持专项资金有一个稳定的渠道。目前政府财政专项资金的设立和实施一般遵循国家引导、地方为主、以奖促治、强化绩效的原则，专项资金的使用范围一般明确其特定用途，专项资金采取专门用途的方式。

土壤污染修复治理如果采取专项资金的方式，其使用范围包括土壤污染场地摸底、风险防控和修复治理等土壤污染防控和修复治理的各个方面。具体而言，包括土壤污染状况调查及相关监测评估；土壤污染治理与修复；关系我国生态安全格局的重大生态工程中的土壤生态修复与治理；土壤环境监管能力提升以及与土壤环境治理改善密切相关的其他内容。

土壤污染修复治理专项资金的使用，一般采用项目分配方式，可以采取以奖代补、以奖代投、先建后补、先建后投的方式给予支持，这样可通过对各级地方政府等资金使用主体的激励，最大限度地发挥土壤污染防治专项资金的引导作用，并带动信贷资金、社会资金及其他资金投入于符合技术政策、产业政策、环保政策等需要的土壤环境保护项目。

中央财政专项资金一般是财政部门和业务部门共同管理的模式。土壤污染修复治理专项资金可由财政部、生态环境部共同管理，财政部主要负责专项资金的预算和资金管理，包括确定专项资金年度总预算、预算安排原则和重点、审核并按预算程序下达项目预算、监督检查经费的管理和使用情况等。生态环境部主要负责专项资金项目的监督管理，包括制定项目管理办法、结合年度总预算组织项目申报审查、按照预算管理程序向财政部提出年度预算建议、会同财政部加强监督检查和项目绩效考评等。

4.2　设立政府性基金

政府性基金主要是各级人民政府及其所属部门根据法律、国家行政法规和中共中央、国务院有关文件的规定，为支持某事业发展，按照国家规定程序批准，向公民、法人和其他组织征收的具有专项用途的资金。目前全国已经发行的政府性基金共有 23 种，包括废弃电器电子产品处理基金、铁路建设基金、旅游发展基金等，这些基金采取专门来源、专门使用的方式运行，对解决特定领域的重点特征问题起到了不可或缺作用。如废弃电器电子产品处理基金设立的目的是为促进废电器回收处理，其基金来源为电器生产者缴纳的废电器处理基金，主要用于废弃电器电子产品拆解处理企业。基金制度的实施，对废电器处理产业的快速发展，废电器规范化处理数量的大幅度提升起到了至关重要作用，有效缓解了废电器环境污染隐患。

设立土壤污染防治政府性基金的渠道多元，土壤污染防治基金初始资金可以来自国家财政拨款、土地出让收益金、环境保护税等，也要发挥基金的引导催化功能，通过基金利息收益、行政罚款、绿色债券、绿色保险等引导社会金融资本进入环保领域。

土壤污染防治基金实施量入为出、专款专用原则，根据基金规模，安排阶段重点工作，且该基金专项用于土壤环境保护领域，是专项土壤修复的资金机制，采取单独核算体系。让污染防治基金实施新旧区别对待。土壤污染防治基金坚持"谁污染、谁付费"原则，明确治理主体归责，由于责任主体不明确、责任主体无力承担污染治理费用以及历史性遗留的土壤问题，应得到土壤修复基金的支持。对于新产生的土壤污染问题，则要落实付费责任，按其排放水平与损害程度予以付费。

土壤污染防治基金的实施需要建立一套完善的工作与管理制度，并出台与该基金相配套的其他辅助政策，如土壤修复核算的会计准则、土壤修复基金使用标准以及土壤修复资金投资管理与绩效制度。

4.3　设立投资性基金

政府投资性基金是指由各级政府通过预算安排，以单独出资或社会资本共同出资设立，采用股权投资等市场化方式，引导社会各类资本投资经济社会发展的重点领域和薄弱环节，支持相关产业和领域发展的资金。建立土壤污染防治投资性基金先组建一个投资机构，通过该机构发行受益凭证或入股凭证的方式，将社会上的闲散资金集中起来进行经营，投资者按投资比例分享增值收益的基金，具有显著的商业色彩，实行市场化运作，但作为土壤污染防治基金，又必须体现土壤环境保护的要求。

政府投资性基金的设计一般采用适应市场机制的规范投资基金形式，基金的目的性非常明确，使其在确保投资人利益的同时，能最大限度地兼顾土壤环境保护目标；根据最有利于土壤环境保护的原则选择基金类型，可供选择的有契约型和公司型两种。

政府投资性基金资金筹措可由生态环境部门负责组建一个机构，或以其所属单位或所控制的单位作为基金发起人，发起资金来源同政府专项基金。国外资金（世行或亚行贷款）可以基金债务方式进入基金；其他资金以投资方式进入基金。

因投资基金具有突出的商业性质，对基金运作的投资政策必须严格，以保证土壤环境保护宗旨的实现。基金在土壤环境保护领域的投资不得少于其资金总额的70%；基金在金融交易上的投资不得高于其资金总额的30%。

4.4　三种模式的比较分析

建立国家土壤污染防治融资模式究竟是采取专项资金方式还是以基金方式，以及选择何种性质的基金模式，必须根据我国土壤污染防控的现实情况综合厘定。各种资金方式的优缺点见表6。

表6　3种环境基金模式的比较

基金类型	优点	缺点
政府财政专项资金	1. 与现行政策衔接性较好 2. 已有一定经验，操作方便 3. 机构设置简单 4. 不需很强的金融管理能力	1. 由所有人负担，存在公平性问题和导向不明确问题 2. 资金来源单一，缺乏持续性资金保障 3. 投入总量不能满足土壤污染治理修复资金需求，且资金使用效益不高 4. 事权划分不清，财权和资金责任不明 5. 不能很好反映"污染者付费"原则 6. 资金使用方式不灵活，难以适应我国土壤污染防治工作特征
政府专项基金	1. 资金来源渠道多元化 2. 单独核算体系 3. 体现"污染者付费"原则 4. 引导市场发展	1. 基金来源主要由财政资金以及土壤污染责任特定人负担，相对更加公平合理 2. 需要一定规模的初始启动资金 3. 具有灵活性和持续性，符合我国土壤污染防治需要 4. 需要法规法律、监管制度等保障 5. 管理和运行成本增加
投资性基金	1. 具有较强的融资能力 2. 符合市场原则，比较规范 3. 基金规模发展前景好 4. 带动产业发展	1. 主要针对具有商业价值的污染地块 2. 政策和体制障碍大 3. 投资方向难以控制 4. 缺乏已有的经验

政府财政专项资金在对土壤环境保护投资注入资金的同时，也对地方政府、企业、社会的土壤环境保护投资具有积极的引导。一方面，财政专项资金在项目投入多以补助性质，

要求地方及企业具有一定的配套资金投入；另一方面，财政专项资金的使用方式本身具有一定的激励和引导作用，如采用以奖代补、基于土壤污染治理效果的因素分配等方式，在很大程度上调动了地方加大土壤环境保护投入和改善土壤环境质量的积极性。建立专项资金与现行政策衔接性较好、机构设置简单，并且已有一定经验，操作方便、不需很强的金融管理能力。但是政府财政专项资金存在缺点：①来源单一，缺乏持续性资金保障，而这恰恰是我国土壤污染修复治理工作的难点所在。我国土壤污染防治工作要有打持久战的准备，很多污染地块的修复可能要花上 10 年或者更长时间，因此专项资金方式难以满足土壤污染治理修复资金需求，也不能很好反映"污染者付费"原则。②专项资金政府事权划分不清，财权和资金责任不明，造成政府职能缺位与越位，甚至导致土壤环境保护财政支出的缺位与越位，使得政府行政干预过多，市场自身调节能力少。③专项资金缺乏有效的资金监管，企业将环境保护的资金挤占挪用的现象时有发生，而且财政资金使用方式激励作用不强，资金使用效益不高。

（1）政府性基金是指用途受法律限制，使用于指定的项目和用途的专项基金，其资金来源除了财政拨款外，还包括部分污染行业排污收费或环境税、土地出让收益金以及相关行政罚款、基金运行收入、绿色债券、社会赠款、国际赠款等，资金来源多元化，发挥政府性资金作用，引导私人部门资金进入土壤污染治理修复领域，很大程度上解决了土壤污染治理修复资金缺乏的问题。

（2）政府性基金是建立在"污染者付费"原则基础上的，对于直接认定污染责任和追索污染责任应要求企业支付修复费用。

（3）政府性基金应实行单独的核算体系，其目的是将资金及时用于土壤污染治理修复和突发污染事件赔付，同时还应采取专业的土壤污染修复会计审计制度，可以提高基金的使用效率。

（4）政府性基金应由专业部门运行和管理，保证基金的评估、审核、投资、监督工作，提高基金使用效率和效果。

但是，建立政府性基金也存在一些问题，如基金建立需要初始启动资金，且基金来源的税收、土地收益金收入等设置是否合理直接导致以后是否缺乏，而且基金制度需要法律法规、标准体系以及专业管理制度配套保障，这也导致基金管理和运行成本增加。

投资性基金具有较强的融资能力，符合市场原则，基金规模发展前景好，可以带动产业发展。但是在土壤治理修复领域并非使用所有的土壤污染修复情形，一般而言，对于可以通过市场化手段推进的具有"土地级差"潜力的污染场地的风险管理与治理修复，以及对于污染责任明确，但是现期不具备治理资金的企业提供贷款获取回报，实现保值与增值，可以采取该基金模式。

结合我国《土十条》的实施目标，在中央财政层面，土壤污染防治采取政府性基金方式最为符合现实需求。同时，应积极鼓励各级地方因地制宜开展不同模式的土壤污染防控修复资金机制探索与实践。

5　国家土壤污染防治基金方案初步设计

5.1　设计思路

设立和实施土壤污染防治基金以法制建设为基础，以保护和改善土壤环境质量为导向，按照"谁污染、谁付费"原则，明确治理主体归责，发挥政府性资金的引导作用和激励功能，调动政府部门、排污企业、环保公司、金融机构、社会资本等各方土壤污染修复与治理主体的积极性，形成多元化的资金投入模式，为顺利实现《土十条》的农业用地、建设用地的土壤污染治理与修复任务提供资金保障。并通过基金的引领作用，带动土壤修复产业发展，同时，实现基金的部分资金增值盈利，确保基金的有效稳定补充。

（1）实施专款专用。土壤污染防治基金实行量入为出、专款专用原则，根据基金规模，安排阶段重点工作，且该基金专项用于土壤环境保护领域，是专项土壤修复的资金机制，采取单独核算体系。

（2）多方融汇资金。土壤污染防治基金初始资金是国家财政拨款、土地出让收益金、环境保护税等，也要发挥基金的引导催化功能，通过基金利息收益、行政罚款、绿色债券、绿色保险等引导社会金融资本进入环保领域。

（3）新旧区别对待。新、老土壤污染问题特征不同，历史性遗留问题往往难以归责，需要实施区别对待。除了对于责任主体不明确、责任主体无力承担土壤污染治理费用情形，需要基金予以支持外，对于历史性遗留的土壤污染修复治理问题，更需要得到土壤修复基金的支持。对于新产生的土壤污染问题，则要坚持"污染者付费"原则落实污染责任主体的付费责任，按其排放水平与损害程度付费。

（4）积极引导激励。土壤污染防治基金不仅仅为土壤环境保护提供资金投入，也要结合国家有关政策的支持下，引导土壤修复产业发展，不断壮大土壤修复产业市场，促进技术创新进步，提升我国土壤修复产业市场竞争力。

（5）完善机制模式。土壤污染防治基金需要建立一套完整的工作与管理制度，并出台与该基金相配套的其他辅助政策，如土壤修复核算的会计准则、土壤修复基金使用标准以及土壤修复资金投资管理与绩效制度。

5.2　资金来源

土壤污染防治基金的起始资金主要为中央财政拨款、土地出让收益金、部分污染行业环境税；后续资金来源还包括对相关行政罚款、基金运行收入、绿色债券等。因此，土壤污染防治基金的资金来源主要为：

（1）国家财政拨款。整合现有的土壤污染防治专项资金作为政府性基金的直接投入成为初始资金。考虑到我国土壤污染的复杂性和庞大数量，政府的财政拨款可以以一定年数为限，建议每年新增财政收入中的 1%～10%的比例进入土壤污染防治基金中，用于土壤环境保护。2015 年全国财政收入 15.22 万亿元，较 2014 年新增财政收入 1.18 万亿元，依此可以拿出 118 亿～1 180 亿元进入土壤污染防治基金。

（2）征收土壤污染重点监管行业附加环境税。附加环境税主要针对严重威胁土壤环境和人体健康的重点监管污染物排放行业，对这些行业征收附加土壤环境税。根据《中国工业统计年鉴 2015》，2014 年我国规模工业企业个数为 37.79 万个，其中重污染行业规模以上企业数量为 5.2 万个。按照每家企业每年平均征收 10 万元测算，每年可征收 50 亿元左右的基金。

（3）土地出让收益金。现有的土地出让收益中提取的四项专项资金，分别是 10%用于保障性安居工程建设，10%用于教育投入，10%用于农田水利建设，15%用于农业土地开发，但提取的多数土地出让收益并未真正实现"取之于土，用之于土"，因此，建议从土地出让收益金中提取 1%～10%的比例，纳入土壤污染防治基金。按照 2013 年国土资源统计数据，全国土地出让收入总金额达 4.1 万亿元，土地出让收益大约为 1.3 万亿元，依此可以拿出 130 亿～1 300 亿元纳入土壤污染防治基金。

（4）环境污染的行政罚款收入。建议对于不符合环境标准，违规操作引起土壤企业的企业可以处以罚款，纳入土壤污染防治基金。

（5）基金利息收入。土壤污染防治基金虽然是政府的公益性基金，不以营利为目的，但要保证基金的正常运转，使其保值增值方为长久之计，资金在闲置期可进行投资，投资形式多种多样，基金管理者应该根据市场行情选择最合适（风险小，收益额高）的投资形式，以确保土壤污染防治基金的保值增值，确保土壤污染防治基金功能的实现。

（6）发行绿色债券。根据基金发行国家土壤修复债券进行融资，以将来税收收入和基金收益作为债券本息偿还保证进行融资。

（7）其他有关收入。例如，社会赠款、国际赠款等也可以作为资金来源。

5.3   基金规模

根据我国土壤污染治理总资金需求测算，我国无主的、历史遗留污染治理总资金需求最高为 1.465 万亿～3.96 万亿元，最低为 0.46 万亿～0.875 万亿元。考虑到我国土壤污染治理需求量大，首期安排基金规模 3 000 亿～3 500 亿元，分 5 年募集到位。其中，财政投入占 70%（每年 420 亿元），土地收益金投入占 10%（每年 60 亿元），附加环境税投入占 5%（每年 30 亿元），其他投入占 15%（每年 90 亿元），包括环境污染的行政罚款收入、基金利息收入、发行绿色债券等。

5.4   基金管理

土壤污染防治基金是专项土壤污染防控以及修复与治理的资金机制，因此该基金应采取单独核算体系。建议由财政部联合生态环境部等有关部委共同设立土壤污染修复基金中心，下设综合计划组、收支审理组、技术审查组、法律追偿组等，专门负责土壤污染防治基金的方案制定和推动、修复费用申报核定、修复技术引进、基金垫付费用求偿等工作。建议生态环境部协同自然资源部负责建设用地污染修复相关项目工作，生态环境部协同农业农村部负责农业用地污染修复相关工作。其工作包括土壤修复资金预算、技术、成本评估，修复项目监督、成果验收等工作内容；财政部、生态环境部、人民银行、税务总局以及其他有关部委协同负责基金的会计、审计标准、收支平衡和基金其他投资以及基金债券的发行等工作。

5.5　基金运用

土壤污染防治基金用于污染责任主体不能确定、污染责任主体明确但无力承担治理费用的土壤治理和修复，闲置或废弃污染地块的治理，并用于对危险物质泄漏的紧急处理。具体包括：①污染责任主体不能确定或者污染责任主体不明的土壤污染风险管控和污染土壤修复与治理费用；②危险物质泄漏的紧急处理费用，但保留对于污染土壤修复的追索；③土壤污染状况调查及相关监测评估；④基金管理费用；⑤土壤环境监管能力提升以及土壤环境治理改善密切相关的其他费用。

5.6　使用方式

基金采取因素法或项目法分配使用，具体分配方式建议由土壤污染修复基金中心的专门小组负责年度预算、资金使用效益、工作开展需求等因素确定并逐年完善。基金具体在使用时，可以采取拨款、贷款等多种形式，如对于污染责任无法确定的污染土壤即历史遗留土壤污染问题，资金必须由政府来承担时，基金以拨款形式支出；而对于污染责任明确，但现期不具备治理资金的企业，基金可以以贷款形式支出，要求责任人分期偿付贷款金额。若基金在治理计划之内有剩余，考虑将多余资金投资于国内土地修复企业，促进土壤修复产业的发展。

5.7　基金监管

通过《土壤污染防治法》明确土壤污染防治基金条款，并明确各主要当事人和单位的权利、义务及行为规范，并在《基金法》《环境保护法》修订中增加有关土壤污染防治基金管理条款。同时，建立土壤污染防治基金监管制度，对资金使用、工作进度、建设管理以及土壤质量改善情况进行监督检查，建议由土壤污染修复基金中心专门小组对专项资金使用情况进行监督检查，并定期自行组织或者委托第三方开展基金运行绩效评价。土壤污染修复基金中心按照信息公开要求，在有关政府网站上公布资金安排和使用的详细情况、项目安排和具体实施情况等信息，透明化运营，接受社会监督。

6 推进建立土壤污染防治基金实施建议

6.1 抓住有利时机尽快筹备推动设立土壤污染防治基金

目前，国家领导高度重视土壤环境问题。社会公众和国际社会对我国的土壤污染问题高度关注，应抓住这一有利时机，加快研究筹备设立土壤污染防治基金，发挥政府财政资金的杠杆作用，盘活投融资机制，吸引社会资本进入土壤环境保护领域。建议全国人大牵头，组织协调生态环境部、财政部、人民银行等有关部门，建立土壤污染防治基金筹备小组，研究论证基金设立的必要性、可行性以及实施方式。

6.2 完善土壤污染防治基金推行的立法保障建设

我国目前对于环境保护基金乃至公益性基金的立法是分散的并且多为国务院颁布的法规，公益基金制度体系在我国还没有形成，环境保护基金制度仍在探索中。因此，推行土壤污染防治基金，首先要解决立法上的问题，有关土壤污染防治基金的立法层级不高、无专门性法律法规，由最高立法机关颁布法律来规制的土壤污染防治基金制度的相关问题，无须专门制定一部专门的土壤污染防治基金法，可以将土壤污染防治基金制度规定在《土壤污染防治法》中。另外，土壤污染防治基金制度是公益基金制度的组成部分，在建立公益基金制度体系的基础上完善我国的土壤污染防治基金制度。待《土壤污染防治法》出台实施后，抓紧组织制定基金管理办法和章程制定等有关事宜。

6.3 健全土壤污染防治基金的专业管理制度

土壤污染防治基金有专门部门机构进行运营和管理，基金实行单独的核算体系，其目的就是投资治理土地污染相关项目，在财务上应采取专业的土地污染修复会计审计制度。同时，将土壤环境保护技术专家、环境法律专家机构专业管理人员引入土壤污染防治基金组织，尤其是法定设立的土壤污染防治基金组织的管理机构，可在基金组织内建立各种污染防治技术咨询小组。

6.4 加强土壤污染防治基金的监督评估工作

加强对土壤污染防治基金使用进展成效的监督检查和综合评估工作，定期组织开展基金资金使用评估和监管工作，并将评估与监管结果向全社会公布。建议建立基金使用审计的公众评议制度，评议的途径可采用一般行政程序中的听证会或者建立公众意见反馈信息体系来获得公众的意见，并及时对意见答复。

参考文献

[1] 环境保护部，国土资源部. 全国土壤污染状况调查公报[R]. 2014-04-17.

[2] 董战峰. 创新投融资机制 鼓起修复"钱袋子"[J]. 中华环境，2016（5）：26-29.

[3] 我国10%耕地遭重金属污染，东北黑土地或消失[Z]. 经济参考报，http：//www.sina.com.cn.

[4] 马妍，董战峰，杜晓明，等. 构建我国土壤污染修复治理长效机制的思考与建议[J]. 环境保护，2015，12：53-56.

[5] 叶露，董丽娴，郑晓云，等. 美国的土壤污染防治体系分析与思考[J]. 江苏环境科技，2007，1：59-61.

[6] 贾峰. 美国超级基金法研究——历史遗留污染问题的美国解决之道[M]. 北京：中国环境出版社，2015.

[7] 卢明，王志彬. 美国超级基金制度对我国土壤污染防治的启示[J]. 安徽农业科学，2013，41（5）：2035-2036.

[8] 陈建梅. 论美国《超级基金法》对中国的启示[D]. 山东师范大学，2014.

[9] 周芳，金书秦. 日本土壤污染防治政策研究[J]. 世界农业，2014，11：47-52.

[10] 张天泽. 日本用地土壤污染防治法律制度研究[D]. 江西理工大学，2011.

[11] 孙飞翔，李丽平，原庆丹，等. 台湾地区土壤及地下水污染整治基金管理经验及其启示[J]. 中国人口·资源与环境，2015，4：155-162.

[12] 台湾环境保护部门. 土壤及地下水污染整治费收费办法[J]. 中国台湾，2011.

[13] 周昱，刘美云，徐晓晶，等. 德国污染土壤治理情况和相关政策法规[J]. 环境与发展，2014.

[14] 孙克，虞锡君. 美日污染地绿色保险产品对中国的借鉴[J]. 未来与发展，2010，31（2）：38-42.

[15] 蓝虹，马越，沈成琳. 论构建我国政府性土壤修复信托基金[J]. 上海金融，2014，12：94-97.

[16] 土壤环境保护政策课题组. 中国土壤环境保护政策研究[R]. 中国环境与发展国际合作委员会 2010年年会.

[17] 赵润，高尚宾，万晓红. 江苏省商品有机肥推广应用补贴调查与分析研究[J]. 农业环境与发展，2011，4：100-108.

[18] 王夏晖，陆军，李志涛，等. 基于土地出让收益的土壤污染治理资金投入机制研究[R]. 环境保护部环境规划院：重要环境决策参考，2014，10.

基于排放许可证的碳排放权交易体系研究

Research on the emission Permit-Based emissions trading System

蒋春来　王彦超　宋晓晖　雷宇

摘　要　二氧化碳排放与常规大气污染物排放具有"同根同源同步性"，在污染源层面实行统一监管具有重大的现实意义。碳排放权交易制度和控制污染物排放许可制分别是中国二氧化碳和常规大气污染物排放源管理的核心制度，正处于顶层设计初步实施和阶段，是大有可为的关键时期，应以此为契机，探索两项制度的融合，研究建立基于排放许可证的碳排放权交易体系。本文结合最新改革形势，研究提出了建立基于排放许可证的碳排放交易体系应以降低制度设计和实施成本、减少政策实施阻力、提高政策实施效率、保证政策目标的顺利实现为出发点，充分考虑两项制度的定位、作用及衔接机制，分析关键结合点，以"构建协调一致的控制目标、建立统筹协调的技术方法、达到精简高效的管理效果"为原则，可从3个方面进行协调和整合：①明确法律基础，为建立基于排污许可证的碳排放交易体系提供依据；②建立协调统一的技术方法，为制度设计建立衔接方法（包括界定纳入许可管理的二氧化碳排放源覆盖范围、统一二氧化碳排放权初始分配技术方法与大气污染物许可排放量核定技术方法、明确排放许可证中温室气体排放监测、报告、核算要求和技术方法、更新载明排放权交易结果等）；③落实机构改革要求，统一监管职责，保障制度的顺利和有效实施。

关键词　二氧化碳　大气污染物　排放权交易　排放许可

Abstract　It's of great practical significance to exercise unified control over the sources of CO_2 emissions and normal atmospheric pollutant emissions because they "come from the same origin and have the synchronous performance". The emissions trading system and the permit system for controlling pollutants are the core mechanisms for the management of sources of CO_2 and normal atmospheric pollutants respectively in China in the stages of "top design，and regulatory establishment"，in which great differences may be made. We should make efforts to integrate these two systems on this basis，and conduct studies to build an emission permit-based emissions trading system. In line with the latest reform situation，this paper proposes building an emission permit-based emissions trading system should start with the reduction of cost in institutional design and implementation and resistance in policy implementation，the improvement of policy implementation efficiency and the safeguarding of the smooth realization of policy goals，with full consideration given to the positioning，functioning and connecting mechanisms of both systems；besides，critical points of integration should be analyzed，in the principles of "establishing a concerted and coordinated control target，developing an entirely harmonious technical method and achieving the simple and efficient management effect". Coordination and integration should be performed in the following aspects. First，the legal foundation should be defined explicitly so as to provide basis for building an emission permit-based emissions trading system；second，coordinated and unified technical methods should be developed to link up institutional design（inc. defining the range of CO_2 emission sources covered in the permit administration，unifying technical methods for the initial allocation of CO_2 emission rights and technical methods for the allowed emission verification of atmospheric pollutant permit，clarifying the GHG monitoring，reporting and accounting requirements and technical methods of emission permit，updating emissions trading results，etc.）；and last，the requirements of institutional reform should be implemented and regulatory responsibility should be unified，with the aim to assure the smooth and effective implementation of the system.

Key words CO_2，atmospheric pollutants，emissions trading，emission permit

二氧化碳（CO_2）作为一种具有全球影响的温室气体与常规大气污染物的排放在一定程度上具有同源性，在减排过程中两者具有协同效应，在实际管理中二者具有一定的相似性和交叉性，因此对 CO_2 的管控，尤其是碳排放权交易制度应与现行的大气污染物排放源管理制度相结合，将会极大地提高环境管理效能、降低政策实施成本、有效减少排放。控制污染物排放许可制是我国固定污染源管理的核心制度，是《生态文明体制改革总体方案》的重要改革事项之一，正处于"顶层设计、建章立制"阶段，应以此为契机，探索建立基于排污许可证的碳排放权交易体系的可行性，提出相关对策建议，为下一步探索建立综合排放许可管理体系及推进碳排放交易实施提供技术支撑。

1 研究背景

2015 年，我国煤炭消费在能源消费总量中所占的比重为 66%，占世界总量的比重约为 50%，成为世界煤炭消费第一大国。碳密集的能源发展模式导致我国温室气体排放量快速增长。我国作为碳排放大国排放量自 2007 年超过美国之后一路直上，在 2012 年的温室气体排放量已占到了全球温室气体排放总量的 26%，达到了 85 亿 tCO_2e，自此成为世界上最大的温室气体排放国家。目前我国的温室气体排放总量几乎等于欧盟与美国的温室气体排放量之和。在可预见的社会经济发展水平下，我国能源消耗、温室气体的排放量将持续上升，2020 年、2030 年、2050 年与能源消费相关的 CO_2 排放量预计将分别达到 79.8 亿～101.9 亿 t、86.0 亿～116.6 亿 t、84.0 亿～121.5 亿 t。应对气候变化，开展节能减排是全球共同的责任。随着《中美元首气候变化联合声明》《中法元首气候变化联合声明》《巴黎协定》的先后发布，我国作为全球最大的 CO_2 排放者，彰显出了减少温室气体排放、应对全球气候变化的决心，我国计划 2030 年左右 CO_2 排放达到峰值，单位国内生产总值 CO_2 排放比 2005 年下降 60%～65%。

碳排放权交易作为通过市场手段有效减排的重要方式，在全球范围达成了共识。目前，除欧盟的 EU-ETS 系统外，美国、澳大利亚和日本等发达国家的碳市场建立方面均进行了诸多有益的尝试。我国高度重视碳排放权交易体系的建立与运转，并在中共中央、国务院印发的《生态文明体制改革总体方案》中将碳交易列为重要的改革事项之一，提出"深化碳排放权交易试点，逐步建立全国碳排放权交易市场，研究制定全国碳排放权交易总量设定与配额分配方案"。我国已于 2011 年在湖北省、广东省、北京市、上海市、天津市、重庆市、深圳市"两省五市"启动了碳交易试点，并于 2016 年 10 月和 2017 年 6 月分别印发了《"十三五"控制温室气体排放工作方案》和《"十三五"控制温室气体排放工作方案部门分工》的通知，明确提出我国将推动区域性碳排放权交易体系向全国碳排放权交易市场顺利过渡，并启动运行全国碳排放权交易市场。力争到 2020 年年初步建成制度完善、交易活跃、监管严格、公开透明的全国碳排放权交易市场。

大气污染防治与温室气体排放是我国现阶段面临的主要环境问题，二者具有同源性、同排放介质和减排措施一致性的显著特征，在实际管理中密不可分，因此可以考虑将常规大气污染防治政策措施与碳交易两项工作整合起来，采取综合、一体化、协同战略。目前，排污许可制度是我国固定污染源管理的核心制度，它通过对排污者综合的、系统的、全面的、长效的统一管理，从而实现一体化和全过程的环境管理，是推动科学化、精细化环境管理的重要环节。按照《生态文明体制改革总体方案的要求》，"十三五"我国要整合现有固定污染源环境管理制度，明确排污许可的核心和基础制度定位，建立覆盖所有固定污染源的企业排污许可制度。环境保护部正在积极落实改革要求，开展排污许可制度的顶层设计，2016 年 11 月 21 日国务院办公厅印发《控制污染物排放许可制实施方案》（国办发〔2016〕81 号），提出按行业分步实现对固定污染源的全覆盖，并于 2017 年 6 月底完成了火电和造纸行业的发放工作，目前正在进行"2+26"个城市钢铁和水泥行业排污许可证的发放工作。将 CO_2 与常规大气污染物一起纳入排放许可管理体系，将会极大地提高环境管理效能、降低政策实施成本、有效减少二者的排放。因此在许可制度设计和试点初期，应充分考虑将 CO_2 纳入排放许可管理的必要性和可行性，分析建立基于排放许可证的碳排放权交易体系的关键性因素及提出相关对策建议，为下一步探索建立包含 CO_2 和大气污染物的综合的、一证式许可体系提供支持。

2　国外碳排放权交易与排污许可制度实践

碳排放权交易制度是在市场交易的基础上，以总量控制和减排目标为约束条件，建立起来的一种 CO_2 排放控制制度。排污许可制度是国际通行的一项环境管理的基本制度，是对固定源管理的最主要管理手段。在国外，碳排放交易制度和排污许可制度在各自体系中发挥了较好的效果，通过对国外碳排放交易和排污许可制度实践经验的总结及运行机制的对比，可为我国探索建立基于排放许可的碳排放交易体系提供有益的借鉴。但碳排放交易和排污许可制度仍是两项并行的环境管理制度，尚未实现有效的衔接，在常规污染物排放权交易与排污许可制度的衔接上，也仅有美国实施的"酸雨计划"进行了初步有益的探索，可供参考经验较少。

2.1　国外碳排放交易实践

2.1.1　国外碳排放控制政策背景

气候变暖是 21 世纪人类面临的最严峻挑战之一，由气候变暖引发的不利影响和自然灾害已对人类的生产和发展造成严重威胁。为了有效地减缓全球气候变暖的进程，联合国于 1992 年 5 月通过了《联合国气候变化框架公约》（简称 UNFCCC），明确规定发达国家必须在 2000 年将温室气体排放量下降至 1990 年水平；2005 年 2 月 16 日《京都议定书》正式生效，规定了发达国家履约方的减排义务，即 2008—2012 年要实现温室气体排放总量在 1990 年基础上至少减少 5% 的目标；2007 年 12 月，在印度尼西亚巴厘岛举行的联合国气候变化大会通过了"巴厘路线图"，为应对气候变化谈判的关键议题确立了明确议程；2012 年召开的多哈会议结束了巴厘路线图谈判，就京都第二承诺期做出最终安排，对"巴厘路线图"相关事项做出后续安排，并正式启动德班平台谈判；2016 年在联合国气候变化框架下，在《京都议定书》、"巴厘路线图"等一系列成果基础上签订了《巴黎协定》，提出将全球平均气温较工业化前水平升高控制在 2℃ 之内，并努力控制在 1.5℃ 之内，到 21 世纪下半叶实现温室气体净零排放。

为帮助各国在实现温室气体减排目标的同时能够降低减排成本，《京都议定书》规定了 3 种履约义务机制，即在承担减排义务的发达国家之间实施的联合履约机制（JI）；发达国家提供资金和技术在发展中国家实施减排的清洁发展机制（CDM）；基于市场的国际排放贸易（IET）。以上 3 种履约义务机制，为国际碳交易市场的发展奠定了良好基础，缔约国可以根据自身的需要和现实条件来选择交易机制实现减排的目标。

2.1.2　碳排放交易机制基本原理

2.1.2.1　碳排放交易机制的实质

碳排放权的概念来自排污权，《京都议定书》后才产生"碳排放权"的说法，主要是指人们合法排放温室气体（主要是 CO_2）的权利，是一种排污权。碳排放权交易机制实质是通过政策法规界定环境资源的使用权并允许其交易，以市场机制为基础，建立碳排放权交易市场，通过激励机制鼓励排污单位控制 CO_2 排放，实现在市场供求因素支配下有效地配置环境资源。经过明晰大气容量资源的产权后，非产权人想要使用大气环境容量资源就必须通过市场购买、拍卖或无偿分配等方式获得其使用权。目前，世界上已有 39 个国家和 23 个地区（其对全球温室气体排放的贡献接近 1/4）采用或计划采用碳定价工具，碳排放交易机制已成为应对全球气候变化的有效政策工具之一。

2.1.2.2　碳排放权交易机制作用机理

排污企业间边际减排成本存在差异是碳排放权交易发生的条件。在碳排放权交易机制建立后，排污企业的温室气体排放受到了严格的控制，必须依照管理部门许可的额度进行排污。排污企业为追求自身利益最大化，必然会对减排的边际成本与排放配额的市场价格进行比较，由此决定是从市场购买排放配额以增加排放量权利，还是通过改进自身减排技术减少排放量达到许可的排放目标。由于不同企业的边际减排成本是不同的，减排成本低的企业会考虑通过实施减排出售多余的排放配额来获益，而减排成本高的企业则会考虑通过市场购买其他企业结余的排放配额来增加自身的排放权利，从而降低企业的减排成本。

2.1.2.3　碳排放权交易体系

　　国际碳排放权交易机制是按照三大体系（总量控制—排放权初始分配—排放权交易）建立的（图 1）。

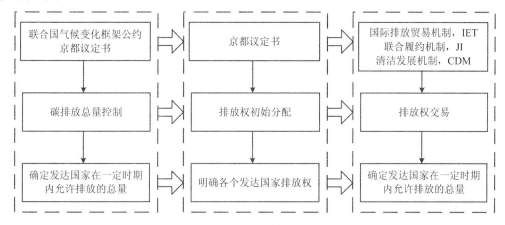

图 1　国际碳排放交易机制框架

2.1.3　国外碳排放交易体系概述

　　在国际上，欧盟、美国、日本等发达国家和地区都较早地构建了符合自身情况的碳交易市场，其中发展比较成熟的有欧盟碳排放交易体系（EU ETS）、美国区域温室气体减排行动（RGGI）、美国加州碳排放交易体系（CAL ETS）、日本东京总量限制交易体系等。

2.1.3.1　欧盟碳排放交易体系（EU ETS）

　　（1）交易体系运行机制。欧盟于 2005 年 1 月 1 日正式启动了欧盟碳排放权交易机制（European Union Emissions Trading Scheme，EU ETS），涉及包括炼油、能源、冶炼、钢铁、水泥、陶瓷、玻璃与造纸等行业的 12 000 多个设施。欧盟内部已经成立了欧洲能源交易所、欧洲气候交易所、奥地利能源交易所等具有严格政策监管和规范的温室气体排放交易所。欧盟碳排放交易机制的实施包括 3 个阶段，目前处于第三交易阶段，该阶段调整了碳排放权总量分配方式，改由欧盟统一制定碳排放总量限制方案。同时，欧盟逐步将交易的范围扩大到一些新的工业领域。对于初始配额分配的方式，也逐渐从免费分配向拍卖配额上转变。交易的主要方式仍是欧洲与国际两个市场之间的配额现货交易。欧盟在整个碳排放权交易体系中推行设施排放的监测与报告制度，所有排污单位的排放活动都要经过欧盟碳排放交易体系认可的第三方核查机构的核查。欧盟碳排放权交易体系运行机制（表 1）。

表 1　欧盟碳排放权交易体系运行机制

体系框架	内容
法律基础	2003/87/EC 号指令、2004/101/EC 号指令、2008/101/EC 号指令、2009/29/EC 号指令、Commission Regulation No. 1031/2010 及监督、报告、核查法规等
覆盖范围	电力和能源密集型行业的企业，12 000 多个设施
配额确定	第一阶段和第二阶段均采用"自下而上"的设定方式，各成员国预测未来的排放量，自行确定本国的排放额及内部排放行业的分配方案，再上报到欧盟委员会；第三阶段则采用"自上而下"的设定方式，由欧盟委员会参照第二阶段各个国家平均排放水平统一确定排放配额总量，再分配到各成员
分配方式	免费分配向拍卖过渡
监测、报告与核查	认可的第三方核查机构，依据《温室气体排放监测和报告指南》
监督管理机构	欧盟委员会、各成员国环保机构
履约及处罚	每年的履约截止日期通常是 4 月 30 日；违约将被处以巨额罚款，实施阶段为 100 欧元/t

（2）交易体系实施效果。

☞　第一阶段欧盟碳排放权交易市场成为全球最大的碳排放权交易市场：欧盟碳排放交易体系的第一阶段（2005—2007 年）为试验阶段，该阶段的碳排放权交易从 2005 年开始，交易量迅速上升。根据世界银行发布的碳排放权交易数据（表 2），2005—2007 年欧盟碳排放权交易量和交易额均增长了 5 倍以上，占全球碳排放权交易量和交易额的比重均达到 95%以上。2006 年 5 月前，EUA 价格上涨很快，曾一度上涨到 30 欧元/t CO_2，但由于各成员国发放的免费配额过多，且不能存储到下一阶段使用，导致 2007 年年底前欧盟碳排放权成交均价迅速下跌至 0 欧元/t CO_2。

表 2　2005—2007 年欧盟碳排放权交易市场交易情况

范围	2005 年		2006 年		2007 年	
	交易量/亿 t	交易额/亿美元	交易量/亿 t	交易额/亿美元	交易量/亿 t	交易额/亿美元
EU ETS	3.21	79.08	11.01	243.57	20.61	500.97
全球	3.28	79.71	11.31	246.20	21.09	503.94
占比	97.86%	99.21%	97.35%	98.93%	97.72%	99.41%

注：数据来自世界银行发布的 "State and Trends of the Carbon Market"。

☞　第二阶段欧盟碳排放权交易市场依然在全球碳排放权交易市场中占据主导地位：2008—2012 年为第二阶段，在这一阶段欧盟碳排放权交易市场依然保持着持续快速的发展。根据世界银行发布的碳排放权交易数据（表 3），2008—2011 年欧盟碳排放权交易量占全球碳排放权交易市场成交量的比重均在 85%以上，成交金额均占到全球的 95%以上。

表3　2008—2011年欧盟和全球碳排放权交易市场交易情况

年份	EU ETS		全球		占比	
	交易量/亿t	交易额/亿美元	交易量/亿t	交易额/亿美元	交易量	交易额
2008	30.93	919.1	32.76	928.59	94.41%	98.98%
2009	63.26	1 184.74	73.62	1 228.22	85.93%	96.46%
2010	67.89	1 335.98	71.62	1 349.35	94.79%	99.01%
2011	78.53	1 478.48	80.81	1 488.81	97.18%	99.31%

注：数据来自世界银行发布的"State and Trends of the Carbon Market"。

从表3中还可以看出，2008年欧盟碳排放权成交均价上升至29.72美元/t，比第一阶段平均水平高出20%以上，但2009年成交均价迅速下降至18.73美元/t，下降幅度达到近40%。此后，2010年和2011年上半年碳排放权成交均价维持在2009年水平。而2011年下半年开始碳排放权成交价格再次大幅下滑，截至2012年年底降至7美元/t左右。巨大的碳排放权供给剩余给碳排放权交易市场价格形成机制造成了巨大压力，从而导致价格持续下滑。

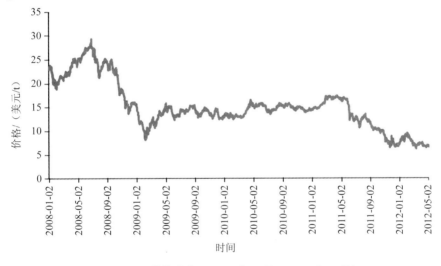

图2　EUA价格变化（2008年1月—2012年5月）

2013年欧盟碳排放交易市场进入第三阶段，根据《全球能源发展报告》提供的数据，截至2014年，欧盟碳排放交易总量约为87.03亿t，较2013年下降了4.35%，占全球碳市场交易总量的95.53%，其中欧盟碳配额（EUA）的交易总量为83.36亿t CO_2 当量；欧盟碳市场交易总额约为475.05亿欧元，较2013年上升24.56%，占全球碳市场交易总额的94.03%，EUA的交易总额接近欧盟碳市场的交易总额。2014年，EUA现货交易价格与期货交易价格走势基本相同，最低成交价在5欧元以下，最高接近8欧元。

图3　欧盟2013年1月—2015年4月EUA价格走势

2.1.3.2　美国区域性温室气体倡议（RGGI）

（1）交易体系运行机制。区域性温室气体倡议（The Regional Greenhouse Gas Initiative，RGGI）于2009年1月1日正式施行，是美国在州政府层面成立的第一个采用市场机制限制温室气体排放的减排体系，也是世界上首个主要通过拍卖形式分配配额的碳交易体系。RGGI的第一个履约控制期为2009年1月1日—2011年12月30日，3年为一个周期，目前正处于第三个履约控制期（2015年1月1日—2017年12月30日）。RGGI采用限额与交易机制，先设立一个跨州的CO_2排放量上限，然后在此上限基础上将逐渐减少，直到低于该限额的10%。RGGI也提供了一个基于市场的碳排放权拍卖和交易体系，各州采取措施限制发电厂的排放量产生的碳排放配额可以通过RGGI体系进行拍卖，发电厂可以购买碳排放配额来抵消配额不足，但购买的碳抵消额一般不超过其碳排放总量3.3%，而且只能局限在美国本土内。美国区域性温室气体倡议体系运行机制见表4。

表4　美国区域性温室气体倡议体系运行机制

体系框架	内容
法律基础	在RGGI统一管理下，参与州各自立法，如马里兰州CO_2交易程序规则、特拉华州CO_2交易计划条例、康涅狄格州实施温室气体倡议且拍卖限额等
覆盖行业	9个州规模大于或等于50 MW化石燃料发电企业
覆盖气体	CO_2
配额确定	由各成员州的配额总量加总确定
分配方式	90%的CO_2排放配额分配采取拍卖的方式
抵消机制	允许进行碳抵消，但抵消额度最多不超过其排放量的3.3%
监测、报告与核查	第三方核查机构
监督管理机构	由非营利性机构RGGI、各成员州环保部门和第三方机构共同组成
处罚	对未完成履约的，对超额排放部分实施3倍罚款

（2）交易体系实施效果。初期碳市场配额供过于求，碳市场活跃度不高。RGGI 体系正式实施后，各成员州温室气体的交易量及交易金额大幅增加，但由于能源价格、技术进步等因素的影响，RGGI 成员州控排企业 CO_2 排放量从 2008 年起大幅下降，导致 2009—2013 年控排企业实际 CO_2 排放总量比初始配额总量分别降低 35%、28%、37%、51% 和 54%，碳市场运行面临碳配额严重过剩的局面。从碳配额交易情况来看（图 4），2009 年配额交易量为 8.05 亿 t，交易金额为 21.79 亿美元，但在第一个履约期结束时，碳排放交易量降至 1.20 亿 t，下降 85.09%；交易额降至 2.49 亿美元，下降 88.57%。同时，非控排企业参与碳市场交易的积极性急剧下降，二级市场交易占比从 2009 年的 85% 下滑到 2011 年的 6%。

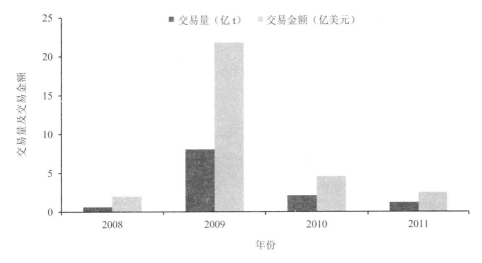

图 4　2009—2011 年 RGGI 交易体系交易量及交易金额

通过配额总量调整、出台配套调节机制等手段保障了碳市场的稳定运行。鉴于初期碳市场的低迷，RGGI 在 2013 年果断对初始配额总量设置进行了动态调整，将 2014 年的配额总量由原来的 1.6 亿 t 下调至 0.91 t，相比 2013 年下降了 45%，并规定 2015—2020 年配额总量每年削减 2.5%。同时，RGGI 还出台了若干配套调节机制，包括清除储备配额、建立成本控制储备机制以及设置过渡履约控制期等。RGGI 对配额总量的动态调整为碳市场带来了重大转机，其一级市场碳配额拍卖价格和竞拍主体数量开始稳步回升，二级市场活跃度也明显提高，控排企业对碳市场的重视程度日益提升。

2.1.3.3　美国加利福尼亚州碳排放交易体系（CAL ETS）

（1）交易体系运行机制。加州碳排放交易体系作为西部气候倡议（WCI）的重要组成部分和减排力度最大的总量控制交易体系，是加州 32 号《加州全球气候变暖解决法案》中减排策略的关键内容。加州的碳排放权交易市场于 2012 年正式启动，综合了美国及欧洲其他排放限额与交易机制的最佳做法，并进行了创新。该交易体系的实施分 3 个阶段：2013—2014 年为第一阶段，2015—2017 年第二阶段，2018—2020 年为第三阶段，每一年允许排放的水平和额度数目都要下降。在加州碳排放交易体系下，加州空气资源委员会要求所有的重点温室气体排放单位必须上报温室气体排放量，且上报的排放量需通过公认的独立第三方审核，没有完整或及时上报将面临处罚。美国加州碳排放交易体系运行机制见表 5。

表 5　美国加州碳排放交易体系运行机制

体系框架	内容
法律基础	《加州全球气候变暖解决法案》
覆盖行业	覆盖了加州炼油、发电、工业设施和运输燃料等年排放量超过 25 000 t CO_2 当量的企业
覆盖气体	CO_2、CH_4、N_2O、HFCs、全氟化碳、SF_6 和 NF_3
配额确定	设定排放限额，2013 年配额为 1.628 亿 t，2014 年较 2013 年下降 2%，2015—2020 年，每年下降 3%
分配方式	免费分配和拍卖结合
抵消机制	允许进行碳抵消，但抵消额度最多不超过其排放量的 8%
监测、报告与核查	公认的第三方核查机构
监督管理机构	加州空气资源委员会
处罚	对没有按期完成目标或配额不足的控排企业，期限外的每吨排放量必须获得 4 个配额来抵消

（2）交易体系实施效果。加州碳排放交易市场在第一阶段的配额拍卖总量及交易金额呈递增趋势，但平均成交价逐渐降低。2013 年，加州碳排放交易市场共进行了 4 次配额拍卖，拍卖配额总量为 4 341 万 t，总成交金额 536.24 亿美元，成交均价为 12.35 美元/t。从 2013 年 4 次拍卖的情况来看，拍卖价格较 2012 年年底的第一次拍卖（成交价为 10 美元/t）有所提升，但是在 2013 年度拍卖价格整体呈现下降趋势。2014 年，加州碳市场又进行了四次拍卖，拍卖配额总量为 12 050 万 t，较 2013 年增加 108.08%；总成交金额 536.24 亿美元，较 2013 年增加了 88.75%；成交均价为 12.35 美元/t，较 2013 年下降了 9.29%（表 6）。

表 6　2013—2014 年加州碳排放交易市场交易情况

时间	成交量/万 t	成交金额/亿美元	成交价/（美元/t）
2013 年 2 月 19 日	1 290	175.70	13.62
2013 年 5 月 16 日	1 450	203.00	14.00
2013 年 8 月 16 日	1 390	169.86	12.22
2013 年 11 月 19 日	1 661	190.68	11.48
2013 年合计	5 791	536.24	12.77
2014 年第一季度	2 880	329.18	11.43
2014 年第二季度	2 620	299.20	11.42
2014 年第三季度	3 170	362.01	11.42
2014 年第四季度	3 380	404.92	11.98
2014 年合计	12 050	1 395.33	11.58
较 2013 年变化比例/%	108.08	88.75	9.29

加州二级碳市场配额交易整体较为活跃。在 2013 年上半年，二级交易市场价格在 14
美元/t 上下浮动，第二次配额拍卖后价格跌至 13 美元/t 以下，自 9 月以后一直在 12 美元/t 上
下波动；2014 年二级碳市场配额交易价格基本稳定在 11.50 美元/t 至 12.50 美元/t。从每日
交易量数据来看，2013 年下半年交易明显比上半年活跃，其中 2013 年 12 月的交易最为活
跃，最大交易量为 2013 年 12 月 2 日的 332 万 t；2014 年日交易量最大值出现在 4 月 23
日，交易量为 553.6 万 t。

2.1.3.4　日本碳排放交易体系

（1）主要交易体系设计。日本是尝试碳交易体系建设较早的国家，在其交易体系建设
上，政府不仅提供免费配额，甚至还提供减排津贴，形成一种"政府掏钱，企业减排"的
模式。从主管机构上划分，日本碳交易体系可分为 3 个系统，分别是环境省碳交易系统、
经济贸易产业省（以下简称经产省）碳交易系统和各地方政府碳交易系统。每个系统都包
含排放权交易机制和碳信用抵消机制。其中，排放权交易机制一般设定碳排放权的总量，
碳排放单位通过购买排放权而获准排放相应数量的 CO_2；碳信用交易机制则将低于排放基
准线的减排量认证为碳信用，交易获得碳信用的单位便可以排放相应数量的温室气体。日
本现阶段的碳交易体系尚未实现统一运行，多个系统同时并存、相互独立。日本主要碳交
易体系设计比较见表 7。

表 7　日本主要碳交易体系设计比较

项目	单位	设计初衷	参与形式	运行时间	覆盖气体	奖惩措施	CAP设定
自愿排放交易计划	环境省	试验性碳市场，为强制排放权交易市场建设积累经验	自愿参与	2005—2012	CO_2	发放减排津贴，不达标者归还津贴	自行设定
核证减排计划	环境省	推动全民参与的碳抵消活动，建立低碳社会	自愿参与	2008—	CO_2 CH_4 N_2O	无	—
试验排放交易计划	经产省	调和环境省与经产省在碳交易体系建设上矛盾的产物	自愿参与	2008—2012	CO_2	无	自行设定
国内信用机制	经产省	减少大型企业达成减排计划的困难，为其提供碳信用	自愿参与	2007—	6 种温室气体	无	—
东京都碳市场	东京都政府	控制都市内温室气体排放，达到节能减排效果	强制参与	2010—2020	CO_2，其余5种报告	严格筛选奖励单位，有多种惩罚措施	强制
琦玉碳市场	琦玉县政府	控制县域内温室气体排放，达到节能减排效果	强制参与	2011—2020	CO_2，其余5种报告	发放减排效率奖金，无惩罚措施	强制

（2）主要碳排放交易体系实施效果。日本自愿排放交易体系成效有限。日本自愿排放
交易体系（JVETS）从 2005 年开始到 2012 年结束，运行了 7 年，共有 389 个企业参与，
完成 233 次交易，总交易量 41.92 万 t CO_2，总成交金额 3.1 亿日元（表 8）。经过 7 年的运

行，JVETS 取得了一定的成效，为日本探索建立全国性碳排放交易体系积累了经验。但在自愿交易机制下，JVETS 的市场参与度不高，交易数量和频次较低，所取得的成效极为有限。

表 8　日本自愿排放交易体系（JVETS）运行情况

年份	2006	2007	2008	2009	2010	2011	2012	合计
交易量/万 tCO_2	8.26	5.46	3.42	5.79	2.96	3.05	12.97	41.92
交易次数	24	51	23	24	41	46	24	233
交易金额/亿日元	1.00	0.68	0.27	0.43	0.25	0.19	0.28	3.10
平均价格/（日元/tCO_2）	1212	1250	800	750	830	610	216	—

东京都碳排放交易体系自 2010 年开始运行，已经经历了一个完整的履约周期，即 2010—2014 年第一个履约阶段。从运行情况来看，东京都碳排放交易体系取得了一定的效果。

超额完成减排目标。东京都碳排放交易体系明确规定在第一阶段要实现 CO_2 减排 6% 的目标，即 2014 年 CO_2 排放量较 2009 年下降 6%。而从发布的数据来看，东京都碳排放交易体系运行的第一年就实现了 13%的 CO_2 减排量，而 2011—2013 年减排比例更是达到 22%、22%和 23%，超额完成了第一阶段的减排目标，见图 5。

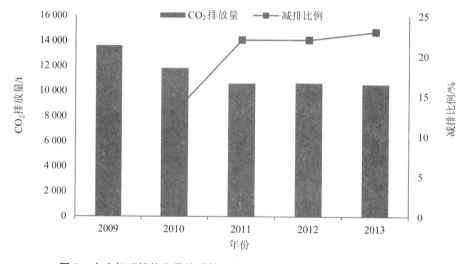

图 5　东京都碳排放交易体系第一阶段减排情况（2009—2013 年）

参与实体的履约率高。所有参与实体的履约率不断提高，交易体系第一年实现 64% 的履约率，从 2011 年开始履约率大幅提升至 93%。根据东京都环境省发布的总量控制交易年度报告，在第一个履约阶段，满足排放义务的比例已经稳定在 90%以上，而且 2011—2013 年已经有平均 70%左右的参与实体达到第二阶段的减排义务，即实现减排 15%的目标。

碳排放市场缺乏交易。东京都碳排放交易体系的参与实体大都采用在商业建筑中引入各种节能减排措施来实现其减排目标，参与碳排放配额交易的较少。缺乏交易主要和机制设计有关：①参与交易的企业与交易价格并不公开；②未设置专门从事碳排放交易的机构，排放额度基本上通过协商进行。

2.1.4　对我国的启示

目前，我国已超越美国成为全球最大的 CO_2 排放国，面对国际压力，我国应积极借鉴国外碳排放交易市场的经验。

（1）发挥政府的主导作用。欧盟、日本的成功经验中最重要一点就是，在碳排放交易体系的建立、发展和完善过程中，政府发挥主导作用。在交易市场启动之初，需要政府制定总体规划，设定强制性减排目标，制定相关的法律法规，并且不折不扣地监督执行，为排放交易体系的建立创造良好的政策、法律环境。

（2）控制总量，分步实施。我国已庄严承诺，到 2020 年单位国内生产总值 CO_2 排放比 2005 年下降 40%～45%。实现这一目标可以分 3 个阶段（2006—2010 年、2011—2015 年、2016—2020 年），分别下降 10%、15%、20%。考虑到各地经济社会发展的不平衡性，在排放总量的设置、分配等方面，各地享有自主权。在排放权的分配上，各地自主决定排放权在不同产业间的分配比例。

（3）确立碳排放权益，逐步建立交易市场。碳减排的最终权益应该通过市场实现。通过立法明确碳排放权益，确定第三方机构认证减排量，奠定交易市场的法律和技术基础。对碳排放额度的分配，第一阶段实行免费分配，第二阶段以免费分配为主，拍卖为辅，第三阶段以拍卖为主，免费分配为辅。这种渐进式的排放交易市场推进方式，使市场各主体有充分的时间适应规则，逐步树立节能减排意识，调动参与的积极性。

（4）构建国家统一的监测、报告和核查制度（MRV）。我国应通过国家层面的统一立法构建 MRV 机制，保证各地区都按照同一标准进行监测、报告和核查，明确报告制度的具体要求，对企业监测的方法、设备等具体技术因素提供详尽的操作指引，而且对独立第三方核查机构的入门资质、核查程序做出统一规定，保障核查环节的公正、客观、透明。

2.2　国外固定污染源排污许可管理实践

2.2.1　美国排污许可制度

1970 年，美国颁布了《清洁空气法》，该法案规定联邦政府和州政府都要对固定污染源或移动污染源制定限制排放的措施，以实现治理空气污染和保护人体健康的目标。1977 年，美国为了全面实现空气质量标准，通过了《清洁空气法修正案》，并在第 Ⅰ 章中提出了建设许可证这一环境管理要求，规定常规大气污染物潜在排放量超过限定值的新建或改建项目在建设前须申请获得建设许可证，表明新建或改建项目未来可能会产生的环境影响。1990 年，美国再次通过了《清洁空气法修正案》，增设了第 Ⅴ 章关于运行许可的规定，要求所有主要污染源及部分非主要污染源、取得建设许可证的污染源都需取得运行许可证。

2.2.1.1　制度体系

根据《清洁空气法修正案》第 Ⅰ 章的规定，根据固定污染源所在区域的空气质量达标情况，可将建设许可证分为两大类，一类是空气质量达标地区新建或改建项目潜在排放量大于等于一定限度的固定污染源需取得"防止严重恶化"（Prevention of Significant Deterioration，PSD）许可证，以防止达标地区的空气质量出现显著恶化；另一类是空气质量未达标地区新建或改建项目的重大污染源需取得"新污染源审查"（New Source Review，NSR）许可证，避免新增排放源影响未达标地区的空气质量改善进程。同时规定，在未达标区域新建或改建项目必须要执行排污抵消制度，即要为新增排放源找到可抵消的污染物排放量，一般情况下新源与替代源的比例大约为1：1.1至1：2。用于抵消的污染物排放量还必须满足以下要求：①必须真实存在；②必须满足联邦可执法、可测算、可考核的基本要求；③必须是在法定减排任务之外产生的可抵消量；④必须是州环保局许可的排放量。

2.2.1.2　主要内容

美国排污许可证文本主要包括六大部分内容：第一部分包括许可时限、企业排放设施信息、污染物排放限值、排放速率、最佳管理实践等，其中污染治理技术主要包括湿法脱硫（W-FGD）、选择性催化还原法（SCR）、电除尘等。同时，该部分还包括联邦层面所有大气环境管理方面的要求。第二部分包括排污企业的许可信息、许可证费用缴纳情况说明、执法部门检查情况说明等。第三部分包括两方面的内容：①对工艺过程烟粉尘治理的要求，规定排污企业需要对所有工艺过程产生的烟粉尘采取治理措施；②对避免安全事故的一些要求，如氨逃逸后导致的事故等。第四部分，针对不同单元的要求。主要包括：①对总量控制的要求，既有对企业排污设施排放总量的要求，也有对排放速率的控制要求；②对污染物排放监测的要求；③对原料来源、原料燃烧后的废弃物处置等的要求。第五部分，其他要求。主要将排污企业拥有的运输车辆、厨房等基本信息纳入排污许可，未提出具体排放控制要求。第六部分，州层面的一些环境质量管理要求。包括主要污染物排放权交易、区域温室气体倡议（RGGI）等内容。

表9　大气污染排放许可证类型

类型	适用范围
建设许可证	单个工厂新建或改建前，达标地区PSD许可，未达标地区NSR许可
运行许可证	工厂运行

大气污染排放许可证内容要至少包含表10所述元素。

表10　污染排放许可证基本元素

元素	内容
申请书	企业生产和排污设施基本信息，环境现状、排放现状或预计排放量、环境质量标准等
排放量限值	管理部门根据企业上班排放量及模型测算确定排放量限值
监测记录报告要求	定期记录、监测、报告的义务
资金和人员	许可证项目实施的基本保障
许可证修订	许可证修订前仅允许微调，新空气质量标准发布后要修订许可证
公众参与	许可证草案要听取公众意见。正式颁布后任何人均可对其提起诉讼

2.2.1.3 一般程序

美国排污许可证一般程序见图 6。新排放源申请许可证一般为投产前两年，企业根据 EPA 提供的技术指导手册及工具评估新排放源对环境质量可能造成的所有影响，递交污染物排放许可证申请以及履行计划。申请流程为：第一步，企业填写申请表，向州环保局提交相关信息；第二步，由州环保局的工程师审核企业提交的申请材料，起草排污许可证的初稿；第三步，州环保局把起草完成的排污许可证初稿发送给申请企业，请其提出相应建议，并按时反馈给州环保局；第四步，州环保局对申请企业反馈的建议进行研究处理，根据意见的采纳情况完善初稿，并将其在网上公示，征询公众的意见；第五步，州环保局在征询企业和公众意见后会把许可证初稿提交给 EPA，由 EPA 来提出建议，州环保局的工程师会根据 EPA 的意见进一步修改完善许可证文本。通常情况下，在排污许可证颁发后的 120 天时间内，任何组织或个人如果对企业的许可证存在意见，都可以反馈给 EPA，EPA 会视情况决定是否撤销许可。

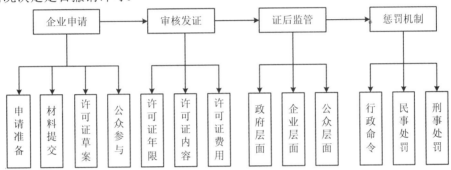

图 6　美国排污许可证一般程序

企业在运行过程中，必须按照许可证要求对监测做全程记录。监测报告必须每 6 个月提交一次，原始数据至少保留 5 年。环境主管部门若发现企业有违反许可证规定的情况，按情节严重及先后次序，可采取行政命令、民事处罚、刑事处罚 3 种方式进行惩罚，其中行政命令可以直接下达，民事和刑事处罚需向当地法院申请。3 种惩罚方式若需要罚款均为按日计罚方式，从确认违法行为之日起按日叠加罚款金额。处罚额度依据违法企业规模、对企业的经济影响、违法历史及性质、持续时间及其他企业类似违法情况的惩罚确定。

2.2.2 欧盟排污许可制度

欧盟于 1996 年第一次颁布《综合污染防控指令》（IPPC96/61/EC），提出在各成员国和欧盟范围内开始实施排放许可制度，以此为手段对环境实施综合管理。该指令在 2008 年、2010 年分别进行了两次修订。2011 年 1 月 6 日，IPPC 正式被《欧盟工业排放指令》（2010/75/EU）（以下简称 IED）所替代，它修改并整合了之前颁布的多部指令，是一部工业排放管理的综合性指令，并重申了排放审批和许可制度。IED 具有强制性，各成员国必须根据它的基本原则和要求在其发布 3 年内制定出相应的国家层面的法律法规；同时它也具有一定的灵活性，即成员国也可以在其基础上制定额外的规定或者将其延伸到更广泛的应用范围。

2.2.2.1 制度体系

欧盟实施的排放许可制度以预防为主，BAT 为基础，目的是最大限度地减少工业活动对环境产生的影响。排放许可管理制度的内容涉及项目的前期建设、审批，项目的运行、监管，后期评估等全过程，综合考虑大气、水、土壤 3 个环境要素以及废弃物处置、能源效率和事故预防，是广泛应用于欧盟各成员国的一种综合性的环境管理手段。根据 IED，欧盟实施的排放许可体系的整体框架见图 7。

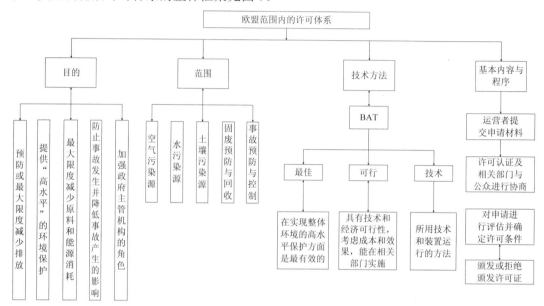

图 7 欧盟的排放许可体系

2.2.2.2 主要内容

IPPC96/61/EC 规定的排放许可制度的适用范围是一般企业活动，包括能源行业、金属生产和加工、非金属生产和加工、化学工业、废物的处置和处理及其他工业活动，IED 除了适用一般企业活动外，也将包括有关行业法令（火电行业、垃圾焚烧装置等）在内的 7 项专门法规纳入其中。

欧盟排放许可管理制度中包含的具体内容有：运营者的基本原则和义务；排放许可的申报信息；许可条件；排放限值、相关参数及技术措施要求；监控要求；许可证的审核与更新；环境监察；公众参与和信息公开等。

对比分析三版指令的主要内容，可以看出欧盟在排放许可的立法框架、技术基础和监督管理等方面都进行了持续的改善。法令修订的主要方向体现在以下 4 个方面：①将火电行业、垃圾焚烧等 7 条相关指令统一纳入 IED 中，避免了繁复的立法框架造成的过度行政负担；②逐渐修订并明确了 BAT 的概念，强化了 BAT 作为排放水平参考的最低限度在排放许可条件尤其是排放限值和监测要求等制定和管理中的强制性作用；③大气排放指标增加了细颗粒物；④明确了全国、地区和地方等不同尺度的环境监察计划的相关要求，建立以日常监察和非日常监察为形式，实地调查为主要手段，全面覆盖全部排污装置的环境监察制度。

2.3 国外排污许可与排污交易结合实践

排污许可是国际通行的一项环境管理的基本制度，是以许可证为载体，对排污单位的排污权利进行约束的一种制度。美国是最早建立排污许可制度的国家之一，政策实施效果比较好。排污权交易是最近 20 多年来逐步推广的一种行之有效的经济手段，也称为排污许可证交易或环境使用权交易，最早起源于美国，后来又扩展到欧盟等其他国家，它是指由管理部门制定特定区域的排放总量上限，按此上限发放污染物排放许可，且这一许可可以在市场上交易的环境管理手段。

目前，可交易许可证手段最成熟的案例当属美国为解决酸雨问题而实施的"酸雨计划"。该计划由参加单位的确定、初始分配许可、许可证交易和审核调整许可 4 部分构成，拥有可靠的法律依据和详细的实施方案，是迄今为止最广泛的排污许可证交易实践。实践经验具体表现在以下几个方面：

（1）基于配额管理制度实施排污交易。美国"酸雨计划"的总目标是 2010 年 SO_2 年排放量比 1980 年的排放水平减少 1 000 万 t，为实现这一目标，该计划实施了配额制度，将每年许可排放的配额总量按一定比例免费分配给参与交易的电厂，并以排污许可证的形式进行确认，参加交易的电厂 SO_2 年实际排放量不得超过其拥有的许可排放配额。在"酸雨计划"中，许可排放配额是完全市场化的商品，参与交易的电厂若通过减排形成了结余的配额，可以出售给减排成本高的企业，也可用于储备和拍卖。

（2）通过排污交易加强排污许可证的动态化管理。"酸雨计划"中规定，参与排放配额交易的双方需向环境保护局提交有效的排污交易证明，只有在环境保护局接收并登记后交易行为才能生效。环境保护局根据已登记的预交易 SO_2 排放配额，从出让方的排污许可证中扣除相应数量的 SO_2 排放配额，并增加受让方相应数量的 SO_2 排放配额。通过交易，可以使减排成本低的企业的结余许可排放配额转移到减排成本高的企业，实现对许可排放配额的重新分配，加强了排污许可证的动态化管理。同时，为了确保交易体系中各排污单位许可排放配额和 SO_2 实际排放量的对应关系，美国环境保护局每年要对排污单位进行一次许可证的审核和调整，检查当年的子账户中是否持有足够的许可配额用于 SO_2 的排放。若不足，则实行惩罚；若有剩余，则将余额转移至企业的次年子账户。

（3）依托许可跟踪系统（ATS）完善排污交易体系。许可证跟踪系统是唯一的许可证签发、交易、达标审核的官方记录。美国环境保护局在许可跟踪系统（ATS）中为所有纳入"酸雨计划"的排放设施开设了企业账户，用于跟踪各电厂所持有的排放许可配额、配额的削减以及各电厂之间发生的排放许可配额转移等信息。通过运用该系统，美国环境保护局可以更清楚地掌握"酸雨计划"的实施情况，便于对排污交易市场的监督管理；各参与电厂可以更方便地了解排放配额交易的市场行情，如可交易配额的持有者、近期配额交易量等信息，有利于进一步激活排污交易市场。

此外，美国马里兰州在排污许可证中对碳排放作出明确的管理规定。例如，Mattawoman Energy，LLC 新建 859MW 燃气发电装置的排污许可证中要求排污设备在连续的 12 个月内 CO_2 排放量不得超过 373.8 万 t，排放速率不超过 8 651 bCO_2/（MW·h），并要求企业安装、使用连续在线监测系统监测 CO_2 的排放。同时，在排污许可证中还明确规定，该电力企业对 CO_2 排放的监管要遵守马里兰州 CO_2 排放交易计划的相关要求。

美国排污许可与排污权交易结合实践表明，要建立基于排污许可的排污交易体系，必须做好排污许可制度与排污交易制度的衔接，建立两项制度的联动关系。以排污许可证的形式来确定排污单位的排污权，为进行排污交易奠定基础，发挥排污许可制度对排污权交易制度的支撑作用。同时，通过实施排污交易来加强排污许可证的动态化管理，进一步完善排污许可制度，实现排污交易制度对排污许可制度的带动作用。

2.4 国外排污许可制度与碳排放交易体系对比——以美国为例

2.4.1 管理机构和职责

美国排污许可制度的实施监管职责主要集中在环保部门，由 EPA、区域分局、各州环保局协调负责。而碳排放交易体系的监管主要是由环保部门协同其他机构共同完成，其中区域性温室气体倡议（RGGI）碳市场的监管由各成员州环保部门、非营利性机构 RGGI 和第三方机构共同组成；美国加州碳排放交易体系（CAL ETS）的监管机构是加州空气资源委员会（表 11）。

表 11 排污许可制度与碳排放交易体系管理机构和职责的对比

制度体系	监管机构	主要职责
排污许可制度	EPA	授权各州实施许可证项目；制裁许可证项目执行不力的州；各州未在规定时间内制订实施计划或实施计划有缺陷时，制订更为严格的联邦实施计划以取代州实施计划
	区域分局	进行分区管理
	各州环保局	制订州实施计划和适应本州的特殊规定，颁发许可证
区域性温室气体倡议（RGGI）	成员州环保部门	碳市场实际的监管主体，依据相关法规，负责对各管辖区内控排企业的配额拍卖以及交易过程中的违规行为进行认定与惩罚
	非营利性机构 RGGI	整个碳交易市场的运营和技术支持，不具备执法权
	第三方机构	RGGI 一级和二级市场交易的监管
美国加州碳排放交易体系（CAL ETS）	加州空气资源委员会	可以暂停、吊销、变更持有账户或排放主体，对没有按期完成目标的企业进行处罚

2.4.2 管理对象

美国排污许可和碳排放交易体系管理的对象有所不同。具体如下：

（1）排污许可制度要求除了临时污染源、机动车以及住宅供热等设备外，一般的固定污染源均需要取得排污许可证。

（2）区域性温室气体倡议（RGGI）管理对象主要是包括马里兰州、康涅狄格州等共 9 个州规模大于或等于 50MW 的发电企业。

（3）加州碳排放交易体系（CAL ETS）管理对象主要包括炼油、发电、工业设施和运输燃料等年排放量至少为 25 000 t CO_2 当量的企业。

2.4.3 管理程序

美国排污许可证一般程序包括企业申请、审核发证、证后监管、惩罚机制 4 个部分，见图 6。①排污许可证的申请，排污企业需根据 EPA 提供的技术指导手册及工具评估新排放源对环境质量可能造成的所有影响，并提交相应的申请材料；②许可证的核发，大部分的排污许可证由各州颁发，仅有少部分由 EPA 颁发；③监管，企业在运行过程中，必须按照许可证要求对监测做全程记录。监测报告必须每 6 个月向环保部门提交一次，环保部门可以在不通知企业的情况下进行检查，同时企业的记录信息还应该定期向公众公开，接受公众的审查评；④处罚，环境主管部门若发现企业有违反许可证规定的情况，按情节严重及先后次序，可采取民事处罚、刑事处罚等方式进行惩罚。

美国碳排放交易体系一般程序见图 8。整个碳排放交易体系的运行要分以下几个步骤：①要明确碳排放交易体系所覆盖的行业及管控的温室气体种类，并确定实施阶段任务；②根据各州的历史排放量确定初始配额总量，然后确定各履约期的配额总量目标；③采用免费分配、拍卖等方式将配额分配到各排放源；④建立严格的监测、报告与核查制度，通过独立的第三方机构对排污企业上报的监测计划、CO_2 排放报告进行核查；⑤明确履约要求，对未按时完成履约的排污单位进行处罚。

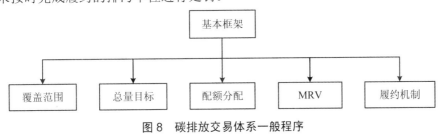

图 8　碳排放交易体系一般程序

2.4.4 管理要求

在管理要求上，对于纳入排污许可管理范围的企业，EPA 要求其必须获得大气排污许可证，是在国家层面提出的强制性要求。具体如下：空气质量未达标地区新建或改建的重大固定污染源需取得"新污染源审查"（New Source Review，NSR）许可证；达标地区新建或改建潜在排放量大于等于一定限度的固定污染源需取得"防止重大恶化"（Prevention of Significant Deterioration，PSD）许可证；所有主要污染源及部分非主要污染源、需取得建设许可证的污染源都需具备运行许可证。

而美国目前运行的区域性温室气体倡议（RGGI）、美国加州碳排放交易体系（CAL ETS），是在州层面进行的碳排放交易探索，虽缺乏联邦政府的支持，但各州仍在州立法的框架下对纳入碳排放交易体系的企业提出了强制性减排要求，规定企业在履约期的总量控制目标，督促其履行减排义务。如区域性温室气体倡议（RGGI）明确要求规模大于或等于 50MW 的发电企业必须控制 CO_2 的排放，以实现美国九大州 2018 年发电企业 CO_2 排放量较 2009 年下降 10%的目标。

2.4.5 小结

从美国排污许可制度与碳排放交易体系对比情况来看，两项制度在管理主体、对象、程序、要求等方面均建立了完善的机制，并发挥了较好的效果，为控制常规污染物和 CO_2 的排放作出了巨大的贡献。从制度的衔接上来看，排污许可制作为污染物源排放管理的重要载体和基础，可从源排放基础信息、初始排污权核定、排放过程监管及排放量核算等多个方面为排污权交易制度的实施提供支持。美国马里兰州在碳排放交易和排污许可制度的衔接上做出了初步的探索。美国实施的"酸雨计划"在常规污染物排放权交易与排污许可制度的衔接上也进行了有益的探索，为我国建立基于排污许可证的碳排放权交易体系研究提供了可供参考的经验。

3 我国碳排放权交易与排污许可制度的发展与展望

在国外实践的基础上，我国对碳排放交易制度和排污许可制度进行了积极的探索，并取得了一定的成效。但由于在政策设计、技术支撑及配套保障措施等方面还有不完善之处，两项制度均未在全国推广实施，只是以地区试点的形式开展了相关工作，也未实现制度的结合。下一步，我国将推进排污许可制度的改革及全国碳交易市场的构建，应以此为契机，积极探索两项制度的有效结合。

3.1 国内碳排放交易发展

3.1.1 碳排放控制总体情况

我国作为最大的发展中国家，具有丰富的碳减排资源。虽然我国未被纳入《京都议定书》实施 CO_2 强制减排计划，但一直通过清洁发展机制（CDM）积极参与全球的碳交易市场活动。CDM 的核心是允许发达国家和发展中国家进行项目级的减排量抵消额的转让与获得，即发达国家通过提供资金和技术，使发展中国家在可持续发展的前提下进行减排并从中获益，发达国家由 CDM 取得排放减量权证以履行议定书的承诺。自《京都议定书》生效以来，CDM 在我国发展迅速，截至 2014 年，我国累计的核证减排量（CER）已占全球累计总量的 60%以上，位居第一位。

除了 CDM 外，我国也一直在发展自愿减排。2009 年，我国在国家层面确定了碳减排的目标，即到 2020 年单位国内生产总值 CO_2 排放比 2005 年下降 40%～45%。2011 年，首次将碳排放强度作为约束性指标纳入《国民经济和社会发展第十二个五年（2011—2015 年）规划纲要》，提出到 2015 年我国单位国内生产总值 CO_2 排放比 2010 年下降 17%的目标。同时，国务院印发了《"十二五"控制温室气体排放工作方案》，提出开展碳排放权交易试点工作，并在钢铁、建材、电力、煤炭、石油、化工、有色、纺织、食品、造纸、交通、铁路、建筑等行业积极推动温室气体排放控制行动。2014 年，我国在《中美气候变化联合声明》中宣布将于 2030 年左右 CO_2 排放达到峰值，并将努力早日达峰。2016 年，国务院印发了《"十三五"控制温室气体排放工作方案》，提出到 2020 年单位国内生产总值 CO_2 排放比 2015 年下降 18%，碳排放总量得到有效控制；明确实施分类指导的碳排放强度控制，分类确定省级碳排放控制目标。

3.1.2　试点碳排放交易实践

在国际减排承诺和国内资源环境双重压力之下，我国政府将控制温室气体排放的重点政策工具转向了市场化手段，大力发展碳交易市场。2011 年年底正式启动了"两省五市"（湖北省、广东省、北京市、上海市、深圳市、天津市和重庆市）碳排放权交易试点计划。2013 年 6 月—2014 年 6 月，7 个碳排放权交易试点先后启动。从试点实施情况来看，7 个试点区域经济发展水平差异较大，制度设计体现出了一定的区域特征。北京和上海更重视履约管理；湖北注重市场流动性；广东重视一级市场，但政策缺乏连续性；深圳的制度设计以市场化为导向；重庆推行企业配额自主申报的配发模式，使配额严重过量。在行政力量的推动下，试点地区完成了制度体系和注册交易体系的设计并开始交易，为全国碳市场的建设奠定了良好的基础。

（1）法律基础。7 个试点省市缺乏国家层面的上位法，各个试点在立法形式上也体现出差异性。只有《关于北京市在严格控制碳排放总量前提下开展碳排放权交易试点工作的决定》及《深圳经济特区碳排放管理若干规定》属于地方性法规；上海市、广东省、湖北省出台的规定属于地方政府规章，法力约束力较弱；而天津市、重庆市出台的规定只有规范性文件。

（2）覆盖范围。我国各碳排放交易试点在试点阶段仅覆盖了 CO_2。在行业覆盖范围上与其经济结构相一致，并综合考虑排放量大、减排潜力大、企业规模大、数据基础好等因素。覆盖的行业基本上是高能耗、高排放的传统行业，主要包括电力热力、钢铁、水泥、石油、化工、制造业等。同时，各试点的覆盖行业也体现出一些显著的区别。

（3）配额总量。各试点将总量设定与国家碳强度下降目标相结合，充分考虑经济增长和不确定性，进行总量设置。各试点的配额总量均由 3 个部分组成：初始分配配额、新增预留配额和政府预留配额。初始分配配额控制既有排放设施，新增预留配额为企业预留发展空间，政府预留配额用于市场调控和价格发现。

（4）配额分配。我国碳排放交易 7 个试点省市在碳排放配额管理方面、管控行业种类和纳入企业门槛有所差别，但配额分配都采取了免费分配方式，具体方法上除了重庆采取企业申报制，其他省市都采取历史法和基准法相结合的分配方法。

（5）监测、报告与核查。纳入配额管理的排放单位应当制订下一年度碳排放监测计划，明确监测范围、监测方式、频次、责任人员等内容，并按期提交给主管部门，对于监测计划发生重大变更的，应当及时向主管部门报告。温室气体排放核算和报告是开展碳排放交易的基础性工作，其结果直接影响了配额分配以及后续的交易与监管，各试点地区也在加紧制定核算与报告指南。

（6）配额清缴与抵消。碳排放交易试点省市严格要求纳入配额管理的排放单位应按照规定时间，依据经主管部门审定的上一年度碳排放量，通过其在登记注册系统所开设的账户，注销至少与其上年度碳排放量等量的配额，履行清缴义务。排污企业配额不足以履行清缴义务的，可以通过交易购买配额用于清缴；若配额有结余的，不同试点省市规定不同，如天津、上海、广东、重庆、深圳规定完成清缴义务后结余的配额，可以在后续年度使用，也可以用于配额交易。同时，各试点均允许采用一定比例的核证自愿减排量（CCER）用于抵消碳排放。

（7）监督管理与处罚。生态环境部对报告单位的碳排放报告、第三方核查机构的核查报告以及重点排放单位碳排放控制情况的监督检查，并对碳排放权交易市场价格监管，根据需要在配额调整量范围内通过拍卖、回购等市场手段调节市场价格，维护市场秩序。生态环境部会同相关部门对违反碳排放权交易管理的报告单位和第三方核查机构依规处理，将违规行为予以通报，并向企业信用信息系统主管部门提供相关信息。

3.1.3 试点碳排放交易实施效果

3.1.3.1 配额交易情况

2015 年，北京、天津、上海、广东和深圳完成了第二次履约工作，湖北和重庆完成首次履约工作。截至 2015 年 12 月 31 日，7 试点省市碳排放市场累计成交配额 6 758 万 t，总成交额为 23.25 亿元。其中，广东、湖北两试点碳市场累计成交量最大，分别为 2 351万 t 和 2 495 万 t，占总交易量的 34.79% 和 36.92%；成交额分别超过 9.64 亿元和 5.91 亿元，占总交易总额的 41.48% 和 25.46%。重庆市场成交量最小，累计成交配额 28 万 t，仅占试点省市总交易量的 0.41%；累计成交额不足 0.07 亿元，仅占碳市场总交易额的 0.29%。

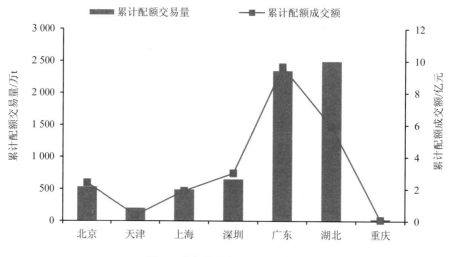

图 9　碳交易试点配额交易情况

3.1.3.2 核证自愿减排量（CCER）交易情况

2015 年是核证自愿减排量（CCER）交易并参与履约元年。截至 2015 年 12 月 31 日，7 个碳交易试点核证自愿减排量（CCER）累计成交量约 3 548 万 t。其中，上海市场成交量居试点碳市场首位，累计成交约 2 543 万 t，占核证自愿减排量（CCER）交易总量的

71.68%；北京市场成交量位居第二位，累计成交约 512 万 t，占核证自愿减排量（CCER）交易总量的 14.43%。重庆碳市场无公开的核证自愿减排量（CCER）交易信息。

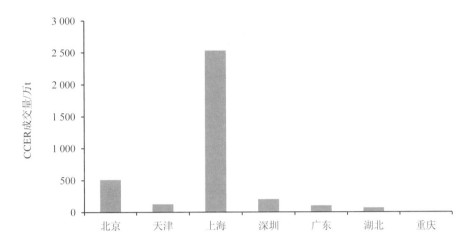

图 10　碳交易试点碳核证自愿减排量（CCER）交易情况

3.1.3.3　碳价格趋势

2015 年各试点碳市场配额价格整体呈下降趋势，上半年各试点碳价均为下降趋势，7 月开始北京、天津、深圳碳价有明显的回升，且下半年深圳和天津碳价均重回年初水平（图 11）。

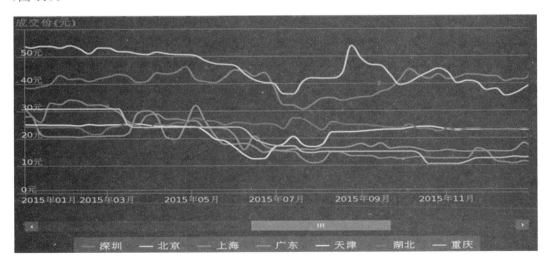

图 11　碳交易试点碳价格走势

2015 年配额日成交均价区间为 9.50～60.00 元/t，最高日均价为北京市场 2015 年 8 月 25 日均价 60.00 元/t；配额最低日均价为上海市场 2015 年 7 月 31 日均价 9.50 元/t。2015 年，配额价格变动幅度最大的为上海碳市场，变动幅度最小的为湖北碳市场。北京碳市场配额价格在 2015 年领跑各试点各碳市。

就核证自愿减排量（CCER）交易价格而言，北京环境交易所公开的 CCER 价格在 15.00～35.00 元/t 区间内波动；上海环境能源交易所公开的 CCER 价格在 12.00～20.00 元/t 区间内波动。其他试点地区结果尚未公布。

3.1.4　我国碳排放交易存在的问题

（1）法律体系不完善，惩罚力度不足。我国碳排放权交易方面的法律法规亟待完善，目前仅有国家发展和改革委员会颁布的《碳排放权交易管理暂行办法》，作为规范我国碳排放活动的立法准则。但随着基于配额的交易的逐渐增多，关于碳排放权交易规则、交易方式、纠纷解决机制、交易双方的权利和义务等关键性问题也都亟待解决。此外，我国对超额排放还缺乏严格有效的惩罚制度，在试点地区中，如北京市提出超额排放的最高罚款额为市价的 3～5 倍，深圳市提出最高 3 倍市价罚款等，均缺乏有效的立法支持，且处罚力度不足。

（2）总量控制目标确定方法不统一。目前，我国各试点地区总量控制目标的确定方式尚不统一，这虽有利于探索最优总量控制目标的确定方法，但也会造成以下几个问题：①不同的总量控制目标会造成区域间的不公平性，打击企业参与碳排放权交易的积极性；②与国家颁布的总量控制目标相比，利用碳排放强度下降目标等计算得到的总量控制目标可能会存在不准确或不严谨的情况，影响政策效果，也不利于建立全国碳排放交易体系。

（3）缺乏统一的市场交易平台和先进的交易机制。自 2007 年以来，我国建立了多个环境权益交易平台，但都算不上真正意义上的碳排放权交易平台，主要是因为政府在碳排放交易中依旧处于主导地位，导致交易价格不稳定、交易主体范围狭窄、不透明等问题。

（4）企业缺乏交易积极性。从我国现行的法律法规来看，碳排放权的产权不够明晰，尚未对企业碳排放进行强制性约束；在税收上，征收碳税尚处于研究阶段，其他环境资源方面的税收也未将碳排放纳入其中，这些使得企业参与的积极性不足。

3.1.5　下一步碳市场建设

建立全国性的碳排放权交易市场，实施碳排放权交易制度，可以充分发挥市场在资源配置中的决定性作用，形成有力的倒逼机制，促使排污单位通过采取措施控制自身碳排放，进而促进产业结构的调整升级，加快推动经济发展方式转变，为落实我国碳排放强度下降目标，实现绿色低碳发展发挥积极作用。

（1）碳市场建设阶段与任务。按照总体设计、分步实施的原则，全国碳排放市场建设将分以下 3 个阶段进行：①准备阶段（2014—2016 年），总体目标是完成碳排放权交易市场基础建设工作，主要任务是争取《全国碳排放权交易管理暂行条例》的出台，同时出台相关配套细则和技术标准，以及所有行业企业温室气体核算方法和标准，研究确定全国碳排放权交易配额总量及配额分配方法和标准，完善注册登记系统等；②运行完善阶段（2017—2020 年），这一阶段的主要任务是根据出台的各项政策法规，逐步将 31 个省份及新疆生产建设兵团纳入全国碳排放权交易范围，做好配额的初始分配，调整和完善交易制度，实现市场稳定运行；③稳定深化阶段（2020 年后），这一阶段主要任务是扩大覆盖范围，增加交易产品，探索国际链接。

（2）碳市场建设的重点任务。

☞ 构建"1+3"的政策法规体系：尽快出台《全国碳排放权交易管理暂行条例》及配套实施细则，建立企业温室气体排放核查、报告制度，提供全国碳市场建设框架和运行规范，为全国碳市场建设和运行提供指导。

☞ 建立管理机制，明确管理职责：生态环保部门是国务院碳交易主管部门，负责碳排放权交易市场的管理和监督。各省、自治区、直辖市、计划单列市、新疆生产建设兵团生态环保部门是省级碳交易主管部门，配合国务院碳交易主管部门，对本行政区域内的碳排放权交易进行管理和监督。其他各有关主管部门应按照各自职责，协同做好与碳排放权交易相关的管理和监督，对纳入碳排放权交易的特定行业，由国务院碳交易主管部门会同省级碳交易主管部门和相关行业主管部门共同管理和监督。

☞ 设定碳排放交易覆盖范围与排放总量：国务院交易主管部公布碳排放权交易纳入的温室气体种类、行业范围和重点排放单位确定标准，并根据国家温室气体排放控制目标以及重点排放单位情况等，制定国家排放配额分配方案，明确国家以及各省、自治区、直辖市、计划单列市、新疆生产建设兵团的排放配额总量。省级碳交易主管部门根据国务院主管部门公布的确定标准，提出本行政区域内所有符合标准的重点排放单位名单并报国务院碳交易主管部门，经国务院主管部门批准，省级碳交易主管部门可适当扩大碳排放权交易的行业覆盖范围。

☞ 明确分配原则和方法：国家排放配额分配采取免费和有偿相结合的方式，并逐步提高有偿分配的比例。国务院碳交易主管部门参考相关行业主管部门的意见，确定统一的配额免费分配方法和标准，制定国家配额分配方案，明确各省、自治区、直辖市免费分配的排放配额数量、国家预留的排放配额数量等；省级碳交易主管部门依据国家确定的方法和标准，提出本行政区域内重点排放单位的免费分配配额数量，报国务院碳交易主管部门确定后，进行免费分配。各省级碳交易主管部门可提出比全国统一的配额免费分配方法和标准更加严格的分配方法和标准，经国务院碳交易主管部门审定后在本行政区域内实施。

☞ 完善排放监测、报告与核查机制：重点排放单位按照国务院碳交易主管部门的要求，制订排放监测计划并报所在省级碳交易主管部门备案，当监测计划发生重大变更时，应当及时报所在省级碳交易主管部门备案。国务院碳交易主管部门委托具有资质的第三方机构开展碳排放核查工作，并出具核查报告。重点排放单位根据国务院碳交易主管部门发布的指南，每年编制上一年度的排放报告，并将其与核查报告一同提交所在省级碳交易主管部门。

☞ 强化配额清缴与抵消机制：重点排放单位每年必须向所在省级碳交易主管部门提交不少于上年度经确认排放量的排放配额，并可使用符合要求的国家核证自愿减排量来抵消部分排放量。省级碳交易主管部门每年必须按时将其行政区域内重点排放单位上年度的排放和配额清缴情况上报国务院碳交易主管部门。

3.2　国内排污许可制度的发展

3.2.1　排污许可试点情况

3.2.1.1　我国实施排污许可证制度的发展历程

排放污染物许可是环境行政许可之一，也是点源污染管理的重要载体，它通过对排污者综合的、系统的、全面的、长效的统一管理，从而实现一体化和全过程的环境管理，是推动科学化、精细化环境管理的重要环节。20世纪70年代，欧美等国陆续开展了排污许可制度实践，经过几十年的发展，排污许可制度已逐步成为一些发达国家支柱性的法律制度。其中，欧盟的排放许可制度是以 BAT 为核心技术支撑，全过程、一体化的综合性排放许可；美国则形成了以环境质量改善为出发点，以排污许可为载体，综合了各项污染源管理制度和配套经济政策的完善制度体系。我国排污许可制度的发展历程如下。

（1）起步探索阶段（20世纪80年代中后期）。在排污许可证政策起步阶段，受美国NPDES 水污染物排放许可证制度出台的影响，我国的排污许可实践主要集中在水领域。早在20世纪80年代中期，我国一些城市的环保部门开始探索从国外引入排污许可证这一基本的环境管理制度。1987年，水污染物排放许可证制度开始在我国大中型城市开展试点，天津、苏州、扬州、厦门等10余个城市在排污申报登记的基础上，向企业发放排放许可证。

这一时期排污许可证制度还处于起步阶段，其特点是由各城市自发组织，许可的内容并不统一，许可量的核定还未成为主要技术问题。

（2）制度建设阶段（1988—2000年）。1988年，国家环境保护总局制定了《水污染物排放许可证管理暂行办法》，并在该办法中第一次把"排放许可证制度"单独作为一章来规定，排污许可证制度成为我国环保政策框架中的重要部分。1989年第三次全国环境保护会议提出全面推行新老八项环境管理制度，排污许可证制度作为"新五项"环境管理制度之一正式确定了下来。随之在1989年编写《水污染物防治法实施细则》时规定"对企业事业单位向水体排放污染物的，实施排污许可证管理"，进一步确立了其法律地位，并且首次将污染物排放总量指标纳入排污许可量的确定范围。1994年，国家环保局宣布试点工作结束，开始在所有城市推行排污许可证制度，此后一些省市在地方法规中对这一制度有所涉及。但在1984年颁布的《中华人民共和国水污染防治法》及其1996年的修订稿、1987年编写《中华人民共和国大气污染防治法》及其1995年的修订稿、1989年颁布的《中华人民共和国环境保护法》中这一制度仍然未被提及。

这一时期，排污许可制度作为八项环境管理制度之一的地位虽然在中央的文件与精神中逐步建立并确立下来，但各地方的实践并不理想，也未从立法层面予以明确。国家层面没有任何法律载明排放许可制度，地方层面仅北京、贵州等少数省市颁发了排污许可证管理办法，排污许可证更像是排污申报制度的载体，而并没有发挥其行政许可的功能。

（3）全面执行阶段（2000—2008年）。2000年，国家对《中华人民共和国大气污染防治法》进行了修订，并在其中明确表明"大气污染物总量控制区内有关地方人民政府依照国务院规定的条件和程序核发主要大气污染物排放许可证"。同年修订的《水污染防治法实施细则》规定，地方环保部门根据总量控制实施方案发放水污染物排放许可证。由这两次修订开始，全国各地纷纷出台了排污许可证管理办法，2000—2007 年，我国 31 个省份中，有近 20 个省份专门针对排污许可证制度制定了暂行办法或暂行规定，部分地区也进行了发证工作。

这一时期排污许可证制度基本明确，排污许可量与总量控制相衔接的思想也基本确立。但在全国各地都颁发了许可证管理办法的情况下，排污许可证的实施并未起到预期的"持证才能排污""无证不得排污"的行政约束作用。其"瓶颈"问题主要是未能与其他环境管理制度有效衔接，各地区虽然进行了有效的探索，但限于上位法的约束与环境管理水平现状的制约难以突破。并且在这一时期国家未能出台排污许可证的相关管理办法，导致各地的排污许可管理缺乏依据，管理思路无法有效统一。

（4）点源综合管理体系探索阶段（2008 年至今）。"十一五"以来，我国的点源环境污染呈现多发趋势，对点源管理的要求也逐步提高，仅依靠企业排污申报来核定排污许可量的做法无法满足总量控制的要求。因此这一阶段国家对点源污染管理体系进行了反思与探索，提出实施排污许可制度改革。

2008 年年初，国家环境保护总局颁布了《排污许可证管理条例》（征求意见稿），对排污许可证的管理进行了广泛的意见征求。但该条例未能明确排污许可量与总量控制等其他政策的关系，因此被搁置。当年，国家再次修订了《中华人民共和国水污染防治法》，明确指出"国家实施排污许可制度"，正式确立了其法律地位，为我国水污染物排放许可证制度提供了原则性的法律保障。标志着排污许可制度作为一项独立的环境管理制度的格局正式开始。

2014 年 4 月 24 日新修订的《中华人民共和国环境保护法》中规定"国家依照法律规定实行排污许可管理制度"。次年修订的《中华人民共和国大气污染防治法》规定：排放工业废气和相关有毒或有害大气污染物的企业事业单位应当取得排污许可证，同时也首次明确了排污许可证的载明事项和许可证的核定原则。这为进一步全面开展排污许可制度打开了新的局面。目前，国家已出台《控制污染物排放许可制实施方案》《排污许可证管理暂行办法》以及行业实施方案（以下简称方案）。方案提出我国将率先在火电行业、造纸行业以及京津冀及周边地区等重点城市高架源开展排污许可试点工作。方案中明确了排污许可试点工作的工作目标、基本原则、实施范围、许可申请与核发程序、排污许可技术方法及相关管理规范。

这一时期的排污许可证制度探索正在向以排污许可证为核心的点源综合管理体系转型。排污许可制度也不仅局限于排污申报，而是与总量控制、环境影响评价、环境标准、环境监测、排污收费等制度密切联系。排污许可制度成为点源综合管理体系的核心与载体的转变是未来的必然趋势。

3.2.1.2　地方试点情况评估

截至目前，全国共有 24 个省份各自在地方层面尝试开展了排污许可证发放试点，部分地区甚至先行于国家，已经陆续颁布了排污许可制度的地方管理办法或实施细则。各地区的排污许可证基本采取分级管理的原则，按行政级别负责不同点源的排污许可证发放与管理。各地核发的排污许可证主要通过许可排放浓度、许可排放量等为核心要素对固定点源实施管控。同时，多数地方在核定许可排放量时也基本考虑了总量控制的原则，许可证排污量的审核与国家总量控制制度相结合。但各地区在发证范围与许可条件上也存在一些差异，对于哪些企业应当纳入排污许可证发证范围、许可证有效期限是几年、试生产的企业是否允许颁发临时许可证等问题还存在争议。

3.2.2　国家试点工作方案介绍

3.2.2.1　国家实施方案的总体概况

为全面贯彻党的十八大和十八届三中、四中、五中全会精神，深入贯彻习近平总书记系列重要讲话精神，坚持"四个全面"战略布局，牢固树立创新、协调、绿色、开放、共享的发展理念，加大生态文明建设和环境保护力度，构建以排污许可制为核心的固定污染源环境管理制度，使其成为企业守法、政府执法、社会监督的依据，为提高环境管理效能和改善环境质量奠定坚实的制度基础。原环境保护部编制了《污染物排放许可制实施方案》《排污许可证管理暂行办法》以及火电、造纸行业排污许可证申请与核发技术规范。

依据国家实施方案的要求，到 2020 年，我国将完成覆盖所有固定污染源的排污许可证核发工作，建成全国统一的排污许可管理信息平台，基本建立法规体系完备、技术体系科学、管理体系高效的排污许可制度。2016 年年底前，完成全国火电、造纸行业企业排污许可证申请核发，规范环境监管执法；完成京津冀重点区域大气污染传输通道的北京市、保定市、廊坊市钢铁、水泥高架源排污许可证申请与核发。

3.2.2.2　排污许可制度体系设计的基本思路和实施特点

（1）"一证式"管理的基本制度定位。目前我国排污许可制度体系设计的基本定位是通过排污许可制度将各项环境管理制度精简合理、衔接顺畅，企事业单位主体责任得到落实，对固定污染源实现系统化、科学化、法治化、精细化、信息化的"一证式"管理。

（2）以综合全部环境管理要求为原则的许可证内容设计。方案中设计的排污许可证内容主要包括许可事项、管理要求及其他载明事项三部分。其中，许可事项和管理要求是许可证的核心事项，是企业持证排污必须严格遵守、不得随意改变的内容。许可事项是政府约束和规范企业排污行为的具体体现，主要包括许可排放污染物的种类、浓度、数量以及排放时间、排放方式和去向等。管理要求是确保企业达标排放的重要保障，是政府监管执法的主要依据，包括污染防治设施运行、自行监测、台账记录、执行报告等要求。在各项排污许可证内容的确定主要遵循以下原则：

（3）以排放标准为基本要求，综合考虑环境质量、总量控制要求确定许可事项。许可排放浓度和许可排放量的核定是以排放标准为基本依据，综合考虑企业所在区域环境质量改善需求和总量控制要求。通过实施排污许可管理，将环境质量超标地区和特殊环境污染时期的环境质量改善要求落实到企事业单位。将地方依法依规制定的重污染天气应急预案、环境质量限期达标规划等文件对辖区内固定污染源的污染控制要求，作为企业许可事项的核定依据。对于地方有总量控制要求且将总量指标分配到企业的，依据国家或地方排放标准和企事业单位总量控制要求按照从严原则确定企业许可排放量。

（4）新源管理与环评制度的衔接。对于新增污染源，排污许可管理在时间上与环境影响评价无缝接轨，要求新、改、扩建项目在取得环境影响评价批复文件后，应当在投入生产或使用并产生实际排污行为之前向许可证核发机关提交申请材料，申领排污许可证；在内容上与环境影响评价有机衔接，要求许可事项依据环境影响评价文件及批复、国家或地方排放标准或要求，按照从严原则进行确定，环境影响评价文件及批复中的污染防治强制要求也应当在排污许可证中明确并实施监管。

（5）以形成企业主责、自证守法的环境管理模式为目标，构建火电等行业自主举证的相关技术规范。按照《污染物排放许可制实施方案》（以下简称《方案》）的总体要求，在火电、钢铁、水泥行业实行企业自主申请、承诺、举证、监测、公开的管理制度。《方案》要求企业在许可证申请阶段签订守法承诺书，强化企业污染治理、守法诚信的主体责任；分行业明确企业自主举证的材料要求、规定企业记录环境管理台账的规范、细化企业自主报告的内容，建立企业自我监管、自证守法的创新管理模式。

3.2.3 下一步排污许可制度改革方向

（1）制度定位。以改善环境质量为目标，以环境质量管理转型为契机，通过有效衔接和整合环境影响评价审批、"三同时"验收、总量控制、排污申报、排污权交易等制度，建立以排污许可证为核心、串联其他管理制度的点源综合管理体系，将排污许可证作为有力的污染源管控抓手，强化企业环境自主责任，对固定污染源实施"一企一证"式管理和全过程精细化监管。最终使排污许可证成为火电企业的守法文书、监管部门的执法依据、公众环保监督的参与平台。

（2）许可范围。将按照《中华人民共和国大气污染防治法》《中华人民共和国水污染防治法》及其他法律法规，综合考虑污染物产生量和排放量以及环境风险大小，环境保护部按行业制订排污许可管理名录，明确全国统一实施排污许可管理的企事业单位。地方人民政府可以依据改善环境质量的要求，依法增加排污许可管理的范围。对污染物产生量和排放量较小、环境风险较低的行业企业，简化许可内容和相应的自行监测、台账管理等要求。

（3）许可对象。排污设施全覆盖。排污许可制度所面对的管理主体是企业，而许可的对象则应当是企业中全部的生产或排污设施。以排污设施对应的排放口为单位，确定许可排放限值以及燃料使用、污染防治、自行监测等全部管理要求。

（4）许可排放限值核定方法。基于排放标准和最佳可行技术核定许可排放浓度限值。排放标准是企业许可排放浓度限值的最低限。为充分体现行业的公平性，基于鼓励先进、淘汰落后的原则，还应综合考虑各行业最佳可行技术的控制排放水平，确定许可排放浓度限值。对于新、改、扩建项目，按照批复后的环评文件要求确定许可排放污染物的种类和浓度限值；对于现有项目，原则上按照排放标准确定许可排放浓度限值，对于环境质量超标或者有空气质量改善需求的地区可以参照行业最佳可行技术水平确定许可浓度限值。以环境质量为核心确定许可排放量限值，分区域明确不同的许可排放量核定方法。对于环境质量达标地区，按照排放标准或行业最佳可行控制技术水平确定企业许可排放量；对于环境质量超标地区或企业处在环境敏感区域的，应当充分考虑环境质量改善需求确定企业许可排放量限值。

（5）排污许可证后监管体系。建立企业自行监测、台账管理、自主报告制度，为排污许可证后监管奠定基础。在排污许可证中明确企业自行监测、自行记录和自行报告的要求。通过企业自主提交排污许可证执行情况报告，为排污许可证后监管提供重要的技术基础。排污许可证台账应按生产设施进行填报，内容主要包括基本信息、污染治理措施运行管理信息、监测记录信息、其他环境管理信息等内容，记录频次和记录内容要满足排污许可证的各项环境管理要求。排污许可证执行报告要求按照总量控制、排污收费、环境统计等各项管理数据上报要求的频次和内容进行报告，同时要求每年至少上报一次许可证年度执行报告，对全年的许可证执行情况和台账信息进行总结分析，作为许可证监管和考核的重要依据。

4 基于排放许可证的碳排放交易体系构建关键因素分析

4.1 建立基于排放许可证的碳排放交易体系的基本思路

4.1.1 基本思路

（1）将碳排放与常规大气污染物进行统筹管理的基础。很长时间以来，无论是科学研究还是政策制定和实施，无论是发达国家还是发展中国家，大气环境质量改善和减缓气候变化总是被作为两个分离的和截然不同的问题分别对待。即使发达国家已经基本解决了国内大气污染问题，却也并没有将全球气候变化和国内大气污染两者从政策上统筹考虑。主要原因是，在大气污染控制和气候变化减缓上有非常大的时空规模差异，减少大气污染的效益更确定、更直接、实效性更强，而减缓气候变化产生的收益则是长期的过程，而且是全球性的受益。

温室气体（如 CO_2、CH_4、N_2O、黑碳、气溶胶等）与常规大气污染物（如 PM、NO_x、SO_2、汞、酸雨、O_3 等）具有"同根同源同步性"。二者大多是由矿物燃料燃烧排放造成，因此排放源一致，如表 12 所示。另外，矿物燃料燃烧所排放的污染物不但造成空气污染，而且还具有明显的气候效应；由温室气体增加所引起的气候变化也能影响空气污染问题，可加重和放大空气污染对人体健康、农业生产和生态系统的影响。可见，应对气候变化与常规大气污染防治密不可分，二者在减排过程中具有协同效应，在实际管理中二者具有一定的相似性和交叉性，。有很多文献指出当通过一个技术或者政策方案的组合来同时解决这两个问题时，考虑协同效应和避免权衡取舍，会潜在减少成本和增加额外效益，诸如降低政策实施成本、考虑协同效应避免政策失效的风险、公共健康提升、社会效益增加等多重效应，是应对大气污染防治压力和气候变化挑战的有效途径。新的《大气污染防治法》也明确提出对大气污染物和温室气体实施协同控制的要求。要进行大气污染与气候变化综合、协同控制，可在强化顶层设计的基础上，通过整合二者现有的控制技术/政策实现（图12）。

表 12　各种空气质量问题与气候变化之间的关联

污染源	标准污染物（PM/SO$_2$/NO$_x$）	毒性污染物（汞/苯）	平流层臭氧空洞	酸雨/可见度降低	全球气候变化
道路移动源	主要	主要	微弱	主要	主要
非道路移动源	中等	中等	微弱	中等	中等
电力生产	主要	主要	微弱	主要	主要
工业活动	主要	主要	中等	中等	中等
冰箱/制冷装置	辅助作用	辅助作用	主要	辅助作用	中等
商业活动	中等	中等	微弱	微弱	微弱
消费活动	中等	中等	微弱	微弱	微弱
农业活动	中等/微弱	中等	微弱	中等/强大	中等

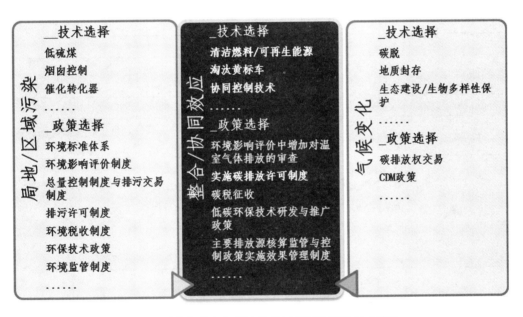

图 12　大气污染与气候变化协同控制政策与技术选择

（2）建立基于排放许可证的碳排放交易体系基本思路。我国目前的大气环境管理制度中，排污许可制是依法规范企事业单位排污行为的基础性环境管理制度，管理的核心是将排污者应执行的有关环保法律、法规、政策、标准、总量削减目标和环保技术规范性管理文件等要求具体化，落实到每个排污者身上，约束每个排污者的排污行为，企业必须持证排污、按证排污。某种程度上有机衔接了环境影响评价管理制度、污染物排放标准、总量控制制度、限期淘汰等固定源环境管理相关制度以及违法处罚等方面的规定，实现了与前置审批、过程监管、违规处罚等相衔接，形成一项便于长效监督管理、易于操作的环境管理制度，是点源污染管理的重要载体和基础。CO_2作为一种具有全球影响的温室气体与常规大气污染物的排放在一定程度上具有"同根同源同步性"，在减排过程中两者具有协同效应，在实际管理中二者具有一定的相似性和交叉性，将常规污染物和温室气体进行协同管理，是应对大气污染防治压力和气候变化挑战的有效途径。因此排污许可制度应尽可能地纳入 CO_2 等多种环境要素，实施综合、一体化、协同的管理战略，在我国推行系统化、精细化、信息化环境管理策略的大背景下，具有重大的现实意义。

碳排放权交易是目前碳管理的重要政策选择，其本质也是从源层面进行环境管理，需要与现有的排放源管理政策相结合，尤其是应与源管理的核心排污许可制度相衔接。从排污许可制度及碳排放交易两项制度目前的框架、基本要素及未来的改革发展趋势进行分析（表13），许可制度作为源排放管理的基础核心制度，可从源排放基础信息、初始排污权核定、排放过程监管及排放量核算等多个方面为排污权交易制度的实施提供支撑。因此从提高行政机关的办事效率、增加 CO_2 与常规污染物的协同减排效应、减少因为污染物（温室气体）排放信息报告、排放许可而给受控企业造成的过度负担的角度，可将碳排放的基本要求纳入排污许可进行管理。

表13　我国排污许可制度与碳排放权交易制度比较

	排污许可制度	碳排放权交易制度
制度定位	依法规范企事业单位排污行为的基础性环境管理制度	采用市场机制减少温室气体排放的环境经济政策
管理机构与权限	环境保护部门	发展改革委等
管理对象	依法制定固定污染源分类管理名录	电力、钢铁、有色、化工、石化、建材、造纸和航空
管理思路	通过有效衔接和整合各项固定源环境管理制度，建立以排污许可证为核心、串联其他管理制度的点源综合管理体系，对固定污染源实施"一企一证"式管理和全过程精细化监管	总量控制的配套经济制度，在排放总量不超过允许排放量的前提下，内部各排放源之间通过货币交换的方式相互调剂排放量，从而达到减排的目的
管理程序	实行自行监测和定期报告制度，建立企业主责、自证守法的环境管理模式	建立排放监测、报送和核查机制

从图13分析，建立基于排放许可证的碳排放权交易体系可从以下几个方面进行协调和整合：①明确法律基础，为建立基于排放许可证的碳排放交易体系提供依据；②建立协调统一的技术方法，为制度设计建立衔接方法（包括界定覆盖范围、统一温室气体排污权初始分配技术方法与排污许可允许排放量核定技术方法、明确排污许可证中温室气体排放监测、报告、核算要求和技术方法，更新载明排污权交易结果等）；③明确相应体制机制改革方向，保障制度的顺利和有效实施。

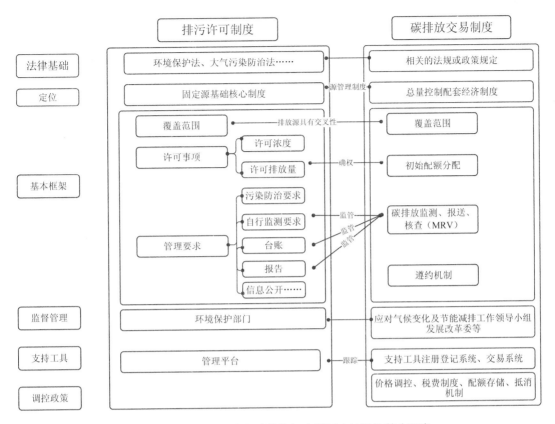

图 13　排污许可制度与碳排放权交易制度体系的基本要素

4.1.2　基本原则

建立基于排放许可证的碳排放交易体系应以降低制度设计和实施成本、减少政策实施阻力、提高政策实施效率、保证政策目标的顺利实现为原则，充分考虑排污许可制度与碳交易制度的定位、作用及衔接机制，分析关键结合点，按照以下几个原则进行体系构建：

（1）协调一致的控制目标。在大多数情况下，大气污染物的排放是伴随着能源使用和温室气体排放的，因此，建立基于排放许可证的碳排放交易体系在碳减排目标、企业许可排放量设定等方面很大程度上是存在协同效应的，在系统构建过程中，要充分运用产生最大协同效益的技术方法，构建协调一致的控制目标。

（2）统筹协调的技术方法。根据排污许可制顶层设计思路并结合国内碳交易实践，对现有碳排放交易政策进行修改、补充和改进，针对体系构建的关键环节，建立统筹协调的技术方法，将其整合为一个系统的制度体系。

（3）精简高效的管理效果。系统整合常规大气污染物和温室气体排放控制要求，通过排污许可制实现对企业排污行为的"一证式"管理，一个企业核发一个排污许可证，统一载明排放和管理要求，相关部门统一有效监管，减少企业申报事项，规范污染源执法，提高环境管理效能，促进简政放权和政府职能转变。

4.2　基于排污许可的碳排放交易的法律定位及其排放规制立法路径分析

4.2.1　法律基础分析

　　从各国控制 CO_2 等温室气体排放立法情况来看，主要有两种路径：①制定新的专门规制 CO_2 排放的法律，并妥善处理专门立法与既有法律之间的关系，如欧盟、日本、澳大利亚、新西兰、菲律宾等多数国家；②纯粹在既有立法框架与制度下对 CO_2 排放进行规制，如美国。据统计，全球有 66 个国家和地区制定了 CO_2 等温室气体减排放的专门立法和政策，其中 10 余个国家有国家层面的专门立法。

　　我国虽然有《可再生能源法》《节约能源法》《环境保护法》《大气污染防治法》等相关的能源和环境法律，以及《国民经济和社会发展第十三个五年规划纲要》《"十三五"节能减排综合工作方案》《"十三五"控制温室气体排放工作方案》等相关五年规划方案，但没有针对温室气体制定专门法律。《大气污染防治法》第二条规定："防治大气污染，应当以改善大气环境质量为目标，坚持源头治理，规划先行，转变经济发展方式，优化产业结构和布局，调整能源结构。应当加强对燃煤、工业、机动车船、扬尘、农业等大气污染的综合防治，推行区域大气污染联合防治，对颗粒物、SO_2、NO_x、VOCs、NH_3 等大气污染物和温室气体实施协同控制。"温室气体并未明确规定是否属于大气污染物范畴，但明确提出要与"颗粒物、SO_2、NO_x"等常规污染物一起进行协同控制。

　　美国是唯一一个通过联邦最高法院通过对《清洁空气法》的解释，将 CO_2 等温室气体解释为空气污染物，而且为美国环保局确立了对 CO_2 等温室气体的广泛监管权，EPA 不仅有权监管由机动车产生的温室气体，也有权监管由固定源排放的温室气体。除美国之外，欧盟 1996 年颁布意在整合许可证发放条件与程序的《污染预防和控制整合指令》，在其附件 1 关于工业污染物列举中，包括 CO_2 和其他温室气体。2010 年欧盟出台《工业污染物排放指令》代替 1996 年颁布的《污染预防和控制整合指令》，但两个指令关于工业污染物的定义相同。欧盟虽然将 CO_2 和其他温室气体列为工业污染物类型之一，但是并没有依据《工业污染物排放指令》对 CO_2 排放进行规制，相反，欧盟制定了专门的控制 CO_2 排放的《欧盟排放交易指令》，并注意《欧盟排放交易指令》与《工业污染物排放指令》的衔接。凡纳入欧盟排放交易体系的，适用《欧盟排放交易指令》；未纳入 EU-ETS 的，适用《工业污染物排放指令》。

4.2.2　路径选择分析

　　欧盟、美国经验表明，将 CO_2 等温室气体作为污染物并通过污染防治或者《清洁空气法》来控制温室气体排放也是一种可能的选择。但考虑到传统污染物和温室气体的产生途径不同，除能源领域与工业行业外，温室气体还存在农业、林业、土地利用等领域。因此若将碳排放体系纳入许可管理中，建议我国借鉴和吸收多数国家的经验，根据实际管理需要和可能，在《大气污染防治法》中明确将重点工业行业排放的 CO_2 与常规污染物一起协同管理，并在 2019 年拟出台的《排污许可条例》中明确纳入排污许可管理体系的 CO_2 排放工业行业。除此以外，制定一部专门的、综合性的控制 CO_2 等温室气体排放立法，涵盖除大气法规定的行业外的生产和消费领域一切温室气体排放活动，在节约使用能源、提高能源效率、优化能源结构、减缓气候变化方面统领先行相关立法的上位法。

4.3　碳排放交易纳入许可管理的衔接机制

4.3.1　覆盖对象

温室气体排放源相对常规大气污染物排放源，不仅有工业排放，而且有能源、农业、林业、土地利用等领域的排放，针对不同领域的排放源，管制措施难以统一，适合于许可证的范围应该是有选择性的固定污染源，任何因其排放的传统空气污染物而纳入排污许可证监管的固定源，其排放的 CO_2 也应受到监管。

建立基于排污许可的碳排放交易体系，需要明确纳入排污许可的碳排放固定源范围，建立综合、协调、一致的技术方法体系。目前碳排放覆盖的行业主要是以能源、制造业等排放规模和减排潜力较大的行业为主。按照国家推进进展，全国碳市场第一阶段覆盖的行业，主要包括石化、化工、建材、钢铁、有色、造纸、电力和航空八大行业。

目前，按照《控制污染物排放许可制实施方案》（国办发〔2016〕81 号）和《排污许可证管理暂行办法》的相关要求，国家编制了《固定污染源排污许可分类管理名录（2017年版）》（以下简称《排污许可名录》）。编制原则和思路如下：

（1）定位。是我国排污许可制度改革的一项重要基础性文件，是排污许可法规体系中的重要组成部分。《排污许可名录》重点是明确了哪些企业需要持有排污许可证、什么时候需要取得排污许可证、管理要求有什么区别 3 个方面的问题。

（2）差异化管理。名录依据排污单位或企业污染物产生量、排放量和环境危害的不同，将排污单位分为重点管理和简化管理两类。在 78 个行业和 4 个通用工序中，对 41 个行业和 3 个通用工序，提出全部进行排污许可重点管理；8 个行业全部进行简化管理；剩余的29 个行业和 1 个通用工序根据生产工艺特点或者生产规模进行重点管理或简化管理。行业设置：①遵循法律的原则。《中华人民共和国大气污染防治法》《中华人民共和国水污染防治法》对纳入排污许可管理的企业事业单位和其他生产经营者有明确的规定，其中大气污染防治法提出排放工业废气或者排放国家规定的有毒有害大气污染物的企业事业单位和集中供热设施的燃煤热源生产运营单位应申请排污许可证；水污染防治法提出直接或间接向水体排放工业废水、医疗污水的企业事业单位和其他生产经营者，以及城镇污水集中处理设施的运营单位应申请排污许可证。②覆盖主要污染源的原则。《排污许可名录》编制过程中对环境统计年报数据按行业进行分析，针对现有 SO_2、NO_x、烟（粉）尘、COD、NH_4^+-N 5 个主要污染物，将各污染物产生量、排放量按行业分别进行由大到小排序，筛选各污染物总产生量和总排放量约占前 80% 的行业作为重点行业，并将其纳入《排污许可名录》。③满足各类环境管理需要的原则。系统梳理"水十条""大气十条"、《重金属污染综合防治"十二五"规划》当中重点管理行业和我国现有重点排污单位涉及的行业，并根据《"十三五"生态环境保护规划》《长江经济带生态环境保护规划》梳理总磷、总氮排放量大的行业，将其纳入《排污许可名录》。

建议摸清我国大气污染物和温室气体排放的特征和关系，以现有的《排污许可名录》为基础，考虑碳排放的行业特征，全面梳理并分析 CO_2 产生和排放情况，按照行业分别进行由大到小排序，将总产生量和总排放量约占 80% 的行业筛选出来，作为重点污染源纳入许可管理体系，对《固定污染源排污许可管理名录》进行优化调整。

4.3.2　基于排污许可的碳排放配额分配思路

碳排放配额是政府分配给重点排放单位的温室气体（CO_2）排放总量上限，是企业的一种权利，也相当于一种资产。1 个配额代表持有的重点排放单位允许向大气中排放 1 t CO_2 当量的温室气体的权利。

碳排放配额分配是建立碳排放权交易市场的关键，是关系到温室气体控制目标是否达成、碳交易制度能否有效运转、环境效益与经济发展能否协调一致发展的关键步骤。建立基于排污许可的碳排放交易管理体系，需明确每个受控污染源的碳排放配额，作为初始排污权，以许可证为载体进行确权和监管。碳初始排污权分配方法应遵循"环境有效性、经济有效、保护竞争力"的原则，基本思路如下：

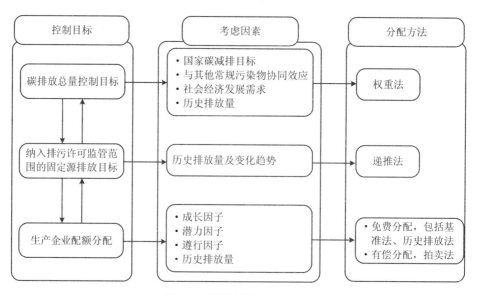

图 14　碳排放配额分配思路

（1）全国碳排放总量控制目标。全国碳减排目标的设定方式可主要采用"自上而下"的方式进行初步确定：主要是充分考虑国家应对气候变化管理要求、大气环境质量改善目标、历史排放量和社会经济发展需求等宏观政策目标确定减排目标，最后需要根据涵盖的排放源配额分配情况进行修正。

　　☞　国家碳减排目标：碳排放削减目标首先应考虑如何最大程度上实现国家碳减排目标要求，即以我国政府提出的控制温室气体排放的行动目标（如到 2020 年全国单位国内生产总值 CO_2 排放比 2005 年下降 40%～45%）为最基本约束条件。

☞ 与其他常规大气污染物的协同效应：由于大气中各种污染物与温室气体通过化学反应紧密相关，不仅大气污染物能够影响长期或短期的气候变化，而且气候变化能加重大气污染，因此碳减排目标的确定还应充分考虑多种污染物协同削减效应（建立涵盖 SO_2、NO_x、PM_{10}、$PM_{2.5}$、有毒有害、O_3、水体酸化、区域霾以及温室气体等多项环境指标，确定与之对应的削减目标），才能真正达到降低对人体健康与辐射平衡影响的目标，并且在所设立的时间范围内是可行的。

☞ 历史排放量：碳排放权数量的控制要把握好"度"的要求。初次配额分配不宜过量，欧盟的第一阶段分配时就出现了这样的问题，导致大多数成员国的实际减排效果很低。当配额分配过量的时候，配额的稀缺性就会下降，交易的需求就会降低，导致交易量的减少；当配额分配太少时，配额的稀缺性过高会导致流动性的下降。大致来讲，配额分配主要是要根据历史排放量数据，结合减排目标来确定。碳排放权的总数量计算方法应按照"照常生产"的标准推算出总排放量，再扣除掉减排政策所要求的减排量。

☞ 社会经济发展需求：综合考虑经济效率、对产业竞争力的冲击、社会接受度、确定性和公平性等诸方面的内容，避免对经济产生不利影响。

（2）碳排放配额分配。在全国碳排放总量控制目标下，需要确定纳入许可管理体系的固定排放源的碳排放总量控制目标，可以根据历史数据占全国排放的比例，采用等比例的方法确定排放总量目标。总量分解一般由以下 3 个部分组成：初始分配配额、新增预留配额和政府预留配额。初始分配配额控制既有排放设施，新增预留配额为企业预留发展空间，政府预留配额用于市场调控和价格发现。按照污染物排放总量控制制度改革思路及排污许可制度设计思路，总量指标的分解只分配到既有污染源，政府不得预留总量指标，新增污染源需要从现有源购买总量指标。因此，纳入许可管理的固定污染源碳排放配额分配应只包括初始分配配额。具体到现有各工业企业配额分配，要考虑减排目标、产业成长性、减排潜力以及与总减排量的一致性等因素，即外生标准（历史排放量）和内生标准（成长因子、潜力因子和遵行因子），根据不同行业的特点、承受能力等采用免费分配（基准法、历史排放强度下降法）和有偿分配（拍卖）的方法。

基准法主要按行业基准排放强度核定碳配额，产品和工艺具有同质性，适用于生产流程及产品样式规模标准化的行业。例如，基准法的主要缺点是方法较复杂，难度较大；对数据基础要求高；工作过程较复杂，确定基准过程中需要保证信息的透明性，并于工业界进行有效的沟通。主要优点是能避免"鞭打快牛"，在一些产品同质性较强、技术水平相对统一的行业中，行政管理成本低。在目前已经公布详细的配额计算的几个碳试点市场中，火电行业无一例外都要求使用基准法核定碳配额，因为其产品单一、生产流程大同小异，套用一个行业基准容易评估。

历史法即按照排污单位的历史排放水平核定碳配额，适用于生产工艺产品特征复杂的行业；对于某些行业，如化工行业工艺多样、产品复杂，铜冶炼和造纸单个工序的生产技术有多种、产品多种，钢铁生产的轧钢之后的下游工序技术和产品，这些行业内的子行业横向可比性差，套用一个行业基准容易造成不公，因而多数使用历史法核定。历史排放强度下降法容易造成"鞭打快牛"的情况，一般历史排放强度高企业获得的免费配额更多，但是此方法实施最简单，在一定程度上可以补偿政策变化导致的企业损失，且行政管理成本低。

拍卖法。配额分配的另一种方法是进行配额的拍卖，这一方法需要相关政策和机制的支持。在这一方式下，政府的环境管理部门介入最少，是一种市场化程度较高的配额分配方法。这一方法在一定程度上也避开了企业之间的种种差异。拍卖管理成本最低，不会扭曲产品市场，理论上更受推崇。对碳排放额度的分配，可根据我国减排目标实现的阶段，采用不同的分配方式。初期可实行免费分配，中期以免费分配为主，拍卖为辅，后期以拍卖为主，免费分配为辅。这种渐进式的排放交易市场推进方式，使市场各主体有充分的时间适应规则，逐步树立节能减排意识，调动参与的积极性。

大气污染物和温室气体的排放特征有一定的相似性，有关研究也显示传统污染物控制措施会对温室气体减排产生一定的协同效应，同时，温室气体减排措施也会对传统污染物的排放产生一定的协同效应。对于部分行业常规大气污染物控制措施具有协同减排温室气体效应的，可适当与该行业常规污染物初始排污权分配方法相衔接。

配额分配最大可能利用基准法，规避经济变化造成的不确定性，避免过多的配额调整，部分子行业采用历史强度下降法。对于新建生产设施可按照最佳控制技术水平和严格的政策标准，采用基准法核定所需的配额数量，并从市场上通过交易获得。

4.3.3　覆盖对象的排放量监测、报告与核查

对于碳排放交易体系来说，要核查参加排放交易的排放源是否完成了其义务，达到遵约要求，需要在遵约期结束时，对比其拥有的排放配额是否足以抵消其实际排放的数量。根据已有的排放权交易体系运行经验，这就要求必须对相关排放源的排放量进行有效的监测、报告和核查。进行监测、报告和核查，需要针对设施排放监测、报告和核查的明确规范和要求，需要相关企业有效执行相关的监测和报告要求，同时也需要有专业的第三方对相关报告进行核查，并向监管机构提交核查后的信息，这是排放权交易体系日常运行中最主要的一部分工作。

按照《控制污染物排放许可制实施方案》（国办发〔2016〕81号）及《排污许可证管理暂行规定》（环水体〔2016〕186号）相关要求，环境保护部门通过对企事业单位发放排污许可证并依证监管实施排污许可制。排污许可制度将进一步强化企业落实企业主体责任，实行企业自主申请、举证、监测、公开的管理制度。其中许可制度的一个重大改革是重构污染治理责任体系。企业申领许可证，承诺依证排污，是否履约主要是通过自行监测、开展环境管理台账记录、编制执行报告自我证明企业的持证排放情况，政府工作重点是核实企业上报信息的真实性，监督企业遵守许可证规定，严厉处罚造假及环境违法违规行为。

因此，可将碳排放交易体系的监测、报告与核查的功能一并纳入许可证监管体系，按照现有的企事业单位排污许可体系设计，由许可证中的监测管理要求、台账管理及执行报告三部分替代，并按照许可证的要求执行。①企业制定自行监测管理要求，并在许可证中载明。企业需要制定严格的温室气体排放监测规则，可以在排放源安装连续监测系统，进行实时监测；也可以经过实地取样调查，制定特定的排放因子，提供企业的相关能源、原材料投入或产品产出数量进行排放量的核算。②编制企业温室气体排放量核算指南、明确

管理台账和执行报告要求，并在许可证中载明企业环境管理台账管理要求和报告要求。企业按照规定的统一标准按时报告，在此基础上开展环境管理台账记录、编制执行报告，自我证明企业的持证排放情况。

4.4 基于排污许可的碳排放交易的管理机构设置分析

目前来看，我国现在实行的是污染物与温室气体分头管控的体制机制，我国具有控制污染物与CO_2排放职能的中央机构主要有：

（1）国务院国家应对气候变化及节能减排工作领导小组。它负责研究制定国家应对气候变化的重大战略、方针和政策，统一部署应对气候变化工作，研究审议国际合作和谈判对案，协调解决应对气候变化工作中的重大问题；组织贯彻落实国务院有关节能减排工作的方针政策，统一部署节能减排工作，研究审议重大政策建议，协调解决工作中的重大问题。

（2）生态环境部设应对气候变化司，主抓节能和温室气体减排工作，负责牵头拟定我国应对气候变化重大战略、规划和重大政策，组织实施有关减缓和适应气候变化的具体措施和行动，组织开展应对气候变化宣传工作，研究提出相关法律法规的立法建议；组织拟定、更新并实施应对气候变化国家方案，指导和协助部门、行业和地方方案的拟定和实施。

同时，负责建立健全环境保护基本制度。制定主要污染物排放总量控制和排污许可证制度并监督实施，提出实施总量控制的污染物名称和控制指标，督查、督办、核查各地污染物减排任务的完成情况，实施环境保护目标责任制、总量减排考核并公布考核结果等。

目前，虽然碳交易及相关工作已划入生态环保部门，但碳交易、排污许可相关工作仍分属两个业务司，要建立基于排污许可的碳交易制度，需进一步的整合。

结合当前的管理体制现状和工作基础，按照提高行政机关的办事效率、减少受控企业负担的原则，生态环保部门应统筹基于排污许可的碳排放交易制度设计和实施工作，许可证制度的执行采取属地管理的模式，由地方生态环保部门实施具体的核发与管理工作，地方生态环保部门可在国家法律法规的基础上制定额外的更加严格的政策要求或限制标准。在企业提交许可证申请后，由生态环保部门组织协调各有关部门或三方咨询机构等以及公众共同核定许可证。从现实可行和易于操作的角度，对于碳交易的监管应尽量充分利用现有的管理机构和已有的管理和实施基础，纳入许可管理的碳交易后的排污权变化在许可证中进行更新载明。

参考文献

[1] 李艳芳，张忠利. 二氧化碳的法律定位及其排放规制立法路径选择[J]. 社会科学研究，2015（2）：30-34.

[2] 段茂盛，庞韬. 碳排放权交易体系的基本要素[J]. 中国人口·资源与环境，2013（3）：110-117.

[3] 固定污染源排污许可管理名录. 环境保护公报[J]. 环境保护部，2017.06.

[4] 控制污染物排放许可制实施方案硫酸工业[J]. 环境保护部，2016.12.

[5] 李艳芳，张忠利. 二氧化碳的法律定位及其排放规制立法路径选择[J]. 社会科学研究. 2015（2）：30-34.

[6] 孟新琪. 国际碳排放权交易体系对我国碳市场建立的启示[J]. 学术交流，2014（1）：78-81.

[7] 周新军. 国内外碳排放约束机制及减排政策[J]. 当代经济管理，2013（5）：35-39.

[8] 郝海青. 欧美碳排放权交易法律制度研究[D]. 中国海洋大学，2012.

[9] 肖志明. 碳排放权交易机制研究[D]. 福建师范大学，2011.

[10] 屈志凤. 西方国家碳排放权交易体系及借鉴[J]. 财会通讯，2014，2：123-125.

[11] 施平，李长楚. 碳排放交易国际比较与借鉴[J]. 财会通讯，2016（19）.

[12] 张益纲，朴英爱. 世界主要碳排放交易体系的配额分配机制研究[J]. 环境保护，2015，10：55-59.

[13] 张汉. 《欧盟排污权交易指令》的制定、实施及其启示[J]. 武汉冶金管理干部学院学报，2016（2）：43-45.

[14] 冯静茹. 论欧美碳交易立法路径的选择及其对我国的启示[J]. 河北法学，2013，31（5）：151-162.

[15] 林云华，冯兵. 欧盟排污权交易的实践及对我国的启示[J]. 我国集体经济，2008（19）：198-200.

[16] 蓝虹，孙阳昭，吴昌，等. 欧盟实现低碳经济转型战略的政策手段和技术创新措施[J]. 生态经济（中文版），2013（6）：62-66.

[17] 韩晓蕾. 欧盟碳排放交易法律制度及其对我国的借鉴意义[D]. 中国政法大学，2013.

[18] 张小梅. 欧盟碳排放交易体系的发展经验与启示[J]. 对外经贸实务，2015（12）：93-96.

[19] 李布. 欧盟碳排放交易体系的特征、绩效与启示[J]. 重庆理工大学学报：社会科学版，2010，24（3）：1-5.

[20] 张龙. 欧盟碳排放交易体系的核心制度研究[J]. 现代经济信息，2015（1）：25-26.

[21] 洪倩倩. 欧盟碳排放交易制度[J]. 内蒙古煤炭经济，2016（7）：43-45.

[22] 史彪，刘晓东. 欧盟碳排放交易制度对我国的启示[J]. 山西师范大学学报（社会科学版），2011（s3）：23-25.

[23] 于洋，高丽莉，王树堂. 欧盟碳排放交易市场发展对我国的启示[J]. 环境保护，2016，44（17）：75-77.

[24] 薛睿. 欧盟碳排放配额交易市场的发展及启示[J]. 理论视野，2013（7）：66-68.

[25] 郝海青，毛建民. 欧盟碳排放权交易法律制度的变革及对我国的启示[J]. 中国海洋大学学报（社会科学版），2015（6）：82-87.

[26] 呼楠楠. 从欧盟碳排放权交易法律制度探析我国碳排放权交易法律制度之完善[D]. 北京交通大学，2015.

[27] 陈民恩，何建莹. 欧盟碳排放权交易市场建设及其启示[J]. 环球市场信息导报，2016（8）：20-24.

[28] 汤丽洁，蒋旭东. 欧盟碳排放权交易体系及其对安徽的启示[J]. 中国经贸导刊，2015（29）：15-17.

[29] 刘自俊，贾爱玲，罗时燕. 欧盟碳排放权交易与其他国家碳交易衔接经验[J]. 世界农业，2014（2）：21-26.

[30] 汪燕. 欧盟碳排放权交易体系的经验借鉴[J]. 浙江经济，2015（18）：41-41.

[31] 王文举，李峰. 碳排放权初始分配制度的欧盟镜鉴与引申[J]. 改革，2016（7）：65-76.

[32] 胡荣，徐岭.浅析美国碳排放权制度及其交易体系[J]. 内蒙古大学学报，2010，42（3）：17-21.

[33] 袁振华，温融. 气候变化背景下美国温室气体排放许可立法的最新实施规则论析[J]. 经济问题探索，

2012（5）：160-167.

[34] 李茜. 加州碳排放权交易经验启示[J]. 中国高新技术企业，2014（4）：80-82.

[35] 何源. 论限额可交易许可证制度的美国经验和我国实践问题[J]. 科教导刊，2012（26）：221-222.

[36] 朱鑫鑫，于宏源. 美国地方自主减排体系如何运行——以芝加哥气候交易所为例[J]. 绿叶，2015（3）：34-42.

[37] 王慧，张宁宁. 美国加州碳排放交易机制及其启示[J]. 环境与可持续发展，2015，40（6）：128-133.

[38] 邢佰英. 美国碳交易经验及启示——基于加州总量控制与交易体系[J]. 宏观经济管理，2012（9）：84-86.

[39] 刘长松. 美国排放许可证管理制度的经验及启示[J]. 节能与环保，2014（3）：54-57.

[40] 孟平. 美国排污权交易——理论、实践以及对我国的启示[D]. 复旦大学，2010.

[41] 吴大磊，赵细康，王丽娟. 美国首个强制性碳交易体系（RGGI）核心机制设计及启示[J]. 对外经贸实务，2016（7）：23-26.

[42] 冯静茹. 浅析美国区域性碳排放权交易制度及其启示——以美国区域温室气体行动为视角[J]. 人民论坛，2013（14）：250-251.

[43] 董岩. 美国碳交易价格的法律规制及其对我国的启示[J]. 中国物价，2011（6）：47-50.

[44] 温岩，刘长松，罗勇. 美国碳排放权交易体系评析[J]. 气候变化研究进展，2013，9（2）：144-149.

[45] 童俊军，谢毅，黄倩，等. 国际碳排放权交易体系比较分析[J]. 节能与环保，2014（11）：56-60.

[46] 鲁虹佑，周勇. 如何在碳交易市场下对工业部门进行碳排放权分配——加州碳排放权交易市场的经验[J]. 科学与管理，2013（5）：15-19.

[47] 刘自俊，贾爱玲. 域外碳排放权交易政府监管的法律保障——以欧盟和美国为对象[J]. 净月学刊，2013（2）：94-98.

[48] 徐双庆. "政府掏钱企业减排"的碳交易体系——日本碳交易系统建设与评价[J]. 科技导报，2012，30（8）：81.

[49] 诸富彻，周岳梅. 日本排放权交易体系的体制设计（上）[J]. 国际贸易译丛，2009（5）：44-48.

[50] 刘海涛，杨洁. 国内外应对气候变化立法研究进展[J]. 安徽农业科学，2015（2）：341-343.

[51] 张梓太，沈灏. 气候变化国际立法最新进展与我国立法展望[J]. 南京大学学报（哲学·人文科学·社会科学版），2014，51（2）：37-43.

[52] 石华军. 欧盟、日本、丹麦碳排放交易市场的经验与启示[J]. 宏观经济管理，2012（12）：78-80.

[53] 徐双庆，顾阿伦，刘滨. 日澳碳交易系统分析及对我国的启示[J]. 环境保护，2015，43（17）：64-67.

[54] 徐双庆，刘滨. 日本国内碳交易体系研究及启示[J]. 清华大学学报（自然科学版），2012（8）：1116-1124.

[55] 尹小平，王艳秀. 日本碳交易的机制与成效[J]. 现代日本经济，2011（3）：20-26.

[56] 张尧，陈洁民，王雪圣. 日本碳交易体系的实践及启示[J]. 国际经济合作，2013（10）：34-37.

[57] 张益纲，朴英爱. 日本碳排放交易体系建设与启示[J]. 经济问题，2016（7）：42-47.

[58] 滕飞，冯相昭. 日本碳市场测量、报告与核查系统建设的经验及启示[J]. 环境保护，2012（10）：72-74.

[59] 崔长彬. 低碳经济模式下我国碳排放权交易机制研究[D]. 河北师范大学，2009.

[60] 牛雨丰. 论我国碳排放权交易法律制度的构建[J]. 经营管理者，2015（21）.

[61] 孙良. 论我国碳排放权交易制度的建构[D]. 中国政法大学，2009.

[62] 张川川, 汤鸿. 碳排放权交易的法律体系构建[J]. 中国外资, 2011（8）: 195.

[63] 孙栓柱, 程明, 代家元. 我国碳交易试点省市框架设计对比研究[J]. 企业经济, 2016（6）: 23-27.

[64] 马晓茜. 我国碳排放权交易法律制度的构建浅议[J]. 山东经济战略研究, 2015（5）: 26-28.

[65] 崔路珉. 我国碳排放权交易试点省市配额分配方法研究[J]. 经营管理者, 2015（10）.

[66] 汤文达. 我国碳排放权交易试点省市碳排放配额分配比较研究——以京津沪粤深五省市为例[J]. 江苏商论, 2014（11）: 284-285.

[67] 靳敏, 孔令希, 王祖光. 我国碳排放权交易试点现状及问题分析[J]. 环境保护科学, 2016, 42（3）: 134-140.

[68] 毛俊鹏, 叶鹏举, 巫蓓, 等. 我国碳排放交易试点省市机制设计分析[J]. 上海节能, 2014（11）: 14-19.

[69] 周文波, 陈燕. 论我国碳排放权交易市场的现状、问题与对策[J]. 江西财经大学学报, 2011（3）: 12-17.

[70] 周树勋, 任艳红. 浙江省排污权交易制度及其对碳排放交易机制建设的启示[J]. 环境污染与防治, 2013, 35（6）: 101-105.

[71] 国家发展改革委气候司. 关于推动建立全国碳排放权交易市场的基本情况和工作思路[J]. 中国水泥, 2015（3）: 40-42.

[72] 阴宝荣. 关于构建全国统一碳排放权交易市场的基本构想[J]. 华北金融, 2014（10）: 11-13.

[73] 王金南, 宁淼, 等. 探索气候友好型大气质量管理规划[J]. 环境政策与规划, 2009, 10（10）: 1-19.

[74] 齐绍洲, 程思. 我国碳排放权交易试点比较研究 [EB/OL]. http：//www.brookings.edu/btc.

[75] The World Bank .State and Trends of the Carbon Market [EB/OL]. https：//wbcarbonfinance.org.

京津冀民用散煤治理的环境效果及其费用效益分析

Environmental Effect Assessment and Cost-Benefit Analysis of Civil Bulk Coal Control in the Beijing-Tianjin-Hebei Region

陈潇君　金玲　闫祯　王慧丽　王燕丽　薛文博　雷宇

摘　要　散煤燃烧是京津冀采暖季重污染天气形成的重要原因之一，本文定量分析了京津冀地区民用散煤消费现状，测算了京津冀民用散煤的大气污染物排放量及其对空气质量的影响；系统梳理了已出台的散煤治理政策，总结了各地散煤治理实践中的经验及存在的问题；基于京津冀及周边地区1 229个村的调研数据，分析了煤改清洁能源的成本和效益；最后在能源供应保障、技术路线和管理机制等多方面提出了政策建议，为今后扎实推进散煤治理工作提供支撑。

关键词　散煤治理　京津冀地区　环境效果　费效分析

Abstract　Bulk coal combustion is a major reason for heavy polluted weather in heating season in the Beijing-Tianjin-Hebei region. This paper quantitatively analyzed the consumption status of civil bulk coal in the Beijing-Tianjin-Hebei region，estimated the emission of atmospheric pollutants from civil bulk coal in the Beijing-Tianjin-Hebei region and its impact on air quality，and systematically summed up the existing policies for bulk coal control，and also summed up the experiences and problems in the practice of bulk coal control. Based on the survey data of 1 229 villages in the Beijing-Tianjin-Hebei region and its surrounding areas，this paper analyzed the cost and benefit of bulk coal control. Finally，it put forward policy suggestions on bulk coal pollution control in terms of supply guarantee，technical route and management mechanism，etc.，to provide support for steadily improving bulk coal pollution in the future.

Key words　Bulk coal control，Beijing-Tianjin-Hebei Region，environmental effects，cost-effectiveness analysis

2016年以来，京津冀区域开展了大规模散煤替代工作，以"煤改电""煤改气"为重点，通过清洁采暖大幅减少了居民散煤使用量。本书结合历时一年多在京津冀及周边地区的实地调研工作，整合"2+26"城市"煤改气""煤改电"专项督查、巡查中获取的资料，估算了散煤"双替代"在北京、天津和河北产生的效益和全社会成本，分析了目前散煤替代工作中的主要"瓶颈"因素，对下一步推进散煤"双替代"提出了政策建议。

1　民用燃煤与大气环境污染

1.1　散煤使用是北方地区冬季大气污染的主要来源

我国自2013年《大气污染防治行动计划》（以下简称"大气十条"）实施以来，工业、交通等领域污染控制措施和监管不断加严，对减少大气污染物排放起到重要作用，重点区域 $PM_{2.5}$ 年均浓度整体呈现快速下降趋势，但是冬季重污染仍然频发，采暖季空气质量不容乐观。由中国社会科学院、中国气象局联合发布的《气候变化绿皮书：应对气候变化报告（2013）》中的数据显示，我国雾霾天分布呈明显的季节性，冬季霾的天数占全年霾天总数的42.3%。通过分析京津冀及周边45个城市2013—2016年大气污染物浓度的逐月变化趋势（图1），发现采暖季（每年11月—次年3月）SO_2、NO_2、PM_{10} 和 $PM_{2.5}$ 浓度均显著高于非采暖季（每年4—10月）；2015—2016年采暖季 SO_2、NO_2、PM_{10} 和 $PM_{2.5}$ 平均浓度分别是非采暖季的2.4倍、1.4倍、1.4倍和1.8倍（图2）。

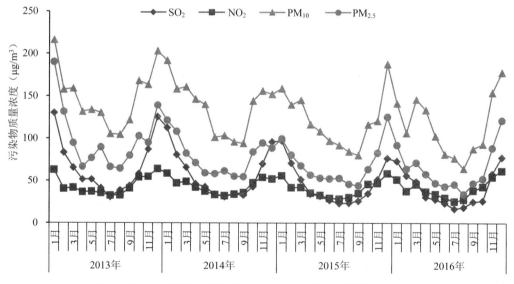

图1　2013—2016年京津冀及周边45个城市空气质量变化趋势

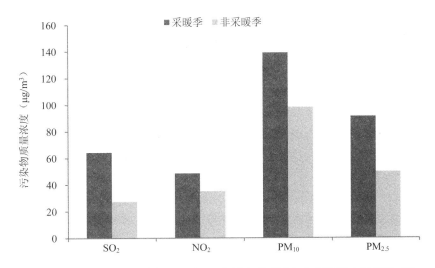

图 2　2015—2016 年京津冀及周边 45 个城市采暖季和非采暖季空气质量对比

研究表明，燃煤采暖导致空气中 SO_2 和颗粒物浓度增加，有些北方城市采暖季的某些时段燃煤甚至超过机动车、工业源成为首要污染源。在重污染天气下，特别是采取机动车限行、工业停产限产等应急措施后，机动车尾气排放对大气污染的贡献率显著降低，但燃煤的贡献百分比却大幅增长，成为大气细颗粒物的主要来源。

1.2　农村地区采暖方式以分散燃煤为主

目前我国北方地区燃煤取暖面积约占总取暖面积的 83%，天然气、电、地热能、生物质能、太阳能、工业余热等合计约占 17%[①]。取暖用煤年消耗约 4 亿 t 标煤（城镇地区 2.6 亿 t，农村地区 1.4 亿 t），其中散烧煤（含低效小锅炉用煤）约 2 亿 t 标煤，主要分布在农村地区。清华大学等团队的研究[②]表明（表 1），北方城镇地区整体的集中供热比例约为 76%，其中市县区比例较高（88%），而镇区集中供热比例较低，仅为 20%。城乡接合部、农村等地区多数为分散供暖，大量使用柴灶、火炕、炉子或土暖气等供暖，少部分采用天然气、电、可再生能源供暖。

表 1　2013 年北方城镇采暖集中供热面积

地区	建筑面积/亿 m^3	集中供热面积/亿 m^3	占建筑总量比例/%
市县区	100	87.8	88
镇区	20	3.9	20
合计	120	91.7	76

[①] 北方地区冬季清洁取暖规划（2017—2021 年），2017.12.
[②] 《中国建筑节能年度发展研究报告 2015》，中国建筑工业出版社。说明：统计年鉴中给出的集中供热面积仅统计了经营性的集中供热面积，这里的供热面积是在统计年鉴数据基础上增加了非经营性集中供热面积，例如，军队、高校及一些大型企业有自己独立的集中供热系统。

　　在农村采暖用能结构方面，在我国 1.6 亿户农村家庭中，采用分散采暖约 9 300 万户[1]，其中燃煤采暖约 6 600 万户，燃生物质及其他采暖约 2 700 万户，见图 3。除京津冀地区型煤推广使用比例较高外，我国北方地区大部分农村采暖用煤以原煤为主，清洁型煤使用率较低。

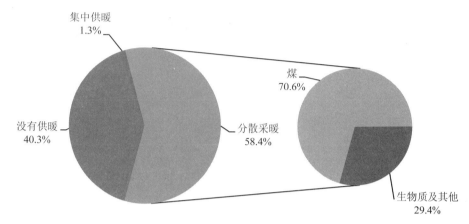

图 3　我国农村采暖用能结构

　　在采暖设施技术分布方面，我国北方农村地区绝大多数居民都使用低效炉具、小锅炉和"土暖气"，自制采暖设施仍在大量使用，低效劣质炉具市场占有率高，而且以燃烧廉价的劣质烟煤为主，严重污染当地的大气环境（图 4）。

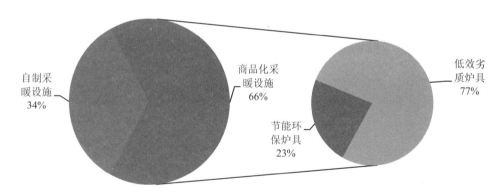

图 4　我国农村现有采暖设备占比

1.3　京津冀地区民用燃煤消费量较大

　　民用煤消费量数据统计难度较大，目前很大一部分生活燃煤消费量没有纳入能源统计范围。课题组通过查阅资料、走访有关部门、入户实地调查，对京津冀三地城市和农村生活燃煤消费情况进行了调查研究。为推进散煤治理工作，京津冀三地均对散煤消费情况开展了全覆盖摸底调查，在此基础上，研究组通过将自下而上的统计调查数据和宏观能源数

---

① 《中国采暖炉具行业发展报告 2016》。

据相互校验，初步判断 2015 年北京、天津、河北居民生活（含城市和农村）燃煤消费量分别约为 320 万 t、142 万 t、3 550 万 t，合计 4 012 万 t，占同期三地煤炭消费总量的 10.6%。

京津冀地区民用燃煤大部分用于冬季采暖。北京市生活燃煤用户 110 万户，户均消费约 2.9 t 煤，采暖用煤占散煤消费量的 92%。约 52 万户集中在城四区（朝阳、海淀、丰台和石景山）和南三区（通州、大兴和房山），其中平原地区约 50 万户，山区约 2 万户。

天津市生活燃煤消费量为 142 万 t，其中农村生活燃煤 110 万 t，城市生活燃煤 28 万 t，分别占全市散煤消费量的 77% 和 19%（图 5）。

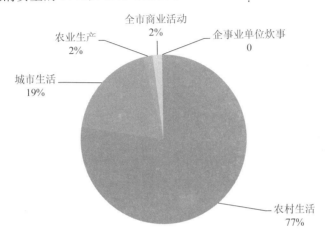

图 5　天津市各类散煤消费比例

河北省 2015 年城乡建筑用热总面积为 19.8 亿 m^2。散煤、集中燃煤、天然气、电力、地热消耗量分别占采暖用能总量的 58.6%、30.4%、4.7%、2.4% 和 2.1%，其余为生物质能采暖。河北省民用燃煤消费量 3 550 万 t 左右，其中 94% 用于城区和村镇采暖（图 6）：城区集中供暖不能覆盖的城中村分散燃煤采暖 7 100 多万 m^2，年消费煤炭 220 万 t 左右；村镇分散燃煤采暖面积 9.1 亿 m^2，年耗煤量 3 140 万 t。此外，还有用于炊事、热水等用途的燃煤约 190 万 t[①]。

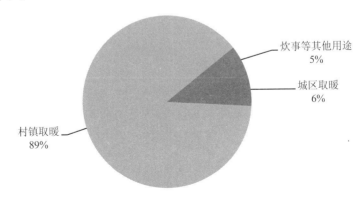

图 6　河北省民用燃煤消费比例

---

① 根据炊事煤量：采暖煤量约等于 1：17.6 推算，该比例来源于科学出版社《中国家庭能源消费研究报告 2015》中国农村家庭 2013 年能源消费平衡表。

1.4 京津冀地区民用煤煤质良莠不齐

近年来，国家和地方陆续出台了煤炭质量管理规定，2014 年国家发改委、环保部、商务部、海关总署、工商总局和质检总局六部门联合印发《商品煤质量管理暂行办法》，对商品煤灰分、硫分和重金属等煤质标准做出了规定。在对农村散烧原煤的质量控制方面，京津冀三地均制定了《低硫散煤及制品》（DB 11/097—2004）地方标准，该标准适用于包括农村煤炉在内的民用燃煤设备所用煤炭产品，要求煤质指标全硫≤0.4%、灰分≤16%、挥发分≤10%。

京津冀地区煤炭主要来源于山西、内蒙古、陕西、宁夏等地，还有部分来源于当地产煤地区，煤炭来源广泛，煤质良莠不齐。2016 年山东、河南、河北等多省质检、工商部门组织了煤质监管抽查，发现仍有大量劣质煤在售。由于农村地区面积大分布广，对煤质的监管存在较大难度。对北京、天津、廊坊、保定、沧州等地有散煤销售的 75个县（市、区）的 185 个售煤网点的 193 批煤质数据调研发现，按河北省民用散煤质量标准（全硫≤0.4%、灰分≤16%、挥发分≤10%），全硫达标率为 74.6%，灰分达标率为 82.3%，挥发分达标率为 10.3%，3 项指标均能达标的仅占 3.1%。全部煤样挥发分均值为 28.63%，接近标准限值的 3 倍（表 2）。

表 2　京津冀民用煤煤质现状　　　　　　　　　　　　　　　单位：%

地区	全硫	灰分	挥发分
北京	0.30	11.90	23.71
天津	0.39	7.98	28.19
河北	0.43	10.36	29.72
京津冀平均	0.41	10.23	28.63

1.5 京津冀民用燃煤的大气环境影响

1.5.1 大气污染物排放量

民用煤燃烧效率低、燃煤设施没有烟气净化装置、超低空排放，在燃烧过程中会释放出大量的 PM、SO_2、CO、VOCs、NO_x 及其他有害物质，对室内环境及人体健康造成重要影响，对室外环境空气质量影响也较大。

对民用煤大气污染物排放量的估算一般采用排放系数法。通过查阅文献、实地调研，参考环境保护部 2016 年发布的《民用煤大气污染物排放清单编制技术指南（试行）》，并结合京津冀地区煤质特性确定京津冀民用燃煤的主要污染物排放系数（表 3）。其中北京和天津型煤推广比例按 80%，河北按 40% 取值。由于民用煤产品种类较多，且产品间存在较大差异，污染物排放因子也存在较大不确定性。

表3　京津冀地区民用燃煤排放系数　　　　　　　　　　　单位：kg/t

类型	SO$_2$	NO$_x$	CO	VOCs	PM$_{10}$	PM$_{2.5}$
原煤	7.4S	1.6	140.1	4	13.5	10.8
型煤	6.8S	0.8	72.8	1.1	1.1	0.8

注：S 为硫分。

由于没有烟气处理设施，民用燃煤的 SO$_2$ 和烟粉尘排放系数均高于电厂和工业锅炉，燃烧 1 t 民用散煤排放的 SO$_2$、NO$_x$、烟粉尘是超低排放电厂排放系数的 27 倍、3.2 倍和 13.5 倍（图 7）。结合燃煤消费量，对京津冀地区民用燃煤大气污染物排放量进行了估算，2015 年 SO$_2$ 排放量 23.0 万 t，NO$_x$ 5.0 万 t，PM$_{10}$ 32.0 万 t，PM$_{2.5}$ 25.5 万 t、CO 442.2 万 t、VOCs 10.9 万 t。污染物排放量占同期环境统计烟尘总排放量的 18%[①]，SO$_2$ 总排放量的 16%，以及 NO$_x$ 总排放量的 3%。

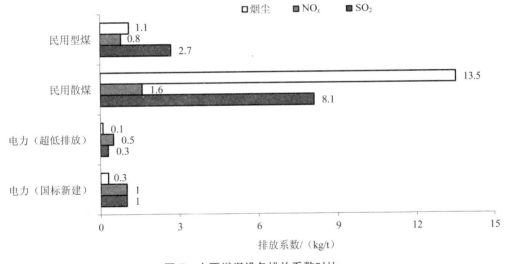

图7　主要燃煤设备排放系数对比

1.5.2　民用燃煤对空气质量的影响

采暖季燃煤污染尤其严重，低空排放直接影响空气质量。根据京津冀区域各城市 PM$_{2.5}$ 源解析结果，燃煤源对 PM$_{2.5}$ 贡献在 20% 以上，冬季重污染期间甚至可能成为首要污染源。综合空气质量模拟和源解析的结果进行分析，民用燃煤对京津冀 PM$_{2.5}$ 年均浓度的贡献比例在 9.9%～13.2%（表 4）。

散煤使用是造成北方地区秋冬季严重大气污染的重要来源，因此推进北方地区清洁采暖成为解决冬季大气污染的重要措施。2016 年 12 月 21 日，习近平总书记在中央财经领导小组第十四次会议上的讲话中指出："推进北方地区冬季清洁采暖，关系北方地区广大群

① 根据《民用煤大气污染物排放清单编制技术指南》编制说明：民用煤颗粒物排放，PM$_{10}$ 约占烟尘的 90%。

众温暖过冬，关系雾霾天能不能减少，是能源生产和消费革命、农村生活方式革命的重要内容。要按照企业为主、政府推动、居民可承受的方针，宜气则气，宜电则电，尽可能利用清洁能源，加快提高清洁供暖比重"。

表4   民用燃煤对 $PM_{2.5}$ 浓度的贡献量   单位：%

地区	源解析燃煤贡献（重污染期间燃煤贡献）	民用燃煤对 $PM_{2.5}$ 年均浓度的贡献
北京	22.4（32.2）	9.9
天津	27.0（30.8）	11.9
石家庄	28.5（46.6）	12.5
河北	30.0（34.0）	13.2

2 散煤治理政策、经验及问题

2.1 散煤治理相关政策

为治理散煤污染，国家近年来出台了一系列政策，各地也相继出台了配套政策与实施方案。2013 年国务院发布的《大气污染防治行动计划》中提出加快调整能源结构，增加清洁能源供应，推进煤炭清洁利用。扩大城市高污染燃料禁燃区范围，逐步由城市建成区扩展到近郊。结合城中村、城乡接合部、棚户区改造，通过政策补偿和实施峰谷电价、季节性电价、阶梯电价、调峰电价等措施，逐步推行以天然气或电替代煤炭。鼓励北方农村地区建设洁净煤配送中心，推广使用洁净煤和型煤。2016 年 1 月 1 日起实施的《中华人民共和国大气污染防治法》第三十六条明确规定"地方各级人民政府应当采取措施，加强民用散煤的管理，禁止销售不符合民用散煤质量标准的煤炭，鼓励居民燃用优质煤炭和洁净型煤，推广节能环保型炉灶"，第三十八条规定"城市人民政府可以划定并公布高污染燃料禁燃区"。为实现上述要求，各部委、地方政府对散煤的配送、煤质、补贴等方面出台了配套措施，逐步减少分散用煤或用优质燃煤替代劣质燃煤。

在煤炭质量管理方面，2014 年国家发改委、环保部、商务部、海关总署、工商总局和质检总局六部门联合印发《商品煤质量管理暂行办法》，对商品煤灰分、硫分和重金属等煤质标准做出了规定，各地也相继出台了民用煤地方标准。在对农村散烧原煤的质量控制方面，京津冀三地均制定了《低硫散煤及制品》（DB 11/097—2004）地方标准，该标准煤质要求适用于包括农村煤炉在内的民用燃煤设备所用煤炭产品，控制指标有灰分、挥发分、全硫以及发热量等。

在洁净煤配送及先进炉具利用方面，2014 年，国家能源局与北京、天津、河北及神华集团公司签订《散煤清洁化治理协议》，推进解决京津冀地区散煤清洁化燃烧问题。通过落实优质煤源、建设洁净煤配送中心、推广先进民用炉具、制定标准、加强监管等措施，力争到 2017 年年底，京津冀基本建立以县（区）为单位的全密闭配煤中心、覆盖所有乡镇村的洁净煤供应网络，优质低硫散煤、洁净型煤在民用燃煤中的使用比例达到 90%以上。2014年《能源行业加强大气污染防治工作方案》、2015 年《煤炭清洁高效利用行动计划（2015—2020）》中也提出推广先进炉具，制定先进民用炉具标准，加大宣传力度，对先进炉具消费者实行补贴，调动购买和使用先进炉具的积极性，提高民用燃煤资源利用效率的要求。

从散煤的清洁化替代方面，国家相关部门发布了一系列政策文件，提出散煤清洁化替代的目标、原则、重点、替代方式、清洁能源供需平衡和调峰应急要求等。2016 年 5 月，国家发展和改革委员会等 8 个部门联合发布《关于推进电能替代的指导意见》，提出 4 个电能替代重点领域。其中第一项即为居民采暖领域，提出在燃气（热力）管网无法达到的老旧城区、城乡接合部或生态要求较高区域的居民住宅，推广蓄热式电锅炉、热泵、分散电采暖。农村地区以京津冀及周边地区为重点，逐步推进散煤清洁化替代工作，大力推广以电代煤。2017 年 6 月，国家发展和改革委员会等 13 个部门联合发布了《加快推进天然气利用的意见》，提出加快推进天然气在城镇燃气、工业燃料、燃气发电、交通运输等领域的大规模高效科学利用。重视天然气产业链上中下游协调，构建从气田开发、国际贸易、接收站接转、管道输配、储气调峰、现期货交易到终端利用各环节协调发展产业链，以市场化手段为主，做好供需平衡和调峰应急。各环节均要努力降低成本，确保终端用户获得实惠，增强天然气竞争力。2017 年 8 月，环境保护部等 10 个部门与京津冀及周边地区 6省市政府下发了《京津冀及周边地区 2017—2018 年秋冬季大气污染综合治理攻坚行动方案》，提出京津冀及周边地区民用散煤治理的具体任务：2017 年 10 月底前，"2+26" 城市完成以电代煤、以气代煤 300 万户以上，其中，北京市 30 万户、天津市 29 万户、河北省180 万户、山西省 39 万户、山东省 35 万户、河南省 42 万户。北京、天津、廊坊、保定2017 年 10 月底前完成 "禁煤区" 建设任务，散煤彻底 "清零"。对采暖季（2017 年 11 月15 日—2018 年 3 月 15 日）暂不具备清洁能源替代条件的散煤，积极推广使用型煤、兰炭等洁净煤进行替代，同时开展农业大棚、畜禽舍等用煤替代工作。2017 年 9 月，住房城乡建设部等四部门下发《关于推进北方采暖地区城镇清洁供暖的指导意见》，提出京津冀及周边地区 "2+26" 城市重点推进 "煤改气" "煤改电" 及可再生能源供暖工作，减少散煤供暖，加快推进 "禁煤区" 建设。其他地区要进一步发展清洁燃煤集中供暖等多种清洁供暖方式，加快替代散烧煤供暖，提高清洁供暖水平。四部门要求，各地区要根据经济发展水平、群众承受能力、资源能源状况等条件，科学选择清洁供暖方式，加快燃煤供暖清洁化，因地制宜推进天然气、电供暖，在可再生能源资源富集的地区，鼓励优先利用可再生能源等清洁能源，满足取暖需求。要加强对清洁供暖工作的引导和指导，加强统筹协调，制定完善支持政策。发挥企业主体作用，引入市场机制，鼓励和引导社会资本投资建设运营供暖设施。城市主城区、城乡接合部及城中村要结合旧城改造、棚户区改造以及老旧小区改造等工作全面取消散煤取暖，采用清洁热源供暖。其他尚未进行改造或暂不具备改造条件的地区，鼓励以 "清洁型煤+环保炉具" 替代散煤。

为落实国家相关政策，地方政府也制定了一系列工作方案、行动计划，进一步细化工作任务，并出台具体的经济政策，推动民用散煤治理。具体政策列表见表 5、表 6。

表 5   散煤治理相关的国家政策

序号	名称	发布时间	发布单位	实施范围	主要内容
1	《大气污染防治行动计划》	2013	国务院	全国	增加清洁能源供应，推进煤炭清洁利用；鼓励北方农村地区建设洁净煤配送中心，推广使用洁净煤和型煤
2	《商品煤质量管理暂行办法》	2014	国家发展和改革委员会、环境保护部、商务部、海关总署、国家工商行政管理总局、国家质量监督检验检疫总局	全国	对商品煤灰分、硫分和重金属等煤质标准做出了规定
3	《重点地区煤炭消费减量替代管理暂行办法》	2014	国家发展和改革委员会、工业和信息化部、财政部、环境保护部、统计局、国家能源局	全国	加强散煤治理，逐步削减分散用煤或用优质燃煤替代劣质燃煤
4	《关于印发能源行业加强大气污染防治工作方案的通知》	2014	国家发展和改革委员会、国家能源局、环境保护部	全国	在供热供气管网不能覆盖的地区，改用电、新能源或洁净煤
5	《煤炭清洁高效利用行动计划（2015—2020 年)》	2015	国家能源局	全国	大力推广优质能源替代民用散煤，结合城市改造和城镇化建设，通过政策补偿和实施多类电价等措施，逐步推行天然气、电力及可再生能源等清洁能源替代散煤
6	《关于加强商品煤质量管理有关意见的通知》	2015	国家发展和改革委员会、国家能源局、环境保护部、商务部、海关总署、国家工商行政管理总局、国家质量监督检验检疫总局	全国	加强宣传使用优质煤的节能减排效果和技术经济可行性力度，鼓励社会使用优质商品煤
7	《关于促进煤炭安全绿色开发和清洁高效利用的意见》	2015	国家能源局、环境保护部、工业和信息化部	全国	京津冀及周边、长三角、珠三角等重点区域，限制使用灰分高于 16%、硫分高于 1%的散煤；在北京、天津、河北等农村地区建设洁净煤配送中心，鼓励北方地区使用型煤等洁净煤；到2020 年，原煤入选率达到 80%以上
8	《中华人民共和国大气污染防治法》	2015	中华人民共和国主席令第三十一号	全国	地方各级人民政府应当采取措施，加强民用散煤的管理，禁止销售不符合民用散煤质量标准的煤炭，鼓励居民燃用优质煤炭和洁净型煤，推广节能环保型炉灶
9	《民用农村散煤燃烧污染综合治理技术指南（试行)》	2016	环境保护部	全国	指导各地开展科学合理的散煤燃烧污染综合治理工作，解决散煤污染问题
10	《关于推进电能替代的指导意见》	2016	国家发展和改革委员会、国家能源局、财政部、环境保护部、住房城乡建设部、工业和信息化部、交通运输部、中国民用航空局	全国	在燃气（热力）管网无法达到的老旧城区、城乡接合部或生态要求较高区域的居民住宅，推广蓄热式电锅炉、热泵、分散电采暖。在农村地区，以京津冀及周边地区为重点，逐步推进散煤清洁化替代工作，大力推广以电代煤

序号	名称	发布时间	发布单位	实施范围	主要内容
11	《关于做好 2016 年度煤炭消费减量替代有关工作的通知》	2016	国家发展改革委办公厅、工业和信息化部办公厅、财政部办公厅、环境保护部办公厅、国家统计局办公室、国家能源局综合司	部分省份	北京市、天津市、河北省、辽宁省、上海市、江苏省、浙江省、山东省、河南省、广东省强化燃煤锅炉整治、农村散煤治理；推进"煤改气""煤改电"，大力发展可再生能源，大幅削减散煤使用
12	《京津冀大气污染防治强化措施（2016—2017 年）》	2016	环境保护部、北京市人民政府、天津市人民政府、河北省人民政府	京津冀	限时完成农村散煤清洁化替代；划定禁煤区和煤炭质量控制区
13	《加快推进天然气利用的意见》	2017	国家发展和改革委员会、科技部、工业和信息化部、财政部、国土资源部、环境保护部、住房和城乡建设部、交通运输部、商务部、国资委、税务总局、质检总局、国家能源局	全国	加快推进天然气在城镇燃气、工业燃料、燃气发电、交通运输等领域的大规模高效科学利用，产业上中下游协调发展，天然气在一次能源消费中的占比显著提升。因地制宜、以点带面，积极推进试点示范，积累经验后逐步推广。重视天然气产业链上中下游协调，构建从气田开发、国际贸易、接收站接转、管道输配、储气调峰、现期货交易到终端利用各环节协调发展产业链，以市场化手段为主，做好供需平衡和调峰应急。各环节均要努力降低成本，确保终端用户获得实惠，增强天然气竞争力
14	《京津冀及周边地区 2017—2018 年秋冬季大气污染综合治理攻坚行动方案》	2017	环境保护部、国家发展和改革委员会、工业和信息化部、公安部、财政部、住房城乡建设部、交通运输部、工商总局、质检总局、能源局、北京市人民政府、天津市人民政府、河北省人民政府、山西省人民政府、山东省人民政府、河南省人民政府	"2+26"城市	全面完成以电代煤、以气代煤任务。2017 年 10 月底前，"2+26"城市完成以电代煤、以气代煤 300 万户以上。其中，北京市 30 万户、天津市 29 万户、河北省 180 万户、山西省 39 万户、山东省 35 万户、河南省 42 万户。北京、天津、廊坊、保定 2017 年 10 月底前完成"禁煤区"建设任务，散煤彻底"清零" 加强煤质监督管理。对采暖季（2017 年 11 月 15 日—2018 年 3 月 15 日）暂不具备清洁能源替代条件的散煤，积极推广使用型煤、兰炭等洁净煤进行替代，同时开展农业大棚、畜禽舍等用煤替代工作
15	住房城乡建设部 国家发展改革委 财政部 能源局关于推进北方采暖地区城镇清洁供暖的指导意见	2017	住房城乡建设部、国家发展改革委、财政部、能源局	北方采暖地区	京津冀及周边地区"2+26"城市重点推进"煤改气""煤改电"及可再生能源供暖工作，减少散煤供暖，加快推进"禁煤区"建设。其他地区要进一步发展清洁燃煤集中供暖等多种清洁供暖方式，加快替代散烧煤供暖，提高清洁供暖水平 各地区要根据经济发展水平、群众承受能力、资源能源状况等条件，科学选择清洁供暖方式，加快燃煤供暖清洁化，因地制宜推进天然气、电供暖，在可再生能源资源富集的地区，鼓励优先利用可再生能源等清洁能源，满足取暖需求。同时，要加强对清洁供暖工作的引导和指导，加强统筹协调，制定完善支持政策。发挥企业主体作用，引入市场机制，鼓励和引导社会资本投资建设运营供暖设施 城市主城区、城乡接合部及城中村要结合旧城改造、棚户区改造以及老旧小区改造等工作全面取消散煤取暖，采用清洁热源供暖。其他尚未进行改造或暂不具备改造条件的地区，鼓励以"清洁型煤+环保炉具"替代散煤

表6　散煤治理相关的地方政策

序号	名称	发布时间	发布单位	实施范围	主要内容
1	《关于印发〈北京市电采暖低谷用电优惠办法〉的通知》	2002	北京市计划经济委员会、北京市发展计划委员会、北京市市政管理委员会、北京市物价局	北京	低谷优惠时段不区分用电性质、供热对象一律按 0.2 元/（kW·h）计费，其他时段电价不变
2	《北京市人民政府关于印发加快压减燃煤促进空气质量改善工作方案的通知》	2012	北京市政府	北京	煤改电、非文保区房屋综合整治、开展优质型煤替代散煤和炉具更新工作等方式，完成小煤炉治理工作
3	《北京市 2013—2017 年清洁空气行动计划》	2013	北京市人民政府	北京	在城乡接合部和农村地区综合推广电力、热泵、太阳能等清洁能源采暖方式，削减散煤使用量；建立健全绿色能源配送体系
4	《北京市大气污染防治条例》	2014	北京市人民代表大会公告　第 3 号	北京	第五十四条　本市禁止销售不符合标准的散煤及制品
5	《关于完善北京城镇居民"煤改电""煤改气"相关政策的意见》	2015	北京市环境保护局、北京市发展和改革委员会、北京市财政局、北京市市容管理委员会	北京	"煤改电"居民在采暖季可享受峰谷试点电价，谷段电价优惠时段统一为 21:00 至次日 6:00。用户在享受低谷电价 0.3 元/（kW·h）的基础上，由市、区（县）两级财政各补助 0.1 元/（kW·h）
6	《关于完善北京农村地区"煤改电""煤改气"相关政策的意见》	2015	北京市环境保护局、北京市发展和改革委员会、北京市财政局、北京市市政市容管理委员会	北京	"煤改电"居民在采暖季可享受峰谷试点电价，谷段电价优惠试点统一为 21:00 至次日 6:00。用户在享受低谷电价 0.3 元/（kW·h）的基础上由市、区（县）两级财政各补助 0.1 元/（kW·h）
7	《天津市 2015 年散煤清洁化治理工作方案》	2015	天津市发改委	天津	城市地区全部由电、天然气、液化石油气等清洁能源替代；农村生活散煤全部由无烟型煤替代，农村其他散煤由无烟型煤等清洁煤替代，鼓励使用电、气等清洁能源替代
8	《2015 年农村生活用无烟型煤资金补贴办法》	2015	天津市人民政府办公厅	天津	对农村地区（乡镇街、村）居民生活用无烟型煤以及无烟型煤生产企业进行补贴
9	《市发展改革委关于城市家用散煤清洁化治理居民采暖用电价格有关问题的通知》	2015	天津市发展改革委	天津	城市家用散煤清洁化治理电采暖替代涉及和平、河西、河北、河东、北辰五个区的部分居民家庭。该居民家庭蓄能式电采暖设备用电应单独挂表，并实行分时电价政策。即自每年 11 月 15 日至次年 3 月 15 日，每日 21：00 至次日 6：00 为低谷时段，低谷电价为 0.30 元/（kW·h）；其余时段电价为 0.49 元/（kW·h）
10	《关于抓紧上报农村能源清洁开发利用工程重点县实施方案的通知》	2014	河北省农业厅	河北	对于煤改电用户每户补贴 3 000 元，其中省级 2 700 元，县级 300 元
11	《2015 年河北省大气污染防治工作要点的通知》	2015	河北省大气污染防治工作领导小组办公室	河北	集中整治城乡散煤燃烧，严格落实《煤炭经营监管办法》，加强煤炭供销、使用环节监管，煤炭运输、销售基本实现封闭管理，严厉查处生产、销售劣质煤炭经营行为

序号	名称	发布时间	发布单位	实施范围	主要内容
12	《河北燃煤锅炉治理实施方案》	2015	河北省人民政府	河北	对城镇地区保留的和农村地区分散的小型燃煤锅炉，开展燃烧优化、自动控制、低温烟气余热回收等节能技术改造；推广使用低灰、低硫、高热值优质煤及洁净煤等
13	《关于做好 2015年散煤清洁化治理工作的通知》	2015	河北省发展和改革委员会	河北	开展民用散煤市场集中整治；2015 年，廊坊市、沧州市全面完成散煤替代，唐山市、保定市力争完成散煤替代
14	《河北省散煤污染整治专项行动方案》	2016	河北省人民政府	河北	2016 年推广高效清洁燃烧炉具 160 万台，2018年基本实现全省农村散煤替代和清洁利用
15	《河北省物价局关于居民电采暖用电价格的通知》	2016	河北省物价局	河北	民电采暖用电执行合表电价。凡电采暖用户均可向当地供电企业提出申请执行合表电价。生活用电与采暖用电实行分表计量的，其生活用电执行居民阶梯电价，采暖用电按照合表用户电价执行；生活用电与采暖用电未实行分表计量的，每年 11月到次年 3 月采暖期用电按合表用户电价执行，其他月份执行居民阶梯电价
16	《河北省人民政府关于加快实施保定廊坊禁煤区电代煤和气代煤的指导意见》	2016	河北省政府办公厅	保定廊坊	加快推进实施"电代煤""气代煤"
17	《河北省大气污染防治强化措施实施方案（2016—2017 年）》	2016	河北省大气办	河北	大力推进"电代煤""气代煤"工程和燃煤小锅炉淘汰
18	《山西省推进城乡采暖"煤改电"试点工作实施方案》	2016	山西省人民政府办公厅	山西	"十三五"期间，全省力争完成 50 万户居民"煤改电"任务，有条件的地区实现学校、医院、养老院、旅游景点等公益事业单位和乡镇机关、村委会等电采暖全覆盖；全面落实峰谷分时电价政策，对采暖"煤改电"居民用户执行居民用电峰谷分时电价政策，一般工商业用户执行一般工商业用电峰谷分时电价政策，用电价格按照省级价格主管部门规定标准执行；对安装高效节能电采暖设备的居民用户，设备购置费用由省、市两级财政各补贴 1/3，两级补贴总额最高不超过 20 000 元/户；省、市两级财政对采暖季低谷时段电价各补贴 0.1 元/（kW·h），每个采暖季每户补贴最高不超过 12 000 kW·h用电量；对安装高效节能电采暖设备的学校、养老院等非营利性公益事业单位，设备购置费用由省、市、县三级财政各补贴 1/3

序号	名称	发布时间	发布单位	实施范围	主要内容
19	《山东省 2013—2020 年大气污染防治规划》	2013	山东省人民政府	山东	全面推进煤炭清洁利用；加大清洁能源应用力度，推动采暖煤改气和煤炭清洁利用；大力推广应用环保型炉具
20	《山东省煤炭消费减量替代工作方案》	2015	山东省发展和改革委员会、山东省经济和信息化委员会、山东省财政厅、山东省环境保护厅、山东省人民政府国有资产监督管理委员会、山东省统计局、山东省物价局	山东	实施煤炭分级利用，推进煤炭清洁化燃烧；加大洗选煤和配煤技术推广力度，逐步削减分散用煤和劣质煤使用比例
21	《山东省大气污染防治条例》	2016	山东省第十二届人民代表大会常务委员会第二十二次会议通过	山东	加强民用散煤质量监督和节能炉具的推广，并制定奖励或者补贴政策，推进清洁煤炭、优质型煤的供应、使用和其他清洁能源的开发、利用
22	《山东省散煤清洁化治理工作方案》	2016	山东省人民政府办公厅	山东	着力推进城乡接合部和小城镇能源升级，加快建设清洁能源基础设施、燃气管道、城市集中供热管网，满足清洁能源使用需求。机关、学校、医院等企事业单位实施集中供热、管道天然气、液化气、电等清洁能源替代。推广洁净型煤及节能环保炉具，替代居民家中采暖、炊事用散煤及落后炉具
23	《河南省治理燃煤污染攻坚战实施方案（2016—2017 年)》	2016	河南省人民政府办公厅	河南	实施"电代煤""气代煤"、清洁煤替代散煤，大幅度减少燃煤散烧污染；全面取缔劣质散煤销售点。严格落实《河南省商品煤质量管理暂行办法》，禁止购销和使用灰分高于32%、硫分高于1%的劣质商品煤

2.2　民用散煤治理技术路径

民用散煤使用点多面广、户均使用规模小的特点，决定了对其治理只能从源头着手。目前我国对散煤的清洁化治理，主要通过集中供暖、清洁能源替代（包括煤改气、煤改电以及使用地热、太阳能和生物质能等其他清洁能源替代散煤）和清洁煤替代。

2.2.1　集中供暖

集中供热作为我国城镇的主流供热方式，具有热效率高、使用和管理方便等优点，特别是热电联产、工业余热利用等集中供暖方式还提高了能源的利用效率，其中热电联产能将燃煤锅炉的热效率从33%左右提高到80%左右。在农村地区，由于采暖终端距离热源远、居住分散、基础设施建设落后等，农村居民很难实现集中供热。一些城中村、城乡接合部、经济条件较好的农村正在开展或已经完成居住生活方式的城镇化，居民的居住方式从分散的独户居住转变为集中的楼房居住。在这些地区可以结合当地的发展条件、城镇化改造进程，同步铺设集中供热管网，开展集中供热改造。在供暖热源的选取方面则应当充分利用周边的热电联产和工业余热资源，没有以上资源的地区，如果供热需求较大，可建造规模以上的集中供热锅炉作为热源，新建的集中供热锅炉必须符合国家和省市大气污染防治行动方案中对锅炉吨位、燃料种类和品质的相关规定，锅炉的设计和建造必须同步建设脱硫、降氮、除尘等环保设施，保证锅炉大气污染物排放满足国家和地方环保要求。

2.2.2 清洁能源替代

目前农村可用的清洁能源主要有天然气、电、太阳能、生物质能等，各地区结合各自资源特点，采用适宜的方式逐步替代燃煤。

（1）煤改气。在燃气供应配套设施较为完备的城乡接合部地区，如燃气供应量充足且供气价格适宜，可采用燃气壁挂炉供暖。主要方式为以燃气壁挂炉（炉具热效率不低于85%）为热源，以气体燃料（主要是天然气）通过温控装置控制加热温度，将直接来自管道的冷水加热，进入采暖散热系统，通过控制模块对系统进行运行调节，操作方便。

（2）煤改电。使用电力驱动的供暖设备产生热量，满足供暖需求。电能在利用过程中不产生大气污染物，因此电能往往被视为清洁能源；根据我国的电力结构，电能的产生主要来自煤电机组（包括大量超低排放煤电机组），还包括可再生能源发电，因此煤改电可以看作以可再生能源替代煤炭，或以控制污染物排放较为高效的电厂燃煤替代没有污染物设施的分散燃煤，这两种替代都有利于提高煤炭的清洁化利用水平、减少大气污染物排放。

（3）太阳能等其他清洁能源。农村居住分散、建筑低矮，具备利用太阳能的良好条件。随着太阳能技术的不断发展，生产成本将进一步降低；另外不可再生能源利用的资源和环境压力增大，主动式太阳能采暖系统在经济发达的农村地区将具有一定的推广前景。由于太阳能分布不连续，一般需要匹配辅助采暖系统联合运行，如辅助热水型低温空气源热泵采暖。此外，生物质能、地热能、风能供热技术近年来发展迅速，在各地已有许多示范工程。

2.2.3 清洁煤替代

民用炉具不可能像工业锅炉一样加装脱硫脱硝等污染控制设备，因此提高民用煤质量，也是从源头减少污染物排放的重要措施。使用低挥发分、低灰分、低硫分的优质煤炭和洁净型煤替代劣质散煤，能在一定程度上减少煤炭燃烧过程中的污染物排放量，是解决边远农村散煤燃烧污染的重要举措。清洁煤配备相应的环保炉具可以达到更好的减排效果。清洁煤经过洗选加工等环节，价格比劣质煤高出 200~700 元/t 不等，目前各地政府往往通过补贴政策鼓励群众使用清洁煤。

2.3　民用散煤治理进展

京津冀地区是我国北方地区开展民用散煤清洁化治理进展较快的地区。北京市政府于2003年开始在东城区、西城区开展第一批居民电采暖示范工程项目改造，2015年将"煤改电"政策扩大到农村地区；天津市和河北省在2016年以前主要推广洁净型煤替代散煤，但是实施效果不佳，居民用煤质量难以有效监管，从2016年开始工作重点逐步由洁净煤替代，调整为煤改气、煤改电等清洁能源替代。根据2017年12月环保部对京津冀及周边地区"2+26"城市"双替代"巡查工作调研情况，"2+26"城市共完成474万户"煤改气"和"煤改电"，其中347万户为"煤改气"，127万户为"煤改电"，尤其是京津冀地区推进较快。北京市完成34.2万户居民"煤改电"，14.3万户居民"煤改气"；天津市完成"煤改电"17.2万户，"煤改气"16万户；河北省8市共完成"煤改气"220.3万户，"煤改电"21.7万户。在未实施"双替代"的地区，目前采取过渡性地推广无烟型煤和先进民用炉具，严查劣质散煤销售等措施减少大气污染物排放。

北京市是我国北方地区散煤治理起步早、进展快的典范城市，自2003年启动"煤改清洁能源"工作以来取得了突出进展。北京市散煤治理的主要思路为"多能联动、多措并举、分步实施"，将居民用煤污染的控制措施分为"减煤"和"换煤"两大类：在具备条件的地区，采用电能、天然气、市政热力、太阳能、液化石油气等优质清洁能源替代煤炭；在不具备条件的地区，用污染物排放量相对较低的低硫优质型煤替代居民目前使用的烟煤散煤。鼓励使用"多能联动、多热复合、多源合一"等多种设备相融合的低温空气源、地源热泵、太阳能加辅助能源等系统。因地制宜编制居民采暖方案，将每个农村居住户冬季采暖作为一个系统来对待，根据居民要求和实际情况对每户提出采暖系统设计方案。加大财政补贴力度，助力清洁能源基础设施建设，降低清洁能源使用成本。以"煤改电"为例，北京市"煤改电"政策补贴包括电价、电采暖设备、农宅保温改造、外电网改造、户内线路改造等多项内容。

京津冀地区散煤清洁化治理的实践经验可以归纳为以下六点：①建立发改、能源、财政、住建、农业、环保、电网等多部门联合协作机制。②加强电网、天然气管网等基础设施建设。③大气污染防治专项资金重点支持，在电价、气价、取暖设备、电网建设、洁净型煤等多方面补贴。④多能联动、多措并举、分步实施，因地制宜编制居民采暖方案，一户一设计。⑤规范相关程序、标准。北京市印发多项指导意见，规范了取暖设备的检测标准、招投标程序、户内设计安装、取暖技术选择、维修要求等。⑥加强散煤质量监管。京津冀民用煤质量标准要求硫分不高于0.4%，灰分、挥发分也有明确规定。

2.4　民用散煤替代存在的问题

民用散煤治理是一项复杂且艰巨的工作，这不仅仅是大气污染治理问题，更是民生问题，是能源生产和消费革命、农村生活方式革命的重要内容，牵涉农民生活方式的转变、农村能源结构优化、新农村建设、供暖能源清洁化、煤炭质量管理等多方面的工作。目前

"2+26"城市散煤治理工作主要存在以下几个问题：

（1）民用散煤监管困难。虽然各级政府采取了多项措施，从散煤的生产、运输和销售环节提出了要求，但是无法在末端的使用环节进行有效监管，更无法依法进行处罚；加之煤炭的零售模式使得销售途径多种多样，目前的监管体系无法有效杜绝劣质煤炭的流通，影响散煤清洁化的效果。尤其是较偏远的乡村和山区，煤炭销售渠道更加多样，煤质的保障难度更大。除此之外，清洁型煤替代散煤也需要政府持续性的补贴投入，因此地方政府逐渐倾向于以清洁能源替代煤炭，彻底解决原煤散烧污染问题。

（2）清洁能源供应存在短板且成本普遍偏高。天然气需求季节性峰谷差较大，储气调峰设施不足，农村地区燃气管网条件普遍较差。农村家庭配电容量较低，我国北方农村地区户均电网线路容量只有 2～3 kW，用电代煤采暖需要达到 9～10 kW。要实现清洁采暖，需要进行大量的农村电网改造、天然气管网建设、供热管网改造等基础设施建设工作。

（3）清洁取暖规划和相应工作的实施滞后于百姓对空气质量改善的要求。当前，住建部门是供热主管部门，已基本实现城市供热规划全覆盖工作，在集中供热的推进方面取得较好成效。但城市供热仅是全社会清洁能源供暖系统的一部分，要实现清洁能源供暖，尤其是农村地区的清洁能源供暖，需要综合利用天然气、地热能、生物质能、太阳能、空气能等多种资源类型，采取热电联产、锅炉、热泵等多种形式，除住建部门外，还涉及发改、财政、环保、经信、国土、规划、电网等众多部门。行政管理主体分散，如果缺乏国家层面的统筹规划和专业指导，难以实现有序发展。各地在"大气十条"收官的考核压力下，为切实减少冬季重污染天气，在 2017 年纷纷加快了"煤改气"工作力度，但是与工作推进的需求相比，天然气管网建设、天然气资源开发与输配、储气调峰能力等方面的进度不同程度有所滞后。2017 年 12 月，国家发改委等 10 部委共同发布了《北方地区冬季清洁取暖规划（2017—2021）》，对北方地热供暖、生物质供暖、太阳能供暖、天然气供暖、电供暖、工业余热供暖、清洁燃煤集中供暖、北方重点地区冬季清洁供暖"煤改气"气源保障总体方案等做出了具体安排，煤改清洁能源工作有望逐步走向规范化和系统化。

（4）缺乏长效机制和回报体系。目前电采暖设备的单价较高，电采暖和燃气采暖的燃料成本远高于燃煤，各地在推动民用散煤污染治理的过程中，往往使用政府补贴等经济政策鼓励居民使用清洁能源采暖，包括实施电价和气价补贴，以及补贴燃气或电力供暖设备等。采用清洁型煤替代的，政府也对清洁煤和普通煤的差价、炉具更换成本等进行补贴。政府补贴给地方财政带来较大压力，难以长期持续，尚有待建立更合理的价格机制和回报体系，推动清洁供暖市场持续运行。

（5）清洁供暖技术标准和规范仍不完善。市场标准不统一，很多清洁供暖技术仍有待检验，部分产品质量和性能不够稳定，影响用户体验。

（6）建筑节能水平较低。很多农村地区建筑保温性能较差，取暖过程中热量损耗大，影响供暖效果。部分居民使用土炕、煤炉的取暖习惯难以改变，存在返煤现象。

2.5　民用散煤治理推进原则

散煤治理是一个系统工程，既是环保工程，同时也是民生工程和能源工程。应遵循"因地制宜、分类施策、分步推进、多措并举"的战略原则，最终实现控制原煤散烧的目的。清洁能源替代是长远的方向，是经济发展水平和生活水平提高后的必然选择，洁净煤替代是过渡性措施。在清洁能源替代过程中要区分轻重缓急，有序推进实施。考虑大气污染防治的紧迫性、工作推进的难易程度、居民经济承受能力等情况，以京津冀及周边地区大气污染传输通道"2+26"城市为重点，按照先城区、后村镇原则，优先治理城中村、城乡接合部以及供热半径覆盖范围内的村镇。推进散煤治理的优先序为：

（1）城中村和城乡接合部。中心城市和县城建成区应结合城市化建设，优先发展集中供暖，使用热电联产和工业余热供热。集中供热暂时难以覆盖的，加快实施气代煤或电代煤。开发区、工业园区、城乡接合部和部分重点镇，参照城区模式，构建以集中供暖为主、分散气暖、电暖为辅的清洁采暖格局。

（2）平原村镇。平原村镇人口居住相对集中，居民收入水平相对较高，可通过城区集中供热和工业余热延伸覆盖，有条件的村镇发展小型高效集中供热、实施气代煤和电代煤，利用太阳能、地热、生物质等多种清洁能源替代。

（3）边远地区和山区。供热管网覆盖不到的地区，暂时允许分散燃煤，以政府补贴方式，加快推动洁净型煤和优质煤替代劣质煤，逐步创造条件推动多种形式的清洁采暖。

3　京津冀煤改清洁能源成本—效益分析

3.1　分户式采暖技术成本对比

调研结果表明，居民采暖对初投资和运行费用非常敏感，因此经济性在清洁能源替代散煤工作中应作为重要考虑因素。采暖技术成本主要包括：①设备初始投资成本：采暖设备购置费及安装费，不含暖气片等取暖末端设施；②年运行费用：设备运行消耗的燃料费用，电费、燃气费或燃煤费，主要影响因素包括用户生活习惯、房屋保温条件、燃料成本、房屋面积和室外温度等；③维修费用：设备使用后期运行维护费用。

课题组通过调研，对京津冀市场主流的电采暖、燃气采暖及煤炭采暖技术进行了比较。为便于不同清洁能源采暖技术之间科学地进行横向比较，采用统一评价尺度，按照采暖时间 120 天、室内温度达到 18℃、燃气价格 2.28 元/m³、电价按照峰电 0.488 3 元/（kW·h），谷电 0.1 元/（kW·h），农宅采暖面积为 80 m² 进行测算。技术对比见表 7，可以看出在不考虑补贴的情况下，电采暖和燃气采暖成本普遍高于燃煤。在电采暖的各项技术中，空气源热泵的经济性相对较好。

表7　居民分散采暖方式成本对比

能源类型	技术名称	每户初投资/万元	每户采暖季运行费用（不考虑补贴）/元	每户采暖季运行费用（考虑补贴）/元	电力容量需求/（kW·h/户）
电	低温空气源热风热泵	1.2～1.8	1 600～3 300	1 000～1 800	3.6～4.0
	低温空气源热水热泵	2.5～3.5	3 200～4 900	2 000～2 900	3.6～4.0
	地源热泵	4.0～7.6	1 300～2 300	800～1 000	3.1～3.6
	电地暖	1.3～1.9	6 500～9 700	4 100～5 900	7.2～10.8
	电锅炉	1.2～1.9	9 700～13 000	6 000～8 100	7.2～10.8
	蓄热式电采暖（压缩砖式）	0.7～1.2	4 900～6 500	3 200～4 200	7.2～18.0
	空气源热泵+太阳能	3.0～4.0	1 300～2 400	800～1 600	3.6～7.2
气	燃气壁挂炉	0.4～0.8	4 000～5 600	2 600～3 500	—
煤	型煤	0.05～0.09	1 200～2 800	600～1 200	
	散煤	0.01～0.05	550～950	—	

3.2 "2+26"城市2017年与2016年取暖费用分析

2017年12月15日至20日，环保部对京津冀及周边地区"2+26"城市"煤改气""煤改电"进行了专项督查，对各地农村居民取暖情况和费用支出进行了逐村入户调研，调查了农村居民2016年取暖费用，并根据2017年电价、气价补贴政策估算了居民预计负担的取暖费用。本报告抽取其中6个城市农村地区1 129个村的取暖费数据，其中煤改电224个村、煤改气798个村以及仍然使用燃煤取暖的207个村，涉及保定63个、沧州346个、邯郸115个、廊坊579个、邢台41个、济南85个村。

比较农村居民负担的2017年取暖费用与2016年相比是否增长（图8），结果显示1 129个抽样村庄2016—2017年采暖季平均每户取暖费为2 092元，2017—2018年采暖季预计取暖费平均为每户2 506元，每户居民负担增加414元，同比增加20%。其中邢台、保定和沧州2017年取暖费增长比例较高，分别较上年增长73%、49%和38%，廊坊和邯郸地区取暖费用与去年基本持平。从居民2017年取暖费较上年增长的幅度来看（图9），77%的村庄取暖费较上年有所增加，23%的村庄取暖费较上年降低。48%的村庄2017年取暖费用为上年的1～1.5倍，16%的村庄2017年取暖费为上年的1.5～2倍，13%的村庄2017年取暖费为上年的2倍以上。取暖费增长的幅度与各城市不同的电价、气价补贴政策力度有关。

图 8　不同城市 2017—2018 年采暖季与 2016—2017 年采暖季居民取暖费用对比

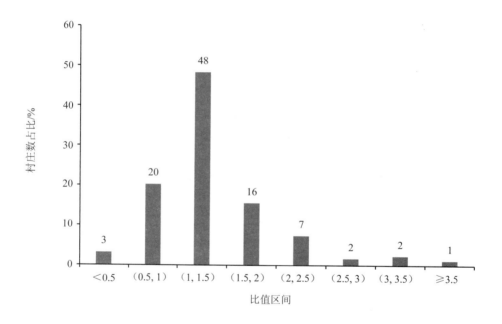

图 9　农村居民两年取暖费用比值分布

通过分析 798 个"煤改气"村庄的取暖费用调研数据（图 10）发现，燃气取暖居民实际支出的取暖费为每户每采暖季 2 685 元，"煤改气"后取暖费用较上年上涨 385 元/户，平均上涨 17%，其中邢台、沧州和保定"煤改气"后取暖费用上涨比例较大，分别为 73%、55% 和 54%。

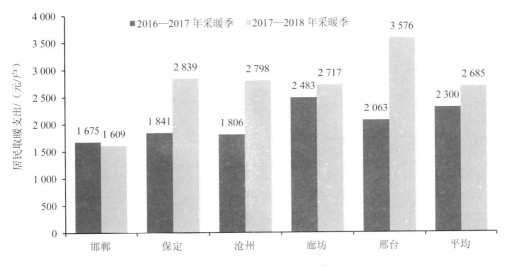

图 10 "煤改气"村庄两年取暖费用对比

通过分析 224 个"煤改电"村庄的取暖费用调研数据（图 11）发现，电取暖的居民实际支出的取暖费为每户每采暖季 2 398 元，"煤改电"后取暖费用较上年上涨 626 元/户，平均上涨 35%，其中沧州和保定"煤改电"后取暖费用上涨比例较大，分别为 70% 和 47%。

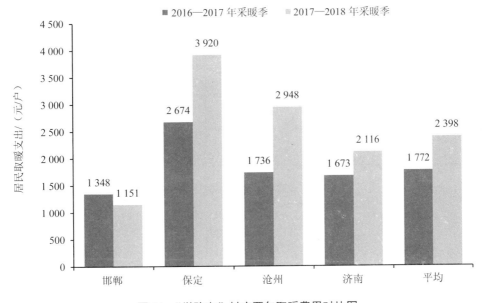

图 11 "煤改电"村庄两年取暖费用对比图

影响取暖费用的因素很多，包括燃料成本、房屋面积、室外温度、房屋建筑保温性能和使用习惯等。对于京津冀及周边地区不同城市户均费用的地区差异，主要影响因素为各地不同的电价、气价及补贴政策。我们对上述京津冀部分城市的"煤改气""煤改电"补贴政策进行了梳理（表 8），发现 2017 年取暖费增长比例较高的邢台、保定和沧州气价和电价总体较高，且价格补贴力度不大，邢台市有些乡镇甚至没有补贴。

表 8 各城市 2017 年"煤改电""煤改气"补贴政策

城市	区县	煤改电		煤改气	
		电价补贴	电采暖设备	气价补贴	燃气壁挂炉及燃气管网建设
北京市		实施峰谷电价,谷段20:00 至次日 8:00,政府补贴 0.2 元/（kW·h），居民支付 0.1 元/（kW·h）	对使用空气源热泵、非整村安装地源热泵取暖的,市财政按照取暖面积每平方米 100 元的标准进行补贴,对使用其他清洁能源设备取暖的,市财政按照设备购置费用的1/3进行补贴。市财政对各类清洁能源取暖设备的补贴金额每户最高不超过 1.2 万元;区财政在配套同等补贴资金的基础上,可进一步加大补贴力度	实施阶梯气价:第一阶梯为 0～2 500 m³，单价 2.28 元；第二阶梯 2 500 m³ 至 3 000（含）m³，单价 2.5 元;第三阶梯为 3 000 m³ 以上,单价 3.9 元。农村"煤改气"分户自采暖第一阶梯,可覆盖到 93% 的用户。通州区每户每个采暖季最高补贴 2 411 元	市区财政补贴 90%，改造住户自筹 10%。通州区每户最高补贴金额 8 100 元,超出部分住户自筹解决
天津市	武清区	采暖季享受峰谷电价政策,（11 月 1 日—3 月 31 日）21:00 至次日 6:00 享受 0.3 元/（kW·h）的谷段电价优惠, 早 6:00 至晚 21:00 执行 0.49 元/（kW·h）的峰段电价。在享受峰谷电价的基础上,根据农户实际用电量,每个采暖季给予农户 60% 的电费补贴,峰谷电量补贴用电限额为每户每个采暖季（150 天）不超过 1 万 kW·h,超出部分由农户自行承担	采暖设备购置及安装补贴费用由财政 100% 承担,室内暖气管与暖气片购置与安装费用由农户承担	天然气用量在 1 800 m³ 内,每立方米价格为 2.4 元,补贴 60% 的费用,超出部分自行付费	采暖设备购置及安装补贴费用由财政 100% 承担,室内暖气管与暖气片购置与安装费用由农户承担。倒房和厢房住人且取暖面积超过 150 m²,并符合分户条件的,可再安装一台壁挂炉,但壁挂炉的 50% 费用 2 500 元由农户自行承担,运行费用不享受政府补贴
	北辰区	每日 21 时至次日 6 时享受 0.3 元/（kW·h）的低谷电价。给予采暖期住户用电 0.2 元/（kW·h）的补贴,每户最高补贴电量 8 000 kW·h。此外,每户每年保供炊事用液化石油气 8 罐（15 kg/罐），每罐补贴 50 元,由区财政负担	方式一：安装蓄能式电暖器或直热式电暖器。取暖设备最高投入 1 200 元/台,住户计量表（含表计下口第一开关）至取暖设备以及户内电力线路改造费用最高投入 3 000 元/户,由区财政负担。方式二：安装空气源热泵。取暖设备购置及安装,最高投入 29 000 元/户,住户计量表（含表计下口第一开关）至取暖设备以及户内电力线路改造费用最高投入 3 000 元/户,由区财政负担。室内暖气管及暖气片由用户自行承担	采暖期不执行阶梯气价,按城镇燃气居民用气价格执行,给予 1 元/m³ 的气价补贴,每户最高补贴气量 1 200 m³	燃气壁挂炉购置安装,最高投入 6 200 元/户,每户发放户内取暖用暖气片补贴 1 500 元,由区财政负担

城市	区县	煤改电		煤改气	
		电价补贴	电采暖设备	气价补贴	燃气壁挂炉及燃气管网建设
石家庄		补贴0.15元/(kW·h)，最高至900元，由市、县两级财政按照1：1比例分担	按设备投资额70%给予财政资金补贴，每户最高不超过5 000元，由市、县两级财政按照3：1比例分担	采暖季每户给予最高900元运行补贴，由市、县两级财政按照1：1比例分担	按每户财政补贴3 900元，由市、县两级财政按照3：1比例分担。其中，2 900元用于支付居民燃气接口费，不足部分由实施"煤改气"的燃气企业承担；1 000元用于补贴居民用户购置燃气采暖设备
沧州	新华区	第一年按实际采暖费用补贴，最高补贴1 000元/采暖季	全额	第一年按实际采暖费用补贴，最高补贴1 000元/采暖季	全额
	开发区		O：m³	燃气2.8元/m³，补助1.4元/m³（使用1 200 m³以内）、补助1元/m³（使用1 200～1 500m³）	
	东光县			补贴1元/m³，最高1 200元/户	政府补助70%
唐山				取暖用气1元/m³的气价补贴，按照1.4元/m³计价缴费，每户每年最高补贴气量1 200 m³，补贴政策及标准暂定三年	由省、市、区对燃气设备购置安装投资的70%给予补贴，每户（平房社区用户、农村用户）最高补贴金额不超过2 700元，其余由用户承担
廊坊	安次区			按2 000元/户（河北省政府1 200元区政府800元）暂定补贴三年。如发现仍违规使用散煤，不再享受取暖补贴政策	区财政按照宅院为单位对壁挂炉设备进行补贴，每户补贴3 100元，超出部分自行承担。燃气管网建设费3 900元由区财政全额补贴
	广阳区			1 000元/户	免费
邯郸	复兴区	实行峰谷电价，峰时电价0.55元/(kW·h)，谷时电价0.32元/(kW·h)；补贴0.2元/(kW·h)，最高补贴2 000元	政府设备补贴每户3个电取暖器，共计7 400元，另需要居民自出1 500元	补贴1元/m³，最高1 200元/户（区政府700元，市政府500元）	天然气壁挂炉费用2 700元，炉灶补贴200元。不包括燃气管道安装费用，每家用户需要额外出资燃气管道安装费用2 600元

城市	区县	煤改电		煤改气	
		电价补贴	电采暖设备	气价补贴	燃气壁挂炉及燃气管网建设
保定市		给予采暖期居民用电 0.2 元/（kW·h）补贴，由省、市、县各承担 1/3，每户最高补贴电量 1 万 kW·h；给予配套生活用气补贴，按照每户每年保供 8 罐 LPG（15 kg/罐），每罐给予 50 元补贴，由县（市、区）政府负责落实	按设备购置安装（含户内线路改造）投资的 85% 给予补贴，每户最高补贴金额不超过 7 400 元，由市、县各承担 1/2，其余由用户承担	补贴 1 元/m³，最高 1 200 元/户	按燃气设备购置安装投资的 70% 给予补贴，每户最高补贴金额不超过 2 700 元，由省和市县各承担 1/2，其余由用户承担。给予建设村内入户管线户均 4 000 元投资补助，由省承担 1 000 元，市县承担 3 000 元
邢台	柏乡镇			补贴 1 元/m³，最高 1 000 元/户	对实施"煤改气"的燃煤用户购买燃气壁挂炉进行补贴，每户补贴 3 000 元
	冯家寨			无补贴	无补贴，气价 3.2 元/m³
	和阳镇			补贴 1 元/m³，最高 1 000 元/户	3 400 元/户，政府全额补贴
济南	商河	0.2 元/（kW·h），最高补助 6 000kW·h 电	2 000 元/户		

3.3 京津冀 10 城市"双替代"成本分析

根据原环境保护部京津冀及周边地区"2+26"城市"煤改气""煤改电"专项督查、巡查调研数据，京津冀地区的 10 个重点城市（包括北京、天津、石家庄、唐山、廊坊、保定、沧州、衡水、邢台和邯郸）2017 年完成"双替代"改造任务 323.7 万户，其中 77% 为"煤改气"，共 250.6 万户，"煤改电"共 73.1 万户，详见表 9。

表 9 京津冀"2+26"城市"双替代"任务完成情况 单位：万户

城市	完成总户数	煤改气	煤改电
北京	48.5	14.3	34.2
天津	33.2	16.0	17.2
河北	242.0	220.3	21.7
合计	323.7	250.6	73.1

　　"双替代"改造的总成本主要包括三部分：①采暖设备一次性投资，包括燃气壁挂炉、空气源热泵、蓄热式电暖器等设备，大部分由政府负担，少部分由居民负担，各地补贴政策有所差异。电取暖设备费按平均 2 万元/户（煤改电用户最多的北京市大部分使用空气源热泵）计算，燃气设备费按 0.5 万元/户计算。②取暖设备年运行费用，根据调研情况，在不考虑电价、气价补贴情况下，"煤改气"每户按 3 885 元/a 计算，"煤改电"每户按 3 598 元/a 计算。③能源基础设施建设投资，包括燃气接驳费、电网扩容改造费用等，主要由政府、供电公司以及用户共同负担。燃气接驳费，包括挖土石方、铺设燃气管线、水气连接和燃气表等费用，按 0.4 万元/户计算。"煤改电"需要将用户配电容量进行大幅度扩容，建设配套输变电工程，我国北方农村地区户均电网线路容量只有 2～3 kW，用电代煤采暖需要达到 9～10 kW，建设投资按 1.5 万元/户计算。

　　根据上述成本参数进行计算，结果显示 2017 年北京、天津和河北 8 个传输通道城市"双替代"改造总成本 605.1 亿元，其中"煤改气"总成本 322.9 亿元，包括采暖设备一次性投资 125.3 亿元、年运行费用 97.4 亿元、基础设施建设投资 100.2 亿元；"煤改电"总成本 282.2 亿元，包括采暖设备一次性投资 146.2 亿元、年运行费用 26.3 亿元、基础设施改造投资 109.7 亿元，详见表 10。

表 10　2017 年京津冀"双替代"改造任务总成本分析　　　　　　单位：亿元

成本分类	煤改气	煤改电	"双替代"合计
采暖设备一次性投资	125.3	146.2	271.5
年运行费用	97.4	26.3	123.7
基础设施建设投资	100.2	109.7	209.9
合计	322.9	282.2	605.1

　　从成本分担的角度来看，各地政府根据当地财力制定了不同的补贴政策，上述成本中采暖设备一次性投资大部分由财政负担，少部分由居民负担；采暖设备运行费用由居民和政府各负担一部分，政府每个采暖季补贴 1 000～2 000 元/户；农村天然气、电网改造投资主要由政府和供气、供电企业承担。若按照财政补贴运行费用平均 1 200 元/户，采暖设备一次性投资政府负担 70%，燃气接驳费全部由政府投资，电网改造投资中政府负担 30%，则 2017 年"双替代"改造任务财政共支付 362 亿元，其中：年运行费用补贴 39 亿元，采暖设备一次性投资 190 亿元，基础设施建设投资 133 亿元。政府补贴投入的资金量巨大，补贴政策很难长期持续和进行大范围推广，亟待建立可持续的经济激励机制和回报体系。

3.4　京津冀 10 城市"双替代"效益分析

3.4.1　减少主要大气污染物排放

　　京津冀地区散煤消费强度大，且燃烧效率低、没有烟气净化装置、超低空排放，对局地空气质量影响较大。"双替代"工程实施后，将有效减少散煤排放量，从而对环境空气质量，特别是冬季环境空气质量的改善产生显著的效果。

上述京津冀地区 10 个城市实施"双替代"后，减少的散煤消费量约为 809 万 t。采用排放系数法估算了由于散煤消费量减少产生的污染物减排量，并考虑了燃煤电厂用电量增加及燃气量增加造成的污染物新增量，最终得到京津冀地区"双替代"后污染物净减排量（表 11），预计将分别减少 SO_2、NO_x、PM_{10}、$PM_{2.5}$ 排放量 5.95 万 t、1.23 万 t、10.92 万 t、8.74 万 t。

表 11 "双替代"后大气污染物预计减排量
单位：万 t

减排量	SO_2	NO_x	PM_{10}	$PM_{2.5}$	VOCs	CO
煤改气	4.64	1.00	8.46	6.77	2.51	87.77
煤改电	1.32	0.24	2.46	1.97	0.73	25.60
合计	5.95	1.23	10.92	8.74	3.24	113.38

根据京津冀地区民用燃煤对大气环境 $PM_{2.5}$ 浓度的贡献以及"双替代"减排量，结合空气质量模型模拟结果，计算得到由于散煤消费减少可使京津冀区域 $PM_{2.5}$ 年均浓度下降 2.3 $\mu g/m^3$。由于"双替代"削减的散煤使用量主要集中在城市周边的农村地区，因此这些农村地区 $PM_{2.5}$ 浓度将比主城区有更大幅度的下降。

3.4.2 减少温室气体排放

煤、石油等化石燃料的燃烧除了产生 SO_2、NO_x、PM_{10}、$PM_{2.5}$ 等污染物，造成环境空气质量恶化以外，还排放大量温室气体。关于中国碳排放的研究报告显示，中国 90% 的碳排放来自化石燃料燃烧，其中 68% 来自燃煤。因此加强散煤治理，代之以更加清洁、高效的能源，将对碳减排产生重要作用。京津冀地区实施"双替代"后，散煤削减可使 CO_2 排放降低，但同时用电量和用气量的增加又增加了 CO_2 排放，总体上减少 CO_2 排放约 1 141 万 t。

3.4.3 减少散煤污染带来的健康效益

（1）减少散煤室内污染的健康效益。大量研究表明，煤炭、生物质等家庭固体燃料燃烧与人体健康密切相关，燃煤导致的室外和室内污染是成人缺血性心脏病、中风、肺癌、慢性阻塞性肺病、儿童呼吸道感染以及其他心脑血管疾病的重要原因之一，长期暴露在燃煤和生物质燃烧烟雾环境中与血管内膜增厚和粥样硬化斑块的增加以及血压升高有关。与室外燃煤大气污染相比，室内燃煤的危害更严重、更直接。

由于在室内燃煤取暖和做饭排放大量 SO_2、CO、颗粒物，甚至砷和氟等污染物，尤其是用煤炉取暖的家庭，为了达到较好的取暖效果，一般都关闭门窗，从而造成室内污染物的大量积累，各种污染物浓度严重超标。从吸入因子的相关研究可以看出，不通风炉灶的吸入因子（0.001 3）远高于通风炉灶（0.000 24）。清华大学以我国南方（以四川省为例）和北方（以内蒙古自治区为例）的几个典型村为对象，研究农村生活用能对室内空气质量和人体暴露的影响，实地测试结果显示：由于冬季取暖固体燃料燃烧量增加，四川测试农户冬季人体 $PM_{2.5}$ 平均暴露浓度（几何均值：169 μg/m³）是夏季（几何均值：80 μg/m³）的 2.1 倍，而内蒙古农户冬季为减少冷风渗透，大多数会将门窗用塑料薄膜覆盖，而且整个冬季都不开窗，导致室内换气次数过少，加重冬季室内污染程度，测试表明，内蒙地区农户的冬季人体 $PM_{2.5}$ 平均暴露浓度（几何均值：284 μg/m³）接近四川暴露水平的 2 倍。[①]

根据 2016 年发布的《全球主要空气污染源造成的疾病负担》[②]针对中国煤炭及其他特定源疾病负担的研究估计，中国 2013 年有 80.7 万人由于烹饪和取暖的固体燃料（如煤、生物质）燃烧所致的室内空气污染导致过早死亡。通常情况下，老人、妇女、儿童在空气污染重的室内逗留时间比男性长，且身体素质与抵抗能力较差，因此这类人群更易受到室内烟雾污染的影响而致病。"双替代"实施后将有效减少农村居民室内燃煤污染，降低因燃煤引发的各类疾病患病率。

（2）减少散煤室外污染的健康效益。基于空气质量健康影响分析模型 BenMAP，结合网格化人口密度分析，评估情景模式下"双替代"带来的健康效益。采用泊松回归模型描述环境大气污染物浓度与人体健康暴露反应关系的公式计算。[③、④]

$$E = E_0 \cdot \exp[\beta（C-C_0）]$$

式中：β——$PM_{2.5}$ 与过早死亡的暴露反应关系系数，本文取 0.006 7（0.005～0.008 3）[⑤]；

C 和 C_0——$PM_{2.5}$ 的实际浓度和参考基准浓度，μg/m³，C_0 取 WHO 推荐的年均值[⑥] 10 μg/m³；

E 和 E_0——分别为对应 C 和 C_0 的过早死亡发生率，E 取 0.006 397[⑦]。

则归因于 $PM_{2.5}$ 浓度变化的健康风险变化量为：

$$\Delta I = P（E-E_0）= P \cdot E \cdot (1-\frac{1}{\exp[\beta(c-c_0)]})$$

式中：ΔI——因 $PM_{2.5}$ 浓度变化引发的居民死亡风险变化量，例；

P——暴露人群数，人。

根据京津冀地区"双替代"实施情况以及三地人口增长情况，预计北京、天津、河北因"双替代"工程减少的居民健康风险见表 12，京津冀地区由于散煤污染减少，每年可减少过早死亡人数为 12 676（9 484～15 666）人。

对于减少过早死亡的经济价值，本文利用"统计意义上的生命价值"（VSL）进行评

① 江亿，杨旭东，等. 中国建筑节能年度发展研究报告 2016[M]. 北京：中国建筑工业出版社，54-55。
② 健康影响研究所（HEI）. 全球主要空气污染源造成的疾病负担，专题报告 20 燃煤和其他主要大气污染源所致的中国疾病负担[R]，4-5。
③ 阚海东，陈秉衡. 我国大气颗粒物暴露与人群健康效应的关系[J]. 环境与健康，2002，19（6）：422-424。
④ 黄德生，张世秋. 京津冀地区控制 $PM_{2.5}$ 污染的健康效益评估[J]. 中国环境科学，2013，33（1）：166-174。
⑤ 李沛，辛金元，王跃思，等. 北京市大气颗粒物污染对人群死亡率的影响研究[J].中国气象学会，2012，5（1）：2-11。
⑥ World Health Organization. Air quality guidelines for particulate matter，ozone，nitrogen dioxide and sulfur dioxide[R]//Global Update 2005. Summary of risk assessment. Switzerland：World Health Orgainzation，2006。
⑦ 国家卫生和计划生育委员会. 中国卫生与计划生育统计年鉴 2016[M]. 北京：中国协和医科大学出版社，2016。

估。根据高婷等[①]基于支付意愿的大气 $PM_{2.5}$ 健康经济效益损失评价研究成果，并结合近年来京津冀三地人均可支配收入及其增长情况，推算出京津冀地区由于 $PM_{2.5}$ 引发过早死亡的单位 VSL 值（表 12）。最终测算结果表明，北京、天津、河北三地均因散煤污染降低而产生了较为可观的健康效益，三地产生的总的健康效益约为每年 165.5（123.9～204.5）亿元。

表 12　民用散煤 "双替代" 减少的过早死亡人数及经济效益

地区	减少的过早死亡人数	统计意义上的生命价值（VSL）/万元	减少的健康损失/亿元
北京	3 365（2 519～4 157）	212.5	71.5（53.5～88.3）
天津	3 131（2 346～3 865）	137.6	43.1（32.3～53.2）
河北	6 180（4 619～7 644）	82.4	50.9（38.1～63.0）
合计	12 676（9 484～15 666）	—	165.5（123.9～204.5）

本文在计算健康损失时仅选择了过早死亡这一种健康终点，其为健康损失最严重的后果，造成的经济损失占各类健康终点 90% 以上，经济损失也相对较容易计算。除此之外，还有因散煤燃烧所致空气污染引发的成人缺血性心脏病、中风、肺癌、慢性阻塞性肺病、儿童呼吸道感染等疾病的住院、门诊、急诊等健康终点；冬季燃煤取暖方式还极易导致煤气中毒、引发火灾，从而造成巨额生命财产损失。若考虑这些部分的损失，因减少散煤燃烧而带来的健康效益将会更大。

3.4.4　其他效益

带动相关产业发展。京津冀地区"双替代"工程，将极大带动相关设备制造及相关服务业发展，拓展新的经济增长点。京津冀地区居民实施"双替代"工程将在电/气采暖设备购买、采暖设备维修保养、农房保温加固等方面带来直接经济效益。

提高农村居民生活质量。改用电取暖后室温较高且较稳定，农村居民彻底摆脱了寒冬腊月早起晚睡伺候煤炉子、屋里屋外到处是煤灰、时刻担心煤气中毒、引发火灾等问题的困扰，还使村民洗澡、做饭等日常生活变得更加方便，获得更舒适、安全、干净、便捷的生活体验。

3.5　京津冀 10 城市 "双替代" 净效益分析

从上面 10 个城市的"双替代"工程可以看出，324 万户改造总成本 605.1 亿元，包括采暖设备一次性投资 271.5 亿元、采暖设备年运行费用 123.7 亿元、基础设施建设投资 209.9 亿元。其中采暖设备费按 10 年使用寿命折算，年折旧费用为 27.2 亿元；全部燃气接驳费和 30% 的电网改造投资由政府承担，费用按照折旧年限 20 年计算，年折旧费用为 6.7 亿元（电网公司承担的费用通过输配电价回收）。因此，10 个城市"双替代"采暖设备运行费用为 123.7 亿元/a，采暖设备、基础设施折旧费用约 33.8 亿元/a，年运行总费用为

---

① 高婷，李国星，胥美美，等. 基于支付意愿的大气 $PM_{2.5}$ 健康经济学损失评价[J]. 环境与健康杂志，2015（8）：697-700.

157.5 亿元/a。而 10 个城市由于实施"双替代"产生的居民健康效益就达 165.5 亿元/a。可以看出，实施民用煤"双替代"后，单纯居民健康效益一项就高于成本支出，净效益达 8 亿元。如果再综合考虑减少室内空气污染、减排温室气体、带动采暖和建筑等产业发展、提高群众生活质量等方面的效益，10 个城市"双替代"工程的社会效益将远高于社会成本。

4 京津冀地区散煤治理政策建议

（1）在充分调研的基础上，明确各地清洁取暖改造的总需求，能源基础设施、可再生能源等各种清洁能源的供应能力。需要明确城市建成区、城乡接合部、县城及建制镇、乡村等不同类型的地区，目前不同取暖方式的应用比例与主要分布情况。在此基础上，结合各地热电联产、工业余热、天然气、电力、地热等资源的可获得性、冬季平均温度和取暖需求、百姓收入和支付水平等因素，因地制宜提出替代散煤的优选技术路径。

（2）做好顶层设计。清洁取暖的最终解决之道是使用较清洁的能源替代煤炭，但是我国资源禀赋和基础设施建设情况决定了短期内无法在整个北方地区完全消除散煤供暖。因此要结合国家油气资源和电力发展的预期、天然气输送管网和调峰能力、电网输配电能力、城市供热管网覆盖能力、居民建筑节能改造能力等因素，系统谋划全国清洁取暖工作的分年度目标和工作重点。

（3）分步推进，分类指导，鼓励地方因地制宜选择适合的清洁取暖技术方案。在电厂等热源附近的城市、县城和人口较多的建制镇，优先推进热电联供，通过扩展供热管网，使用已有热源；地热等可再生能源资源丰富的地区，优先使用相应的资源；天然气管网能够覆盖的地区，优先发展天然气壁挂炉等分布式供暖；其他地区可以发展各种形式的电采暖。以上方式在近期都不适用的，以洁净型煤替代劣质散煤作为过渡措施，并进一步完善煤质监管机制，落实煤炭开采、运输、销售等环节的煤质监管责任。

（4）建立长效机制，引导群众使用清洁能源供暖。一方面在近两年通过补贴等手段，培养居民的清洁能源使用习惯；另一方面提高散煤供暖的综合经济成本，逐步理顺热力、电力、天然气的价格形成机制，培育竞争充分的供暖市场，积极引入合同能源管理、设备租赁、以租代建等新型模式，引导社会共同参与实施清洁供暖项目的市场化建设运营，保障合理投资收益。

（5）出台相应的技术指南、标准和规范性文件，规范"煤改清洁能源"取暖系统设计、选型、安装与维护等工作。统一评价尺度对"煤改清洁能源"的各类采暖设备技术指标、价格经济性、采暖适用性、政策扶持的方式力度等进行对比，指导居民选好、用好清洁能源采暖技术和设备。

参考文献

[1] 戚涛，高健，李静，等. 民用散煤燃烧排放颗粒物微观特征[J]. 环境工程学报，2017，11（7）：4133-4139.

[2] SMITH K R. Fuel Combustion，Air Pollution Exposure，and Health：the Situation in Developing Countries，Annual Review of Energy and Environment [M]. Hawaii：Annual Reviews，1993：529-66.

[3] GRIESHOP A P，MARSHALL J D，KANDLIKAR M. Health and climate benefits of cookstove replacement options [J]. Energy Policy，2011（39）：7350-7542.

[4] 支国瑞，杨俊超，张涛，等. 我国北方农村生活燃煤情况调查、排放估算及政策启示[J]. 环境科学研究，2015，28（8）：1179-1185.

[5] 赵文慧，徐谦，李令军，等.北京平原区城乡接合部燃煤散烧及污染物排放量估算[J]. 环境科学研究，2015（6）：859-867.

[6] LU Z，STREETS D C，ZHANG Q，et al. Sulfur dioxide emissions in China and sulfur trends in East Asia since 2000[J]. Atmospheric Chemistry and Physics，2010（10）：6311-6331.

[7] 清华大学建筑节能研究中心.中国建筑节能年度发展研究报告 2016[M]. 北京：中国建筑工业出版社，2016：54.

[8] Health Effects Institute. GBD MAPS，Burden of Disease Attributable to CoalBurning and Other Major Sources of AirPollution in China[R]. 2016：4.

[9] 王跃思，张军科，王莉莉，等. 京津冀区域大气霾污染研究意义、现状及展望[J]. 地球科学进展，2014，29（3）：388-396.

[10] 闫祯，陈潇君. 我国"十三五"能源与环境协同发展策略研究[J]. 环境与可持续发展，2017，42（2）：31-35.

[11] LI X，ZHANG Q，ZHANG Y，et al. Source Contributions of Urban $PM_{2.5}$ in the Beijing-Tianjin-Hebei Region：Changes between 2006 and 2013 and relative impacts of emissions and meteorology[J]. Atmospheric Environment，2015，123：229-239.

[12] 陈仁杰，陈秉衡，阚海东. 我国 113 个城市大气颗粒物污染的健康经济学评价[J]. 中国环境科学，2010（3）：410-415.

[13] GEORGOPOULOS P G，WANG S W，VYAS V M，et al. A source-to-dose population exposure assessment of population exposures to fine pm and ozone in Philadelphia，PA，during a summer 1999 episode[J]. Journal of Exposure Analysis and Environment Epidemiology. 2005，15（5）：439-457.

[14] STRAND M，VEDAL S，RODES C，et al.Estimating effects of ambient $PM_{2.5}$ exposure on health using $PM_{2.5}$component measurements and regression calibration[J]. Journal of Exposure Analysis and Environmental Epidemiology，2006，16（1）：30-38.

[15] GUO Y，JIA Y，PAN X，et al.The association between fine particulate air pollution and hospital emergency room visits for cardio-vascular diseases in Beijing，China[J]. Science of the Total Environment，2009，407（17）：4826-4830.

[16] GUO Y，BARNETT A G，ZHANG Y，et al. The short-term effect of air pollution on cardiovascular mortality in Tianjin，China：comparison of time series and case-crossover analyses[J]. Science of the Total Environment，2010，409（2）：300-306.

[17] KAN H D，LONDON S J，CHEN，G H，et al. Differentiating the effects of fine and coarse particles on daily mortality in Shanghai，China.[J].Environment International，2007，33（3）：376-384.

[18] 阚海东,陈秉衡. 我国大气颗粒物暴露与人群健康效应的关系[J]. 环境与健康,2002,19(6):422-424.

[19] 黄德生，张世秋. 京津冀地区控制 $PM_{2.5}$ 污染的健康效益评估[J]. 中国环境科学，2013，33（1）：166-174.

[20] World Health Organization. Air quality guidelines for particulate matter，ozone，nitrogen dioxide and sulfur dioxide[R]//Global Update 2005. Summary of risk assessment. Switzerland：World Health Organization，2006.

[21] DOCKERY D W，POPE C A，XU X，et al. An association between air pollution and mortality in six US cities [J]. New England Journal of Medicine，1993，329（24）：1753-1759.

[22] POPE C A，BURNETT R T，THUN M J，et al.Lung cancer，cardiopulmonary mortality，and long-term exposure to fine particulate air pollution [J]. Journal of American Medical Association，2002，287（9）：1132-14141.

[23] 钱孝琳，阚海东，宋伟民，等. 大气细颗粒物污染与居民每日死亡关系的 Meta 分析[J]. 环境与健康杂志，2005，（4）：246-248.

[24] 李沛，辛金元，王跃思，等. 北京市大气颗粒物污染对人群死亡率的影响研究[J].中国气象学会，2012，5（1）：2-11.

[25] 谢鹏，刘晓云，刘兆荣，等. 我国人群大气颗粒物污染暴露-反应关系研究[J].中国环境科学，2009，29（10）：1034-1040.

[26] 刘晓云，谢鹏，刘兆荣，等. 珠江三角洲可吸入颗粒物污染急性健康效应的经济损失评价[J]. 北京大学学报：自然科学版，2010，46（5）：829-834.

[27] 国家卫生和计划生育委员会.中国卫生与计划生育统计年鉴 2016[M]. 北京：中国协和医科大学出版社，2016.

[28] 高婷，李国星，胥美美，等. 基于支付意愿的大气 $PM_{2.5}$ 健康经济学损失评价[J]. 环境与健康杂志，2015（8）：697-700.

[29] VIDCUSI W K，MAGAT W A，HUBER J. Pricing environmental health risks：survey assessments of risk-risk and risk-dollar trade-offs for chronic bronchitis [J]. Journal of Environmental Economics and Management，1991，21（1）：32-51.

[30] 章永洁，蒋建云，叶建东，等. 京津冀农村生活能源消费分析及燃煤减量与替代对策建议[J]. 中国能源，2014，36（7）：39-43.

[31] WANG H，MULLAHY J. Willingness to pay for reducing fatal risk by improving air quality：a contingent valuation study in Chongqing，China[J]. Sci Total Environ，2006，367（1）：50-57.

[32] HAMMITT J K，YING Z. The economic value of air-pollution-related health risks in China：a contingent valuation study [J].Environmental&resource economics，2006，33：399-423.

[33] Hua W，Jie H. the value of statistical life. In.the world bank. 2010.

[34] 曾贤刚,蒋妍. 空气污染健康损失中统计生命价值评估研究[J]. 中国环境科学,2010,30（2）:284-288.

[35] 谢旭轩. 健康的价值：环境效益评估策略与城市空气污染制约对策[D]. 北京：北京大学，2011.

[36] 陈娟，李巍，程红光，等. 北京市大气污染减排潜力及居民健康效益评估[J]. 环境科学研究，2015，28（7）：1114-1121.

[37] HOFFMANN S，MACULLOCH B，BATZ M. Economic burden of major foodborne illnesses acquired in the United States[R/OL].EIB-140，U.S.：Department of Agriculture，Economic Research Service，May 2015. [2017-9-14] http：//www.ers.usda.gov/media/1837791/eib140.pdf.

[38] 陈己宸. 北京某地区农村"煤改电"项目的成本管理研究[D]. 保定：华北电力大学，2017.

环境质量管理与污染防治

◆ 新时期国家水环境质量管理体系重构研究
◆ 部分省级土壤污染防治行动方案的对比分析与思考
◆ 城市 $PM_{2.5}$ 下降与经济增长"脱钩"关系的实证研究
◆ 国家环境承载力评估监测预警机制研究

新时期国家水环境质量管理体系重构研究

Reconstructing the System of National Water Environmental Quality Management for China

王 东 秦昌波 马乐宽 王金南

摘 要 新时期水环境保护进入以质量改善为核心的阶段，需要树立"山水林田湖草生命共同体"的系统观念，合力推进水污染防治、水资源管理和水生态保护"三水"协同治理模式。本文在回顾我国水环境保护历程基础上，提出新时期水环境保护要按照从阶段局域性改善走向总体全面改善的"水十条"路线图，从近期水质改善向中期水生态健康保护、远期健康风险防范转变，落实生态空间管控、调整产业结构、全面治理"三源"、增加水环境容量、推行排污许可等五大重点任务，合理划定中央地方部门事权和责任，健全政府企业社会"三元"共治体系，优化配置行政司法市场治污力量，建立科学媒体公众良性互动机制，构建系统化、科学化、法治化、精细化、信息化的水环境保护治理体系。

关键词 水环境质量管理 水环境保护治理体系 水十条

Abstract In the new era，water environmental protection has entered a stage with environmental quality improvement as the core. It is necessary to establish a systematic concept of "life community of mountains，rivers，forests，fields，lakes and grass" and work together to promote the "three-water" coordinated management model of water pollution prevention，water resources management and aquatic ecosystem protection. On the basis of reviewing the course of water environment protection in China，this paper puts forward that，for water environment protection in the new period，following the strategic roadmap depicted by *Action Plan for Prevention and Control of Water Pollution*，several key issues should be addressed: ①the goal should be changed from water quality improvement in short-term，to aquatic ecosystem health protection in medium-term，and finally to human health risk prevention in long-term; ②five critical tasks，including ecological space control，adjusting industrial structure，comprehensive control of industrial-domestic-agricultural pollution sources，increasing the capacity of water environment，and implementing permits for pollutant discharge，should be undertaken; ③a scientific，legal，sophisticated and informationized system for water environment protection and governance should be constructed，though rationally delimiting the powers and responsibilities between central and local government，improving the co-governance system of government，enterprises and society，optimizing the allocation of administrative，judicial and market resources for pollution control，establishing a positive mechanism that promotes interaction among scientific study，supervision via media and public participation.

Keywords water environmental quality management，system for water environment protection and governance，*Action Plan for Prevention and Control of Water Pollution*（*Water Ten*）

《水污染防治行动计划》（以下简称"水十条"）提出紧紧围绕 2020 年水环境质量阶段性改善、2030 年总体改善的战略目标推进水环境保护各项重点任务，标志着新时期中国水环境保护进入以质量改善为核心的阶段。因此，构建水环境质量管理体系是当前水环境保护面临的历史任务和重大命题。本文旨在根据水环境保护历史进程演变和基础形势研判，确立新时期递进式水环境保护战略目标与路线图，识别水环境保护的战略任务，重构水环境保护治理体系，形成国家水环境质量管理体系框架顶层设计。

1 新时期水环境保护特点的认识

1.1 总体进程：水环境保护进入以质量改善为核心阶段

总体上看，过去 40 多年来，中国的环境保护经历了初始"三废"治理的起步阶段（1973—1978 年）、污染防治"八项制度"建立阶段（1979—1992 年）、环境质量管理雏形发展阶段（1993—2004 年）、以总量控制带动质量改善阶段（2004—2014 年）、确立环境质量为工作核心的阶段（2015 年以来）5 个阶段。

就水环境保护而言，以"九五"期间批复实施的《淮河流域水污染防治规划及"九五"计划》启动重点流域水污染防治作为标志，我国进入了大规模治污阶段，截至 2015 年已批复实施了四期重点流域水污染防治五年专项规划。特别是"十一五"以来，我国先后将 COD、氨氮纳入约束性指标，按照有限目标、突出重点、提高效率的原则，落实环境保护目标责任制，大幅提升了污染治理设施建设水平，促进了全国常规污染指标的改善。

在经历了"总量控制指导性""总量控制约束性""总量控制约束、质量改善指导性"阶段之后，"十三五"已进入质量改善和总量控制双约束、以质量改善为核心的阶段，以党的十八大为标志，生态文明建设纳入"五位一体"总布局，水环境质量成为改善民生、全面建成小康社会的重要内容。作为我国水污染防治的行动纲领，"水十条"明确了各类水体不同时期的质量改善目标，要求强化环境质量目标管理、深化污染物排放总量控制；《国民经济和社会发展第十三个五年规划纲要》也明确了水环境质量改善和总量控制双约束性指标；《"十三五"生态环境保护规划》进一步提出了以质量改善为核心开展系统施治的具体要求。

总体上，"十三五"期间水环境保护以水质改善为核心，突出质量目标的刚性约束作用，以水环境质量达标为出发点统筹谋划各项工作，以是否达到水质改善目标作为判断各项工作成效标准和问责依据。借鉴美国、欧盟等国家经验，结合我国水污染防治历程和"水十条"实施部署，预期到 2020 年我国水环境保护工作将取得阶段性的明显成效。

1.2 水质变迁：常规污染物大幅削减，总磷等污染物日益凸显

自"十一五"实施总量控制以来，先后将 COD、氨氮纳入约束性指标，以点源有机污染为主的趋势得到有效遏制，常规污染物浓度大幅降低。根据全国地表水国控断面水质监测数据，2006—2015 年，在全国 GDP 增加 2.12 倍的情况下，化学需氧量、氨氮、高锰酸盐指数、总磷浓度分别下降了 50.2%、61.1%、48.1%、41.8%（图 1）。

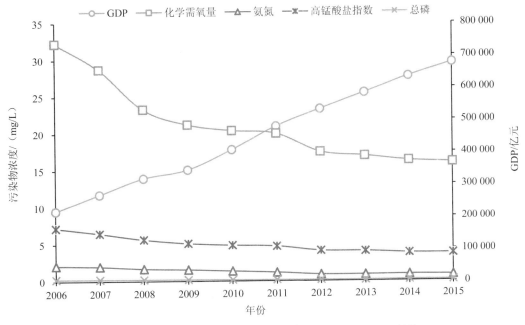

图 1　2006—2015 年主要水污染物浓度变化和 GDP 增长趋势图

但在水环境质量不断改善的同时，影响水质的主要污染指标发生了一定的变化。根据《中国环境状况公报》，2006 年全国主要污染指标为高锰酸盐指数、氨氮和石油类，2010年转变为高锰酸盐指数、五日生化需氧量和氨氮，2015 年转变为化学需氧量、五日生化需氧量和总磷。根据全国地表水国控断面水质监测数据，2016 年，全国地表水出现超标的水质指标共有总磷、化学需氧量、生化需氧量、氨氮、高锰酸盐指数、石油类、氟化物、溶解氧、挥发酚、阴离子表面活性剂、汞、硫化物、pH、砷、硒等 15 项，主要污染指标为总磷、化学需氧量和生化需氧量，总磷已成为首要超标因子；分流域来看，除辽河流域外，其余 9 个流域片主要污染指标中皆有总磷，且总磷已成为长江流域和珠江流域的首要超标因子（表 1）。

表1 2016年全国10大流域超标的主要水污染物指标

流域	主要污染指标
长江流域	总磷、化学需氧量、氨氮
黄河流域	化学需氧量、氨氮、总磷
珠江流域	总磷、溶解氧、氨氮
松花江流域	化学需氧量、高锰酸盐指数、总磷
淮河流域	化学需氧量、总磷、五日生化需氧量
海河流域	化学需氧量、五日生化需氧量、高锰酸盐指数、总磷
辽河流域	化学需氧量、五日生化需氧量、氨氮
东南诸河	氨氮、总磷、石油类、化学需氧量
西南诸河	氨氮、高锰酸盐指数、化学需氧量、五日生化需氧量、总磷
西北诸河	化学需氧量、氟化物、总磷

注：根据《地表水环境质量评价办法（试行）》（环办〔2011〕22号），水质超过Ⅲ类标准的指标按照断面超标率大小排列，取最大的前3项为主要污染指标。断面超标率为某指标超过Ⅲ类标准的断面个数与断面总数的比值。

1.3 重点水体：抓"好差"两头，关注群众感受最密切的黑臭水体

我国大江大河水质持续改善。根据《中国环境状况公报》《中国统计年鉴》等，1995—2015年，全国GDP增加了10.1倍，而全国地表水Ⅰ～Ⅲ类比例增加40.7个百分点，劣Ⅴ类比例降低26.8个百分点；其中，2006年以来，全国地表水Ⅰ～Ⅲ类比例增加31.6个百分点，劣Ⅴ类比例下降18.4个百分点，改善幅度明显加快（图2）。

图2 1995—2015年全国地表水断面比例及GDP变化情况

　　与此同时，与群众生活关系密切的小河小汊、城乡接合部水体等环境质量较差，影响了群众对水环境保护工作的认同。根据住建部、环境保护部城市黑臭水体监管平台信息，截至 2016 年年底，全国 223 个地级及以上城市排查确认黑臭水体 2 000 余个。此外，近年来水质改善情况呈现拉锯战态势，全国水环境质量呈总体改善态势的同时，仍有部分水体水质恶化。由此表明，为推进水环境质量全面改善，需按照中共中央、国务院《关于加快推进生态文明建设的意见》，将环境质量"只能更好、不能变坏"作为地方各级政府环保责任红线，严守水环境质量底线，在保证好水不退化的同时，加大对差水，特别是与群众生活关系密切的城市水体等整治力度，以水环境治理改善成效造福于民、取信于民。

1.4　"三水"同治：合力推进水污染防治、水资源管理和水生态保护

　　水污染防治、水资源管理和水生态保护这"三水"是相互联系、相互支撑的一个有机整体，需要协同推进。首先，从水资源管理与水污染防治的关系来看，充足的水量和良好的水动力条件有利于污染物的稀释、迁移和降解，从而改善水质，提升水污染防治的效果；而水污染防治通过对污染物的削减直接作用于水质改善，有利于提升水资源的使用价值，为水资源配置提供更大的空间。其次，从水生态安全保障与水资源管理和水污染防治的关系来看，结构稳定、物种多样的适生生物群落可增加水环境容量，同时还具有涵养水源、调节径流等功能，对水资源管理和水污染防治工作的效益具有放大效应。

　　当前，部分区域除了水体水质差以外，水资源开发利用不合理、水生态受损严重的问题也十分突出。从多年的水资源公报来看，黄河、淮河、海河以及辽河浑河、太子河、西辽河等流域耗水量超过水资源可利用量的 80%，造成部分河流断流甚至常年干涸。长江、珠江等流域中上游地区干支流高强度的水电梯级开发导致河流生境阻隔、生物多样性下降。湿地、海岸带、湖滨、河滨等自然生态空间不断减少，全国湿地面积近年来每年减少约 510 万亩，三江平原湿地面积已由中华人民共和国成立初期的 5 万 km^2 减少至 0.91 万 km^2，海河流域主要湿地面积减少了 83%，自然岸线保有率大幅降低，水源涵养能力下降。为推进水环境质量全面改善，在治污减排的基础上，亟须同步推进节水减污、生态流量保障、河湖湿地修复等工作。

1.5　生命共同体：更加强调"山水林田湖"系统治理

　　水体污染物主要来自陆源，伴随流域降雨径流过程在"山水林田湖"之间迁移转化，而流域出口断面水质是流域内产排污状况和"山水林田湖"生态系统状况的综合反映。因此，推进水环境质量全面改善不能仅关注某些重点源或重点水体，依赖单一手段，而应以流域为单位，以流域出口断面及相关水体水质目标为依据，遵循水污染物迁移转化规律，综合考虑水污染物迁移转化各个环节，把"山水林田湖"作为一个生命共同体进行系统治理。例如，以水环境承载力为依据优化生产生活空间布局，充分利用环境容量；通过水土保持、退耕还林、退田还湖、滨岸带修复等削减农业面源污染负荷；通过水系整治改善流域水动力条件，实施河湖浅滩湿地修复等工程，提高水体自净能力。

2 新时期水环境保护与质量目标构建

2.1 "水十条"路线图：从阶段局域性改善走向总体全面改善

"水十条"明确了 3 个时间节点的水环境质量目标，描绘了水污染防治的路线图，即到 2020 年，全国水环境质量得到阶段性改善；到 2030 年，全国水环境质量总体改善的同时水生态系统功能初步恢复；到 2050 年，生态环境质量全面改善，生态系统实现良性循环。这一目标路线图与"两个一百年"战略目标相适应，体现了对水环境保护客观规律的遵循。从长远来看，人们不仅需要良好的环境质量，也需要优质的生态服务和产品。在强调改善环境质量的同时，也兼顾了水生态和健康风险的要求。"水十条"在目标的主要指标列出了 2020 年、2030 年水质方面的要求，将城市污水处理率、污泥无害化处理处置率等措施方面的要求作为具体任务提出，突出强调了以环境质量改善为核心的新思路。

2.2 目标递进：从近期水质改善向中远期水生态健康转变

按照"水十条"路线图，近期目标主要是各类水体的水质改善。国务院与各省区市签订的《水污染防治目标责任书》，对"水十条"目标进行了细化，明确了各省份到 2020 年地表水、饮用水、地下水、城市黑臭水体、近岸海域等水体水质要求。地表水方面，全国共设置 1 940 个监测考核断面，较"十二五"期间增加了一倍左右；饮用水方面，共确定了地级及以上城市 884 个集中式饮用水水源地；地下水方面，共确定了 1 170 个考核点位；近岸海域方面，共确定了 297 个考核点位；城市黑臭水体方面，以目前排查确认的 2 000 多条水体为基础，推进整治销号、动态管理。各类水体监测断面（点位）组成了精细的水环境目标网格，在宏观层面确保全国水环境安全，也以小沟小汊的水质改善作为民生突出考虑。

中远期目标应逐步增加水生态健康方面的内容，如自然岸线、湿地面积、水生生物多样性等方面的指标。"十二五"期间已经开展了这方面的尝试，如在重点流域水污染防治"十二五"规划目标中就提出，松花江流域野生鱼类种群数量进一步增加，湿地生物多样性逐步恢复；辽河流域辽河保护区水生态显著恢复，湿地生态系统全面恢复，鱼类种数由10 种以下恢复至 30 种以上，湿地栖息地鸟类提高至 30 种以上；三峡库区及其上游流域水生态安全状况有所改善，重要生态保护区水生态服务功能稳定维持良好。

地方政府根据《环境保护法》《水污染防治法》《水法》及"水十条"要求，提出辖区范围内主要江河湖泊、地下水、近岸海域水质达标以及黑臭水体整治的路线图，经地方人大备案或批准，结合河长制实施向社会公开承诺，切实执行地方政府水环境质量目标责任制。

2.3　约束性考核：以水生态环境质量作为判断水环境保护成效的标准

2016 年，环境保护部、国家发展和改革委员会等 11 个部门联合制定了《水污染防治行动计划实施情况考核规定（试行）》，考核内容包括水环境质量目标完成情况和水污染防治重点工作完成情况两个方面。水环境质量目标完成情况与各省份《水污染防治目标责任书》要求的 5 类水体一致，其中，饮用水和地表水按照《地表水环境质量评价办法（试行）》，采用 21 项指标进行评价；地下水按照《地下水质量标准》中的 20 项指标进行评价；是否消除黑臭按照《城市黑臭水体整治工作指南》明确的整治效果评估要求进行判定。按照考核规定，最终的考核结果主要由水环境质量目标完成情况决定；只有当水污染防治重点工作完成情况不合格时，才会将水环境质量评分等级降一档作为考核结果。考核规定还对考核结果的应用做出了详细的要求，包括参与领导班子和领导干部综合考核评价、按《党政领导干部生态环境损害责任追究办法（试行）》等依法依纪追责、与中央水污染防治相关资金分配挂钩等。所有这些都明确了水环境质量改善在考核中的核心地位和"指挥棒"作用。

3　新时期水环境保护的重大战略任务识别

3.1　实施空间管控，全面建立"河长制"

实施水环境保护空间管控主要有两个目的。一是在敏感区、脆弱区等划定严格管控边界，形成有利于水环境质量改善和水生态安全的国土空间开发格局；二是推进网格化、精细化管理，将流域划分为一系列控制单元和水体，明确水环境质量底线要求，落实控制单元或水体的污染治理责任。无论是基于流域的生态保护红线还是流域控制单元，都要落实到地方政府的环境目标责任制和正在推行的"河长制"中。首先，根据《生态保护红线划定技术指南》，结合水质改善和水生态保护需求，在大江大河源头区和中上游其他汇水区、重要饮用水水源地及其集水区、自然保护区、重要湿地、滨岸缓冲带等具有重要生态功能或敏感脆弱的区域划定生态保护红线，实施最为严格的环境准入制度与管理措施，做到性质不转换、功能不降低、面积不减少、责任不改变，维系水生态安全的基本空间格局。其次，实施以控制单元为基础的水环境质量目标管理。我国自"九五"治理"三河三湖"以来就确立了分区管理的思想，经过四期重点流域水污染防治五年专项规划使得分区管理不断发展完善。"水十条"明确指出"研究建立流域水生态环境功能分区管理体系"，对深化分区管理提出了进一步的要求。2016 年，环保部以公告形式发布了"十三五"期间水质需改善和水质需保持控制单元范围、水质目标等相关信息，水质目标与各省份《水污染防治目标责任书》要求一致。各地在国家控制单元的基础上可进一步划分一系列子单元，明确控制断面和水质目标，并应结合"河长制"等要求落实责任主体，以水质目标作为刚性约束，制定污染防治方案，将治污任务逐一落实到汇水范围内的排污单位。

3.2　加快调整结构，减少污染物产生

产业结构不合理、污染物排放量远超环境容量是部分区域水质超标的主要原因。据近年环境统计数据分析，焦化、印染、制革、农药、电镀等污染较重行业，COD、氨氮排放量最大的前 6 位省份总和占全国该行业排放总量的 70% 以上。因此，治本之策是以水环境质量改善需求为依据，加大产业结构调整力度。首先，结合国家供给侧结构性改革"去产能、去库存、去杠杆、降成本、补短板"等举措，依据能耗、环保、安全生产、质量等方面的相关法律法规、强制性标准、产业结构调整指导目录等，以各流域、各控制单元主要排污行业为重点，推进高污染产能退出。各地可根据水质改善要求，制定逐步收严的排放标准，倒逼产业提质增效。其次，严格环境准入，根据控制单元水质目标和主体功能区规划等要求，细化功能分区，实施差别化环境准入政策，如饮用水水源汇水区范围内严格限制重污染和高风险项目，对于水质超标因子涉及的行业实行减量置换等。

3.3　全面治理"三源"，降低污染物排放

控源减排是改善水环境质量的关键，而且要针对不同流域和水体实行工业、生活和农业"三源"综合减排。在工业源治理方面，加强工业污染源排放情况的排查和监管，对超标排放企业和工业集聚区加大整治力度，首先确保工业污染源全面达标排放。针对超标因子分析工业削减潜力，制定具体的总量削减方案，根据行业企业和工业集聚区污染特征，开列管控清单和提出不同的治理对策要求，如清洁生产、综合利用、循环经济、废水深度治理和应急设施建设等。关注重金属、有毒有机物等的产生和排放，加大治理力度，防控水环境风险。在生活源治理方面，主要是按照"水十条"要求补齐污染处理能力短板，如污水处理设施改扩建、提标改造、管网完善、污泥处理处置等，对于特殊区域可根据水质改善需求采取提高排放标准等进一步的强化措施。在农业源治理方面，通过划分禁养区、限养区，优化畜禽养殖空间布局，落实规模化畜禽养殖企业治污责任。通过调整种植结构和空间布局、推广有机肥施用、推进测土施肥技术等措施，减少化肥和农药施用量。采取农业灌溉系统改造、生态拦截沟建设等措施，减少农田退水污染负荷。推进农村环境综合整治，减少农村生活污水和垃圾污染。

3.4　修复生态系统，增加水环境容量

从改善水环境质量的角度来看，增强水体对污染物的降解能力，增加环境容量和减少污染物进入水体同样重要。以往的水污染防治工作主要关注削减污染物排放量，对水体自净能力关注较少，并且由于管理上"多龙治水"等原因，河道断流、河岸硬化、岸线侵占、水生态退化等问题突出，成为水质改善的主要制约因素。增加环境容量，重点是保障生态流量、保护和恢复水生态，这也是新时期"三水"协同推进的要求。首先，科学确定和保

障生态流量。以河湖重要控制断面（点位）、生态敏感区等为关键节点，以生态、防洪、发电、航运、灌溉等功能协调为准则，经流域管理机构、水电站业主和水资源用户等利益相关方协商一致，按"一河一量"的原则确定生态流量。按照《国务院关于实行最严格水资源管理制度的意见》要求，将生态流量纳入水资源调度方案，经批准后有关地方人民政府和部门等严格服从，区域水资源调度服从流域水资源统一调度，水力发电、供水、航运等调度服从流域水资源统一调度，切实保障生态流量。其次，保护和恢复水生态。把对维护区域生态安全具有重要生态系统服务功能的区域优先划定为生态保护红线，统筹江河湖库岸线资源，科学划定保护区、保留区、控制利用区和开发利用区等功能区边界，严格水域岸线用途管制。腾退侵占的生态空间，对非法挤占水域及岸线的活动加快清退，因地制宜采取退田还湖、退养还滩、退耕还湿、退捕还渔等措施，恢复水生态安全格局。主动建设生态工程，增强生态系统自净功能，以现有的天然湖泊、大型水库、湿地等生态系统为依托，因地制宜扩大河湖浅滩等湿地面积，减少污染物入河（湖），进一步增加环境容量。

3.5 推行排放许可，提高水环境管理效果

排污许可证制度是今后固定污染源管控的核心制度。实施固定源排污许可证制度，以改善水环境质量为目的，将符合条件的企业纳入排污许可管理范畴中，提高水污染源的管理效率。树立排污许可证"企业实施主责、管理部门追责"的模式，一方面明确企业具有承诺守法的义务，需要履行自行监测、台账记录、定期报告、信息公开等责任；另一方面将企业排污行为纳入政府、社会、公众监督视野。近期可将达标排放作为排污许可证发放的先决条件，综合考虑企业产品类型、产量、用水量、排放浓度上限等因素确定其污染物排放量约束值，除常规污染指标外，还应重点关注重金属、有毒有机物等特征污染指标。远期为实现与水环境质量的全面衔接，还需要以控制单元为基础，编制控制单元水体达标方案，建立污染源排放与水质目标间的输入响应关系，分析现状排污条件所对应的削减需求，并将削减需求落实到具体排污单位，以此实现重点排污单位排污许可证与环境质量改善的关联。

4 新时期水环境质量治理体系重构

4.1 合理划定中央地方"二级"政府事权和责任

（1）优化纵向职能配置，合理划分中央和地方水环境保护事权。强化中央政府宏观管理、制度设定职责和必要的执法权，强化省级政府统筹推进区域环境基本公共服务均等化职责，强化市县政府执行职责。建议中央政府考虑环境保护的特殊性和阶段性，对环境基本公共服务差距较大的地区、行业和部门，加大专项和一般转移支付力度，适度上收流域性、跨区域性污染治理的事权和支出责任，对国家确定的专项规划、计划和方案要给予适

当的引导性支持。在中央环保督察巡视中，加强对地方政府执行国家环境保护政令、履行水环境保护责任的监督力度。强化对地方政府的水环境保护和综合治理责任考核，制定相应的考核办法。未达到国家水环境质量要求的重点区域、流域的有关地方人民政府，应当制订限期达标规划，并采取措施按期达标。对水环境质量不能按期达标的地方政府，实行区域限批。

（2）实施"党政同责"，地方党政对水环境质量负总责。水环境保护涉及的领域众多，水环境质量状况是各领域、各部门履行水环境保护职责的综合结果表征，这就需要地方各级党委和政府对辖区环境质量负责。要以区域水环境质量"只能更好、不能变差"为原则，落实地方党委、政府对水环境质量负责要求，实施"党政同责"，明确地方各级党委、政府是改善水环境质量的第一责任主体，对辖区实现国家水环境质量改善目标负总责，党委、政府及其有关部门的主要负责人是本行政区域、本部门职责范围内水环境保护工作的主要责任人，是对水环境保护工作负主要领导责任的第一责任人；分管生态环境保护工作的领导班子成员对水环境保护工作负综合监督领导责任；其他相关负责人对分管业务工作范围内的水环境保护工作负直接责任。

（3）推行"一岗双责"，落实相关部门水环境保护责任。党委和政府履行职责往往通过自己的部门去履行具体工作职责，而"九龙治水"职责不清和"都管都不管"责任不落地，是现行水环境保护中屡遭诟病的体制弊端之一。因此，要科学构建水环境保护责任清单，特别是要明确环保、水利、农业、住建、国土等部门在饮用水水源保护、农业面源污染防治、畜禽养殖污染治理、农村污水垃圾处理、地下水污染防治等重点领域的职责划分，最大限度地厘清部门履职尽责的边界，按照"管发展必须管环保，管生产必须管环保"的原则，通过制度化、清单化的方式落实环保部门与其他部门的水环境保护责任。

4.2　构建政府企业社会"三元"共治体系

（1）加强对地方政府环保履责的监督有效性。①以考核落实责任。重点是按照中央《党政领导干部生态环境损害责任追究办法（试行）》、"河长制"等部署，细化完善以水环境质量为核心的考核评价体系，将水环境保护责任清单纳入党政领导班子考核评价的重要内容，强化考评、激励与追责，引导地方各级党委、政府及其相关部门依法依规履职。②加强责任监督。统筹协调目前推行的环境保护督察巡视、督政约谈、党政领导生态环境损害责任追究、政府和离任干部环境资源审计，把地方水环境质量改善目标和绩效作为这些制度的核心内容，重点对那些水环境质量超标严重、水环境质量反弹恶化、严重违反国家环境保护政策法规的地方和党政领导实行追责。③强化奖优罚劣。重视"绿色政绩"考核结果的运用，体现用人导向，要把"绿色政绩"考核结果作为"硬依据"用足用好，真正使优秀干部充分涌现、各尽其能、才尽其用。建立重大决策终身责任追究制度和责任溯源机制，对盲目决策、产生重大水环境后果的党政首长、负有责任的其他领导人员和相关责任人员追究责任。

（2）依法落实企事业单位水污染防治主体责任。①明确企事业单位水污染治理的法律义务，强化法律责任的追究与落实。明确企事业单位治污减排、风险防范、资源节约、达标排放、自主监测、信息公开等法律义务，加大环境违法行政处罚与民事赔偿力度，强化企事业单位环境刑事责任追究，明确企事业单位的环境修复责任。②以信息公开、信用评价等手段促进企事业单位社会责任的承担。加强环境信用体系建设，推行企事业单位环境行为颜色评价，将违法排污企业公之于众，通过"贴牌"确保持久曝光，形成强烈震慑。③通过完善企事业单位环境激励机制，树立环境保护标杆。构建守信激励与失信惩戒机制，结合公布的"黄牌"和"红牌"企业名单，加强与信贷、环保资金优先支持等相关政策联动，推动企事业单位环保自律机制形成。建立健全环保"领跑者"制度，鼓励企事业单位实现更高的环保目标，鼓励节能减排先进企业和工业集聚区用水效率、排污强度等达到更高标准，支持开展清洁生产、节约用水和污染治理等示范。

（3）强化信息公开和社会监督，让社会大众成为水污染防治的监督者。政府完善水环境保护参与平台，构建环境信息沟通与协商平台，充分听取公众对重大决策和建设项目的意见，告知社会公众治理河流名称、采取的措施、治理进展和责任部门（人）、达标进程，引导公众参与和公众监督。引导和鼓励公众对企业环境行为进行监督，建议进一步加大环境信息公开力度，除法律法规规定不得公开的环境信息外，公开污染源、重点检查企业检查情况、违法行为查处结果以及挂牌督办案件整改情况等信息，降低公众在监督水环境质量改善过程中的信息获取门槛，让公众从原先更多关注环境质量信息，转向到监督污染源的排放达标。住建部和环保部建立"城市水环境公众参与"平台，接受公众黑臭水体举报信息。截至2017年3月底，全国城市黑臭水体整治信息发布的黑臭水体数量为2 082个，公众监督平台收到群众举报信息2 997条。2017年4月，住建部、环保部对社会影响较大的205个黑臭水体实行了重点挂牌督办，指导和督促有关城市将列入挂牌督办的黑臭水体位置、河长、预期效果等信息主动向社会公开，接受公众监督。

4.3 优化配置行政司法市场"三力"治污

（1）建立健全跨区域、跨流域联合执法机制。①打破区域行政界线，建立跨区域、跨流域的环境联合执法工作制度。打破行政区划下各地区各自为政的局面，建立各地区环境执法主体之间全面、集中、统一的联合执法长效机制，协作配合、共同执法，联合查处跨行政区域的污染纠纷和环境违法行为；②统一区域、流域内环境执法尺度，建立统一的环保行政案件办理制度，规范环境执法程序、执法文书，加强环境执法信息的连通性。加大执法、处罚力度，严厉查处企业超标排放、偷排偷放行为，对造成严重后果的直接责任人和相关负责人依法给予行政或刑事处罚，提高处罚震慑力。重点整治现有产业集中区域落后企业和不达标企业。

（2）加强环境执法横向协调和环境司法衔接。①强化部门间水环境保护的协调联动，建立以环境保护部门为主的水环境保护联合执法机制。探索部门间联合执法、交叉执法、点单执法等执法机制创新，推进打击环境污染犯罪队伍的专业化。联合环保、公安、工商、卫生、林业、工商、金融、电力、司法等部门建设横向联合执法体系，将环境执法关口前移，形成高效执法合力。②研究做好公益诉讼、行政问责、行政拘留、环境刑事案件办理等工作的协调和衔接，探索环境行政执法与刑事司法有效衔接模式，有条件的地方可以探索组建专门的环保法庭、检察机构和侦察机构，实行环境案件专属管辖。

（3）全面发挥市场经济手段的激励作用。水污染防治是一项长期的艰巨工作，需要通过市场经济手段建立水环境保护的长效机制。要在中央水污染防治专项资金的基础上，通过 2018 年开征的环境保护税和水资源税改革，建立稳定的可预期的资金投入机制，采用财政资金引导、社会资本投入、市场运作的方式筹措资金，为"水十条"实施提供资金保障。围绕城市黑臭水体消除、农村环境污染治理等区域和流域环境质量改善安排项目资金，建立基于环境质量改善或污染减排最大化的投资绩效评估体系。研究采取专项转移支付等方式，实施"以奖代补"。地方各级人民政府要重点支持污水处理、污泥处理处置、河道整治、饮用水水源保护、畜禽养殖污染防治、水生态修复、应急清污等项目和工作。推行生态环境补偿政策，建立和完善面向水环境质量改善的财政激励机制。在保持政府投入力度前提下广泛吸引社会资本投入，大胆探索环境 PPP 模式、绿色环保银行、企业绿色债券、绿色金融产品创新等，通过投资补助、基金注资、担保补贴、贷款贴息等，优先支持引入社会资本的环境保护项目。

4.4 建立科学媒体公众"三界"良性互动机制

（1）加强水环境保护科技支撑和技术创新。国家水环境质量管理体系需要强有力的科技创新和科技支撑。环境质量管理需要建立能够全面体现区域和流域环境质量的监测网络体系。开展系统全面的科学研究和监测观测，全面开展污染源解析和重污染预报预警研究，建立污染排放与环境质量、环境质量与健康风险、环境治理成本与效益以及环境质量与社会经济等响应关系。加快技术成果推广应用，优先安排重大环保专项技术产业化示范工程，重点推广饮用水净化、节水、水污染治理及循环利用、城市雨水收集利用、再生水安全回用、水生态修复、畜禽养殖污染防治等适用技术。构建环境保护技术创新与产业化发展体系。发挥企业的技术创新主体作用，推动水处理重点企业与科研院所、高等学校组建产学研技术创新战略联盟，示范推广控源减排和清洁生产先进技术。

（2）发挥媒体在水环境保护中的监督作用。政府、媒体和环保社会组织应对公众进行有效的舆论引导，避免环境风险在公众感知过程中被过度放大。从 2005 年起，松花江污染事故、大连海岸油污染事故、福建汀江污染事件、广西龙江镉污染事件等水污染事件频频爆发，甚至导致出现饮水安全事故，酿成环境群体性事件。应建立政府与媒体、环保社会组织之间的定期沟通、协调与合作机制，定期组织召开新闻发布会，及时发布环境保护权威信息，提升环境社会舆情引导能力，避免公众产生"环境恐慌"。通过有序推进有奖举报等方式，鼓励公众对污染现象"随手拍""随手传""随手报"，充分发挥"12369"环保举报热线和"环保部发布"微信微博作用，限期办理群众举报投诉的环境问题，并通过公开听证、网络征集等形式，充分听取公众意见，回应社会关切。

（3）促进水生态文明与全民绿色消费建设。加强水环境保护宣传教育，倡导文明、节约、绿色的消费方式和生活习惯，在全社会树立"节水洁水，人人有责"的行为准则。培养公民珍爱自然、保护环境的生态文明意识，节约用水、用电，减少含磷洗涤剂的使用，不向河沟倾倒、堆放及丢弃垃圾，并积极清理河滩、海岸、滩涂的垃圾。推行政府绿色采购，鼓励公众购买使用节能节水产品和环境标志产品。

5 结语

当前，我国水环境保护已从以总量控制为核心进入到以环境质量改善为核心的阶段，这既是落实国家战略部署、改善环境民生福祉的要求，也是我国近 40 年治污历程发展的必然选择。重构新时期下国家水环境质量管理体系迫在眉睫。在目标体系的构建上，需要以水环境质量达标为出发点统筹谋划各项工作，以水环境质量改善作为衡量水环境保护的成效标准和问责依据，突出水环境质量目标的刚性约束和引领作用；在任务措施方面，应鼓励因地制宜、不拘一格、系统施策、灵活创新，实施生态空间管控、调整产业结构、全面治理"三源"、增加水环境容量、推行排污许可五大战略。面对新时期水环境保护的特点和要求，必须不断提高水环境管理的系统化、科学化、法治化、精细化、信息化水平，充分调动一切积极力量，形成"政府统领、企业施治、市场驱动、公众参与"的水环境保护新机制，最终推动水环境质量的持续全面改善。

参考文献

[1] 王金南，秦昌波，雷宇，等. 构建国家环境质量管理体系的战略思考[J]. 环境保护，2016，44（11）：14-18.

[2] 吴舜泽，吴悦颖，王东. 综合动态辩证地看待总量控制制度[N]. 中国环境报，2013-11-07.

[3] 王金南，蒋洪强，刘年磊. 关于国家环境保护"十三五"战略规划的思考[J]. 中国环境管理，2015，7（2）：1-8.

[4] 吴舜泽，王东，马乐宽，等. 向水污染宣战的行动纲领——《水污染防治行动计划》解读[J]. 环境保护，2015，43（9）：15-18.

[5] 王金南，董战峰，程翠云，等. 建立国家环境质量改善财政激励机制[J]. 环境保护，2016，44（5）：37-40.

[6] 环境保护部公告（2016 年 第 44 号）. 关于发布"十三五"期间水质需改善控制单元信息清单的公告[R].

[7] 环境保护部公告（2016 年 第 54 号）. 关于发布"十三五"期间水质需保持控制单元相关信息的公告[R].

部分省级土壤污染防治行动方案的对比分析与思考

Comparison and Thinking of Some Provincial Soil Pollution Prevention Action Plans

孙 宁 彭小红 丁贞玉 孙添伟 朱文会 司绍诚

摘 要 文章选取 15 个典型省（区、市）发布的省级土壤污染防治行动方案为分析对象，从框架结构、污染源头防控任务、风险防控与治理修复任务、先行区建设和试点、科技支撑与产业规范 5 个方面进行对比分析，重点阐释各省土壤污染防治行动计划的特点和亮点性内容，指出国家"土十条"的主要难点和薄弱环节，以期对国家和各省土壤污染防治工作能有更好的认识和理解。

关键词 土壤污染防治 行动计划 对比分析

Abstract In this article，the typical provincial soil pollution prevention action plans issued by 15 provinces(autonomous region，municipality) were selected as the analytic targets. Relevant contents were compared and analyzed from the aspects of frame structure，target indicator，key industry for regulating，prevention and control of heavy metal related industry，management system，technical system，risk prevention and control，recovery and remediation. Then，features and highlights of the plans were elucidated，and the main difficulties and weaknesses in the work of soil pollution prevention and control are pointed out so as to have a better acknowledgement and understanding of the national and provincial soil pollution prevention work.

Key words Soil Pollution Prevention，Action Plan，Comparison Analysis

2016 年 5 月 31 日，国务院发布《土壤污染防治行动计划》（国发〔2016〕31 号）（以下简称"国家土十条"），这是"十三五"期间国家层面土壤污染防治行动纲领。"国家土十条"中要求"自 2017 年起，内蒙古、江西、河南、湖北、湖南、广东、广西、四川、贵州、云南、陕西、甘肃、新疆 13 个省份矿产资源开发活动集中的区域，执行重点污染物特别排放限值。"这些省份是我国重金属污染比较严重的省份，也是我国土壤污染比较严重的省份。截至 2017 年 3 月，13 个省份中，河南、湖北、新疆 3 个省份尚未发布省级土壤污染防治行动方案（以下简称"省级方案"），内蒙古、江西、湖南、广东、广西、四川、贵州、陕西、甘肃、云南 10 个省份已经发布。本文计划对 10 个省份已经发布的省级方案进行对比分析，同时鉴于江苏、浙江、上海、北京、重庆 5 个省份从事土壤污染防治工作起步相对较早，在土壤环境管理、治理修复和产业发展方面具有一定经验，故将这 5 省份的土壤污染防治行动方案也一并纳入进行分析，以期对国家和各省土壤污染防治工作能有更好的认识和理解。

1 总体框架结构与核心指标对比分析

1.1 总体框架结构

2016 年 11 月，环境保护部发布《土壤污染防治工作方案编制技术指南》，主要指导省级土壤污染防治工作方案的编制。该指南要求"确定分区域、分年度、分行业目标和任务"，"将任务落实到具体部门、下一级人民政府和有关企业；各项任务清单要明确具体，必要时可以表格或专栏等方式表达"，等等。省级方案应结合本省工作基础、工作需求和工作特点，进一步细化、落实和优化"国家土十条"目标指标和各项任务要求，不求面面俱到，强调任务设计的落地性、针对性和特色性。从各省发布的行动计划内容来看，15 个省级方案的内容总体仍较为原则，体现操作性、落地性、衔接性、时间性方面的要求不够充分，与行动计划编制指南所提要求仍有差距。甘肃、内蒙古、湖南、贵州等省级方案与"国家土十条"具有较大的相似度。

除总体内容以外，15 个省级方案的框架结构具有一定的特点。在此进行重点分析。"国家土十条"总体结构是 10 条、33 款，从 10 个方面阐释了土壤污染防治的主要任务。陕西、江苏、浙江、上海等省份总体采用了与"国家土十条"相似的结构；内蒙古、江西、贵州、甘肃、北京、重庆、云南等省份采取了"防治目标—主要任务—保障措施—组织实施"的总体结构，将"国家土十条"10 个方面的任务区分成主要任务、保障措施和组织实施等，将监管体系、能力建设、科技支撑、多元投入、社会监督等内容作为"保障措施"提出，将组织领导、责任落实、考核问责等内容作为"组织实施"提出，反映出各省对落实"国家土十条"的认识和本省的重点工作与特色。

15 个省级行动方案的框架结构见表 1。

表 1 15 个省级方案的框架结构及主要特点

序号	省份	框架结构及主要特点
1	内蒙古	提出 8 项任务、3 项保障措施，共计 11 条、35 款。将"国家土十条"的第九条、第十条作为措施和要求提出
2	江西	提出了 6 项主要任务、3 项保障措施和 1 项实施安排，共计 10 条、38 款措施。将"推进立法，全面强化监管执法""加快研发，推动环保产业发展""政府主导，构建土壤环境治理体系"等作为保障措施，将"明确职责、强化目标考核"作为实施安排

序号	省份	框架结构及主要特点
3	湖南	提出 10 个方面的任务，共计 10 条、36 款，与"国家土十条"结构总体一致
4	广东	提出了 10 条、38 款措施。10 条的任务构成中，包括土壤环境质量详细调查、农用地分类管理、建设用地准入管理、未污染地保护、污染源头监管、治理修复、先行区与机制创新、法规标准与严格监管、科技支撑与产业化发展、目标责任考核等
5	广西	提出 6 项重点任务、4 项保障措施，共计 10 条、38 款措施。结合广西实际，将"严防矿产资源开发污染土壤，推进矿区生态恢复利用"作为一项重点任务提出
6	四川	提出 11 条任务，共计 44 款。与"国家土十条"结构相似，同时与国家十项任务相比，将"优化土地资源空间布局、探讨土壤风险管控模式"作为单独一项任务提出，包括"合理规划土地利用空间""严格生态红线分类管控""科学配置土地资源""建设风险管控试点区"四项分任务
7	贵州	提出 8 项任务 2 项保障措施，共计 10 条、48 款措施。框架结构与"国家土十条"相似，将"国家土十条"的第九条、第十条作为保障措施提出
8	云南	提出了 6 项主要任务和 4 项保障措施，共计 10 条、39 款。将构建土壤环境治理体系、加强土壤环境法治建设、加大科技支撑力度、落实目标考核及责任追究作为制度保障及措施提出
9	陕西	提出了 10 条、49 款措施。包括开展土壤污染监测和调查、严格执行土壤保护法律法规、实施农用地分类管理、实施建设用地准入管理、强化未污染土壤保护、加强污染源监管、开展污染治理与修复、提升土壤污染防治水平、构建土壤环境管理体系、强化责任体系 10 个方面，与"国家土十条"类似
10	甘肃	提出了 10 个方面的主要任务和 5 个方面的保障措施，共计 15 条、45 款。10 条的任务构成中，包括全面掌握土壤环境质量状况、切实抓好未污染土壤保护、深入实施农用地分类管理、严格落实建设用地准入管理、预防工矿企业污染土壤、控制农业生产污染土壤、减少生活活动造成的土壤污染、开展土壤污染治理与修复、加大土壤环境监管力度（包括完善地方法规、全面强化监管执法、充分发挥社会监督作用）、推进土壤治理与修复产业发展。5 个方面的保障措施包括明确责任分工、发挥政府主导作用、提升科技支撑能力、严格评估考核、开展宣传教育
11	江苏	提出了 10 条、40 款措施。在"国家土十条"相关措施的基础上，强调了科研基地建设和人才队伍建设
12	浙江	提出了 10 条、24 款措施。与"国家土十条"结构基本相同
13	上海	提出 10 项重点任务、33 款。与"国家土十条"结构类似，不同的是将污染源头防控的任务提前为第二项任务，重视污染源头防控，然后再依次描述农用地分类管理和建设用地全生命周期管理
14	北京	提出 13 条、51 款措施。提出了土壤环境调查与监测、土壤污染源头管控、建设用地环境风险管控、农业生产环境安全、有序推进治理修复 5 个方面的主要防治任务，将监管体系、能力建设、科技支撑、多元投入和社会监督作为 5 个方面的"保障措施"予以设计，将组织领导、责任落实、考核问责作为"组织实施" 3 个方面的内容
15	重庆	提出了 10 项主要任务和 5 项保障措施，共计 15 条、48 款。相比"国家土十条"的任务结构，新增了防治新增污染土壤；区分了农用地污染源和工况污染源防治，形成两条任务；将监管能力建设、监管执法、科技支撑、资金保障和社会监督 5 个方面调整为保障措施，更加突出核心任务

"北京方案"按照"目标指标—主要任务—保障措施—组织领导"的总体结构进行设计，逻辑层面非常清晰，重点突出了核心任务，体现了省级方案操作性方面的要求。"重庆方案"内容较为细致，相比"国家土十条"的任务结构，将监管能力建设、监管执法、科技支撑、资金保障和社会监督 5 个方面调整为"保障措施"，从而突出 10 个方面的核心任务。

部分省级方案与"国家土十条"相比，加强了污染源头防控的任务要求。"甘肃方案"在污染源防控部分，区分工矿污染、农业污染和生活污染 3 个方面，分别各自独立成一条任务，强化了污染源头防控思想，细化了不同类型污染源的任务设计。"重庆方案"新增了"防治新增污染土壤"任务，同时区分农用地污染源和工矿污染源防治，形成两条独立的任务，各项任务的内容进行了细化。"上海方案"加强了"严格控制和预防土壤污染"的内容设计，并将其作为第二条任务提出，从空间（强化空间布局管控）、工业（严控工业污染排放）、固体废物（加强固体废物污染防治）、农业（加强农业生产监管）、生活源（减少生活污染）和应急（加强突发环境事件应急管理）6 个方面进行细化设计，从而较好地体现了污染源头防控的重要性。

广东、广西、四川等省（区）还结合本省重点任务的设计，在"国家土十条"10 条任务的基础上新增了本省特色性任务。"广东方案"既传承了"国家土十条"的主要逻辑，同时又从提高可操作性角度，突出了管理体系、科技支撑等主要任务设计，新增了"先行区建设与机制创新"的创新内容，既体现出与广东省"十二五"期间奠定的重金属污染防控和土壤污染防控工作基础保持连贯和衔接，也体现出重视体制机制上的创新。"广西方案"中将"严防矿产资源开发污染土壤，推进矿区生态恢复利用"作为一项重点任务单独提出，广西是我国有名的矿产资源大省，矿区生态环境综合整治任务繁重，为此作为重点任务之一，提出具体要求。"四川方案"新增了"优化土地资源空间布局、探讨土壤风险管控模式"任务，提出在泸州、德阳和凉山 3 个市（州）开展市级土壤环境风险管控试点建设，探索不同类型下的风险管控模式，具有较好的创新性。

1.2 目标指标

"国家土十条"以改善土壤环境质量为核心，以防控土壤环境风险为目标，从土壤环境安全、土壤风险防控、土壤环境质量改善等方面提出了土壤污染防治的目标，并以土壤安全利用率为核心，分别提出了耕地和污染地块的安全利用率核心指标。各省方案基本遵从了国家提出的土壤污染防治目标，在核心指标选择上，紧紧围绕"污染耕地安全利用率"和"污染地块安全利用率"两个指标提出了不同要求，见表 2。

表 2　15 个省份提出的土壤污染防治核心指标（截至 2020 年）

序号	省份	污染耕地安全利用率	污染地块安全利用率
1	内蒙古	90%以上	90%
2	江西	达到国家下达的指标要求	不低于 90%
3	湖南	91%左右	90%以上

序号	省份	污染耕地安全利用率	污染地块安全利用率
4	广东	90%左右，韶关市于2019年完成	90%以上，韶关市2019年完成
5	广西	90%	查明污染地块并实现场地安全利用率达到90%
6	四川	94%	90%
7	贵州	完成国家下达的目标任务	完成国家下达的目标任务
8	云南	完成国家下达的指标	不低于90%
9	陕西	92%以上	90%以上
10	甘肃	98%左右	90%以上
11	江苏	90%以上	90%以上
12	浙江	91%左右	90%以上
13	上海	95%左右	95%左右
14	北京	90%以上	再开发利用的污染地块安全利用率达到90%以上
15	重庆	90%	95%。同时提出再开发利用地块土壤环境调查与风险评估率达到95%

注：污染耕地安全利用率是指采取农艺调控、替代种植、种植结构调整或者退耕还林还草等安全利用措施的轻度、中度、重度超标耕地面积与全部轻微超标耕地面积之和，占行政区受污染耕地面积的比例。污染地块安全利用率是指符合规划用途土壤环境质量标准的再开发利用污染地块数量，占行政区全部再开发利用污染地块数量的比例。

各省份均没有提供"污染耕地安全利用率"和"污染地块安全利用率"的测算基础数据，以及污染耕地安全利用和污染地块安全利用面积的绝对数值，一些省份指标或者采用与国家层面相同的指标值，大多数省份均高于国家的指标值。

"污染耕地安全利用率"和"污染地块安全利用率"两个指标，以及污染耕地安全利用面积、污染耕地种植结构调整面积已经确定纳入国家与各省份签订的土壤污染防治责任书中，并作为最重要的指标进行考核。各省份应将实现"污染耕地安全利用率"和"污染地块安全利用率"两个指标作为"十三五"时期的核心工作主线加以落实和推动。相比之下，耕地方面的考核要求落实难度比污染地块考核要求落实难度要大，各省份因优先考虑耕地方面的指标任务要求，高度重视这些指标在辖区范围内的分解落实，利用好现有各种途径的土壤污染状况调查数据，设计好一套科学、合理的指标分解方法，上下做好沟通与衔接，明确辖区范围内各市、各区县的耕地安全利用、耕地种植结构调整的具体范围与面积指标。在此基础上，再进一步开展工程措施的组织与实施。

除上述两个核心指标以外，"重庆方案"还提出了农业污染防控指标，提出"到2020年，全市粮油、蔬菜、水果主产区化肥、农药施用量实现零增长，化肥利用率提高到40%，测土配方施肥技术推广覆盖率达到93%，规模化养殖场和养殖小区配套废弃物处理设施比例达到75%、正常运行率达到90%"。重庆市是一个农业大市，市内土壤面源污染较为严重，"重庆计划"将农业面源污染控制的关键问题，即化肥、农药和畜禽养殖污染防治等中的主要要求列入到考核指标中，显示出重庆市对农业面源污染控制的高度重视。"陕西方案"还提出"国控和省控二级土壤环境质量监测点位达标率不低于82%、耕地土壤环境质量点位达标率不低于81%"的指标要求。笔者认为，根据"国家土十条"任务，当前我国正在大力开展全国土壤环境质量监测体系的建设，将进一步完善和建立我国土壤环境质量监测网络。过去开展的土壤环境质量监测工作，主要体现在点位上，《全国土壤环境质量状况公报》提出的也是土壤点位超标情况，在"污染耕地安全利用率"这一体现安全利用覆盖面积的指标和"污染地块安全利用率"这一体现安全利用地块数量的指标基础上，增加"监测点位达标率"指标，一方面有利于推动环境质量监测点位的建设，另一方面有利于与过去掌握的土壤环境监测数据进行延续性对比分析，体现污染防治的变化和效果，是国家提出的两个核心指标的重要补充。

2 污染源头防控任务的对比分析

2.1 空间布局调控任务

"国家土十条"中将加强环境影响评价制度、实施空间布局调控两项内容作为预防和新增土壤污染的重要手段。当前我国环境保护非常重视环保优化城市生产、生活的空间布局，调整产业结构、加强环境风险防控等任务中都非常重视空间调控手段。土壤环境污染防治也不例外，相关省份落实"国家土十条"关于空间调控的主要任务见表3。

表3　相关省份提出的土壤污染防治空间布局调控任务

省份	主要内容
江西	严守生态红线，在红线区域实施严格的土地用途管制和产业退出制度。全面落实主体功能区规划，实行规划环评与建设项目环评联动机制。根据土壤环境承载能力，合理确定区域功能定位、空间布局。鼓励工业企业集聚发展
北京	①引导工业企业向工业园区集聚。②严格保护饮用水水源地土壤环境安全。建立饮用水水源地土壤环境监测预警机制。2017年年底前，制定区级及以上集中式饮用水水源地土壤环境监测方案并组织实施，适时开展饮用水水源地土壤环境状况及变化趋势评估。监测发现土壤环境受到污染，可能影响饮用水质量时，市水务部门会同有关部门及区政府应及时组织开展风险评估，并依据评估结果立即采取防控措施，确保饮用水安全。加强饮用水水源地农业污染防治。2017年年底前，组织制定区级及以上集中式饮用水水源地农业污染防治工作方案，进一步优化水源地农业种植结构，加强农业投入品质量监管，减少农药化肥施用量，防止土壤环境污染
广东	科学布局生活垃圾处理、危险废物处理处置、废旧资源再生利用等设施和场所，确定合理的防护距离
上海	①开展土壤及地下水环境承载能力评价，划定全市土壤及地下水环境功能区；②编制本市重点行业产业发展布局规划；③促进工业企业集聚发展；④持续推进"198"区域建设用地减量化，优先开展水源保护区、崇明生态岛的低效工业用地减量化，优先调整工业园区周边、市政设施周边、河道两侧、交通干道两侧农用地用于生态林地建设

省份	主要内容
浙江	贯彻落实《浙江省环境功能区划》，突出农产品安全保障区和人居环境保障区的土壤环境保护，全面落实分区环境管控措施，严格执行建设项目负面清单管理制度。按照各环境功能分区的功能要求，优化保障区及周边产业结构和布局
江苏	①全面落实《江苏省主体功能区规划》，健全财政、投资、产业、土地、人口、环境等配套政策和各有侧重的绩效考核评价体系，加快形成主体功能定位清晰的国土空间格局；②市县及园区以土壤资源等生态环境承载能力为依据，划定生产空间、生活空间、生态空间，强化空间用途管制，加强对生产力布局和资源环境利用的空间引导与约束，推进重点行业企业"入园进区"
重庆	①应严格按照五大功能区域发展战略、生态保护红线相关要求，充分考虑区域土壤环境承载力，根据土壤污染状况详查结果，合理确定土壤环境功能定位，确保土地利用方式符合土壤环境质量要求；②严格执行五大功能区域产业禁投清单

从表 3 可以看出，相关省份的主要手段和要求包括：①严守生态红线，在红线区域实施严格的土地用途管制和产业退出制度。近期国务院下发《关于划定并严守生态保护红线的若干意见》，要求 2017 年年底前，京津冀区域、长江经济带沿线各省份划定生态保护红线；2018 年年底前，各省份全面划定生态保护红线；2020 年年底前，各省份完成勘界定标。生态红线内涉及大量需要严格保护的土壤，各省份制定生态红线管理办法时，需要注意将土壤环境管理要求一并纳入，对红线范围内实行严格的土地用途管理，建立产业退出制度，不符合生态功能和准入条件的产业应在规定时间内一律退出。②开展土壤（及地下水）环境承载能力评价，与主体功能区划进行充分融合，划定土壤环境功能区。大多数省份均提出了开展土壤环境承载力评价并划定土壤环境功能区划，这是土壤空间管理中基础性、先导性工作，目前土壤环境承载力评价方法尚不成熟，尚需加强研究，土壤环境功能区划须与主体功能区划进行充分衔接和融合，在主体功能区划基础上开展土壤环境功能区划。

2.2　重点监管行业

"国家土十条"从重点监管的重金属污染物和有机污染物类型出发，确定产生这些污染物的重点行业为国家层面上的重点监管行业，包括有色金属矿采选、有色金属冶炼、石油开采、石油加工、化工、焦化、电镀、制革八大行业，其中有色金属矿采选、有色金属冶炼、化工中的基础化学原料制造和涂料、油墨、颜料及类似产品制造等、电镀、制革等行业为我国重金属防控重点行业。各省"土十条"也明确提出了本省的重点防控行业，本文分析的 15 个省级方案中，内蒙古、江西、甘肃 3 省份提出的重点监管行业与国家确定的 8 个重点行业一致，湖南、广东、广西、四川、贵州、云南、上海等 12 个省（区、市）不尽相同，体现了地方行业特点和防控重点，见表 4。

表4　相关省（区、市）重点监管行业汇总分析

省（区、市）	数量	与国家8个重点行业相比	较"国家土十条"去掉的行业名称	较"国家土十条"新增行业
湖南	8个	有色金属冶炼、有色金属矿采选、石油加工、化工、制革、电镀6个重点行业	石油开采、焦化两个行业	电解锰、危险废物经营两个行业
广东	12个	有色金属矿采选、有色金属冶炼、石油加工、化工、焦化、电镀、制革7个行业	石油开采1个行业	医药制造、铅酸蓄电池制造、废旧电子拆解、危险废物处理处置和危险化学品生产、储存、使用5个行业
广西	6个	有色金属矿采选、有色金属冶炼、石油加工、化工、电镀、制革6个行业	石油开采、焦化两个行业	
四川	12个	有色金属矿采选、有色金属冶炼、石油加工、化工、焦化、电镀、制革7个行业	石油开采1个行业	医药、铅酸蓄电池、汽车制造、危险废物处置、天然（页岩）气开采5个重点行业
贵州	7个	有色金属矿采选、有色金属冶炼、化工、焦化、电镀5个行业	石油开采、石油加工、制革3个行业	煤炭、电子废物拆解两个行业
陕西	7个	有色金属矿采选、有色金属冶炼、石油开采、石油加工、化工、电镀6个行业	制革、焦化两个行业	煤化工1个行业
江苏	12个	有色金属矿采选、有色金属冶炼、石油开采、石油加工、化工、焦化、电镀、制革8个行业		农药、铅蓄电池、钢铁、危险废物利用处置4个重点行业
浙江	9个	有色金属矿采选、有色金属冶炼、化工（进一步明确为制药、焦化）、石油加工、制革、电镀6个行业	石油开采、焦化两个行业	印染、造纸、铅蓄电池制造3个行业（"十二五"期间浙江省对重污染高耗能行业进行重点监管）
上海	8个行业以及3种市政设施	金属冶炼及压延、化工、石化、金属表面处理4个行业	石油开采、有色金属采选、焦化、制革4个行业	橡胶塑料制品、纺织印染、非金属矿物制品、金属铸锻加工、农药生产、医药制造、危险化学品生产储存及使用、危险废物收集利用及处置等行业企业以及储油库加油站、生活垃圾收集处理处置、污水处理污泥处置等市政设施
北京	4个	石油加工、化工两个行业	石油开采、有色金属采选、有色金属冶炼、电镀、制革、焦化6个行业	制药、固体废物集中处置2个行业
重庆	8个	有色金属矿采选、有色金属冶炼、化工、电镀4个行业	石油开采、石油加工、焦化、制革4个行业	钢铁、医药制造、铅酸蓄电池、危险废物处置4个行业
云南	10个	有色金属矿采选、有色金属冶炼、石油加工、化工、农药、焦化、电镀、制革8个行业		印染、危险废物处置两个行业

根据表 4，四川、江苏确定的重点监管行业数量最多，均达到 12 个。四川除将石油开采以外的国家 7 个重点行业均纳入，新增了医药、铅酸蓄电池、汽车制造、危险废物处置、天然（页岩）气开采 5 个重点行业，尤其是天然（页岩）气开采行业，具有很强的地方特色，需要四川大力探索该行业的土壤环境监管要求。江苏将国家确定的 8 个行业全部纳入，新增了农药、铅蓄电池、钢铁、危险废物利用处置 4 个重点行业，反映出该省涉及的工业行业门类多、企业类型的土壤环境监管任务重的特定。其次为上海，上海确定的重点监管行业和设施范围数量多，达到 11 个，将危险化学品生产储存及使用等涉及面较大的行业纳入，同时将储油库加油站、生活垃圾收集处理处置、污水处理污泥处置等 3 种特定类型的市政设施一并纳入，监管面大，具有很强的地方特色。再次为云南省，达到 10 个行业，在国家 8 个重点行业的基础上，新增印染、危险废物处置两个行业，监管任务繁重。

根据表 4，石油开采行业、焦化行业在相关省份中分布较少，污染并不突出，因此广东、广西等省份将石油开采行业并不作为本省份重点监管行业。需要重视的是各省份新增的重点监管行业中，铅酸蓄电池行业、医药制造、危险废物利用处置、造纸、电子废物拆解利用 5 个行业较为突出。

铅酸蓄电池行业是我国重金属防控重点行业之一，其产生的大气、水环境中的铅污染最终都会形成土壤污染，"十二五"期间我国淘汰关闭一大批小型落后的铅酸蓄电池生产和组装企业，这些企业遗留的生产场地具有铅污染潜在风险，继续保留的企业通过兼并重组等方式，不断扩大生产规模，在生产过程中铅污染的防治也是需要持续推进的。广东、四川、江苏、浙江、重庆等省（市）均将铅酸蓄电池行业纳入了省级重点监管行业范围内，这些省份也是我国铅酸电池生产的主要省份，分布有不同数量的铅酸电池生产企业或者园区（集中区）。医药制造行业中主要是化学药品原料药制造业，在生产过程中会产生数量较大的处置难度较高的危险废物，以及含重金属的废水（含砷、镍、汞等）、挥发性半挥发性有机污染物、多环芳烃类污染物等，各种污染物进入土壤后，会形成环境风险较大的污染地块。广东、四川、重庆均将医药制造业纳入了省级重点监管行业范围内。与此同时，广东、四川、江苏、云南等省份将危险废物处置行业纳入重点监管行业，包括纳入危险废物许可证管理中的危险废物综合利用企业、综合性处置企业一并纳入，反映出对危险废物处置业造成土壤污染的认识已经被相关省份所重视，其污染物类型往往较多，对土壤造成的污染较重，数量较多的不规范填埋设施、危险废物填埋设施等风险防控和治理修复难度均较大。不规范填埋设施的整治项目逐步成为部分省份增长较快的土壤修复重点方向。

土壤重点监管行业往往也是危险废物产生的重点行业，对企业实施的土壤环境监管内容应和对企业实施的危险废物监管内容密切联系起来。在地级市人民政府与土壤重点监管企业签订任务书时，建议将企业危险废物监管要求一并纳入，推动危险废物安全、规范管理，从而减少土壤环境污染。

需要注意的是，开展重点监管的工业行业和开展土壤环境污染状况详细调查涉及的工业行业不是同一个概念。重点监管行业主要是指日常土壤环境管理中的监管对象，主要是针对在产企业，目的为进一步预防和监控土壤污染，是根据重点防控的污染物对象而提出的行业类型。土壤污染状况详细调查涉及的行业数量多于日常重点监管行业数量，如详细调查中，国家将纺织业、造纸和纸制品业、医药制造业、化学纤维制造业、仓储业等行业均纳入了调查范围，其目的是要全面掌握若干工业行业带来的土壤环境污染问题。"重庆方案"提出了8 个重点防控行业，同时提出在开展详细调查时，还需进一步纳入焦化、石油开采、石油加工、制革 4 个行业，不能将日常监管重点行业混淆于纳入详细调查的行业范围。

2.3　涉重企业防控任务

总体上，各省份计划中的重金属防控措施与"国家土十条"要求的各项任务相似，主要从实行稳定达标排放、部分区域实行特别排放限值、完成国家确定的重金属重点防控行业总量控制指标、深入开展重点行业清洁生产方案、继续淘汰涉重金属重点行业落后产能等几个主要方面提出。

在执行特别排放限值方面，"湖南方案"要求 2017 年起，在矿产资源开发活动集中的临武县、常宁市、花垣县等县市，执行重点污染物特别排放限值；"贵州方案"要求 2017 年起，分别在锰矿、汞矿、锑矿、铅锌矿等矿产资源开发集中的区域，制定并实施重点污染物特别排放限值实施方案；"陕西方案"提出 13 个矿产资源开发利用活动集中的区域自 2017 年起，执行重点污染物特别排放限值；"广西方案"提出自 2017 年起，对矿产资源开发活动集中的河池市金城江区、南丹县、环江毛南族自治县，执行重点污染物特别排放限值；"云南方案"提出自 2017 年起，在会泽县、马关县执行重点污染物特别排放限值。"国家土十条"中尚未明确相关涉重行业如何确定重点污染物排放限值，以及如何实施的相关要求，从现有污染物排放标准规定来看，一类污染物需要在生产设施排放口执行污染物排放标准，若实施特别排放限值，即进一步严格污染物排放限值标准值，将会对涉重行业生产工艺技术和污染排放治理设施建设提出更高、更加严格的要求，对相关区域内相关涉重行业发展带来较大影响。为此，建议国家应尽快制定重点污染物特别排放限值执行方面的要求。

138 个重点防控区域是我国重金属防控的重点区域，"十三五"期间应进一步深化重点区域重金属防控。"浙江方案"提出应重点全面落实重点防控区的长效监管措施；"江苏方案"提出开展重金属重点防控区专项整治；"重庆方案"提出 2020 年前，完成巴南、大足、秀山等区县（自治县）重金属污染防控示范区土壤环境整治任务。国务院印发的《"十三五"生态环境保护规划》就加强重金属重点防控区域提出了相关任务，尤其是对 138 个重点防控区域提出"退出一批、提升一批、整治一批"等"三个一批"的思想，分类型建设一批重金属防控示范区域，为"十三五"末期退出防控区域清单创造条件，并要求各防控区域编制"十三五"重金属防控规划（实施方案）。

除此之外，贵州省提出 2017 年 6 月底前完成《贵州省重金属污染防治"十三五"规划》编制；"上海土十条"提出对排放铅、汞、镉、铬、砷 5 种重金属、氯代烃以及多环芳烃等污染物的新增产能和淘汰产能实行"减半置换"。"江西方案"提出优先选择在重金属污染问题较为突出的重点小流域开展重金属污染综合整治示范。"重庆方案"提出涉重金属产业发展规划必须开展规划环境影响评价，合理确定涉重金属产业发展规模、速度和空间布局。新建涉重金属排放企业应在工业园区内选址建设，严格执行涉重金属排放建设项目周边安全防护距离相关规定。推进铅酸蓄电池、电镀等重点行业企业入园。浙江要求涉重金属行业空间布局基本实现"圈区生产"。需要注意的是，《"十三五"生态环境保护规划》提出开展一批典型流域重金属综合防控的任务，以改善断面重金属水质浓度、降低流域性重金属环境风险为目标，编制流域性重金属防控规划，将涉重企业源头防控、面源污染、主要风险点的风险管控、区域土壤环境治理、河流整治等统筹设计，有序推进。

涉重企业防控是土壤污染防治污染源头控制的重要任务，是将"十二五"期间我国大规模开展的重金属行业防控和区域防控推向深入的过程。各级人民政府在推进土壤污染防治任务过程中，不能仅就土壤开展整治，必须坚持污染源头控制优先原则，"十三五"期间继续深化以稳定达标排放、资源高效回收利用、提高清洁生产技术水平、确保安全防护距离等内容为核心的，以排污许可一证管理为重要手段的涉重行业综合整治，以及继续深入实施区域性涉重产业可持续发展、降低区域性风险防控、推进区域性环境质量改善为核心的区域综合整治，为实现土壤风险管控和土壤环境质量改善奠定坚实基础。各省具体组织实施重金属防控工作中，需要注重结合国家《"十三五"生态环境保护规划》和"国家土十条"确定任务这两个方面的要求，制定好重点区域防控方案（国家《"十三五"生态环境保护规划》明确要求 138 个重金属重点防控区域应编制重金属防控实施方案），实施好年度计划。

3 风险防控与治理修复任务的对比分析

3.1 管理制度体系建设

土壤污染防治制度建设是"国家土十条"确定的重要而首要的任务。当前，土壤污染防治的法律、法规、部门规章都比较缺乏，对各地开展土壤污染防治管理是突出的制约性问题。为此，一些省份提出了更加进一步的要求和计划，见表5。

表5 部分省份土壤环境管理制度体系建设计划

序号	省份	制定任务
1	内蒙古	适时制定自治区土壤环境质量标准
2	湖南	2017 年年底前，制定《湖南省特定农产品禁止生产区划分管理办法》和配套技术规范
3	贵州	出台污染地块、农用地土壤环境管理办法。铜仁市要结合国家级土壤污染综合防治先行区建设，在地方立法、政府规章、标准规范和管理机制建设等方面积极探索
4	江苏	开展我省土壤环境管理相关标准研究
5	浙江	台州市要结合土壤污染综合防治先行区建设，在制度体系构建上先行取得突破，为其他地区提供经验
6	上海	开展土壤污染防治相关立法研究。制定出台土壤环境重点监管企业、潜在污染场地和农用地土壤环境管理办法，研究修订《上海市农药经营使用管理规定》，制定重点行业企业生产设施拆除、农药包装废弃物回收处理、农业废弃物回收利用、畜禽和水产养殖业投入品使用等管理制度。研究制定本市农用地土壤环境质量评价标准

湖南、四川、贵州、江苏等明确提出制定省级土壤污染防治地方性法规。湖南提出制定《湖南省土壤污染防治条例》和加快出台《湖南省实施〈中华人民共和国固体废物污染环境防治法〉办法》。四川提出制定《四川省土壤污染防治条例》。贵州省提出 2020 年年底前完成《贵州省环境保护条例》修订和《贵州省固体废物污染防治条例》制定，适时制定《贵州省土壤污染防治条例》。"江苏方案"提出加快推进《江苏省土壤污染防治条例》的立法工作。"浙江方案"提出推动修订《浙江省固体废物污染环境防治条例》，在该条例中，融合固体废物和污染土壤环境管理需要，形成省级污染土壤环境管理法规要求。"重庆方案"提出修订《重庆市环境保护条例》，增加土壤污染防治有关内容。"上海方案"提出开展土壤污染防治相关立法研究。

四川省明确提出制定省级污染地块土壤环境管理办法和农用地土壤环境管理办法。上海提出制定出台土壤环境重点监管企业、潜在污染场地和农用地土壤环境管理办法。重庆提出开展《重庆市污染地块环境管理办法》《重庆市土地管理条例》《重庆市农产品质量安全管理办法》《重庆市耕地质量建设管理条例》《重庆市农业环境保护条例》的立法调研、起草工作。内蒙古和江苏提出开展区域性土壤环境质量等相关标准研究。

根据各省份计划可以看出，"十三五"期间各省份均十分重视本省（区、市）内土壤环境管理制度体系的建设，这是土壤风险管控和治理修复行业健康、规范、持续发展的重要基础和前提。土壤环境管理制度体系建设应区分农用地和建设用地两种类型分别制定不同的体系，同时按照全过程管理的思路，开展国家和省级体系的构建和完善。

国家层面上，当前急需制定的管理文件包括：①农用地和污染地块两种类型的风险管控技术指南；②治理修复工程项目修复成效评估和验证管理办法及其配套的技术文件；③治理修复项目环境监理管理办法；④土壤污染防治示范项目（"国家土十条"确定"十三五"期间实施 200 个农用地和建设用地土壤污染防治示范项目）全过程管理办法；⑤区分不同土壤类型的土壤环境质量标准；⑥研究制定重金属高背景值地区的土壤环境质量标准；等等。

省级层面上，制度建设任务较重。需要注重地方性法规、管理办法的制定，注重操作性，需要注重不同职能部门的责任分工和相互协作方面的制度建设。

地市级层面上，风险管控和治理修复工程任务主要由地级市层面上组织实施，因此地级市应注重工程项目全过程管理要求的制定，包括从项目储备库建设到项目前期工作基础组织实施，再到施工过程中的监管管理要求等，应结合本市实际情况和管理需求，制定有针对性的文件。

3.2　农用地安全利用与风险防控

严格管控农用地土壤（重点是耕地）环境风险是"国家土十条"确定的重要而核心的任务，确定农用地分类管理核心制度，对农用地土壤环境质量类别进行划定，不同类型的农用地实行不同的风险管控措施是农用地环境风险防控的主要思路。即以保障农产品安全为根本目标，大力贯彻风险管控思想，实现受污染耕地安全利用，准确把握治理修复的必要性和修复目标，防治过度修复，对确需进行治理修复的，实施治理修复工程措施，注重工程技术的经济性和可推广性。农产品安全是衡量风险管控或治理修复成效的根本标准。国家对各省份提出了 2020 年受污染耕地安全利用面积指标、重度污染耕地种植结构调整或退耕还林还草面积指标（其实质仍是风险管控思想），以及受污染耕地治理与修复面积指标等三个方面的考核要求，体现出"十三五"时期国家对受污染农用地总体管理的结果。

　　从表 6 对比分析可以看出，各省计划中受到中度污染需要实施安全利用的污染耕地风险防控任务和主要技术路线与"国家土十条"确定内容相近。各省份不同的是，制定安全利用方案的范围不同，如浙江省规定制定全省范围的受污染耕地安全利用方案，一些省份规定以地级市为单位进行制定，一些省份规定在安全利用类耕地集中的县（市、区）进行制定。国家和省级方案中均没有对"安全利用方案"编制的主要内容提出要求，笔者认为这是一个非常重要的方案，各省份考核指标中均提出"受污染耕地安全利用率"，则该方案就是直接支撑该考核指标的重要技术文件，因此对该方案进行细化。安全利用技术方法包括"农艺调控"类和"替代种植"类两种方法，但各省"土十条"中几乎都没有就这两类技术方法的技术路径、技术要求等进行进一步阐释与细化。根据"国家土十条"，环境保护部需要在 2017 年前统一制定土壤环境风险管控技术规范、土壤污染治理与修复技术规范等两项技术规范，建议在此基础上，由环境保护部统一组织制定耕地安全利用技术指南（规范），明确安全利用技术途径、每种技术的技术要求和实施要求等主要内容，切实加强安全利用技术的指导，推动"安全利用率"核心指标的完成。

表6　部分省份提出的农用地安全利用与风险管控措施要求

省份	制定清单和制定方案	安全利用类耕地风险管控主要技术途径
贵州	①根据详细调查结果，2019 年年底前确定全省安全利用类耕地集中县（市、区、特区）名单。②列入名单内的县（市、区、特区）应制定受污染耕地安全利用方案	推广低积累品种替代、农艺调控等安全利用措施
湖南	对安全利用类耕地集中的县市区要结合当地主要作物品种和种植习惯，制定实施受污染耕地安全利用方案	采取农艺调控、化学阻控、替代种植等措施，降低农产品重金属超标风险
陕西	渭南市潼关县、汉中市勉县、安康市汉滨区、岚皋县等区县，要结合当地主要作物品种和种植习惯，制定实施污染耕地安全利用方案	农艺调控、种植业结构调整、土壤污染治理与修复等措施确保耕地安全利用
广东	以珠三角各地级以上市和韶关、湛江、清远等市为重点，在安全利用类耕地集中的县（市、区），制定实施受污染耕地安全利用方案	农艺调控、替代种植等措施
江苏	①安全利用类耕地集中的县（市、区）制定实施受污染耕地安全利用方案；②工矿企业周边、城市郊区、污水灌区、交通要道两边等区域的水稻、蔬菜等敏感作物开展重金属专项检测，实施风险管控	农艺调控、替代种植等措施

省份	制定清单和制定方案	安全利用类耕地风险管控主要技术途径
浙江	①制定实施全省受污染耕地利用和管制方案;②产粮(油)大县要根据国家要求,于2017年年底前出台土壤环境保护方案	综合采取农艺调控、替代种植措施
北京		因地制宜采取外源污染隔离、灌溉水净化、低积累品种筛选应用、水肥调控、土壤调理、替代种植等技术,逐步实现安全生产
重庆	各区县(自治县)要制定实施受污染耕地安全利用方案	农艺调控、替代种植等措施

3.3 污染地块风险管控

总体来看,各省份方案几乎都按照"国家土十条"确定的框架结构和主要任务进行描述。为此,不再摘录内容进行对比。上海、重庆等省份由于"十二五"期间较早地开展了污染地块环境管理,实践经验相对丰富,为此在其土十条中提出的任务具有较清晰的操作思路。

"上海方案"明确提出"建立建设用地全生命周期管理体系",在各省"土十条"中具有较好的典型性。该管理体系与当前我国开展的重点行业建设用地详细调查和场地管控思路总体一致。上海提出建立"潜在污染场地清单—场地调查评估制度—强化潜在污染场地'分级'风险管控—控制受污染场地规划用途—落实不同部门监管责任"等总体方法流程,其中"建立潜在污染场地清单""区分在产企业用地和遗留建设用地类型,实行分类管理""合理调控建设用地功能,从而合理调控污染场地风险防控或治理修复措施"等是其主要特点。"上海土十条"提出2017年年底前按照一定的程序和方法,完成全市范围内潜在污染场地的排查,形成全市范围的潜在污染场地清单并进行动态更新。针对在产企业,污染风险较大的在生产运行规模企业实行"优先管控",纳入全市重点监管企业名录,制定土壤及地下水定期监测制度;"一般管控"场地,制定阶段性土壤及地下水调查评估制度;无论哪种类型,一旦发现污染扩散的或环境风险超出可接受水平的,由场地责任主体及时采取风险管控措施(划定风险管控区域,设立标识,实施污染物隔离、阻断等)或治理修复工程措施。针对历史遗留场地,分为两种类型:暂不开发利用或现阶段不具备治理修复条件的潜在污染场地,采取风险管控措施;通过调控土地规划用途的方法,不同功能用途的用地具有不同的土壤及地下水环境质量要求,合理调控污染场地的风险管控或治理修复措施。以拟开发利用为住宅、商业、学校、医疗、养老场所、游乐场、公园、体育场、展览馆等环境敏感性用地的潜在污染场地为重点,开展治理修复工程措施。

"浙江方案"中也明确提出通过排查建立全省范围潜在污染场地清单、建立强制调查评估制度、确定风险等级,基于风险等级的划分结果建立全省污染地块名录。这一思路与"上海方案"较为接近,与环境保护部发布的《污染地块土壤环境管理办法》(2017年7月1日起实施)确定的污染地块管理思路接近,具有较好的可操作性。

"广东方案"明确提出开展"重点行业关闭搬迁企业地块环境排查"。按照国家统一要求，编制重点行业关闭搬迁企业地块环境排查工作方案。2019年年底前，掌握潜在污染地块及其环境风险情况。

"重庆方案"详细描述建立潜在污染地块清单的管理要求，提出持续开展污染地块风险排查。按照《重庆市污染场地排查方案》，突出8类重点行业，每年开展1次潜在污染地块环境风险排查，及时更新潜在污染地块和污染地块的数据信息。同时还详细阐述了"多部门协同监管的强制性调查评估制度"的主要要求，这是"重庆方案"的重要特点。提出：①由工业用地转为经营性用地的，土地使用权人应在土地出让前开展土壤环境状况调查评估。对不满足建设用地土壤环境质量要求的土地，规划部门不得核发《建设项目规划条件函》，国土部门不得组织招拍挂出让。②对拟收回工业用地并采取划拨方式重新供地的，土地使用权人应在规划选址前开展土壤环境状况调查评估，对不满足建设用地土壤环境质量要求的，规划部门不得核发规划选址意见书。③已收回的工业用地，由土地储备单位负责开展调查评估。④2018年起，重度污染农用地转为城镇建设用地的，由所在区县（自治县）人民政府负责组织开展调查评估。⑤调查评估结果报送市环保局、市国土房管局、市规划局备案。"江苏方案"中提出2017年年底，制订完成城乡规划、国土资源、环保等部门污染地块环境管理联动方案，也是要在"国家土十条"要求下，结合重庆市环境管理经验，以及江苏省自身经验，制定该联动方案，切实履行不同部门的管理职责、边界，提高协同联动管理效果。

根据上述分析可以看出，污染场地风险管理的核心制度包括建立潜在场地清单、实行风险的分级管理、不同部门协同配合的建设用地强制调查评估制度三项制度。技术上，主要的技术问题包括不同类型场地的风险等级分类方法、在产监管企业土壤环境监测技术要求和信息公开要求、在产企业土壤污染员工健康防护技术要求、防治污染扩散的污染管控技术方法等技术，这些技术方法需要在各省的实践中加强总结。

3.4　污染土地治理修复

相关省份围绕土壤环境治理修复提出的相关要求归纳如表7所示。总体来看，各省份均是遵循"国家土十条"提出的治理修复的土壤重点对象，即针对耕地而言，主要考虑污染程度、影响范围、对农产品质量安全的影响等因素，在污染耕地集中区域优先开展（湖南提出重点在耕地重金属中轻度污染集中区域开展治理与修复）；针对污染地块而言，则是以拟开发的用途（拟开发建设居住、商业、学校、医疗、养老机构和公共服务设施等项目的污染地块为重点）为导向，确定具体的地块范围。

表7　部分省份建设用地治理修复主要任务要求

省份	主要任务
贵州	①在全省污染耕地集中区域优先组织开展治理与修复，以拟开发建设居住、商业、学校、医疗和养老机构等项目的污染地块为重点，编制完成《贵州省土壤污染治理与修复规划》（省级），开展治理与修复；②环境主管部门应当组织工程竣工验收，验收未通过的，责任单位应当在规定期限内整改完善

省份	主要任务
陕西	①2017 年年底前，开展 10 个土壤污染治理与修复项目；2020 年前，开展 50 个土壤污染治理与修复项目。②到 2020 年，受污染耕地治理与修复面积达到 13 万亩
广东	①以影响农产品质量（根据耕地土壤污染程度、环境风险及其影响范围，确定治理修复重点区域）和人居环境安全（以拟开发建设居住、商业、学校、医疗和养老机构等项目的污染地块为重点）的突出土壤污染问题的项目为重点，完成市级和省级治理修复规划，建立地级市和省级两个层面的治理修复项目库；②广州、中山、佛山、珠海市和汕头市潮阳区、清远市佛冈县以及韶关市翁源、仁化县等污染耕地集中区域应优先组织开展治理与修复，于 2017 年年底前各开展 1 项以上受污染耕地综合治理与修复试点示范工程；③责任主体负责制定污染地块修复实施方案，污染耕地治理与修复实施方案由县级以上农业部门组织制定
广西	①各市于 2017 年年底制订土壤污染治理与修复规划，建立项目库，并报环境保护厅备案；②重点开展河池市土壤污染综合防治先行区刁江、拉么等流域和矿区的综合整治，完成河池市境内历史遗留砒霜场地风险管控，开展有色金属尾矿库环境风险调查与评估，实施风险管控
浙江	①安全利用类耕地相对集中的县（市、区），开展农田土壤污染治理，探索建立分类治理措施；②继续推进农业"两区"土壤污染治理试点，加强治理效果评价，加快推广一批适用治理模式；③以拟开发为住宅、商服、公共管理与公共服务等用途的污染地块为重点，组织实施一批重点污染地块修复工程；④组织有关市、县编制省级受污染耕地、污染地块治理修复规划，建立受污染耕地、污染地块治理修复项目库
江苏	①各市、县（市、区）人民政府 2017 年 11 月底前完成土壤污染治理与修复规划；省级制订江苏省土壤污染治理与修复规划，2017 年年底前报环境保护部备案；②以拟开发建设居住、商业、学校、医疗和养老机构等项目的污染地块为重点；根据耕地土壤污染程度、环境风险及其影响范围、对农产品质量安全的影响，确定治理与修复的重点区域，分别开展污染地块和污染耕地的治理与修复
重庆	①2017 年年底前，各区县（自治县）要以影响农产品质量和人居环境安全等污染隐患突出的土壤污染问题为重点，制订土壤污染治理修复规划并报市环保局备案。②根据严格管控农用地、优先管理污染地块清单，建立项目库。③污染土壤修复技术方案，由责任单位报送市环保局、市国土房管局、市规划局备案，并向社会公开。④严格执行环境和工程监理制度，重要污染地块的治理修复由负有监管职责的部门同时派驻环境监理。⑤修复工程验收评估报告应向社会公开并报送市环保局、市国土房管局、市规划局备案。需要进行长期管控的，应当加强修复工程的运营维护和监测监管
云南	结合城市环境质量提升和发展布局调整，以拟开发建设居住、商业、学校、医疗和养老机构等项目的污染地块为重点，开展治理与修复。在个旧、会泽、兰坪等污染较为严重的县、市、区，以有色金属矿采选、有色金属冶炼、石油加工、化工、农药、焦化、电镀、制革、印染、危险废物处置等重点行业企业和工业园区周边，以及历史污染区域和周边为重点，划定"云南省土壤污染重点治理区"。结合"云南省土壤污染重点治理区"划定成果，以受污染的耕地为重点，根据污染程度、环境风险及其影响范围，确定治理与修复重点区域

各省份方案中均明确提出编制省级治理修复规划的任务要求，其中四川、广西、广东、江苏、重庆等省份还提出各地级市也需编制市级治理修复规划。各省份计划对治理修复规划主要内容所提要求与"国家土十条"相似，没有进一步细化。

当前，部分省份启动了省级土壤污染治理修复规划的编制工作。笔者认为该规划编制中，应以完成国家下达各省的耕地类治理修复面积、土壤治理修复示范工程项目等两个方面的考核要求，以及各地可预见的场地再开发利用的场地为主要对象，重点明确每个项目的地理位置、治理修复工程规模等，明确治理修复的技术路线、技术要求，同时围绕治理修复工程实施需要，提出土壤环境管理主要制度要求、土壤治理修复技术管理体系建设任务、治理修复工程项目全过程管理要求和任务。

各省计划均提出建立治理修复项目库的任务要求，一些称为项目储备库，一些成为项目库，但均没有项目库建设的技术要求，包括项目库中的项目类型。2015年环境保护部下发建立国家层面上的大气、水、土壤、重金属、危险废物等不同类型的项目库，各省在环境保护部的要求下，也陆续启动省级项目储备库建设，2016年湖南省、四川省等部分省份也明确专门建立土壤污染防治储备库，湖南省提出储备库中项目类型包括"预防保护类""风险管控类""治理修复类"3种类型，"重庆计划"明确提出根据"严格管控农用地清单""优先管理污染地块"清单建立项目库，从而明确了管理工作中建立的清单与项目库中项目来源的关系，提高了建立清单制度的现实作用。笔者认为，结合土壤污染防治任务实施需要，建议入库项目类型包括：①区域性和具体地块上的土壤环境质量调查、分析与风险评估；②土壤监管重点企业，与实施土壤污染物排放控制密切相关的污染防治项目；③尾矿库、废渣堆放场、生活垃圾填埋处置设施、畜禽养殖污染防治等项目；④农田的风险管控和治理修复项目；⑤污染地块的整治修复和风险管控工程；⑥土壤环境监管能力建设，如监管平台建设、仪器设备购置、制度建设、方案编制等；⑦标准、指南、评估等管理和工程项目支撑性项目，风险防控、分区、承载力等科研支撑项目；⑧区域土壤环境宣传教育相关内容。需要注意的是，需要建立并动态更新本市土壤污染治理修复项目管理数据库。建议各省制定土壤污染防治项目全过程管理办法，从项目储备库的建设和管理开始，到土壤污染防治项目完成后为止，制定一套规范的、具有可操作性的管理文件，便于土壤污染防治项目的规范化管理。

"广东方案"提出"污染耕地治理与修复实施方案由县级以上农业部门组织制定"。2016年11月环境保护部颁发的《农用地土壤环境管理办法（试行）》（征求意见稿）中提出了不同情况下的农用地污染责任人，当污染责任人灭失或者无法确定的，由所在地县级人民政府承担相关责任，该责任包括治理修复实施方案的编制。由此可见，"广东方案"将治理修复方案编制的责任人进行了明确，统一提出由各级农业主管部门承担，而并非各级环境保护部门，由此广东省土壤污染治理修复工程项目的组织实施主要由农业部门承担。

3.5　风险管控与治理修复技术体系建设

当前土壤污染防治和治理修复的技术标准、规范、指南等技术性文件比较缺乏，对各地实施土壤风险管控和修复工程都是突出的制约性问题。部分省份明确提出的技术体系建设任务汇总见表8。

表8　部分省份土壤环境风险管控与治理修复技术体系建设计划

序号	省份	制定任务
1	湖南	2017年年底前，发布全省农用地土壤环境质量类别划分技术规范，出台受污染耕地安全利用技术规范，制定耕地污染治理技术及产品效果验证评价、生态风险评估技术规范
2	贵州	2020年年底前，出台土壤污染修复治理工程项目竣工验收技术规范
3	江苏	研究制定含放射性废渣清洁解控标准，组织制定江苏重点行业污染地块调查和修复工程环境监理技术指南、受污染农用地安全利用和治理修复技术指南
4	浙江	2017年年前制定污染地块修复工程验收技术规范
5	上海	制定出台土壤环境重点监管企业、潜在污染场地和农用地土壤环境管理办法，研究修订《上海市农药经营使用管理规定》，制定重点行业企业生产设施拆除、农药包装废弃物回收处理、农业废弃物回收利用、畜禽和水产养殖业投入品使用等管理制度。制定重点监管企业用地土壤及地下水环境监测技术规范。制定重点行业企业生产设施拆除管理制度并发布相关技术规定。修订本市建设用地土壤环境健康风险评估筛选值，制定建设用地地下水环境健康风险评估筛选值，完善本市场地环境调查、监测、评估及污染场地治理修复方案编制、工程环境监理和评估验收等技术规范。研究制定本市农用地土壤环境质量评价标准，制定畜禽粪便还田、水产养殖场清塘及尾水排放、农用地分类分级、复垦农用地调查评估以及生活垃圾和菜果果蔬垃圾制品利用等技术规范。到2020年，基本形成具有地方特色的土壤环境保护标准规范体系
6	重庆	2017年6月前，出台重庆市《污染场地环境调查与风险评估技术导则》《污染场地环境风险筛选值》《污染场地治理修复验收评估技术导则》《污染场地治理修复环境监理技术导则》等地方标准；2019年年底前，完成重庆市《污染地块治理修复技术方案编制指南》《污染地块优先管理清单建立技术导则》等技术规范，推进土壤及其种植农作物富含有益元素、重金属污染地块土壤修复、土壤环境损害评估、污染耕地土壤修复等技术规范的制定

　　湖南提出建立耕地污染治理技术及产品效果验证评价、生态风险评估制度。内蒙古和江苏提出开展区域性土壤环境质量等相关标准研究。上海和重庆均提出要修订完善各行政区域内风险评估筛选值标准，上海提出"修订本市建设用地土壤环境健康风险评估筛选值，制定建设用地地下水环境健康风险评估筛选值"；重庆提出在2017年6月前，颁布污染场地环境风险筛选值标准。贵州和浙江省均明确提出制定治理修复工程竣工验收技术规范，重庆提出制定污染场地治理修复验收评估技术导则。"国家土十条"提出重点监管企业需要自行组织开展土壤环境质量监测并向社会公开的要求，为此，上海提出要制定重点监管企业用地土壤及地下水环境监测技术规范。

目前北京、上海、重庆等地技术体系的建立和完善工作走在全国前列[①]，给其他省份提供了较好的经验和基础。根据各省计划可以看出，"十三五"期间各省份均十分重视本地土壤环境管理技术体系的建设，这是土壤风险管控和治理修复行业健康、规范、持续发展的重要基础和前提。目前我国非常缺乏不同污染类型风险管控与治理修复，以及不同技术类型的工程技术规范、标准等文件，各省份正在陆续推出一批土壤治理修复示范项目，在这些项目实施过程中，需要特别注意及时总结工程技术参数和规范性要求，需要以示范项目为载体，在我国 200 个治理修复项目实施完成后，尽快弥补上我国工程技术规范缺乏的短板，充分发挥各地已有的或正在建设中的土壤修复工程技术中心（实验室）的作用，使其充分参与到技术体系的制定工作中。

4　先行区建设和试点任务对比分析

4.1　土壤污染防治先行区建设

"国家土十条"确定在 6 个地级城市开展土壤污染防治先行区建设，要求先行区所在地级市人民政府编制先行区建设方案，明确先行的任务要求。省级方案中各先行区主要任务见表 9。

表 9　国家先行区建设任务汇总

先行区名称	主要任务
广西河池国家先行区	①2017 年开始，优先在河池市开展耕地土壤环境质量类别划定试点；②探索通过发行债券推进土壤污染治理与修复，在土壤污染综合防治先行区开展试点；③鼓励河池市优先建设产业化示范基地
湖南常德国家先行区	在常德市启动土壤污染综合防治先行区建设，重点在土壤污染源头预防、风险管控、治理与修复、监管能力建设等方面进行探索，力争到 2020 年先行区土壤环境质量得到明显改善。常德市人民政府要编制先行区建设方案，经省环保厅、省财政厅审查通过后，报环境保护部、财政部备案
贵州铜仁国家先行区	①在地方立法、政府规章、标准规范和管理机制建设等方面积极探索；②以污染土壤为重点，开展一批土壤污染治理与修复技术应用试点项目；③探索通过发行债券推进土壤污染治理与修复

[①] 北京：出台的污染场地环境管理地方标准包括：《场地环境评价导则》（DB11/T 656—2009）、《污染场地修复验收技术规范》（DB11/T 783—2011）、《场地土壤环境风险评价筛选值》（DB11/T 811—2011）、《重金属污染土壤填埋场建设与运行技术规范》（DB11/T 810—2011）4 项已经发布的标准，以及《污染场地勘察规范》（征求意见稿）、《污染场地修复工程环境监理技术规范》（征求意见稿）等。

上海：出台的污染场地环境管理地方标准包括：《上海市场地环境调查技术规范》（试行）、《上海市场地环境监测技术规范》（试行）、《上海市污染场地风险评估技术规范》（试行）、《上海市场地环境修复方案编制规范》（试行）等。

重庆市：已经发布了《污染场地环境风险评估技术指南》（试行），与即将印发的《污染场地环境风险评估筛选值》（暂行）、《重庆污染场地治理修复验收技术导则》（暂行）、《重庆污染场地治理修复工程环境监理技术导则》（暂行）等共同构成重庆市污染场地修复技术规范体系。

先行区名称	主要任务
浙江台州国家先行区	①在制度体系构建上先行取得突破，为其他地区提供经验；②可根据土壤污染综合防治先行区建设需求，合理确定市级有关部门的职责分工
广东韶关国家先行区	①以涉重金属行业环境监管、土壤环境质量调查、农用地分类管理、建设用地风险管控、土壤修复治理、科研能力建设等为重点，通过夯实基础、创新制度、提升能力、试点示范等方式，深入开展土壤污染综合防治先行区建设工作；②在韶关市仁化县、曲江区等矿产资源开发活动集中的区域，执行重点污染物特别排放限值；③在韶关市翁源、仁化县等污染耕地集中区域开展受污染耕地综合治理与修复试点示范工程；④省环境保护厅与韶关市人民政府合作共建土壤污染综合防治先行区；⑤自2017年起启动建设粤北韶关土壤环境污染示范基地，开展修复技术研发、评估验证与工程示范，建立规模化工程修复的技术规范和评价标准，摸索形成成熟的修复技术体系和科学合理的治理推广模式；⑥2018年年底前，在韶关等市建立1～2个土壤修复技术验证评估中心

注：湖北黄石国家先行区建设内容因湖北省尚未发布省级土壤污染防治行动计划，在此略。

从表9可以看出，各省均重视先行区在土壤污染防治制度建设（包括土壤环境管理制度和污染防治技术标准等）和加快推进示范工程、开展技术示范两个方面的先行要求。河池先行区和韶关先行区还分别提出了依托示范项目，开展产业化示范基地和土壤污染防治示范基地的任务，对示范项目提出了更高的要求。

"广东方案"提出了广东省环保厅与韶关市人民政府共建韶关国家先行区，这是组织建设方式上的重大创新。省环保厅从监督与指导的"局外人"身份调整成为直接参与示范区建设的"参与者"身份，直接参与到先行区建设的设计、组织实施和成效评估中，将更好地利用自身政策制定、管理经验、能力建设、资源整合、资金调配等方面的优势，尤其是组织管理能力方面的条件，为韶关市先行区建设创造积极条件。但同时也需要注意的是，韶关市政府是先行区建设的责任主体，在共建过程中，需要充分发挥和尊重韶关市各级政府的积极性和选择。近期河池市环保局发布了"治理修复类项目前期技术服务、调查评估类项目、风险防控类项目总承包（2016—2020年度）"招标公告，计划选择一家综合性单位，全面承担起"十三五"期间土壤污染防治和治理修复类项目的前期工作，克服单一项目各自独立实施、总体成效难以呈现的现实问题，加强项目前期阶段的顶层设计、统一策划，加强项目的统一组织管理，这是区域性土壤污染防治环境管理组织实施方式上的重要创新，值得大力实践和推进。黄石先行区正在积极引进并开展国家环境保护污染场地和地下水修复工程技术中心黄石基地的建设，提高土壤污染防治技术研发和产业化能力。

国家先行区建设得到了中央财政土壤污染防治专项资金的大力支持，如2016年下达的第一批中央土壤专项资金中，河池先行区获得2.69亿元，黄石先行区获得2亿元，常德、韶关先行区分别获得1.5亿元、1.24亿元。但当前6个先行区建设的总体进度较为缓慢，2016年获得的第一批资金的执行率普遍偏低，部分先行区还尚未将资金分配到具体项目上。目前先行区建设面临的主要问题表现在：土壤环境管理队伍薄弱、对土壤污染防治政策不熟悉、基础数据缺乏污染情况不清、管理决策能力差和时间滞后、缺乏对工程项目策划与组织实施的经验、缺乏专家队伍和技术支持能力等，加上实施耕地污染防治可能会引发群众上访事件，从而造成对社会不稳定因素的担忧，以及地方各级政府相关人事的变动造成工作上不能很好地持续推动。市级层面上，目前可以做到有专人在负责土壤污染防治方面的工作（河池、常德成立了土壤污染防治科，黄石由固体废物管理中心同时负责承担土壤管理工作），但真正实施各项任务的是各区县人民政府，各区县人民政府是落实土壤污染防治各项任务的最终责任主体，一方面，无论从政府组织还是到区县环境保护部门内部，都很难保证有专人从事土壤污染防治工作，在当前大气、水领域污染防治任务和各项考核、各种督查等已经比较繁重的情况下，土壤污染防治工作很难持续、稳定推进。同时由于普遍缺乏技术支撑力量，也给现实工作带来了很大压力和阻力，先行区的先行作用尚未真正发挥出来。

6个先行区都是我国重金属防控任务繁重的地区，基本都面临矿产资源枯竭后城市经济社会转型发展的艰巨任务，这些城市在历史上为我国经济社会发展做出重要历史性贡献的同时，造成了严重的生态环境污染和破坏，环境整治历史欠账问题重，土壤污染问题本身面临很多管理、技术、工程、经验等方面尚不成熟的问题，比国内很多城市开展土壤污染防治相比本身就具有很大难度。在这样的地区开展国家先行区建设，破解上述普适性的难题，的确需要上下齐心联动，多方面支持。笔者认为应充分认识如下问题：①突出阶段性任务，重点任务先行示范。6个先行区土壤污染防治是个长期艰巨的任务，"十三五"时期重点在制度建设先行、风险管控先行、污染源头防控先行等方面切实取得成效和可推广的经验；围绕本先行区主要污染特点和主要考核指标要求，确定几项典型的，体现先行示范意义的重点任务和重点工程，全力、持续予以推进，通过亮点任务带动其他任务向前推进，切忌面面俱到。②开展项目组织管理模式上的大胆创新和实践是非常重要的。先行区建设总体任务繁重，资金支持量大，工程数量多，若地方人民政府或环境管理部门仍采取传统的工程项目管理和组织方式，恐难适应繁重的工程建设任务，应在这方面大胆创新。③如何真正体现是国家级别的先行区建设，而非市级层面上的建设。若要体现国家建设水平，就必须上下联动，充分吸引高水平的、稳定的产业力量进入到先行区建设中，在组织机构、人力建设、制度建设等方面充分"引智"，建立稳定、高效、有序的土壤污染防治市场氛围、产业集聚力量、人力支持队伍是非常重要的，这是各先行区建设的必经之路，需要各先行区放开思路，必须"走得出去"，更要"引得进来"。

除上述国家土壤污染防治先行区建设内容对比分析外，相关省份方案中也借鉴"国家土十条"思路，在省内也选择适当地区开展省级先行区建设。有关内容汇总见表10，包括陕西潼关县先行区、重庆10个区县（自治县）示范区、四川3个土壤环境风险管控试点区和8个县（市、区）先行示范区、云南3个县（市、区）建设等。可以看出，相关省份在区县级层面上开展省级先行区建设，与国家在地级市层面上开展先行区建设具有关联性和对应性，同时，也具有较好的操作可能性。

表10　相关省份先行区建设任务汇总

省份	建设内容
陕西	确定潼关县作为省级土壤污染综合防治先行区建设试点地区，在土壤污染源头预防、治理与修复、监管能力建设等方面先行探索
江苏	支持有条件的县（市、区）开展土壤污染综合防治先行区建设，要求所在区县人民政府编制先行区建设方案，报设区市人民政府备案 （评述：未明确具体的区县名称，将先行区建设任务落到了区县人民政府上）
贵州	开展省级土壤污染综合防治先行区建设，重点在监测评估、风险管控、治理与修复、监管能力建设、生态文明建设等方面先行先试，力争到2020年，省级土壤污染综合防治先行区污染土壤环境风险基本消除 （评述：未明确是地市层面开展还是区县层面开展，同时在任务方面，提出与生态文明建设要充分结合，这给先行区建设提出了更高要求；目标方面，提出了"土壤环境风险基本消除"的要求，表明先行区建设重在环境风险的识别和环境风险防控上）
重庆	2017年年底前，在大渡口、沙坪坝、渝北、巴南、合川、綦江、大足、潼南、荣昌、秀山等10个区县（自治县）启动土壤污染综合防治示范区建设，重点在土壤污染源头预防、风险管控、治理修复、监管能力建设等方面进行探索 （评述：在区县层面上开展先行区建设，探索建设的内容与"国家土十条"所提内容相同）
四川	选择德阳、泸州、凉山等市（州）开展土壤环境风险管控试点区建设，探索我省不同类型土壤环境风险管控模式，优化绿色发展空间布局。相关市（州）要编制试点建设方案，按程序报省环境保护厅、省财政厅备案 在崇州、绵竹、古蔺、江安、船山、犍为、安州、蓬安8个县（市、区）启动土壤污染综合防治先行示范区建设，重点在土壤污染源头预防、风险管控、治理与修复、监管能力建设等方面进行探索，力争到2020年示范区土壤环境质量得到明显改善。相关县（市、区）人民政府要编制先行区建设方案，按程序报省环境保护厅、省财政厅备案
云南	在个旧、会泽、兰坪等污染较为严重的县（市、区），以有色金属矿采选、有色金属冶炼、石油加工、化工、农药、焦化、电镀、制革、印染、危险废物处置等重点行业企业和工业园区周边，以及历史污染区域和周边为重点，划定"云南省土壤污染重点治理区"，在土壤污染重点治理区探索开展土壤污染综合防治先行区建设试点，重点在土壤污染源头预防、风险管控、治理与修复、监管能力建设等方面进行探索

　　贵州要求省级先行区力争在2020年实现土壤环境风险的基本消除，四川提出在3个地级市开展土壤环境风险管控试点建设，重点探索不同风险类型下的风险管控模式，这与"国家土十条"倡导的"风险管控"核心思想具有很好的响应关系，是"贵州方案"和"四川方案"的亮点性内容，具有较强的开创性，值得国家给予关注和指导。建议在开展风险管控试点建设中，探索区域土壤环境风险区划方法，分建设用地和农用地两种类型，划定土壤环境风险不同等级的区域，根据不同等级水平和类型，制定不同的风险防控技术路线和技术方法，选择典型农用地和建设用地地块开展管控技术示范，建立风险管控配套制度。

　　建议国家尽快出台先行区建设指导性意见，进一步明确国家先行区建设技术路径，加强技术指导，同时也为省级先行区建设进行指导，目前各省级先行区和四川风险管控试点区域都在实施方案编制阶段，可以很好地参考国家先行区建设要求，在明确方向的前提下进行针对性设计。

4.2 试点任务设计

"国家土十条"共计提出 16 个方面的试点性任务。各省计划中也提出了相应的试点计划，如表 11 所示。

表 11 部分省份提出的土壤污染防治主要试点任务汇总

省份	主要试点任务
湖南	①以土壤污染状况详查结果为依据，开展耕地土壤和农产品协同监测与评价试点；②在岳阳县、津市市、赫山区等县市区开展养殖业污染治理整县推进试点；③推进和扩大长株潭试点工作；④探索通过发行债券推进土壤污染治理与修复，在土壤污染综合防治先行区开展试点
内蒙古	①开展耕地土壤环境质量类别划定试点；②继续开展黑土地保护利用试点；③继续开展农作物种植结构调整试点，实行耕地轮作休耕制度试点；④开展废弃农膜回收利用试点，到 2020 年，赤峰、乌兰察布、包头、巴彦淖尔等农膜使用较高的地区力争实现废旧农膜全面回收利用；⑤推进水泥窑协同处置生活垃圾试点；⑥有序开展重点行业企业环境污染强制责任保险试点
江西	①探索实行耕地轮作休耕制度试点；②在水稻、棉花、蔬菜等主要产地，选择部分县（市、区）有序开展废弃农膜回收利用试点建设工作；③完成国家下达的污染治理修复试点示范项目
广东	①探索开展地级以上市土壤环境功能区划试点；②2018 年年底前，各地级以上市、顺德区要开展 1 项以上工业污染地块环境调查、风险评估和治理修复试点示范工程；③自 2017 年起，韶关开展重度污染耕地轮作休耕制度试点工作；④在珠三角污染地块环境监管试点；⑤东莞市开展水乡特色发展经济区土壤环境保护和综合治理试点示范，选取典型区域、典型污染地块，开展污染地块治理修复试点示范工程；⑥在土壤污染综合防治先行区开展通过发行债券推进土壤污染治理与修复的试点；⑦按照国家部署，有序开展重点行业企业环境污染强制责任保险试点；⑧在农药、化肥等行业，开展环保领跑者制度试点
广西	①2017 年开始，优先在河池市开展耕地土壤环境质量类别划定试点，开展水泥窑协同处置生活垃圾试点；②在南宁、北海、百色等市蔬菜生产基地开展化肥减量增效试点，在桂林、梧州、贺州等市柑橘主产区开展水果优势产区化肥减量增效试点，在全区绿肥种植示范基地开展绿肥种植后茬减量施肥增效试点；③在土壤污染综合防治先行区探索通过发行债券推进土壤污染治理与修复试点；④有序开展重点行业企业环境污染强制责任保险试点；⑤探索基于市场机制的回收处理机制，试点开展废弃农药包装物押金制度
贵州	率先在贵阳市、黔南州等地进行重点行业企业搬迁遗留再开发污染地块治理与修复工作试点
江苏	①开展园区内工业固体废物利用简化相关审批程序试点；②2017 年起，选择有条件的区域开展污水与污泥、废气与废渣协同治理试点；③在溧阳市推进水泥窑协同处置生活垃圾试点；④实行耕地轮作休耕制度试点；⑤分批实施 20 个土壤污染治理与修复技术应用试点项目；⑥在农药、化肥等行业，开展环保领跑者制度试点；⑦探索通过发行债券推进土壤污染治理与修复，在土壤污染综合防治先行区开展试点；⑧在南京、苏州、徐州、无锡、常州、泰州、盐城 7 个地区开展检察机关提起公益诉讼改革试点

省份	主要试点任务
浙江	逐步将土壤污染防治纳入环境污染责任保险试点
上海	①开展污水与污泥、废气与废渣协同治理试点；②在崇明、青浦等地区开展农业废弃物资源化利用试点；③有序开展重点行业企业环境污染责任保险试点
北京	①加强农药包装、农膜等农业废弃物回收处理。自 2017 年起，在大兴、通州、顺义等蔬菜生产重点区开展试点并逐步推广；②重度污染耕地积极开展耕地休耕轮作试点
重庆	①在长寿化工园区开展土壤与地下水污染预防预警体系建设试点；②在大渡口区开展污染地块环境风险管控示范
云南	①探索建设综合防治先行区试点；②积极开展土壤环境污染损害赔偿试点；③加快推进重点行业企业环境污染强制责任保险试点；④开展耕地轮作休耕制度试点

　　总体而言，各省方案均是在"国家土十条"确定的试点任务范围内进行设计，但内容描述上，基本未对试点任务进行细化设计。这就需要在实施过程中，将试点任务落地化，承担试点任务的责任单位应及时开展试点工作方案的设计。

　　"广东计划"提出探索开展地级以上市土壤环境功能区划试点和在珠三角污染地块环境监管试点两项试点任务，土壤环境功能区划在我国尚无成熟方法，目前国家层面正在开展土壤环境功能区划方法的研究，需要在特定地区先行开展试点后再逐步推广。"十二五"时期环境保护部在湖南、重庆等省份和江苏常州等地级市开展土壤环境监管试点，重点在土壤环境监管制度、土壤污染防治投融资等方面进行试点，广东方案提出珠三角地区开展污染地块环境监管试点，需要在环境保护部组织的试点省市的基础上，总结经验与教训，进一步深入开展试点工作，尤其是跨行政区域的土壤环境管理和应急管理方面。

5　科技支撑与产业规范政策对比分析

5.1　科技支撑

　　我国土壤污染防治起步晚，但任务重，科技支撑条件和支撑能力薄弱是当前我国落实"土十条"的主要障碍之一。"国家土十条"提出了加强科技支撑方面的任务要求，原环境保护部发布的《"十三五"环保科技发展规划》明确了土壤污染防治与治理修复的科技支撑建设方向和主要任务，科技部也制订了"国家土十条"科技支撑计划，相关省级方案中也提出了各省的主要举措，表 12 将相关省份具有特色性的土壤污染防治科技任务进行了汇总。

表 12　相关省份土壤污染防治科技支撑主要任务汇总

省份	类别	主要任务
湖南	加大适用技术推广力度	试点项目：到2020年，完成12～15个土壤污染治理与修复技术应用试点项目 技术创新联盟：发挥企业的技术创新主体作用，推动土壤修复重点企业与科研院所、高等学校组建产学研技术创新战略联盟
	加快成果转化	支持市州、县市区人民政府建设以环保为主导产业的高新技术产业开发区等一批成果转化平台
广东	科技基地与科技成果转化	重点实验室：2018年年底前，进一步完善现有3个省级土壤环境重点实验室，力争2020年年底前新建成1个国家级土壤环境重点实验室 技术创新联盟：推动土壤污染防治重点企业与科研院所、高等学校组建产学研技术创新战略联盟 技术验证评估中心：2018年年底前，在广州、韶关、清远等市建立1～2个土壤修复技术验证评估中心，筛选、推广区域性适用土壤修复技术，构建具有华南地域特征的土壤修复技术体系 产业化示范基地：依托示范工程，推动韶关、东莞市等有条件的地区建设产业化示范基地。自2017年起，启动建设粤北韶关土壤环境污染示范基地，开展修复技术研发、评估验证与工程示范，建立规模化工程修复的技术规范和评价标准，摸索形成成熟的修复技术体系和科学合理的治理推广模式 技术验证评估中心：2018年年底前，在广州、韶关、清远等市建立1～2个土壤修复技术验证评估中心
广西		整合研究基金：科技、环境保护、农业、科学院等部门和科研院所应联合优化整合科技计划（专项、基金等），支持土壤污染防治研究 科技成果转化：完善土壤污染防治科技成果转化机制，建成以环保为主导产业的高新技术产业开发区等一批成果转化平台
贵州	适用技术试点	依托示范项目实施示范技术：分别在贵阳市、毕节市、铜仁市、黔东南州、黔南州和黔西南州等地以汞、镉、铅、锑、铊等污染土壤为重点，开展一批土壤污染治理与修复技术应用试点项目 技术创新联盟：支持土壤修复行业重点企业与科研院所、高等学校组建产学研技术创新战略联盟 成果转化：完善土壤污染防治科技成果转化机制，促进低温热解等一批土壤治理与修复技术成果共享与转化
江西		工程技术研发中心建设：建设一批土壤污染防治实验室、科研基地，组建省级工程技术研究中心
陕西		设立科技专项：在省重点研发计划中设立土壤污染防治科技重点专项
江苏	基础研究与关键技术研发	依托示范项目形成示范技术：分批实施20个土壤污染治理与修复技术应用试点项目。 成果转化平台：比选形成一批易推广、成本低、效果好的适用技术
	科研基地建设	工程实验室、技术中心建设：扶持建设土壤污染防治领域的省级环境保护重点实验室、环境保护工程技术中心等研究基地
浙江	科技研发	推进土壤及地下水污染隔断、土壤原位修复、快速高效工程修复等普适性技术研发。在农用地土壤污染治理方面，重点推广生物治理、种植品种调整、栽培措施优化、土壤环境改良等技术

省份	类别	主要任务
上海	技术研发	①研究污染场地暴露的本土化关键参数，确定污染场地修复阈值；②研究农用地土壤环境安全评估与分级技术方法；③完善土壤及地下水环境调查、风险评估、监控预警、治理修复等系列技术规范标准；④开展基于风险全过程管理的土壤及地下水污染防治模式、环境应急机制与政策制度体系；⑤建立土壤及地下水环境损害评估指标体系、评估制度和责任追究机制；⑥研发污染场地治理修复的绿色可持续环境功能材料，研制集成化和模块化的先进技术装备
	科技基地与成果转化	围绕科技创新中心建设，布局土壤及地下水污染防治实验室、科研基地，建设环境修复功能型平台
北京		推进土壤污染防治重点实验室建设，推进土壤污染防治工程技术中心建设
重庆		①围绕污染土壤治理修复、土壤环境监测、土壤功能区域、土壤环境健康风险和污染物迁移转化模拟等重点领域的重大科技。②重点推广生物修复、原位钝化、种植品种调整、栽培措施优化、土壤环境改良等技术。在污染地块方面，重点筛选经济高效的修复技术；③2020年年底前，完成重庆市土壤污染综合修复工程技术中心建设

从表11中分析得出，相关省份科技支撑的主要手段包括：①依托示范工程的实施，建立一批示范工程的产业化示范基地，形成一批示范技术；②建设一批土壤治理修复重点实验室；③整合现有与土壤污染防治相关的科技资金计划，集中研究领域和主体，围绕主要任务和难点焦点，开展土壤科技攻关和示范研究；④加强技术成果转化机制和平台建设，促进技术成果的工程化应用。"陕西土十条"还提出省内设立土壤污染防治科技重点专项的任务。

专栏1　部分土壤污染防治相关的工程实验室、技术创新联盟建设现状

污染场地安全修复技术国家工程实验室：2017年11月国家发展改革委批复，依托北京建工环境修复股份有限公司，与清华大学、中国环境科学研究院、中国科学院南京土壤研究所、环境保护部环境规划院等四家单位联合共建。定位于环境修复行业产业技术创新的重要源头和智库，主攻场地污染过程模拟与修复工艺基础研究，修复技术、材料与装备研发，修复技术产业化与决策支持三大方向，共建设5个平台。

国家环境保护工业污染场地及地下水修复工程技术中心：2013年8月，环境保护部正式批复，依托中国节能环保集团公司进行建设。该中心开展工业污染场地及地下水修复领域重金属、有机物及复合污染的技术开发、转化、咨询等方面的创新与服务，研发工业化规模可移动式成套热脱附设备，引进和研发原位热处理技术，建立修复试点工程，为环境管理、监督和决策部门提供技术支撑和服务，建设工业污染场地异位修复中心基地，开展国际环保交流与合作，为该领域培养专业人才。中心建设期为2年。

上海污染场地修复工程技术研究中心：上海市科委批准建设，依托上海市环境工程设计科学研究院有限公司，建设期为2年。重点开展重金属污染、有机物污染和固体废物堆场/处置场等修复关键技术研究和应用转化，提升土壤和地下水监测能力建设，制定污染场地修复相关技术导则和标准，建立污染场地修复基础数据库，为上海及我国污染场地修复与管理提供技术支撑。

污染场地风险模拟与修复北京市重点实验室：2012 年 5 月北京市科学技术委员会批准建立，以北京市环境保护科学研究院为依托单位，与北京师范大学共同组建。针对我国污染场地风险模拟与修复领域中存在的理论问题和技术"瓶颈"，凝练重大科学问题；围绕国家需求和重大科学问题，开展联合攻关和各学科领域交叉合作，实现具有自主知识产权的理论突破和技术创新；瞄准该领域的国际前沿，培育学科新的生长点，提升实验室研究水准。

湖北省土壤及地下水修复产业技术创新战略联盟：2016 年 11 月 18 日成立。该联盟联合发起单位共 14 家，其中有武汉都市环保工程技术股份有限公司、武汉智汇元环保科技有限公司、武汉市天虹仪表有限责任公司、中冶集团武汉勘察研究院有限公司、湖北千禧建设工程有限公司 5 家企业；武汉市环境保护科学研究院、中国科学院生态环境研究中心、中国科学院城市环境研究所、中国地质大学（武汉）、浙江大学、武汉大学、华中农业大学、昆明理工大学、湖北大学 9 家科研单位。武汉都市环保工程技术股份有限公司当选联盟首任理事长单位。联盟承担推动产业领域的标准与法规建立完善，推动相关发展战略研究，探索联盟创新发展新机制，为政府决策提供支撑。

"国家土十条"确定在 2020 年前实施一批耕地、场地和矿山土壤环境治理修复国家示范工程，各省均分解相关示范工程数量任务。为此，各省普遍重视示范工程的实施，计划依托示范工程的实施，形成省内一批针对代表性污染物、代表性整治技术和代表性工程项目全过程管理的成果。需要注意的是，我国土壤污染治理修复经验缺乏，示范项目的实施仍具有相当难度，2015 年启动的第一批国家示范项目在技术评审环节就遇到了各种困难，暴露出前期调查不足、项目代表性缺乏、技术路线不清、二次污染防治措施考虑不知、技术经济统筹考虑不知等突出问题。建议国家层面切实加强对国家示范工程组织实施和项目管理相关规定的制定，建立技术审查和复核机制、示范技术跟踪与评估机制和各种方法，加强示范技术信息的公开，加强技术示范成果与技术标准规范之间的快速转化机制等。

"上海方案"中就技术研发和成果转化方面提出的任务比较具体，同时也是当前土壤污染治理修复中的重要问题，如本土化、区域化的土壤暴露参数的研究、农用地土壤分级与评估技术方法、监控预警方面的技术规范；提出了开展基于风险全过程管理的土壤及地下水污染防治模式、环境应急机制与政策制度体系，再次响应了我国土壤风险管控的核心思路，我国急需围绕风险管控，开展不同土壤类型、不同风险类型的管控模式、技术模式、管理政策的研究，开展风险突发情况下，土壤环境应急管理政策和技术规范、标准的研究制定，这对提高我国土壤污染防治科技水平、取得环境与经济效益最大化具有非常重要的意义；同时还提出了"研发污染场地治理修复的绿色可持续环境功能材料，研制集成化和模块化的先进技术装备"，在各省计划中是第一个明确提出"绿色可持续"方面的要求，代表了我国污染场地治理修复未来的技术发展和管理发展方向，上海的实践值得关注和期待。

5.2　产业规范政策

土壤污染防治治理修复产业发展是支撑土壤污染防治的重要基础。"国家土十条"为土壤污染防治产业发展带来了前所未有的发展机遇。各省方案也把鼓励和加快土壤污染防治产业发展作为重要内容予以落实，除与"国家土十条"内容相近以外，相关省份提出的产业发展政策汇总见表13。

表 13　相关省份土壤污染防治产业规范与发展主要任务汇总

省份	主要措施
江西	规范土壤污染治理与修复从业单位和人员管理，建立健全监督机制，将技术服务能力弱、运营管理水平低、综合信用差的从业单位名单通过国家企业信用信息公示系统（江西）向社会公开
广东	规范土壤污染治理与修复从业单位和人员管理，建立健全监督机制，将技术服务能力弱、运营管理水平低、综合信用差的从业单位名单通过企业信用信息公示系统向社会公开
四川	建立四川省污染场地评估咨询和治理修复单位名录制度，规范土壤污染治理与修复从业单位和人员管理，建立健全监督机制，构建从业单位信用体系，将技术服务能力弱、运营管理水平低、综合信用差的从业单位名单和相关人员名单通过企业信用评价信息系统向社会公开
贵州	规范土壤污染治理与修复从业单位和人员管理，建立健全监督机制，将技术服务能力弱、运营管理水平低、综合信用差的从业单位名单通过企业信用信息公示系统向社会公开
江苏	自 2017 年起，开展土壤污染调查、评估、治理与修复单位登记与信息公开工作，探索建立第三方治理的信用评级制度
浙江	鼓励环境工程勘察设计单位、环保技术咨询机构、修复材料生产和治理装备制造企业在专业领域做精做细，形成错位发展、优势互补的良性格局。开展污染地块调查评估和治理修复从业单位水平评价试点
广东	规范土壤污染治理与修复从业单位和人员管理，建立健全监督机制，将技术服务能力弱、运营管理水平低、综合信用差的从业单位名单通过企业信用信息公示系统向社会公开
上海	环境保护部门要加强对场地环境调查评估与治理修复从业单位的监督检查，组织开展对从业单位项目完成情况的抽查检查和考核评估，检查结果纳入社会诚信体系进行管理，并向社会公开
重庆	完善重庆市污染地块评估咨询和治理修复单位名录制度，构建从业单位信用体系，建立负面清单制度，将技术服务能力弱、运营管理水平低、综合信用差的从业单位和人员名单通过企业信用信息公示系统向社会公开。重点培育1～2家具有土壤环境调查、分析测试、风险评估、治理修复等综合实力的龙头企业。逐步建立土壤污染治理修复行业企业自律机制
云南	规范土壤污染治理与修复从业单位和人员管理，建立健全监督机制，对技术服务能力弱、运营管理水平低、综合信用差的从业单位实行负面清单管理

从表 13 分析可以看出，相关省份主要围绕规范从业单位和人员提出相关要求，主要采取建立从业单位名录、开展从业能力评估、纳入国家信用体系进行社会公开等方式进行管理。四川、江苏等省明确提出建立从业单位名录制度（目前，重庆、上海等地方已经建立起从业单位名录制度），云南也提出"实行负面清单管理"，江苏进一步提出"探索建立

第三方治理的信用评级制度"，浙江提出"开展污染地块调查评估和治理修复从业单位水平评价试点"，建立从业企业信用评级方法，针对不同信用等级，实行不同的管理要求。

需要注意的是，"国家土十条"和各省计划均提出修复项目完成后，项目责任单位应委托第三方单位开展治理修复效果评估，评估结果向社会公示，实行从业单位终身责任制度。从这些表述需要注意的是，未来治理修复工程项目不再由管理部门组织验收了，而是改为责任单位自行组织和委托第三方单位进行评估，完成评估后的项目在后续时间，一旦发现环境风险仍继续存在，或造成了人体健康损害等后果，则需要追溯相关从业单位的责任。将治理修复项目从过去长期实行的验收制改为备案制和责任终身追究制，这是对治理修复项目环境监管的重大改革与创新，这对从业单位的规范发展和土壤修复产业发展具有深远影响。

6 地方方案的特色性任务识别

除上述分析内容以外，相关省级方案中具有特色性的内容汇总如表 14 所示。

表 14 相关省份方案特色性任务汇总

省份	主要措施
江苏	政府主导、企业担责、市场驱动、公众参与、社会监督的土壤污染防治体系建设，探索建立跨行政区域土壤污染防治联动协作机制
北京	①市、区环境保护部门应设置专业处（科）室负责土壤污染防治工作，并充实土壤环境监管人员。自 2017 年起，各区应将土壤污染监管工作纳入网格化城市管理平台，将土壤污染监管职责落实到街道（乡镇）和社区（村），并明确监管责任人。 ②加强区域协调联动。配合国家建立跨区域土壤污染防治联动协作机制，探索建立京津冀地区受污染土壤治理修复资源共享机制。 ③稳妥处置突发环境污染事件。防控突发环境事件造成土壤污染，督促事件责任方及时处置残留物及已污染土壤。事件责任方不能及时有效采取处置措施的，由所在区政府组织代行处置，并向事件责任方追缴处置费用
上海	建立突发环境事件土壤及地下水污染应急机制，开展突发环境事件环境损害鉴定评估，明确土壤及地下水污染分级分类处置措施，稳妥处置突发环境污染事件，控制或消除对土壤及地下水环境造成的威胁和危害。各区、县政府要制定和完善土壤及地下水污染事故处置应急预案，落实责任主体，明确应急响应程序、应急处置及保障措施等内容
重庆	①环境保护部门要加强建设用地土壤环境质量管理；农业部门要加强农用地土壤环境质量监督管理；国土部门要加强建设用地土地流转、划拨供地、农用地经营权改变、地票交易的监督管理；规划部门要加强对土地控制性详细规划、修建性详细规划编制的实施管理；城乡建设部门要加强修复工程施工和工程监理的监督管理；市政部门要加强污染土壤密闭运输的监督管理。②强化高背景区农用地环境管理。2018 年年底前，以全市土地质量地质调查数据为基础，划定重金属高背景土壤区，明确区域边界、高背景值元素及其分布。评估重金属高背景区的土壤生态健康风险。加强土壤监测和农产品检测，优化种植结构和土壤污染治理措施，实现重金属高背景值区域土壤的安全利用

根据表 14，江苏和北京均提出了跨行政区域的土壤污染防治联动协调机制的建立，江苏在省内进行，北京提出配合国家在京津冀地区范围内进行实践。北京提出各市、区环境保护部门均应设置专业处（科）室负责土壤污染防治工作，这是对土壤污染防治管理组织机构建设的要求，是切实推进土壤污染防治各项任务落实的根本性保障。

北京和上海还提出了建立突发环境事件土壤污染应急机制的建立与实践，提出了各自相应的任务。"十二五"时期，我国因危险废物违法处置、水环境突发污染事件等导致出现一批土壤环境污染突发事件，典型的包括天津滨海新区爆炸事故引发的土壤污染、腾格里沙漠违法排污事件等。因此，探索建立土壤污染应急预案，建立土壤污染突发事件应急处置管理体系和技术体系，开展污染责任终身责任追究，建立污染损坏赔偿制度是非常重要和迫切的。

"江苏方案"在"总体要求"提出了"政府主导、企业担责、市场驱动、公众参与、社会监督的土壤污染防治体系建设"，与"国家土十条"提出的"政府主导、企业担责、公众参与、社会监督"的体系相比，增加了"市场驱动"的作用。我国土壤污染防治工作起步较晚，参考水污染防治、大气污染防治阶段和经验，按照我国环境保护领域的经验规律，土壤污染防治必须充分发挥起步和上升阶段中各级政府主导的作用，但各级政府并不能大包大办，要想使得土壤修复产业健康、快速、持续发展，解决土壤修复持续不断的资金来源，必须按照市场经济规律办事，充分发挥市场机制的作用，加大社会投资力度。"政府主导"和"市场驱动"必须相互影响、相互支撑、相互补充，共同推动土壤污染防治事业发展。

"重庆方案"中明确提出了高背景值地区农用地环境管理要求。我国矿山资源丰富的地区普遍存在重金属背景值较高的现状，如国家 6 个土壤污染防治先行区中，除台州以外，其他 5 个先行区均存在此类问题。若套用国家现行土壤环境质量标准，这些区域土壤尤其是农用地土壤环境质量普遍超标，且中度和重度超标区域占有相当比例，现实中的问题和困难是这些高背景值地区农用地土壤风险应如何评价和管控，农用地安全利用该如何衡量，其技术路线和方法与其他地区有什么不同，如何把握好高背景地区农用地土壤治理修复的"度"，如何切实制定这些区域的土壤环境质量标准，等等，都成为无法回避的现实问题，应致力于研究与大力实践。

7 落实"国家土十条"的主要难点

上文从总体框架结构与目标指标、源头防控任务、风险防控与治理修复任务、先行区建设和试点任务、科技支撑与产业规范 5 个方面，对 15 个省级方案的内容进行了对比分析，这 5 个方面并不是"国家土十条"的全部任务。各省方案在一些方面总体仍是将"国家土十条"的原则性任务要求直接纳入了本省行动计划中，没有进行扩展性设计，没有体现如何落实和实施方面的要求。这些内容既表现为省级方案编制中的一些不足和缺憾，同时这些内容也是土壤污染防治工作面临的主要困难和薄弱环节，包括污染场地和土壤防控责任机制、市场机制、资金机制、源头防控与治理修复的关系等问题。下面对这些内容进行分析。

7.1 责任不清，工作主动性尚未发挥，协同机制尚未建立

"国家土十条"就各项任务都提出了相应的牵头负责部门和配合部门，各省方案中也提出了相应任务的部门分工，且分工情况的描述与"国家土十条"总体相似。各地级市在编制地级市行动方案时，由于总体参照了省级方案确定的工作内容，没有太多突破，但不同部门之间的分工就成为地级市行动方案编制中的重要沟通协调内容。当前，一个方面，国家还没有下发不同部门关于"土十条"任务的分工文件，省级层面鉴于国家尚未发布部门分工，也没有下发分工文件，由此地市级层面上，不同部门的责任划定和边界确定就产生了较多争论，如耕地风险管控和治理修复的主管部门是谁，农村畜禽养殖应该以住建部门为主还是环境保护部门为主，矿山废弃地治理修复中国土部门和环境保护部门的职责分工该如何界定，环境保护部门发挥统一监督管理的职责究竟该如何体现，等等。同时还需注意的是，不同层级的部门工作积极性和有效性也是随着层级的下沉而递减，越是基层工作推进难度更大。相当部分地级市推进土壤污染防治工作中已经出现一种趋势，即推脱给环境保护部门，环境保护部门独自奋战，地方政府没有调动起其他部门的积极性，其他部门还没有真正参与到土壤污染防治工作中，环保、农业、住建、国土等主要部门的定位、职责和界限没有完全理顺，环境保护部门自身在土壤污染防治中的定位和职责也存在争论，部门间协同配合的局面尚未形成，单靠环境保护部门单打独斗难以有效推进，这是当前土壤污染防治工作推进缓慢非常重要的原因。

7.2 "污染者负担"的责任机制落地难度大

国家和各省都明确提出 "谁污染，谁治理"原则，造成地块土壤污染的单位或个人要承担治理与修复的主体责任。各省方案中，并没有结合现实中出现的各种实际情况，就如何落实这一原则性要求进一步提出分类的实施办法。现实中，以涉重行业为例，"十二五"期间由于不符合产业政策、技术政策、布局要求、污染排放要求等多种原因，以及市场不景气等原因，各省均关闭淘汰了一大批涉重金属采选冶炼生产企业，这些企业在关闭过程中，并没有很突出其土壤污染责任，并没有对这些关闭淘汰企业曾经造成的土壤污染责任进行界定、对土壤污染程度进行评估，在其关闭过程中，并没有突出企业应该承担的污染土壤治理修复责任。相反，一些地方有时候为了鼓励和加快这些企业关闭淘汰的速度，还对其关闭淘汰行为给予了一定的财政资金鼓励和补偿。这些企业在其生产期间，不乏利用国家有色金属生产行业大好的市场价格而赚取了高额利润和投资回报，但却对生态环境造成了严重破坏。关闭淘汰行为直接造成了大量的、新增的、非真正意义上的历史遗留污染场地，但这些场地由于业主单位已经注销，曾经的污染责任很难再进行追溯，大量类似情况就使得"谁污染，谁治理"原则很难在现实中落地和执行，给"十三五"时期无论是农用地还是建设用地，无论是风险管控还是治理修复，都造成很大的后遗症和压力。

土壤污染防治责任的界定是土壤污染防治管理的根本性要求和重要前提。为体现"污

染者负担"原则，建议从现在起，高度重视仍然在产生产企业的土壤污染防治责任的落实，以及落实责任要求的可操作性。对于在产企业的土壤污染防治责任，各省行动计划基本也是照搬"国家土十条"中的表述，并未对在产企业的责任进行进一步细化，这也不失为各省方案中的一个遗憾。国家和各省在推进土壤污染防治管理过程中，应高度重视在产企业土壤污染防治责任的清晰界定和分类阐释，充分强调其风险管控方面的责任要求和造成土壤污染后的修复资金来源的保障要求。

7.3　土壤治理修复市场机制将是最大的难题

如前所述，仅有"江苏方案"在"总体要求"提出了"市场驱动"的作用发挥，但在正文内容中，"市场驱动"的描述和体现仍比较原则性，手段也比较缺乏。从水、大气污染防治经验来看，市场机制发挥程度将直接决定相关行业发展的市场活力、可持续性和市场空间大小，当前国家也高度重视用市场规律和市场机制来加快推动我国环境问题的解决。土壤污染防治方面，经常可以见到各种媒体对"十三五"期间土壤治理修复市场空间大小的预测数据，提出可以达到上万亿元的市场规模。暂且不论预测方法的依据和科学性，但就目前主要依靠国家和各级地方政府财政投入状况得不到改变的话，该市场空间就永远是"空中楼阁"，土壤污染防治更需要市场驱动和市场配置手段的发挥，但限于各种条件的限制和约束，市场机制的建设将是土壤环境管理和产业界面临的最大难题。土壤污染防治 PPP 模式的应用在目前尚未有案例，在国家和各省环保 PPP 项目库中，没有一起与土壤污染防治相关的项目，土壤污染防治 6 个国家先行示范区均按照国家要求提出了发行绿色债券等方式筹集资金的试点任务，但从目前掌握的情况来看，均未启动这一试点任务的筹划设计工作。

7.4　污染源头防控容易被忽略

"国家土十条"和各省方案中都有相当篇幅进行污染源头防控任务的设计。土壤污染防治两个核心指标，即耕地安全利用率和污染场地安全利用率，都是在污染末端的受体介质即土壤上实施的行为。"国家土十条"和各省计划虽然都提出了"污染预防""保护优先"的原则，但这一原则在任务描述的文字中没有切实保障源头预防和保护优先的优先实施的保障性要求，很可能会造成这一原则在土壤污染防治工作中难以落地。各地管理部门需要切实树立这一思想，各地在安排土壤风险管控或治理修复项目时，尤其是国家确定的 138 个重金属防控区域中，需要特别注意污染源头防控在一定程度上应该超前于土壤介质上的安全利用行为，将工业企业污染排放、安全防护距离、农药化肥安全施用和畜禽养殖污染防控做到不再对具体的耕地和地块土壤再次造成污染后，才能实施具体的耕地和地块安全利用行为，或者污染源头防控与土壤安全利用同步推进，但绝不能忽视源头防控，而过多、片面追求土壤介质的安全利用，否则会适得其反，无法切实取得长期效果。

8　结语

各省土壤污染防治行动实施方案的发布，打响了土壤污染防治工作的"起跑令"。"十三五"时期土壤污染防治必须始终坚持源头防控优先原则和风险防控根本原则，充分认识到土壤污染防治与大气、水污染防治的不同特点，充分意识到土壤结构的复杂性导致的土壤污染治理与大气、水相比更大的难度，更要有坚持不懈、持久推进的认识。实现土壤环境质量改善是一个长期艰巨的过程，"十三五"期间总体定位仍是在夯实基础和试点探讨阶段，重点夯实制度基础、管理基础，建立起土壤污染防治领域的保护优先、源头防控优先、分类管理、风险管控、安全利用、综合治理、污染担责等基本制度；切忌盲干、快干，搞"运动战"；稳步推进，及时回头看，开展总结与评估。各级管理部门需要将土壤污染防治组织实施机构与能力建设、土壤环境多部门联合协调工作机制建立、完成各项任务所需的土壤污染防治制度体系建设、污染防治项目全过程管理作为重点工作持续推进；土壤修复从业企业需要在对终身责任追究制对从业责任义务充分理解的前提下，树立对工程的"敬畏意识"，逐步创造一个公平、合理、有序的市场竞争环境中，抓住国家高度重视土壤污染防治的历史发展机遇，充分发挥各自的作用，立志出精品工程，推动我国土壤修复行业健康、快速发展，确保完成土壤污染防治"十三五"时期目标指标。

参考文献

[1]　土壤污染防治行动计划. http：//www.zhb.gov.cn/gzfw_13107/zcfg/fg/gwyfbdgfxwj/201605/ t20160531_352665. shtml.

[2]　江西省土壤污染防治工作方案. http：//www.jxxz.gov.cn/srxz/zwgk/fggw/webinfo/2017/01/1478415642404580.htm.

[3]　湖南省土壤污染防治工作方案. http：//www.hunan.gov.cn/2015xxgk/fz/zfwj/szfwj/201702/t20170227_4022431.html.

[4]　广东省土壤污染防治行动计划实施方案. http://zwgk.gd.gov.cn/006939748/201612/t20161230_688270.html.

[5]　广西壮族自治区土壤污染防治工作方案. http：//www.gxzf.gov.cn/zwgk/zfwj/zzqrmzfbgtwj/2016gzbwj/201701/P020170112643417409319.pdf.

[6]　贵州省土壤污染防治工作方案. http：//www.gzgov.cn/xxgk/jbxxgk/fgwj/zfwj/qff/201701/t20170113_688412.html.

[7]　陕西省土壤污染防治工作方案. http：//www.sxgz.gov.cn/admin/pub_newsshow.asp？id=1016547&chid=100127.

[8]　甘肃省土壤污染防治工作方案. http://www.gansu.gov.cn/art/2017/1/3/art_4785_296657.html.

[9]　云南省土壤污染防治工作方案. http：//www.yn.gov.cn/yn_zwlanmu/qy/wj/yzf/201702/t20170224_28567.html.

[10] 江苏省土壤污染防治工作方案. http：//www.js.gov.cn/jsgov/tj/bgt/201701/t20170116512550.html.

[11] 浙江省土壤污染防治工作方案. http：//www.zj.gov.cn/art/2017/1/6/art_12460_290070.html.

[12] 上海市土壤污染防治行动计划工作方案. http：//www.shanghai.gov.cn/nw2/nw2314/nw2319/nw12344/u26aw50912.html.

[13] 北京市土壤污染防治工作方案. http：//zhengce.beijing.gov.cn/library/192/33/50/45/438656/140321/index.html.

[14] 重庆市贯彻落实土壤污染防治行动计划工作方案. http：//www.cq.gov.cn/publicinfo/web/views/Show！detail.action？sid=4154588.

[15] 内蒙古自治区人民政府关于贯彻落实土壤污染防治行动计划的实施意见. http：//www.nmg.gov.cn/xxgkml/zzqzf/gkml/201611/t20161122_584087.html.

城市 PM$_{2.5}$ 下降与经济增长"脱钩"关系的实证研究[①]

An Empirical Study on Decoupling Relationship Between the Decline of Urban PM$_{2.5}$ and Economic Growth

王丽娟　雷　宇　周　佳　王金南　陈潇君

摘　要　基于 Tapio 脱钩理论，利用 2014—2016 年全国 333 个地级及以上城市经济增长与大气污染，特别是与 PM$_{2.5}$ 年均浓度变化情况进行定量研究，计算了大气污染与 GDP 增长率之间的脱钩弹性系数，并对其进行分类并探讨。结果表明，近 90% 的城市在 GDP 持续增长的同时 PM$_{2.5}$ 年均浓度持续下降，呈现出大气污染与经济增长的"脱钩"关系，初步实现了环境保护与经济发展的"双赢"。

关键词　经济增长　大气污染　脱钩关系　实证研究

Abstract　In this paper，builds a Tapio decoupling model based on the decoupling theory. The relationships between air pollution，especially the annual average concentration of PM$_{2.5}$，and economic growth are analyzed by using the data of the GDP growth rate and concentration of PM$_{2.5}$ of 333 cities. The coefficient of elasticity between air pollution and economic growth are categorized and discussed. The results show that the air quality nearly 90% of the cities continues to improve while economy is developing，showing the "decoupling" relationship between air pollution and economic growth，and initially achieving a "win-win" of environmental protection and economic development.

Key words　economic growth，air pollution，decoupling relationship，Empirical Research

1　引言

当前，我国经济增长进入新常态，经济发展的质量和效益逐步提高，产业结构和能源结构调整有效地促进了环境保护，但也存在一些不容忽视的问题，特别是社会各界十分关注大气污染治理与地方经济增长的关系。为此，环境保护部环境规划院组织研究人员，通

---

① 基金项目：大气专项：基于费效分析的全国和分区域污染物减排方案研究（2016YFC0207504）；大气重污染成因与治理攻关项目：区域内煤炭使用强度降低和清洁利用政策工具研究（DQGG0206）。

过对全国 333 个城市经济增长与大气污染，特别是与 $PM_{2.5}$ 年均浓度变化情况之间的定量研究，为打好"大气污染防治攻坚战"坚定信心和持续发力提供支撑，为制定区域 $PM_{2.5}$ 治理政策和措施提供依据。

脱钩（decoupling）源于物理学领域，特指 2 个或 2 个以上物理量之间不再存在响应关系，近年来广泛应用于多个学科领域。OECD（2002）将经济增长与污染排放之间不再存在同步关系时定义为"脱钩"，并将末期的污染排放与 GDP 之比除以基期的污染排放与 GDP 之比设置为脱钩系数。脱钩系数的提出对量化经济增长与污染排放的关系具有重要意义，脱钩理论成为衡量地区经济发展模式与可持续性的工具。随着脱钩理论的进一步发展，有学者发现 OECD 所设置的脱钩系数会随着基期选择的不同而发生改变，进而无法准确判断经济增长与环境的脱钩状态。为消除基期选择上的误差，Tapio 构建了脱钩弹性系数。本文采用 Tapio 脱钩弹性系数研究我国城市 2014－2016 年 $PM_{2.5}$ 年均浓度与经济发展之间的脱钩关系，并分析城市 $PM_{2.5}$ 年均浓度与经济增长之间的脱钩弹性系数的变化及原因，对我国制定区域性减排方案具有重要的指导意义和应用价值。

2 脱钩模型及评价指标

2.1 指标选取与数据来源

根据数据的可获得性，本文选取地级及以上城市为研究对象，$PM_{2.5}$ 浓度选取 2014－2016 年城市 $PM_{2.5}$ 年均浓度，经济增长选取 2014－2016 年城市 GDP、GDP 增长率。

$PM_{2.5}$ 年均浓度数据来源于中国环境监测总站。2014－2015 年 GDP、GDP 增长率数据来源于各城市《国民经济和社会发展统计公报》《中国城市统计年鉴》等，2016 年收集于中情网、凤凰网、政府新闻网等。2014 年共 167 个城市，2015 年、2016 年共计 333 个城市。

2.2 脱钩模型

参照 Tapio 脱钩模型，本文对我国 2014—2016 年城市 $PM_{2.5}$ 年均浓度与经济增长进行脱钩关系测度，并在 Tapio 脱钩模型的基础上，通过相应变量变化，构建 $PM_{2.5}$ 年均浓度变化率与 GDP 变化率的脱钩模型（公式 1）：

$$\rho = \frac{\Delta PM_{2.5} / PM_{2.5}}{\Delta GDP / GDP} \tag{1}$$

式中：ρ —— $PM_{2.5}$ 年均浓度与经济增长之间的脱钩弹性系数；

　　$PM_{2.5}$ —— 当期 $PM_{2.5}$ 年均浓度；

　　$\Delta PM_{2.5}$ —— 当期相对于基期 $PM_{2.5}$ 年均浓度变化量；

GDP —— 当期 GDP 量；

ΔGDP —— 当期相对于基期的 GDP 变化量。

根据 Tapio 对脱钩弹性系数的划分，本文将弹性系数分为六种类型，如图 1 所示。GDP 增长（ΔGDP ＞0）、PM$_{2.5}$ 年均浓度下降（ΔPM$_{2.5}$ ＜0）的情况称为 GDP 与 PM$_{2.5}$ 年均浓度"强脱钩"，这是实现可持续发展的理想状态（如图 1 中Ⅵ区）。而将 GDP 持续降低（ΔGDP ＜0）而 PM$_{2.5}$ 年均浓度上升（ΔPM$_{2.5}$ ＞0）的情况称为 GDP 与 PM$_{2.5}$ 年均浓度"强挂钩"，这是实现可持续发展过程中最不利的状态（如图 1 中Ⅲ区）。我们将从"强挂钩"到"强脱钩"的状态变化过程称为"变好"，反之为"变差"，具体分类及含义见表 1。

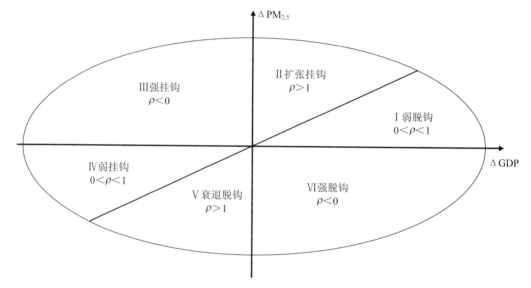

图 1　经济增长与大气环境压力的脱钩象限划分

表 1　"脱钩"与"挂钩"状态分类标准及含义

	状态	ΔGDP	ΔPM$_{2.5}$	ρ	含义
脱钩	强脱钩	＞0	＜0	ρ＜0	最好：GDP 增长，PM$_{2.5}$ 年均浓度下降
	弱脱钩	＞0	＞0	0＜ρ＜1	好：GDP 增长，PM$_{2.5}$ 年均浓度缓慢上升
	衰退脱钩	＜0	＜0	ρ＞1	较好：GDP 下降，PM$_{2.5}$ 年均浓度大幅下降
挂钩	扩张挂钩	＞0	＞0	ρ＞1	差：GDP 缓慢增长，PM$_{2.5}$ 年均浓度上升
	弱挂钩	＜0	＜0	0＜ρ＜1	很差：GDP 下降，PM$_{2.5}$ 年均浓度缓慢下降
	强挂钩	＜0	＞0	ρ＜0	最差：GDP 下降，PM$_{2.5}$ 年均浓度上升

3 研究结果与分析

本文通过对 2014—2016 年全国 333 个城市 GDP 及 $PM_{2.5}$ 年均浓度数据进行 Tapio 脱钩理论模型验证，计算 GDP 增长率相对 $PM_{2.5}$ 年均浓度变化率的脱钩弹性系数，认为脱钩状态呈现 4 个方面的特征。

（1）从 GDP 与 $PM_{2.5}$ 年均浓度关系分布结构来看（附表 1），333 个城市中 88.9% 的城市 GDP 与 $PM_{2.5}$ 年均浓度在"脱钩"关系，其中 75.4% 的城市 GDP 与 $PM_{2.5}$ 年均浓度存在"强脱钩"关系，即在 $PM_{2.5}$ 年均浓度下降的同时 GDP 同步增长，$PM_{2.5}$ 控制不会影响 GDP 增长；8.7% 为"弱脱钩"，即 GDP 增长，同时 $PM_{2.5}$ 年均浓度缓慢增加；4.8% 为"衰退脱钩"，即 GDP 下降，$PM_{2.5}$ 年均浓度大幅下降。333 个城市中 11.1% 的城市 GDP 与 $PM_{2.5}$ 年均浓度存在"挂钩"关系，其中 9.0% 为"扩张挂钩"，即 GDP 缓慢增长，$PM_{2.5}$ 年均浓度上升；1.2% 为"弱挂钩"，即 GDP 下降，$PM_{2.5}$ 年均浓度缓慢下降；0.9% 为"强挂钩"，即 GDP 下降，$PM_{2.5}$ 年均浓度上升。

（2）从地区分布来看（表 2），我国华北、华东、华南、华中地区 GDP 与 $PM_{2.5}$ 年均浓度具有"强脱钩"关系的比例分别为 72.2%、89.6%、91.9%、85.5%，并且没有"弱挂钩"和"强挂钩"的关系。华北、华东、华南、华中地区"强脱钩"的城市比例高于全国平均值，说明其经济向绿色发展阶段迈进的趋势更加明显，GDP 的增长进一步强化和支撑了 $PM_{2.5}$ 浓度的下降。

东北、西北、西南地区 GDP 与 $PM_{2.5}$ 年均浓度具有"强脱钩"关系的比例分别为 58.3%、60.0%、63.5%，明显低于东部地区。其中东北地区有 11.1% 的城市为"弱挂钩"关系，即 GDP 下降，$PM_{2.5}$ 年均浓度缓慢下降，这是由于东北地区多年来以资源和重工业等的发展为基础，对环境污染较大；近年来经济开始衰退，但由于经济转型困难，因此在 GDP 大幅下降的同时，$PM_{2.5}$ 污染仅有小幅改善。通过产业结构调整实现 GDP 增长，是东北地区未来政策制定的重点。西南、西北地区，近年来经济发展开始加速，正在复制东部地区过去的发展模式，承接东部地区的重污染产业，导致一些城市 $PM_{2.5}$ 年均浓度升高，因此西部地区需采取针对性措施，进一步加强环保工作力度。

表 2 2016 年 333 个城市脱钩状态区域分布　　　　　单位：%

地区	脱钩			挂钩		
	强脱钩	弱脱钩	衰退脱钩	扩张挂钩	弱挂钩	强挂钩
华北	72.2	5.6	2.8	19.4	0.0	0.0
华东	89.6	6.0	1.5	3.0	0.0	0.0
华南	91.9	5.4	0.0	2.7	0.0	0.0
华中	85.5	10.9	0.0	3.6	0.0	0.0
东北	58.3	0.0	27.8	2.8	11.1	0.0
西北	60.0	6.0	8.0	20.0	0.0	6.0
西南	63.5	23.1	0.0	13.5	0.0	0.0

（3）从我国 2015 年、2016 年 167 个城市脱钩状态变化来看（表 3 和附表 2），2016 年具有"扩张挂钩"关系的城市比重上升较快，即 GDP 增长的同时，PM$_{2.5}$ 年均浓度大幅上升，其中 82.4% 的城市位于华北、西北地区。这在一定程度上反映出气象因素的影响，但这也与 2016 年经济复苏有密切关系，应有针对性地制定这些地区的污染物控制措施。而相对 2015 年，2016 年具有"弱挂钩""强挂钩"关系的城市明显下降，这表明我国实现经济发展新常态，在能耗降低的同时实现经济的集约化发展，注重保护环境，使 GDP 与 PM$_{2.5}$ 实现脱钩发展。

表 3   167 城市 GDP 和 PM$_{2.5}$ "脱钩"状态年际变化 单位：%

状态		2015 年	2016 年
脱钩	强脱钩	78.4	76.0
	弱脱钩	3.6	6.0
	衰退脱钩	10.2	6.6
	合计	92.2	88.6
挂钩	扩张挂钩	2.4	10.2
	弱挂钩	4.2	0.6
	强挂钩	1.2	0.6
	合计	7.8	11.4

（4）从 2016 年 PM$_{2.5}$ 年均浓度最高和最低的部分城市来看（表 4 和表 5），2016 年 PM$_{2.5}$ 年均浓度最低的 11 个城市分别为：林芝、三亚、阿勒泰地区、香格里拉、锡林郭勒盟、丽江、山南、玉树藏族自治州、伊春、马尔康、塔城地区（其中伊春、马尔康、塔城地区 PM$_{2.5}$ 浓度相同），全部城市 GDP 与 PM$_{2.5}$ 浓度均具有"脱钩关系"，其中 8 个城市具有"强脱钩"关系。

表 4   2016 年 PM$_{2.5}$ 年均浓度最低的 11 个城市"脱钩"状态及变化

城市	2015 年		2016 年		状态变化情况
	PM$_{2.5}$	状态	PM$_{2.5}$	状态	
林芝	11	—	12	弱脱钩	—
三亚	17	强脱钩	14	强脱钩	不变
阿勒泰地区	14	—	14	强脱钩	—
香格里拉	17	—	15	强脱钩	—
锡林郭勒盟	18	—	16	强脱钩	—
丽江	16	—	16	强脱钩	—
山南	16	—	17	弱脱钩	—
玉树藏族自治州	19	—	17	强脱钩	—
伊春	30	—	19	强脱钩	—
马尔康	19	—	19	强脱钩	—
塔城地区	22	—	19	—	—

注：林芝、三亚、阿勒泰地区、香格里拉、锡林郭勒盟、丽江、山南、玉树藏族自治州、伊春、马尔康、塔城地区由于 2014 年年末监测 PM$_{2.5}$ 浓度，无法判断 2015 年状态；塔城地区 2016 年 GDP 数据未找到，无法判断 2016 年状态。

2016 年，$PM_{2.5}$ 年均浓度最高的 10 个城市是：焦作、聊城、安阳、邢台、衡水、阿克苏地区、保定、石家庄、和田地区、喀什地区（表 5），其中 7 个城市 GDP 与 $PM_{2.5}$ 年均浓度具有"强脱钩"关系，3 个城市 GDP 与 $PM_{2.5}$ 年均浓度具有"挂钩"关系，另外喀什地区、阿克苏地区受到城市沙尘天气影响 $PM_{2.5}$ 年均浓度大幅度上升。石家庄在 GDP 增长的同时 $PM_{2.5}$ 大幅上升，GDP 与 $PM_{2.5}$ 年均浓度具有"扩张挂钩"关系，应重点关注。

表 5 2016 年 $PM_{2.5}$ 年均浓度最高的 10 个城市"脱钩"状态及变化

城市	2015 年		2016 年		状态变化情况
	$PM_{2.5}$	状态	$PM_{2.5}$	状态	
焦作	87	扩张挂钩	85	强脱钩	变好
聊城	99	弱脱钩	86	强脱钩	变好
安阳	92	弱挂钩	86	强脱钩	变好
邢台	101	强脱钩	87	强脱钩	不变
衡水	99	强脱钩	87	强脱钩	不变
阿克苏地区	79	—	92	扩张挂钩	—
保定	107	衰弱脱钩	93	强脱钩	变好
石家庄	89	强脱钩	99	扩张挂钩	变差
和田地区	97	—	109	—	—
喀什地区	125	—	158	强挂钩	—

注：阿克苏地区、和田地区、喀什地区由于 2014 年年未监测 $PM_{2.5}$ 浓度，无法判断 2015 年状态；和田地区 2016 年 GDP 数据未找到，无法判断 2016 年状态。

参考文献

[1] Organization for Economic Co-operation and Development． Indicators to measure decoupling of environment pressure from economic growth[R]． Paris：OECD，2002.

[2] Tapiop． Towards a theory of decoupling：degrees of decoupling inthe EU and the case of road traffic in Finland between 1970 and 2001［J］．Transport policy，2005，12（2）：137-151.

[3] Tapiop，Banister D，Luukkanen J，et al. Energy and transport in comparison：immaterialisation，dematerialisation anddecarbonisation in the EU15 between 1970 and 2000［J］．Energy policy，2007，35（1）：433-451.

[4] 李斌，曹万林. 经济发展与环境污染的脱钩分析[J]. 经济学动态，2014（7）：48-56.

[5] 孙耀华，李忠民. 中国各省区经济发展与碳排放脱钩关系研究[J]. 中国人口·资源与环境，2011，21（5）：87-92.

[6] 卢强，吴清华，周永章，等. 广东省工业绿色转型升级评价的研究[J]. 中国人口·资源与环境，2013，23（7）：34-41.

[7] 赵一平，孙启宏，段宁. 中国经济发展与能源消费响应关系研究[J]. 2006，27（3）：128-134.

附表 1 2016 年 333 个城市 PM$_{2.5}$ 与经济增长"脱钩"状况

状态		城市
脱钩	强脱钩	北京、天津、唐山、秦皇岛、邯郸、邢台、保定、张家口、承德、沧州、廊坊、衡水、运城、忻州、呼和浩特、包头、乌海、赤峰、通辽、鄂尔多斯、呼伦贝尔、巴彦淖尔、乌兰察布市、兴安盟、锡林郭勒盟、阿拉善盟、大连、葫芦岛、长春、吉林、辽源、通化、白山、松原、白城、延吉、哈尔滨、齐齐哈尔、鸡西、鹤岗、大庆、伊春、七台河、牡丹江、黑河、绥化、大兴安岭、上海、南京、无锡、徐州、常州、苏州、南通、连云港、淮安、盐城、扬州、镇江、泰州、宿迁、杭州、宁波、温州、嘉兴、湖州、绍兴、金华、衢州、舟山、台州、丽水、合肥、芜湖、蚌埠、马鞍山、淮北、铜陵、黄山、滁州、亳州、福州、厦门、莆田、三明、泉州、漳州、南平、龙岩、宁德、南昌、景德镇、萍乡、九江、鹰潭、上饶、抚州、济南、青岛、淄博、枣庄、东营、烟台、潍坊、济宁、泰安、威海、日照、莱芜、临沂、德州、聊城、滨州、菏泽、郑州、开封、平顶山、安阳、新乡、焦作、濮阳、许昌、漯河、三门峡、南阳、信阳、周口、驻马店、武汉、黄石、十堰、宜昌、襄阳、鄂州、荆门、孝感、荆州、黄冈、咸宁、随州、恩施、长沙、株洲、湘潭、衡阳、邵阳、岳阳、张家界、益阳、郴州、永州、怀化、娄底、湘西、广州、韶关、深圳、珠海、汕头、佛山、江门、湛江、茂名、肇庆、惠州、梅州、汕尾、河源、阳江、东莞、中山、潮州、揭阳、云浮、南宁、柳州、桂林、北海、防城港、贵港、玉林、百色、贺州、河池、来宾、崇左、海口、三亚、重庆、成都、自贡、攀枝花、德阳、遂宁、内江、乐山、南充、眉山、宜宾、广安、达州、马尔康、西昌、贵阳、六盘水、安顺、铜仁、毕节、昆明、保山、昭通、丽江、普洱、临沧、楚雄、文山、景洪、大理、六库、香格里拉、昌都、渭南、延安、汉中、榆林、安康、商洛、兰州、嘉峪关、金昌、白银、天水、武威、张掖、平凉、酒泉、庆阳、定西、陇南、临夏、合作、西宁、海东、海北、黄南、海南、果洛藏族自治州、玉树藏族自治州、海西、银川、石嘴山、吴忠、固原、中卫、乌鲁木齐、克拉玛依、吐鲁番地区、昌吉回族州、博尔塔拉蒙古州、巴音郭楞州、阿克苏地区、克孜勒苏柯尔克孜州、喀什地区、阿勒泰地区、伊犁哈萨克州、石河子、五家渠
	弱脱钩	太原、吕梁、淮南、安庆、宿州、宣城、新余、赣州、吉安、鹤壁、商丘、常德、梧州、钦州、泸州、绵阳、巴中、遵义、黔西南、凯里、曲靖、玉溪、潞西、山南、日喀则、林芝、宝鸡
	衰退脱钩	大同、沈阳、鞍山、抚顺、本溪、丹东、锦州、辽阳、盘锦、四平、双鸭山、六安
挂钩	扩张挂钩	石家庄、阳泉、长治、晋城、朔州、晋中、临汾、佳木斯、阜阳、池州、宜春、洛阳、清远、广元、雅安、资阳、康定、都匀、蒙自、拉萨、西安、铜川、咸阳
	弱挂钩	营口、阜新、铁岭、朝阳
	强挂钩	无

附表2 2015—2016年部分城市"脱钩"状态变化

序号	城市	2015年	2016年	2016年脱钩系数	2016年脱钩状况
1	北京	强脱钩	强脱钩	−1.2	脱钩
2	天津	强脱钩	强脱钩	−0.2	脱钩
3	石家庄	强脱钩	扩张挂钩	1.5	挂钩
4	唐山	衰退脱钩	强脱钩	−3.9	脱钩
5	秦皇岛	强脱钩	强脱钩	−0.6	脱钩
6	邯郸	强脱钩	强脱钩	−1.6	脱钩
7	邢台	强脱钩	强脱钩	−8 153.7	脱钩
8	保定	衰退脱钩	强脱钩	−0.9	脱钩
9	张家口	强脱钩	强脱钩	−0.8	脱钩
10	承德	强脱钩	强脱钩	−1.3	脱钩
11	沧州	强脱钩	强脱钩	−0.2	脱钩
12	廊坊	强脱钩	强脱钩	−2.4	脱钩
13	衡水	强脱钩	强脱钩	−0.8	脱钩
14	太原	强脱钩	弱脱钩	0.8	脱钩
15	大同	强脱钩	衰退脱钩	2.8	脱钩
16	阳泉	衰退脱钩	扩张挂钩	3.7	挂钩
17	长治	弱挂钩	扩张挂钩	1.6	挂钩
18	晋城	强脱钩	扩张挂钩	10.0	挂钩
19	朔州	弱挂钩	扩张挂钩	4.6	挂钩
20	晋中	强脱钩	扩张挂钩	2.0	挂钩
21	运城	强脱钩	强脱钩	−0.7	脱钩
22	忻州	强脱钩	强脱钩	−1.0	脱钩
23	临汾	衰退脱钩	扩张挂钩	6.7	挂钩
24	吕梁	弱挂钩	弱脱钩	0.5	脱钩
25	呼和浩特	强脱钩	强脱钩	−1.7	脱钩
26	包头	强脱钩	强脱钩	−2.6	脱钩
27	赤峰	强脱钩	强脱钩	−2.5	脱钩
28	鄂尔多斯	强脱钩	强脱钩	−2.4	脱钩
29	沈阳	强脱钩	衰退脱钩	3.7	脱钩
30	大连	强脱钩	强脱钩	−2.9	脱钩
31	鞍山	衰退脱钩	衰退脱钩	2.3	脱钩
32	抚顺	衰退脱钩	衰退脱钩	1.2	脱钩
33	本溪	衰退脱钩	衰退脱钩	1.2	脱钩

序号	城市	2015 年	2016 年	2016 年脱钩系数	2016 年脱钩状况
34	丹东	衰退脱钩	衰退脱钩	2.9	脱钩
35	锦州	衰退脱钩	衰退脱钩	1.2	脱钩
36	营口	强挂钩	弱挂钩	0.7	挂钩
37	盘锦	衰退脱钩	衰退脱钩	1.6	脱钩
38	葫芦岛	衰退脱钩	强脱钩	−116.7	脱钩
39	长春	强脱钩	强脱钩	−4.2	脱钩
40	吉林	强脱钩	强脱钩	−9.3	脱钩
41	哈尔滨	强脱钩	强脱钩	−4.2	脱钩
42	齐齐哈尔	强脱钩	强脱钩	−0.8	脱钩
43	大庆	强挂钩	强脱钩	−9.2	脱钩
44	牡丹江	衰退脱钩	强脱钩	−1.5	脱钩
45	上海	弱脱钩	强脱钩	−1.5	脱钩
46	南京	强脱钩	强脱钩	−2.0	脱钩
47	无锡	强脱钩	强脱钩	−1.6	脱钩
48	徐州	强脱钩	强脱钩	−0.8	脱钩
49	常州	强脱钩	强脱钩	−1.1	脱钩
50	苏州	强脱钩	强脱钩	−3.1	脱钩
51	南通	强脱钩	强脱钩	−2.1	脱钩
52	连云港	强脱钩	强脱钩	−1.6	脱钩
53	淮安	强脱钩	强脱钩	−0.8	脱钩
54	盐城	强脱钩	强脱钩	−1.4	脱钩
55	扬州	强脱钩	强脱钩	−0.7	脱钩
56	镇江	强脱钩	强脱钩	−1.6	脱钩
57	泰州	强脱钩	强脱钩	−0.8	脱钩
58	宿迁	强脱钩	强脱钩	−0.8	脱钩
59	杭州	强脱钩	强脱钩	−1.4	脱钩
60	宁波	强脱钩	强脱钩	−2.4	脱钩
61	温州	强脱钩	强脱钩	−1.5	脱钩
62	嘉兴	强脱钩	强脱钩	−2.5	脱钩
63	湖州	强脱钩	强脱钩	−1.9	脱钩
64	绍兴	强脱钩	强脱钩	−3.0	脱钩
65	金华	强脱钩	强脱钩	−2.2	脱钩
66	衢州	强脱钩	强脱钩	−0.3	脱钩
67	舟山	强脱钩	强脱钩	−1.1	脱钩
68	台州	强脱钩	强脱钩	−1.5	脱钩
69	丽水	强脱钩	强脱钩	−1.5	脱钩
70	合肥	强脱钩	强脱钩	−1.3	脱钩

序号	城市	2015 年	2016 年	2016 年脱钩系数	2016 年脱钩状况
71	芜湖	强脱钩	强脱钩	−0.9	脱钩
72	马鞍山	强脱钩	强脱钩	−2.1	脱钩
73	福州	强脱钩	强脱钩	−0.7	脱钩
74	厦门	强脱钩	强脱钩	−0.4	脱钩
75	泉州	强脱钩	强脱钩	0.0	脱钩
76	南昌	强脱钩	强脱钩	0.0	脱钩
77	九江	扩张挂钩	强脱钩	−0.2	脱钩
78	济南	弱脱钩	强脱钩	−2.2	脱钩
79	青岛	强脱钩	强脱钩	−1.5	脱钩
80	淄博	强脱钩	强脱钩	−2.4	脱钩
81	枣庄	强脱钩	强脱钩	−2.3	脱钩
82	东营	扩张挂钩	强脱钩	−25.8	脱钩
83	烟台	强脱钩	强脱钩	−2.2	脱钩
84	潍坊	强脱钩	强脱钩	−1.6	脱钩
85	济宁	强脱钩	强脱钩	−1.9	脱钩
86	泰安	强脱钩	强脱钩	−1.2	脱钩
87	威海	强脱钩	强脱钩	−1.5	脱钩
88	日照	强脱钩	强脱钩	−0.6	脱钩
89	莱芜	衰退脱钩	强脱钩	−2.3	脱钩
90	临沂	强脱钩	强脱钩	−1.9	脱钩
91	德州	强脱钩	强脱钩	−2.8	脱钩
92	聊城	弱脱钩	强脱钩	−1.8	脱钩
93	滨州	强脱钩	强脱钩	−1.3	脱钩
94	菏泽	强脱钩	强脱钩	−2.4	脱钩
95	郑州	扩张挂钩	强脱钩	−2.0	脱钩
96	开封	强脱钩	强脱钩	−0.3	脱钩
97	洛阳	强脱钩	扩张挂钩	1.1	挂钩
98	平顶山	强脱钩	强脱钩	−0.4	脱钩
99	安阳	弱挂钩	强脱钩	−0.3	脱钩
100	焦作	扩张挂钩	强脱钩	−0.3	脱钩
101	三门峡	强脱钩	强脱钩	−1.7	脱钩
102	武汉	强脱钩	强脱钩	−2.0	脱钩
103	宜昌	强脱钩	强脱钩	−1.2	脱钩
104	荆州	强脱钩	强脱钩	−1.7	脱钩
105	长沙	强脱钩	强脱钩	−1.4	脱钩
106	株洲	强脱钩	强脱钩	−1.0	脱钩
107	湘潭	强脱钩	强脱钩	−1.3	脱钩

序号	城市	2015 年	2016 年	2016 年脱钩系数	2016 年脱钩状况
108	岳阳	强脱钩	强脱钩	−1.0	脱钩
109	常德	强脱钩	弱脱钩	0.8	脱钩
110	张家界	强脱钩	强脱钩	−0.8	脱钩
111	广州	强脱钩	强脱钩	−0.9	脱钩
112	韶关	强脱钩	强脱钩	−0.5	脱钩
113	深圳	强脱钩	强脱钩	−0.9	脱钩
114	珠海	强脱钩	强脱钩	−1.6	脱钩
115	汕头	强脱钩	强脱钩	−0.7	脱钩
116	佛山	强脱钩	强脱钩	−0.3	脱钩
117	江门	强脱钩	强脱钩	0.0	脱钩
118	湛江	强脱钩	强脱钩	−0.8	脱钩
119	茂名	强脱钩	强脱钩	−0.8	脱钩
120	肇庆	强脱钩	强脱钩	−0.9	脱钩
121	惠州	强脱钩	强脱钩	0.0	脱钩
122	梅州	强脱钩	强脱钩	−2.1	脱钩
123	汕尾	强脱钩	强脱钩	−1.6	脱钩
124	河源	强脱钩	强脱钩	−0.5	脱钩
125	阳江	强脱钩	强脱钩	−0.6	脱钩
126	清远	强脱钩	扩张挂钩	1.1	挂钩
127	东莞	强脱钩	强脱钩	−0.3	脱钩
128	中山	强脱钩	强脱钩	−1.4	脱钩
129	潮州	强脱钩	强脱钩	−1.8	脱钩
130	揭阳	强脱钩	强脱钩	0.0	脱钩
131	云浮	弱脱钩	强脱钩	0.0	脱钩
132	南宁	强脱钩	强脱钩	−1.4	脱钩
133	柳州	强脱钩	强脱钩	−1.5	脱钩
134	桂林	强脱钩	强脱钩	−1.2	脱钩
135	北海	强脱钩	强脱钩	−0.3	脱钩
136	海口	强脱钩	强脱钩	−0.5	脱钩
137	三亚	强脱钩	强脱钩	−1.9	脱钩
138	重庆	强脱钩	强脱钩	−0.4	脱钩
139	成都	强脱钩	强脱钩	−0.1	脱钩
140	自贡	强脱钩	强脱钩	0.0	脱钩
141	攀枝花	强脱钩	强脱钩	0.0	脱钩
142	泸州	强脱钩	弱脱钩	0.3	脱钩
143	德阳	强脱钩	强脱钩	0.0	脱钩
144	绵阳	强脱钩	弱脱钩	0.6	脱钩

序号	城市	2015 年	2016 年	2016 年脱钩系数	2016 年脱钩状况
145	南充	强脱钩	强脱钩	−0.7	脱钩
146	宜宾	强脱钩	强脱钩	−0.4	脱钩
147	贵阳	强脱钩	强脱钩	−0.6	脱钩
148	遵义	强脱钩	弱脱钩	0.4	脱钩
149	昆明	强脱钩	强脱钩	−0.8	脱钩
150	曲靖	衰退脱钩	弱脱钩	0.4	脱钩
151	玉溪	强脱钩	弱脱钩	0.8	脱钩
152	拉萨	弱脱钩	扩张挂钩	2.3	挂钩
153	西安	强脱钩	扩张挂钩	2.9	挂钩
154	铜川	衰退脱钩	扩张挂钩	1.2	挂钩
155	宝鸡	强脱钩	弱脱钩	0.4	脱钩
156	咸阳	强脱钩	扩张挂钩	2.7	挂钩
157	渭南	强脱钩	强脱钩	20.0	脱钩
158	延安	强脱钩	强脱钩	1.1	脱钩
159	兰州	强脱钩	强脱钩	0.5	脱钩
160	嘉峪关	强脱钩	强脱钩	1.4	脱钩
161	金昌	强脱钩	强脱钩	1.4	脱钩
162	西宁	强脱钩	强脱钩	0.0	脱钩
163	银川	强脱钩	强脱钩	1.1	脱钩
164	石嘴山	强脱钩	强脱钩	−0.3	脱钩
165	乌鲁木齐	强脱钩	强脱钩	2.3	脱钩
166	克拉玛依	强脱钩	强脱钩	2.0	脱钩
167	巴音郭楞州	强脱钩	强脱钩	−1.8	脱钩

国家环境承载力评估监测预警机制研究

Study on the Evaluation，Monitoring and Early- warning System of Environmental Carrying Capacity

王金南 蒋洪强 刘年磊 卢亚灵 杨 勇

摘 要 本文系统梳理了关于环境承载力基本理论、评价方法、预警方法、多目标调控方法以及试点评价、平台开发等方面的研究成果，初步建立了环境承载力评价监测预警技术方法体系。在此基础上，分析提出了开展环境承载力监测预警机制研究过程中所面临的问题与挑战，同时从工作规程、技术方法、地方试点、全国推广、平台开发等方面提出了对策建议，为加快推进全国环境承载力监测预警机制建立提供重要技术支撑。

关键词 环境承载力 评估 监测预警 系统平台

Abstract This paper systematically organizes the research results of basic theory，evaluation methods，early warning methods，multi-objective control methods，pilot evaluation and platform development of environmental carrying capacity，then initially establishes a system and method for monitoring and early warning of environmental carrying capacity evaluation. On this basis，the analysis puts forward the problems and challenges in the process of developing the monitoring and early warning mechanism of environmental carrying capacity，and proposes countermeasures from the aspects of work procedures，technical methods，local pilots，national promotion，platform development，etc. Finally，it provides important technical support for accelerating the establishment of a national monitoring and early warning mechanism for environmental carrying capacity.

Key words environmental carrying capacity，evaluation，monitoring and early- warning，system platform

　　近几十年来，中国经济社会高速发展，但过度依赖高资源消耗、高污染排放的粗放型发展方式，导致环境污染和生态破坏问题突出，资源环境越来越成为经济社会发展的制约"瓶颈"，深刻地影响着我国现代化进程。如何科学衡量资源环境对经济社会发展的承载能力，提出适合中国国情、适应不同区域自然条件和社会经济发展水平的资源环境承载力空间规划与优化模式，有效解决日趋严重的资源环境问题，已成为中央及各级政府关注的重大议题。

1 研究背景

党的十八届三中全会通过的《中共中央关于全面深化改革若干重大问题的决定》明确指出："建立资源环境承载能力监测预警机制，对水土资源、环境容量和海洋资源超载区域实行限制性措施。"资源环境承载力监测预警机制的建立成为全面深化生态文明体制改革的一项重大任务。此项工作由国家发展和改革委员会牵头，包括环境保护部在内的 12 个部门参加。环境保护部主要负责建立环境承载能力监测预警机制，具体由环境保护部环境规划院作为技术支撑单位开展相关工作。2014 年年底，经国务院同意，国家发展和改革委联合环境保护部等 12 个部门印发了《关于印发建立资源环境承载能力监测预警机制的总体构想和工作方案的通知》。中国科学院地理科学与资源研究所作为技术牵头单位，联合环境保护部环境规划院、中国土地勘测规划院、水利部水利水电规划设计总院、中国农业科学院、国家海洋环境监测中心、北京林业大学、中科院生态中心等研究机构进行联合技术攻关。

2014 年以来，按照国家发展和改革委员会的统一安排和部署，在环境保护部的组织指导下，环境规划院作为主要技术支撑单位，深入开展了环境承载力评价方法、预警方法、多目标优化调控方法以及平台开发框架等相关研究，取得了一系列研究成果。2014 年，编制完成《2013 年度全国环境承载能力评价报告》。2015 年，重点开展技术方法研究，编制完成《环境承载能力评估指标与方法研究报告》，并配合中国科学院完成《全国资源环境承载能力监测预警技术方法》，开展了河北省试点地区环境承载力评价工作。2016 年，开展了京津冀区域试评价工作，编制完成《京津冀区域环境承载能力试点评估报告》，参与编写了国家发展和改革委员会会同环境保护部在内的 12 个部门联合下发的《资源环境承载能力监测预警技术方法（试行）》。2017 年，配合完成《中共中央办公厅 国务院办公厅关于建立资源环境承载能力监测预警长效机制的若干意见》，同时初步编写完成《长江经济带环境承载能力试点评价报告》。

本报告系统梳理了关于环境承载力的基本理论、评价方法、预警方法、多目标调控方法以及试点评价、平台开发等方面的研究成果，初步建立了环境承载力评价监测预警技术方法体系。在此基础上，分析提出了开展环境承载力监测预警机制研究过程中所面临的问题与挑战，同时从工作规程、技术方法、地方试点、全国推广、平台开发等方面提出了对策建议，为加快推进全国环境承载力监测预警机制建立提供重要技术支撑。

2 环境承载力的概念与特征

2.1 概念与特征

"承载力"一词最早在生态学的应用为畜牧业领域，其特定含义是指在某一环境条件下，某种生物个体可存活的最大数量[1]。随着工业经济的迅速发展，对自然资源的需求量也越来越大，人类开始意识到自然资源是有限的。20 年代 70 年代以后，人口、经济、资源与环境等全球性问题日益突出，人口承载力、资源承载力、环境承载力、矿产资源承载力的研究也应运而生[2]，并受到世界各国的普遍重视与广泛应用。

目前，环境承载力并没有统一的定义方式，最常见的是从"阈值"角度定义，环境承载力是指在一定时期、一定状态或条件下、一定区域范围内，在维持区域环境系统结构不发生质的变化、环境功能不遭受破坏的前提下，区域环境系统所能承受的人类各种社会经济活动的能力[3]，即环境对区域社会经济发展的最大支持能力，是环境的基本属性和有限的自我调节能力的量度。

环境承载力概念是随着人类对环境问题认识的不断深入以及环境科学的发展而被提出的，其理论雏形源自于环境容量。环境承载力的大小可用人类活动（或指人类活动导致的污染物排放）的规模、强度、速度等指标表示。由于环境容量仅反映了环境消纳污染物的一个功能，因而，也可以把它作为一种狭义的环境承载力。

2.2 研究实践进展

国外承载力相关的研究由来已久，涉及范围不断扩大，经历了由单一要素向综合要素、由静态到动态的过程。18 世纪 80 年代，马尔萨斯（Malthus T R）即开始研究周围环境因素（主要是食物）对人口规模的约束。其名著《人口原理》假设食物是限制人口增长的唯一因素，提出食物呈线性增长对人口呈指数增长的第一个承载力研究的基本框架，即根据限制因子的状况，得出研究对象的极限数量，此后这一框架被生态学、人口学、地理学等学科广泛采纳[4]。承载力最初被引进区域环境系统，是在生态学领域，主要是研究在某种环境条件下某种生物个体可存活的最大数量的潜力[1]。20 世纪 70 年代以后，扩展到资源环境与社会经济相关联的领域[2]。1986 年，Catton 定义了"环境承载力"的概念，后来国外很多学者把它引申为生态承载力。90 年代初，加拿大生态经济学家 William 和 Wackernagel 提出"生态足迹"（ecological footprint）的概念，使承载力的研究从生态系统中的单一要素转向整个生态系统[5,6]。

任美锷先生是我国最早注意到承载力研究重要性的学者。在 20 世纪 40 年代末任美锷先生通过对四川省农作物生产力分布的地理研究，首先计算了以农业生产力为基础的土地承载力。1986 年中国科学院综考会等多家科研单位联合开展的"中国土地生产潜力及人口承载量研究"是我国迄今为止进行的较为全面的土地承载力方面的研究[7]。随着研究的深入，80 年代末，我国承载力研究大多不再局限于某一种资源，而是更强调综合性，如资源与环境综合承载力、地理环境人口承载潜力、生存空间人口承载力、区域承载力等[2]。国家"七五"重点科研项目"我国沿海新经济开发区环境的综合研究——福建省湄洲湾开发区环境规划综合研究"是较早将环境承载力与产业结构和生产力布局相结合的研究。此后，针对大气、水等环境要素，我国进行了多项相关研究工作，形成多种不同方法。

关于大气环境承载力评价，目前主要有指数评价法、承载率评价法等。指数评价法是目前环境承载力量化评价中应用较多的一种，根据各项评价指标的具体数值，应用统计学方法或其他数学方法得到可以用于评价研究区域社会经济与环境状况协调程度的综合环境承载力指数。目前用于计算环境承载力指数的方法主要有矢量模法、模糊评价法、主成分分析法等[8,9]。刘伟等[10]通过从大气环境、污染控制、社会经济 3 个层面构建指标体系，然后采用层次分析法进行区域大气环境承载力评价。承载率评价法需要通过计算大气环境承载率来评价大气环境承载力的大小。承载率是指区域环境承载量与该区域环境承载量阈值的比值，环境承载量阈值是容易得到的理论最佳值或预期要达到的目标值（标准值）。目前常用的承载率评价法有两种，一种是污染物排放量与环境容量承载率评价法，刘龙华等通过计算福建省大气环境容量，进而与排放量对比进行了我国省级区域大气环境承载力评价[11]；另一种是环境质量与环境质量标准承载率评价法，张静等[12]采用该方法进行了我国城市群大气环境承载力评价，该方法简便易行，应用广泛。

关于水环境承载力评价，主要包括指标体系评价法、系统动力学法、多目标最优化法、人工神经网络法等量化研究方法。例如，张文国等[13]研究指出，模糊优选模型较矢量模法能够更好地反映水环境承载力问题的实质；李如忠等[14]针对水环境承载力评价模糊优选模型和矢量模法存在的不足，建立了区域水环境承载力评价的模糊随机优选模型；汪彦博等[15]采用系统动力学方法，建立了石家庄市水环境承载力的模型，并对承载力指标进行量化；涂峰武等[16]以西洞庭湖为例，构建了湖泊流域水环境承载力模型，预测分析其水资源承载力；王俭等[17]从阈值角度出发，建立了基于人工神经网络的区域水环境承载力评价模型，并将其应用于辽宁省水环境承载力评价研究中；赵卫等[18]以辽宁省境内辽河流域为例，运用多目标规划建立水环境承载力模型，并结合情景分析法，分析了排污结构和用水结构对水环境承载力的影响，以探寻水环境承载力的优化方案；李新等[19]构建湖泊水环境承载力多目标优化模型及指标体系，并运用指标体系评价与层次分析（AHP）相结合的方法，计算洱海流域水环境承载力。

目前，国内外对于环境承载力概念以及评估理论和方法尚没有统一的认识，评估方法繁杂多样，总结归纳目前应用较为广泛的评估方法主要包括两大类：①基于指标体系的环境承载力评估方法；②基于宏观数据的环境承载力评估方法。基于宏观数据的环境承载力评估方法主要是基于社会经济规模，该方法认为环境承载力的量化评估就是求取区域内给定环境状况下所能支撑的社会经济规模最大值的最优化问题。从两大类方法比较分析来看，指标体系方法简单易行、结果最为直观，但存在主观性强、评估结果缺乏对社会经济系统与环境系统之间的动态联系等缺点。而基于宏观数据的环境承载力评估方法优点在于将环境质量和经济规划相结合，一定程度上体现了承载力的内涵和本质，但是以复杂的人类活动为评估对象给环境承载力的量化评估带来很大困难，可操作性不强，实施难度很大。

本书中讨论的环境承载力主要聚焦于大气、水环境承载力角度，选择不同指标，构建基于环境污染因子的评价指标体系，包括两种方法：基于污染物排放浓度-环境质量的方法，即通过计算超载率衡量环境承载力状况；基于污染物排放总量-环境容量的方法，即通过计算承载率（污染物排放量与其环境容量的比值）衡量环境承载力状况。

3 环境承载力评估监测预警方法

3.1 评估方法

3.1.1 基于环境质量的方法

（1）大气评估方法。根据现行空气质量评估体系，构建大气环境承载力评价指标体系，以各指标年均监测浓度与标准限值之差作为各要素环境超载量，以各指标的标准限值来表征大气环境系统所能承受人类各种社会经济活动的阈值［大气污染物指标限值采用《环境空气质量标准》（GB 3095—2012）中规定的二级浓度限值］，即通过计算大气污染物浓度超标指数衡量大气环境承载力状况。主要大气污染物指标包括二氧化硫（SO_2）、二氧化氮（NO_2）、一氧化碳（CO）、臭氧（O_3）、可吸入颗粒物（PM_{10}）和细颗粒物（$PM_{2.5}$）六项。

单指标大气污染物浓度超标指数。以各项污染物的标准限值表征环境系统所能承受人类各种社会经济活动的阈值［限值采用《环境空气质量标准》（GB 3095—2012）中规定的各类大气污染物浓度限值二级标准］，不同区域各项污染指标的超标指数计算公式如下：

$$R_{气ij} = C_{ij} / S_i - 1 \tag{1}$$

式中：$R_{气ij}$——区域 j 内第 i 项大气污染物浓度超标指数；

C_{ij}——该污染物的年均浓度监测值；

S_i——该污染物浓度的二级标准限值；

i=1，2，…，6，分别对应 SO_2、NO_2、PM_{10}、CO、O_3、$PM_{2.5}$。

区域大气污染物浓度超标指数。计算公式如下：

$$R_{气j} = \max_i \left(R_{气ij} \right) \tag{2}$$

式中：$R_{气j}$——区域 j 的大气污染物浓度超标指数，其值为各类大气污染物浓度超标指数的最大值。

（2）水评估方法。根据地表水环境质量评价标准，选取主要有机污染因子，构建水环境承载力评价指标体系，以各指标年均监测浓度与标准限值之差作为各要素水环境超载量，以各指标的标准限值来表征水环境系统所能承受人类各种社会经济活动的阈值［水污染物指标限值采用《地表水环境质量标准》（GB 3838—2002）中规定的Ⅲ类水质标准］，即通过计算水污染物浓度超标指数衡量水环境承载力状况。主要水污染物指标包括高锰酸盐指数（COD_{Mn}）、五日生化需氧量（BOD_5）、化学需氧量（COD_{Cr}）、氨氮（NH_3-N）、总氮（TN）和总磷（TP）六项，考虑河流和湖库在区域地表水环境质量评价中的差异性，进一步选取相应评价指标，如对于评价区域中的河流选择除总氮（TN）以外的五项指标进行评价，湖库则选择上述六项指标进行评价。

单项水污染物浓度超标指数。以各控制断面 COD_{Mn}、BOD_5、COD_{Cr}、NH_3-N、TN、TP 等主要污染物年均浓度与该项污染物水质标准限值的差值作为水污染物超标量。标准限值采用《地表水环境质量标准》（GB 3838—2002）中规定的各类水污染物浓度的Ⅲ类水质标准限值。计算公式如下：

$$R_{水ijk} = C_{ijk} / S_{ik} - 1 \qquad (3)$$

$$R_{水ij} = \sum_{k=1}^{N_j} R_{水ijk} \Big/ N_j, \ i=1,2,\cdots,6 \qquad (4)$$

式中：$R_{水ijk}$——区域 j 第 k 个断面第 i 项水污染物浓度超标指数；

$R_{水ij}$——区域 j 第 i 项水污染物浓度超标指数；

C_{ijk}——区域 j 第 k 个断面第 i 项水污染物的年均浓度监测值；

S_{ik}——第 k 个断面第 i 项水污染物的水质标准限值；

$i=1$，2，…，6，分别对应 COD_{Mn}、BOD_5、COD_{Cr}、NH_3-N、TN、TP；

k——某一控制断面，$k=1$，2，…，N_j；

N_j——区域 j 内控制断面个数。

式（3）中，当 k 为河流控制断面时，k 取 1，2，3，4，6；当 k 为湖库控制断面时，k 取 1，2，…，6。

区域水污染物浓度超标指数。计算公式如下：

$$R_{水jk} = \max_i \left(R_{水ijk} \right) \qquad (5)$$

$$R_{水j} = \sum_{k=1}^{N_j} R_{水jk} \Big/ N_j \qquad (6)$$

式中：$R_{水jk}$——区域 j 第 k 个断面的水污染物浓度超标指数；

$R_{水j}$——区域 j 的水污染物浓度超标指数。

（3）环境综合评估方法。由于大气、水是不同的环境要素，不宜采用加权平均等综合方法进行综合评价，因此，本报告采用极大值模型进行污染物浓度的综合超标指数计算。计算公式如下：

$$R_j = \max\left(R_{\text{气}j}, R_{\text{水}j}\right) \tag{7}$$

式中：R_j——区域 j 的污染物浓度综合超标指数；

　　　$R_{\text{气}j}$——区域 j 的大气污染物浓度超标指数；

　　　$R_{\text{水}j}$——区域 j 的水污染物浓度超标指数。

3.1.2　基于环境容量的方法

（1）大气评估方法。以环境容量为基础进行承载力计算的过程较复杂，其技术流程主要包括污染因子的确定、模型选取、大气污染物环境容量和排放量核算、大气环境承载力计算、超载成因分析等主要步骤。大气环境承载率为大气污染物排放量与环境容量的比值。

单指标大气环境承载率。以评价单元 SO_2、NO_x 和一次 $PM_{2.5}$ 等主要污染物的年排放量与各项污染物的环境容量为基础数据，计算不同单元各项污染指标的环境承载率：

$$R_{\text{气}ij} = P_{ij}/Q_{ij} \tag{8}$$

式中：$R_{\text{气}ij}$——某地 j 的某种污染物 i 的大气环境承载率；

　　　P_{ij}——该污染物年排放量；

　　　Q_{ij}——该污染物环境容量；

　　　$i=1$，2，3，分别代表 SO_2、NO_x、一次 $PM_{2.5}$。

大气环境综合承载指数[①]：

$$R_{\text{气}j} = 0.25 \times R_{\text{气}SO_2 j} + 0.25 \times R_{\text{气}NO_x j} + 0.50 \times R_{\text{气}PM_{2.5}j} \tag{9}$$

式中：$R_{\text{气}j}$——某地 j 的大气环境承载指数，其值为 3 项大气污染物环境承载指数的加权值。

根据前面总结，新形势下大气环境容量计算是评估的关键，以城市/区域空气质量达标下的第三代空气质量模型模拟较为准确。其技术流程主要包括：污染因子的确定、模型选取、排放清单编制、大气污染物环境容量迭代计算。本书的大气环境容量，采用第三代空气质量模型反算，以区域/城市空气质量达标下为约束条件，评价的空间单元以城市/区域尺度为主。大气污染物排放量核算以环统数据为基础。通过环统数据可获得市域单元 SO_2、NO_x、烟粉尘排放量，然后根据烟粉尘计算一次 $PM_{2.5}$ 排放量。技术路线见图1。

---

① 大气环境综合承载指数采取二氧化硫、氮氧化物、细颗粒物的加权和来表征，是因为不同污染物之间存在化学反应与转化，二氧化硫、氮氧化物是细颗粒物的前体物，所以某一地区即使二氧化硫、氮氧化物浓度达标，而颗粒物不达标，也不能说明二氧化硫、氮氧化物排放量在容量范围内，因此不能简单地用取最大值法计算大气综合承载指数。而水的两个指标，COD 和氨氮则不存在这种情况。

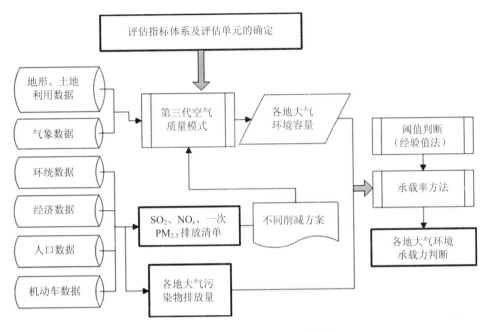

图 1　大气环境承载力评估技术路线

（2）水评估方法。以水环境容量核算为基础，采用承载率评估方法，即通过计算各主要水污染物排放量与其水环境容量的比值来衡量水环境承载力状况。选取 COD 和氨氮作为水环境承载力评价的主要指标，即作为水环境容量核算的主要计算指标，湖库增加总磷和总氮指标。以上 4 项关键水质指标，构成水环境承载力综合评价的指标体系。基于环境容量的水环境承载力评价技术流程主要包括关键污染因子识别、水质模型选取、主要水污染物环境容量和排放量核算、水环境承载力计算、超载成因分析等主要步骤。技术路线见图 2。

水环境容量核算。通过对水环境功能区和水功能区的整编避免工作内容交叉重叠造成的管理混乱，合理确定各流域水系水体的水质保护目标和使用功能。根据不同类型水域特征、污染源水陆对应关系以及水污染物排放的分类调查，选取合适的水质模型和水环境容量模型，建立污染源-水环境质量的输入响应关系，通过模型正向模拟，核算不同水域达到功能区水质目标要求的水环境容量，校核、分析、确定各功能区、河流、控制单元、控制区、流域、各级行政单元等不同层次的水环境容量。水环境容量计算过程可按照以下 7 个步骤进行：

☞ 功能区整编：水环境功能区和水功能区的整编主要包括区划河段数据校准编码、两区划叠加部分识别与分离和水质目标的匹配衔接。基本思路是把两功能区在 GIS 中叠加到一起，重叠部分采用高标准要求，就高不就低的原则确定水质目标，不重叠的部分采用原有区划的水质目标。最后再把重叠部分和不重叠部分叠加到一起，形成环保部门和水利部门均认可的流域功能区划。

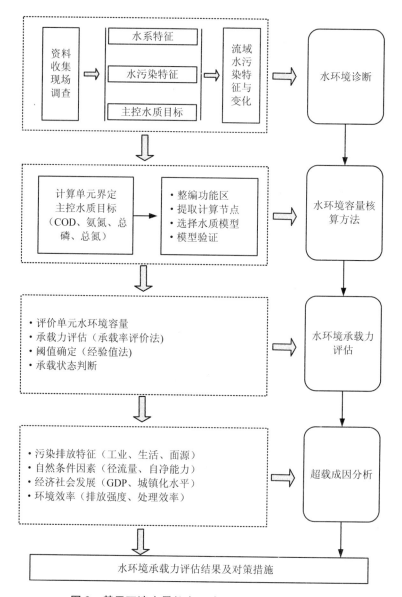

图2　基于环境容量的水环境承载力评估技术路线

☞　基础资料调查与评价：包括调查与评价水域水文资料（流速、流量、水位、体积等）和水域水质资料（多项污染因子的浓度值），同时收集水域内的排污口资料（废水排放量与污染物浓度）、支流资料（支流水量与污染物浓度）、取水口资料（取水量、取水方式）、污染源资料等（排污量、排污去向与排放方式），并进行数据一致性分析，形成数据库。

☞　选择控制点（或边界）：根据整编后的功能区划和水域内的水质敏感点位置分析，确定水质控制断面的位置和浓度控制标准。对于包含污染混合区的环境问题，则需根据环境管理的要求确定污染混合区的控制边界。

☞ 确定设计条件：主要包括计算单元的划分、控制节点（控制断面）的选取、水文条件的设定、边界条件的设定、排污方式的概化。

☞ 选择水质模型：根据水域扩散特性的实际情况，选择建立零维、一维或二维水质模型，在进行各类数据资料的一致性分析的基础上，确定模型所需的各项参数。

☞ 水环境容量计算分析：应用设计水文条件和上下游水质限制条件进行水质模型计算，利用试算法（根据经验调整污染负荷分布反复试算，直到水域环境功能区达标为止）或建立线性规划模型（建立优化的约束条件方程）等方法确定水域的水环境容量。

☞ 合理性分析和检验：水环境容量核算的合理性分析和检验应包括基本资料的合理性分析、计算条件简化和假定的合理性分析、模型选择与参数确定的合理性分析和检验，以及水环境容量计算成果的合理性分析检验。

单指标水环境承载率。以各项水污染物的环境容量来表征水环境系统所能承受人类各种社会经济活动的阈值，不同评价单元内各项污染指标的水环境承载率计算公式如下：

$$R_{水ij} = C_{ij}/W_i \qquad (10)$$

式中： $R_{水ij}$ —— 第 j 个评价单元第 i 项水污染物的承载率；

C_{ij} —— 第 j 个评价单元第 i 项水污染物的年排放量；

W_i —— 第 i 项水污染物的环境容量；

i —— 污染物，$i=1,2,3,4$，分别对应 COD、NH$_3$-N、TP、TN；

j —— 评价单元。

水环境承载力综合评价模型。本书通过借鉴单因子水质评价方法构建水环境承载力综合评价模型：

$$R_{水j} = \max_i \left(R_{水ij} \right) \qquad (11)$$

式中： $R_{水j}$ —— 第 j 个评价单元的水环境综合承载率；

$R_{水ij}$ —— 第 j 个评价单元第 i 项水污染物的承载率。

（3）环境综合评估方法。环境承载力同样采用承载率评价方法进行评估，环境承载率是大气和水环境因子承载率的综合，本书将考虑选择极大值模型进行综合评价：

$$R_j = \max \left(R_{气j}, R_{水j} \right) \qquad (12)$$

式中： R_j —— 某评价单元 j 的环境综合承载率；

$R_{气j}$ —— 某评价单元 j 的大气环境综合承载率；

$R_{水j}$ —— 某评价单元 j 的水环境综合承载率。

3.2　预警方法

3.2.1　阈值确定

根据污染物浓度综合超标指数或环境综合承载率，将环境承载力评价结果划分为超载、临界超载和不超载三种类型。污染物浓度超标指数或环境综合承载率越小，表明区域环境系统对社会经济系统的支撑能力越强。研究经验表明，当 $R_j>0$ 时，环境处于超载状态；当 R_j 在 $-0.2\sim0$ 时，环境处于临界超载状态；当 $R_j<-0.2$ 时，环境处于不超载状态。对于大气环境承载力、水环境承载力单要素，同样采用上述阈值确定方法。

3.2.2　监测预警指标

3.2.2.1　大气环境承载力监测预警指标

（1）直接监测预警指标。与大气环境承载力评价指标相对应，即基于环境质量的大气环境承载力监测预警指标包括二氧化硫（SO_2）、二氧化氮（NO_2）、一氧化碳（CO）、臭氧（O_3）、可吸入颗粒物（PM_{10}）和细颗粒物（$PM_{2.5}$）六项指标年均浓度，基于环境容量的大气环境承载力监测预警指标包括 SO_2、NO_x 和一次 $PM_{2.5}$ 等主要大气污染物的年排放量。

（2）间接监测预警指标。是指从经济社会、能源、环境领域选取与大气环境承载力状态密切相关的关键指标，间接用于大气环境承载力监测预警。基于科学性、可操作性、约束性原则，建立大气环境承载力监测预警指标体系，以评估并预警大气环境对城市发展规模、能源结构、产业结构及布局的支撑能力，可作为大气环境承载力调控的核心指标。具体如下：

- 经济社会类监测预警指标：第一产业国内生产总值、第二产业国内生产总值、第三产业国内生产总值、机动车保有量、城镇人口数、农村人口数等。
- 能源类监测预警指标：能源消费总量、单位产值（工业/农业）能源消费量、人均（城镇/农村）能源消费量。
- 环境类监测预警指标：工业主要大气污染物去除率、单位工业增加值主要大气污染物排放强度、机动车主要大气污染物排放强度、农业氨排放强度、交通道路和施工工地扬尘排放强度、人均（城镇/农村）主要大气污染物排放量。

3.2.2.2　水环境承载力监测预警指标

（1）直接监测预警指标。与水环境承载力评价指标相对应，即基于环境质量的水环境承载力监测预警指标包括高锰酸盐指数（COD_{Mn}）、五日生化需氧量（BOD_5）、化学需氧量（COD_{Cr}）、氨氮（$NH_3\text{-}N$）、总氮（TN）和总磷（TP）六项指标年均浓度，基于环境容量的水环境承载力监测预警指标包括 COD_{Cr}、$NH_3\text{-}N$、TN 和 TP 等主要水污染物的年排放量。

（2）间接监测预警指标。是指从经济社会、资源、环境领域选取与水环境承载力状态密切相关的关键指标，间接用于水环境承载力监测预警。基于科学性、可操作性、约束性原则，建立水环境承载力监测预警指标体系，以评估并预警水环境对城市发展规模、产业结构及布局的支撑能力，可作为水环境承载力调控的核心指标。具体如下：

- ☞ 经济社会类监测预警指标：第一产业国内生产总值、第二产业国内生产总值、第三产业国内生产总值、城镇人口数、农村人口数。
- ☞ 资源类监测预警指标：水资源消耗总量、水资源开发利用率、单位产值（工业/农业）水资源消耗量及人均（城镇/农村）用水定额。
- ☞ 环境类监测预警指标：工业主要水污染物去除率、农业主要水污染物去除率、城镇生活及农村生活污水处理率、城镇生活及农村生活主要水污染物去除率；单位产值（工业/农业）主要水污染物排放强度、人均（城镇/农村）主要水污染物排放量。

3.2.3　预警方法

在环境承载力动态评价基础上，根据超载类型和承载状态的发展趋势，对环境承载力进行预警。

3.2.3.1　发展趋势评价

根据动态的承载状态评价结果，将发展趋势划分为变优、稳定、变劣3种类型，指标及划分标准见表1。采用"短板效应"原理进行发展趋势的综合评价。

表 1　环境承载状态发展趋势预警分级标准

指标项	发展趋势类型		
	变优	稳定	变劣
大气环境承载力监测指标	减少5%以上	波动范围在5%以内	增加5%以上
水环境承载力监测指标	增加5%以上	波动范围在5%以内	减少5%以上
综合评价	采用"短板效应"原理		

3.2.3.2　预警级别确定

对于不同超载类型区域，通过组合承载状态级别和发展趋势类型来进行承载状态综合预警，并划分为红色（极重警）、橙色（重警）、黄色（中警）、蓝色（轻警）、绿色（无警）5个预警级别（表2）。

表 2　承载状态综合预警级别划分依据

预警级别		承载状态级别		
		不超载	临界超载	超载
发展趋势类型	变优	绿色	黄色	红色
	稳定	绿色	蓝色	红色
	变劣	绿色	蓝色	橙色

3.3 多目标调控方法

基于环境承载力影响因素识别以及环境容量核算结果，从经济社会、资源环境角度出发，以区域国内生产总值最大、区域人口规模最大、大气及水污染物排放量最小为目标，以产业发展规模、人口发展规模、水环境容量、大气环境容量、水资源利用、能源利用等为约束条件，构建多目标环境承载力优化调控模型，以定量评估资源环境对区域发展规模、能源结构、产业结构及布局的支撑能力，进而提出环境承载力约束下的经济、人口、重点行业规模、单位产值排放强度、能源消费强度、水资源消耗强度等指标的优化调控方案。具体技术路线见图3。

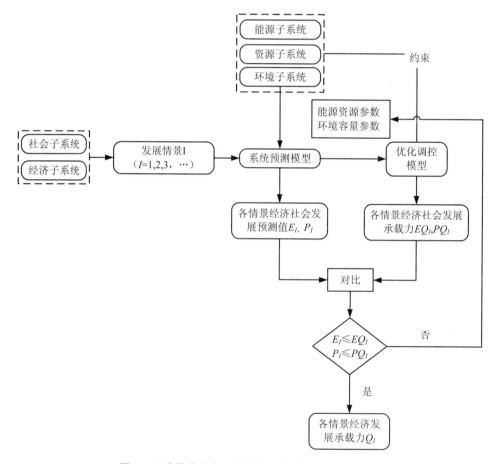

图3 环境承载力多目标优化调控模型构建技术路线

3.3.1 目标函数

环境承载力优化调控的目标函数是保证整个研究区域的经济效益和人口规模最大化，同时确保水和大气污染物排放量最小化。

（1）区域国内生产总值最大化。

$$\text{Max } Z_1 = \sum_{j=1}^{M} \left(\sum_{i=1}^{N} OV_{ji} + \sum_{i=1}^{N'} OV'_{ji} \right) \Bigg/ r_j + \sum_{j=1}^{M} AV_j + \sum_{j=1}^{M} SV_j \tag{13a}$$

式中：Z_1——研究区域内各行政单元国内生产总值之和；

$\quad\quad OV_{ji}$——行政单元 j 的重点产业 i 的产值，这里重点行业是指研究区域重点水污染
    排放行业，如造纸、石油、化工、纺织、食品等；

$\quad\quad OV'_{ji}$——行政单元 j 的重点产业 i 的产值，这里重点行业是指研究区域重点大气污
    染排放行业，如电力、钢铁、水泥、汽车制造等；

$\quad\quad AV_j$——行政单元 j 的第一产业生产总值；

$\quad\quad SV_j$——行政单元 j 的第三产业生产总值；

$\quad\quad r_j$——行政单元 j 内重点工业行业生产总值占第二产业生产总值的比例；

$\quad\quad M$——研究区域内的行政单元个数；

$\quad\quad N$、N'——分别为每个行政单元内的重点水、大气污染物排放产业数。

（2）区域人口规模最大化。

$$\text{Max } Z_2 = \sum_{j=1}^{M} \left(UP_j + RP_j \right) \tag{13b}$$

式中：Z_2——研究区域内各行政单元人口数之和；

$\quad\quad UP_j$——行政单元 j 内城镇常住人口数；

$\quad\quad RP_j$——行政单元 j 内农村人口数。

（3）区域水污染物排放量最小化。

$$\text{Min } Z_{3k} = \sum_{j=1}^{M} UWECC_{jk} \tag{13c}$$

式中：Z_{3k}——第 k 种水污染物排放量；

$\quad\quad UWECC_{jk}$——行政单元 j 第 k 种水污染物的排放量；

$\quad\quad k=1$，2，分别对应 COD、氨氮。

（4）区域大气污染物排放量最小化。

$$\text{Min } Z_{4k} = \sum_{j=1}^{M} UAECC_{jk} \tag{13d}$$

式中：Z_{4k}——第 k 种大气污染物排放量；

$\quad\quad UAECC_{jk}$——行政单元 j 第 k 种大气污染物的排放量；

$\quad\quad k=1$，2，3，分别对应 SO_2、NO_x、$PM_{2.5}$。

3.3.2　约束条件

环境承载力优化调控的约束条件主要包括产业发展规模约束、人口规模约束、不同污染来源的大气及水环境容量约束、水资源利用及能源消耗上限约束等。

（1）产业发展规模约束。产业发展规模的下限约束：某类产业的产值不为负数，或者

产业产值不低于参照年的产值。由于受到自然资源、劳动力资源、投资力度、产品需求、区域产业发展均衡需求等条件的限制，产业发展规模也存在上限约束。即：

$$0 \leqslant OV_{ji} \leqslant OV_{ji}^1 \text{ 或 } OV_{ji}^0 \leqslant OV_{ji} \leqslant OV_{ji}^1 \tag{13e}$$

$$0 \leqslant OV_{ji}^{'} \leqslant OV_{ji}^{1'} \text{ 或 } OV_{ji}^{0'} \leqslant OV_{ji}^{'} \leqslant OV_{ji}^{1'} \tag{13f}$$

$$0 \leqslant AV_j \leqslant AV_j^1 \text{ 或 } AV_j^0 \leqslant AV_j \leqslant AV_j^1 \tag{13g}$$

$$0 \leqslant SV_j \leqslant SV_j^1 \text{ 或 } SV_j^0 \leqslant SV_j \leqslant SV_j^1 \tag{13h}$$

式中：OV_{ji}^0、$OV_{ji}^{0'}$——分别表示现状年行政单元 j 重点水、大气污染物排放工业行业 i 的产值；

$\qquad OV_{ji}^1$、$OV_{ji}^{1'}$——分别为行政单元 j 重点水、大气污染物排放工业行业 i 的规划目标产值；

$\qquad AV_j^0$、SV_j^0——分别表示现状年行政单元 j 第一产业、第三产业的生产总值；

$\qquad AV_j^1$、SV_j^1——分别表示行政单元 j 第一产业、第三产业的规划目标产值。

（2）人口发展规模约束。

$$0 \leqslant UP_j \leqslant UP_j' \tag{13i}$$

$$0 \leqslant RP_j \leqslant RP_j' \tag{13j}$$

式中：UP_j'、RP_j'——分别表示行政单元 j 城镇常住人口、农村人口的规划目标。

（3）水环境容量约束。要确保工业、生活、农业发展排放的污染物总量不超过各自分配的水环境容量，具体的分配比例可参考现状排放比例和区域具体环境控制标准确定。

重点工业水环境容量约束：重点工业产业发展排放的污染物总量不超过分配给重点工业的水环境容量。

$$\sum_{i=1}^{N} OV_{ji} \times e_{jik} \times \left(1 - r_{jik}\right) \leqslant WECC_{1jk} \tag{13k}$$

式中：e_{jik}——行政单元 j 行业 i 第 k 种污染物的单位产值排放强度；

$\qquad r_{jik}$——行政单元 j 行业 i 第 k 种污染物的削减率；

$\qquad WECC_{1jk}$——各行政单元为未来重点行业发展分配的 k 污染物水环境容量。

生活水环境容量约束：生活源污染物排放量不超过分配给生活的水环境容量。

$$UL_{jk} = UP_j \times l_{1jk} \times \left(1 - R_{1j}\right) + UP_j \times \eta_{1j} \times R_{1j} \times S_{1jk} \times \left(1 - z_{1j}\right) \tag{13l}$$

$$RL_{jk} = RP_j \times l_{2jk} \times \left(1 - R_{2j}\right) + RP_j \times \eta_{2j} \times R_{2j} \times S_{2jk} \times \left(1 - z_{2j}\right) \tag{13m}$$

$$UL_{jk} + RL_{jk} \leqslant WECC_{2jk} \tag{13n}$$

式中：UL_{jk}、RL_{jk}——分别为行政单元 j 内第 k 种污染物的城镇生活、农村生活排放量；

l_{1jk}、l_{2jk}——分别为行政单元 j 内第 k 种污染物城镇、农村人均产生量；

R_{1j}、R_{2j}——分别为行政单元 j 的城镇、农村生活污水处理率；

η_{1j}、η_{2j}——分别为城镇、农村人均用水定额；

S_{1jk}、S_{2jk}——分别为行政单元 j 内城镇、农村污水处理厂第 k 种污染物平均出水浓度；

z_{1j}、z_{2j}——分别为行政单元 j 城镇、农村污水处理厂尾水回用率；

$WECC_{2jk}$——各行政单元生活分配的 k 污染物水环境容量。

农业水环境容量约束：农业源水污染物排放总量不超过分配给农业的水环境容量。

$$AV_j \times q_{jk} \times (1 - r_{jk}) \leqslant WECC_{3jk} \tag{13o}$$

式中：q_{jk}——行政单元 j 第 k 种污染物的单位农业产值排放强度；

r_{jk}——行政单元 j 第 k 种污染物的削减率；

$WECC_{3jk}$——各行政单元为未来农业分配的 k 污染物水环境容量。

（4）大气环境容量约束。要确保工业、生活、机动车排放的污染物总量不超过各自分配的大气环境容量，具体的分配比例可参考现状排放比例和区域具体环境控制标准确定。

重点工业大气环境容量约束：重点工业产业发展排放的大气污染物总量不超过分配给重点工业的大气环境容量。

$$\sum_{i=1}^{N'} OV'_{ji} \times e'_{jik} \leqslant AECC_{1jk} \tag{13p}$$

式中：e'_{jik}——行政单元 j 行业 i 第 k 种污染物的单位产值排放强度；

$AECC_{1jk}$——各行政单元为未来重点行业发展分配的 k 污染物大气环境容量，这里 k 取 1，2，3，分别表示 SO_2、NO_x 和 $PM_{2.5}$。

生活大气环境容量约束：生活源排放的大气污染物总量不超过分配给生活的大气环境容量。

$$UP_j \times l'_{1jk} + RP_j \times l'_{2jk} \leqslant AECC_{3jk} \tag{13q}$$

式中：l'_{1jk}、l'_{2jk}——分别为行政单元 j 第 k 种污染物的城镇、农村人均排放量；

$AECC_{3jk}$——各行政单元生活分配的 k 污染物大气环境容量。

机动车大气环境容量约束：机动车排放的大气污染物总量不超过分配给机动车的大气环境容量。

$$VA_j \times q'_{jk} \leqslant AECC_{4jk} \tag{13r}$$

式中：VA_j——j 行政单元的机动车保有量；

q_{jk}——行政单元 j 第 k 种污染物的机动车排放强度；

$AECC_{4jk}$——各行政单元为机动车分配的 k 污染物大气环境容量，这里 k 取 2，3，分别表示 NO_x 和 $PM_{2.5}$。

（5）水资源约束。工业、农业、生活、生态等用水总量不超过区域水资源可利用量。

$$\sum_{i=1}^{N} OV_{ji} \times p_{ji} + AV_j \times AG_j + UP_j \times \eta_{1j} + RP_j \times \eta_{2j} + WECO_j \leqslant MAXW_j \qquad (13s)$$

式中：p_{ji}——行政单元 j 行业 i 的单位产值用水定额；

AG_j——行政单元 j 第一产业单位产值用水定额；

$WECO_j$——行政单元 j 的生态需水量；

$MAXW_j$——行政单元 j 的水资源可利用量。

（6）能源约束。

$$\sum_{i=1}^{N'} OV'_{ji} \times \alpha_{ji} + AV_j \times \beta_{1j} + UP_j \times \beta_{2j} + RP_j \times \beta_{3j} \leqslant MAXG_j \qquad (13t)$$

式中：α_{ji}——行政单元 j 行业 i 的单位产值能源消耗系数；

β_{1j}、β_{2j}、β_{3j}——分别表示行政单元 j 第一产业的单位产值能源消耗系数、城镇人均能源消耗系数、农村人均能源消耗系数；

$MAXG_j$——能源可利用量。

（7）技术参数约束。

$$UP_j \geqslant 0，RP_j \geqslant 0，OV_{ji} \geqslant 0，OV'_{ji} \geqslant 0，AV_j \geqslant 0，SV_j \geqslant 0，\forall i, j \qquad (13u)$$

3.3.3 主要调控因子识别

通过环境承载力优化调控模型可以得到现阶段区域环境的承载阈值，为进一步结合经济社会发展情景模拟结果，提出环境承载力约束下的更加具体、有针对性的宏观优化调控方案，需确定主要调控因子决策值。本书从产业发展规模、人口发展、水环境容量、大气环境容量、水资源、能源等约束条件中，重点选择强度因子作为主要调控因子，如表 3 所示。在实际应用中，可通过对约束指标的敏感度分析，进一步找到影响环境承载力的关键调控因子。

表 3　环境承载力优化调控因子集

序号	约束条件	调控因子	
1	产业发展规模约束	OV_{ji}^1、$OV_{ji}^{1'}$、AV_j^1、SV_j^1	
2	人口发展规模约束	UP_j'、RP_j'	
3		工业：e_{jik}、r_{jik}	
4	水环境容量约束	城镇生活：l_{1jk}、R_{1j}、η_{1j}、S_{1jk}、z_{1j}	
		农村生活：l_{2jk}、R_{2j}、η_{2j}、S_{2jk}、z_{2j}	
5		农业：q_{jk}、r_{jk}	

序号	约束条件	调控因子
6		工业：e'_{jik}
7	大气环境容量约束	生活：l'_{1jk}、l'_{2jk}
8		机动车：q'_{jk}
9	水资源	p_{ji}、AG_j、η_{1j}、η_{2j}
10	能源	α_{ji}、β_{1j}、β_{2j}、β_{3j}

4 环境承载力评估试点结果

4.1 全国环境承载力试评估（2013 年）

（1）大气环境承载力。根据 3.1.1 节的大气环境承载力评价方法，对 2013 年 74 个重点和环保模范城市的 6 种大气污染物及 256 个一般城市的 3 种大气污染物超标率进行计算，并以城市结果表征所在省市的大气承载力，计算结果[①]见图 4。评价结果表明，全国大部分城市大气环境承载都为超载状态，空气质量形势严峻。超载最严重的地区分布在京津冀、长三角地区，北部的新疆、甘肃、吉林、辽宁，中部和南部的山西、陕西、河南、湖北、湖南、贵州、重庆等省份也普遍超载。海南、云南空气质量相对较好，大部分城市都不超载，广东、四川、黑龙江、内蒙古、新疆的个别城市也不超载。包括北部湾在内的南部沿海、甘肃和陕西南部、东北三省和内蒙古北部一些市不超载，但是为临界状态，需要引起重视，避免空气质量恶化。

大气环境承载力水平最好的 10 个城市为香格里拉、三亚、普洱、大理、乌兰浩特、黑河、黄南、阿勒泰、梅州市、楚雄，这些城市大多在我国西南或者南部，大多是旅游城市，区域内工业和人口都相对较少，污染物产生与排放量少。大气环境承载力水平最差的 10 个城市为喀什、和田、邢台、石家庄、邯郸、保定、衡水、唐山、阿图什、阿克苏，这些城市集中在京津冀的河北省（邢台、石家庄、邯郸、保定、衡水、唐山 6 个，污染物排放量大）和新疆维吾尔自治区（喀什、和田、阿图什、阿克苏，这 4 个城市主要是地形地貌、风沙等原因导致 PM_{10} 浓度高，超载严重）。

[①] 说明：（1）74 个重点和环保模范城市为 6 种污染物的质量浓度：SO_2、NO_2、PM_{10}、CO、O_3、$PM_{2.5}$，其他 256 个一般城市为 SO_2、NO_2、PM_{10} 这 3 种污染物。用城市的计算结果表征所在市域的大气环境超载率。（2）港澳台、海南（不包括海口市和三亚市）、湖北省仙桃市和神农架林区、青海省果洛和玉树、西藏自治区（不包括拉萨市）等城市无数据。

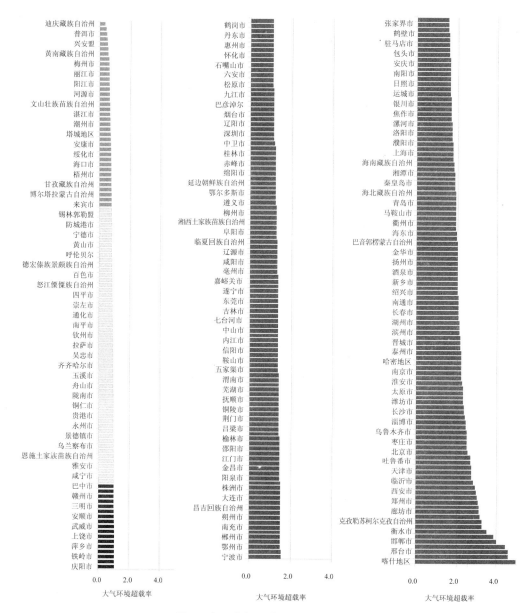

图 4　全国大气环境承载力评估结果

注：①各城市主要污染物年均质量数据来自环境监测站，采用 GB 3095—2012 空气质量标准评价。②京津冀、长三角、珠三角区域及直辖市、省会城市和计划单列市等 74 个城市评价 SO$_2$、NO$_2$、PM$_{10}$、CO、O$_3$、PM$_{2.5}$ 共 6 种污染物，其他 256 个城市评价 SO$_2$、NO$_2$、PM$_{10}$ 共 3 种污染物，各城市计算结果表征所在市域大气环境超载率。前者作为重点分析城市，后者不做重点分析。③港澳台地区、海南省（除海口市、三亚市外）、湖北省仙桃市和神农架林区、青海省果洛藏族自治州和玉树藏族自治州、西藏自治区（除拉萨市外）等无数据。④ ▓ 表示不超载，▢ 表示临界超载，▇ 表示超载。

（2）水环境承载力。利用 3.1.1 节水环境承载力评估方法，分别对我国各流域水环境超载率、31 个省份的水环境综合超载率以及 5 个单项指标水环境超载率进行计算，并对相应承载状态进行判断，结果如图 5 所示。从各流域的河流水环境承载力评估结果来看，超载程度较为严重的区域主要分布在滇池、海河、巢湖、黄河流域，其中巢湖流域主要受 3 个断面严重超载影响，其总体超载程度较高。其他超载区域主要分布在珠江、淮河、太湖、松花江、辽河流域，其超载率介于 0～0.5 之间。同样，珠江流域受个别断面水质较差影响（汕头市青洋山桥断面、深圳市河口断面，河源市兴宁电站断面都为劣 V 类），使其在 94.4% 断面水质达到 III 类以上的前提下处于超载状态。长江流域处于临界超载状态，浙闽片河流、西南诸河和内陆诸河等流域处于不超载状态，水质较好。

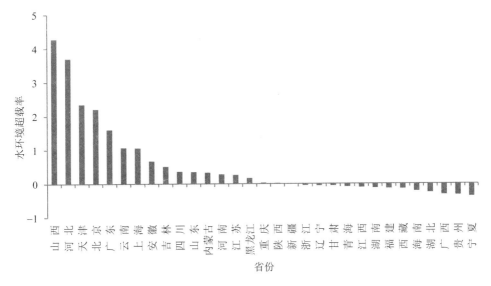

图 5　水环境承载力评估结果

从全国各省份水环境承载力评估结果来看，我国水环境状况不容乐观，整体上处于超载状态，超载指数约为 0.457。超载的地区主要分布在东部的北京、天津、河北、广东、上海、山东、江苏，东北的吉林、黑龙江，中部的山西、安徽和西部的云南、四川、内蒙古、重庆、陕西等 17 个省份。不超载和临界超载的地区主要集中在我国的西部和中部地区。其中不超载的省份主要包括宁夏、贵州、广西、湖北和海南 5 个省份；处于临界超载的省份主要分布在西部的新疆、甘肃、青海、西藏，东部的浙江、福建，中部的江西、湖南，东北的辽宁 9 个省份。从全国 274 个地级市水环境承载力评估结果来看，处于超载的地级市个数为 88 个，占总数的 32.1%，处于临界超载的地级市个数为 51 个，占总数的 18.6%；处于不超载的地级市个数为 135 个，占总数的49.3%。

（3）环境综合承载力。环境综合承载力评价结果（图 6）。评价结果表明，2013 年环境综合承载力评价结果表明，在全国参与评价的 31 个省份中，22 个超载、5 个临界超载、4 个不超载，占比分别约为 71%、16%、13%。不超载的地区包括西藏、海南、广西、宁夏，主要分布在北部湾地区和西南。临界状态的地区包括贵州、福建、湖北、青海、江西，分布在中南部和西北地区。全国环境承载力呈现连片超载现象。最大的超载区域从长三角到京津冀向北向西至东北和新疆，向西南至川渝和云南。一些地区环境超载形势严峻，如京津冀、长三角及外围的山东、山西等，其中北京、天津、河北和山西环境超载指数介于2~4，超载情况最为严重。

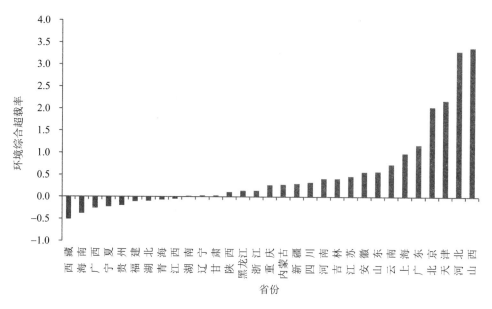

图6　全国环境承载力试评估结果

4.2　京津冀区域环境承载力试评估

4.2.1　基于环境质量的评估结果（2014年）

（1）大气环境承载力。根据3.1.1节的大气环境承载力评价方法，对2014年京津冀的13个地市203个区县的6种大气污染物浓度超标指数进行计算，并以此表征大气环境承载力，计算结果如图7所示。京津冀区域大气污染形势整体较为严峻，从北向南超标逐步趋于严重。203个区县的201个区县大气污染物浓度都为超标状态，有2个县为接近超标。河北省大多数区县的大气环境综合超标指数都在1.00~3.00，超标较为严重。河北南部保定、石家庄、衡水、邢台、邯郸等市的大多数区县都超标2倍以上。

大气环境综合超标最严重的区县是保定的安国市，超标指数为3.49；保定市的清苑县、容城县、徐水县、定兴县、蠡县、博野县、望都县大气环境超标也很严重，其超标指数都在3.20以上，排在河北省倒数前十；河北省倒数前十的还有邢台市的隆尧县、邯郸市的峰峰矿区。北京市、天津市各区县的大气环境也都超标，承载形势介于河北省的张承和其他地区之间。通州区的超标指数达到2.03外，其余京津区县的指数都在1.00~2.00。

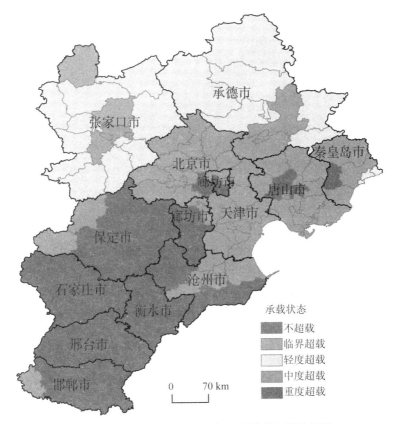

图 7　2014 年京津冀区域大气环境承载力评估结果

（2）水环境承载力。利用 3.1.1 节水环境承载力评价方法，对京津冀区域 13 个地级以上城市 108 个区县水污染物浓度综合超标指数以及 7 个单项污染物指标的超标指数进行计算（95 个区县没有水质监测数据，未参与评价），并对相应超标状态进行判断，结果见图 8。评价结果表明，2014 年京津冀三省（市）水环境形势十分严峻，其水环境综合超标指数达到 2.67，其中河北省的超标程度最为严重，其超标指数达到 2.75，而北京和天津两地的超标指数分别为 1.94 和 2.59，其超标程度也较高。从单项污染指标的超标状况来看，京津冀三省（市）的总氮、溶解氧、氨氮和总磷等四项指标处于超标状态，成为京津冀三地的主要水污染因子。

评价结果显示，参与评价的京津冀地区 108 个区县均处于超载状态。其中，沧州市的泊头和献县、石家庄市的正定县和保定市的涿州超载情况最为严重，其超标指数分别为 24.35、22.93、16.33 和 10.44；其次是保定市的清苑县、石家庄市的深泽县、秦皇岛市的抚宁县、天津市的武清区、邢台市的桥东区、衡水的冀州区、石家庄市的赵县、保定的高碑店市，超标指数介于 5～10；其他也处于重度超载的区县主要集中在北京、天津、石家庄、廊坊市、邢台市、沧州市、保定市和邯郸市，超标指数介于 2～5；承德市、秦皇岛市、张家口市和唐山市的大部分区县处于轻度或中度超载状态，超标指数介于 0～1.5，整体水环境质量状况相对较好。其中承德市的水环境质量状况最好，在其所辖的 11 个区县中，滦平县、围场县、丰宁县、承德县和兴隆县 5 个区县超标指数处于 0.6 以内，其他 6 个区县超标指数介于 0.6～1。

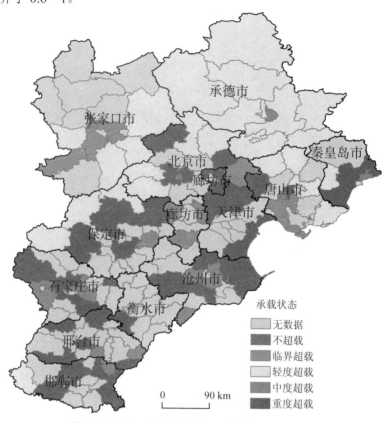

图 8　2014 年京津冀区域水环境承载力评估结果

（3）环境综合承载力。2014 年京津冀地区 203 个区县的环境质量状况不容乐观，除张家口市的崇礼县和康保县处于临界超载状态以外，其他 201 个区县均处于超载状态（图9）。其中大气、水环境超载程度较为严重的区县主要分布在河北南部地区，综合超标指数列在京津冀地区后 10 位的区县有沧州的泊头和献县、石家庄的深泽县和正定县、邢台的桥东区、保定的清苑县和涿州市、秦皇岛的抚宁县、天津的武清区、衡水的冀州市，超标指数均在 5 以上，其中献县和泊头市的超标指数高达 20 以上，超载程度最为严重。北京、天津、唐山、邯郸四市各区县的超载程度也较高，其中北京和天津市 21 个区县的综合超标指数介于 1～2，处于中度超载状态，其他 11 个超载区县主要受水环境超载严重影响，其综合指数在 2～7，处于重度超载状态；唐山和邯郸两市的区县超载程度差异相对较小，其综合超标指数集中在 1.5～3.3。张家口和承德两市各区县的超载程度相对较低，综合超标指数列在全省前 10 位的区县均分布在这两个市，其中张家口市崇礼县和康保县的超标指数最低，分别约为–0.17 和 0。

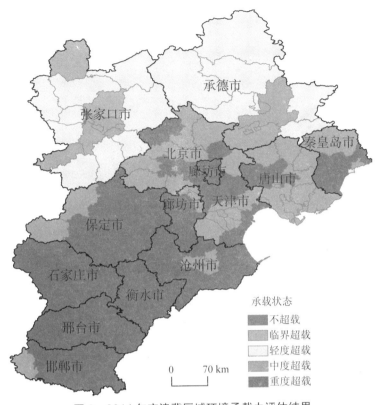

图 9　2014 年京津冀区域环境承载力评估结果

4.2.2　基于环境容量的评估结果（2013 年）

（1）大气环境承载力。根据 3.1.2 节的方法，计算京津冀各市 SO_2、NO_x、一次 $PM_{2.5}$ 大气环境容量，如图 10 所示。计算结果表明，京津冀区域 SO_2、NO_x 和一次 $PM_{2.5}$ 环境容量分别约为 66.8 万 t、79.8 万 t 和 28.0 万 t。各地市间大气环境容量存在较大差异，唐山和天津市的环境容量较大，排在京津冀区域各城市的前两位。从京津冀来看，SO_2 环境容量较大的地市有天津、唐山、邯郸、承德、张家口、石家庄、秦皇岛，其环境容量均在 5.0 万 t 以上；北京、衡水、邢台的 SO_2 环境容量较小，在 3.0 万 t 以下。NO_x 环境容量大于 10 万 t 的地市仅有天津、唐山两市；石家庄、张家口、邯郸 NO_x 环境容量也较大，在 7.0 万 t 左右；衡水、邢台容量较小，在 3 万 t 左右。一次 $PM_{2.5}$ 环境容量较大的城市为唐山，有 6.5 万 t；天津、邯郸、秦皇岛、张家口也较大，在 2.0 万 t 以上；衡水环境容量较小，不足 1.0 万 t。

根据式（8）和式（9），计算京津冀三省（市）大气环境承载力。结果表明，京津冀地区污染形势较为严峻，大气环境普遍超载，其综合大气环境承载指数达到 2.88，污染物排放量远超环境容量。各地计算结果表明，河北省的超载程度最为严重，其承载指数达到 3.01，北京市和天津市两地的承载指数分别为 2.87 和 2.26，也存在一定程度的超载。从单项污染指标的承载状况来看，京津冀的一次 $PM_{2.5}$ 超载程度明显高于其他污染物，成为大气的首要污染物。

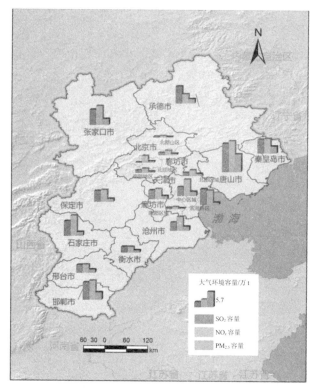

图 10   京津冀地区主要大气污染物环境容量

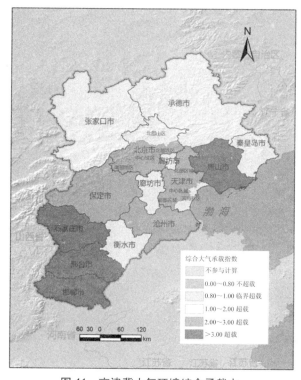

图 11   京津冀大气环境综合承载力

（2）水环境承载力。根据 3.1.2 节的方法，计算京津冀区域及 13 个地市 COD 和氨氮环境容量，结果如图 12 所示。核算结果表明，京津冀区域 COD 和氨氮环境容量分别约为 32.40 万 t 和 1.56 万 t，且各地市间污染物环境容量存在较大差异。其中北京和天津市的水环境容量最大，排在京津冀区域的前两位，其 COD 环境容量分别为 4.86 万 t 和 4.11 万 t，氨氮环境容量分别为 0.26 万 t 和 0.30 万 t。从河北省各地市水环境容量来看，COD 环境容量较大的地市有唐山、邢台、沧州、廊坊和保定市，其环境容量均在 2.0 万 t 以上，张家口、承德、邯郸市的 COD 环境容量较小，在 1.2 万 t 左右。氨氮环境容量大于 0.1 万 t 的地市仅为唐山、邢台、沧州三市，其中唐山市最大约为 0.2 万 t；张家口、承德、邯郸和廊坊市氨氮环境容量较小，不足 700 t。

根据式（10）和式（11），计算京津冀三省（市）水环境承载力。结果表明（图 13），京津冀三省（市）水环境形势十分严峻，其水环境综合承载指数达到 4.48，其中天津市的超载程度最为严重，其承载指数达到 4.68，而北京和河北两地的承载指数分别为 4.13 和 4.51，其超载程度也较高。从单项污染指标的承载状况来看，京津冀三省（市）的氨氮超载程度要明显高于 COD，成为京津冀三地的首要水污染因子。

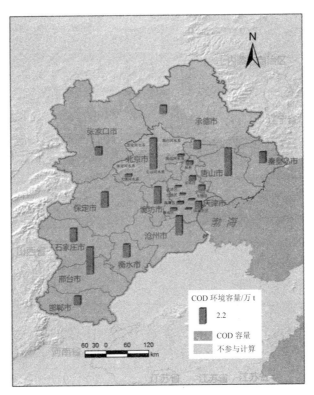

（a）COD

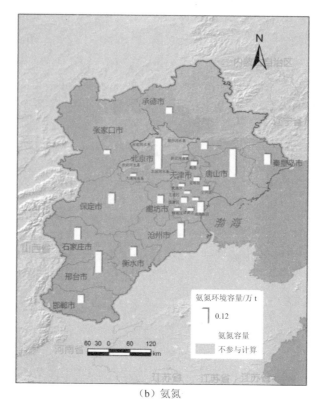

（b）氨氮

图 12 京津冀地区主要水污染物环境容量

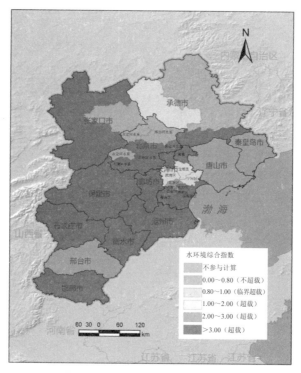

图 13 京津冀水环境综合承载力

4.2.3　评价结果对比分析

（1）大气环境承载力。两种评价方法下的计算结果比较如表4、图14所示。由于计算方法的不同以及大气环境容量计算过程的不确定性等因素影响，两种评价方法下的计算结果整体趋势一致，但结果值存在一定差异。与质量法相比，容量法计算的大气环境承载指数整体较大，京津冀区域 SO_2、NO_x、$PM_{2.5}$ 和综合计算结果分别约高于质量法的 174%、119%、20%和 7%。

表4　京津冀三地大气环境承载指数计算结果及比较

地区	质量法				容量法			
	SO_2	NO_2	$PM_{2.5}$	综合	SO_2	NO_x	$PM_{2.5}$	综合
北京	0.36	1.42	2.45	2.45	4.35	2.77	2.18	2.87
天津	0.98	1.35	2.74	2.74	2.04	2.21	2.39	2.26
石家庄	1.03	1.33	3.54	3.54	3.57	3.74	5.27	4.46
唐山	1.22	1.50	2.89	2.89	2.82	3.13	4.48	3.73
秦皇岛	0.90	1.23	1.74	1.74	1.58	1.73	2.07	1.86
邯郸	0.95	1.28	3.29	3.29	3.17	3.35	5.35	4.30
邢台	1.23	1.53	3.71	3.71	3.66	4.25	5.27	4.61
保定	1.12	1.38	3.69	3.69	2.60	3.18	2.91	2.90
张家口	0.90	0.72	1.00	1.10	1.52	1.70	1.34	1.47
承德	0.67	0.97	1.49	1.59	1.30	1.68	1.50	1.49
沧州	0.67	0.82	2.51	2.51	1.64	2.28	2.72	2.34
廊坊	0.60	1.23	2.86	2.86	1.74	2.45	1.84	1.97
衡水	0.70	1.08	3.06	3.06	1.83	2.19	1.51	1.76
河北	0.91	1.19	2.71	2.71	2.37	2.77	3.45	3.01
京津冀	0.87	1.22	2.69	2.69	2.38	2.67	3.24	2.88

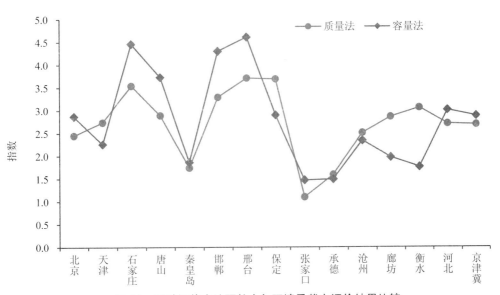

图14　两种评价方法下的大气环境承载力评价结果比较

（2）水环境承载力。两种评价方法下的计算结果比较如表5、图15所示。由于受计算方法本质差异性以及计算过程的不确定性等因素影响，两种评价方法下的计算结果尽管趋势一致，但在结果值方面存在一定差异。与质量法相比，容量法计算的水环境承载指数整体偏大，京津冀区域COD、氨氮和综合计算结果分别约高于质量法的85%、170%和170%。

表5 京津冀三地水环境承载指数计算结果及比较

地区	质量法			容量法		
	COD	氨氮	综合	COD	氨氮	综合
北京	0.94	1.05	1.05	1.56	4.13	4.13
天津	0.90	1.68	1.68	2.33	4.68	4.68
石家庄	1.15	2.20	2.20	3.63	7.46	7.46
唐山	0.85	0.64	0.85	1.21	2.53	2.53
秦皇岛	0.82	0.51	0.82	1.42	2.75	2.75
邯郸	0.62	0.80	0.80	4.03	11.08	11.08
邢台	1.37	3.08	3.08	1.15	2.77	2.77
保定	0.83	1.67	1.67	2.61	7.33	7.33
张家口	0.74	0.28	0.74	2.18	7.30	7.30
承德	0.48	0.36	0.48	0.79	1.95	1.95
沧州	2.01	4.50	4.50	1.62	4.36	4.36
廊坊	1.12	2.57	2.57	1.20	4.51	4.51
衡水	1.66	5.65	5.65	1.54	4.39	4.39
河北	0.99	1.72	1.72	1.77	4.51	4.51
京津冀	0.98	1.66	1.66	1.81	4.48	4.48

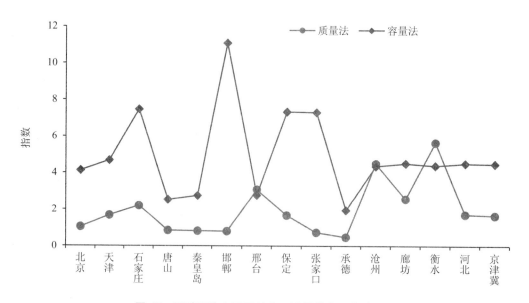

图15 两种评价方法下的水环境承载力评价结果比较

4.3 长江经济带环境承载力试评估（2016年）

（1）大气环境承载力。根据3.1.1节的大气环境承载力评价方法，对2015年长江经济带的11个省/直辖市的126个地市/地州的1 070个区/县/直辖县的6种大气污染物浓度超标指数进行计算，并以此表征大气环境承载力，计算结果图16所示。长江经济带大气承载形势整体较为严峻，东部地区超载较为严重，四川西部、云南、贵州等山地大气环境承载形势相对较好。上海、江苏、安徽、江西、湖北、湖南东部、四川东部、重庆等大部分区县超载。除昆明外，其他的直辖市/省会城市都超载。

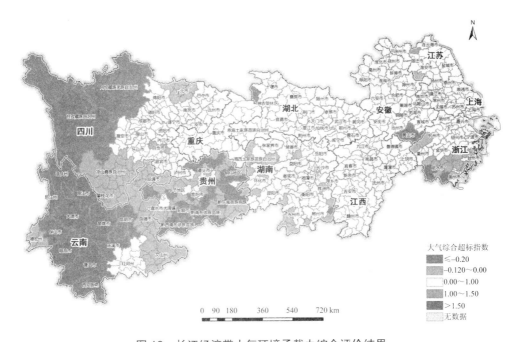

图16　长江经济带大气环境承载力综合评价结果

评价结果表明，长江经济带1 070个区县中有762个区县大气环境都为超载状态，有136个区县临界超载，172个区县不超载，占比分别为71.2%、12.7%、16.1%。大气环境综合超载最严重的几个区县是江苏省徐州市的新沂市，四川省自贡市的自流井区、贡井区、大安区、沿滩区、荣县、富顺县，湖北省潜江市、天门市，超标指数大于1；其余综合超载较为严重的区县也多分布在江苏省、四川省东部、湖北省等地。云南省迪庆藏族自治州的香格里拉市、德钦县、维西傈僳族自治县的大气环境综合承载形势较好，超标指数在–50%左右。其余不超载的区县大部分位于云南、四川、贵州山区，安徽省黄山市大部分区县不超载。

（2）水环境承载力。根据3.1.1节的水环境承载力评价方法，对长江经济带11个省/直辖市的126个地市/地州1 070个区/县/直辖县的6种水污染物浓度超标指数进行计算(184个区/县/省直辖县没有水质监测数据，未参与评价)，并对相应承载状态进行判断，结果见

图 17。评价结果表明, 2016 年长江经济带水环境形势整体相对较好, 处于临界超载状态, 其水环境综合超标指标约为-0.11。其中上海的超载程度最为严重, 其超标指数达到 1.02, 江苏、安徽和湖北三省的超标指数分别为 0.33、0.10 和 0.08, 其超载程度也较高, 其他省 (市) 水环境均处于临界超载或不超载状态, 水环境承载形势较好。从单项污染指标的超载程度来看, 长江经济带 11 省市的总氮指标超载现象突出, 其中有 8 个省处于超载状态, 总氮已成为长江经济带 11 省 (市) 的主要水污染因子。对于参与评价的 886 个区县, 247 个区县超载、124 个区县临界超载、515 个区县不超载, 占比分别约为 27.9%、14.0%、58.1%。不超载区县主要分布在贵州、云南、江西、湖南、四川等长江中上游地区, 不超载区县占比均达到 60%以上。

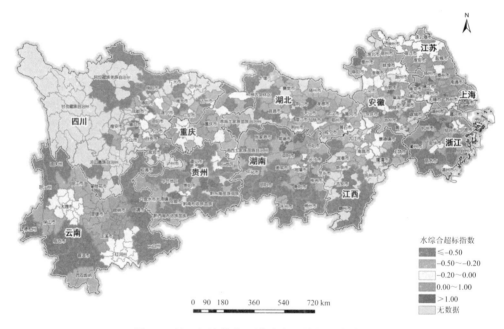

图 17 长江经济带水环境综合承载力评价结果

(3) 环境综合承载力。从环境综合承载力评价结果 (图 18) 来看, 2016 年长江经济带整体上处于超载状态, 其环境综合超标指数约为 0.28。在参与评价的 1 070 个区县中, 805 个区县超载、149 个区县临界超载、116 个区县不超载, 占比分别约为 75.2%、13.9%、10.8%。环境综合超载最为严重的区县主要集中在湖北、安徽、江苏、上海及重庆等省市, 主要受大气环境超载较为严重所致, 其环境综合超标指数均在 1 以上。环境综合超载较为严重的区县主要分布在安徽、湖北、四川、江苏、重庆等省市, 其环境综合超标指数介于 0.5～1。其他环境综合超载程度相对较低的区县主要分布在江西、湖南、浙江以及四川省的部分地市, 其环境综合超标指数介于 0～0.5。环境处于不超载的区县主要分布于云贵两省的大部分地市, 以及湖北省、湖南省、四川省、浙江省等下辖的少部分地市, 其中贵州省安顺市紫云县、黔南州惠水县、龙里县, 云南省迪庆州及怒江州下辖各县市的环境质量状况最好, 环境承载能力较强, 其环境综合超载指数介于-0.6～-0.4。

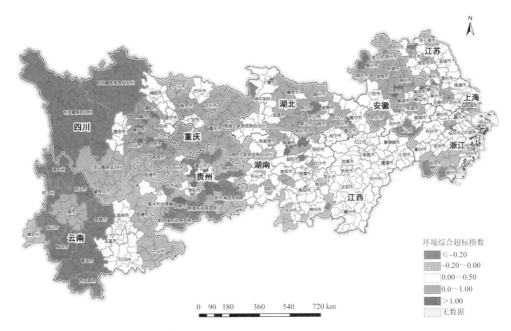

图18　长江经济带环境综合承载力评价结果

4.4　不确定性分析

　　基于环境容量的环境承载力评价方法主要受模型选取、参数设置、数据完整性以及可靠性等多方面因素影响，计算结果存在较大不确定性，本报告将重点针对京津冀区域基于环境容量计算的评价结果所存在的不确定性进行分析，其他基于环境质量方法计算的评价结果，主要受监测数据影响，不确定性较小，在此不进行分析。

　　（1）大气环境承载力。本书中大气环境容量是应用空气质量模型进行反算，模型计算和应用的过程中存在较多的不确定性。

　　☞　模型本身存在不确定性。模型是对真实物理化学过程进行的必要的简化，模型构建中的假设、边界条件以及目前的技术水平，都会导致理论值与真实值存在差异，这些原因可归结为模型本身的不确定性。例如，CMAQ 的化学机制有 CB04、CB05等多种，CB05 机制是在 CB04 基础上发展的，使化学机制更利于 O_3、颗粒物、能见度、酸沉降及其他大气中有害物质的模拟，虽然科学原理上更进一步，但是也不能完全模拟真实情况。

　　☞　模型输入参数的不确定性。空气质量模型 CMAQ 是由气象模型、源清单处理模型和大气化学模型构成的一个复杂模拟系统，用于定量描述污染物迁移转化，过程非常复杂，需要输入大量参数系数。由于这些模型输入参数固有或取值的不确定性以及化学反应机制的复杂性，导致最终结果的不确定性。模型输入参数不确定性主要来自对部分模型输入参数缺乏足够认识产生的，这部分是模型不确定性的主要来源，也是研究人员关注的重点，这些输入参数主要包括排放源清单不确定性、气象场不确定性、边界条件不确定性、初始条件不确定性、化学反应参数及机制不确定性等；由于对模型系统缺乏足够全面的认识也会产生不确定性。以烟囱参数为例，环境统计等各种统计中都没有烟囱参数的统计，京津冀区域的重点排放点源较多，只能采用估计的方法，影响污染物特别是 NO_x 和 SO_2 在大气中的垂直分布，进而影响污染物在大气中迁移、转化等物理化学过程的进行。排放源清单不确定性方面，以 $PM_{2.5}$ 关键组分比例为例，硫酸盐、硝酸盐、铵盐、有机碳、金属元素、元素碳、氯离子等的比例设置都是以不同学者研究为基础，不同比例导致模拟结果有差异。

☞ 由于时间紧迫、部分数据缺失，一些人为主观因素导致的不确定性。应用 CMAQ 空气质量模型计算大气环境容量是一个逐步迭代优化过程，需要时间较长，最大允许排放量情景设置受人为因素影响存在不确定性。

（2）水环境承载力。本书中的水环境承载力指数计算过程中不确定性主要来源于水环境容量计算过程以及入河污染物估算过程。从水环境容量计算不确定性来看有以下几方面。

☞ 河流水环境系统是一个复杂的、动态的、不确定性的系统，本书选用一维河流水质模型是对水环境系统水文、水动力、水质特征的高度概化，并不能完全反映真实的水环境系统水文水动力过程、污染物迁移转化过程，将会导致理论计算结果难以科学、准确地反映河流水体的真实纳污能力，给计算结果带来了一定不确定性。

☞ 模型输入参数具有不确定性。在实际的河流水环境系统中，由于自然条件和人为因素的影响，河段流量、流速、综合降解系数等模型输入参数信息都具有显著的时间变异性和不确定性，因此，导致河流水环境容量计算结果的不确定性。同时，本书计算的水环境容量是以年为单位，并未考虑分期模拟计算，特别是对于非点源污染河流（非点源污染发生的随机性和动态性更为显著），进一步增加了其水环境容量计算的不确定性。此外，在排污方式概化、计算单元的划分等方面的差异性也将给水环境容量计算带来不确定性影响。

从入河污染物估算过程中存在的不确定性来看，在计算中，受时间、数据基础薄弱、非点源入河量统计的复杂性等因素限制，无法在较短时间内调查到更多基础数据，本书使用已有的最近年度环境统计数据，考虑不同污染源中污染物的入河过程，进行研究区域内的污染物入河系数估算。在估算过程中，主要采用经验值法，系数设置受人为因素影响较大，给水环境承载力指数的计算结果也带来了一定不确定性。

5　环境承载力评估监测预警平台

5.1　平台框架

以 GIS 基础应用平台为可视化平台，选取基于水/大气环境质量和环境容量的水/大气环境超载率计算模型作为核心算法，依托基础数据库、环境质量数据库和污染排放数据库等为建模基础，搭建基于水/大气环境质量、环境容量方法的环境承载能力计算平台。同时，针对环境承载能力评估成果，搭建 GIS 展示平台，并预留环境承载能力监测预警功能接口，构建环境承载力监测预警平台。总体架构见图 19。

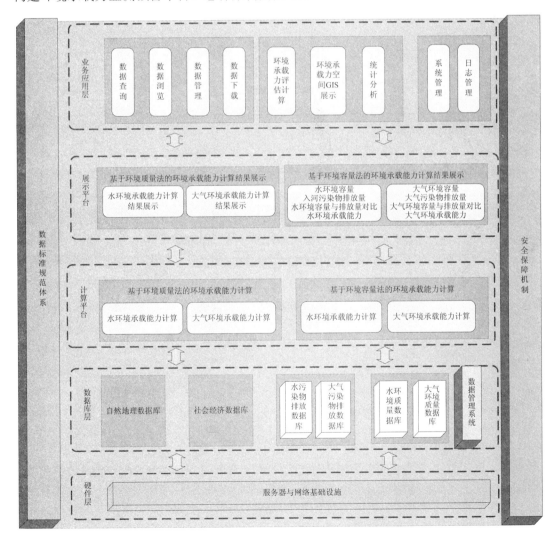

图 19　国家环境承载力监测预警平台总体架构

5.2 技术路线

结合环境承载能力评价技术方法、监测预警机制、试点研究等相关成果，环境保护部环境规划院设计搭建了国家—省（市）—县环境承载力监测预警平台技术框架，建立基于环境容量和环境质量两种方法的环境承载能力的评估方法体系，选取京津冀地区为试点区域开展示范研究，完成环境承载力评估预警计算；利用数据库、GIS 等技术，建设环境承载力监测预警系统与可视化平台，对计算结果进行空间化、动态化展示，使数据变化的浏览更加形象、生动。具体技术路线见图20。

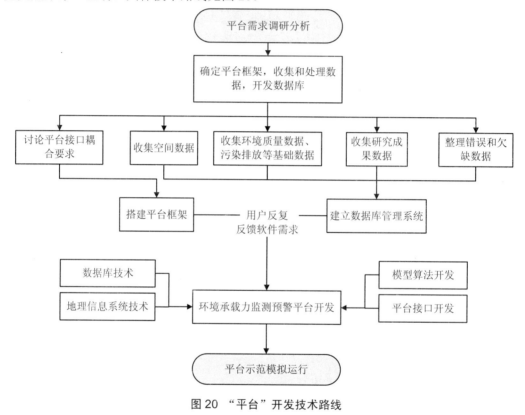

图20 "平台"开发技术路线

5.3 展示成果

在开展的环境承载力评估方法与试点研究的基础上，环境保护部环境规划院课题组开发完成了国家环境承载力监测预警平台一期（以下简称平台），该平台搭建了集合基础数据库、计算模型库、评估结果 GIS 展示与查询、环境承载力监测预警响应、基于主体功能区的环境承载力调控等多功能为一体的平台框架，并以京津冀为例，实现了京津冀区域环境承载力评估、成果展示、预警与可视化，为进一步实现全国层面环境承载力评估预警的信息化、指导产业优化布局与调整提供技术支持（图21～图26）。

图 21　"平台"的登录界面

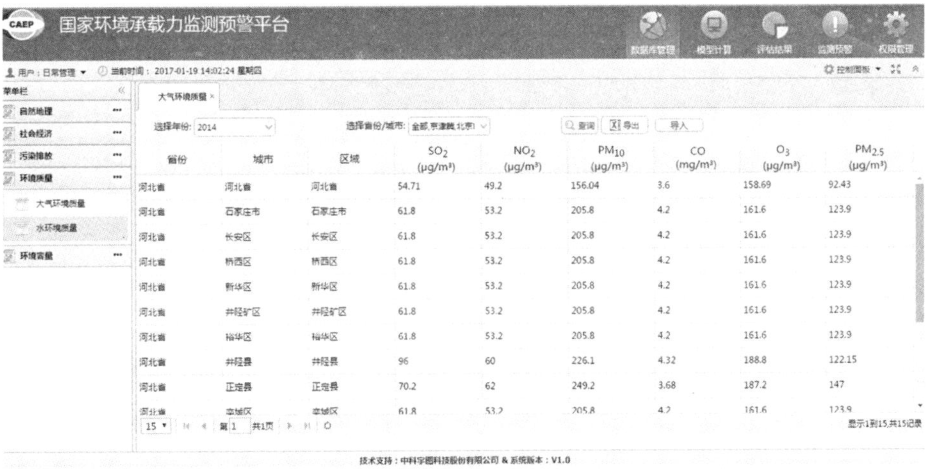

图 22　大气环境质量数据库

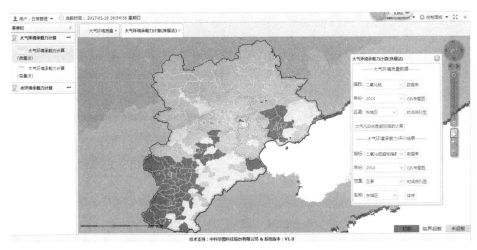

图 23　各区县大气环境承载力评估结果 GIS 专题

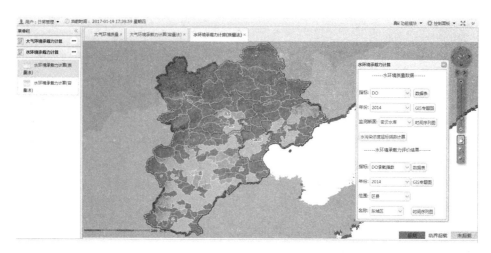

图 24　各区县水环境承载力评估结果 GIS 专题

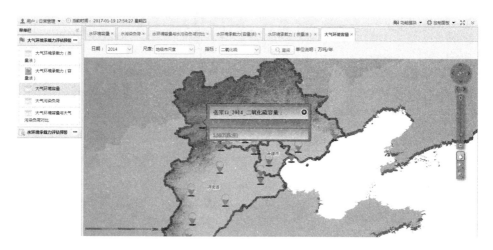

图 25　各市（区域）大气（二氧化硫）环境容量 GIS 专题

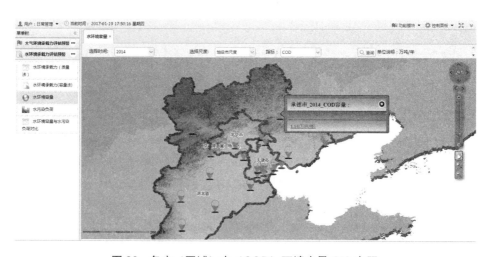

图 26　各市（区域）水（COD）环境容量 GIS 专题

6　面临的挑战与展望

6.1　面临的主要挑战

6.1.1　环境承载力评价关键技术方法仍不完善

有关部门尽管出台了资源环境承载力评估的技术规程，但仍然存在很大的争议，主要集中在承载力内涵界定不清晰、环境承载力的若干关键技术问题（如单要素评估、综合评估、尺度效应、关键阈值等）亟待解答、缺乏基于空间和时间差异的精细化评价方法、生态承载力难以定量评价以及监测预警评估技术方法缺乏等方面，受到有关机构、专家、技术管理人员的质疑。同时，环境承载力评估方法对数据要求高，地方难以获取，部分区县数据严重缺失，也影响到承载力评价工作的开展。

6.1.2　环境承载力研究与经济社会发展实际应用脱节

当前经济社会发展的相关规划多数未能在顶层设计中考虑环境的承载能力，没有体现环境承载力的基础性、源头性和约束性作用，对实施空间规划和主体功能区规划评估修订的支撑力度不够。同时，基于环境承载力评价，如何从产业规模、产业结构、产业布局方面以及行业减排、项目准入、排放标准、负面清单等管理方面提出有效的管控措施，如何提出缓解承载压力、增强承载力的有效路径，且如何与现有环境管理政策制度相衔接还不清晰，对优化国土开发空间、加大环境保护力度、新型城镇化和城乡统筹、产业结构与布局调整等的科学化、精细化决策支撑力度明显不够。

6.1.3　实时动态的环境承载力监测预警系统尚未建立

环境承载力的评价以及监测预警，需要建立全国统一的信息平台，开发环境承载力监测预警数据库和信息技术平台是建立形成资源环境承载力监测预警长效机制的重要基础。目前开展的工作重点集中于技术方法体系的研究，尚未深入研究环境承载能力监测预警数据库的建设以及技术平台的开发，如何运用云计算、大数据处理及数据融合技术，实现数据整合集成与实时动态更新，形成环境承载力监测预警智能分析与动态可视化平台是后续工作的重点方向，特别是建立实时动态的环境承载力监测、评估、预警系统平台，对环境承载能力的潜在风险实现系统预警还需要加大开发。

6.2　下一步对策建议

建立环境承载力监测预警机制，是全面深化改革的一项重大任务。按照国家发展和改革委员会的统一安排和部署，近年来环境保护部持续开展了环境承载力评估工作。为充分

发挥环境承载力在产业布局与结构调整中的约束、引导和支撑作用，十分有必要建立形成
环境承载能力监测预警长效机制。按照《中共中央关于全面深化改革若干重大问题的决定》
《中共中央办公厅　国务院办公厅印发关于建立资源环境承载能力监测预警长效机制的若
干意见》关于建立资源环境承载力监测预警长效机制的有关要求，深入总结分析当前工作
开展过程中面临的突出问题，并结合环境保护部的重点工作，建议重点从技术规范、监测
网络、产业限制性措施、预警机制、大数据信息平台、合作机制与人才经费保障等方面加
强环境承载能力监测预警长效机制建设。

6.2.1　加强环境承载力监测预警技术规范体系建设

在试点研究的基础上，从指标体系、评价方法、阈值判定、监测预警技术、综合集成
技术等方面进一步完善《环境承载力评估技术方法》，特别是加强环境承载力问题的诊断
方法、监测方法、预警方法、空间管控策略、产业限制性措施等技术规范研究，实现评估、
监测、预警技术体系的精细化和准确化。建议环境保护部尽快研究出台《关于开展环境承
载能力监测预警工作的意见》及《环境承载力评估监测预警技术指南》等规程文件，明确
建立环境承载力监测预警机制的技术流程、指标体系、指标算法、参考阈值、集成方法、
类型划分与预警分析等技术要点。

6.2.2　加快环境承载力监测网络薄弱环节建设

生态环境监测网络和数据真实可靠是环境承载力评估与预警的基础。目前，针对我国
生态环境监测网络存在的突出问题，国家正在加快推进生态环境监测网络建设，并逐步改
革省以下环保机构监测监察执法垂直管理制度。建议：①结合国家《生态环境监测网络建
设方案》，根据环境承载力评估情况，梳理环境承载力的核心监测指标，根据部分指标无
数据的情况，健全环境监测指标，重点加强区县级有关环境监测网络的布设；②建立环境
监测数据集成共享机制，整合各部门的环境监测数据，构建环境监测大数据平台，统一发
布基于环境承载力评估的监测信息；③加强环境承载力监测指标与经济社会活动、资源能
源主要监测指标的输入响应关系分析，强化污染源追踪与解析，深入研究环境质量、污染
排放与产业发展、经济社会系统的输入响应机理，完善基于宏观经济监测数据进行预警的
途径。

6.2.3　建立完善基于环境承载力的限制性管控措施

（1）国家和各地区在出台重大经济社会发展和重大产业相关规划时，充分发挥环境承
载力的作用，以环境承载力为依据和底线，合理确定产业规模和布局，对经济产业规划目
标、任务和主要内容进行适当调整。

（2）做好环境承载力与"三线一单"（生态保护红线、环境质量底线、资源消耗上线
以及环境管理负面清单）、排污许可证管理、生态补偿机制、自然资源资产负债表编制、
排放达标计划、"多规合一"、主体功能区划等关联环境制度政策的配套和衔接，将环境承
载力评估纳入"一张图"管理，为空间规划提供科学基础。

（3）细化完善生态环境管控措施。对环境超载地区，率先执行排放标准的特别排放限

值，规定更加严格的排污许可要求，实行新建、改建、扩建项目重点污染物排放加大减量置换；对临界超载地区，加密监测敏感污染源，实施严格的排污许可管理，实行新建、改建、扩建项目重点污染物排放减量置换；对不超载地区，实行新建、改建、扩建项目重点污染物排放等量置换。对生态超载地区，制定限期生态修复方案，实行更严格的定期精准巡查制度，对生态系统严重退化地区实行封禁管理，促进生态系统自然修复；对临界超载地区，加密监测生态功能退化风险区域，科学实施山水林田湖系统修复治理，合理疏解人口，遏制生态系统退化趋势；对不超载地区，建立生态产品价值实现机制，综合运用投资、财政、金融等政策工具，支持绿色生态经济发展。

6.2.4　建立环境承载力预警与应对机制

（1）建立环境承载力预警体系。研究制定环境承载力预警指标体系、预警模型和技术方法，开展定期监控，设立环境承载力预警综合指数，设置预警控制线和响应线，探索建立环境数据与经济社会发展数据以及土地、城市等空间管理数据的集成应用机制，实现监督性监测和预警。

（2）加强重大环境影响预警。加强空气质量预报预警和重污染天气应急响应，强化污染源追踪与解析；加强重点控制单元和重污染水体的预警；完善重点排污单位污染排放自动监测与异常报警机制。

（3）做好环境承载力预警应对措施。根据预警等级，及时落实好限产停产、产业结构调整、产业转移等限制性措施，加强执法监管，严格问责，逐步建立协作长效机制。

（4）强化预警评价结论的刚性应用。将环境承载力监测预警评价结论纳入领导干部绩效考核体系，将环境承载能力变化状况纳入领导干部自然资源资产离任审计范围。

6.2.5　建立环境承载力监测预警信息平台

加快资源环境承载力大数据建设，实现水资源、国土资源、生态环境质量、污染源排放等数据整合集成、动态更新，建立信息公开和共享平台。整合发改、国土、环保、水利、农业、林业、海洋等部门各类资源环境专项监测系统，统筹构建资源环境承载力监测预警平台，建立动态数据库，对基础信息实现动态监测，实现资源环境的综合监管和决策支持。所有参与部门共享资源环境承载力监测信息与预警成果，将监测预警成果应用于指导各自的管理工作，提升资源环境监管质量和效率。同时，通过数据库更新，实现对资源环境承载力水平评价与研究工作定量化、常态化，对资源环境承载力变化情况进行定期监控，及时发现问题并预警。

6.2.6　建立多部门合作机制，加强组织宣传保障

环境承载力监测预警是一项涉及要素繁杂、管理部门众多的系统工程，应充分发挥发改、环保、水利、农业、林业、海洋等相关部门专业优势，构建各部门全程参与、合作共建的环境承载力监测预警体制机制。加强环境承载力监测预警人才队伍建设，提升环境承载力评估监测预警的人才队伍专业化水平，建立专家人才库。建立健全领导小组、技术专家组等工作机制，成立领导小组和技术专家小组。加强国家及各地方的协调联动，确保监

测数据有效集成、互联共享。建立专项经费保障机制，确保环境承载力监测预警相关工作顺利进行。加大环境承载力监测预警信息公开，宣传教育和科学普及力度，保障公众知情权、参与权和监督权。

参考文献

[1] 高鹭，张宏业. 生态承载力的国内外研究进展[J]. 中国人口·资源与环境，2007，17（2）：19-26.

[2] 王俭，孙铁珩，李培军，等. 环境承载力研究进展[J]. 应用生态学报，2005，16（4）：768-772.

[3] 张红. 国内外资源环境承载力研究述评[J]. 理论学刊，2007（10）：80-83.

[4] 《中国土地资源生产能力及人口承载量研究》课题组. 中国土地资源生产能力及人口承载量研究[M]. 北京：中国人民大学出版社，1991.

[5] 陈楷根. 区域环境承载力理论及其应用[D]. 福州：福建师范大学，2002.

[6] 郭秀锐，毛显强，冉圣宏. 国内环境承载力研究进展[J]. 中国人口·资源与环境，2000，10（3）：28-30.

[7] 刘伟，叶芝祥，刘盛余，等. 区域大气环境承载力评价指标体系与评价方法研究[C]. 成都市科技年会分会场——世界现代田园城市空气环境污染防治学术交流会，2010.

[8] 刘龙华，汤小华，陈加兵. 福建省大气环境承载力研究[J]. 亚热带资源与环境学报，2013，8（4）：32-39.

[9] 张静，蒋洪强，卢亚灵. 一种新的城市群大气环境承载力评价方法及应用[J]. 中国环境监测，2013，29（5）：26-31.

[10] 张文国，杨志峰. 基于指标体系的地下水环境承载力评价[J]. 环境科学学报，2002，22（4）：541-544.

[11] 李如忠，汪家权，王超，等. 不确定性信息下的河流纳污能力计算初探[J]. 水科学进展，2003，14（4）：359-363.

[12] 汪彦博，王嵩峰，周培疆. 石家庄市水环境承载力的系统动力学研究[J]. 环境科学与技术，2006，29（3）：26-27.

[13] 涂峰武. 西洞庭湖流域水环境承载力分析与建模[J]. 湖南水利水电，2006（3）：77-78.

[14] 王俭，孙铁珩，李培军，等. 环境承载力研究进展[J]. 应用生态学报，2005，16（4）：768-772.

[15] 赵卫，刘景双，孔凡娥. 水环境承载力研究述评[J]. 水土保持研究，2007，14（1）：47-50.

[16] 李新，石建屏，曹洪. 基于指标体系和层次分析法的洱海流域水环境承载力动态研究[J]. 环境科学学报，2011，31（6）：1338-1344.

[17] Odum E P. Fundamentals of Ecology[M]. Saunders：Philadephia，PA，1971.

[18] Wackernagel M，Onisto L，Bello P，etal. Ecological Footprints of Nations[R]. Commissioned by the Earth Council for the Rio+5 Focum. International Council for Local Environmental Imtiatives，Toronto，1997，4-12.

[19] WE Rees. The Ecology of Sustainable Development[J]. Ecologist，1990，20（1）：18-23.

环境工程管理

国家重大环保工程项目管理：模式与展望

A review of the management of national key environmental engineering projects in China

王金南 逯元堂 程亮 王佳宁 宋玲玲 陈鹏 赵云皓

摘　要　国家重大环保工程是指由国家财政资金支持、实现特定环境保护目标的集成式工程项目，是实施五年国家环境保护规划的重要支撑。自"八五"以来，我国重大环保工程计划经历了起步探索、"三废"治理、总量减排、质量改善4个发展阶段。在重大环保工程的发展过程中，其管理模式、技术应用、项目投融资均得到持续改进和发展。环保重大工程管理经历了以实施过程监管为主、以项目前期储备为主、以环境质量改善和绩效为导向的3种模式。工程技术应用逐渐呈现出多污染物协同控制、全过程污染防控、区域流域综合治理、跨领域技术融合创新4个特点。在环保投融资方面，社会资本投入日趋占据主导，环保资金分配逐渐以环境质量效果为导向，绿色金融创新为环境保护带来了新突破。未来重大环保工程将以改善环境质量和公众健康为出发点，技术发展将面向资源化和可持续性，重大工程实施与城市开发经营相融合，依效付费机制成为项目管理主流模式。

关键词　环境保护　重大工程　管理模式　投融资

Abstract　The implementation of national key environmental engineering project（NKEEP）is an important guarantee to achieve the goal of environmental protection. Since the *Eighth Five-Year plan*，the designing and implementation of China's NKEEP has experienced four different stages. In the development of NKEEP, the management mode，technology application，project investment and financing have been continuously improved and developed. The management of NKEEP has experienced 3 modes，which are the process supervision-oriented，the project database-oriented，the environmental quality and performance-oriented. The application of engineering technology is gradually showing the characteristics of multi-pollutant control，pollution prevention and control in process，regional watershed comprehensive management，multi-domain technology integration and innovation. Social capital gradually dominates in the environmental investment and financing. Environmental protection funds allocated to the environmental quality-oriented. Green finance creates more environmental financing channels for cleaning pollution. Along with the sustained deepening of environmental management work，the NKEEP will focus on improving environmental quality and public health with more recycling and sustainable technologies.

The implementation of NKEEP will be gradually integrated with urban development and management. The payment mechanism based on environmental quality and performance will dominates the operational and financing mode of NKEEP.

Key words key environmental engineering project，environmental management mode，environmental investment and financing

当前，我国环境治理力度逐年加大，空气质量得到初步改善，大江大河水质明显改善，环境风险防控稳步推进，生态保护与建设取得有效进展，环境公共服务均等化水平显著提升。在环境保护取得的成效中，国家重大环境保护工程项目的实施发挥了至关重要的作用。以重大环境工程项目为抓手，以大环保工程带动大治理，推动环境质量改善和污染减排目标的实现。重大工程项目实施与管理是提高资金使用效率和确保工程项目发挥环境效益的关键。本文将在梳理我国重大环保工程演变历程的基础上，总结当前我国重大环保工程管理模式，探索重大环保工程项目融资经验和趋势，为"十三五"重大环保工程项目实施提出建议，为实现生态环境保护目标提供工程支撑。

1 国家重大环保工程管理演变历程

国家重大工程是实施国家中期规划、具有中国特色的一项制度安排。纵观 40 多年来我国环境保护工作历程，不同阶段环境保护工作的重点随国民经济和社会发展水平而不断变化[1]。服务于环境保护事业的产生和不同阶段发展需求，重大环保工程特别是污染治理工程经历了从简单到复杂、从落后到先进、从局部到全面、从分散到集中的发展历程。

1.1 污染治理起步探索：基于制度建立与工程治理的探索阶段

虽然我国环境保护起步于 1973 年，但在"八五"期间才正式纳入国民经济和社会发展计划。在此期间，全国污染物排放总量很大，污染程度较重，生态环境恶化加剧，环境污染和生态破坏在一些地区已成为危害人民健康、制约经济发展和社会稳定的一个重要因素。由于环境管理基础薄弱，污染治理尚处于制度和政策措施建立阶段，尚未系统实施重大环保工程。这一阶段开展了一系列环境保护理论研究、制度建设、法制建设和管理体制建设等工作，形成了我国保护环境的三大环境管理基本政策和八项环境管理制度。经过多年的发展，我国的环境保护政策已经初步形成了一个相对完整的体系（表 1）。

基于上述环境管理体系，我国在此阶段开始通过管控措施逐步对工业污染和重点城市进行了污染治理，控制住局部和典型企业污染，为全面实施环境工程奠定了基础。在此期间，局部地区实施的具有代表性的重大工程有：北京市官厅水库、河北省白洋淀和桂林市漓江等水域的污染治理，主要通过关停严重污染的工业企业等措施，逐步实现了水域的环境改善。

表 1 我国的环境保护政策体系

类别	政策名称	主要内容
三大环境管理基本政策	预防为主、防治结合	从经济增长方式、产业结构工业规划布局以及技术政策角度来考虑，其主要措施是：把环境保护纳入国家和地方的中长期及年度国民经济和社会发展计划；对开发建设项目实行环境影响评价制度和"三同时"制度
	谁污染、谁治理	针对造成环境污染与生态破坏的主体，从经济和技术角度来考虑。其主要措施有：对超过排放标准向大气、水体等排放污染物的企事业单位征收超标排污费，专门用于防治污染；对严重污染的企事业单位实行限期治理；结合企业技术改造防治工业污染
	强化环境管理	从环境执法、行政管理、宣传教育角度来考虑，是三大政策的核心。其主要措施有：逐步建立和完善环境保护法规与标准体系，建立健全各级政府的环境保护机构及国家和地方监测网络；实行地方各级政府环境目标责任制；对重要城市实行环境综合整治定量考核
八项环境管理制度	环境保护目标责任制	通过签订责任书的形式，具体落实地方各级人民政府和有污染的单位对环境质量负责的行政管理制度。这一制度明确了一个区域、一个部门乃至一个单位环境保护的主要责任者和责任范围，理顺了各级政府和各个部门在环境保护方面的关系，从而使改善环境质量的任务能够得到层层落实。这是我国环境环保体制的一项重大改革
	城市环境综合整治定量考核制度	通过定量考核政府在推行城市环境综合整治中的活动予以管理和调整的一项环境监督管理制度
	污染集中控制制度	以改善区域环境质量为目的，依据污染防治规划，按照污染物的性质、种类和所处的地理位置，以集中治理为主，用最小的代价取得最佳效果
	污染限期治理制度	是指对污染危害严重，群众反映强烈的污染区域采取的限定治理时间、治理内容及治理效果的强制性行政措施
	排污收费制度	是指一切向环境排放污染物的单位和个体生产经营者，按照国家的规定和标准，缴纳一定费用的制度。我国从 1982 年开始全面推行排污收费制度到现在，全国（除台湾地区外）各地普遍开展了征收排污费工作
	环境影响评价制度	是指对可能影响环境的重大工程建设、规划或其他开发建设活动，事先进行调查，预测和评估，为防止环境损害而制定的最佳方案
	三同时制度	是指新建、改建、扩建项目、技术改造项目以及区域性开发建设项目的污染防治设施必须与主体工程同时设计、同时施工、同时投产的制度
	排污申报登记与排污许可证制度	排污申报登记制度是指凡是向环境排放污染物的单位，必须按规定程序向环境保护行政主管部门申报登记所拥有的排污设施、污染物处理设施及正常作业情况下排污的种类、数量和浓度的一项特殊的行政管理制度。排污申报登记是实行排污许可证制度的基础。排污许可证制度是以改善环境质量为目标，以污染总量控制为基础，规定排污单位许可排放污染物的种类，数量、浓度、方式等的一项新的环境管理制度。我国目前推行的是水污染物排放许可证制度
其他环境管理制度		污染事故报告与处理制度、现场检查制度、污染强制淘汰制度、地方性环境预审制度、环境标志制度
法律法规及重要文件	1979 年	《环境保护法》（试行）
	1981 年 5 月	《基本建设项目环境保护管理办法》
	1982 年 2 月	《征收排污费暂行办法》
	1982 年 8 月	《海洋环境保护法》
	1984 年 11 月	《水污染防治法》
	1987 年 5 月	《大气污染防治法》

1.2 企业"三废"治理工程：基于企业污染治理的末端治理阶段

"九五"和"十五"期间，我国环境形势仍然十分严峻，全国污染物排放总量持续上升，生态恶化加剧的趋势尚未得到有效遏制，一些地区的环境质量仍在恶化。在这个阶段，重大环保工程主要是控制污染源"三废"排放。1992年联合国环境与发展大会召开两个月之后，党中央、国务院发布《中国关于环境与发展问题的十大对策》，把实施可持续发展确立为国家战略。1994年3月，我国政府率先制定实施《中国21世纪议程》。1996年，国务院召开第四次全国环境保护会议，发布了《关于环境保护若干问题的决定》，大力推进"一控双达标"（控制主要污染物排放总量、工业污染源达标和重点城市的环境质量按功能区达标）工作，全面开展"三河"（淮河、海河、辽河）、"三湖"（太湖、滇池、巢湖）水污染防治，"两控区"（酸雨污染控制区和二氧化硫污染控制区）大气污染防治、一市（北京市）、"一海"（渤海）（以下简称"33211"工程）的污染防治，如表2所示。

表2 国家"九五"至"十三五"时期重大环保工程内容与投资变化

时期		"九五"	"十五"	"十一五"	"十二五"	"十三五"
工程内容	污染防治	工业污染防治、城市环境保护、生态环境保护、海洋环境保护、重点流域和地区环境保护	"三河三湖"污水处理厂建设工程、三峡库区水污染治理工程、南水北调（东线）治污工程、渤海碧海行动计划工程、"两控区"火电厂脱硫工程、北京碧水蓝天工程	铬渣污染治理工程、城市污水处理工程、重点流域水污染防治工程、城市垃圾处理工程、燃煤电厂及钢铁行业烧结机烟气脱硫工程、农村小康环保行动工程	主要污染物减排工程、改善民生环境保障工程、农村环保惠民工程、核与辐射安全保障工程、环境基础设施公共服务工程	工业污染源全面达标排放、重点区域大气污染传输通道气化、燃煤电厂超低排放改造、石化和化工园区VOC整治工程、城镇生活污水全覆盖提升、良好水体和地下水环境保护、畜禽养殖废弃物治理和资源化、农村环境综合整治、土壤污染治理和修复试点示范
	风险控制		危险废物集中处置工程	危险废物和医疗废物处置工程、核与辐射安全工程	重点领域环境风险防范工程	危险废物和核辐射风险防范
	生态保护		国家级自然保护区和生态功能保护区工程	重点生态功能区和自然保护区建设工程	生态环境保护工程	
	能力建设	环境管理能力建设	国家环境监测网络建设工程、国家环境科技创新工程	环境监管能力建设工程	环境监管能力基础保障及人才队伍建设工程	生态环境治理能力现代化提升
重大环保工程投资①/亿元		1 800	2 800	5 834	15 000	—
全社会实际环保投资②/亿元		3 516	8 399	21 623	32 900	62 000（预计）

注：①来源：国家环境保护"九五"至"十三五"规划，为投资估算数；②来源：历年全国环境统计报告书。"十二五"的总投资数据仅包含2011—2014年数据。

在这一阶段，国家层面重大环保工程着重于污染源头控制，工作重点在于"控"，集中于群众反映强烈的区域和问题，以控制污染物排放为切入点，逐一破解突出的环境问题。这一时期城市环境基础设施和工业污染治理设施大幅推进，城市生活污水处理量从"九五"初期（1996 年）的 83.3 亿 t 增加到"十五"末期（2005 年）的 187 亿 t，污水处理率也从 23.6%提高到 52%；全国工业废水排放达标率从 1999 年的 66.7%提高到 2005 年的 92.8%。我国在经济快速发展、重化工业迅猛增长的情况下，环境污染和生态破坏的趋势得到减缓，部分地区和城市环境质量有所改善。然而"九五""十五"期间力图解决的一些深层次环境问题没有取得突破性进展，产业结构不合理、经济增长方式粗放的状况没有根本转变，环境保护滞后于经济发展的局面没有改变，投入不足、能力不强的问题仍然突出。

1.3 排放总量减排工程：基于大规模建设环保基础设施的能力提升阶段

面对我国"十一五"期间环境污染呈现出的复合型、压缩型污染问题，以及农村环境污染、环境事故频发等现状，我国重大环境工程的设计理念逐步从单一对象治理转向多要素、规模化、系统化治理。党中央、国务院提出树立和落实科学发展观、建设资源节约型环境友好型社会、让江河湖泊休养生息、推进环境保护历史性转变、环境保护是重大民生等新思想新举措，把主要污染物减排作为经济社会发展的约束性指标，完善环境法制和经济政策，强化重点流域区域污染防治，提高环境执法监管能力。

在"十一五"和"十二五"时期，国家层面重大工程的设计开始从水、气污染末端治理转向多要素的污染综合治理，注重建设污染处理基础设施，提高污染物处理处置水平。重点实施了 10 项工程，包括：主要污染物总量减排工程、危险废物和医疗废物处置工程，城市污水处理工程，铬渣污染治理工程，重点流域水污染防治工程，城市垃圾处理工程，燃煤电厂及钢铁行业烧结机烟气脱硫工程，重点生态功能区和自然保护区建设工程，核与辐射安全工程、农村小康环保行动工程，环境监管能力建设工程。"十二五"期间，国家增加了改善民生环境保障、农村环保惠民、重点领域环境风险防范、环境基础设施公共服务以及人才队伍建设等工程。在这期间，国家为确保落实各项重点工程设立了 10 多项专项资金，大力支持环保重大工程的投资建设，带动了全社会环保投资额的显著增加，"十二五"前 4 年全社会环保投资已经达到 32 900 亿元（图 1）。

这一时期，国家重大环保工程项目取得了长足的进展。全国城镇污水处理能力达到 1.82 亿 t/d（图 2），燃煤电厂脱硫能力达到 9.8 亿 kW（图 3），脱硫机组占全部燃煤电厂机组的比例从 2005 年的 4.3%快速提高至 96%。尽管这一时期重大工程项目实施在污染减排和环境风险控制等方面取得了较大成效，但是由于认识环境问题的线性思维和分割治理模式的局限性，环境保护重大工程在设计上较为片面，存在对环境质量改善关联性不足、质量改善贡献不清等问题。

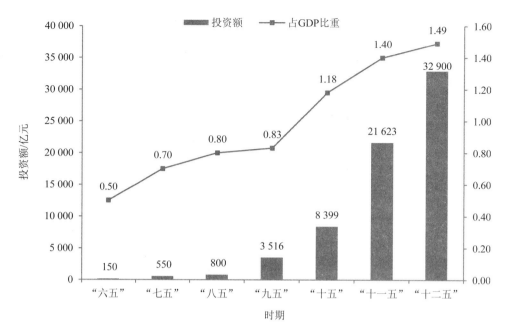

图1 "六五"至"十二五"时期全社会环保投资变化情况

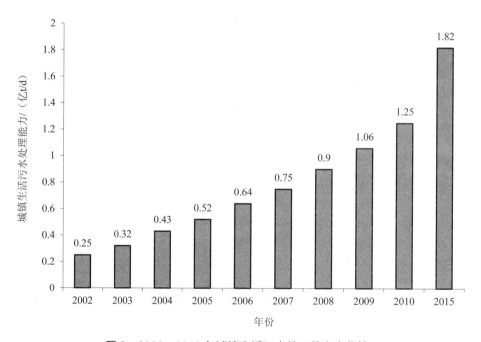

图2 2002—2015年城镇生活污水处理能力变化情况

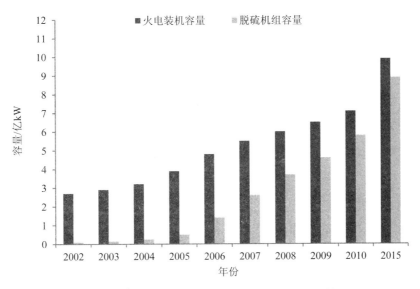

图3 2002—2015年燃煤电厂脱硫机组容量变化情况

1.4 环境质量改善工程：基于改善环境质量的系统综合治理阶段

自"十二五"后期开始，我国环境管理方式发生了重大变化，积极探索以环境质量改善为主的环境管理战略转型。在"十二五"时期，将总量减排、质量改善和风险控制作为环境保护的三大着力点。进入"十三五"时期，国家以环境质量改善作为环境保护的主线，以科学发展观为指导实施流域水环境综合管理。坚持全面推进与重点突破相配合，改善全国大气环境质量，让更多的城市达到国家空气质量标准。以保障人体健康、农产品安全、生态安全为目标，强化污染土壤环境风险控制和修复。为此，国家重大环保工程的设计理念逐步从局部和分散的工程向目标化、整体化、系统化的综合治理工程转变，以重点实施"水、气、土"污染防治三大行动计划为抓手，推进工业污染源全面达标排放、重点区域大气污染传输通道气化、燃煤电厂超低排放改造、石化和化工园区VOCs整治工程、城镇生活污水全覆盖提升、良好水体和地下水环境保护、畜禽养殖废弃物治理和资源化、农村环境综合整治、土壤污染治理和修复试点示范、危险废物和核辐射风险防范和生态环境治理能力现代化提升等11大工程。

在这一阶段，国家层面重大工程的设计可以称为"污染全过程治理"，强调污染物过程与生态环境的整体性和系统性，强调环境质量改善的目标导向。可以预见，随着我国环境保护节能减排的继续推进和大气、水、土壤等污染防治战役的打响，环境治理力度进一步加大，环境质量将得到逐步改善。但是，随着工程项目对投资需求的不断加大，以及当前投融资渠道不畅、政府财力有限等问题的制约，重大环保工程项目实施的资金供需矛盾也日渐增大，对建立吸引社会资本投入的市场化机制的需求也日趋增加。

2 国家重大环保工程项目实施与管理模式

国家重大环境保护工程是一个众多领域集成的、由国家和地方政府资金主导、实现国家环境保护目标的系统工程，至今没有形成固定的项目实施和管理模式。从实践来看，主要有以实施过程监管为主、以项目前期储备为主、以工程实施绩效为主的三种管理模式。

2.1 以实施过程监管为主的管理模式

环境保护重大工程涉及领域、类型较多，对于地方管理基础薄弱、技术路线复杂的重大工程而言，需要国家层面的主管部门深入开展项目过程管理，从项目审批、实施过程指导监督、竣工验收等方面全面推进重大工程的实施。2004 年设立的中央环保专项资金是在国家层面设立的较早的一项专门用于环境污染防治的资金。"十五"和"十一五"期间，专项资金分配方式以项目法为主，各地根据专项资金使用管理要求和年度申报通知，确定拟申报资金支持的重大环保项目。财政部和环境保护部负责申报项目的审查，并择优确定年度支持项目和安排资金下达。地方环保部门负责项目技术指导、实施监管和竣工验收等[2]。原国家环境保护总局、国家发展和改革委员会联合实施《全国危险废物和医疗废物处置设施建设规划》，总投资 83.7 亿元（其中国债资金 37.5 亿元，地方配套 46.2 亿元），建成了31 项综合性危险废物和 300 项医疗废物集中处置设施，分别形成新增集中处置能力 145 万 t/a 和 1 515 t/d[3]。可以说，这是真正意义上由环境保护部门主持的第一个国家重大环保工程。"十一五"期间，国家设立的中央农村环保、重金属污染防治、主要污染物减排等专项也以项目法的方式，确定支持了一批农村污染防治、重金属污染防治、环境监管能力建设等重大环保项目。以环保重大工程带动环境治理，在此期间建成一批重大环保工程，环境污染治理能力显著提升。

以实施过程监管为主的模式优势明显，可以保证技术路线合理性、项目实施总体质量以及总体目标的实现程度，但需要投入大量的人力、物力，难以推广应用到所有重大工程实施模式上。同时，在此项目实施与管理模式下，对项目监管更加侧重于建设过程管理，专项资金支持也以建设补助为主，对重大环保项目建成后的运行管理重视不足，重大环保项目建成后的环境效益未能得到充分发挥。

2.2 以环境质量和绩效为导向的管理模式

随着基于环境质量改善为导向的环境管理战略转型，"十二五"期间重大环保工程项目在加强实施过程监管的同时，逐步开始向基于环境质量效果导向的绩效管理模式转变。财政部和原环境保护部在项目管理中更加强调绩效评价管理，以充分发挥重大环保项目实施后的环境效果[4]。地方政府在重大工程项目实施、资金安排使用、过程管理中发挥主要作用。重大环保项目专项资金分配方式也随之发生变化，以项目申报为主的资金申请方式开始向以项目申报与因素分配方式相结合转变。

与此同时，国家积极推进对专项资金支持项目的绩效评价，评估项目实施对区域和流域环境质量改善的效果。在水污染防治专项、大气污染防治专项、土壤污染防治专项、农村节能减排资金等中央财政专项资金均已建立了绩效评价机制，并逐年加大绩效评价的力度。根据各项专项资金管理办法，目前水污染防治专项、大气污染防治专项、土壤污染防治专项、农村节能减排资金等的资金分配已经将绩效评价结果与资金分配钩挂，实行奖优罚劣，提高了资金的使用效益与项目实施的环境效益（表3）。

表3　中央财政专项资金绩效评价内容与结果应用途径

专项资金名称	绩效评价内容	绩效评价结果的应用途径
水污染防治专项	资金管理、项目管理、产出和效益	绩效评价结果作为财政部分配专项资金的参考依据
大气污染防治专项	资金使用的安全性、规范性和有效性，空气质量改善情况及任务完成情况	根据各省颗粒物下降率考核结果，对未完成任务目标的省份扣减当年预算资金，对完成大气任务出色的省份给予奖励
土壤污染防治专项	资金使用的安全性、规范性和有效性，土壤质量改善情况及任务完成情况	根据有关省份土壤环境改善考核结果，对未完成目标的省份扣减资金，对完成土壤治理任务出色的省份给予奖励
农村节能减排资金	资金支持项目的目标任务完成情况、制度建设情况、资金到位及使用情况、建成项目运行维护情况等	建立中央农村节能减排资金考核奖惩机制，对各地中央农村节能减排资金使用情况和工作方案执行情况进行考核，并予以奖惩

2.3　以项目前期储备为主的管理模式

自"十二五"以来，中央财政在环保领域投入逐步加大，为顺应财政管理改革趋势，专项资金项目管理权限逐步下放，资金分配权限及对应的项目管理职责主要由地方承担。虽然地方安排项目自由度增大，但出现了重大环保工程项目实施中存在的项目前期工作不充分、资金执行缓慢、项目难落地等问题。为保证资金使用效率和效果，国家开始重视重大环保项目的储备，积极推进项目储备库建设。2016年年初环境保护部印发了《关于报送专项建设基金支持项目清单做好环保投资项目储备的紧急通知》《关于开展水污染防治行动计划项目储备库建设的通知》《关于开展"十三五"环保投资项目储备库建设工作的通知》；2017年环境保护部印发了《关于进一步加强环境治理保护项目储备库建设工作的通知》，要求各地积极建立重大环保项目储备库，加强对入库项目的审查管理，纳入项目储备库的项目须完成项目立项审批等前期工作，并将专项资金使用安排与项目储备库相结合，重点支持纳入中央储备库的重大环保项目。目前，水污染防治专项资金、大气污染防治专项资金、土壤污染防治专项资金等都初步建立了项目库，并对符合条件的入库项目予以专项资金支持。

在PPP项目管理方面，财政部已推出政府和社会资本合作PPP综合信息平台，建立了

PPP 项目库。截至 2016 年 3 月，全国 PPP 综合信息平台项目库入库项目达 7 721 个，其中环境保护项目超过 1 200 余项。在环境保护领域，目前也已开始鼓励开展 PPP 项目规划，从水污染防治、大气污染防治、土壤污染防治等重点领域筛选 PPP 模式适用项目，建立环境保护领域 PPP 项目库，对入库项目的实施进度、效果、影响等进行跟踪管理。

3 重大环保工程的技术与融资特征

实施国家重大环境保护工程需要成熟的治理技术和融资模式作为支撑。由于环保重大工程具有政府主导、多元性、阶段性等特点，因此，无论是治理技术还是融资模式，都呈现出综合性、动态化等特性，处于不断变革、完善和提高过程中。

3.1 重大污染治理工程的技术特征

环境污染治理是一个跨领域、跨专业、跨要素的综合治理工程。表 4 总结了自"八五"以来国家重大环保工程主要领域的关键技术应用趋势。

表 4 污染治理重点领域技术发展演变

领域	"八五" （1991—1995 年）	"九五" （1996—2000 年）	"十五" （2001—2005 年）	"十一五" （2006—2010 年）	"十二五" （2011—2015 年）
水污染防治	与生产设施同步建设的工业"三同时"物化处理技术	城市污水厌氧—缺氧—好养污水生物处理技术，序批式活性污泥法，氧化沟等技术等。采油、冶金、石化、化工、印染、造纸等工业难降解废水处理技术	湖泊污染控制与水体修复技术，高效厌氧和好氧技术，膜生物反应器，活性碳吸附、臭氧氧化等污水三级处理技术、氧化塘、人工湿地等生态治理技术		
大气污染防治	引进国外电除尘和袋式除尘设备	自主研发生产的石灰石-石膏湿法、烟气循环流化床、脱硫除尘一体化、旋转喷雾干燥法、活性焦吸附法等十余种烟气脱硫技术，袋式除尘、电除尘技术		低氮燃烧、SCR、SNCR 脱硝技术、电袋除尘技术	
固体废物处理处置	简单堆放、简易填埋、露天焚烧	城市生活垃圾高性能焚烧技术及配套系统、填埋场高分子合成防渗技术、焚烧炉二噁英污染控制技术。危废医废中小型回转窑焚烧技术、热解焚烧技术、医废高温消毒技术。固体废物机械炉排炉、旋转窑、热解炉、流化床、液体喷射炉等焚烧技术			

总体上，这些治理技术应用呈现出如下四个特点：

3.1.1 多污染物协同控制

协同控制能够降低社会治理成本、推动技术进步、提高环境质量改善效果。协同控制可以应用于不同控制领域、不同污染源和不同污染物，但目前主要应用于同一污染源多种污染物。随着燃煤电厂脱硫、脱硝、除尘以及除汞要求的提出，开始大范围地应用大气污染物超低排放协同控制技术。同时，排污许可证制度的制定与实施，将推动基于特定区域环境质量改善的多污染物协同控制技术发展，解决常规污染问题的同时，环境质量得到全面改善。

3.1.2 全过程污染防控

污染企业生产"源头—过程—末端"防控的清洁生产技术、污染物全生命周期过程防控的废物资源化循环利用技术、化学品和危险废物等风险管理与过程控制技术等全过程污染防控技术是当前和未来一段时期发展的重点。随着工业行业环保"领跑者"的制定与实施，工业领域过程污染防控技术将得到快速发展。国家环保重大工程坚持清洁生产和全过程控制原则，有效地推动了全过程污染防控的技术进步，燃煤电厂减排、城镇污水污泥处理、循环经济技术等处于国家先进水平。

3.1.3 区域流域综合治理

针对我国改善环境质量、降低环境风险、构建安全生态体系的环境保护需求，以重大环境问题解决与环境质量改善为导向的区域、流域生态环境综合治理技术是当前国家重大环保工程技术发展的重点。区域流域生态环境综合治理技术既包括污染源减排与控制、生态治理与保护，也包括智能化、智慧化的环境管理，是区域流域环境问题的系统解决方案。特别是国家重大科技专项"水体污染控制与治理"研发的"治理"和"管理"两大技术体系，得以在流域水环境综合治理工程中得到全面的体现。

3.1.4 跨领域技术融合创新

随着环境保护工作的不断深入，分子技术、生物技术、新材料技术、信息技术、云计算和大数据等在环境领域的应用不断拓展和深入。膜、催化剂载体与新材料技术、固体废物收集与互联网、环境监测与物联网和大数据等相互融合，已经推动解决了一批关键问题，突破一批环境治理的关键技术。环境技术与跨领域新技术的不断融合，将促进污染减排、环境质量监控、预警和改善、环境风险防控技术的创新发展。

3.2 环境保护工程投融资特征

重大环保工程的投资主体是政府和企业。投融资机制的健全程度直接影响国家重大环保工程的实施。在当前经济步入新常态、财税体制改革、推行 PPP 模式与环境污染第三方治理等宏观背景和新形势下，我国环保投融资已逐渐呈现以下新特点。

3.2.1 社会资本投入日趋占据主导

随着环境污染第三方治理和环境保护领域 PPP 的广泛推行，我国以企业和政府为主导的环境保护投入格局将发生变化，属于政府事权和企业事权的环保投资事项，通过政府和社会资本合作、环境污染第三方治理等方式，吸引符合条件的环保企业、金融机构和非金融机构投资者，将带来以社会资本为主导的多元化环境保护投融资格局。这一变化将影响重大环保工程的政府主导性，促使政府必须转变管理模式。

2014 年以来，国务院以及财政部、发改委等相关部委先后推出几十项文件，鼓励在能源、交通运输、水利、环境保护、市政工程等公共服务领域采用 PPP 模式，并制定示范项目以奖代补资金、PPP 项目前期工作专项补助资金等配套支持政策。由财政部与相关金融机构建立的总规模达 1 800 亿元的 PPP 融资支持基金也在谋划设立中。地方层面积极响应，江苏、山东、河南、四川、云南五省已成立 PPP 基金，河北、山西、福建、湖南、海南、陕西等省也在积极筹建省级 PPP 基金。财政部、环保部于 2015 年出台《关于推进水污染防治领域政府和社会资本合作的实施意见》，积极推进水污染防治领域 PPP 模式，进一步开放环境保护市场。水污染防治专项资金管理办法也明确对水污染防治 PPP 项目予以倾斜支持。财政部 PPP 中心数据显示，截至 2017 年 3 月，纳入 PPP 综合信息平台项目库的项目数量为 12 287 个，总投资规模 14.6 万亿元，其中执行阶段项目 1 729 个，总投资额 2.9 万亿元，落地率 34.7%。项目库共包括市政工程、交通运输、生态建设和环境保护、城镇综合开发等 19 个一级行业。其中，环境 PPP 项目数、投资额分别为 2 058 个、2.66 万亿元，分别占入库项目总数、总投资额的 16.7%、18.2%。作为投融资模式重大创新与项目管理方式的重大转变，PPP 模式已成为加强环境公共产品和服务供给质量与效率的重要途径。

与此同时，环境污染第三方治理模式也得到积极推进。2013 年 11 月，党的十八届三中全会《中共中央关于全面深化改革若干重大问题的决定》提出了加快生态文明制度建设，建立吸引社会资本投入生态环境保护的市场化机制，推行环境污染第三方治理。2014 年，国务院发布《关于推行环境污染第三方治理的意见》（国办发〔2014〕69 号），拟以环境公用设施、工业园区等领域为重点推动建立排污者付费、第三方治理的治污新机制，提升我国污染治理水平，吸引和扩大社会资本投入。2015 年 7 月，国家发展和改革委员会、财政部、住房和城乡建设部、环境保护部等四部委联合印发《关于开展环境污染第三方治理试点示范工作的通知》，目的在于促进部分地区探索建立污染治理的有效模式，努力探索第三方治理的监管制度和政策支持体系，形成一批可复制、可推广的管理制度和典型模式，更好地在全国范围推进第三方治理工作。上海、甘肃、广东等地积极实践，在工业企业和工业园区集中治污领域推进试点工作。

3.2.2 环保资金分配以效果为导向

财政资金支持的重大工程实施"依效付费"的资金分配方式，可以有效提升资金使用效率，促进环境质量改善。主要的做法是推行环境绩效合同服务，把资金投入绩效逐步与财政资金分配、政府付费等挂钩，财政资金使用将由"买工程"向"买效果"转变，由此推进环境保护投资从规模型向效益型转变。2014 年国务院发布的《关于推行环境污染第三方治理的意见》明确提出，对以政府为责任主体的城镇污染场地治理和区域性环境整治等采用环境绩效合同服务等方式引入第三方治理。国务院于 2015 年 4 月印发的《水污染防治行动计划》，特别强调采取环境绩效合同服务、授予开发经营权益等方式，鼓励社会资本加大水环境保护投入。预计重大工程的"依效付费"模式是未来资金使用的方向。

以环保 PPP 项目为例，当前该类项目依效付费机制存在的突出问题包括：在项目申报阶段，地方偏重于争取政策和资金支持，片面发挥其融资功能，未将环境效益作为推进 PPP 模式的根本出发点；在项目设计阶段，忽视环保专业技术与考核要求，对项目实施后的环境效果与环境质量改善缺乏系统考虑，导致在项目实施中难以对社会资本进行有效考核和约束；在采购阶段，过于看重报价，对于项目实施后的环境效果关注不够；在项目实施阶段，缺少环境服务价格与治理效果有效挂钩机制，对社会资本制约较小。为解决环保项目环境治理效果问题，应将改善环境质量作为项目申报、设计和实施的核心目标，加快建立和完善依效付费机制，持续激发社会资本动力，加快改善环境质量，带动环保产业的发展。

3.2.3　绿色金融拓展环保融资渠道

金融资金是环境保护投资的重要来源。发展绿色金融成为环境保护领域拓展融资渠道的必然选择和发展趋势，也将成为环境保护投资的重要组成部分。在鼓励发展绿色金融方面，国家已出台了《关于创新重点领域投融资机制鼓励社会投资的指导意见》《关于推行环境污染第三方治理的意见》《关于推进水污染防治领域政府和社会资本合作的实施意见》等政策文件，对发展绿色金融明确了发展方向和重点，中国人民银行也在积极开展绿色金融创新试点工作。但是，绿色金融政策比较模糊，没有针对性地提出支持环境污染治理的金融创新制度。2016 年国务院发布的《土壤污染防治行动计划》实施就遇到了融资渠道问题，从而只能选择试点示范为主的土壤治理技术路线。

当前，我国构建绿色金融体系存在的突出问题包括：配套政策不健全制约环境金融发展，金融机构内外部激励约束机制普遍缺位，环境金融信息沟通机制尚不完善。针对上述问题，要做好整体战略规划，以设立环境金融机构、创新绿色金融产品、创新环境金融服务、健全绿色金融政策四大重点方向，先易后难、逐步突破，统筹协调"一行三会"、发改部门、财税部门、环保部门、金融机构等多方力量，推动跨部门合作，促进环境金融自主、有序、规范发展，实现环境保护需求与金融资本供给的有效融合。近期阶段，应探索建立绿色银行，开发适应环保领域 PPP 项目融资特点的信贷产品，建立环境保护基金，创新融资担保方式。

3.2.4　模式创新带来环保融资新突破

建立投资回报机制是环境保护项目吸引社会资本投资的前提条件。当前大部分环境保护项目公益性特征显著，缺乏稳定的投资回报机制，必须通过模式与机制创新才能吸引社会资本投入。

对准经营性项目而言，具有明确的收费基础，但经营收费不足以覆盖投资成本和收益的，如市政污水处理及管网建设、城市生活垃圾收运及处置等项目，可采用政府参股或财政补贴等方式推进。城市污水管网建设可与污水处理、污泥处置、中水回用等项目捆绑，鼓励实施城乡供排水一体化、厂网一体模式开发建设。市县、乡镇和村级污水收集和处理、垃圾处理项目按行业"打包"投资和运营，降低建设和运营成本，提高投资效益。在农村污水、垃圾收集处置中采用"互联网+"，减少人力投入，降低运行维护成本。

对生态保护、安全饮水保障、区域流域环境综合整治（含农村环境综合整治）、污染场地修复等无项目经济收益但具有显著外部收益的项目，宜采用组合开发方式，包括与周边土地开发、供水项目、林下经济、生态农业、生态渔业、生态旅游等经营性较强的项目组合开发，通过开发项目收益弥补环境污染治理成本。

对于缺乏使用者付费基础、主要依靠政府付费回收项目成本的公益性项目，如环境监测、环境事故应急响应等，采用政府购买服务的方式推进。

4　国家重大环保工程管理的趋势展望与建议

4.1　展望

4.1.1　工程目标将更加关注环境质量和公众健康

环境保护发展的时代特征，决定了不同阶段重大环保工程所关注的重点。"十一五"期间开展的中国环境宏观战略研究已经确定了我国未来几十年环境保护工作的重点。我国现有以总量控制为主线的环境管理模式已开始向以质量控制和风险控制双核驱动的环境管理模式转变。在实现主要污染物总量控制和环境质量改善的基础上，2030—2050年，环境保护工作的重点将更加重视人体健康保障、环境与经济社会协调以及生态系统结构稳定和健康[5]。因此，可以预见安全饮水保障、城市空气质量达标、有毒有害污染控制、挥发性有机物控制、持久性有机污染物控制、生态建设等将逐步成为重大环保工程的重中之重。

4.1.2　工程技术将更加注重循环利用和可持续发展

针对当前我国资源环境承载能力不高的状况，污染治理将转向资源和能源化利用，在保证废弃物无害化处理的前提下，实现其最大程度的利用。与传统的污染治理方式相比，资源化利用不仅带来新的收益渠道，形成一种新的投资回报机制，而且能够降低能耗、物耗，是一种可持续性的治理方式。在生活垃圾、生活污水、污泥、畜禽养殖污染物、农作物秸秆、废矿渣等不同领域，资源化利用技术研发力度将进一步增强[6-10]，研发高效可靠的关键设备，提高污染治理与资源化利用的经济可行性。

4.1.3　工程实施将与城市开发和绿色经济相融合

重大工程项目的实施需要强有力的资金作为保障，随着未来环境保护资金需求的日益增加，资金筹措"瓶颈"也将日趋显著。将污染治理和生态环境保护作为资源释放与提升城市发展品位的重要途径，将其与城市开发建设相融合，以生态环境带来的增值收益反哺污染防治与生态环境保护。将城市黑臭水体治理、安全饮水保障、土壤修复、生态建设等与城市土地开发、生态农业、生态旅游、城市供水等项目结合，实现污染治理与资源开发的组合模式创新，将其融入城市开发建设和经济社会活动之中，开拓污染防治和生态保护的资金渠道。

4.1.4 工程融资将转向效果导向和依效付费机制

当前财政专项资金对重大环保工程项目的支持主要以建设补助为主，尽管其分配使用已开始与环境绩效相结合，但绩效在资金分配中起到的作用非常有限，尚未真正过渡到基于绩效的分配方式。未来环境保护工作将以质量改善为核心，对环境质量的考核也将进一步强化。与之相适应，资金使用方式将更加注重效率和效果，以建设补助为主的资金使用方式也会逐步向以绩效为主的奖励方式转变，综合采用财政奖励、投资补助、融资费用补贴、政府付费等方式，在项目投资补助、竞争立项等方面强化资金使用绩效。专项资金使用将逐步从"补建设"向"补运营"、"前补助"向"后奖励"、"买工程"向"买服务"转变。项目管理方式与环境管理、资金管理方式密切相关，对重大环保工程项目的管理也将更加强化项目实施的环境效果，并实现与资金使用的结合，依效付费机制引领未来资金和项目管理模式的方向。

4.2 建议

4.2.1 以系统思维深入开展环境综合整治工程

发达国家近百年城镇化工业化过程中出现环境问题，在我国集中出现，区域型复合型环境问题日益突出，生态环境保护碎片化，山、水、林、田、湖缺乏统筹保护，保护与建设区域上不集中、功能上不协同，生态保护与建设效益有待提高。仅依靠政府的环境监管治理模式无法实现污染源、污染物和环境介质的全覆盖。需要转变以往认识环境问题的线性思维和分割治理模式，在重大项目的设立上，遵循"区域协同、介质耦合、过程同步、措施综合"的指导思想，通过跨行政区、跨行业、跨介质的综合规划和设计，针对区域性污染治理、质量改善以及政策调控、决策管理等存在的关键和共性问题，多策并举、多地联动，统筹开展水、气、土污染综合防治的工程实施和多部门协同合作的环境保护管理工作，逐步改善生态环境质量。

4.2.2 建立健全以绩效或效果为导向的实施管理模式

环境重大工程虽已实施多年，但仍未建立健全以绩效或效果为导向的全过程管理模式，建议以绩效目标为核心，在项目实施不同阶段侧重不同的绩效管理重点。申报阶段，规范绩效目标指标的申报；评审阶段，强化目标指标可达性论证，加强申报建设内容与绩效目标逻辑性、对应性和支撑性的审查；加强对建设单位项目组织能力和资金筹集能力的评估；资金下达阶段，明确审核后的绩效目标指标；项目实施前，组织项目建设单位开展绩效培训，就绩效管理和绩效评价、项目建设管理制度和财务管理制度进行培训，梳理项目单位绩效意识为后续绩效管理和评价奠定基础；实施过程中，将绩效评价指标和管理要求融入日常监督管理和检查中，提高监管的针对性和有效性。实施结束并持续运行一段时间后，及时开展绩效评价，对预期目标指标实现程度等内容进行综合评价。通过完善的绩效管理，不断提高投资决策水平和项目管理水平。

4.2.3　尽快完善重大环境工程项目管理制度

综观目前各类中央财政污染防治专项资金项目管理情况，还存在要求较为笼统、可操作性不强、地方对项目管理制度执行主观性大、项目实施规范性不足等问题，影响项目整体效益。建议对属于基本建设范畴的重大环境工程项目管理要求，如招投标、工程监理、实施调整、竣工验收以及绩效评价制度应从国家层面尽快明确相应的管理要求，提出明确、可操作管理细则，同时，对于项目档案资料管理、运行记录与维护等方面制定指南性文件，指导地方做好项目实施过程信息记录，促进重大项目实施过程的规范性。

4.2.4　提升项目管理能力和信息化水平

环境保护重大工程实施管理主要依托地方环保部门，而地方环保部门相关职能处室普遍身兼多职、缺乏专职项目管理人员，难以做到对每个项目的全过程管理，项目实施和管理的规范性和有效性更多取决于项目单位自身能力和意识。多数地方环保部门工程项目管理基础较为薄弱，对项目管理制度、要求、程序、概念认识不清，经验缺乏，项目管理意识和水平仍处于起步阶段。"十三五"期间，大批量的污染防治项目实施，地方肩负的项目实施管理角色更加重要，应加强基层环保部门项目管理能力建设，一方面，可考虑设置专门的项目管理处室、固定项目管理人员，专司项目日常组织实施和监督管理，或通过购买服务方式委托第三方专业技术单位项目解决管理力度薄弱的问题，加强项目运营后期监督管理，另一方面，通过举办培训、经验交流等多种形式逐步加强基层环保部门项目管理能力。建立重大环保工程项目信息管理平台，整合项目申报、资金下拨、过程检查、项目验收、绩效评价等环节，实现"一项一档"，实现项目信息的采集、汇总、统计与分析、存档，融入当前生态环保大数据平台，通过信息化建设提升实施重大工程项目的效率和效果。

4.2.5　加大重大环保项目资金投入

从政府和社会两个层面同时加大环保工程项目资金投入力度。建议中央财政继续加大环保资金投入，逐年增加大气、水、土壤污染防治专项资金规模。建立和完善重大环保工程项目储备库，环保专项资金重点安排入库项目。通过规划目标考核、环保投资信息公开等方式倒逼地方政府环保资金投入。为引导社会资本环保投入，应以环境保护基金、环境领域PPP、环境污染第三方治理为抓手，完善财政、税收与金融支持政策，创新资源组合开发，健全投资回报机制。鼓励地方开展项目或政策试点，树立标杆，引领示范，总结经验，推广复制。

4.2.6　强化依效付费机制，提高资金使用效率

加强资金投入与规划的衔接，进一步强化中央对环境保护的调控导向与重大规划目标的支撑，加大对跨区域、跨流域等重大规划实施、重大项目建设、重大政策实施、环境保护薄弱环节和领域等方面的引导。确保项目环境效益与中央既定环境目标的符合性、一致

性，要强化资金的合力并突出资金使用重点，解决资金投向和项目设置分散的问题、预期效益与实际效果落差较大的局面，避免在资金分配上过于平均等问题。打破资金原有分散疲软格局，建议因素分配法与竞争立项法组合分配专项资金。加强财政资金支持项目绩效考核，建立基于绩效的专项资金分配机制与奖惩机制，强化依效付费机制。

参考文献

[1]　王金南，逯元堂，程亮，等. 国家重大环保工程项目管理的研究进展[J]. 环境工程学报，2016（12）：6801-6808.

[2]　王金南，秦昌波，雷宇，等. 构建国家环境质量管理体系的战略思考[J]. 环境保护，2016，44（11）：14-18.

[3]　孙宁，宋玲玲，程亮. 中央环保专项资金管理变化发展趋势及对项目管理的影响分析[J]. 中国人口·资源与环境，2014，24（S3）：252-255.

[4]　吴舜泽，候贵光，孙宁.《全国危险废物和医疗废物处置设施建设规划》实施终期评估报告[R]. 2014.

[5]　房巧玲，刘长翠，肖振东. 环境保护支出绩效评价指标体系构建研究[J]. 审计研究，2010，26（3）：22-27.

[6]　郝吉明，万本太，侯立安，等. 新时期国家环境保护战略研究[J]. 中国工程科学，2015，17（8）：30-38.

[7]　靳秋颖，王伯铎. 餐厨垃圾资源化技术进展及发展方向研究[J]. 环境工程. 2012，31（S2）：327-330.

[8]　刘金鹏，鞠美庭，刘英华，等. 中国农业秸秆资源化技术及产业发展分析[J]. 生态经济，2011，27（5）：136-141.

[9]　李文哲，徐名汉，李晶宇. 畜禽养殖废弃物资源化利用技术发展分析[J]. 农业机械学报，2013，57（5）：135-142.

[10]　王凯军. 坚持正确的技术方向 稳步推进我国污泥处理处置工作[J]. 给水排水，2010，47（10）.

山水林田湖草生态保护修复理论内涵、
推进思路与承德案例

Connotations，Characteristics and Practice Paths About the Idea of Taking our Mountains，Rivers，Forests，Farmlands，Lakes，and Grasslands as a Life Community Based on Chengde city in Hebei Province

王夏晖　王波　蒋洪强　张萧　张晓丽　朱振肖　张笑千　张丽荣

孟锐　潘哲　谢婧　饶胜　朱媛媛　刘桂环　许开鹏　段扬　张信

摘要 自国家山水林田湖草生态保护修复工程试点以来，整体工作进展顺利，森林覆盖率持续提高，但由于践行"山水林田湖草生命共同体"理念尚无成功案例借鉴，试点地区也存在一些工程布局设计缺乏整体性、"伪生态"和"真破坏"治理措施偶有发生、整合专项资金难度大等问题，迫切需要明确这个共同体的内涵和基本特征，探析工程试点实践路径。本书以国家首批试点地区之一的承德市为例，通过生态环境问题研判，在明确总体思路的基础上，提出了"一条主线、两个功能、三大片区、四项任务、五个突破"的实践路径，以期为其他试点地区提供参考。

关键词 山水林田湖草　内涵　基本特征　实践路径　承德

Abstract Since the implementation of mountains，rivers，forests，farmlands，lakes，and grasslands ecological protection and restoration project in China，the overall work is progressing smoothly，with an increased forest coverage rate. However，there is no successful case for reference in practicing the concept of "life community of mountains，rivers，forests，farmlands，lakes and grasslands". There are also some problems in the pilot areas，such as lack of integrity in project layout design，occasional occurrence of "pseudo-ecological" and "true destruction" control measures，and difficulty in integrating special funds. There is an urgent need to clarify the connotation and basic characteristics of the life community and to explore the practical path of the pilot project. Taking Chengde City，one of the first pilot areas in China，as an example，this book puts forward the practical path of "one main line，two functions，three major districts，four tasks and five breakthroughs" based on the clear overall thinking through the study and judgment of ecological environment problems，in order to provide reference for other pilot areas.

Key words　Mountains　Rivers　Forests　Farmlands　Lakes　and Grasslands, Connotations, basic characteristics, practical path, Chengde city

党的十八大以来，习近平总书记从生态文明建设的宏观视野提出"山水林田湖是一个生命共同体"的理念，在《关于〈中共中央关于全面深化改革若干重大问题的决定〉的说明》中强调："人的命脉在田，田的命脉在水，水的命脉在山，山的命脉在土，土的命脉在树。用途管制和生态修复必须遵循自然规律"，"对山水林田湖进行统一保护、统一修复是十分必要的"。2017 年 8 月，中央全面深化改革领导小组第三十七次会议强调，坚持山水林田湖草是一个生命共同体，将草纳入山水林田湖同一个生命共同体。"山水林田湖草生命共同体"理念科学界定了人与自然的内在联系和内生关系，蕴含着重要的生态哲学思想，在对自然界的整体认知和人与生态环境关系的处理上为我们提供了重要的理论依据。中共中央、国务院印发的《生态文明体制改革总体方案》明确要求，整合财政资金推进山水林田湖生态修复工程。2016 年 10 月，财政部、国土资源部、环境保护部联合印发了《关于推进山水林田湖生态保护修复工作的通知》，对各地开展山水林田湖生态保护修复提出了明确要求。2016 年 12 月，陕西黄土高原、京津冀水源涵养区、甘肃祁连山、江西赣州四个地区被列为国家第一批山水林田湖生态保护修复工程试点。

1　理论基础与内涵特征

1.1　山水林田湖草保护修复理论基础

1.1.1　生态系统综合管理

对于生态系统的保护与修复理念主要体现在尊重生态系统的整体性方面，运用系统性、整体性规律来解决资源环境问题的综合治理策略，即生态系统综合管理。生态系统综合管理以维护生态系统健康为核心，统筹管理资源与环境、污染防治与生态保护、水气土与生物等，重视保护生态系统的系统性、完整性和多重服务价值，平衡保护与利用的关系。具有如下特点：

（1）其认为水、气、土、生物等各环境要素之间是一个普遍联系的整体。大气、水的循环运动将山水林田湖草，陆地与海洋，地表与地下环境连成为一个有机整体。自然资源也是环境的一个有机组成部分。森林、河流、矿藏、草原、野生动物等多种自然资源都是附着于土地之上或蕴藏于土地之中，其中任何一种都不可能独立存在，任何一种自然资源类型的存在都为其他自然资源提供了存在的物质基础和前提，从而形成了一种共生共存的生命共同体。因此，管理生态系统要以全局视角分析问题，根据环境要素的功能联系及空间影响范围，界定管理边界，寻求解决方案，而不是肢解环境要素分别采取治理对策。许多国家的环境管理体制都经历了从分散管理到相对集中的过程，尽量将相似的环境管理职能整合到一个环境行政主管部门，实行综合管理、统一决策。

（2）生态系统综合管理理论认为生态系统具有产品供给、环境调节和文化美学等多重服务价值，需要进行多目标的综合管理。森林、草原、湿地、水等环境要素既具有提供物质产品的经济价值，也具有维持生态系统平衡的环境价值。同时，在特定时间、空间上存在开发利用与保护的价值冲突。因此，确定管理目标是一个多目标权衡与取舍的过程，需要多利益相关方充分参与，并由一个价值中立的且有足够权威性的综合管理部门而非专业化部门进行综合管理。实践中，世界上绝大多数国家环境管理主管部门都实行了污染防治、生态保护与可再生自然资源三者的统一管理。

（3）在生态系统综合管理理念下，污染防治和生态保护是维护生态系统服务功能两个密不可分的基本途径，需要与资源保护统一管理。生态破坏和环境污染分别从物理和化学两个途径影响生态系统服务功能，两者相互影响、相互作用。绝大多数国家的环境主管部门通过排污许可证制度、污染物排放与转移登记制度、污染物排放清单制度、统一制定排放标准等方式，实现了对所有污染源（移动源与固定源、点源与面源、工业源与农业源生活源）的统一监管。同时，将气候变化纳入环境管理部门职能。

1.1.2　多维度生态修复

对受损生态系统实施修复是一个系统工程，需要多尺度、有层次、有步骤、有计划地推进实施。在生态修复工程实践和理论研究的基础上，目前国际上对于生态修复的模式和实践有了一个全新的认识，即要根据生态恢复的不同对象、不同层次和不同阶段，将其串联成一个相互独立而又彼此联系的整体实施模式，包含"点""线""面""多维立体"在内的多层次、多尺度生态修复模式。"点"模式是在物种层面上进行的生态修复；"线"模式是根据生态系统内部食物链、能量流、物质流等相互关系对退化生态系统进行修复，即通过"点"模式对物种进行修复基础上，对生态系统中物种组成结构和相互关系的修复；"面"模式是指结合社会、经济、环境等方面因素，综合促进生态系统功能的恢复，目前大量的生态修复工程多仅考虑技术层面因素，然而要使生态功能恢复，更需考虑社会、文化等因素的制约和影响；"多维立体"模式认为生态修复需要从大气、水、土壤及生物4个维度出发，只有把这4个维度融合在一起通盘考虑，才是生态修复的最高层次。而"山水林田湖草是一个生命共同体"的生态保护修复理念就是符合"多维立体"生态修复模式的先进理念。

1.1.3　最大限度"近自然"修复

（1）近自然森林修复。"近自然森林"可表达为"在确保森林结构关系自我保存能力的前提下遵循自然条件的林业修复活动"，是兼容林业生产与森林生态系统保护的一种理论。其基本思想是视森林为持续的、多样的和动态的生态系统，通过充分利用森林生态系统中稳定而连续的自然过程，优化出以森林整个生命周期为时间单元，以择伐和天然更新为主要技术特征，保持多树种、多层次、异龄林为森林结构特征的森林经营体系。近自然林业修复适用范围广泛，不仅适于风景林、各类生态公益林、各类保护区也同样适用于商品林的经营。近自然林业从 20 世纪 90 年代开始在欧洲大陆应用，特别是欧洲大陆的瑞士、匈牙利、波兰、挪威、比利时、捷克、荷兰、奥地利、法国、德国等国家先后采纳了"近自然森林"法，并取得了良好的生态效益。

"近自然森林"法核心要点：①要掌握立地原生植被分布和天然演替规律，这也是近自然林业理论的基础。②根据立地条件下的原生植被分布规律发现的潜在天然植被类型，选择或培育在现有立地条件下适宜生长的乡土树种，即因地适树，对外来树种的引进应十分谨慎。近自然经营下形成自然生态群落的树种应该以本地适生的乡土树种为主，并尽可能提高其比例。③针阔混交，提高阔叶树的比重。针阔混交搭配可造就生产力高、结构丰富的森林。特别是增加阔叶树种，可为立地提供更多的枯枝落叶腐殖质肥料，增强林地肥力，能更好地增加森林生态系统的生物多样性，有利于建立起更加稳定的植被群落，从而能增强森林生态系统自身对病虫害等自然灾害的消化和控制能力，减少病虫害等自然灾害的发生。④复层异龄经营。近自然森林要求林分结构由单层同龄纯林转变为复层异龄混交林。复层异龄经营一方面显著提高了林分的抗风灾能力，有利于森林防护功能的不间断的持续发挥，另一方面也有利于林分内合理的自然竞争，促进目标树木的生长。

（2）近自然河流修复。对于水生态修复而言，目前采用最多的就是"近自然河道修复"，即"多种生物可以生存、繁殖的治理法"，它以"保护、创造生物良好的生存环境与自然景观"为前提，不是单纯的生态环境保护，而是在恢复生物群落的同时，建设具有抗洪强度的河流水利工程。"近自然河道"修复大致需要 3 个阶段，分别是"污染控制""生态修复""人与自然关系修复"。在污染排放突出的阶段，主要矛盾是污染源的问题，在这一阶段，控制污染源是最有效也是最为主要的手段，这一阶段主要采用生态清淤、曝气、稀释冲刷等方法进行水质改善，主要目标通常设置为水质达标。当污染源得到基本控制，作为主要生境条件的水质得到改善，就具备了生态恢复的基本前提。在水质明显改善后，下一步所关注的则是栖息地、生物多样性、外来物种等，这一阶段目标已经转为生物生存环境改善以及栖息地营造方面，所采取的手段也是生态保护、生态修复、生态系统构建方面的措施，比如日本的"多自然河川工法"等。之后便是如何修复人与自然的关系问题，即在开发、利用自然资源的过程中心存敬畏，保护自然环境和自然生态。具体到每一条河流、每一个湖泊，和谐的状态和方式有很多不同的理解。

1.2 "山水林田湖草生命共同体"内涵特征

1.2.1 基本内涵

山、水、林、田、湖、草作为自然生态系统构成要素，与人类有着极为密切的共生关系，共同组成了一个有机、有序的"生命共同体"，生态要素的合理配置，直接决定了这个"生命共同体"的可持续程度。"山水林田湖草生命共同体"的理念，从本质上深刻地揭示了人与自然生命过程之根本，是不同自然生态系统间能量流动、物质循环和信息传递的有机整体。田者出产谷物，人类赖以维系生命；水者滋润田地，使之永续利用；山者凝聚水分，涵养土壤；山水田构成生态系统中的环境，而树者依赖阳光雨露，成为生态系统中最基础的生产者。

自然资源的永续利用是生命共同体"生生不息"的基础。山、水、林、田、湖、草之间的物质与能量交换，存在一定的总量。如果人类的攫取或消耗超过这个限度，该共同体的运行就会发生重大的变异，甚至断链停歇。与此同时，山、水、林、田、湖、草又都是有形、有质的实体，由这些实体构成的生命共同体也必定具有因时、因地的差别。"山水林田湖草生命共同体"理念的提出，核心体现了生物和环境构成的生态系统观念，其目标就是要树立自然价值和自然资本的理念，大力提高各类生态系统服务功能，确保生态系统健康和可持续发展。这也要求生态保护修复从过去的单一生态要素保护修复转变为以多要素构成的生态系统服务功能提升为导向的保护修复。

1.2.2 主要特征

（1）尺度性。生态系统具有显著的尺度特征。从几十亩的沟路林渠田，到几平方千米的山水林田村，再到几百平方千米的山水林田湖草生命共同体，甚至几十万平方千米的城市群区域，都是一个生命共同体，更是一个景观综合体。它们记载了人类长期适应和改造自然的足迹，形成了具有唯一感知的景观特征、特定的生物与环境相互作用的生态过程。不同尺度的"生命共同体"具有不同的生态景观特征，而同一生态过程在不同尺度上的变化规律也不同，当低层次的单元结合在一起组成一个较高层次的功能性整体时，总会产生一些新的特性。因此，保护修复工作要分析评价"沟路林渠田""山水林田村""山水林田湖草"等不同尺度景观格局与水土气流动、生物迁移、污染物迁移、天敌-害虫调控、授粉等生态过程的相互关系及其尺度性，按照"源头控制—过程阻控—受体保护和净化"生态过程调控原理，开展污染、损毁、退化土地生态修复，加强不同类型景观要素重建、修复和提升，提升乡村景观，制定适应性管护措施，加速、延缓、阻断、过滤和调控水土气生物及其污染物迁移等生态过程，提高生态系统弹性。

（2）整体性。"人的命脉在田，田的命脉在水，水的命脉在山，山的命脉在土，土的命脉在树"，这道出了景观空间格局和生态过程的相互关系和景观综合体的相互联系和整体性。因此，首先要尊重"山水林田湖草生命共同体"整体性和综合性，要充分认识和研究生态系统景观要素构成，在"生命共同体"中所处的位置和相互作用，基于"生态要素—开发利用—社会需求"之间的非线性关系、尺度和阈值效应、历史依赖、时间滞后等特征，分析山水林田湖草所构成的景观特征和形成机制，开展景观格局与污染物、物种流等生态过程及其生态系统服务功能空间定量化分析，确定生态服务多功能供给和需求空间差异性，通过预测和情景分析，比较各种情景生产、生态服务和环境成本效益，优化利用格局，确定空间布局，提高生态系统服务功能。

（3）层次性。"山水林田湖草生命共同体"理念体现了生态系统等级层次理论。生态系统有大有小，由研究的问题和目标而定。对于不同层级"生命共同体"的规划、保护和整治来说，要充分认识生态系统结构、功能、等级层次等系统基本特性，避免线性思维，树立非线性思维方法，深入系统地研究生命共同体在脆弱性、协同性、适应性、弹性、可持续性等方面的基本规律和表现。运用系统工程方法，分层次、分区域开展生态系统综合利用和改造，维护和重建生态过程。

（4）均衡性。"山水林田湖草生命共同体"充分体现了空间均衡理念。通过开展"山水林田湖草"所构成的景观综合体特征的评价，使水土涵养、生物多样性保护、碳固定、美景等生态景观服务功能空间定量化，权衡和协调生态景观服务功能供给和需求，确定生态功能数量、质量和空间格局管控要求。在自然资源开发和利用过程中，坚持发展和保护相统一的理念，不仅要严格执行耕地资源"占补平衡"，还应积极推进生态服务功能的"占补平衡"。在城镇发展中合理确定开发边界和生态空间占比，提高城镇生态系统服务功能，增强生态系统弹性，"让居民望得见山、看得见水、记得住乡愁"。在农业和农村发展中，从农业生态系统和农业景观两个尺度，开展乡村环境生态修复，提高乡村区域生态服务功能，推进生态系统由"疾病防治"到"健康管理"的转变。

2　国际相关研究进展

2.1　自然资源利用趋于多目标生态战略

从世界上生态系统保护修复研究的发展趋势看，随着生态退化、环境污染和景观受损等生态问题日益严重，20世纪80年代以来，相关研究由注重提高自然资源利用价值、产出效益逐渐转变为提升生态系统服务功能、改善生态环境质量、保护自然景观和促进区域可持续发展等方面。例如，欧盟在90年代提出实施的跨国生物多样性保护和景观多样性战略，成为欧盟各国生态整治和城市发展等共同遵守的纲领性文件，从规划和战略层面保证了生态系统保护修复的实施；德国自1954年颁布《土地整理法》以来，法律制度体系不断完善，如今已将生态保护、村庄文化等纳入土地整治的目标，在土地整治过程中非常注重对生态环境和本土文化的保护。世界主要发达国家自然资源开发的主要目的由最初的提高生产效率、扩大规模发展到提升居住环境、协调生态保护需求等相关法律制度与规章体系不断完善。自然资源利用呈现出显著的生态化和多功能性的发展趋势。

2.2　保护修复中的生态化技术广泛应用

2.2.1　河道整治自然修复技术

加冷河和碧山宏茂桥公园修复计划是新加坡于2006年发起"活跃、美丽和干净的水计划"（以下简称ABC计划）的旗舰项目，使沿碧山宏茂桥公园边缘流动的加冷河从一条硬生生的混凝土排水渠成为一条拥有自然式河岸结构、并与公园完美融合。20世纪60年代，新加坡将天然河流系统通过工程技术进行硬化处理大规模转变为混凝土河道和排水渠系统以缓解洪涝灾害。加冷河就在这个时期被做成"三面光"的形式。此举虽大幅度提高了河堤防洪标准，但使得河流缺乏自然发展和适应过程，使河流自身的防洪能力完全不能发挥。这样不仅不能增加河流的抗洪能力，相反降低河流对于水流的调蓄功能和对地下水的补给，滨水驳岸的生态型和亲水性几乎丧失。

土壤生态工法技术被应用于碧山宏茂桥公园进行河流堤岸的加固。它是将土木工程设计原理与植物和自然材料（如能够防止侵蚀并减缓水流的石材）相结合。不像其他技术之中植物仅仅发挥美化功用，在土壤生态工法中，植物扮演重要的结构控制元素，它们的根基能够稳固河岸。因植物和自然材料的使用，土壤生态工法结构同时具备动态演变和适应环境的能力，它们进行持续的自我修复和生长。此方法不仅有益于增加生物多样性，同时具备动态演变和适应环境的能力，能够进行持续的自我修复和生长。

河道改造时融入雨水管理设计，通过一系列技术措施科学利用雨水资源，促进良性水循环。公园上游有生态净化群落，栽种精心挑选的植物品种，过滤雨水和污染物、吸收水中的营养物质，达到减少雨水径流污染、净化水质的目的同时美化环境；净化后的水输送到宏茂桥水上乐园，最后流到池塘，整个水循环系统完整、有序。由于项目塑造了大量的缓坡河岸区域，在平水期或枯水期这些区域可以提供大面积的开敞空间进行各种休闲活动，而在洪水期该区域便充当了输水渠道，输送水体向下游流动。这种新加入进来的输水河道能够形成蜿蜒曲折、宽度变幻的多样水流方式，它类似自然界河流系统，从而能够创造出生态上有价值、自然式、多样化的生境。

新加坡加冷河碧山公园在流域水生态系统修复与保护方面通过将原有直线混凝土排水渠改造成弯曲、自然式河流启示我们河道整治技术要坚持自然恢复为主，与必要的人工修复相结合，尽量减少对于河流生态系统的影响，形成"尊重自然、顺应自然、不刻意改变自然"的河流生态修复模式。

2.2.2 湿地生态清淤技术

对于湿地生态系统来讲，基质对于其正常功能发挥起到非常重要作用，也是支撑有根植被的基本介质。而清淤是恢复湿地生境的重要工程，生态清淤技术是目前国际上较为流行的淤泥疏浚技术，已在日本琵琶湖、霞浦湖等多个工程中得以使用。该技术包含清淤设备和淤泥处理两方面，清淤设备主要采用生态环保清淤船，通过搅动水下 $20\sim40$ cm 的淤泥层之后由污泥泵直接输送到污泥池，并集反铲清淤、抓斗清淤、清除水面油污等多功能于一体；生态疏浚后淤泥处理方式主要是通过向疏浚淤泥中加入固化材料，使淤泥中的自由水转变为结晶水或与土颗粒结合的结合水，使存在其中的有机污染物、重金属封闭在土颗粒中，固化后的淤泥渗透系数很小，使得有害物质很难淋滤和溶出形成二次污染。固结之后的淤泥可作为良好的填土材料应用到市政工程、堤防加固工程、道路工程中。相较于传统清淤工程，生态清淤技术具有防止疏浚过程中污染底泥扩散、对施工水体影响小、输泥过程中泄漏量小、底泥实现无害化处理等优势。适用于城市内陆河湖及湿地水环境综合治理。通过生态清淤工程的进行，可以使湿地及河湖生态系统底泥中可利用的氮、磷和有机质等污染物含量明显下降，水环境质量得到提升，水华面积减小。

2.2.3 生态修复与景观设计有机结合

韩国首尔清溪川治理工程是将生态修复与景观设计完美结合的典型案例。清溪川长 10.92 km、宽 66 m，是首尔最大的城市河流，从西向东穿过首尔城市中心。20 世纪五六十年代，由于城市经济快速增长及规模急剧扩张，清溪川曾被混凝土路面覆盖，成为城市主干道之下的暗渠，因工业和生活废水排放其中，其水质也变得十分恶劣，直到 2003 年政府开始着手清溪川的生态修复工作。在水体修复方面增加清溪川周边地块的独立污水处理系统，解决现状排污问题，堵住污染源头；为解决河道水源问题采取了以汉江水为主，结合雨水与地下水，辅以中水应急的方案，保证清溪川河道内能够常年有清洁的水流过。在河道治理方面河岸设计采取了多种形式，包括以块石和植草的护坡为主的半人工化河岸以及以生态植被覆盖的自然化河岸。此外，清溪川河床采用南瓜石、河卵石、大粒沙构成，可以很快恢复为河川，自净能力强。由雨水、地下水及抽取的汉江水形成的清溪川水系有利于鱼类的生存。在自然生态恢复方面，注重营造生物栖息空间，建设沼泽地、鸟类和鱼类栖息地、浅水滩和池塘等，增加了生物多样性，生物物种由复原前的 98 种迅速上升为 314 种。清川溪改造工程将原来一条污染严重的河流改变为首尔市标志性的生态景观带，将生态修复与景观设计紧密结合，避免了园林设计师看待河道的生态修复，往往看到的是景观而忽视了行洪与生产，水利设计师看待河道的整治，往往看到的是防洪的标准、行洪制导线、行洪断面是否满足、堤坝是否牢固，而忽视了生态与景观的问题。

20 世纪七八十年代，发达国家大部分矿山枯竭。针对这些遗留下来的废弃矿山，一系列景观改造工程应运而生，而这其中美国斯特恩矿坑公园成了其中被广泛形容为"可持续""环境友好"的典型范例。斯特恩矿坑公园位于美国芝加哥市，原是一座废弃的采石矿场，于 1970 年正式关闭。长达几十年的开采活动使得园区场地环境问题凸显。这与周围的田园风光形成了强烈的对比，同时也对周围居民的身体健康构成了严重威胁。随着人们环保意识的增强，废弃矿山的恢复与利用受到越来越多人的关注，也促使城市管理者尝试以风景园林方式对场地进行改造。经过改造后，斯特恩矿坑公园由钓鱼池、矿坑崖壁、人工湿地、斜坡草坪、运动场以及主山丘组成。其中钓鱼池是公园的核心景区，并通过人工湿地和草坪与公园入口相连并构成了收集雨水的主要载体，水池驳岸采用斜坡草地形式减小人为影响；矿坑崖壁通过种植绿色植物构成隔离外界干扰的绿色屏障，而且成为鸟类等生物安静的栖息场所；人工湿地成东西向逐级降落式分布，下方堆砌着从场地回收的废弃石料减弱流水侵蚀，还可以对钓鱼池水进行净化，湿地植被主要选择本土适宜性且具有一定吸附污染物功能的植物；而大量原来废弃矿场中的矿渣垃圾则被重塑形成东南部的菱形山体，高达 10 m，并被设置成观景平台。作为废弃矿山改造和恢复的经典案例，斯特恩矿坑公园的景观改造及再利用工程利用最小干预思想维护自然净化过程，同时尊重废弃地原貌和历史，不盲目大拆大建，坚持循环利用原则，最大限度地注重材料潜能的挖掘，对原有废弃材料进行充分合理运用。

此外，还有在矿山植被恢复中应用的植生基材喷射技术、生态笼砖技术，在水体富营养化治理中应用的生态浮床技术，在受损植被建植中应用的客土喷播技术等，在不同国家均开展了实践应用。

3 山水林田湖草保护修复总体思路

3.1 目标定位

各地在推进实施山水林田湖草生态保护与修复工作时，要全面贯彻国家关于山水林田湖草生态保护与修复工作的总体要求，围绕提升生态服务功能、筑牢生态安全屏障的核心目标，坚持"山水林田湖草是一个生命共同体"的基本理念，打破行政区划、部门管理、行业管理和生态要素界限，从生态保护修复的整体性、系统性、协同性、关联性出发，统筹考虑自然生态各要素、山上山下、地上地下、流域上下游保护需求，从山水林田湖草生命共同体的内涵特征出发，创新生态环境和自然资源管理体制机制，推进生态系统整体保护、系统修复、综合治理，使保护修复区域的总体性生态环境问题基本得到解决，生态环境质量得到明显改善，生态系统服务功能得到稳固和提升，支撑区域经济社会可持续发展。国家确定的山水林田湖草生态保护修复工程试点地区，要先行先试、树立标杆，出模式、出经验、出效果，成为全国生态保护修复先行区和试验区。

3.2 基本要求

（1）把系统修复、整体推进作为基本方针。始终坚持"山水林田湖草是一个生命共同体"的理念，按照生态系统的整体性、系统性及其内在规律，统筹考虑自然生态各要素，采用整体到部分的分析方法，部分再到整体的综合方法，把维护水源涵养、防风固沙、洪水调蓄、生物多样性保护等生态功能作为核心，突出主导功能、主要问题，重点突破与整体推进相结合，维护区域生态安全。

（2）把统筹布局、分区实施作为基本路径。采用信息系统分析技术，识别生态保护修复重点区域的空间分布和主要特征，在综合考虑自然地理单元和行政单元完整性的基础上，对山水林田湖草生态保护修复区域进行空间分区，提出分区实施方案、明确工程项目布局、优先示范区片，科学确定保护修复布局与时序。

（3）把创新机制、健全制度作为基本保障。以国家大力推进山水林田湖草生态保护修复为契机，深入探索有利于生态系统保护的体制机制。对工程实施和推进，制定配套政策措施，建立资金筹措机制，强化绩效评估考核，形成生态保护修复长效制度。

（4）把立足实际、突出特色作为基本要求。紧紧围绕保护修复区域主导生态功能和生态系统特征，突出本地生态资源优势和特色，在实施生态保护修复工程的同时，因地制宜设计生态旅游、生态农业等特色生态产业发展方案，提高绿色发展水平，实现区域生态产品供给能力和生态经济双提升，促进人与自然和谐共生。

3.3　主体内容

（1）实施矿山环境治理恢复。我国部分地区历史遗留的矿山环境问题没有得到有效治理，造成地质环境破坏和对大气、水体、土壤的污染，特别是在部分重要的生态功能区仍存在矿山开采活动，对生态系统造成较大威胁。要积极推进矿山环境治理恢复，突出重要生态区以及居民生活区废弃矿山治理的重点，抓紧修复交通沿线敏感矿山山体，对植被破坏严重、岩坑裸露的矿山加大复绿力度。

（2）推进土地整治与污染修复。应围绕优化格局、提升功能，在重要生态区域内开展沟坡丘壑综合整治，平整破损土地，实施土地沙化和盐碱化治理、耕地坡改梯、历史遗留工矿废弃地复垦利用等工程。对于污染土地，要综合运用源头控制、隔离缓冲、土壤改良等措施，防控土壤污染风险。

（3）开展生物多样性保护。要加快对珍稀濒危动植物栖息地区域的生态保护和修复，并对已经破坏的跨区域生态廊道进行恢复，确保连通性和完整性，构建生物多样性保护网络，带动生态空间整体修复，促进生态系统功能提升。

（4）推动流域水环境保护治理。要选择重要的江河源头及水源涵养区开展生态保护和修复，以重点流域为单元开展系统整治，采取工程与生物措施相结合、人工治理与自然修复相结合的方式进行流域水环境综合治理，推进生态功能重要的江河湖泊水体休养生息。

（5）全方位系统综合治理修复。在生态系统类型比较丰富的地区，将湿地、草场、林地等统筹纳入重大工程，对集中连片、破碎化严重、功能退化的生态系统进行修复和综合整治，通过土地整治、植被恢复、河湖水系连通、岸线环境整治、野生动物栖息地恢复等手段，逐步恢复生态系统功能。

3.4　方法技术

（1）应用景观生态学方法。"山水林田湖草生命共同体"理念强调系统内部的有机联系，为景观综合体的生态修复与管护提供了方法论，即景观方法，或是"生命共同体"方法，其核心内容与世界银行、UNEP、联合国粮农组织倡导的景观方法相一致。景观是由自然因素、人类活动以及相互作用形成的被人感知的特征区域，是自然生态系统和人工改造生态系统镶嵌构成的社会生态系统。景观方法的核心是强调空间异质性，考虑不同尺度下景观要素形成的景观格局与社会、经济和生态过程的相互关系。

（2）开展生态基础设施建设。树立"绿水青山就是金山银山"的生态文明价值观，以生态基础设施建设为抓手，开展不同尺度"山水林田湖草生命共同体"的生态保护修复。将生态基础设施建设理论和方法融入各类区域规划中，开展集生态景观特征提升和历史文化遗产保护、生态修复、生物多样性保护、水土气安全、防灾避险、乡村游憩网络等功能于一体的生态基础设施规划，确定数量、规模和空间布局。在工程技术措施的设计和应用过程中，提高工程技术的生态服务功能提升效应。

（3）采用生态化技术为主流。生态工程设计要充分考虑对"生命共同体"的影响，尽量采用乡土材料和乡土技法，加强生物生境的修复，增强透水性、生态循环性、生物共存性，建立富含生物的工程系统。考虑工程技术对生态服务功能的间接影响，降低对生态环境的负面影响。在原有水利、土地整治、生态环境整治工程技术的基础上，增加生物生境修复、水源涵养、缓冲带建设、景观提升、退化生态系统修复、植物景观营造、乡土景观建设等工程技术内容，并构建体现不同区域特征的分类工程技术体系。加大生态景观化工程技术研发力度。

4 山水林田湖草生态保护修复实施思路设计案例

2014 年 2 月 26 日，习近平总书记在北京考察工作时提出："要把河北张承地区整体定位于京津冀水源涵养功能区。"2017 年 8 月，习近平总书记对塞罕坝林场建设事迹作出重要指示："河北塞罕坝林场建设者用实际行动诠释了绿水青山就是金山银山的理念，是推进生态文明建设的一个生动范例。"张承地区作为京津冀水源涵养区核心区域，成功列入国家第一批山水林田湖生态保护修复工程试点。为贯彻落实国家和河北省关于推进京津冀水源涵养区山水林田湖草生态保护修复试点工作的要求，承德市组织编制了山水林田湖草生态保护修复实施规划，统一组织实施山水林田湖草生态保护修复工程。

4.1 问题诊断识别

（1）部分区域生态退化较重，水源涵养功能下降。森林系统低质化、森林结构纯林化、自然景观人工化趋势加剧，森林水源涵养、防风固沙、水土保持等生态功能下降，水土流失面积占全市总面积的 31.4%；坝上地区过度垦殖、超载放牧，土地沙化、草场退化严重，退化草场面积已占可利用草场面积的 42.7%；自然湿地侵占和破坏情况屡见，重要湿地萎缩干化为碱滩、沼泽，永久湿地变为季节性湿地趋势明显；一些流域水资源开发过度，难以保障基本生态需水，洪涝灾害威胁和干旱频发并存，部分河流的生态功能基本丧失；矿山开采对周边山体环境破坏较大，系统保护修复难度大；自 2000 年以来，全市水资源量减少 50%左右，支流断流现象明显增多，河道淤积严重。

（2）环境基础设施建设滞后，环境质量有待提升。2016 年，市中心城区环境空气质量未达标天数比例为 25%，高于全国主要城市 21%的平均水平；滦河乌龙矶、柳河桥、瀑河宽城桥、洒河桥等断面总氮、总磷超标问题突出，潘家口水库水质呈现恶化趋势。全市产业结构偏重，产业层级较低，能源消耗仍以煤炭为主，粗放型发展模式亟需转变；城镇污水处理设施建设不完善，管网收集覆盖率低；累计完成 710 个村庄环境治理，整治率仅为 29%，多数村庄环境仍脏乱差。2015 年化肥施用量 28.36 万 t，施用强度 714 kg/hm^2，是国际公认化肥施用安全上限的 3 倍多；尚有 40%的规模化畜禽养殖未完成整治，70%的禁养区内养殖企业未完成取缔搬迁。

（3）传统生态工程模式仍占主导，要素分割治理问题突出。少数已施工工程项目布局和设计缺乏整体性、系统性和综合性，各项规划措施契合度不高，缺乏统一整体的规划设计，治山、治水、护田各自为政的工作格局有待突破。一些工程目标针对性不强，没有结合具体生态问题而采取相应工程措施。例如，小滦河流域突出的生态问题为土地沙化、湿地退化等，目前仅采取了生态河道治理措施，未将土地沙化防治工程作为流域生态屏障建设的主要抓手。而现有河道治理技术人工干预过大，对脆弱河道自然生境破坏较大，建议优先采取自然恢复技术为主、人工技术为辅的技术模式。已施工建设的小型水利发电工程，河道平整和硬化措施直接损毁了自然湿地。

（4）生态保护体制机制不健全，山水林田湖草缺乏统筹保护。区域之间、部门之间联防联控、协同共建机制尚不健全。归属清晰、权责明确、监管有效的自然资源资产产权和用途管制制度需进一步完善。环境资源承载能力监测预警机制和生态补偿机制尚未建立。受现行部门格局影响，财政涉农资金整合工作难度较大、推进缓慢，未能形成合力，没有发挥更大示范带动效益。工程资金投入以政府为主，对社会资本，尤其是有信誉、有实力、有意愿的民营资本吸引不足。生态环境建设绩效考核、损害补偿和追责机制尚不健全。

4.2 推进思路设计

4.2.1 总体思路

围绕建设京津冀水源涵养功能区战略定位，弘扬塞罕坝精神，以保障京津冀水源涵养区生态安全和生态系统服务功能整体提升为目标，以实施山水林田湖草生态保护修复工程为主要抓手，按照生态产业化、产业生态化的要求，实施"山—水—林—田—湖—人—产业"综合发展战略，片区谋划、点线面结合、全要素融合，充分集成整合资金政策，打破行政区划、部门管理、行业管理和生态要素界限，改变治山、治水、护田各自为政的工作格局，统筹推进生态修复、污染防治、产业发展、脱贫攻坚，打造全国生态保护修复先行区和样板区。

（1）高点起步，示范引领。在全国层面率先践行"山水林田湖草是一个生命共同体"理念，拒绝"老观念、老方法、老标准"，采用世界一流、国内领先、符合承德实情的生态设计理念、技术和方法，高起点、高标准、高水平推进试点示范工作，力争把承德市山水林田湖草生态保护修复工程打造成为全国乃至国际示范标杆。

（2）统筹设计，分区布局。将实施山水林田湖草生态保护修复工程作为全市生态文明建设的总抓手，结合"多规合一"工作，与各部门、各区县相关规划有机衔接，系统设计和构建项目储备库，明确建设目标和任务措施。按照生态功能分区、突出问题分片的布局，分区、分片、分年度滚动实施工程项目。

（3）因地制宜，突出特色。按照"有什么问题解决什么问题"的原则，充分考虑当地自然条件、本土物种、适用技术等，宜林则林，宜草则草，宜农则农，避免"伪生态""真破坏"。融合产业发展，统筹扶贫攻坚，结合良好生态环境、满蒙文化特色、皇家避暑胜地等资源优势，打造全国知名、全域美丽的生态旅游最佳目的地。

（4）整体推进，长效管理。发挥好政府、企业和公众在山水林田湖草生态保护修复中的作用。政府要保障重点生态保护修复治理专项资金专款专用，整合相关涉农资金，集中投放示范区域；同时，通过BOT、PPP等模式引入社会资本，引入生态旅游产业，打造工程项目亮点和展示区；组织好当地群众融入工程项目前期谋划、中期建设、后期运营之中，确保长期发挥效益。

（5）联动京津，区域共赢。准确把握京津冀协同发展总体要求，围绕"京津冀水源涵养功能区"战略定位，构建承—京、承—津流域上下游生态补偿机制，争取京津资金支持、对口支援、技术援助等方式支持全市山水林田湖草生态保护修复，努力构建京津冀生态环境支撑区的重要节点城市。

4.2.2　评价指标

紧紧围绕"建设京津冀水源涵养功能区"战略定位，把贯彻落实"山水林田湖草是一个生命共同体"重要理念作为主线，提升坝上防风固沙功能和坝下冀北山地水源涵养功能，以打造围场示范区、丰宁示范区、滦平示范区 3 个示范区为先导，以"一弧区域——潮白河流域保护修复区、拓展区域——滦河支流保护修复区、坝上地区——坝上防风固沙区、重点矿区——损毁矿山治理修复区"4 个片区为重点，建立生态保护与修复资金筹措长效机制、工程项目台账管理机制、工程项目绩效评价机制、部门和区县目标责任制，逐步推动全市域山水林田湖草生态保护修复工程全覆盖。

到 2020 年，通过对山水林田湖草生态系统进行整体保护、系统修复、综合治理，初步形成山水林田湖草和谐共生的生态格局，生态环境质量保持优良，水源涵养和防风固沙功能得到提升，构建系统完备的保护修复制度，实现"山青、水秀、林茂、田整、湖净"。表 1 为山水林田湖草生态保护修复评价指标体系。

表 1　山水林田湖草生态保护修复评价指标体系

生态要素		指　　标	单　位
生态系统保护修复	山	历史遗留矿山生态修复率	%
		绿色矿山创建率	%
		地质灾害治理率	%
	水	常年出境水量	亿 m³
		用水总量	亿 m³
		万元 GDP 用水量	m³
		节水灌溉面积推广比例	%
		地表水达到或优于Ⅲ类断面比例	%
		城镇集中式饮用水水源地水质达标率	%
		农村环境综合整治率	%
		水土流失综合治理面积比例	%
		河道生态整治比例	%
	林	森林覆盖率	%
		造林绿化新增面积	万亩
		退化草地治理新增面积	万亩
		草原植被盖度	%

生态要素		指　　标	单　位
生态系统保护修复	田	化肥施用强度	kg/hm²
		农药施用强度	kg/hm²
		土地整治新增面积	万亩
		废弃农膜回收利用率	%
		秸秆综合利用率	%
		受污染耕地安全利用率	%
	湖	湿地保有面积	hm²
		湖泊水质达标率	%
生态产业发展		地理标志农产品保护率	%
		有机农产品种植面积比例	%
		旅游业增加值占比	%
		农村贫困人口脱贫比例	%

4.3 确定分区布局

4.3.1 制定分区方案

根据生态系统服务功能综合评价结果的空间差异性，结合承德市生态功能区划和突出生态环境问题，统筹考虑矿山环境治理恢复、土地整治与污染修复、生物多样性保护、流域水环境保护治理等需求，将全市域划分为两个一级区和12个二级区，明确各分区范围、主导生态功能、主要问题及保护修复方向。具体方案见表2。

表2　承德市山水林田湖草生态保护修复工程分区方案　　　单位：km²

管理区	实施区	具体范围	面积
Ⅰ坝上高原防风固沙区	Ⅰ-1 坝上高原草原防风固沙区	丰宁县大滩镇、鱼儿山镇、四岔口乡、万胜永乡、草原乡、外沟门乡、围场县卡伦后沟牧场、西龙头乡、老窝铺乡、御道口乡、御道口牧场、南山咀乡	4 556.87
	Ⅰ-2 坝上高原森林草原防风固沙区	围场县塞罕坝机械林场、姜家店乡、红松洼牧场	1 126.45
Ⅱ冀北燕山山地水源涵养区	Ⅱ-1 潮白河流域水源涵养保育区	丰宁县小坝子乡、窟窿山乡、五道营乡、汤河乡、杨木栅子乡、黄旗镇、土城镇、大阁镇、南关蒙古族乡、胡麻营乡、黑山咀镇、石人沟乡、天桥镇、滦平县五道营子满族乡、虎什哈镇、安纯沟门满族乡、平坊满族乡邓厂满族乡、马营子满族乡、付家店满族乡、火斗山乡、巴克什营镇、两间房乡、涝洼乡	5 589.57
	Ⅱ-2 滦河中上游生态保护与修复区	丰宁县苏家店乡、选将营乡、西官营乡、北头营乡、凤山镇、王营乡、波罗诺镇、滦平县滦平镇、大屯满族乡、金沟屯镇、西沟满族乡、红旗镇、小营满族乡、隆化县郭家屯镇、碱房乡、韩家店乡、湾沟门乡、旧屯满族乡、太平庄满族乡	4 652.93

管理区	实施区	具体范围	面积
II 冀北燕山山地水源涵养区	II-3 蚁蚂吐河流域水土保持修复区	围场县燕格柏乡、城子乡、大头山乡、牌楼乡、半截塔镇、下伙房乡、石桌子乡，隆化县西阿超蒙古族满族乡、步古沟镇、山湾乡、白虎沟蒙古族满族乡、庙子沟蒙古族满族乡、八达营蒙古族乡、兰旗镇	2 788.22
	II-4 伊逊河流域水环境保护治理修复区	围场县哈里哈乡、棋盘山镇、大唤起乡、道坝子乡、龙头山乡、围场镇、黄土坎乡、四合永镇、腰站乡、银窝沟乡、兰旗卡伦乡、四道沟乡、承德庙宫水库，隆化县唐三营镇、张三营镇、偏坡营满族乡、尹家营满族乡、汤头沟镇、隆化镇、韩麻营镇	3 783.35
	II-5 辽河北部水源涵养与森林保育区	围场县三义永乡、山湾子乡、宝元栈乡、新拨乡、张家湾乡、广发永乡、育太和乡、郭家湾乡、朝阳湾镇、杨家湾乡、朝阳地镇、克勒沟镇、新地乡	2 339.66
	II-6 武烈河中上游生态保护与修复区	隆化县茅荆坝乡、七家镇、荒地乡、章吉营乡、中关镇，承德县磴上乡、两家乡、岗子乡、头沟镇、三家乡、岔沟乡、三沟镇、五道河乡、仓子乡、六沟镇、石灰窑乡、高寺台镇	2 997.16
	II-7 中部城镇人居环境综合整治区	滦平县张百湾镇、长山峪镇、付营子乡、西地满族乡，双滦区大庙镇、双塔山镇、滦河镇、偏桥子镇、陈栅子乡，承德县孟家院乡、新杖子乡、安匠乡、刘杖子乡、东小白旗乡，高新区冯营子镇、上板城镇，双桥区双峰寺镇、水泉沟镇、狮子沟镇、牛圈子沟镇、大石庙镇	2 434.32
	II-8 潘家口库区上游水源涵养区	承德县下板城镇、八家乡、大营子乡、甲山镇、上谷乡、满杖子乡，宽城县塌山乡、化皮乡、孟子岭乡、独石沟乡、脖罗台乡、碾子峪乡，兴隆县大杖子乡、蘑菇峪乡、安子岭乡、三道河乡	2 263.31
	II-9 承东水土流失综合治理区	平泉县榆树林子镇、平房乡、蒙和乌苏乡、柳溪乡、黄土梁子镇、七家岱乡、茅兰沟乡、台头山乡、沙坨子乡、王土坊乡、杨树岭镇、平泉镇、七沟镇、南五十家子乡、道虎沟乡、松树台乡、小寺沟镇、党坝镇、郭杖子乡，宽城县宽城镇、峪耳崖镇、大地乡、华尖乡、龙须门镇、板城镇、亮甲台乡、东川乡、大字沟乡、苇子沟乡、汤道河镇、大石柱子乡	4 761.64
	II-10 承南矿山环境综合整治修复区	兴隆县寿王坟镇、大水泉乡、半壁山镇、孤山子乡、蓝旗营乡、八卦岭满族乡、南天门满族乡、挂兰峪镇、兴隆镇、青松岭镇、陡子峪乡、六道河镇、上石洞乡、北水泉乡、平安堡镇、北营房镇、北马圈子镇、鹰手营子镇、汪家庄镇、李家营乡	2 225.52

4.3.2 明确分区重点

I：坝上高原防风固沙区

I-1 坝上高原草原防风固沙区

退耕还林（草），提高林草覆盖率，加强退化林分改造，大力营造防风固沙林，以千松坝林场和御道口林场为重点抓好防风固沙林片区建设。合理利用和保护现有草场，实施"三化"草原治理，结合御道口自然保护区和森林公园建设，加大退耕还林还草力度；加大草原湿地保护力度，以御道口牧场草原湿地为重点开展湿地保护修复，防止草场退化，提高生态系统水源涵养能力。滦河水系上游以水源涵养修复为主，开展小滦河流域水环境治理修复，通过清洁小流域建设、点面污染源控制、水源地保护、河岸带生态修复等措施，恢复滦河供水、生态、防洪等功能。发展生态农业，实施农用地安全利用工程。

Ⅰ-2 坝上高原森林草原防风固沙区

加强天然林保护，实施塞罕坝林场低质低效林改造；加强塞罕坝保护区和红松洼自然保护区的保护和监管，加强保护寒温带生物多样性。增加植被覆盖率，治理水土流失，增强水源涵养功能。发展生态农业，防治农业面源污染。

Ⅱ：冀北燕山山地水源涵养区

Ⅱ-1 潮白河流域水源涵养保育区

实施京冀生态清洁小流域建设，以潮河源、潮河县城段、燕山大峡谷为起步区，采取工程与生物措施相结合、人工治理与自然修复相结合的方式进行流域水环境综合保护修复。实施京冀水源林建设、环京县专项绿化工程，保护现有天然林，提高植被覆盖率和水源涵养能力。积极推进防沙治沙，做好水土流失综合防治工作，保证下游密云水库供水；充分发挥水土保持工程蓄水、灌溉、拦沙、防洪等多功能的作用，恢复潮河段重要湿地，保护动植物生境，保护生物多样性。积极做好受损矿山环境治理，以道路、河流、村庄周边的矿山为重点，实施矿山生态治理与修复，消除地质灾害隐患。开展农村环境综合整治，控制生产和生活污水排放，保护潮河及支流水环境。

Ⅱ-2 滦河中上游生态保护与修复区

加快绿色矿山生态建设，实施矿山地质灾害综合整治，加大废弃矿山生态保护与修复力度，建设钒钛初、中级产品产业园区，引导产业聚集。严控用水总量，开展河道综合治理，对重点河段实施清淤、护坡、湿地建设、遗留沙场等综合整治措施，逐步改善河道自净能力，强化河道生态建设。实施水土流失综合防治，以小流域为单元实施水土流失治理，营造水土保持林。推进退耕还林，增加植被覆盖率，增强水源涵养功能，完善防护林体系。强化生物多样性保护，加强滦河上游自然保护区的保护与管理。开展农村环境治理，推进农业面源污染防治。

Ⅱ-3 蚁蚂吐河流域水土保持修复区

实施保护天然林、退耕还林、退牧还草工程；开展小流域综合治理，通过河道清淤、河岸边坡整治、河岸带绿廊建设等综合措施，构建绿色生态河流廊道。实施土地整治与修复；恢复和重建退化植被，保护河流源头水源涵养林，营造防护林网；实施低质低效林改造，恢复退化的森林生态系统；积极推进防沙治沙，做好水土流失综合防治工作，提高植被覆盖和水源涵养能力。发展生态农业，防治土壤污染。

Ⅱ-4 伊逊河流域水环境保护治理修复区

开展废弃矿山生态保护与修复，建设绿色矿山。实施流域生态保护与修复综合治理，增建水土保持林，开展低质林改造，提高森林生态功能，防治水土流失。实施小流域水环境治理，进行河道清淤、河流沿岸边坡整治等，改善水环境质量。加强流域周边湿地保护修复，增强水源涵养能力，保护动植物生境。实施中低产田改造，发展生态农业，使用有机肥，改善土壤肥力，防治农业面源污染。

Ⅱ-5 辽河北部水源涵养与森林保育区

实施低质低效林改造，提高森林生态系统功能；加强水土保持林和水源涵养林建设，多林种、多树种相结合、乔灌草相结合、建设结构稳定、保水固土能力强的防护林，防治土地沙漠化。开展土地整治，进行坡耕地改造，提高土地利用率和粮食综合生产能力。发展生态农业，推广测土配方施肥、水肥一体化等化肥技术，使化肥利用率大幅提升，施用量实现零增长。推广易于回收的标准地膜和可降解地膜，完善地膜回收体系，减少农田废旧地膜残留量。

Ⅱ-6 武烈河中上游生态保护与修复区

实施损毁矿山生态修复治理，加快修复交通沿线、机场临空区域及居民生活区废弃矿山山体，对植被破坏严重、岩坑裸露的矿山加大复绿力度。加快宜林地的造林绿化进程，提高森林覆盖率，改善生态环境。实施武烈河流域综合整治与修复，进行河道清淤整治等，改善水环境质量，防止水土流失。加强茅荆坝自然保护区的保护与监管，强化生物多样性保护。发展生态型节水农业，实施土地整治及坡耕地改造，强化农业面源污染防治。

Ⅱ-7 中部城镇人居环境综合整治区

实施滦河、武烈河生态环境综合治理，开展河道清淤、河岸边坡整治、河岸带绿廊建设等。加强湿地保护，实施湿地重建和修复，恢复湿地生态功能增强水源涵养能力，对水源地一级保护区实施封闭管理，以行政区域为单元实行污水、垃圾、污泥处理统一规划、统一建设、统一管理。开展废弃矿山生态保护与修复。局部实施土地整治，绿化造林，恢复植被，提高绿化率。充分利用城镇周边荒山、荒地、荒滩，营造网带片结合的城乡森林生态体系。发展有机农业，开展农村环境综合整治，防治农业面源污染。加强白草洼自然保护区的建设和管理，保护现有的森林资源，加大森林生态系统的保护力度，加强野生动植物生境的保护。

Ⅱ-8 潘家口库区上游水源涵养区

实施水库及上游滦河干支流生态环境治理工程，加快完善污水、垃圾环境基础设施，开展农村环境综合整治，消除水库污染隐患，改善水库水质。全面提升洪水灾害防御减灾能力，保护村庄、耕地安全，保护水库生态环境。加强滦河干支流及水库周边绿化，打造点线面结合、层次多样的生态带。加强千鹤山自然保护区的建设，保护和恢复典型的森林、湿地生态系统，使生物多样性得到持续发展。严格保护良好的森林生态系统，提高森林覆盖率。

Ⅱ-9 承东水土流失综合治理区

开展瀑河流域水土流失综合治理，合理配置护地坝、塘坝、谷坊坝等小型水利水保工程，构建水土流失综合防护体系。实施平泉县坡耕地水土保持综合治理，优化配置工程、植物和耕作措施，加大坡改梯工程建设力度，营造水土保持林，提升水土保持能力。实施土地集中连片整治，提高土地利用率。发展有机农业，推广化肥减施技术，防治农业面源污染。实施废弃矿山生态保护与修复工程。实施小流域尾水收集治理工程，改善水环境质量。加强辽河源自然保护区和都山自然保护区的建设，严格保护自然保护区的植被、林木不被破坏；加强对野生动植物的保护，强化生物多样性保护工作。

Ⅱ-10 承南矿山环境综合整治修复区

实施矿山地质环境恢复与自然地质灾害防治，加强矿山生态环境保护与恢复治理，以交通沿线敏感矿山山体、重要生态区以及居民生活区废弃矿山治理为重点，采取削坡、整理、覆土、绿化等治理措施，实现损毁山体修复。对区域内自然地质灾害隐患采取拦挡、排倒、清危等治理工程，最大限度减少地质灾害威胁。实施土地整治工程，对劣地土壤实施生态修复，增加植被覆盖率，提高水源涵养能力，以小流域为单元实施水土流失治理。严格保护基本农田，科学使用化肥、农药，减轻农田土壤污染。适度发展生态旅游，保护长城历史遗迹，加强雾灵山和六里坪自然保护区监管，强化生物多样性保护。

4.4　实施重点工程

统筹考虑山水林田湖草各生态要素，对重点工程和具体项目进行全面谋划，由点到面、逐步扩展，分区、分片、分阶段统筹实施。2016—2020 年，全市山水林田湖草生态保护修复工程包括 29 个重点工程、701 个项目。工程主要内容如下：

（1）流域生态保护修复与综合整治工程。统筹水资源、水环境、水生态，以流域为单元开展系统综合的生态整治，重点在潮河、滦河等流域开展水生态环境系统治理，推进饮用水水源地保护，实施河道生态综合整治，开展水土流失综合治理，推进水环境污染治理项目，让全市江河湖泊水体休养生息。

（2）重要生态系统保育和生物多样性保护工程。按照保护优先、自然恢复为主、生态建设修复为辅的原则，实施一批重大生态保护修复项目。开展生物多样性保护，优化全市森林生态系统结构与布局，因地制宜，科学制定森林生态系统保护恢复方案，通过合理实施造林绿化、低效林改造、天然林保护等项目，整体保护与修复承德市森林生态系统。加强天然草原保护，实施禁牧与围栏封育，搭建草原灾害预警体系，提升保护与管理能力。对退化草原实行补播改良，恢复草原生产能力。强化湿地自然保护区、各级湿地公园保护与规范化建设，建立湿地生态系统保护关键节点。实施湿地系统的综合整治及生态修复，连通并完善以流域水系为基底的生态廊道，建立"源—节点—廊道—流域"保护格局。开展重要区域生物多样性本底调查、监测、就地和迁地保护。通过推进重要生态系统和生物多样性保护，整体提升区域生态服务功能。

（3）矿山生态修复与地质灾害防治工程。以创建"国家绿色矿业发展示范区"为目标，按照"源头预防、过程控制、末端治理"的思路，实施矿山环境源头预防，以重要生态功能区及居民生活区废弃矿山治理为重点，加快历史遗留矿山环境恢复治理，修复交通沿线、机场临空区域敏感矿山山体，对植被破坏严重、岩坑裸露的矿山加大复绿力度，不断提高地质灾害风险防范能力。

（4）土地综合整治和土壤污染修复工程。以"生态化"为核心、科技创新为动力、示范带动为载体，围绕优化格局、提升功能，在重要生态区域内开展破损土地修复，实施土地沙化治理，推进农田综合整治及农田质量建设，开展工矿废弃地土地复垦利用等工程，综合运用源头控制、隔离缓冲、土壤改良等措施，防控土壤生态风险。

（5）特色生态产业发展与生态扶贫工程。发挥生态优势，统筹承德市山水林田湖草保护修复与生态产业发展，既将系统保护修复的要求作为生态产业发展的前提，又将生态旅游、生态农业等生态产业发展的需求融入保护修复工程，同步规划、同步设计、同步实施，实现经济效益、社会效益与生态效益的共赢，推动生态扶贫。

（6）全方位系统保护修复优先示范区建设。为打造全国山水林田湖草生态保护修复的样板工程，探索形成其他地区可借鉴、可复制、可推广的山水林田湖草生态保护修复工程和技术模式，在全市范围内率先选取山、水、林、田、湖生态要素齐备、生态环境问题突出、工作基础较好的滦平、丰宁、围场，开展全方位系统保护修复示范区建设，分别明确3个示范区定位、示范任务和工程项目。

4.5 建立长效制度

建立健全资金筹措长效机制、强化项目监督管理、完善考核评价和责任追究制度，改革创新山水林田湖草生态保护修复体制，建成具有承德市特色、系统完整的山水林田湖草生态保护修复制度体系，为筑牢生态安全屏障提供制度保障。

（1）建立稳定持续资金机制。抓住京津冀协同发展和国家支持承德生态保护修复的机遇，积极争取中央和省级财政资金。整合使用清洁小流域、京冀水源林、国土整治等现有相关专项资金，充分发挥公共财政引导作用。承德市地方各级政府将山水林田湖生态保护修复资金列入本级财政预算。根据国家有关规定和各区县生态产业发展实际，设立生态保护与修复基金。积极创新开发性、政策性金融产品，为生态产业发展提供金融支持。充分考虑不同地区自然条件差异和比较优势，因地制宜遴选成熟的规模化项目、具备成长性特征和具有长远盈利预期的项目，开展政府和社会资本生态产业发展合作模式（PPP）试点。按照《关于推行环境污染第三方治理的意见》要求，推广生态环境第三方治理模式，加快滦平、宽城、隆化和双滦区4个县区首批生态环境第三方治理试点。建立绿色评级体系以及环境成本核算和影响评估体系。充分发挥绿色银行在绿色信贷和投资方面的专业能力、规模效益和风控优势，重点支持山水林田湖草保护修复项目。完善绿色信贷制度，加大对生态环境业务企业、生态保护修复项目的金融支持，对高污染、高生态风险行业进行信贷控制。建立强制性环境保险为主的绿色保险制度，鼓励保险公司开发环境保险新产品。建立山水林田湖草生态保护修复绿色融资平台，推进生态管理与修复统一化、标准化建设。

（2）推动建立生态补偿机制。探索建立自然资产产权和用途管制机制，清晰界定自然资产产权主体，明晰开发、利用、保护边界和开发强度，探索编制自然资源资产负债表，加强自然资源资产管理。以京津冀协同发展为契机，以生态环境资产核算为基础，推进承德—北京、承德—天津的流域上下游横向生态补偿机制。组织和引导滦河、潮河、武烈河等重要流域制定相关方案，就补偿范围、补偿对象、补偿期限、补偿资金、水质考核、第三方评估和交流合作等问题进行研究，推动流域跨界水环境补偿工作。参考新安江模式，完善引滦入津生态补偿。注重对承德进行技术补偿，采取将京津两地高新技术含量、高附加值的产业转移到承德，引导承德产业升级转型。积极扩大补偿资金来源，借鉴浙江德清模式，建立区域合作专项基金进行生态补偿。

（3）建立项目实施全过程监管机制。建立山水林田湖草生态保护与修复工程项目信息化管理系统，每个县（市、区）通过系统上报项目进展，系统对项目申报、进展、成效等情况进行动态更新。建立项目库，实现项目管理信息化、智能化、网络化，达到项目信息资源在全市范围内共享。加强项目建设进度管理，组织县（市、区）制订项目年度推进计划，明确时间表、责任人。建立工程台账，出台《承德市山水林田湖草生态保护与修复工程项目台账建设方案》，对承德市范围内新开工或新立项的所有山水林田湖草生态保护与修复工程项目进行记录、全程监督，全面反映和动态掌握工程推进情况，促进相关工程项目管理的标准化、规范化、动态化，为相关工程项目实施绩效评估提供信息支撑。做到专户存储，专款专用，推行招投标制、报账制、监理制，从源头上杜绝项目资金滞留、截留、抵扣、挪用、挤占等行为，筑牢资金管理"高压线"。设立山水林田地生态保护修复资金监督机构（科室），专门负责对资金使用情况的核查、审计和监督工作。

（4）严格生态保护红线管控制度。按照《关于划定并严守生态保护红线的若干意见》《生态保护红线划定技术指南》《河北省生态保护红线管理办法》等要求，规范推进生态保护红线划定，强化生态保护红线管理。承德市山水林田湖草生态保护修复及相关生态产业建设项目，要严格按照生态保护红线管理要求，坚持严格保护、分级管控、损害追责、违法严惩的原则，决不能逾越。建立"事前严防、过程严管、后果严惩"体系，确保生态保护红线性质不改变、功能不降低、面积不减少。建立生态保护红线监管平台，严格监控产业发展和人为活动对生态保护红线的影响。强化生态保护红线及周边区域污染联防联控，重点加强生态保护红线范围内潮白河、滦河、柳河、柴白河等河流生态整治，恢复提升生态服务功能。

（5）建立项目实施评估与绩效考核制度。制定《山水林田湖草生态保护与修复工程项目绩效考核评价办法》，对工程项目的前期筹备、建设管理、资金管理、工程成效及后期管护进行全过程评估考核，综合评价承德市各片区工程项目的绩效目标实现情况。各县（市、区）根据市绩效考核办法，结合实际情况，制定本地区实施细则。建立事前联合评审论证、事中联合指导督导、事后联合检查评价的考核评价制度，加强项目的考核评价，考核评价结果与后续项目和资金安排挂钩。对组织实施好、治理效果明显的项目县（区），加大后续项目与资金安排规模；对绩效考核较差的项目县（区），扣减相应项目的财政补助资金，并减少或暂停后续项目安排。

（6）建立责任追究机制。以山水林田湖草保护修复工程项目考核结果为重要参考依据，明确追责情形和认定程序，对各县（市、区）党委和政府领导班子主要负责人、有关领导人员、部门负责人实施生态保护修复问责。区分情节轻重，对项目实施进度滞后、资金监管不严或造成生态破坏的，要予以诫勉、责令公开道歉、组织处理或党纪政纪处分，对构成犯罪的依法追究刑事责任。对项目建设后出现重大生态环境破坏并认定其需要承担责任的，实行终身追责。

（7）建立信息公开和公众参与机制。项目实施单位要严格按照项目施工计划进行施工，并按要求填写工程项目台账，积极配合项目绩效考核评价。对当地居民开展生态保护修复相关知识培训，鼓励当地居民积极参与生态保护修复工作。地方政府要建立生态保护修复相关信息沟通与协商平台，广泛听取公众对山水林田湖草保护修复重大决策、规划和项目的意见建议，充分发挥公众在生态保护修复综合决策中的作用。加强与新闻媒体的联系沟通，定期公开工程项目前期筹备、建设管理、资金使用、工程成效等信息。

4.6 精心组织实施

山水林田湖草生态保护修复是打破行政区划、部门管理、行业管理和生态要素界限，从生态保护修复的整体性、系统性、协同性、关联性出发，统筹考虑自然生态各要素保护需求的一项全新工作，需要建立系统完备的组织实施保障体系。

（1）加强组织领导，明确责任分工。成立山水林田湖草生态保护修复试点工作领导小组，市政府领导任组长。建立市直部门联席会议制度，财政、发改、环保、国土、住建、水利、林业、农业、科技等部门和相关地方政府为成员单位，按照职责分工，各司其职、各负其责，同时加强协调联动，形成合力，统筹协调、指导、推进全市生态保护修复试点工作的实施。明确县级政府为生态保护修复试点工作责任主体，对本行政区域内的试点工作负总责，并根据国家、省、市工作部署、目标任务，制定具体实施方案，切实推进试点工作高效、有序开展。推动建立与北京、天津相关联区域和流域生态保护修复协同工作机制，统一规划、定期会商、同步推进。

（2）依靠科技支撑，提高修复水平。实施创新驱动发展战略，围绕试点区域生态保护修复的重大科技需求，设立山水林田湖草集成创新重大研发课题，组织创新团队，支持建设一批生态保护修复技术领域的重点实验室、工程技术研究中心，提升生态保护修复领域科技水平和创新能力。开发建立高度融合的生态保护修复服务平台，推进生态管理与修复统一化、标准化建设。加强对外科技合作，充分借助国内外特别是京津智力及创新资源，增强生态保护修复科技支撑能力。积极推广先进适用技术，增强科技成果转化能力。出台科技支撑优惠政策，鼓励支持科技人员积极参加生态保护修复项目。

（3）加强项目管理，严格考核评价。按照权责一致、分级管理的原则，明确项目申报程序、审批权限、实施主体、监管责任，实行县（市、区）统一编制项目实施方案，市直相关部门组织专家联合论证、审查。纳入项目库的项目要同步开展前期工作，对工程布局合理、前期工作扎实、技术路线成熟、资金筹措到位、管理机制健全的项目优先审批实施，优先予以支持。创建不同典型区域、不同生态类型、不同技术模式生态保护修复示范区，以点带面，提高生态保护修复整体水平。建立目标考核体系、制定考核办法和奖惩机制，把资源消耗、环境损害、生态效益等指标纳入评价体系，强化考核约束。自 2018 年起，对上一年度相关工作和工程开展情况进行年度评估，评估结果向领导小组报告；2021 年，对工作和工程实施整体情况进行终期考核，考核结果向社会公布，并作为对领导班子和领导干部综合考核评价的重要依据。

参考文献

[1]　财政部，国土资源部，环境保护部. 关于推进山水林田湖生态保护修复工作的通知[R]. 2017-05-02.

[2]　财政部，国土资源部，环境保护部. 关于组织申报第二批山水林田湖生态保护修复工程试点的通知[R]. 2017-04-12.

[3]　宇振荣. "山水林田湖"统一管护生和谐[N]. 中国国土资源报，2015-12-28.

[4]　王波，王夏晖. 推动山水林田湖生态保护修复示范工程落地出成效——以河北围场县为例[J]. 环境与可持续发展，2017（4）：11-14.

[5]　郑理. 如何推进山水林田湖生态保护修复？[J]. 中国生态文明，2016（5）：85.

[6]　宇振荣，郧文聚. "山水林田湖"共治共管 "三位一体"同护同建[J]. 中国土地，2017（3）：8-10.

[7]　王军，钟莉娜. 土地整治工作中生态建设问题及发展建议[J]. 农业工程学报，2017，33（5）：308-314.

[8]　黄贤金，杨达源. 山水林田湖生命共同体与自然资源用途管制路径创新[J]. 上海国土资源，2016（3）：12-14.

[9]　刘威尔，宇振荣. 山水林田湖生命共同体生态保护和修复[J]. 国土资源情报，2016（10）：37-39.

[10]　王夏晖，陆军. 新常态下推进生态保护的基本路径探析[J]. 环境保护，2015（1）：29-31.

[11]　张颖. 生态系统经济服务价值的综合管理[J]. 环境保护，2012（17）：19-21.

[12]　高静芳. 森林生态系统综合管理：美国经验及其对中国的启示[J]. 林业经济，2017（5）：40-45.

[13]　章异平，徐军亮，康慕谊，等. 近自然林业的研究进展[J]. 水土保持研究，2007（3）：214-217.

[14]　高阳，高甲荣，刘瑛，等. 河道近自然恢复措施及其生态作用[J]. 水土保持研究，2007（1）：95-97.

[15]　陈兴茹. 国内外河流生态修复相关研究进展[J]. 水生态学杂志，2011（32）：122-128.

[16]　毕艳玲，冯源. 生态系统管理的原则——以美国黄石国家公园为例[J]. 安徽农业科学，2017（45）：64-65.

[17]　李京鲜，曾玲. 韩国首尔清溪川的恢复和保护[J]. 中国园林，2007（23）：30-35.

[18]　王云才，赵岩. 美国城市工业废弃地景观再生的经验与启示[J]. 南方建筑，2011：22-26.

[19]　张海欧，韩霁昌，王欢元，等. 污染土地修复工程技术及发展趋势[J]. 中国农学通报，2016（32）：103-108.

[20]　Wang X H，Yin C Q，Shan B Q. The role of diversified landscape buffer structures for water quality improvement in an agricultural watershed，North China[J]. Agriculture，Ecosystems and Environment，2005（107）：381-396.

[21]　DOBSON A P，BRADSHAW A D，BAKER A J M. Hopes for the Future：Restoration Ecology and Conservation Biology[J]. Science，1997（277）：515-522.

中国二氧化碳地质封存的环境优化选址研究

Environmental Concern-based Site Screening of Carbon Dioxide Geological Storage in China

蔡博峰　刘兰翠　金陶陶　曹丽斌　李琦[①]　刘桂臻[①]　刘强[②]　田川[②]

摘　要　CO_2 捕集、利用与封存（CCUS）是指将 CO_2 从工业或相关能源产业的排放源中分离出来，封存在地质构造中或加以利用，长期与大气隔绝的过程。CCUS 的环境影响和环境风险受到国际社会的广泛关注。在 CCUS 选址过程中，环境问题是首要考虑因素。本文提出了一种利用中国生态红线法进行 CCUS 环境优化选址的新方法。本文还建立了基于地理信息系统（GIS）的 CCUS 环境优化选址空间分析模型。本书建立评估基础大数据库，该数据库具有两个突出的特征，即全面覆盖环境要素和精细空间分辨率（1 km）。研究结果表明，中国环境适宜性较高的地区（Ⅲ类和Ⅳ类）分别为 620 800 km^2 和 156 600 km^2，主要分布在内蒙古、青海和新疆。巴音郭楞蒙古族自治州、和田地区、阿克苏地区、呼伦贝尔市、锡林郭勒盟等地区的环境适宜性Ⅳ类地区不仅覆盖了大片土地，而且还形成了连续区域。这一发现有利于国家 CCUS 宏观战略部署。目前 CCUS 项目主要考虑 CO_2 来源和经济成本，没有充分重视环境问题。该研究可以有效地支持宏观和区域层面决策者 CCUS 项目的空间布局和环境管理。

关键词　CCUS　环境　选址

Abstract　Environmental impacts and risks related to carbon dioxide（CO_2）capture，usage and storage（CCUS）projects may have direct effects on the decision-making process during CCUS site selection. The environmental concerns should be first priority during the whole process of a site selection. This paper proposes a novel method of environmental optimization for CCUS site selection using China's ecological red line method. Moreover，this paper established a Geographic Information System（GIS）based spatial analysis model of environmental optimization during CCUS site selection. A large database was built for the required assessment in our analysis. This database has two outstanding features，i.e. comprehensive data coverage of environmental elements and fine resolution and high quality such as 1 km spatial resolution for the analysis. The screening results show that areas classified as having high environmental

① 李琦，刘桂臻. 中国科学院武汉岩土力学研究所，武汉，430071。
② 刘强，田川. 国家应对气候变化战略研究和国际合作中心，北京，100038。

suitability（classes III and IV）in China account for 620 800 km^2 and 156 600 km^2, respectively，and are mainly distributed in Inner Mongolia，Qinghai and Xinjiang. The environmental suitability class IV areas of Bayingol Mongolian Autonomous Prefecture，Hotan Prefecture，Aksu Prefecture，Hulunbuir，Xilingol League and other prefecture-level regions not only cover large land areas，but also form a continuous area in the three provincial-level administrative units. This finding may benefit the national macro-strategic deployment and implementation of CCUS projects in China. The current CCUS projects mainly consider CO_2 sources and economic costs，and have not given enough emphasis to environmental concerns. This study can effectively support the spatial layout and environmental management of CCUS sites for decision-makers at the macro and regional levels.

Key words CCUS，environment，site screening

二氧化碳捕集、利用与封存[carbon capture，use and storage，CCUS；国际上通常使用 CCS（carbon capture and storage）]是指将 CO_2 从工业或相关能源产业的排放源中分离出来，封存在地质构造中或加以利用，长期与大气隔绝的过程，是以减少人为 CO_2 排放为目的的技术体系，其能够实现化石能源利用的 CO_2 近零排放，受到国际社会特别是发达国家的重视。中国十分重视 CCUS 技术的发展，已经先后资助吉林油田、神华集团、胜利油田和延长油田等开展示范项目。从国内外公众对 CCUS 技术的接受度来看，CO_2 地质封存的环境影响和环境风险问题备受关注，也成为影响甚至决定 CCUS 项目成败的关键性因素。

1 前言

CCUS 能够实现化石能源利用的 CO_2 近零排放，在各类减排技术中，被认为未来将填补能效和可再生能源技术 CO_2 减排潜力的空窗，因此，受到国际社会特别是发达国家的重视。国际能源署（IEA）在 2013 年修订版的 CCS 技术路线图中明确指出，只要化石燃料和碳排放密集型产业继续在经济中发挥主导作用，CCS 仍然是一项重要的温室气体减排解决方案。CCS 总量将快速增加，预计可从 2013 年的捕集千万吨增长到 2050 年的几十亿吨。CCS 技术不仅在减少化石燃料燃烧 CO_2 排放上起着关键作用，而且也是大幅降低很多工业生产过程中直接排放的重要选择，其对中国低碳发展和新型城镇化过程中具有重要的意义[1]。

然而，CCUS 作为一项新兴的应对气候变化的技术，它在实施过程中面临着高能耗、高投入和环境风险不确定性等严峻的挑战[2,3]。特别是 CCUS 的地质复杂性带来的环境影响和环境风险的不确定性严重地制约着政府和公众对这一最有效的 CO_2 减排技术的认知和接受程度[1,4,5]。中国十分重视 CCUS 技术的发展，已经先后资助吉林油田、神华集团、胜利油田和延长油田等开展 CCUS 示范项目。但中国同样面临封存的环境安全性不确定的突出问题。在这种背景下，如何根据我国环境管理手段，以及 CCUS 技术特性，以环境代价最低的角度，部署 CCUS 优先发展战略，成为决策者关心的关键核心问题。为了落实原环境保护部《关于加强碳捕集、利用和封存实验示范项目环境保护工作的通知》中关于"研究项目选址优化"的要求，本书从环境保护的宏观和区划角度出发，开展我国 CO_2 地质封存的环境优化选址研究，提出我国碳捕集、利用与封存示范项目和未来大规模商业化项目选址的环境选址参考。

2 二氧化碳地质封存的环境风险和环境影响

CCUS 的环境风险主要是指由于地质封存 CO_2 可能导致的环境损害，几乎所有的环境风险都和 CO_2 泄漏相关[1]。CO_2 地质封存的泄漏主要是指封存于地下 CO_2 向上移动至近地表，从而产生环境影响[6]。环境风险的大小直接和环境损害的严重程度及其概率相关，对于 CO_2 地质封存，因为封存于地下的 CO_2 发生爆炸等的可能性非常微弱，而且其可能性在地质封存选址和评价的过程中已经被排除了。

考虑到二氧化碳地质封存项目的环境风险和环境影响，封存项目选址也成为公众关注的焦点，而对地下水和地表水的影响是封存选址的重点环境问题。加拿大的韦伯恩（Weyburn）碳封存项目，由于受到周边农场主 Jane Kerr 关于其产生环境影响的指责（Jane Kerr 声称从土壤中泄漏的气体是来自附近的 Weyburn 碳封存项目），受到显著影响。项目方曾于 2011 年 6 月聘请一个 CO_2 封存评估独立小组对韦伯恩附近 Kerr 家农场的土壤和水气进行了取样调查分析，并进行了双盲测试。尽管最终的结果并不能证明农场受到 Weyburn 碳封存项目的影响，但也引起了公众和媒体的广泛关注。2016 年 8 月 8 日，日本 Tomakomai 海底封存项目由于海底附近的一部分监测地点的 CO_2 浓度超标而一时停止注入，并进行调查分析。项目方认为这是自然变化原因引起的。由于该项目责任主体的实时信息公开和严格的监管体系，一时的浓度超标并未带来大众恐慌。上述案例都说明，CCUS 的环境影响和环境风险是当地公众关注的焦点，审慎的选址是确保 CCUS 项目顺利开展的必要条件。

2.1 环境风险

CO_2 地质封存的泄漏主要是指封存于地下 CO_2 向上移动至近地表，从而产生环境影响。工业规模水平的 CO_2 地质封存项目，会将大量超临界状态的 CO_2 注入地下，这些 CO_2 会不断发生大面积迁移，因而泄漏风险在很大范围都存在。但泄漏风险主要是受钻井、地质封存盖层的完整性以及捕获机制影响。自然界和工程的类比研究显示，CO_2 封存于地下地质层后，有可能在一些因素的作用下缓慢释放出来。自然界存在突然、灾难性的 CO_2 喷发事件，一般是伴随火山活动或者地下开矿活动，但这对于 CO_2 地质封存的风险评估没有太多借鉴意义。当注入地下的 CO_2 充满岩石空隙，导致压力过大从而超过地层承受压力时，就会导致地层断裂和沿着地质断层的位移。地层断裂和地层位移非常危险，因为一些断裂和微地震活动或者产生或者提高断裂部分的渗透性，这样就为 CO_2 迁移和泄漏提供了途径。而封存于地质层的 CO_2 一旦沿着断裂、地质断层、注入井、废弃的油气井等迁移到地表，就可能会对土壤、人体和生态系统产生负面影响。释放出来的 CO_2 还可能会降低地下水水质，影响一些碳水化合物和矿物资源。

当 CO_2 注入到地下储层中时，其可能会通过如下途径发生泄漏（图 1）：通过低渗透率的盖层（如页岩）的岩石空隙泄漏；CO_2 通过不整合面（位于不同地质年代的岩石层之间显示沉积作用非连续性的侵蚀面）或者岩石空隙横向移动；通过盖层的裂隙、断裂或者地质断层；通过人为因素导致的途径，如未进行完整密封的钻井或者废弃油井等。

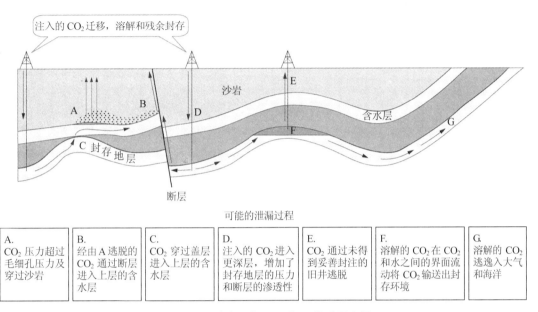

图 1　注入咸水层的 CO_2 的可能泄漏途径

开采枯竭的油藏和气藏，由于研究数据和开发利用较为充分，是 CO_2 地质封存较为安全和理想的地层类型。许多天然气层本身就含有大量的 CO_2，这就给 CO_2 在这类地层中的封存增加了信心。但是，由于开采枯竭的油藏和气藏的区域会存在很多钻井，其中包括许多未被利用的钻井，很多钻井的状况很差，因此这类地层的风险是 CO_2 可能通过钻井而泄漏，特别是那些未被发现或者未能妥善废弃的钻井是开采枯竭的油藏和气藏的重要风险源。

石油行业的经验表明，由于操作不当或者油井套管、封隔器或者灌注水泥等的退化，废弃油井往往是重要的泄漏途径之一。油井系统完整性的缺失长期以来一直被认为是 CO_2 地质封存最有可能的泄漏途径，尤其是当存在废弃油井或者老油井时。通过废弃油井泄漏 CO_2 的风险大小主要取决于 CO_2 地层活动范围内油井个数、深度及其废弃处理过程等因素。

深部咸水层封存的 CO_2 泄漏途径也主要是上述途径，但它与枯竭油气藏的主要差异是，其盖层对 CO_2 的密闭性没有经过时间考验。另一个差异是，当 CO_2 注入到深部咸水层时，会引起储层压力的增加，因为只有将咸水层岩石空隙中的盐水挤压出来，才有空间储存 CO_2。

煤层较为特殊，其注入的 CO_2 主要吸附于煤层的煤基质上。理论上讲，煤层可以储存煤层气百万年，所以也可以储存 CO_2 百万年。但是，当由于煤矿开采等因素导致煤层内部的压力降低时，吸附于煤基质上的 CO_2 就会释放出来。如果煤层压力大幅降低，大量吸附于煤基质上的 CO_2 就会通过煤层割理系统（割理系统是广泛存在于煤层中的内生裂隙系统，是煤层经过干缩作用、煤化作用、岩化作用和构造压力等各种过程形成的天然裂隙）自由流动。地质断层、人工开矿导致的地层裂隙或者未能妥善处理的废弃煤矿井都可能成为 CO_2 从地层中泄漏出来的途径。

当前对于 CO_2 地质封存的风险认识比较能达成共识的是，泄漏的高风险可能会出现在 CO_2 地质封存项目的注入阶段或者注入结束后的短期阶段（可能是结束后的几十年内）（图 2）。支持这一结论的依据主要有：首先，储层压力会在 CO_2 注入期间达到最高点；其次，注入结束后，固定和捕获 CO_2 的物理和化学过程开始活跃。

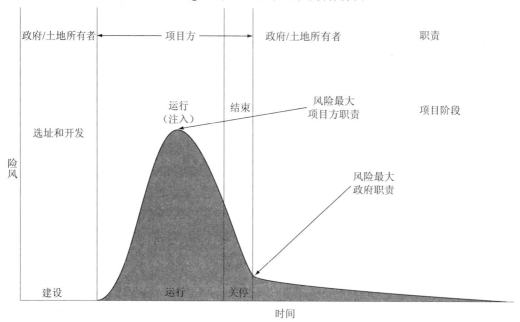

图 2　CO_2 地质封存的环境风险示意

2.2　环境影响

如果 CO_2 从地下储层中泄漏出来，进入浅表层，则人体健康、地下水资源、土壤、植被、大气等都有可能受到其影响（图 3）。封存于地下的 CO_2 如果泄漏，会导致两个层面的环境影响：①全球尺度：CO_2 释放于大气，则增加大气中 CO_2，对全球气候变化发生作用，这是对全球尺度的环境影响；②局地尺度：泄漏的 CO_2 可能会对当地人体健康、生态系统、土壤、地下水等产生负面影响。

虽然 CO_2 在自然界中普遍存在，但如果泄漏导致在一定范围内 CO_2 浓度超过其正常浓度范围，将对生态系统产生一定的风险。我国青海省西宁市三合镇的天然 CO_2 泄漏导致了一定范围内的土壤退化、动植物死亡等，是一个可以预见到的未来 CO_2 场地泄漏导致环境影响的典型案例。

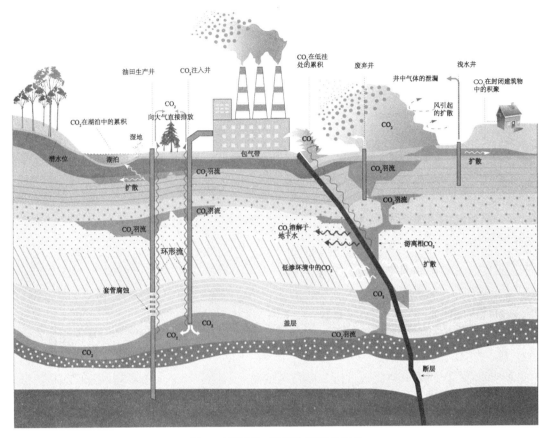

图 3 泄漏源、通道和可能的受体

2.2.1 对水环境的影响

由于捕集的 CO_2 可能含有硫化氢、二氧化硫、氮氧化物、Hg 等杂质，这些杂质可能会随着 CO_2 一起注入地下。此外，CO_2 泄漏可能会成为地下自然存在的硫化氢、氡、甲烷等气体泄漏的载体。CO_2 所携带杂质和地下自然存在气体的泄漏，可能会通过不同暴露途径（吸入、摄入、皮肤接触、表面接触）影响环境风险受体，导致非常广泛的影响，如癌症、生育能力下降、畸形等。

CO_2 会溶于水，当浓度为 2% 左右时，呈现低酸性；当超过 2%，酸性增加，具有一定的腐蚀性；当超过 6%，酸性增加具有腐蚀性，并失去灌溉作用。酸性增加将溶解一些矿物质，并析出一些金属元素，进而改变水质。在注入过程由于 CO_2 的置换，CO_2 的直接泄漏将导致 CO_2 和盐水进入蓄水层，直接影响地下水。同时，CO_2 导致储藏地层中盐水的 pH 从近乎中性的 6.5 降到像醋一样酸的 3.0。专家认为，这一变化导致液体溶解了"大量的矿物质"，释放出铁和锰等金属元素，有机物质也进入这种溶液中，大量的碳酸盐被溶解。

如果 CO_2 从地下储层泄漏出来，进入浅层地下水层，则会逐渐溶解进入地下水，从而对地下水质产生影响。溶解的 CO_2 会影响地下水的化学成分，可能会影响地下水的饮用功能及工业、农业的利用。

溶解的 CO_2 会提高地下水碳酸浓度，从而降低地下水的 pH。地下水酸性的提高会增加地下水中主要元素和微量元素的变化，恶化地下水水质。溶解的 CO_2 会提高地下水中有毒金属、硫酸盐、氯化物的移动能力，从而可能会给地下水带来异常气味、颜色或者异常味道。因 CO_2 在水中的溶解而提高有害微量元素的迁移已经在实验室和野外试验中被证明。

酸化的地下水可以通过溶解、吸附和离子交换等反应，使微量金属元素从周围环境中释放进入地下水中。许多微量金属元素都属于重金属，如铅（Pb）、镉（Cd）以及砷（As），这些元素会对地下水产生较为严重的毒理作用。Rempel 等的研究认为，封存于地下的 CO_2，在一定压强和温度条件下与盐水达到平衡状态，可以溶解相当量的 Fe、Cu、Zn 和 Na，并使之移动。当 CO_2 泄漏时，盐水和 CO_2 自身携带的金属元素也会产生严重的污染。

2.2.2　对地表植被环境影响

CO_2 进入土壤后，会造成土壤局部地区 CO_2 浓度的升高，达到一定程度时，会对土壤生物系统以及植被根系产生较为严重的影响。当地下封存的 CO_2 沿着断层泄漏到近地表时，很可能进入地表凹陷或者洞穴结构的地表，造成短时间 CO_2 聚集从而达到较高浓度，对该系统内的生态系统造成破坏性影响。

泄漏的 CO_2 进入近地表植被生态系统时，开始可能会产生施肥效果，从而促进植被生长，因为植物光合作用需要 CO_2。当 CO_2 浓度在土壤中逐渐升高并导致土壤中氧气浓度降低时，这时植物开始出现胁迫效应，并且植被胁迫效应会逐渐大于植被的施肥效应。土壤气体中的 CO_2 浓度超过 5% 时，就会对植被产生负面影响，当超过 10% 时，就会导致根系窒息，当达到 20% 时，CO_2 就会成为植物毒素。CO_2 可以通过植物根系缺氧导致植被死亡。

2.2.3　对人群的环境健康影响

较高的 CO_2 浓度对人体健康的影响研究已经较为成熟。一定浓度的 CO_2 会对人体产生生理反应和毒素反应，从而威胁人体健康。普通人可以在 0.5%～1.5% 的 CO_2 空气浓度中持续几个小时而不会有不适反应；但更高的暴露浓度和更长的暴露时间下则会对人体产生负面影响，其主要是通过降低空气中维持人体需求的氧气浓度（低于 16%），或者是 CO_2 进入人体，特别是进入血液，或者是改变和影响呼吸摄入的空气量等方式产生影响。

当空气中的 CO_2 浓度超过 2% 时，CO_2 就会对人体的呼吸生理生产较为明显的影响；当浓度超过 3% 时，人会出现失聪和视力模糊；当空气中氧气浓度低于 16% 时，正常人可能会出现窒息或昏厥的现象；当空气中 CO_2 浓度在 7%～10% 时，CO_2 就成了致窒息物质，在这个浓度下，CO_2 也可能导致丧失知觉和死亡；当 CO_2 浓度超过 20% 时，20～30 min 内就可能导致死亡。长时间暴露于较高 CO_2 浓度的空气环境中，即便 CO_2 浓度仅为 1%，也会对人体产生显著的健康影响。呼吸系统受损和血液中 pH 的变化，都可能导致心跳加快，身体不适，恶心和意识不清。

CO_2 的密度高于空气，纯度高的 CO_2 气体会下沉，取代氧气，造成窒息。如果发生快速的突然泄漏，其在空气中的体积分数超过 3%，将造成危险。火山喷发导致的大量 CO_2 释放是很好的例证。根据 IEA 的统计，1986 年发生在喀麦隆尼奥斯湖湖底的火山喷发，使得大量堆积在湖底的 CO_2 被突然释放出来，方圆 25 km 范围内的 1 700 多人和大量的动物窒息死亡。1984 年，同样发生在喀麦隆，莫奴恩湖（Lake Monoun）地震释放出的 CO_2 造成 37 人死亡。1979 年，印度尼西亚迪恩火山（Dieng Volcano）爆发，释放出 20 万 t CO_2，造成 142 人窒息。2006 年 4 月，美国加利福尼亚猛犸象山（Mammoth Mountain）的三名滑雪巡逻员在试图用篱笆隔离一个危险的火山口时，由于高浓度的 CO_2 而死亡，而且，100 公亩[①]的树木也由于 CO_2 浓度过高而死亡。一般来说，捕获的 CO_2 中往往还有 N_2、H_2O、O_2、H_2S 等杂质气体，如果发生泄漏，其导致的环境影响和健康危害要明显高于纯度较高的 CO_2 气体。

对人体健康的影响如下：CO_2 浓度小于等于 1%，几乎没有影响；长期暴露于 1.5%～3% 的 CO_2 中，会导致生理性适应，但没有不良后果；暴露于 5% 以上的 CO_2 中，会发生不可逆转的影响，并可能丧失意识；CO_2 浓度达到 30%，会导致立即死亡。

2.2.4 其他环境影响

对地面动物的影响：CO_2 对人类的暴露临界值基本适用于地面动物。一般来说，CO_2 浓度超过 5% 会导致动物呼吸道中毒。

对土壤微生物的影响：CO_2 浓度高于 10% 时，有些微生物会死亡，CO_2 浓度达到 50% 时通常会有显著的抑制或致命影响。CO_2 暴露还可能会影响微生物活动和微生物总数。由于 CO_2 暴露，微生物种群可能会受到生物地球化学变化的影响，可能会改变营养物质可用性（不包括氮），并会影响整个生态系统。

CO_2 对近地表的微生物群落的影响，当前的研究尚不充分。低 pH 值、高 CO_2 浓度的环境可能会对一些种群有利而对另一些种群有害。但是在强还原环境下，CO_2 的增加会刺激微生物群落将 CO_2 转化为 CH_4。在另一些环境下，会导致短期内 Fe（III）还原性菌群的活跃。

许多有潜力的 CO_2 地质封存地层都位于海底，因此研究 CO_2 泄漏对于海洋生态系统的影响非常重要。从海底地层中渗流出来的 CO_2 可能会对深海生态系统和有机物产生有害影响。一些专家认为，海底 CO_2 封存可接受的 CO_2 泄漏水平应该控制在正常 CO_2 通量的 10%，即相当于每年 10 t CO_2/km^2。

3 国际二氧化碳地质封存选址研究

CCUS 项目封存场地的合理选址可以有效规避潜在的环境风险和提高政府和公众的接受度，但这也是一项非常耗时和相当艰巨的任务。一般而言，CCUS 场地选址通常包括 2～3 个阶段，即初步筛选、场地选择和场地描述。各国的研究在选址阶段划分上虽略有不同，但实质内容极其相似[7-9]。CCUS 场地选址主要是特征指标筛选区域，类似地质封存潜力的评估过程[10]。

Bachu[11] 提出了较为系统的方法来评估和筛选 CO_2 地质封存选址，特征指标可以分为地质、水文、地热和盆地发育特征，以及政治和经济上的可行性。同时，基于地质适宜性、排放清单、安全性等将地质空间转为 CO_2 存储潜力空间。将盆地的单项特征设置权重，权

---

① 1 公亩=100 m^2。

重反映了该项指标的重要性，盆地的单项得分加权求和，得到了盆地的综合得分。这一筛选方法被中国研究者广泛采用和改良[12-14]，且有成功的应用案例[15]。Damen 等[16]开展了用于全世界范围内确定 CO_2 地质封存的初期选址研究，其采用 GIS 方法分析 CO_2 排放源和煤矿、油矿的分布。他们确定早期的封存选址是那些距离高纯度 CO_2 排放源较近的煤矿或油矿藏，不仅成本较低，而且可以提高煤炭和石油产量。Li 等[17]基于存储能力和 CO_2 供给能力对日本地下咸水层进行排序，并且充分考虑了储层的经济性。Meyer 等评估了德国东北部 CO_2 地质封存场地和封存潜力，经济方面主要考虑了管道运输不超过 300 km。Oldenburg[18]也建立了基于健康、安全和 CO_2 泄漏环境风险的 CO_2 地质封存选址的分析框架。但该分析框架没有明确考虑一些重要的环境要素，如国家公园和人口分布等[19]。

Grataloup 等[20]提出多目标选址方法，如存储能力最优、风险最小、满足规范和空间限制、社会经济可行等。相关指标被设为"杀手指标"（killer criteria）和"场地质量指标"（site-qualification criteria）。这种多指标方法被应用于 PICORE 研究区。GIS 空间分析方法被应用于法国 METSTOR 项目 CO_2 封存区域的选择和封存潜力的评估中[21]。

Mathias[22]建立了一个较为简单的方法来评估向咸水层注入超临界 CO_2 的压力和储层破裂的压力临界。该方法有助于在 CO_2 封存选址中确定哪些地方需要进一步评估和分析。Ramírez 等[23]采用多指标线性综合法来筛选和排序荷兰陆地和海上场址长期封存的适宜性，主要考虑封存潜力、封存成本和风险管理成本等方面的指标。

本文的 CCUS 选址属于国家层面或者盆地层面上的初步筛选阶段的研究，且重点是基于环境要素的筛选框架构建和区域环境选址分析，现阶段不考虑源汇匹配。需要指出的是，上面这些 CCUS 场地筛选方面的研究，都没有充分考虑环境方面的约束，而是更多地侧重于地下封存潜力和经济因素等。

4 研究方法和数据

4.1 技术路线

中国政府非常重视 CCUS 的环境影响和环境风险，环境保护部在 2016 年 6 月 20 日发布了《二氧化碳捕集、利用与封存环境风险评估技术指南（试行）》。考虑中国政府对于 CCUS 项目环境影响和环境风险的监管需求，本书提出了基于中国生态保护红线方法的 CCUS 环境优化选址方法，构建 CCUS 环境优化选址的 GIS 空间分析模型，初步分析了中国 CO_2 地质封存的环境优化选址结果。

2015 年，环境保护部发布《生态保护红线划定技术指南》（环发〔2015〕56 号），完善了生态保护红线研究和划定方法，生态保护红线已经在中国生态系统服务功能保护、生态脆弱区保护和生物多样性保护等领域发挥了非常重要的作用。生态保护红线的实质是在空间上划分不同区域管理人类活动从而实现保护生态的目的，其较好地综合了中国自下而上和自上而下的管理特征，在中国环境空间管理中发挥越来越重要的作用。

本项目拟采用以定量模型为核心的综合集成研究方法，基于 CO_2 地质封存已有研究成果，综合环境分区、生态红线等研究方法和模型，构建空间模型从空间上识别和评价中国不同区域开展 CCUS 的适宜程度，为政府宏观决策和区域 CCUS 布局提供参考。研究工作主要包括前期的调研和方法研讨，重点解决国内 CO_2 地质封存的选址方法梳理和成果汇总；基于 CO_2 地质封存的环境影响和环境风险，选择环境优化选址评价的关键要素和核心指标，基于指标建立分析框架和评价模型，最终形成评价结果和政策建议，具体技术路线见图4。

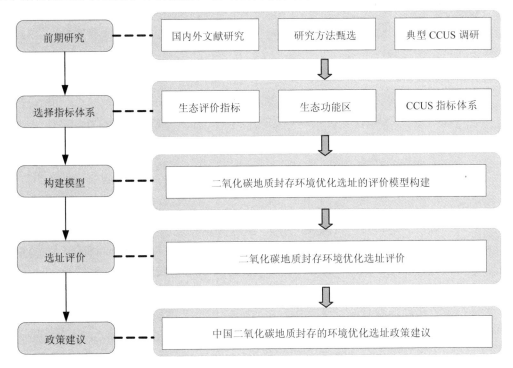

图4　中国 CO_2 地质封存的环境优化选址研究技术路线

4.2　发达国家二氧化碳地质封存环境选址经验

美国、澳大利亚、欧盟等国家针对 CCUS 技术的环境影响与环境风险从国家层面制定了环境管理规定，对水源地、地下水、人群健康等提出了保护性的规定。

（1）澳大利亚 2009 年制定了《二氧化碳地质封存的环境指南》，要求：所有的 CCUS 项目在相关法律制度的立法阶段必须进行环境评价，所有的环境风险评价必须包含对地下水资源的评价以保护区域水资源。

（2）欧盟 2009 年制定了《碳捕获与封存指令》，要求：只有没有重要的泄漏风险、没有重要的环境和健康风险的地区才可以作为封存地址，不允许封存在水资源或水体保护区。

（3）英国《二氧化碳封存许可法令》于 2010 年 4 月 6 日生效，要求：对于在水柱区封存 CO_2，不得签发许可证；封存许可的签发条件之一是建议的封存地点不存在泄漏和危害环境和人群健康的风险。

（4）美国 EPA 制定了《二氧化碳地质封存井的地下灌注控制联邦法案》，该法案于 2011 年 1 月 10 日正式生效，针对 CO_2 地质封存井建立了一个新的等级，即Ⅵ级，其目标是保护地下饮用水资源。

4.3 中国类似情景场地选址的环境要素考虑

CO_2 地质封存具有一定的环境影响和环境风险，而且主要发达国家的法律法规也充分考虑对水资源的影响。鉴于此，我们收集和分析了当前我国与 CO_2 地质封存具有一定相似性的场地选址环境保护标准。

（1）《危险废物填埋污染控制标准》（征求意见稿）。

☞ 填埋场场址应符合国际及当地城乡建设总体规划要球，场址应处于一个相对稳定的区域，不会因自然或人为的因素而受到破坏。

☞ 危险废物填埋场场址的位置及与周围人群的距离应依据环境影响评价结论确定，并经具有审批权的环境保护行政主管部门批准，可作为规划控制的依据。

☞ 填埋场场址不应选在城市工农业发展规划区、农业保护区、自然保护区、风景名胜区、文物（考古）保护区、生活饮用水水源保护区、供水远景规划区、矿产资源储备区和其他特别需要保护的区域内。

☞ 填埋场场址地质条件应符合下列要求：地质结构简单、完整、稳定；天然地层岩性均匀，渗透性低，不存在泉眼，能充分满足基础层的要求。填埋场基础层底部应与地下水年最高水位保持在 3 m 以上的距离，否则必须提高防渗设计标准并取得当地环境保护行政主管部门的同意。

☞ 填埋场场址不得选在以下区域：破坏性地震及活动构造区；海啸及涌浪影响区；湿地和低洼汇水处；地应力高度集中，地面抬升或沉降速率快的地区；石灰溶洞发育带；废弃矿区或塌陷区；崩塌、岩堆、滑坡区；山洪、泥石流地区；活动沙丘区；尚未稳定的冲积扇及冲沟地区；高压缩性淤泥、泥炭及软土区域及其他可能危及填埋场安全的区域。

☞ 填埋场选址的标高应位于重现期不小于 100 年一遇的洪水位之上，并在长远规划中的水库等人工蓄水设施淹没和保护区之外。

☞ 填埋场场址必须有足够大的可适用面积和扩建场地，保证填埋场建成后具有 15 年或更长的使用期。

（2）《生活垃圾填埋场污染控制标准》（GB 16889—2008）。

☞ 生活垃圾填埋场的选址应符合区域性环境规划、环境卫生设施建设规划和当地的城市规划。

☞ 生活垃圾填埋场场址不应选在城市工农业发展规划区、农业保护区、自然保护区、风景名胜区、文物（考古）保护区、生活饮用水水源保护区、供水远景规划区、矿产资源储备区、军事要地、国家保密地区和其他需要特别保护的区域内。

☞ 生活垃圾填埋场选址的标高应位于重现期不小于 50 年一遇的洪水位之上，并建设在长远规划中的水库等人工蓄水设施的淹没区和保护区之外。

☞ 拟建有可靠防洪设施的山谷型填埋场，并经过环境影响评价证明洪水对生活垃圾填埋场的环境风险在可接受范围内，上面规定的选址标准可以适当降低。

☞ 生活垃圾填埋场场址的选择应避开下列区域：破坏性地震及活动构造区；活动中的坍塌、滑坡和隆起地带；活动中的断裂带；石灰岩溶洞发育带；废弃矿区的活动塌陷区；活动沙丘区；海啸及涌浪影响区；湿地；尚未稳定的冲积扇及冲沟地区；泥炭以及其他可能危及填埋场安全的区域。

4.4 中国二氧化碳地质封存环境优化选址重点环境要素

综合考虑国际 CO_2 地质封存环境影响和环境风险，发达国家对于 CO_2 地质封存环境管理的主要关注点和管理重点，及我国类似（垃圾填埋等）选址环境管理要求，CO_2 地质封存的环境风险和环境影响主要作用的环境要素是水资源（地下水和地表水）、地表植被和人群健康，对其他环境的影响和风险相对较小（表 1）。因而，在进行 CO_2 地质封存环境优化选址时，需要重点考虑备选地区的水资源（地下水和地表水）、地表植被和人群健康特征和脆弱程度，从而识别禁止和限制选址区域。

表 1　CO_2 地质封存主要影响的环境要素

环境要素	负面影响	致命/严重影响
地下水和地表水	0.2%~2%的浓度将会导致较低的酸度，但不会产生重要的影响； >2%的浓度将会导致中等酸度和腐蚀	>6%的 CO_2 浓度将会导致酸度增加，腐蚀性增强和失去灌溉作用
地表植被	>5%的 CO_2 浓度将对植物健康和产量产生有害的影响； 5%~30%的浓度将产生严重的影响	土壤空气中的 CO_2 超过 20%，如果长期（几周或者几个月）将导致死亡区域，没有肉眼可以看得见的植物幸存。 超过 30%被认为是植物生存的致命浓度水平
人群健康	1%~3%的 CO_2 浓度将导致呼吸急促、头疼和出汗，将出现生理适应而没有负面的影响； 3%~5%的浓度范围将导致呼吸急促、血压升高等一些不适； >5%的浓度将会导致身体和精神伤害，失去意识	>10%的浓度将导致严重的症状，包括快速失去意识，如果长时间暴露在这样的环境下可能昏迷或死亡； 超过 25%~30%的浓度将会导致失去意识，甚至导致呼吸停止和死亡

中国环境保护部发布的 CCUS 环境风险评估技术指南，将人群、动植物等生命体及与之密切相关的地下水、地表水、大气、土壤等环境介质作为评估的环境风险受体。除此以外，中国有正在实施的与 CO_2 地质封存具有一定相似性的场地选址标准，例如《危险废物填埋污染控制标准》和《生活垃圾填埋场污染控制标准》（GB 16889—2008）等，此类标准对场址选择提出了限制性及禁止性要求。综合考虑上述标准和指南中考虑的环境要素（图 5），本书认为 CO_2 地质封存的环境风险和环境影响的主要受体是水资源（地下水和地表水）、地表植被和人群健康，对其他环境要素的影响和风险相对较小（表 1）。因而，

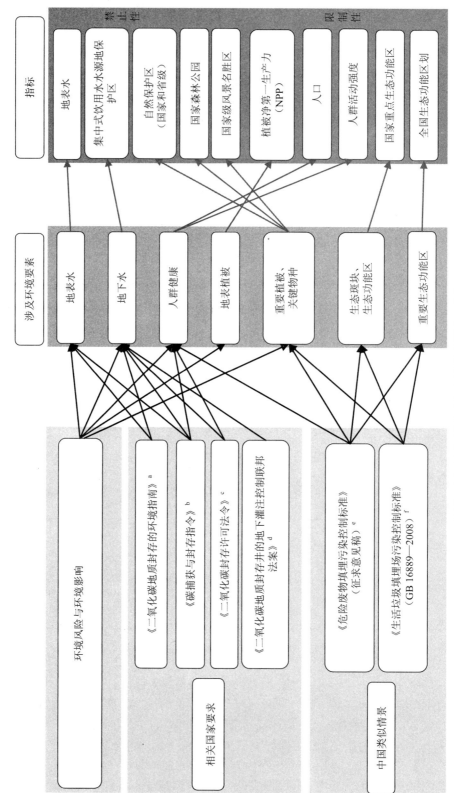

图 5　CCUS 环境风险和环境影响响影响要素及指标

注：

a：澳大利亚环境保护和遗产委员会，《二氧化碳地质封存的环境指南》《Environmental Guidelines for Carbon Dioxide Capture and Geological Storage – 2009》，要求：所有的CCS项目在相关法律制度的立法阶段必须进行环境评价，所有的环境风险评价必须包含对地下水资源的评价以保护区域水资源。

b：欧盟，《碳捕获与封存指令》（Directive 2009/31/EC of the European Parliament and of the council on the geological storage of carbon dioxide），要求：只有没有重要的泄漏风险、没有重要的环境和健康风险的地区才可以作为封存地址，不允许封存在水资源或水体保护区。

c：英国，《二氧化碳封存许可法令》[The Storage of Carbon Dioxide（Licensing etc.）Regulations 2010]，要求：对于在水柱区封存CO$_2$，不得签发许可证，封存许可的签发条件之一是建议的封存地点不存在泄漏和危害环境和人群健康的风险。

d：美国国家环保局，《二氧化碳封存井的地下灌注控制联邦法案》[Federal Requirements Under the Underground Injection Control（UIC）Program for Carbon Dioxide（CO$_2$）Geologic Sequestration（GS）Wells]，该法案于2011年1月10日正式生效，针对CO$_2$地质封存井建立了一个新的等级，即VI级，其目标是保护地下饮用水资源。

e：《危险废物填埋污染控制标准》（征求意见稿）要求：危险废物填埋场址的位置及与周围人群的距离应依据环境影响评价结论确定，并经具有审批权的环境保护行政主管部门批准，并可作为规划控制的依据。填埋场场址不应选在城市工农业发展规划区、自然保护区、风景名胜区、文物（考古）保护区、生活饮用水水源保护区、供水远景规划区、矿产资源储备区和其他特别需要保护的区域内。

f：《生活垃圾填埋场污染控制标准》（GB 16889—2008）要求：生活垃圾填埋场的选址应符合区域性环境规划、环境卫生设施建设规划和当地的城市规划。生活垃圾填埋场场址不应选在城市工农业发展规划区、自然保护区、风景名胜区、文物（考古）保护区、生活饮用水水源保护区、供水远景规划区、矿产资源储备区、军事要地、国家保密地区和其他需要特别保护的区域内。生活垃圾填埋场场址的选择应避开湿地。

在进行 CO_2 地质封存环境优化选址时，需要重点考虑备选地区的水资源（地下水和地表水）、地表植被和人群健康特征和脆弱程度。此外，中国在可持续发展战略高度实施了主体功能区划和生态功能区划，对于中国空间上经济开发和环境保护具有重要的宏观指导意义，CO_2 地质封存的环境风险决定了其选址必须服从国家宏观空间规划（国家主体功能区划和全国生态功能区划）。

表 2 描述了 CO_2 地质封存主要影响的环境要素，并探讨指标对于环境要素的表征情况。

表 2　CO_2 地质封存环境优化选址的评价指标体系

指标性质	指标内容	涉及环境要素	指标解释
禁止性	地表水	地表水	江河湖泊
	集中式饮用水水源地保护区	地下水	基于全国集中式饮用水水源地，采用《饮用水水源保护区划分技术规范》（HJ/T 338—2007）中水源保护区范围经验值中二级保护区半径最大值（10 000 m）作为本书地下水源保护地的保护区域
	自然保护区（国家和省级）	重要植被、关键物种	对有代表性的自然生态系统、珍稀濒危野生动植物物种的天然集中分布、有特殊意义的自然遗迹等保护对象所在的陆地、陆地水域或海域，依法划出一定面积予以特殊保护和管理的区域
	国家森林公园	重要植被、关键物种	森林景观特别优美，人文景物比较集中，观赏、科学、文化价值高，地理位置特殊，具有一定的区域代表性，旅游服务设施齐全，有较高的知名度，可供人们游览、休息或进行科学、文化、教育活动的场所
	国家级风景名胜区	重要植被、关键物种	自然景观和人文景观能够反映重要自然变化过程和重大历史文化发展过程，基本处于自然状态或者保持历史原貌，具有国家代表性的区域
限制性	国家重点生态功能区（国家主体功能区划）	生态斑块、生态功能区	国家主体功能区划是中国国土空间开发的战略性、基础性和约束性规划，对于中国不同经济、社会活动的空间布局提出了明确要求。其中国家重点生态功能区是维护区域生态安全格局，维护生物多样性，实现野生动植物资源的良性循环和永续利用，保护自然生态系统与重要物种栖息地等的重要区域
	全国生态功能区划	重要生态功能区	全国生态功能区划是根据区域生态系统格局、生态环境敏感性与生态系统服务功能空间分异规律，将区域划分成不同生态功能的地区。全国生态功能区划中提出的全国重要生态功能区对 CO_2 地质封存选址具有重要的指导作用，全国重要生态功能区中的水源涵养和生物多样性保护重要生态功能区两个区，相对地质封存工程较为敏感
	植被净第一生产力（NPP）	地表植被	以 NPP 表征植被的活跃程度
	人口	人群健康	LandScan 全球人口动态统计分析数据库由美国能源部橡树岭国家实验室（ORNL）开发，是全球最为准确、可靠，和具有分布模型及最佳分辨率的全球人口动态统计分析数据。LandScan 人口数据是美国国防部和国务院人口风险评估公认的标准
	人群活动强度	人群健康	具有空间位置信息的微博大数据。1 km 人口空间分布数据假定人基本上不发生移动，从而可以根据人口空间密度数据评估具体的受影响人口。但事实上，人的移动和活动能力非常强，即便其居住场所（人口统计和人口普查的依据）是固定的，其很可能大部分时间都在其他地方活动

4.5 空间评价模型

本书充分借鉴《生态保护红线划定技术指南》(环发〔2015〕56 号)的方法和技术,同时借鉴多指标因子和 GIS 空间叠加分析的方法,构建 CCUS 选址的空间评价模型(图 6)。生态保护红线方法很好地解决了指标分级赋分和不同指标之间空间叠加分析时的权重问题,而且可以不用考虑指标之间可能存在的重复问题,以最重要的环境要素确定评价区域的重要性。而具体指标的重要性和赋值则采用四分位法。四分位法是统计学的一种分析方法,可用于描述任何类型的数据,尤其是偏态数据的离散程度。即把所有数据由小到大排列并分成四等份,每部分所包含的数据量是整个数据样本数据量的 25%,处于三个分割点位置的数据就是四分位数(quartile)。第一四分位数,又称"下四分位数",等于该样本中所有数据由小到大排列后第 25%的数据。第二四分位数,又称"中位数",等于该样本中所有数据由小到大排列后第 50%数据。第三四分位数,又称"上四分位数",等于该样本中所有数据由小到大排列后第 75%的数据。根据空间模型产生 CCUS 选址适宜性方案,分析各类适宜性的基础信息和特征,并采用案例分析和验证适宜性结果,最终形成 CCUS 适宜性边界文本和详细记录。

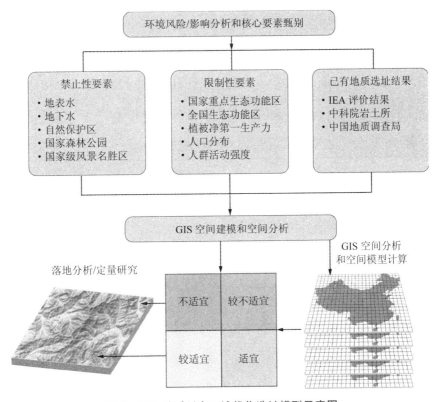

图 6 CO_2 地质封存环境优化选址模型示意图

GIS 空间分析方法贯穿于 CO_2 地质封存环境优化选址评价过程始终，原始数据投影转化、点分布数据缓冲区分析、矢量数据向栅格数据转化、栅格数据重采样等，以及利用 Arcmap 的 quantile（分位数）功能进行四分位分类操作均用到 GIS 的数据处理方法和空间分析方法。

5 数据基础

本书需要的基础数据有两部分：中国沉积盆地的 CO_2 地质封存适宜性评价结果和环境优化选址相关的基础数据（表 3）。中国国内较为权威的两大 CO_2 地质封存适宜性评价结果分别来自中国科学院武汉岩土力学研究所和中国地质调查局水文地质环境地质调查中心，两者结果非常相似，而中国科学院武汉岩土力学研究所的结果更加精细，因此经综合评估和考虑后，我们采用了中国科学院武汉岩土力学研究所的评估结果。中国科学院武汉岩土力学研究所采用了表征地壳稳定性的地震基本烈度、表征沉积盆地地热地质条件的大地热流值以及火山口和断裂四个指标，对中国沉积盆地的 CO_2 地质封存适宜性进行评价[1][24]。对各个指标进行等级划分，划分为五类：不适宜、较不适宜、一般适宜、较适宜、适宜。中国大多数内陆沉积盆地较适合开展 CO_2 地质封存工程，有部分地区受到活动断层以及火山存在的限制，不适宜 CO_2 地质封存，如鄂尔多斯盆地西北部的少数区域以及松辽盆地南部的部分区域。环境要素基础数据包括地表水、集中式饮用水水源地保护区、自然保护区、国家森林公园、国家级风景名胜区、国家重点生态功能区等 GIS 数据。基础数据都存储在 Geodatabase 数据库中，并且进行前期空间分析和处理，使得数据空间分辨率都统一为 1 km 从而便于后续空间模型分析。

表 3　基础数据表

指标性质	指标内容	数据来源	处理方法	指标分级			
				适宜性IV	适宜性III	适宜性II	适宜性I
禁止性	地表水	Globeland30-2010，30 m 空间分辨率	—		—		地表水分布范围内
	集中式饮用水水源地保护区	环境保护部环境规划院基础数据库			—		集中式饮用水水源地保护区范围内
	自然保护区（国家和省级）	环境保护部（2014）			—		自然保护区、国家森林公园和国家级风景名胜区的边界范围内
	国家森林公园	国家林业局（2014）			—		
	国家级风景名胜区	2015 最新国家 5A 级景区名录			—		

---

① IRSM CAGS1 内部报告，2012.

指标性质	指标内容	数据来源	处理方法	指标分级			
				适宜性Ⅳ	适宜性Ⅲ	适宜性Ⅱ	适宜性Ⅰ
限制性	全国主体功能区规划	国务院（2010）	—	—	—	重点生态功能区划边界以内	—
	全国生态功能区规划	环境保护部（2015）	—	—	—	重要生态功能区划边界以内	—
	植被净第一生产力（NPP）	利用 CASA 模型结合 MODIS 250 m 每 16 天合成的 NDVI 数据产品和反射率数据产品计算	四分位法（数据由小到大排序）	0～25%	25%～50%	50%～75%	75%～100%
	人口	LandScan 数据					
	人群活动强度	新浪微博数据获取途径是利用新浪微博官方 API，获取 APP Key、APP Secret 和用户授权的 access token，从而获取数据					

注：适宜性Ⅰ主要为禁止性生态指标，即这一适宜性区域内禁止建设 CCUS 项目；适宜性Ⅱ、适宜性Ⅲ和适宜性Ⅳ的 CCUS 环境选址适宜性依次升高。

6 结果

6.1 空间格局特征

根据 GIS 空间模型和指标参数，通过分析和评价，得出中国 CCUS 环境选址适宜性结果。4 种适宜性（Ⅰ、Ⅱ、Ⅲ、Ⅳ）分区中，Ⅰ为禁止性区域，即此类区域完全不适合开展 CCUS 项目；适宜性Ⅱ，适宜性Ⅲ和适宜性Ⅳ的环境适宜性依次升高。从环境角度讲，适宜性Ⅳ的区域是相对比较理想的 CCUS 项目选址区域，适宜性Ⅲ次之。中国大部分环境适宜性较高的区域分布在西部，并且集中在新疆维吾尔自治区内。中国东部地区 CCUS 选址受到人口分布和人群活动强度指标影响较大，中国西部地区 CCUS 选址受生态功能区划等因素影响作用较大。水体、国家森林公园和自然保护区等禁止性指标在区域上分布比较分散，CCUS 选址时应实地调查并合理避开这些区域。

塔里木盆地中央、柴达木盆地北部、准噶尔盆地北部、吐哈盆地中部、鄂尔多斯盆地北缘、二连盆地北缘和海拉尔盆地西缘是 CO_2 地质封存环境适宜性较好的区域，其中塔里木盆地中央、柴达木盆地北部和准噶尔盆地北部等地环境适宜性较好的区域面积较大。塔里木盆地一级圈闭构造单元 CCUS 潜力较大，重点分布于库车坳陷、北部坳陷和中央隆起区域，这 3 个区域是塔里木盆地油气藏聚集较为紧密的地区，可作为 CCUS 的主要场所。

受塔里木河荒漠化防治生态功能区、阴山北麓草原生态功能区、呼伦贝尔草原草甸生态功能区，以及黄土高原丘陵沟壑水土保持功能区等主体功能区划限制，塔里木盆地西缘、二连盆地西部、海拉尔盆地中部，以及鄂尔多斯盆地中部地区较不适宜CCUS。受天山水源涵养与生物多样性保护重要区、准噶尔盆地西部和东部生物多样性保护与防风固沙重要区等全国生态功能区划影响，准噶尔盆地南部地区也没有太大区域适宜CCUS。

6.2 适宜性分区特征分析

中国环境适宜性高的分区（IV）总面积为 620 828 km²（表 4），其中新疆维吾尔自治区面积最大，达到 483 688 km²，占全国该类分区总面积的 77.91%；其次为青海省，面积为 86 391 km²，比例为 13.92%；再次为内蒙古自治区，面积为 42 154 km²，比例为 6.79%。总体而言，新疆维吾尔自治区、青海省和内蒙古自治区占了全国 CCUS 选址环境适宜性高区域面积的 98.62%（图 7）。

表 4　中国 CCUS 选址环境适宜性分区特征分析

适宜性分区		I	II	III	IV
面积/km²		645 206	586 654	156 616	620 828
NPP/ （10⁻⁴kg C/m²）	最小值	0	0	0	0
	平均值	4 046	2 674	1 791	1 338
	最大值	15 971	15 123	4 663	2 339
人口密度/ （人/km²）	最小值	0	0	0	0
	平均值	335	28	6	0
	最大值	68 693	22 161	4 896	4 454
人群活动强度	最小值	0	0	0	0
	平均值	6	0	0	0
	最大值	11 779	5	1	0

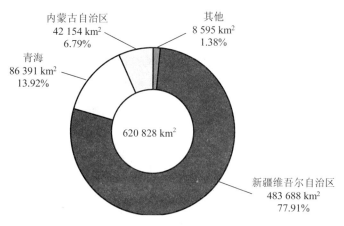

图 7　中国二氧化碳地质封存环境适宜性IV的面积及占比情况

环境适宜性III的区域面积为 156 616 km²（图 8），其中内蒙古自治区此类分区的面积最多，达到 82 204 km²，占全国此类分区面积的 52.49%；其次为新疆维吾尔自治区，面积为 34 298 km²，占比 21.90%；再次为青海省，面积为 13 664 km²，占比 8.72%。内蒙古自治区、新疆维吾尔自治区和青海省环境占全国适宜性III区域面积的 83.11%。

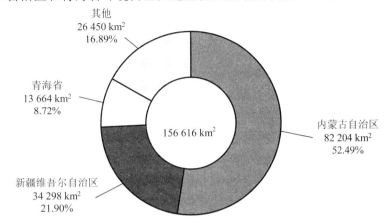

图 8　中国二氧化碳地质封存环境适宜性III的面积及占比情况

从环境角度讲，环境适宜性分区IV和III是 CCUS 项目选址首选的区域。因而，从宏观看，新疆、青海和内蒙古是中国 CCUS 战略发展的首选区域，这一点和过去中国煤化工的规划与 CO_2 驱水（CO_2-EWR）的早期分布有着很好的一致性。

植被 NPP、人口密度与人群活动强度是 CCUS 选址环境适宜性评价的重要定量指标。基于不同适宜性区域内各环境要素的统计特征进行分析，结果显示（图 9），环境适宜性较高的区域（III和IV），其植被 NPP、人口密度都相对较低。而环境不适宜的区域（I），其 NPP 和人口密度最大值和中值均为最高。对于环境适宜性IV的区域，其内部的 NPP 数值统计分布出现了显著的双峰现象，说明这一分区内，可能存在两种不同类型的植被或者有较大差异的土地覆盖类型，但总体来讲，植被 NPP 偏低。

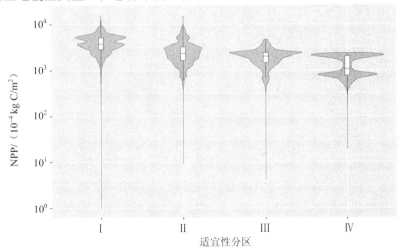

图 9　适宜性分区中的 NPP 分布特征

注：图中锥形的宽度代表 NPP 分布，中间为箱线图，箱子的上下横线表示样本的 25% 和 75% 的分位数；箱子中间的粗横线表示样本的中位数。

从图 10 看出，4 种适宜性分区中，人口密度的概率密度曲线都表现出了多个峰值，说明基于人口密度的情况或者不同适宜性分区的城市化和经济发展情况，分区内部仍然可以进一步进行分区，从而给予 CCUS 空间布局和选址更加精细的引导。

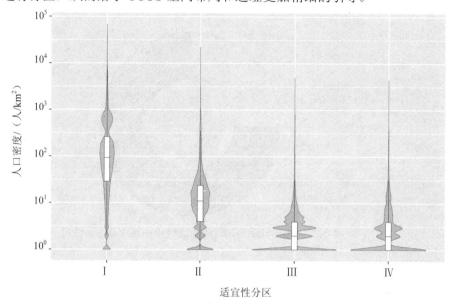

图 10　适宜性分区中的人口分布特征

注：图中锥形的宽度代表人口分布，中间为箱线图，箱子的上下横线表示样本的 25% 和 75% 的分位数；箱子中间的粗横线表示样本的中位数。

6.3　区域特征分析

考虑环境适宜性Ⅳ的区域是 CCUS 项目需要优先考虑的区域，因而本部分重点分析中国地级行政单元层面上的环境适宜性Ⅳ区域分布情况和特征。中国绝大多数地级行政单元的 CCUS 选址环境适宜性Ⅳ面积远少于 $500\ km^2$，在空间形态上呈碎片状分布，不利于 CO_2 地质封存工程建设。新疆三大沉积盆地油气藏资源丰富，油气成藏的地质条件和地质过程决定了油气藏具有良好的地质圈闭和储盖层组合，同时，约束 CCUS 项目建设的环境要素相对较少，因而新疆 CCUS 选址的环境适宜性区域面积最大。新疆内部的巴音郭楞自治州、和田地区和阿克苏地区 3 个地级行政单元的 CCUS 选址环境适宜性Ⅳ不仅面积大，连接成片，而且全国占比高（56.21%）。

内蒙古的呼伦贝尔市西部 CCUS 选址环境适宜性Ⅳ的面积达到了 $9\,930\ km^2$，并且连接成片，锡林郭勒盟东部的 CCUS 选址环境适宜性Ⅳ的成片连续区域为 $26\,366\ km^2$，鄂尔多斯市北部的 CCUS 选址环境适宜性Ⅳ成片连续区域约 $5\,249\ km^2$；青海省的海西蒙古族藏族自治州的 CCUS 选址环境适宜性Ⅳ面积达到 $86\,283\ km^2$；甘肃省酒泉市东部 CCUS 选址环境适宜性Ⅳ成片连续区域约 $4\,382\ km^2$；陕西省北部的榆林市、延安市的 CCUS 选址环境适宜性Ⅳ较为分散，总面积为 $145\ km^2$。

6.4 延长油田 CCUS 靶区验证与分析

以延长油田 CCUS 项目的试验靶区的位置进一步分析中国 CCUS 选址环境适宜性分区的妥当性。陕西延长石油碳捕集、利用与封存(CCUS)项目是中国非常重要的一个 CO_2-EOR 项目。2015 年，延长石油靖边 CCUS 项目通过了碳封存领导人论坛（CSLF）的国际认证，成为中国第一个独立得到认证的 CCUS 项目。2015 年 9 月 25 日，《中美元首气候变化联合声明》明确提出，关于 2014 年中美气候变化联合声明中所提的 CCUS 项目，两国已选定由延长石油运行的位于延安—榆林地区的项目场址。延长石油靖边 CCUS 项目位于陕西省靖边县小河乡乔家洼村。项目开始于 2012 年 1 月 1 日，项目第一阶段研究截止时间为 2015 年 4 月 30 日，CO_2 注入开始时间为 2012 年 9 月 4 日，CO_2 运输方式为罐车运输。靖边 CCUS 项目最初的 CO_2 购买自西安以西的兴平化工厂。截至 2015 年年底，累计 CO_2 注入量达到 5.50 万 t。靖边 CCUS 项目位于鄂尔多斯盆地陕北斜坡中部偏北地带，区域构造稳定，无大规模的构造活动以及断裂，因而地质结构较为稳定，CO_2 通过大规模构造活动或者断裂发生泄漏的可能性较低。分析发现，延长 CCUS 项目位于环境适宜性 III 的区域，从环境角度讲，其选址的环境敏感性较低。但从区域角度看，这一区域的环境适宜性 III 的范围非常零散，而且西北部有水源保护区，因而，下一步的 CO_2 注入等活动，需要充分考虑周边地区的环境要素和开展必要的环境风险评价。

7 结论和讨论

CCUS 作为非常重要的全球温室气体减缓措施，在中国受到了高度重视并且发展迅速。然而 CCUS 项目的环境风险和环境影响在中国尚未得到政府和公众的充分重视。本书结合中国环境管理的实际情况和特点，借鉴生态红线的环境管理技术方法，基于海量环境基础数据，分析中国 CCUS 项目选址的环境适宜性。结果显示，环境适宜性较高的IV和III区域面积分别为 620 828 km^2 和 156 616 km^2，主要分布在中国的新疆、青海和内蒙古 3 个省区，而在这 3 个省区内巴音郭楞自治州、和田地区、阿克苏地区、呼伦贝尔、锡林郭勒盟等地级行政单位的环境适宜性IV的面积不仅大，而且连片分布，有利于 CCUS 项目的部署和开展。中国当前的 CCUS 项目（如神华 CCS 和延长 CCUS 项目等）主要考虑 CO_2 源及经济成本，而对于环境问题的关注程度明显不够。而随着中国 CCUS 试点工作的经验积累和技术进步，中国正在逐步考虑全国 CCUS 的宏观战略部署和规划，本书的结果，可以有效支撑决策者在宏观和区域层面对 CCUS 的空间布局和环境管理。

（1）二氧化碳地质封存项目的环境影响和环境风险受到国际社会的广泛关注，封存项目选址是当地公众关注的焦点。充分重视二氧化碳地质封存项目的环境优化选址是 CCUS 项目顺利实施的重要保障，同时需要进一步加强 CCUS 选址的精细化环境管理

二氧化碳泄漏会对人体健康、生态系统、土壤、地下水等产生负面影响。二氧化碳地质封存项目的环境影响和环境风险受到国际社会的广泛关注，美国、澳大利亚、欧盟等国

家针对 CCUS 的环境影响与环境风险从国家层面制定了环境管理规定,对水源地、地下水、人群健康等提出了保护性的规定。封存项目选址的环境问题是当地公众关注的焦点,韦伯恩（Weyburn）碳封存项目（周边农场主指责该项目从土壤中泄漏的二氧化碳影响对其农场产生显著影响）和日本 Tomakomai 海底封存项目（部分监测地点的二氧化碳浓度超标而一度停止注入）等国际著名的 CCUS 项目都是由于环境影响问题显著,从而影响了项目进度和公众接受度。中国环境保护部发布的 CCUS 环境风险评估技术指南,将人群、动植物等生命体及与之密切相关的地下水、地表水、大气、土壤等环境介质作为评估的环境风险受体。需要进一步加强 CCUS 选址的环境分析和环境管理。当前的研究仅是宏观研究,针对不同区域的 CCUS 空间战略布局,不仅要考虑排放源和经济成本,还需要充分考虑环境要素,从前面的分析可以看出,同一适宜性区域内部的环境要素仍有较大差异,因而,精细化的环境空间管理和进一步的分析研究非常必要。

（2）新疆、青海和内蒙古等西部省区的二氧化碳地质封存选址环境适宜性优良的区域面积较大,对环境影响小,同时,这些地区有着数量较大的油气开采和煤化工分布,因此,国家层面的 CCUS 战略部署,可以优先考虑这 3 个省区

中国 CCUS 选址环境适宜性高的分区（IV）总面积为 620 828 km^2（表 4）,其中新疆维吾尔自治区面积最多,达到 483 688 km^2,占全国该类分区总面积的 77.91%;其次为青海省,面积为 86 391 km^2,比例为 13.92%;再次为内蒙古自治区,面积为 42 154 km^2,比例为 6.79%。新疆维吾尔自治区、青海省和内蒙古自治区 CCUS 选址环境适宜性IV的区域占全国总体面积的 98.62%。新疆内部的巴音郭楞自治州、和田地区和阿克苏地区 3 个地级行政单元的 CCUS 选址环境适宜性IV不仅面积大,连接成片,而且全国占比高（56.21%）。内蒙古的呼伦贝尔市西部 CCUS 选址环境适宜性IV的面积达到了 9 930 km^2,并且连接成片,锡林郭勒盟东部的 CCUS 选址环境适宜性IV的成片连续区域为 26 366 km^2,鄂尔多斯市北部的 CCUS 选址环境适宜性IV成片连续区域约 5 249 km^2;青海省的海西蒙古族藏族自治州的 CCUS 选址环境适宜性IV面积达到 86 283 km^2;甘肃省酒泉市东部 CCUS 选址环境适宜性IV成片连续区域约 4 382 km^2;陕西省北部的榆林市、延安市的 CCUS 选址环境适宜性IV较为分散,总面积为 145 km^2。

（3）中国环境适宜性优良的二氧化碳地质封存区域面积,西部地区最高,中部次之,东部地区最低;而中国大型人为二氧化碳排放源的分布正好相反,选址给全国二氧化碳运输与地质封存项目的规划和布局带来很大挑战,建议基于全国环境适宜性评价结果,结合经济成本,考虑跨区域的运输管网规划建设,并且地质封存示范项目优先考虑西部地区的大型排放源

中国 CCUS 选址环境适宜性高的区域（IV 和 III）大部分分布在西部,少部分在中部,只有极少部分在东部;而中国大型人为二氧化碳排放源的分布正好相反,这给中国全国范围内推广和应用 CCUS 项目带来了很大挑战。建议基于全国环境适宜性评价结果,结合运输和封存场址建设经济成本,①考虑跨区域的源（重点排放源密集区）-汇（环境适宜性高的封存靶区）二氧化碳运输管网规划建设;②在西部地区环境适宜性高的区域,优先开展大型排放源的二氧化碳地质封存示范项目;③东部环境适宜性高的区域面积不大,但更加靠近大型排放源,应该进一步精细化选址工作,因地制宜地开展中等规模的二氧化碳地质

封存项目，同时加强二氧化碳的就地利用和海洋封存。此外，需要进一步精细化和区域化二氧化碳地质封存选址的环境分析和环境管理。

本书尽管借鉴了中国生态红线的标准技术方法，最大限度降低了主观分析和人为评估因素，同时尽可能完整地收集和分析海量环境数据，并在高空间分辨率地理单元上开展模型计算，但仍存在一些不足之处留待未来工作：①全国尺度的空间模型对于环境要素的区域差异考虑不足，因而研究组下一步考虑分区域开展更加精细的评估工作；②部分数据的精度有待进一步提高，如部分自然保护区仅有中心点位置和面积，因而只能以圆形代替其真实空间边界；③考虑区域源汇匹配特征，进一步细化环境适宜区的封存潜力和 CCUS 技术集成系统分析；④数据进一步细化到地级行政单位，让地方环境保护部门有 CCUS 项目选址方面上的宏观管理参考。

参考文献

[1] 吴秀章. 中国二氧化碳捕集与地质封存首次规模化探索[M]. 北京：科学出版社，2013：363.

[2] Li q，Liu G Z. Risk Assessment of the Geological Storage of CO_2：A Review[M]//VISHAL V，SINGH T N. Geologic Carbon Sequestration：Understanding Reservoir Behavior. New York：Springer，2016：249-284.

[3] L'orange S S，Dohle S，Siegrist M. Public perception of carbon capture and storage（CCS）：A review [J]. Renewable and Sustainable Energy Reviews，2014，38：848-863.

[4] Stigson P，Hansson A，Lind M. Obstacles for CCS deployment：an analysis of discrepancies of perceptions [J]. Mitigation and Adaptation Strategies for Global Change，2012，17（6）：601-619.

[5] Chen Z A，Li Q，Liu L C，et al. A large national survey of public perceptions of CCS technology in China [J]. Applied Energy，2015，158：366-377.

[6] Liang X，Reiner D，Li J. Perceptions of opinion leaders towards CCS demonstration projects in China [J]. Applied Energy，2011，88（5）：1873-1885.

[7] Liu L C，Li Q，Zhang J T，et al. Toward a framework of environmental risk management for CO_2 geological storage in China：gaps and suggestions for future regulations [J]. Mitigation and Adaptation Strategies for Global Change，2016，21（2）：191-207.

[8] Det Norske Veritas. CO_2 QUALSTORE：Guideline for Selection and Qualification of Sites and Projects for Geological Storage of CO_2 [R]. 2009.

[9] Netl. Best Practices for：Site Screening，Selection，and Initial Characterization for Storage of CO_2 in Deep Geologic Formations [R]. 2010.

[10] Rodosta T D，Litynski J T，Plasynski S I，et al. U.S. Department of energy's site screening，site selection，and initial characterization for storage of CO_2 in deep geological formations [J]. Energy Procedia，2011，4：4664-4671.

[11] Delprat-jannaud F，Korre A，Shi J Q，et al. State of the Art review of CO_2 Storage Site Selection and Characterisation Methods [R]. 2013.

[12] Bachu S. Sequestration of CO_2 in geological media: Criteria and approach for site selection in response to climate change [J]. Energy Conversion and Management, 2000, 41 (9): 953-970.

[13] Administrative Center for China's Agenda 21, Center for Hydrogeology and Environmental Geology. Research on the guideline for site selection of CO_2 geological storage in China [M]. Beijing: Geological Publishing House, 2012.

[14] Li Q, Kuang D Q, Liu G Z, et al. Acid Gas Injection: A Suitability Evaluation for the Sequestration Site in Amu Darya Basin, Turkmenistan [J]. Geological Review, 2014, 60 (5): 1133-1146.

[15] Liu G Z, LI Q. A basin-scale site selection assessment method for CO_2 geological storage under the background of climate change [J]. Climate Change Research Letters, 2014, 3 (1): 13-19.

[16] Damen K, Faaij A, Van B F, et al. Identification of early opportunities for CO_2 sequestration — worldwide screening for CO_2-EOR and CO_2-ECBM projects [J]. Energy, 2005, 30 (10): 1931-1952.

[17] Li X, Ohsumi T, Koide H, et al. Near-future perspective of CO_2 aquifer storage in Japan: Site selection and capacity [J]. Energy, 2005, 30 (11/12): 2360-2369.

[18] Oldenburg C M. Screening and ranking framework for geologic CO_2 storage site selection on the basis of health, safety, and environmental risk [J]. Environmental Geology, 2008, 54 (8): 1687-1694.

[19] Li Q, Liu G Z, Liu X H, et al. Application of a health, safety, and environmental screening and ranking framework to the Shenhua CCS project [J]. International Journal of Greenhouse Gas Control, 2013, 17: 504-514.

[20] Grataloup S, Bonijoly D, Brosse E, et al. A site selection methodology for CO_2 underground storage in deep saline aquifers: case of the Paris Basin [J]. Energy Procedia, 2009, 1 (1): 2929-2936.

[21] Bonijoly D, Ha-duong M, Leynet A, et al. METSTOR: A GIS to look for potential CO_2 storage zones in France [J]. Energy Procedia, 2009, 1 (1): 2809-2816.

[22] Mathias S A, Hardisty P E, Trudell M R, et al. Screening and selection of sites for CO_2 sequestration based on pressure buildup [J]. International Journal of Greenhouse Gas Control, 2009, 3 (5): 577-585.

[23] Ramírez A, Hagedoorn S, Kramers L, et al. Screening CO_2 storage options in the Netherlands [J]. International Journal of Greenhouse Gas Control, 2010, 4 (2): 367-380.

[24] Li Q, Li X C, Shi L, et al. Geomechanical Issues of CO_2 Storage for Performance and Risk Management [C]//The 3rd Symposium of the China-Australia Geological Storage of CO_2 (CAGS). Changchun, Jinlin, China, 2011.